国家出版基金项目
NATIONAL PUBLICATION FOUNDATION

雷达技术丛书

相控阵雷达技术

张光义　胡明春　王建明　赵玉洁　编著

电子工业出版社
Publishing House of Electronics Industry
北京 · BEIJING

内 容 简 介

相控阵雷达技术是一种先进的雷达技术。本书共 12 章，包括概论、相控阵雷达主要战术与技术指标分析、相控阵雷达工作方式、相控阵雷达天线波束控制、相控阵雷达天线与馈线系统、相控阵雷达发射机系统、相控阵雷达接收系统、多波束形成技术、有源相控阵雷达技术、宽带相控阵雷达技术、新型高性能半导体器件在相控阵雷达技术中的应用、微波光子相控阵雷达技术。

本书基于作者多年从事相控阵雷达研制工作的经验与总结，并结合其为科技人员和研究生关于相控阵技术的授课资料编写而成，力求体现设计性、实用性和新颖性。

本书是"雷达技术丛书"中的一册，既可供从事相控阵雷达系统及其他相关领域的研究、设计、制造、使用、操作、维护等方面的科研人员、工程技术人员和部队官兵学习使用，也可作为高等院校电子工程及相关专业的研究生和高年级本科生的参考书。

图书在版编目（CIP）数据

相控阵雷达技术 / 张光义等编著. —北京：电子工业出版社，2024.1
（雷达技术丛书）
ISBN 978-7-121-46786-8

Ⅰ.①相…　Ⅱ.①张…　Ⅲ.①相控阵雷达　Ⅳ.①TN958.92

中国国家版本馆 CIP 数据核字（2023）第 226872 号

责任编辑：董亚峰　　特约编辑：刘宪兰
印　　刷：北京捷迅佳彩印刷有限公司
装　　订：北京捷迅佳彩印刷有限公司
出版发行：电子工业出版社
　　　　　北京市海淀区万寿路 173 信箱　　邮编：100036
开　　本：720×1 000　1/16　印张：35.75　字数：760.8 千字
版　　次：2024 年 1 月第 1 版
印　　次：2025 年 2 月第 3 次印刷
定　　价：220.00 元

凡所购买电子工业出版社图书有缺损问题，请向购买书店调换。若书店售缺，请与本社发行部联系，联系及邮购电话：（010）88254888，88258888。

质量投诉请发邮件至 zlts@phei.com.cn，盗版侵权举报请发邮件至 dbqq@phei.com.cn。

本书咨询联系方式：（010）88254754。

"雷达技术丛书"编辑委员会

总　序

　　雷达在第二次世界大战中得到迅速发展，为适应战争需要，交战各方研制出从米波到微波的各种雷达装备。战后美国麻省理工学院辐射实验室集合各方面的专家，总结第二次世界大战期间的经验，于1950年前后出版了雷达丛书共28本，大幅度推动了雷达技术的发展。我刚参加工作时，就从这套书中得益不少。随着雷达技术的进步，28本书的内容已趋陈旧。20世纪后期，美国Skolnik编写了《雷达手册》，其版本和内容不断更新，在雷达界有着较大的影响力，但它仍不及麻省理工学院辐射实验室众多专家撰写的28本书的内容详尽。

　　我国的雷达事业，经过几代人70余年的努力，从无到有，从小到大，从弱到强，许多领域的技术已经进入国际先进行列。总结和回顾这些成果，为我国今后雷达事业的发展做点贡献是我长期以来的一个心愿。在电子工业出版社的鼓励下，我和张光义院士倡导并担任主编，在中国电子科技集团有限公司的领导下，组织编写了这套"雷达技术丛书"（以下简称"丛书"）。它是我国雷达领域专家、学者长期从事雷达科研的经验总结和实践创新成果的展现，反映了我国雷达事业发展的进步，特别是近20年雷达工程和实践创新的成果，以及业界经实践检验过的新技术内容和取得的最新成就，具有较好的系统性、新颖性和实用性。

　　"丛书"的作者大多来自科研一线，是我国雷达领域的著名专家或学术带头人，"丛书"总结和记录了他们几十年来的工程实践，挖掘、传承了雷达领域专家们的宝贵经验，并融进新技术内容。

　　"丛书"内容共分3个部分：第一部分主要介绍雷达基本原理、目标特性和环境，第二部分介绍雷达各组成部分的原理和设计技术，第三部分按重要功能和用途对典型雷达系统做深入浅出的介绍。"丛书"编委会负责对各册的结构和总体内容进行审定，使各册内容之间既具有较好的衔接性，又保持各册内容的独立性和完整性。"丛书"各册作者不同，写作风格各异，但其内容的科学性和完整性是不容置疑的，读者可按需要选择其中的一册或数册阅读。希望此次出版的"丛书"能对从事雷达研究、设计和制造的工程技术人员，雷达部队的干部、战士以及高校电子工程专业及相关专业的师生有所帮助。

　　"丛书"是从事雷达技术领域各项工作专家们集体智慧的结晶，是他们长期工作成果的总结与展示，专家们既要完成繁重的科研任务，又要在百忙中抽出时间保质保量地完成书稿，工作十分辛苦，在此，我代表"丛书"编委会向各分册作者和审稿专家表示深深的敬意！

　　本次"丛书"的出版意义重大，它是我国雷达界知识传承的系统工程，得到了业界各位专家和领导的大力支持，得到参与作者的鼎力相助，得到中国电子科技集团有限公司和有关单位、中国航天科工集团有限公司有关单位、西安电子科技大学、哈尔滨工业大学等各参与单位领导的大力支持，得到电子工业出版社领导和参与编辑们的积极推动，借此机会，一并表示衷心的感谢！

中国工程院院士
2012 年度国家最高科学技术奖获得者 王小谟

2022 年 11 月 1 日

前　言

采用相控阵天线的雷达称为相控阵雷达。相控阵天线具有波束指向、波束形状快速变化能力，易于形成多个波束，可在空间实现信号功率合成。这些特点使相控阵雷达可完成多种雷达功能，具有稳定跟踪多批高速运动目标的能力，在单部发射机功率受限制的条件下，也能获得要求的特大功率，为推远雷达作用距离、提高雷达测量精度和观测包括隐身目标在内的各种低可观测目标提供了技术潜力。

从 20 世纪 60 年代开始，相控阵雷达技术获得了很大发展和应用，当时，主要用于探测空间目标。为了观察高速飞行的卫星和洲际弹道导弹，雷达必须具有快速转换天线波束指向、高速跟踪多批目标的能力，要求雷达发射机的平均输出功率达到几百千瓦到一兆瓦以上，而只有采用相控阵技术方能满足这些要求。

为适应现代高科技战争的特点，对雷达要观测的目标种类、测量参数等都提出了许多新要求。在这种情况下，雷达应能观测隐身目标、小型目标、低空目标以及具有复杂运动状态的多批目标，在强杂波、强干扰和硬打击条件下工作，具备目标分类、识别等能力，更使雷达发展面临新的巨大挑战。

相控阵雷达技术为解决上述问题提供了技术潜力，因而其发展受到国内外各方的普遍重视。目前，相控阵雷达技术已广泛应用于几乎所有类型的军用雷达，包括各种机载、星载合成孔径雷达；在军民两用、民用雷达中，如高性能气象雷达、空间载气象探测雷达也开始采用相控阵雷达技术。

由于相控阵雷达及采用相控阵天线的通信、导航、电子（信息）对抗等系统的应用日益广泛，从事相控阵雷达及各类系统研制的相关单位及科技工作者逐渐增多，有深入了解相控阵雷达及其技术的需求。为此，基于作者多年从事相控阵雷达研制工作的经验与总结，并结合为科技人员和研究生关于相控阵技术的授课资料编写了本书，以奉献给广大读者。本书是"雷达技术丛书"中的一册，既可供从事相控阵雷达系统及其他相关领域的研究、设计、制造、使用、操作、维护等方面的科研人员、工程技术人员和部队官兵学习使用，也可作为高等院校电子工程及相关专业的研究生和高年级本科生的参考书。

　　本书共 12 章。第 1 章为概论，主要介绍相控阵天线原理。第 2 章为相控阵雷达主要战术与技术指标分析。第 3 章讨论相控阵雷达工作方式，重点讨论相控阵雷达搜索与跟踪工作方式、相控阵雷达信号的能量管理等问题。第 4 章介绍相控阵雷达天线波束的控制，主要讨论相控阵雷达天线波束捷变能力及其实现，包括天线波束指向的高速扫描和波束形状的捷变等。第 5 章介绍相控阵雷达天线与馈线系统，包括相控阵天线方案的选择、相控阵天线的馈电方式、平面相控阵天线馈电网络的划分与移相器的选择等。第 6 章讨论相控阵雷达发射机系统，包括子天线阵发射机的选择与应用。第 7 章讨论相控阵雷达接收系统，单脉冲测角接收波束的形成与单脉冲测角接收机、相控阵雷达接收系统噪声系数与动态范围的计算是本章的重要内容。第 8 章着重讨论多波束形成技术，包括发射天线多波束和接收天线多波束的形成方法与算法。第 9 章介绍有源相控阵雷达技术，包括发射/接收组件及有源相控阵雷达的一些应用分析。第 10 章讨论宽带相控阵雷达技术，包括对宽带相控阵雷达的需求、相控阵雷达天线对雷达瞬时信号带宽的限制、宽带相控阵雷达天线实时延迟补偿的实现方法、宽带相控阵雷达的分辨率和宽带相控阵雷达系统中的失真与修正等问题。第 11 章介绍新型高性能半导体器件在相控阵雷达技术中的应用。第 12 章介绍微波光子相控阵雷达技术。

　　本书的写作得到作者所在单位——中国电子科技集团公司第十四研究所所领导的大力支持，具体写作过程中得到孙磊、金林、林幼权、王盛利、刘兆磊等研究员的帮助和支持，电子工业出版社刘宪兰编审对本书出版做出了贡献。第 1 章至第 10 章由张光义、赵玉洁编写，胡明春、王建明审校；参加第 11 章编写的主要作者有胡明春、阮文州、施鹤年、盛世威、吴小玲、张岳华、边照科、戴家赟、王琦、孙伟、朱德政、汪粲星，参加第 12 章编写的主要作者有王建明、杨予昊、夏凌昊、李大圣、邓大松、邵光灏、叶星炜、谈宇奇、董屾、刘昂、翟计全、张瑶林、冯晓磊。全书由张光义、胡明春、王建明、赵玉洁总审。

编著者

2023 年 1 月

目　录

第 1 章
概　论

自 20 世纪 30 年代雷达问世以来，雷达技术在第二次世界大战中获得了高速发展，当时主要用于军事领域。雷达作为一种可主动地对远距离目标进行全天候探测的信息获取装备，在国防建设与经济建设中获得了广泛应用。20 世纪 60 年代，为适应对人造地球卫星及弹道导弹观测的要求，相控阵雷达技术获得了很大发展。由于技术进步及研制成本降低，相控阵雷达技术被逐渐推广应用于多种战术雷达及民用雷达。多种机载与星载合成孔径相控阵雷达是军民两用雷达的一个重要例证。

相控阵雷达的发展与以下三个因素密切相关：一是作为雷达观测对象的目标在种类和性能上都不断增加与改善；二是要求雷达完成的任务难度不断提高；三是雷达相关技术或雷达支撑技术的进步。因此，深入分析对各类雷达的需求，研究雷达的发展和分析在其发展中的历史经验，关注雷达相关技术的进步，对掌握相控阵雷达系统设计的基础是很有意义的。

在本章中将讨论对雷达的新需求、相控阵雷达技术在现代雷达中的应用与发展，相控阵雷达工作原理与相控阵雷达的工作特点等。

1.1　对雷达的新需求与相控阵雷达技术的发展

在第二次世界大战中，雷达发挥了很大的作用，对战争进程有很大影响；第二次世界大战之后，中、小规模战争不断，刺激雷达技术不断发展。经过"海湾战争""波黑战争""沙漠之狐""科索沃战争""伊拉克战争"之后，高技术条件下的局部战争已给广大雷达用户、雷达研制工作者留下了深刻印象，雷达在高科技条件下战争中的作用更加明显。特别是在 2003 年"伊拉克战争"中，促使人们从"信息战"角度来看待雷达在信息获取、情报侦察、远程打击、精确打击中的作用，认真对待雷达在信息对抗中的位置与其所处恶劣电磁环境的影响。至今，对雷达的需求主要还是来自军事应用，来自国防建设的需求。近年来，以军用为主的雷达技术在国民经济建设中的应用日益增多，不断扩大其民用范围。雷达技术在经济建设、科学研究方面出现的新的需求也是雷达技术包括相控阵雷达技术发展的推动力，而且将日益增强。

雷达是一门综合性的科学技术装备，雷达相关科学技术上的创新与进步通常都很快地被移植到雷达的设计与制造之中，使雷达性能不断提高，可完成更多的任务，并相应地降低研制与生产成本。

1.1.1　对雷达观测任务的新需求

雷达作为可主动地远距离实现信息获取的手段，其观测任务是不断增加的。作为雷达的对立面，雷达观测目标的发展与雷达工作电磁环境的恶化对雷达发展有重大影响。在电子战（EW）、信息战、信息对抗条件下，雷达应满足一些不断增加的新需求。

1. 雷达观测目标的发展

雷达系统设计中首先要明确的问题是该雷达要观测什么目标或哪几类目标。如果说第二次世界大战期间雷达要观测的目标主要是飞机、舰船的话，现代雷达要观测的目标范围已大为扩展，这对雷达的系统设计制造提出了许多具有挑战性的问题。

以探测系统中的雷达为例，雷达要观测的主要军用目标包括以下三类：

1）武器平台类目标

（1）巡航导弹；

（2）隐身飞机、战斗机、轰炸机、武装直升机；

（3）地-地导弹（TBM、ICBM）、潜射导弹（SLBM）；

（4）反辐射导弹（ARM）、反辐射无人机、无人作战飞机；

（5）激光制导炸弹，带精密引信的钻地炸弹，如 GBU-28；

（6）诱饵目标。

雷达在观察这一类目标时所遇到的突出问题有：低雷达散射截面积（RCS），如隐身目标、导弹目标；目标距离远，如弹道导弹目标；目标飞行高度低，如巡航导弹。

2）进行情报侦察、电子对抗与通信的目标

（1）预警机、指挥控制飞机（例如，E-2A、E-3A 和 E-8A）；

（2）电子战飞机（侦察/干扰机）；

（3）侦察卫星与侦察飞机（合成孔径雷达、光学和红外侦察等）；

（4）通信卫星；

（5）无人侦察机。

其中无人侦察机等也存在目标反射截面积降低的问题；观测卫星目标则要求极大地提高雷达作用距离。

3）远距离地面/海面目标

（1）地面军事设施、军事基地；

（2）导弹发射场、发射井、发射车；

（3）后勤基地，军事枢纽；

（4）舰队目标。

观察这类目标要求雷达具有在地面与海面背景中检测军事目标的能力和成像能力。

随着上述各类目标性能的完善，如随着它们的速度提高、RCS 的降低、低空性能的改进、机动能力的提高、多目标的出现、假目标掩护、电子战与信息战的配合等，相应地对雷达提出了更多的新要求，这些要求对相控阵雷达系统设计有重大影响。

这些新要求是导致采用相控阵技术和用相控阵雷达代替机械扫描雷达的一个重要原因。正确分析雷达观测目标特性对雷达提出的要求，是相控阵雷达系统设计中的一个重要问题。

2. 雷达观测任务的增加

赋予雷达的观测任务是逐渐增加的，主要受军事需求的影响，同时也受到当时能实现的技术条件的限制。

早期雷达的主要任务是发现人眼看不见的物体，测量其距离与方位。自 1880 年赫兹（Heinrich Hertz）发现电磁波（无线电波）以来，直至 1912 年泰坦尼克（Titanic）号轮船撞击冰山沉没，促进了利用无线电波对人眼看不见的物体进行探测和定位的发展，直到 20 世纪 30 年代，才出现实用的雷达设备。从雷达的命名即可了解初期人们赋予雷达的任务，雷达英文原文为"Radar"（Radio Detection and Ranging），强调的是探测和测距；俄文称雷达为"Радиолокатор"（Radiolocator），即无线电定位器。探测（Detection）亦常称为检测，主要指用无线电手段判断远处有无物体或目标的存在，测距（Ranging）则是实现目标定位的必要条件。

第二次世界大战中雷达的主要观测目标是飞机与舰船。最早大量应用的雷达是英国的 Chain Home 雷达（CH 雷达）与 CHL 雷达，主要用于发现德国来袭飞机并对其定位；1941 年 12 月，珍珠港事件后，美国航空母舰装备了工作频率为 200MHz 的对空监视雷达，主要也是观测飞机。第二次世界大战后期，盟军装备的微波空对面雷达（Air-to-Surface Radar）的主要作用是观测水面舰船，在反德国潜艇作战中起了重大作用。盟军 1944 年开始装备 S 波段的 SCR-584 炮瞄火控雷达，其观测对象也是飞机。

第二次世界大战之后的重大雷达技术进展，如动目标显示、脉冲压缩、单脉冲测角、脉冲多普勒（PD）技术、相控阵技术等，均与提高雷达检测性能和定位性能密切相关。因此，普遍认为雷达的两大任务是：目标检测与目标参数估计或目标参数提取。

由于上述目标种类的增多，目标性能的提升，如低空飞行、隐身等，对雷达目标检测与参数估计都提出了许多新要求。

需要强调的是，雷达目标检测与参数估计均是在存在杂波背景与干扰，特别是在人为强干扰的条件下进行的，这给雷达设计提出了更高的要求。

1）目标检测方面的要求

雷达在实现目标检测方面，面临的突出问题有：

（1）探测低可观测目标。除了隐身目标，还包括具有 RCS 小的目标，如反辐射导弹（ARM）、空-空导弹、诱饵目标、各类无人机、小型分布式干扰飞行器等。

（2）探测低空飞行目标。检测低空目标遇到的一个重点问题是强杂波抑制；另外，它也导致要求将雷达平台升空或研制天基雷达平台。

（3）弹道导弹与卫星观测。因这类目标作用距离远，所以面临增加发射功率与天线面积乘积（功率孔径积）和增加相参积累时间等问题。

（4）空间碎片（Space Debris）观测。为解决航天活动飞行安全，研究卫星发射与航天活动中如何减少空间碎片产生，以及航天器对空间碎片的防护措施等均需要加强对空间碎片的观察。观察空间碎片时，观测物体再入大气层现象、进行真假弹头识别研究都很有意义。

（5）射击效果评估。对反弹道导弹、地-空导弹拦截效果进行评估，必须观测拦截成功后目标与拦截弹产生的众多碎片，并进行脱靶量估计。

（6）在强杂波与干扰环境下检测目标。

（7）在分散多站条件下检测目标。

2）目标参数提取方面的要求

早期雷达要提取的目标参数主要是：

（1）目标的位置参数。目标的位置参数包括目标的方位与距离(φ, R)（如对二坐标雷达），方位、仰角与距离(φ, θ, R)或方位、高度与距离(φ, h, R)（对三坐标雷达）。

（2）目标的运动参数。跟踪随时间变化的$\varphi(t), \theta(t), R(t)$，测量它们随时间的变化率$\dot{\varphi}(t), \dot{\theta}(t), \dot{R}(t)$，包括目标运动产生的距离上的速度、加速度和角速度、角加速度等，由此掌握目标飞行航迹，确定卫星、导弹等目标的轨道参数，为预测下一时刻或下一观测周期时的目标位置提供依据。

事实上，至今大多数情报雷达在目标参数估计上提取的目标信息还不够多，上述目标参数测量的要求多数是对导弹预警与制导雷达、火控雷达以及测控雷达提出的。

与检测方面面临的问题类似，在目标参数提取方面面临的一些重要问题包括：

（1）提高雷达测量的分辨率。这个问题来自对多目标进行测量，区分多目标，特别是对远距离多目标进行分类与识别的要求，由于角度分辨率取决于天线孔径尺寸，距离分辨率取决于雷达信号带宽，而速度分辨率则取决于对目标的总的观测时间，因此，这一要求对雷达系统设计，特别是天线与信号波形设计有重要影响，也增加了信号处理的难度。

（2）提高测量参数的精度。这一要求主要来自对精确定位、精确拦截、精确打击的实现。提高测量参数的精度与提高雷达分辨率有密切关系。

（3）目标特征参数的提取。这是为适应目标分类、识别提出的新要求。除了上述目标运动参数等可以作为目标分类、识别的目标特征，还有其他可用于目标分类与识别的特征参数。例如，高分辨一维距离像（HRR）或高分辨一维距离剖面（Range Profile）可用于对目标分类的识别；又如其提供的目标长度信息即是对目标分类识别的一个很有用的特征参数。目标自旋或目标相对于雷达的旋转运动，被用于对雷达目标进行二维成像。目标的二维成像是进行目标分类和识别的一个重要特征参数。

要获得目标的高分辨一维像与二维像，必须采用大瞬时带宽信号，它对雷达目标参数提取提出了许多新的课题。

（4）"衍生参数"。所谓"衍生参数"是指根据雷达测量获得的目标回波数据推演出的有关目标的参数，在气象雷达中许多"气象产品"即由目标回波数据推演而来，如在具有变极化能力的气象雷达中，可以根据椭圆极化轴比的测量值估计出雨滴尺寸的大小[1]。

（5）目标事件测量。雷达要观察的目标事件可能有多种，常见的有目标分离事件、目标爆炸事件等。目标分离事件的例子有，当在战斗机上发射空-空导弹、反辐射导弹（ARM）或发射拖曳式诱饵时，雷达观察的目标突然由一个变为两个，在刚发射时，两个目标回波在角度上、距离上还不能分辨，但雷达回波结构却发生了变化。当导弹从外层空间进入大气层之前，人为地分离出多个诱饵也是一种目标事件。根据对雷达回波参数的分析、检测，分离出小目标，对确定威胁目标和进行目标识别有重要意义。目标爆炸，也是一种目标事件，如成功拦截目标之后，根据雷达目标回波结构的变化有可能确定是否有爆炸发生，这被用于判断拦截是否成功。

（6）雷达成像与雷达图像解释。当对地面、海面进行成像时，整个成像地区作为雷达要观察的感兴趣的目标，它们的回波并不被当作一种干扰信号，而是有用信号。

采用宽带信号及合成孔径、逆合成孔径等方法进行高分辨雷达测量后，可以获得目标的一维或二维成像。用干涉合成孔径雷达技术还可以获得地面高程模型（DEM），即地面三维雷达图像。雷达图像是地面目标不同散射点 RCS 的响应，它与光学照片不同，是无色的，只具有不同的灰度等级。对目标的雷达图像进行解释是一种求逆过程，即判断所获得的某种图像是由何种地面或地面覆盖物生成的。

由于成像区域内一个点目标在纵向距离维的响应受信号瞬时带宽的限制，其响应函数不可能是一个 δ 函数；一个点目标在方位向的响应，即横向距离方向的响应函数，由于等效合成孔径长度有限，也不可能是一个 δ 函数。亦即在纵向与横向距离方向，一个点目标的像都受限于二维距离分辨率。因此，逆过程存在不确定性，可能得到多种解释，因为不同地物有可能具有同样的 RCS。

显然，雷达图像分辨率越高，越易区分不同地段之间的分界线，这为利用图像纹理特征进行图像解释提供便利。在图像分辨率提高的基础上，从地物背景中分离出地面静止与运动的人工目标，如车辆、建筑物、工事等，也变得有可能实现。这属于利用合成孔径雷达检测地面静止与运动目标的课题。

（7）在强干扰背景中进行目标参数提取与雷达目标成像。有源干扰雷达目标参数提取除了要在存在箔条干扰和诱饵目标等无源干扰条件下进行，还需在有源干扰条件下进行。有源干扰包括有源噪声干扰和应答式欺骗干扰。在强杂波背景中提取目标参数对机载与星载预警探测雷达是一个重要课题。

要解决上述对雷达任务提出的新要求，在实现雷达检测与参数估计两方面任务面临的新要求中，采用相控阵雷达技术均有重要作用。

1.1.2　对雷达性能的一些新要求

与现有实际使用的雷达相比，正在研制或将要问世的新一代雷达，应满足许多新的要求。当然，不同类型、不同用途的雷达各有其特殊的要求，这里讨论的主要是与相控阵雷达有关的一些新要求。

军用雷达大体上分为四大类：第一类是各种防空/防天系统及 C^3I 系统中的雷达；第二类是各种作战平台（飞机、舰船、战车、导弹等）上的雷达；第三类是各种战略、战术武器系统性能的测试、评估手段，包括电子战（EW）、信息战（IW）的性能评估及与雷达有关的仿真过程中需要的雷达；第四类为各种作战保障要求的雷达，如军用气象雷达，军用空中交通管制雷达，战场侦察雷达，军事侦察雷达，如星载、机载、无人机载合成孔径雷达等。

1. 对现代雷达的一些新要求

对上述四类雷达的要求，虽然在程度上可能有所不同，但有一些是共同的。

1）对低可观测目标的探测能力

低可观测目标是指雷达截面积（RCS）很小的目标。隐身飞机及其他隐身目

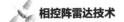
标是大家熟知的低可观测目标。探测隐身目标是当前雷达面临的突出问题。空-空导弹、空-地/海导弹、巡航导弹、反辐射导弹（ARM）、反辐射无人机、小型无人侦察机等成了雷达，特别是防空雷达和武器平台上的雷达要观测的重要目标，但它们的 RCS 比常规飞机目标一般要低 10～20dB，甚至更低，因此也是低可探测目标。对空间监视雷达来说，低可观测目标包括能对卫星及航天器造成严重安全隐患的"空间垃圾"，如直径 1～5cm 的碎片。而对于空中交通管制（ATC）雷达、炮位侦察雷达来说，观测与过滤飞鸟等目标则是必须具备的功能。

2）对低空目标及远距离低空目标的探测

除低空进入的飞机与掠海飞行导弹外，巡航导弹是另一类需要观察的低空目标。探测远距离的海面目标是当今雷达应解决的一个重要问题。

3）多目标跟踪、多功能及自适应工作方式

先进的防空雷达及一些武器平台雷达，如采用先进的相控阵天线的雷达，则可同时完成原来由多部雷达分别完成的功能，并具有同时跟踪多目标的能力。雷达可根据当时的观测任务、目标状态差异（目标 RCS 的大小、目标的威胁度、目标离雷达站的不同距离等）而自适应地改变雷达本身的工作方式、工作参数、信号波形和信号能量的分配。

对第三类用于靶场测量、性能评估的雷达，要求具有多目标、多功能、宽频带、多工作模式等要求，以便满足发展新型武器系统的需要。

4）目标识别和雷达成像

雷达目标分类、目标识别能力现在已不仅是对精密测量雷达、精确制导雷达和弹载雷达的要求，而且在各类防空雷达中这一要求也变得日益突出。例如，为了分辨机型和确定架次，要求提高雷达分辨能力，测量更多的目标特征参数。为了正确选择拦截目标，合理指定目标和实现火力单元分配及做出拦截效果评估，也要求引导雷达和制导雷达具有一定的目标分类和识别能力。

雷达成像是目标分类、识别的一个重要手段，也是全天候实时侦察的重要手段，在实施精确打击中有着重要作用。

5）在硬打击下的生存能力

为对付敌精确打击手段，如反辐射导弹（ARM）、反辐射无人机、激光制导炸弹、巡航导弹及战术弹道导弹（TBM），提高雷达生存能力成了突出问题。解决这一问题的技术措施之一便是采用先进的相控阵技术。

6）在恶劣电磁环境条件下的工作能力

抗各类有源干扰和无源杂波是需要不断深入研究解决的老问题。近年来，对付多种欺骗干扰的任务变得特别突出。此外，应对高功率电磁脉冲对雷达接收系统的破坏也成了对雷达的一种新要求。随着雷达系统中计算机与通信设备的比重增加，雷达系统必须具备应付各种信息战的手段。在解决这些问题中采用相控阵技术也会带来很大好处。

7）系统综合能力

雷达系统综合能力包括雷达组网能力与构成综合电子系统的能力。

新的雷达应具有可分散布置并组成双/多基地雷达系统，方便进入雷达观测网的能力，可与其他雷达协调工作与共享观测数据。多部雷达的观测数据与其他传感器（例如，无源探测雷达、红外无源探测器、激光雷达、光学电视跟踪器等）的数据要进行多传感器数据融合（MSDF）。这对提高整个雷达网的抗干扰能力与抗毁能力，改善目标航迹跟踪精度，以及实现目标分类和识别都有重要作用。

雷达系统应与电子战（EW）中的干扰接收机、雷达告警器等结合，这有利于快速实现雷达的各种捷变能力，降低自适应过程的调整时间。

在机载火控雷达设计中，已经出现雷达与通信、导航等进行一体化设计的要求。例如，新一代机载火控有源相控阵雷达的天线应具有倍频程的带宽，除完成雷达天线功能外，同时还兼作 ESM、干扰机和数据通信的天线。随着宽带、超宽带雷达技术的进展，这一趋势必将在地面常规雷达和地面相控阵雷达中得到推广。

8）有源雷达与无源探测结合

雷达需要发射高功率信号才能探测目标，故易被敌方雷达信号侦察设备侦收和定位，而雷达发射天线的波束常具有较高的副瓣电平，这有利于增加敌方侦察距离，使敌方雷达侦察、定位和打击手段更易发挥作用，造成对雷达平台和雷达载机的极大威胁。因此除了对一些武器作战平台的发射信号要进行射频辐射管理（RFRM），要尽可能降低雷达信号发射时间，改变雷达发射照射源位置，在空间上由多个发射源快速闪烁工作，将有源雷达与无源雷达进行综合，统一设计，发挥无源探测静默工作方式和作用距离较远等优点，有利于提高整个雷达系统的性能。

9）低成本

低成本是推广应用相控阵雷达的重要条件。要实现这一点，必须采用先进的工艺，贯彻标准化、模块化设计原则，采用批量生产技术。这有赖于与相控阵技术有关的基础技术的发展和雷达设计思想的突破。降低成本当然与雷达研制、生产过程管理有关，但在很大程度上也是一个技术问题。

2. 相控阵雷达技术在实现上述新要求中的作用

相控阵雷达技术为满足上述对雷达性能的新要求提供了巨大的潜力。如何充分满足对雷达提出的这些新要求，是相控阵雷达技术发展的需求牵引因素，也是相控阵雷达系统设计中一个重要论证课题。

采用相控阵雷达技术，使雷达探测系统在以下几个方面具有更大潜力：

（1）增加雷达作用距离、对付低可探测目标（包括隐身目标）：

① 增加雷达功率孔径乘积（$P_{av}A_r$）（对搜索雷达）及有效功率孔径乘积（$P_{av}G_tA_r$）（对跟踪雷达）；

② 合理利用雷达信号能量（如合理分配搜索与跟踪状态下的信号能量）；

③ 正确选择信号波长；

④ 改善雷达信号处理（如可采用序列检测）；

⑤ 空间功率合成的应用。

（2）对付高速、高机动目标（利用相控阵雷达的波束扫描灵活性及高速空间采样能力）。

（3）利用自适应空间滤波能力，抑制干扰与杂波，提高抗干扰、抗杂波能力。

（4）可对付多目标，具有多种功能。

（5）便于靠山、进洞，抗冲击波、抗轰炸。

（6）便于实现分布式雷达系统。

1.2　相控阵天线原理

相控阵雷达是采用相控阵天线的雷达。相控阵雷达是一种电扫描雷达。用电子方法实现天线波束指向在空间的转动或扫描的天线称为电子扫描（简称电扫描）天线或电扫描阵列（ESA）天线。电扫描天线按实现天线波束扫描的方法分为相位扫描（简称相扫）天线与频率扫描（简称频扫）天线，两者均可归入相控阵天线（PAA）的概念。

相控阵天线由多个在平面或任意曲面上按一定规律布置的天线单元（辐射单元）和信号功率分配/相加网络组成。天线单元分布在平面上的称为平面相控阵天线，分布在曲面上的称为曲面相控阵天线，如果该曲面与雷达安装平台的外形一致，则称为共形相控阵天线。每个天线上都设置一个移相器，用以改变天线单元之间信号的相位关系；天线单元之间信号幅度的变化则通过不等功率分配/相加网络或衰减器来实现。在波束控制计算机控制下，改变天线单元之间的相位和幅度关系，可获得与要求的天线方向图相对应的天线口径照射函数，快速改变天线波束的指向和天线波束的形状。

1.2.1　相控阵线形阵列天线

这里主要讨论相控阵天线的扫描原理，为简化起见，先讨论线形阵列（简称线阵）天线的相位扫描原理。

图 1.1 所示为由 N 个单元构成的线阵简图，天线单元排成一直线，在图中沿 y 轴按等间距方式排列，天线单元间距为 d。

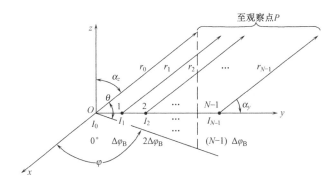

图 1.1　N 单元线阵简图

1. 线阵天线的方向图函数

为说明相控阵天线波束扫描的原理及其性能，先讨论线阵天线方向图函数的计算公式。阵中第 i 个天线单元在远区产生的电场强度 E_i 可表示为

$$E_i = K_i I_i f_i(\theta,\varphi) \frac{\mathrm{e}^{-\mathrm{j}\frac{2\pi}{\lambda}r_i}}{r_i} \tag{1.1}$$

式（1.1）中，K_i 为比例常数，I_i 为第 i 个天线单元的激励电流，$I_i = a_i \mathrm{e}^{-\mathrm{j}i\Delta\varphi_\mathrm{B}}$，$a_i$ 为幅度加权系数，$\Delta\varphi_\mathrm{B}$ 为等间距线阵中相邻单元之间的馈电相位差（"阵内移相值"）；$f_i(\theta,\varphi)$ 为天线单元方向图；r_i 为第 i 个单元至目标位置的距离。

由各天线单元场强在目标位置产生的总场强 E 为

$$E = \sum_{i=0}^{N-1} E_i = \sum_{i=0}^{N-1} K_i I_i f_i(\theta,\varphi) \cdot \frac{\mathrm{e}^{-\mathrm{j}\frac{2\pi}{\lambda}r_i}}{r_i} \tag{1.2}$$

若各单元比例常数 K_i 一致，天线单元方向图 $f_i(\theta,\varphi)$ 相同，则总场强 E 为

$$E = Kf(\theta,\varphi) \sum_{i=0}^{N-1} a_i \mathrm{e}^{-\mathrm{j}\Delta\varphi_\mathrm{B}} \frac{\mathrm{e}^{-\mathrm{j}\frac{2\pi}{\lambda}r_i}}{r_i} \tag{1.3}$$

因为

$$\begin{aligned} r_i &= r_0 - id\cos\alpha_y \\ \cos\alpha_y &= \cos\theta \cdot \sin\varphi \end{aligned} \tag{1.4}$$

再考虑分母中 r_i 可用 r_0 代替，令 $K=1$，则

$$E = f(\theta,\varphi)\sum_{i=0}^{N-1} a_i \mathrm{e}^{\mathrm{j}\left(\frac{2\pi}{\lambda}id\cos\theta\cdot\sin\varphi - i\Delta\varphi_\mathrm{B}\right)} \tag{1.5}$$

式（1.5）表示了天线方向图的乘法定理：阵列天线方向图 $E(\theta,\varphi)$ 等于天线单元方向图 $f(\theta,\varphi)$ 与阵列因子的乘积，阵列因子即式（1.5）中 $\sum$ 符号以内的各项相加结果。后面可以看到，一定条件下，阵列因子又可为子阵方向图与综合因子方向图的乘积。

2. 线阵与线阵方向图的简化

为便于讨论和更易理解线形相控阵（即线阵）天线扫描原理，将线阵置于图 1.2 所示平面内，即书页上的平面内。显然，这与图 1.1 所示的实际情况不一致，但许多文献中为了简化讨论均做此假设。图 1.2 中的 θ 与图 1.1 中的 θ 有区别，分别是在平面上与三维空间上的 θ。

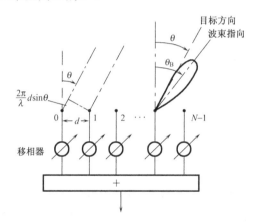

图 1.2　简化的线阵天线

如 $f(\theta,\varphi)$ 足够宽，或可假定单元方向图 $f(\theta,\varphi)$ 是全向性的，在线阵天线波束扫描范围内，可忽略其影响时，线阵天线方向图函数 $F(\theta,\varphi)$ 可认为是

$$F(\theta,\varphi) = \sum_{i=0}^{N-1} a_i \mathrm{e}^{\mathrm{j}i\left(\frac{2\pi}{\lambda}d\sin\theta - \Delta\varphi_\mathrm{B}\right)} \tag{1.6}$$

式（1.6）中，$\Delta\varphi_\mathrm{B} = \dfrac{2\pi}{\lambda}d\sin\theta_\mathrm{B}$，而 θ_B 为天线波束最大值的指向。

令 $\Delta\varphi = \dfrac{2\pi}{\lambda}d\sin\theta$，则它表示相邻天线单元接收到来自 θ 方向信号的相位差，可称为相邻单元之间的"空间相位差"。

令 $\Delta\varphi - \Delta\varphi_B = X$，对均匀分布照射函数 $a_i = a = 1$，可得

$$F(\theta) = \frac{1 - e^{jNX}}{1 - e^{jX}} \quad (1.7)$$

由欧拉公式，可得

$$F(\theta) = \frac{\sin\dfrac{N}{2}X}{\sin\dfrac{1}{2}X} e^{j\frac{N-1}{2}X} \quad (1.8)$$

取绝对值，且因实际线阵中单元数目 N 较大，X 较小，故可得线阵的幅度方向图函数为

$$|F(\theta)| = N\frac{\sin\dfrac{N}{2}X}{\dfrac{N}{2}X} = N\frac{\sin\dfrac{N\pi}{\lambda}d(\sin\theta - \sin\theta_B)}{\dfrac{N\pi}{\lambda}d(\sin\theta - \sin\theta_B)} \quad (1.9)$$

可见，天线方向图 $|F(\theta)|$ 以辛格函数表示，它是被单元方向图归一化的方向图，其最大值为 N。

3. 线阵天线波束最大值指向与相控阵天线波束扫描原理

由上述线阵方向图可得出线阵天线的基本性能，其中之一就是天线波束的最大值指向。

当 $\dfrac{N}{2}X = 0$ 时，$|F(\theta)|$ 为 1，可得天线方向图最大值 θ_B（即 $\theta = \theta_B$），即

$$\sin\theta_B = \frac{\lambda}{2\pi d}\Delta\varphi_B \quad (1.10)$$

或

$$\theta_B = \arcsin\left(\frac{\lambda}{2\pi d}\Delta\varphi_B\right)$$

故改变阵内相邻单元之间的相位差 $\Delta\varphi_B$（由移相器提供），即可改变天线波束最大值指向。

4. 线阵天线波束的性能

由线阵天线方向图公式可得出线阵波束的三个重要性能。

1）线阵天线波束的宽度

对辛格函数 $\sin x/x$，因 $x = 1.39$ 时，$\sin x/x = 1/\sqrt{2}$，由此可得方向图半功率点宽度。

由 $NX/2 = 1.39$，得

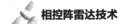

$$\sin\theta - \sin\theta_B = \frac{1.39}{N\pi} \times \frac{\lambda}{d}$$

令

$$\theta = \theta_B + \frac{1}{2}\Delta\theta_{1/2}$$

考虑 $\sin\theta = \sin\left(\theta_B + \frac{1}{2}\Delta\theta_{1/2}\right) \approx \sin\theta_B + \cos\theta_B \frac{1}{2}\Delta\theta_{1/2}$，最终得

$$\Delta\theta_{1/2} \approx \frac{1}{\cos\theta_B} \times \frac{0.88\lambda}{Nd} \qquad \text{（rad）} \qquad (1.11)$$

或

$$\Delta\theta_{1/2} \approx \frac{1}{\cos\theta_B} \times \frac{51\lambda}{Nd} \qquad \text{（°）} \qquad (1.12)$$

当单元间距 $d = \lambda/2$ 时，可得

$$\Delta\theta_{1/2} \approx \frac{1}{\cos\theta_B} \times \frac{102}{N}$$

另外可见，线阵天线波束的方向图半功率点宽度与天线波束扫描角 θ_B 的余弦成反比，亦即 θ_B 越大，线阵天线波束的方向图半功率点宽度越宽；当 $\theta_B = 60°$ 时，线阵天线波束的方向图半功率点宽度将展宽 2 倍。

2）线阵天线波束的零点位置

线阵天线波束的零点位置取决于下式

$$\frac{1}{2}N\left(\frac{2\pi}{\lambda}d\sin\theta - \Delta\varphi_B\right) = p\pi$$

式中，p 为整数，$p = \pm1, \pm2, \cdots$，其中 p 为零点位置的序号，第 p 个零点位置用 θ_{p0} 表示，有

$$\sin\theta_{p0} = \frac{\lambda}{2\pi d}\left(\frac{2p\pi}{N} - \Delta\varphi_B\right) \qquad (1.13)$$

例如，线阵天线波束不扫描，即 $\theta_B = 0$，故 $\Delta\theta_B = 0$，第一与第二个零点位置 θ_{10} 与 θ_{20} 分别为

$$\sin\theta_{10} = \frac{\lambda}{Nd}, \qquad \sin\theta_{20} = \frac{2\lambda}{Nd} \qquad (1.14)$$

或

$$\theta_{10} = \arcsin\frac{\lambda}{Nd}, \qquad \theta_{20} = \arcsin\frac{2\lambda}{Nd} \qquad (1.15)$$

图 1.3 所示为 $N = 100$，$d = \lambda/2$，$\theta_B = 30°$ 的线阵天线波束的方向图，其中显示了方向图主瓣两侧的若干个零点位置。

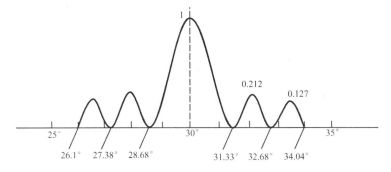

图 1.3　线阵天线波束零点位置示意图（扫描角 $\theta_{\mathrm{B}} = 30°$ 时）

3）线阵天线波束的副瓣位置与副瓣电平

线阵天线波束的副瓣位置取决于下式

$$\frac{1}{2}N\left(\frac{2\pi}{\lambda}d\sin\theta - \Delta\varphi_{\mathrm{B}}\right) = \frac{2q+1}{2}\pi, \qquad q = \pm 1, \pm 2, \cdots \qquad (1.16)$$

由此可得第 q 个副瓣的位置 θ_q 为

$$\sin\theta_q = \frac{\lambda}{2\pi d}\left[\frac{(2q+1)\pi}{N} + \Delta\varphi_{\mathrm{B}}\right] \qquad (1.17)$$

由式（1.9）可得第 q 个副瓣的电平为

$$\left|F(\theta_q)\right| = \frac{\sin\frac{N}{2}X}{N\sin\frac{1}{2}X} \approx \frac{1}{\frac{1}{2}NX} = \frac{1}{\frac{2q+1}{2}\pi} \qquad (1.18)$$

例如，当 $q=1$，即均匀分布的线阵方向图的第一副瓣的电平为

$$\left|F(\theta_1)\right| = \frac{2}{3\pi} \qquad (-13.4\mathrm{dB})$$

当 $q=2$ 时，得均匀分布线阵方向的第二副瓣的电平 $\left|F(\theta_2)\right| = \dfrac{2}{5\pi}$ （$-17.9\mathrm{dB}$）。

5. 天线波束扫描导致的栅瓣位置

相控阵天线波束的栅瓣及由栅瓣引起的天线副瓣电平对相控阵天线设计有重要影响。

当天线单元之间的"阵内相位差"与"空间相位差"平衡时，即阵内移相器提供的相位可完全补偿空间传播引起的相位差时（二者相位值一样，但符号相反），得到天线方向图最大值。

可能出现的天线方向图最大值取决于下式

$$\frac{2\pi}{\lambda}d\sin\theta_m - \Delta\varphi_{\mathrm{B}} = 0 \pm m2\pi \qquad (1.19)$$

式(1.19)中，θ_m 为可能出现的波瓣最大值，其中下角标 m 为整数，$m = 0, \pm1, \pm2, \cdots$，它表示栅瓣位置的序号。

当 $m = 0$ 时，因"阵内移相值" $\Delta\varphi_B = \dfrac{2\pi}{\lambda}d\sin\theta_B$，$\theta_B$ 即波束最大值的指向位置。在阵内移相值 $\Delta\varphi_B$ 确定后，如 $m \neq 0$，即在其他 θ 方向（$\theta = \theta_m$）上，也满足式（1.19），则在 θ_m 上也会有波瓣最大值，即栅瓣。这表明，在一定条件下，如果按波束最大值指向 θ_B 确定了阵内相邻单元之间的移相值之后，天线波束最大值指向不仅只在 θ_B 方向，而且在若干个 θ_m 方向也存在最大值。以下讨论不同情况下出现栅瓣的例子及不出现栅瓣的条件。

1）天线不扫描时栅瓣的位置

天线波束不扫描时（$\theta_B = 0$）出现栅瓣的条件，可由式（1.19）简化获得，因

$$\frac{2\pi}{\lambda}d\sin\theta_m = \pm m 2\pi$$

$$\sin\theta_m = \pm\frac{\lambda}{d}m \qquad (1.20)$$

由于 $|\sin\theta_m| \leqslant 1$，故只有在 $d \leqslant \lambda$ 时才会出现栅瓣。如果 $d = \lambda$，由式（1.20）可知，栅瓣位置只有两个［见图 1.4（a）］。

$m=1$，即 m_1，$\theta_{m_1} = +90°$

$m=-1$，即 m_{-1}，$\theta_{m_{-1}} = -90°$

如果 $d = 2\lambda$，栅瓣位置共有 4 个［见图 1.4（b）］

$m=2$，即 m_2，$\theta_{m_2} = +90°$

$m=-2$，即 m_{-2}，$\theta_{m_{-2}} = -90°$

$m=1$，即 m_1，$\theta_{m_1} = +30°$

$m=-1$，即 m_{-1}，$\theta_{m_{-1}} = -30°$

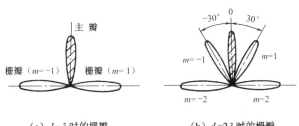

（a）$d = \lambda$ 时的栅瓣   （b）$d = 2\lambda$ 时的栅瓣

图 1.4 天线不扫描时的栅瓣

2）天线波束扫描至最大值 $\theta_{\max}$ 时，出现栅瓣的条件

因式（1.19）中的 $\Delta\varphi_B$ 为

$$\Delta \varphi_{\mathrm{B}} = \frac{2\pi}{\lambda} d \sin \theta_{\max}$$

故式（1.19）为
$$\frac{2\pi}{\lambda} d \sin \theta_m - \frac{2\pi}{\lambda} d \sin \theta_{\max} = 0 \pm m 2\pi$$

由此可得
$$\sin \theta_m = \pm \frac{\lambda}{d} m + \sin \theta_{\max} \tag{1.21}$$

图 1.5 所示为 $d = \lambda$，$\theta_{\max} = 45°$ 与 $60°$ 时，它们的栅瓣位置的示意图。这两个栅瓣位置分别在 $-17.03°$ 和 $-7.7°$。

3）天线扫描情况下，不出现栅瓣的条件

在相控阵天线波束扫描至 $\theta_{\max}$ 时，因 $|\sin \theta_m| \leqslant 1$，故出现栅瓣的条件即为满足下列不等式的条件
$$d \geqslant \frac{m\lambda}{1 + |\sin \theta_{\max}|} \tag{1.22}$$

因此，在波束扫到 $\theta_{\max}$ 时，仍不出现栅瓣的条件为
$$d < \frac{\lambda}{1 + |\sin \theta_{\max}|} \tag{1.23}$$

允许的单元间距 d/λ 与扫描角 $\theta_{\max}$ 的关系如图 1.6 所示。

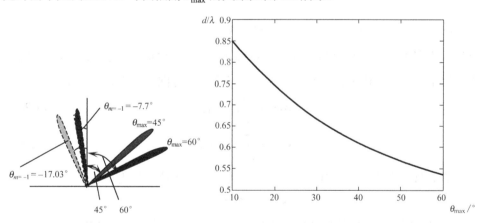

图 1.5　天线波束扫描情况下　　图 1.6　允许的单元间距与扫描角的关系示意图
　　　　栅瓣位置示意图

一般情况下均根据式（1.22）和式（1.23）确定相控阵天线中单元间距 d 与波长的比值，如果根据天线方向图乘法定理，考虑单元方向图或子阵方向图对栅瓣大小的影响，也可以适当放宽对天线单元间距 d 的要求，即选用较式（1.23）计算结果略大的 d 值。

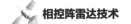

1.2.2 平面相控阵天线

这里讨论的平面相控阵天线是指天线单元分布在平面上，天线波束在方位与仰角两个方向上均可进行相控扫描的阵列天线。大多数三坐标相控阵雷达均采用平面相控阵天线。

1. 平面相控阵天线的方向图及波束扫描原理

设平面相控阵天线单元按等间距矩形格阵排列，如图 1.7 所示。

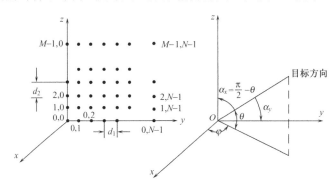

图 1.7　平面相控阵天线单元排列示意图

图 1.7 中阵列在 zOy 平面上，共有 $M \times N$ 个天线单元，单元间距分别为 d_2 与 d_1；设目标所在方向以方向余弦表示，为 $(\cos\alpha_x, \cos\alpha_y, \cos\alpha_z)$，则相邻单元之间的"空间相位差"，沿 y 轴（水平）和 z 轴（垂直）方向，分别为

$$\Delta\varphi_1 = \frac{2\pi}{\lambda} d_1 \cos\alpha_y \tag{1.24}$$

$$\Delta\varphi_2 = \frac{2\pi}{\lambda} d_2 \cos\alpha_z \tag{1.25}$$

第 (i, k) 个单元与第 $(0,0)$ 参考单元之间的"空间相位差"为

$$\Delta\varphi_{ik} = i\Delta\varphi_1 + k\Delta\varphi_2$$

天线阵内由移相器提供的相邻单元之间的"阵内相位差"，沿 y 轴和 z 轴分别为

$$\Delta\varphi_{\text{B}\alpha} = \frac{2\pi}{\lambda} d_1 \cos\alpha_{y_0} \tag{1.26}$$

$$\Delta\varphi_{\text{B}\beta} = \frac{2\pi}{\lambda} d_2 \cos\alpha_{z_0} \tag{1.27}$$

式中，$\cos\alpha_{y_0}$ 和 $\cos\alpha_{z_0}$ 为波束最大值指向的方向余弦。

第 (i, k) 单元与第 $(0,0)$ 单元的"阵内相位差" $\Delta\varphi_{\text{B}ik}$ 为

$$\Delta\varphi_{\text{B}ik} = i\Delta\varphi_{\text{B}\alpha} + k\Delta\varphi_{\text{B}\beta} \tag{1.28}$$

为简化书写，式（1.28）也可改写为下列形式，即

$$\Delta\varphi_{Bik} = i\alpha + k\beta$$

式中，α 和 β 用于简化"阵内移相值"的表示，即

$$\alpha = \Delta\varphi_{B\alpha}$$
$$\beta = \Delta\varphi_{B\beta}$$

若第(i, k)单元的幅度加权系数为 a_{ik}，则图 1.7 所示平面相控阵天线的方向图函数 $F(\cos\alpha_y, \cos\alpha_z)$ 在忽略单元方向图的影响条件下，可表示为

$$F(\cos\alpha_y, \cos\alpha_z) = \sum_{i=0}^{N-1}\sum_{k=0}^{M-1} a_{ik} \exp[j(\Delta\varphi_{ik} - \Delta\varphi_{Bik})]$$
$$= \sum_{i=0}^{N-1}\sum_{k=0}^{M-1} a_{ik} \exp\{j[i(r_1\cos\alpha_y - \alpha) + k(r_2\cos\alpha_z - \beta)]\} \quad (1.29)$$

式（1.29）中

$$r_1 = \frac{2\pi}{\lambda}d_1, \qquad r_2 = \frac{2\pi}{\lambda}d_2$$

考虑到

$$\cos\alpha_z = \sin\theta$$
$$\cos\alpha_y = \cos\theta\sin\varphi \quad (1.30)$$

故平面相控阵天线方向图函数又可表示为

$$F(\theta,\varphi) = \sum_{i=0}^{N-1}\sum_{k=0}^{M-1} a_{ik} \exp\{j[i(r_1\cos\theta\sin\varphi - \alpha) + k(r_2\sin\theta - \beta)]\} \quad (1.31)$$

因此，改变相邻天线单元之间的相位差，即"阵内相位差" β（代表 $\Delta\varphi_{B\beta}$）与 α（代表 $\Delta\varphi_{B\alpha}$），即可实现天线波束的相控扫描。

2. 平面相控阵天线方向图讨论

1）均匀分布式平面相控阵天线的方向图

当天线口径照射函数为等幅分布，即不进行幅度加权，亦即均匀分布时，天线方向图函数 $F(\theta,\varphi)$ 可表示为

$$F(\theta,\varphi) = \sum_{i=0}^{N-1} \exp[j(r_1\cos\theta\sin\varphi - \alpha)] \cdot \sum_{k=0}^{M-1} \exp[jk(r_2\sin\theta - \beta)]$$

因此，幅度方向图函数 $|F(\theta,\varphi)|$ 可表示为

$$|F(\theta,\varphi)| = |F_1(\theta,\varphi)| \cdot |F_2(\theta)| \quad (1.32)$$

式（1.32）表明，等幅分布时，平面相控阵天线幅度方向图可以看成是两个线阵幅度方向图的乘积。若 $|F_1(\theta,\varphi)|$ 是水平方向线阵的方向图，$|F_2(\theta)|$ 是垂直方向线阵的幅度方向图，参照前面讨论过的线阵天线幅度方向图的推导，它们分别是

$$|F_1(\theta)| \approx N \frac{\sin\dfrac{N}{2}(r_1\cos\theta\sin\varphi - \alpha)}{\dfrac{N}{2}(r_1\cos\theta\sin\varphi - \alpha)} \tag{1.33}$$

$$|F_2(\theta)| \approx M \frac{\sin\dfrac{M}{2}(r_2\sin\theta - \beta)}{\dfrac{M}{2}(r_2\sin\theta - \beta)} \tag{1.34}$$

2）不等幅分布时方向图的表示

如果天线口径不是等幅分布，则 $F(\theta,\varphi)$ 可以有多种表示方法。

（1）将列线阵作为单元（或子阵）的行线阵。因不是均匀分布，按行、列分布的天线线阵不能作为公因子从累加符号中提出，但可以分别作为按行或按列分布的子线阵来看待。若将每一列的所有天线单元作为一个子线阵，将其看成行线阵中的一个在仰角上具有窄波束的天线单元。这时，二维相控阵天线的方向图可表示为

$$F(\theta,\varphi) = \sum_{i=0}^{N-1} F_{ik}(\theta)\exp[ji(r_1\cos\theta\sin\varphi - \alpha)] \tag{1.35}$$

式（1.35）中

$$F_{ik}(\theta) = \sum_{k=0}^{M-1} a_{ik}\exp[jk(r_2\sin\theta - \beta)]$$

$F_{ik}(\theta)$ 是由 $i=0,1,\cdots,N\text{-}1$，$k=0,1,\cdots,M\text{-}1$ 的所有单元构成的列线阵的方向图，如图 1.8（a）所示，这时，将平面相控阵天线看成一个行线阵，此行线阵中每一个等效天线单元的方向图为 $F_{ik}(\theta)$。由于 $F_{ik}(\theta)$ 的求和符号内幅度加权系数 a_{ik} 对不同的 i 是不相等的，因此 F_{ik} 不能作为公因子从求和符号中提出。

将平面相控阵看成一个由列线阵作为子阵单元的行线阵，按此分解的平面相控阵天线如图 1.8（b）所示。

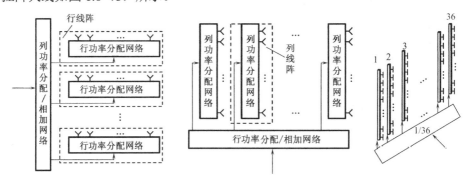

（a）平面相控阵天线分解为多个行线阵的示意图　　（b）平面相控阵天线分解为多个列线阵的示意图

图 1.8　平面相控阵天线分解线阵示意图

（2）将行线阵作为单元（或子阵）的列线阵。同样，可以将 $F(\theta,\varphi)$ 改写成

$$F(\theta,\varphi) = \sum_{k=0}^{M-1} F_{ki}(\theta,\varphi) \exp[jk(r_2 \sin\theta - \beta)] \qquad (1.36)$$

式（1.36）中

$$F_{ki}(\theta,\varphi) = \sum_{i=0}^{N-1} a_{ik} \exp[ji(r_1 \cos\theta \sin\varphi - \alpha)]$$

式中，$F_{ki}(\theta,\varphi)$ 是由 $k = 0,1,\cdots,M-1$，$i = 0,1,\cdots,N-1$ 的所有单元构成的行线阵的方向图，因此可以将平面相控阵看成一列线阵，而这一列线阵中每一个等效天线单元的单元方向图为 $F_{ik}(\theta,\varphi)$。这一情况如图 1.8（a）所示。

（3）将二维分布的子阵作为单元的平面阵。将一个二维相位扫描平面相控阵天线分解为多个子阵，每一子阵均是一个可以实现二维相位扫描的小平面阵。合理分布这些子阵可带来节省设备、降低成本、抑制栅瓣引起的寄生副瓣等好处。美国海军用于"宙斯盾"系统的 AN/SPY-1 雷达、美国陆军的 AN/TPQ-37 炮位侦察雷达等相控阵雷达均采用这种子阵分解方法。

这种分解方法示于图 1.9，该图中 A_{lm} 为子阵序号。

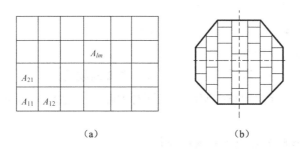

（a）　　　　　　　　　　　　　　（b）

图 1.9　分解为多个二维分布子阵的平面相控阵天线示意图

在后面章节里会看到，这种将二维分布的子天线阵作为一个单元的平面相控阵天线在相控阵雷达设计中可以有多种应用方式。

（4）非矩形平面相控阵天线。对图 1.9（b）所示的非矩形平面相控阵天线，如较多采用的八角形平面阵列天线，即使每个天线单元通道的幅度加权系数是一样的，由于各列（或各行）中天线单元数目不一样，因此，天线方向图函数仍然应按式（1.33）或式（1.34）来表示。

（5）二维分别独立馈电的平面阵。如果 $a_{ik} = a_i a_k$，则与等幅分布一样，仍可将矩形平面相控阵天线方向图看成两个方向图的乘积，这是一种二维分别独立馈电的情况。

此时，式（1.31）可变为

$$F(\theta,\varphi) = \sum_{i=0}^{N-1} a_i \mathrm{e}^{ji(r_1\cos\theta\sin\varphi-\alpha)} \sum_{k=0}^{M-1} a_k \mathrm{e}^{jk(r_2\sin\theta-\beta)} = F_A(\theta,\varphi)\cdot F_E(\theta)$$

式中
$$F_A(\theta,\varphi) = \sum_{i=0}^{N-1} a_i \mathrm{e}^{ji(r_1\cos\theta\sin\varphi\ \alpha)}$$

$$F_E(\theta) = \sum_{k=0}^{M-1} a_k \mathrm{e}^{jk(r_2\sin\theta-\beta)} \tag{1.37}$$

3. 平面相控阵天线的栅瓣位置

1）计算栅瓣位置的作用

计算栅瓣位置的意义在于它与以下相控阵天线设计问题有关：

（1）天线单元排列方式；

（2）单元间距选择；

（3）最大波束扫描角的确定；

（4）阵中天线单元方向图设计；

（5）子天线阵划分，子天线阵数目；

（6）栅瓣引起的天线副瓣电平；

（7）允许栅瓣带来的能量损失的大小；

（8）栅瓣抑制方法。

由以上简单讨论可以看出，相控阵天线栅瓣问题的讨论，是复杂的相控阵天线馈线系统架构设计中的重要问题，特别对大孔径、特大孔径相控阵雷达系统尤显重要。

2）平面相控阵天线出现栅瓣的条件

与前面讨论线阵出现栅瓣的条件一样，有

$$\frac{2\pi}{\lambda} d_1 \cos\theta \sin\varphi - \Delta\varphi_{B\alpha} = 0 \pm p2\pi, \quad p = \pm1, \pm2, \cdots$$
$$\frac{2\pi}{\lambda} d_2 \sin\theta - \Delta\varphi_{B\beta} = 0 \pm q2\pi, \quad q = \pm1, \pm2, \cdots \tag{1.38}$$

若波束最大值指向为(θ_B, φ_B)，则因

$$\Delta\varphi_{B\beta} = \frac{2\pi}{\lambda} d_2 \sin\theta_B$$

$$\Delta\varphi_{B\alpha} = \frac{2\pi}{\lambda} d_1 \cos\theta_B \sin\varphi_B$$

式（1.38）可变为

$$\sin\theta = \sin\theta_B \pm q\lambda/d_2$$
$$\cos\theta\sin\varphi = \cos\theta_B \sin\varphi_B \pm p\lambda/d_1 \tag{1.39}$$

由式（1.39）决定平面相控阵天线扫描至(θ_B, φ_B)时可能出现栅瓣的位置。

1.3 相控阵雷达的特点与应用

为满足现代雷达的新需求，解决雷达目标检测与目标参数提取中出现的许多新问题，相控阵技术获得了高速发展。相控阵技术是指有关相控阵天线的理论分析、实现方法和控制使用的技术。相控阵技术作为现代雷达技术中的一个重要领域，在解决雷达面临的新问题方面有其独特的作用。相控阵技术的发展不仅应用于雷达，现正快速地应用于通信、电子战（EW）、导航等领域；同时，相控阵技术在发展过程中，也不断吸收其他相关领域的科技成果。

了解与灵活应用相控阵天线的主要技术特点与相控阵雷达的工作特点是不同类型相控阵雷达系统设计的一个关键。

1.3.1 相控阵天线的主要技术特点

相控阵天线的技术特点是相控阵雷达获得广泛应用的重要原因；充分发挥相控阵天线的这些特点及其应用潜力是提高相控阵雷达性能的重要方向。相控阵雷达系统设计的关键之一就是如何充分利用这些技术特点解决雷达面临的新要求。从前述相控阵天线原理不难得出以下一些相控阵天线的技术特点。它们对相控阵雷达系统设计影响最大。

1. 天线波束快速扫描能力

天线波束快速扫描能力是相控阵天线的主要技术特点。克服机械扫描天线波束指向转换的惯性及由此带来的对雷达性能的限制，是最初研制相控阵天线的主要原因。

这一特点来自阵列天线中各天线单元通道内信号传输相位的快速变化能力。对采用移相器的相控阵天线，天线波束指向的快速变换能力或快速扫描能力，在硬件上，取决于开关器件及其控制信号的计算、传输与转换时间。这一特点也是相控阵雷达应运而生、高速发展的基本原因。

采用半导体开关二极管的数字式移相器的开关转换时间是纳秒量级，铁氧体移相器的转换时间为微秒量级；具有良好应用前景的用微电子机械系统（MEMS）实现的移相器与实时延迟线，开关时间也在微秒量级。合理确定不同用途的相控阵雷达天线波束的转换时间，是相控阵雷达系统设计中的一个重要内容，其主要影响之一是相控阵雷达的研制成本。

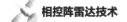

2. 天线波束形状的捷变能力

相控阵天线波束形状的捷变能力是指相控阵天线波束形状的快速变化能力。描述天线波束形状的主要指标除了天线波束宽度（如半功率点宽度）、天线副瓣电平、用于单脉冲测角的差波束零值深度等，还有天线波束零点位置、零值深度、零值宽度、天线波束形状的非对称性、天线波束副瓣在主平面与非主平面的分布以及天线背瓣电平等。

提高雷达抗干扰能力及对波束形状捷变的要求与合理使用和分配雷达信号能量等要求有关。相控阵雷达根据工作环境、电磁环境变化而自适应地改变工作状态大多与波束形状的捷变能力有关。

由于天线方向图函数是天线口径照射函数的傅里叶变换，因此在采用阵列天线之后，通过改变阵列中各单元通道内的信号幅度与相位，即可改变天线方向图函数或天线波束形状。各单元通道信号幅度的调节，在采用射频（RF）功率分配或功率相加网络时，较难实现；这时，采用"唯相位"（Phase-Only）的方法，即通过采用相位加权的方法也可实现波束形状的捷变。

天线波束形状的捷变能力使相控阵天线可快速实现波束赋形，具有快速自适应空间滤波的能力。

3. 空间功率合成能力

相控阵天线的另一个重要技术特点是相控阵天线的空间功率合成能力，它提供了获得远程雷达及探测低可探测目标要求的大功率雷达发射信号的可能性。

采用阵列天线之后，可在每一单元通道或每一个子天线阵上设置一个发射信号功率放大器，依靠移相器的相位变化，使发射天线波束定向发射，即将各单元通道或各子阵通道中的发射信号聚焦于某一空间方向。这一特点为相控阵雷达的系统设计特别是发射系统设计带来了极大的方便，也增加了雷达工作的灵活性。

4. 天线与雷达平台共形能力

相控阵雷达天线从一开始就以平面相控阵天线为主，其原因除初期雷达天线是平面阵列天线外，另一原因是在平面阵列上按等间距方式安排天线单元可简化相控阵天线波束控制系统，易于实现天线波束的相控扫描。但平面相控阵天线有许多缺点，如天线波束扫描限于±60°左右范围内即是一个重要缺点。

为实现半球空域覆盖及扩展天线波束扫描范围，以及由于减少相控阵天线对雷达平台的空气动力学性能的影响等原因，将相控阵天线设计成与雷达平台共形，成了当今相控阵天线与相控阵雷达的一个重要发展方向。

阵列天线将整个天线分为许多个天线单元，使其与雷达平台表面共形，用以减少或消除雷达天线对雷达平台空气动力学性能的影响，或为了获得其他的好处，这是相控阵天线的一个重要技术特点。实现这一特点的前提是要在阵列天线的各个单元通道中引入幅度、相位调节器（VAP），必要时还要引入实时延迟线，并适当增加天线波束控制系统的复杂性，而这对采用包含 T/R 组件的有源相控阵天线来说，是完全现实的。采用先进信号处理的有源共形相控阵天线是实现"灵巧蒙皮"（Smart Skin）的基础，在雷达和通信领域都有广阔的应用前景。

5. 多波束形成能力

采用相控阵天线之后，依靠相应转换波束控制信号可以很方便地在一个重复周期内形成多个指向不同的发射波束和接收波束。

如果采用 Butler 矩阵多波束，则所形成的多个波束可共享天线阵面而无损耗，即具有整个阵面尺寸提供的天线增益；如果要形成任意相互覆盖和不同形状的接收多波束，则可以在每个单元通道靠近天线单元处设置低噪声放大器（LNA），各通道内的接收信号经过放大之后再分别送多波束形成网络，在其输出端获得各接收波束的输出信号；由于信号预先经过了低噪声放大，只要其增益足够（如 20～30dB 以上），则后面多波束形成网络的损耗对整个接收系统灵敏度的影响便可大为降低，甚至可忽略不计。

相控阵天线的多波束形成能力这一技术特点，为相控阵雷达性能的提高带来不少新的潜力。例如，可以提高雷达波束覆盖范围及雷达搜索与跟踪数据率；便于实现雷达发射与收接站分置；易于实现双/多基地雷达和雷达组网；有利于采用宽发射波束照射和多个高增益接收波束接收的天线方案；在卫星通信系统中有利于实现多个点状波束（Spot Beam）之间的交换与多个运动平台之间的通信，即"动中通"。

6. 相控阵雷达的分散布置能力

将相控阵列天线的概念加以引申，一部相控阵雷达由多部分散布置的子相控阵雷达构成，在各子相控阵雷达天线之间采用相应的时间、相位和幅度补偿，依靠先进信号处理方法，从而改善或获得一些新的雷达性能，如提高实孔径角分辨率和测角精度，获得更高的抗毁与抗干扰能力，实现多视角观察目标，提取更完整的目标特征信息等。分布式相控阵雷达系统是相控阵雷达发展中的一个重要方向。

1.3.2　相控阵雷达的主要工作特点

与采用机械扫描的雷达相比，相控阵天线给相控阵雷达的工作方式带来一些显著的特点。充分了解和利用这些特点是相控阵雷达系统设计中的一个重要内容。以下介绍的相控阵雷达的主要工作特点将在本书后面各章中继续讨论。

1. 多目标搜索、跟踪与多种雷达功能

相控阵雷达这一工作能力是基于相控阵天线波束快速扫描的技术特点。利用波束快速扫描能力，合理安排雷达搜索工作方式、跟踪方式之间的时间交替及其信号能量的分配与转换，可以合理解决搜索、目标确认、跟踪起始、目标跟踪、跟踪丢失等不同工作状态遇到的特殊问题；可以在维持对多目标跟踪的前提下，继续维持对一定空域的搜索能力；可以有效地解决对多批、高速、高机动目标的跟踪问题；能按照雷达工作环境的变化，自适应调整工作方式，按目标 RCS 的大小、目标所在远近以及目标重要性或目标威胁程度等改变雷达工作方式并进行雷达信号的能量及其他资源的分配。

相控阵雷达能够实现的功能有以下四种。

1）跟踪加搜索（TAS）功能

跟踪加搜索功能主要指利用时间分割原理以不同数据率同时完成搜索与跟踪功能。相控阵雷达在搜索过程中发现目标之后，一方面要对该目标进行跟踪，另一方面还要继续对搜索空域进行搜索，两者是按不同数据率，即不同的搜索数据率与跟踪数据率进行的；一般情况下跟踪数据率高于搜索数据率。

2）边搜索边跟踪（TWS）功能

在 20 世纪 60 年代至 70 年代，研制相控阵雷达初期，在有关相控阵雷达工作方式的讨论中，"边扫描边跟踪"或"边搜索边跟踪"（TWS）的含义包含了上面提到的"跟踪加搜索"（TAS）功能。而目前有些文献中将"边搜索边跟踪"（TWS）工作方式当作在搜索过程中，当天线波束扫描通过被跟踪目标方向时，对其进行跟踪，因而跟踪数据率与搜索数据率相同。这种方式在机械扫描的雷达中被普遍应用，如在机械扫描的机载火控雷达中，要对已发现目标进行跟踪时即采用这种"边搜索边跟踪"方式，因天线波束不能进行高速相控扫描，故雷达的搜索数据率与跟踪数据率只能是一样的。

3）分区域搜索功能

将搜索空域按预警的重要性、目标可能出现在该空域的概率、雷达探测威力等分为多个不同的搜索区域，如水平搜索区域、近距离搜索区域、低仰角搜索区域等；不同空域搜索区设置不同的搜索数据率、不同的雷达信号能量和检测门限等。

4）集中能量工作方式

集中能量工作方式又称为"烧穿"（Burnt Out）工作方式，即在搜索时对重点方向或重点区域通过增加雷达天线波束驻留时间，提高在该方向或该区域的雷达探测能力；亦即在该区域可以检测 RCS 较小的目标；在跟踪时可提高对重点方向目标跟踪的信号信噪比，相应地提高对该方向目标的跟踪精度。

当然，相控阵雷达的多目标、多功能工作能力并非无限制，它受到的限制包括雷达时间资源的限制和雷达辐射信号总能量的限制，后者是主要的限制因素。除此之外，相控阵雷达多目标跟踪能力还受雷达控制计算机、雷达信号处理机及数据处理机处理能力的限制。影响相控阵雷达多目标及多功能工作能力发挥的另一因素是实现各种工作方式，包括自适应工作方式的算法。合适的算法有利于节约雷达时间资源和降低对计算机处理能力的要求，因此，对相控阵雷达的工作方式的特点应不断根据该雷达要完成的任务而加以改进和创新。

2. 高搜索数据率和跟踪数据率的实现

数据率是反映雷达系统性能的一个非常重要的指标，它体现了相控阵雷达一些重要指标之间的相互关系。相控阵雷达的搜索数据率是指相邻两次搜索完给定空域的时间间隔的倒数。若搜索完给定空域的时间为 T_s，在有目标需要跟踪的条件下，则必须在搜索过程中插入跟踪时间，故搜索完同一空域的时间间隔 T_{sj} 应大于 T_s。T_{sj} 越大，意味着搜索数据率越低。跟踪数据率是跟踪同一目标的间隔时间的倒数，跟踪间隔时间越长，即跟踪数据率越低。

搜索数据率与跟踪数据率亦即分别对同一空域和同一目标的搜索采样率和跟踪采样率，有时又分别称为搜索与跟踪工作方式时的数据更新率。

雷达搜索状态和跟踪状态对数据率有不同要求。合理分配搜索状态与跟踪状态之间的数据率指标，合理分配对于不同跟踪状态目标之间的数据率，是合理使用相控阵雷达信号能量的一个关键。雷达数据率这一指标与其他雷达系统参数有密切关系，影响提高雷达数据率的技术指标也很多，因此应按雷达工作状态的变化，按跟踪目标数量与雷达测量参数项目的变化及雷达工作环境的变化，动态地改变对雷达数据率的要求。

相控阵雷达搜索与跟踪数据率的变化依靠的是相控阵天线波束快速扫描这一特性，与相控阵雷达信号处理能力有很大关系，因此除受限于雷达辐射信号总能量以外，硬件上，在很大程度上还取决于相控阵波束控制系统的响应时间和天线波束的转换时间。

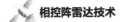

3. 自适应空间滤波能力与自适应空-时处理能力

相控阵天线波束形状的捷变能力是实现自适应空间滤波及自适应空-时处理（STAP）的技术基础。

相控阵接收天线的信号处理属于多通道信号处理，合理利用每个单元通道之间接收信号的时间差与相位差信息，是对阵列外多辐射源来波方向（DOA）定位（亦称多辐射源定向）的基础。对阵列外干扰辐射源定向，是通过调整天线阵面口径分布将相控阵接收天线波束凹口位置移动至干扰源方向的一个重要条件。

数字波束形成（DBF）技术的采用，为各种复杂天线波束形状的形成提供了条件，使天线理论与信号处理相结合，加上各种先进信号处理方法的应用，使相控阵雷达技术获得了新的应用潜力。

为了对付 ARM 攻击，减小雷达信号被侦察的概率，降低低空地面/海面杂波的干扰，对发射天波波束形状的赋形也提出了新的需求。

4. 大功率孔径乘积的实现与可变功率孔径乘积的利用

探测低可观测目标和探测外空目标，均要求雷达具有大的发射功率与接收天线面积的乘积。相控阵天线是实现大功率孔径乘积的基础。天线波束相控扫描的实现，使机械扫描雷达可以去除天线的伺服驱动系统，同时也去除了为加大雷达天线口径所受到的多种限制，因而原则上讲，相控阵雷达天线可以做得足够大。例如，美国用于空间目标监视的 AN/FPS-85 相控阵雷达的发射天线为口径 29.6m 的正方形阵面，接收天线为直径 60m 的圆孔径天线；苏联用于外空目标监视的多种相控阵雷达中，有的相控阵接收天线面积达到了 100m×100m =10000m^2。天线口径阵面可灵活加大的能力，加上相控阵雷达空间功率合成能力，使相控阵雷达的功率孔径乘积（$P_{av}A_r$）与有效功率孔径乘积（$P_{av}G_tA_r$）可做得很大，这在很大程度上缓解了对探测低可观测目标的雷达和超远程相控阵雷达发射机平均功率的特别高的要求。

以当今世界发达国家研究的空间载有源相控阵雷达为例，为了降低空间平台对由太阳能电池组提供的初级电源的要求，需要将天线面积做得很大，以便在较低发射机平均功率（P_{av}）条件下仍能获得足够高的（$P_{av}A_r$）与（$P_{av}G_tA_r$）。例如，要求用于探测的 X 波段星载有源相控阵雷达天线的直径要达到 10～100m，甚至，在有的 X 波段星载探测雷达天线方案中要求相控阵天线尺寸达到 3m×300m[2]。

增大天线孔径后，天线可以固定，可以完全去除天线转动要求的大功率驱动伺服系统。这对远程、超远程雷达与通信系统均有重要意义。

5. 天线孔径与雷达平台共形能力的实现

采用共形相控阵天线给相控阵雷达工作方式上带来的潜力正日益受到重视。过去更多的是在一些作战平台上研究使用共形相控阵天线，由于共形相控阵天线有利于实现全空域覆盖，提高数据率，具有更大的工作灵活性，因此共形相控阵天线的应用日渐增多。

采用共形相控阵天线的机载预警雷达在工作方式上更易实现全空域覆盖，更易于将雷达、电子战、通信、导航等电子系统进行综合设计，构成综合电子集成系统。舰载相控阵雷达采用共形相控阵天线有利于降低雷达自身引入的电磁特征，实现隐身舰船的设计。采用与地形共形的相控阵天线有利于雷达的伪装，有利于抗敌方的雷达侦察，获得更大的天线孔径面积和提高雷达的实孔径分辨率。星载通信系统上采用共形有源相控阵天线便于实现点状多波束之间的快速转换。

1.4　相控阵雷达技术的发展

相控阵雷达技术的发展与对雷达的需求和相关科学技术的发展密切相关。

由于上述相控阵天线的技术特点及其带来的相控阵雷达工作特点，使相控阵技术获得了持续的发展。

1.4.1　相控阵雷达的初期发展

20 世纪 60 年代以来，相控阵雷达获得了很大发展，而在最初，它主要用于外空目标监视、观测卫星和洲际弹道导弹。

当时，要解决的紧迫问题是观测人造卫星及洲际导弹。与观察飞机的常规雷达相比，相控阵雷达作用距离要由数百千米提高到数千千米以上，要能够对多批高速运动的目标进行精密跟踪，为此要大大提高雷达的数据率，解决边搜索、边跟踪及合理使用雷达信号能量等的问题。这一需求导致了相控阵雷达初期的大发展。相控阵天线理论与实践的进展和数字计算机技术的进步，是当时相控阵雷达得以问世的主要技术基础。

为观测数千千米远的目标，要求雷达天线具有大的孔径尺寸，而增大雷达天线尺寸后，就会给天线的机械扫描带来极大的困难；即使能用足够的驱动功率让特大天线转动起来，天线转速也难以提升，难以满足观察外空目标要求的数据率；再退一步，即使数据率要求可以放宽，但在观察远距离目标时，还因从发射

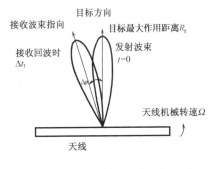

图 1.10　采用机械转动天线时远距离目标回波到达时间滞后示意图

$\Delta\varphi$ 可按下列公式求得，即

式（1.40）中，Δt_t 为

探测信号时刻至接收目标回波信号时刻之间存在时间差，在此时间差以内，接收天线波束的最大值指向已经不再指向目标回波，可能接收不到目标回波，这一情况如图 1.10 所示。

令雷达为收/发共用天线，发射和接收波束具有相同指向，则当天线机械转动的角速度为 Ω，目标最大作用距离为 R_t，从信号发射至目标回波到达接收天线这一时间间隔为 Δt_t，则在 Δt_t 时间内，天线的转角

$$\Delta\varphi = \Omega\Delta t_t \tag{1.40}$$

$$\Delta t_t = \frac{2R_t}{c}$$

以表 1.1 中 AN/FPS-85 相控阵雷达的性能参数为例[3]，该雷达最大作用距离可达 R_t=7500km，该雷达发射天线阵列尺寸为 29.6m×29.6m，接收天线阵列宽度为 60m，这种大孔径天线若是机械扫描（简称机扫）天线，哪怕要做到常规机扫雷达的天线的转速，如 Ω=6r/min，即 Ω=36°/s，也是极困难的，这时的数据率（只有 0.1 次/s）远不能满足观察外空目标的要求。按此计算，可得天线转角 $\Delta\varphi$=1.8°，而 AN/FPS-85 的发射与接收波束宽度从表 1.1 中可见，分别只有 1.4°和 0.8°，亦即 $\Delta\varphi$ 大于天线半功率点宽度，即 $\Delta\varphi \geqslant \Delta\varphi_{1/2}$，这表明，如果采用机扫天线，发射天线发射的信号经目标反射回来后，接收天线只能以其副瓣进行接收，故在观察外空目标时，不能采用机扫天线，而必须采用相控阵天线。

表 1.1　空间监视与导弹预警相控阵雷达性能参数

（1）AN/FPS-85 空间目标跟踪和预警雷达性能参数
工作频率：442MHz
作用距离：5600～7000km
角覆盖范围：120°（方位），0°～105°（仰角）
峰值功率：32MW，平均功率：400kW
阵列尺寸：29.6m×29.6m（正方形发射阵），60m（八角形接收阵宽度）
阵列单元数：5184 个组件（发射阵），39000 个（接收阵，分别馈入 4660 个接收机）
波束宽度：1.4°（发射），0.8°（接收）

（2）AN/FPS-115（Pave Paws）相控阵预警雷达性能参数

工作频率：420～450MHz

作用距离：4000km（低弹道潜射导弹），5500km（σ=10m² 高弹道导弹），4800km

角覆盖范围：120°（方位、单个阵面）；3°～85°（仰角）

峰值功率：600kW，平均功率：150kW

阵列形式：共馈，密度加权平面阵

阵列直径：22m（有效利用面）

阵列单元数：1792 个（有源单元），885 个（无源单元），子阵数：56 个

阵面后倾角：20°（两阵面之间的夹角为 120°）

极化形式：右旋/左旋圆极化（发射/接收）

波束宽度：2°/2.2°（发射/接收），天线增益：38.6dB

发射机：固态组件，组件峰值功率：322W

（3）AN/FPS-108（Cobra Dane）雷达性能参数

用途：空间目标情报收集，战略预警和跟踪

工作频段：1215～1250MHz，1175～1375MHz

作用距离：3600km（情报搜集，P_d=99%，σ=0.3m²）；3600km（战略预警）

　　　　　135～46000km（空间跟踪 σ=0.1～1000m²）

精度：±(1.8～28.2)m（距离），0.05°（角度，情报搜集）

总功率（96 部 TWT）：15.4MW（峰值功率），1MW（平均功率）

天线孔径：28.5m；天线单元数：34768 个（有源单元为 15360 个，无源单元为 19408 个）

发射管：QKW-1723 型行波管，共 96 个

此外，在最初研制观察卫星与洲际弹道导弹的大型相控阵雷达时，面临的另一个问题是要求雷达具有抗核爆引起的冲击波能力。在这一要求促使下，远程相控阵雷达，无论美国或苏联，均将雷达天线设计成固定式的，天线阵面经过加固，使其具有抗冲击波的能力。

从上述所列的大型相控阵雷达的性能指标可以看出，这些雷达的特点是：作用距离远，具有对多批目标的边扫描、边跟踪能力，具有多功能和多种信号形式、高数据率、高分辨率与高测量精度等特点。发射机的总平均功率在数百千瓦以上，接近 1MW，天线口径也较常规雷达大得多。

1.4.2　战术相控阵雷达的发展

20 世纪 70 年代以来，采用一维相控阵扫描天线的各种战术相控阵雷达，由于简化了三坐标雷达的设计，提高了三坐标雷达的性能且相对地降低了雷达成本，因而逐渐在所有发达国家相继问世。后来，二维相位扫描的战术三坐标雷达逐渐增多。可以说相控阵雷达已成为两坐标与三坐标战术雷达发展的主流。其原

因，除了军事需求的推动，数字集成电路、微波技术、信号处理技术方面的进步，是推动相控阵技术发展的重要因素。目前，功率微波器件、VHSIC、MMIC、光电子技术、新型电真空器件、超大规模专用集成电路（ASIC、FPGA）、专用数字信号处理芯片（DSP）及电子设计自动化（EDA）软件等的飞速进步，给相控阵雷达的发展注入了新的活力。相控阵天线技术已开始大范围地应用于通信、电子战（EW）与导航领域。这些基础技术的进步，使雷达研制人员获得了较过去大得多的机遇，在设计上更易于应对新一代雷达或先进相控阵雷达带来的挑战。

批量生产的战术相控阵雷达的品种很多，其中一些具有明显特点的相控阵雷达将在后面各章中作为例子加以介绍和分析。

近年来，人工智能（AI）技术有了很大进步，AI 技术逐渐被引入相控阵雷达之中，这极大地改善与提高了相控阵雷达的检测、跟踪、信息提取、目标识别等性能。

1.4.3　主要相控阵雷达类型及其特点

相控阵雷达有许多类型，分别应用于不同实际系统。在表 1.2 中列出一些主要的相控阵雷达类型及它们的作用与特点。尽管该表中未列出民用为主的相控阵雷达与相控阵通信系统、电子战系统，但仍可从中看出相控阵雷达技术的广泛应用前景。

表 1.2　主要相控阵雷达的类型、作用与特点

类型	作用	特点
1. 空间监视与导弹预警雷达	1. 卫星监视，空间态势评估 2. 空间目标编目，空间"垃极"的监视 3. 远程弹道导弹防御 4. 空间预警雷达 5. 空间成像雷达 6. 为大型光学/激光/红外设备指示目标 7. 战略武器评估试验 8. 电离层参数测量 9. 再入大气物理现象研究	1. 超远程 2. 大天线孔径 3. 高分辨率，高精度 4. 多目标，多功能 5. 多信号波形 6. 数量少 7. 生存问题突出 8. 采用新的相控阵技术的潜力很大
2. 战区弹道导弹防御（TMD）雷达（低层防御与高层防御系统）	1. 近地空间飞行器观测 2. 超高速导弹及卫星武器观测 3. 目标指示	1. 多目标，多功能 2. 高分辨率，高精度 3. 宽频带，目标识别

续表

类型	作用	特点
2. 战区弹道导弹防御（TMD）雷达 （低层防御与高层防御系统）	4. 落点预报，发点外推 5. 反弹道导弹拦截制导 6. 拦截效果评估 7. 通信传输 8. 低轨卫星编目，轨道目标识别	4. 远距离 5. 高机动 6. 抗干扰
3. 战术防空雷达 （1）三坐标相控阵雷达（3DPAR） （2）两坐标相控阵雷达（2DPAR）	1. 空中监视 2. 目标指示与引导 3. 中段制导 4. 无源定位	1. 一维/二维相位扫描 2. 远距离，反隐身，低空防御 3. 高机动，高生存能力 4. 抗干扰 5. 多目标，多功能 6. 组网能力 7. 高分辨率，高精度 8. 宽频带，低截获率，目标识别
4. 机载相控阵雷达 （1）空中早期预警相控阵雷达 （2）多功能脉冲多普勒火控相控阵雷达 （3）机载战场监视/侦察相控阵雷达 （4）直升机载相控阵雷达 （5）无人机载相控阵雷达 （6）气球载与飞艇载相控阵雷达	1. 空中早期预警 2. 空中指挥引导 3. 远程多目标跟踪与制导 4. 地面目标成像与检测 5. 战场监视与侦察 6. 无源定位 7. 低空飞行避碰 8. 武器投放，对地面、海面攻击	1. 下视能力 2. 远距离，反隐身 3. 多目标，多功能 4. SAR 成像 5. 无源定位，RF 辐射管理 6. 多传感器数据融合(MSDF) 7. 宽频带与综合电子系统
5. 舰载多功能相控阵雷达	1. 海上战区弹道导弹预警 2. 远程多目标搜索、跟踪和识别 3. 多目标制导 4. 无源定位 5. 舰载综合电子系统	1. 远距离，反隐身和高生存能力 2. 多目标，多功能 3. 无源定位，多传感器数据融合（MSDF） 4. 宽频带，目标识别 5. RF 辐射管理
6. 相控阵火控雷达	1. 低空防御 2. 密集阵 3. 组网，协同作战（CEC）	1. 反隐身，反 ARM，高机动 2. 抗干扰，组网能力 3. 多目标，多功能
7. 多目标精密跟踪相控阵雷达	1. 卫星/导弹发射 2. 靶场测量，性能评估 3. 攻防试验 4. 空间目标编目 5. 为大型光学/激光/红外设备指示目标 6. 目标识别研究和试验	1. 高分辨率，高精度 2. 多目标，多功能 3. 宽频带，目标识别

　　虽然表 1.2 中只列入了一部分相控阵雷达，但从中也可以看出，相控阵雷达的发展前景是非常广阔的，要解决的技术问题也很多，相控阵技术的发展大有潜力，有许多问题需要创新。

参考文献

[1]　SKOLNIK M I. Introduction to Radar Systems[M]. 3rd ed. New York: McGraw-Hill, 2001.

[2]　斯科尼克 M I. 雷达手册[M]. 王军，林强，米慈中，等译. 北京：电子工业出版社，2003.

[3]　REED J. The AN/FPS-85 Radar System[J]. Proceedings of the IEEE, 1969, 57(5): 324-335.

第 2 章

相控阵雷达主要战术与技术指标分析

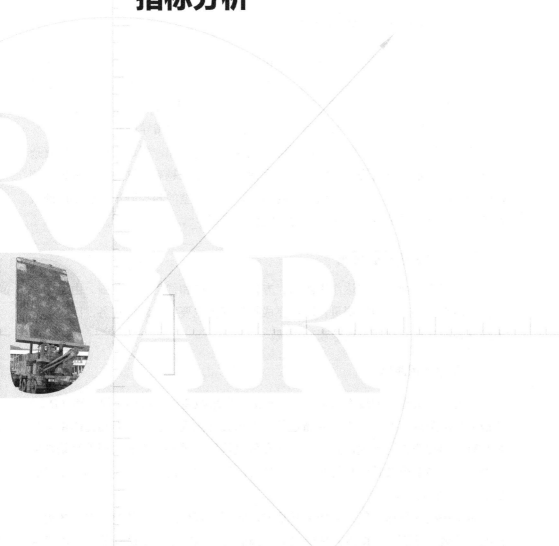

在相控阵雷达研制的各个阶段，特别是在雷达立项和确定任务阶段，雷达设计师与使用方讨论交流的主要问题大部分是围绕雷达的战术指标与技术指标进行的。与机械扫描雷达相比，相控阵雷达在战术与技术指标体系上并没有本质的变化，其差异或特点主要来自相控阵天线具有的波束扫描的快速性、灵活性与波束形状的捷变能力，这带来相控阵雷达工作模式的多样性及战术指标的可变性，在不同工作模式控制参数条件下，战术指标是不同的。

本章将结合相控阵雷达的特点，讨论相控阵雷达的主要战术指标、技术指标与相控阵雷达工作方式之间的关系。

2.1 相控阵雷达系统的主要战术指标

相控阵雷达的战术指标主要取决于雷达应实现的功能，这在很大程度上决定了雷达的技术指标、研制周期和生产成本。不同类型、不同功能的相控阵雷达有不同的战术指标要求。以下主要针对一维相扫与二维相扫的三坐标雷达进行讨论。讨论思路对观察数千千米的战略目标来说也有重要的指导意义。

随着雷达要观测目标的发展，雷达要完成任务的增加，雷达工作环境的复杂化以及雷达技术本身的进步，雷达的战术指标要求越来越高，这也是促进采用相控阵天线或电扫天线的原因。由于不同用途、不同类型的相控阵雷达有不同的战术指标，故以下讨论主要针对雷达的一些公用指标。

2.1.1 雷达观察空域

雷达观察空域包括雷达作用距离、方位观察空域和仰角观察范围。由于相控阵雷达通常都用于三坐标测量，既要完成搜索任务也要完成跟踪任务，因此有时需细分为搜索观察空域与跟踪观察空域。

1. 雷达作用距离

作为雷达最重要的战术指标之一——雷达作用距离包括最小作用距离（R_{min}）和最大作用距离（R_{max}）。R_{min} 对雷达信号波形设计的限制较大。对相控阵雷达特别是有源相控阵雷达来说，为充分发挥发射机特别是固态功率放大器件平均功率的潜力，大多采用较长或长的脉冲宽度信号，这时往往需要在信号波形与要求的 R_{min} 之间进行折中。

由于相控阵雷达一般要完成多种功能，因而要观察的目标种类较多，各类目标的有效散射截面积（RCS）变化很大，因而要分别对不同雷达功能、不同目标提出不同的 R_{max} 要求。在系统设计时，一般按雷达主要功能、主要目标的 RCS

及其他要求，如发现概率、平均虚警间隙时间等确定雷达的最大作用距离，再分别讨论在其他工作模式下，按不同观察目标的 RCS 分别计算雷达作用距离，并确定相应的信号波形和安排信号的能量分配。

由于相控阵雷达波束扫描的快速性与信号能量分配的灵活性，雷达作用距离可以在相当大程度上调整，但必须注意到其调整范围是受雷达功率孔径乘积（$P_{av}A_r$）或雷达有效功率孔径乘积（$P_{av}G_tA_r$）所限制的，在某种工作方式下雷达作用距离增大了，在别的工作方式下则可能会减小。

2. 方位观察空域

相控阵雷达方位观察空域是指当天线阵面不动时，天线波束在方位角上的扫描范围，通常以 ±$\varphi°$ 表示。对天线波束只在仰角上进行一维相扫的三坐标雷达来说，方位观察空域取决于天线机械扫描（简称机扫）的范围，通常为 360°，个别情况下在方位上做扇形扫描，方位观察空域较小。三坐标雷达的一个重要发展方向是采用二维相扫的平面相控阵天线，这时天线波束在方位与仰角上均做相扫，同时天线在方位上还做 360° 机械转动。由于整个平面相控阵天线还可在方位上转动，因而这时在方位上的波束相扫范围可以适当降低，如只要求 ±45° 或低于 ±45°。

在相控阵精密测量雷达中，可根据需要跟踪的多个目标在空间的分布范围，采用有限相扫的相控阵天线，天线波束在方位与仰角上的相扫范围不大，如 ±15° 和 ±30°，但天线座仍然具有机械转动能力。在这种情况下相控阵雷达的方位观察空域便用两个指标来描述，即用图 2.1 所示的平面相控阵天线波束在方位上的相扫范围与天线阵的机扫范围来描述。

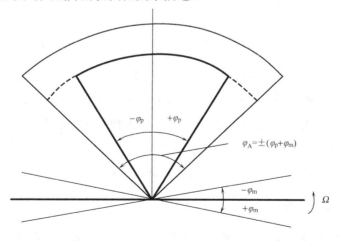

图 2.1　具有机械转动能力的相控阵天线的方位相扫范围示意图

该图中，相控阵天线的相扫范围为 $\pm\varphi_p$，相控阵天线的机械转动范围为 $\pm\varphi_m$。则相控阵雷达可能实现的综合方位观察范围 φ_A 为

$$\varphi_A = \pm(\varphi_p + \varphi_m)$$

对单个平面相控阵天线来说，最大扫描角 φ_{max} 除与阵列中天线单元的方向图有关外，主要取决于天线单元间距 d，由相控阵天线原理可知 d 应满足下式

$$d \leqslant \frac{\lambda}{1 + |\sin\varphi_{max}|} \tag{2.1}$$

最大扫描角 φ_{max} 越大，天线单元间距 d 越小，在同样天线口径情况下，天线单元数目就越多。亦即，如果有两个同样口径的相控阵天线，对它们在方位上的扫描范围要求分别为 φ_{1max} 和 φ_{2max}，则它们的天线单元数目 N_1 与 N_2 的比值 r_N 为

$$r_N = \frac{N_1}{N_2} = \frac{1 + |\sin\varphi_{1max}|}{1 + |\sin\varphi_{2max}|} \tag{2.2}$$

图 2.2 所示为当 φ_{2max} 分别等于 45° 和 60° 时，r_N 与 φ_{1max} 的关系曲线，该图用于说明降低方位扫描范围对显著降低单元数目的作用。

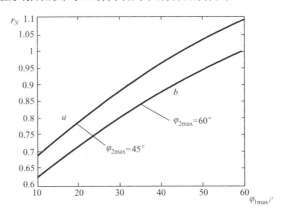

图 2.2　天线单元数目比值与最大扫描角的关系曲线

图 2.2 中曲线 a 和 b 分别表示以 $\varphi_{2max} = 45°$ 与 $\varphi_{2max} = 60°$ 作为参考值时，增大或减小方位扫描范围（横坐标 φ_{1max}）带来的增加或减少天线单元数目的效果。

在采用平面相控阵天线的情况下，为了增大相控阵雷达的方位观测空域，可以采用多个阵面来实现，如美弹道导弹预警系统（BMEWS）中即采用两个平面阵列或三个阵面获得 240° 和 360° 的方位覆盖范围。

3. 仰角观察范围

仰角观察范围是雷达天线波束在仰角上的覆盖范围或扫描范围。对不同类型

的相控阵雷达其含义有所区别。

对在方位上做一维相扫的相控阵雷达来说，雷达仰角观察范围取决于该雷达天线波束在仰角上的形状，如对大多数二坐标雷达来说，其仰角波束形状多数具有余割平方形状。对在仰角上做一维相扫的战术相控阵三坐标雷达来说，仰角观察范围即天线波束在仰角上的相扫范围。有的三坐标雷达在仰角上采用多个波束或发射为余割平方宽波束、接收为多个窄波束，这时仰角观察范围取决于多波束的覆盖范围。

当天线阵面倾斜放置时，仰角观察范围取决于天线倾角及天线波束偏离法线方向的上、下扫描角度，如图 2.3 所示。

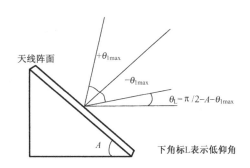

图 2.3 中的 A 为天线在垂直方向上的倾斜角（倾角），$+\theta_{1max}$ 与 $-\theta_{1max}$ 分别表示天线波束偏离法线方向往上与往下的扫描范围。

图 2.3 相控阵天线倾斜放置时的仰角观察范围

对一般战术三坐标相控阵雷达来说，天线阵面的向后倾斜角比较容易决定，但对超远程空间探测相控阵雷达来说，由于它们要求有很大的仰角观察范围，天线阵面倾角 A 的确定应考虑的因素较多。例如，美国 AN/FPS-85 超远程相控阵雷达，该雷达用于空间目标的跟踪、收集苏联导弹系统发射情报和洲际弹道导弹（ICBM）的早期预警，该雷达的仰角观察范围为 0°～105°，其天线阵面的倾角为 45°，这意味着该雷达在仰角上偏离阵面法线方向往上与往下的扫描范围分别为 60° 和 45°。

这就决定了该雷达天线在垂直方向上的单元间距应按最大扫描角（θ_{max}）为 60° 进行设计。如果要求在低仰角方向，如水平方向有更好的检测和跟踪性能，天线阵面往后的倾角 A 应大一些，如 $A=50°$，甚至 $A=55°$，但这就要求天线最大扫描角度 θ_{max} 应为 65° 甚至 70°，方能保证 105° 的仰角覆盖要求，但这时相控阵天线的设计将更为困难，天线单元数目大量增加，使高仰角雷达性能急剧降低。

2.1.2 雷达测量参数

信号检测与目标参数测量是雷达要完成的两大任务。雷达观察空域中最大作用距离这一指标在很大程度上反映了雷达信号检测的能力，雷达的最大跟踪作用距离与测量精度则反映了雷达的参数测量能力。这里主要讨论相控阵雷达在目标

参数测量中的特点。

相控阵雷达要测量的目标参数大体上分为以下三类。

1. 目标位置参数

对相控阵三坐标雷达，目标位置参数包括在测量时间目标所在位置相对于雷达站位置的方位（φ）、仰角（θ）和距离（R），或经坐标变换后在新的坐标系的三维坐标参数。目标位置参数的描述对相控阵雷达与机扫雷达是一样的。从本书第4章讨论相控阵雷达波束控制系统中可以看出，目标位置参数也可以用波束控制数码(α, β)与雷达测量距离 R 来表示，即用(α, β, R)来描述目标所在位置。当然，雷达输出给上级指挥所或雷达网中其他雷达的目标数据应按约定的坐标系来表示。

2. 目标运动参数

目标运动参数即反映目标运动特性的参数，该类参数包含目标的径向速度、径向加速度、角速度、角加速度或有关目标航向、航速及其变化的参数。测量这些参数对维持目标的稳定跟踪和确定目标轨道有重要作用。对战术三坐标雷达来说，由于目标的机动性较高，其轨迹变化大，测量目标的速度和加速度对维持目标稳定跟踪有重要意义，但目前大多数战术三坐标雷达的目标运动参数均只是从对目标(φ, θ, R)的多次测量数据经处理后得出的。相控阵雷达在测量目标运动参数和维持目标的稳定跟踪上做的一个主要贡献是利用天线波束扫描的灵活性，提高对目标进行观察的采样率，即提高数据率。

对观察外空目标的远程或超远程相控阵三坐标雷达来说，测量目标运动参数对确定空间目标轨迹（如确定卫星目标的六个轨道参数），确认目标变轨，对空间目标进行登录和编目是必不可少的。

由于外空目标距离远、飞行速度快，远程/超远程相控阵雷达对定轨精度要求很高，因此，在信号波形与工作方式设计时，往往要求有直接测量目标回波多普勒频率及其变化率，即测量目标速度与加速度的能力。

3. 其他目标特征参数

其他目标特征参数主要指相控阵雷达测量的是反映目标构造、外形、姿态、状态、用途（如是否为失效载荷）及其他目标特性的特征参数。要测量的这些特征参数多半是从目标回波信号的幅度、相位、频谱和极化特性及它们随时间的变化率中提取的。例如，目标回波信号的幅度起伏、频谱特性和极化特征等。这一类参数主要用于对空间目标进行分类、识别，或用于对目标事件（Target Event），如有关目标交会与分离（一个目标变为两个或多个目标）、目标爆炸等事件进行判断与评估。多目标精密跟踪测量雷达、空间目标监视雷达、弹道导弹防御（BMD）中的相控阵雷达等对测量这些特征参数的需求最为强烈。对战术三坐标相控阵雷达，也有目标分类、识别的要求，如需要区分单架飞机或机群目标，大飞机或小飞机及飞机型号等。相控阵雷达测量多种特征参数的能力，不仅能大大改善防空系统的战斗有效性，而且也有利于提高雷达的工作性能，如有利于解决多批高机动目标航迹交叉时的混批问题及战斗中对友机的误伤问题。

2.1.3　测量精度

作为战术指标提出的雷达测量精度是与在接收机噪声背景中进行测量时所能达到的最小测量误差相对应的，即它是指雷达的潜在测量精度。在存在无源杂波与有源干扰情况下，对雷达测量精度要求应另有规定。

一般战术相控阵三坐标雷达只测量方位、仰角与距离，因此在战术指标中也只提距离、方位和仰角的测量精度要求，或经过换算得出的距离、方位、高度三个参数的测量精度要求，其中高度精度取决于仰角和距离的测量精度。

对于可机械转动的具有二维相扫能力的战术三坐标雷达、相控阵天线波束扫描的快速性及波束形状的捷变能力，使其具有更多的功能及更多的工作方式，如可以对重点目标进行测速等，这时，战术指标中就应包括测速精度要求。

用于观测外空目标的空间探测相控阵雷达其主要任务是要精确测量空间目标的轨道参数（轨道倾角、长半轴、短半轴、偏心率、近地点赤经、升交点辐角）。通过测量目标在飞行轨迹中一个弧段上不同时刻的位置参数，即可获得空间目标的 6 个轨道参数。据此可判断或区分目标属于卫星还是弹道导弹，若是弹道导弹则可预报导弹落点与发射点，因此对测量精度有很高的要求。雷达测量的目标飞行轨迹的弧段越长，在这一弧段上采样次数越多，每一次测量所获得的有关目标方位、仰角、距离数据的精度越高，对空间目标的定轨精度就越高。

雷达对目标距离的测量精度取决于信号的瞬时带宽及信噪比。

雷达对目标角度的测量精度，取决于天线波束宽度和信噪比。天线波束越窄，雷达测角精度越高。从提高数据率，提高测角精度和从抗角度欺骗干扰能力考虑，多数战术三坐标雷达和超远程相控阵雷达均采用单脉冲测角方法，即通过形成两幅天线方向图，对它们所收到的回波信号的幅度或相位进行比较，再通过内插运算来确定目标偏离中心位置的角度。不管用何种单脉冲测角方法，其角度单次测量的极限误差（取决于回波信号的信噪比 S/N）都可近似表示为[1-2]

$$\sigma_{\Delta\varphi} = \frac{\Delta\varphi_{1/2}}{K_{\mathrm{m}}(S/N)^{1/2}}$$

$$\sigma_{\Delta\theta} = \frac{\Delta\theta_{1/2}}{K_{\mathrm{m}}(S/N)^{1/2}} \qquad (2.3)$$

式（2.3）中，K_{m} 为单脉冲测角时的角灵敏度函数的斜率或误差斜率，它与天线方向图形状及天线加权函数等有关。例如，当以高斯函数逼近天线方向图主瓣，用于进行比较的两个波束的最大值间隔为波束半功率点宽度时，可推导得出 $K_{\mathrm{m}}=1.38$；在其他文献中根据实测值，取 $K_{\mathrm{m}}=1.57$ 或 $K_{\mathrm{m}}=1.6$[2]。

如果在一个波束位置上用多个重复周期进行测量，如用 n 个脉冲信号进行测量，则这一随机误差可改善 $\sqrt{n}$ 倍。

相控阵雷达可通过在重点目标方向上增加天线波束驻留时间，即增加观测次数（指观测目标用的脉冲数量）n 来提高测角精度。对只做一维（仰角方向）相扫，在方位向进行机扫的战术三坐标雷达来说，观测次数 n 受天线水平波束宽度与天线在方位上机械转动速度的限制。若天线方位转速为 Ω，雷达信号重复频率为 F_{r}，天线波束在方位上的半功率点宽度为 $\Delta\varphi_{1/2}$，则即使天线波束在仰角方向不进行扫描，一直指向目标所在仰角方向，也能达到的最大 n 值为

$$n_{\max} = \frac{\Delta\varphi_{1/2}}{\Omega} F_{\mathrm{r}} \qquad (2.4)$$

举例，$\Delta\varphi_{1/2}=1°$，$\Omega=10\mathrm{r/min}$（即 $60°/s$），$F_{\mathrm{r}}=300\mathrm{Hz}$（对应 $R_{\max}=500\mathrm{km}$），则 $n_{\max}=5$。由此可见，对只能做一维相扫的三坐标雷达通过增加波束驻留时间，即增加 n 来改善测角精度的潜力是有限的。如采用二维相扫的平面相控阵天线，则可突破方位机扫带来的这一限制。

2.1.4 雷达的分辨率

1. 角度分辨率

空间探测相控阵雷达一般均为二维相扫相控阵雷达，战术相控阵三坐标雷达的天线波束一般在方位与仰角方向上均为针状波束，因此雷达的空间分辨率取决于雷达天线波束在方位与仰角上的半功率点宽度 $\Delta\varphi_{1/2}$ 与 $\Delta\theta_{1/2}$。波束宽度的确定除了考虑角度分辨率，往往更多地取决于获得更高天线增益、更高测角精度的要求。

2. 距离分辨率

相控阵雷达的距离分辨率与机扫雷达一样，取决于所采用的信号瞬时带宽。

当采用脉冲压缩信号,如线性调频(LFM)脉冲压缩信号时,持续时间很长的信号也可具有很大的信号瞬时带宽,不会因为采用宽带信号而降低雷达信号的平均功率,因而不会影响雷达的搜索和跟踪距离。若信号瞬时带宽为 B,则距离分辨率ΔR_r为

$$\Delta R_B = \frac{c}{2B} \tag{2.5}$$

3. 横向距离分辨率

在目前技术条件下,产生和处理具有大的瞬时带宽的雷达信号已无理论和工程上的困难。采用大的瞬时带宽信号不仅使雷达在距离维具有高分辨能力,而且通过对运动目标的长时间观察,利用逆合成孔径雷达(ISAR)成像的原理,还可对目标进行二维成像,提高雷达横向距离分辨率,为目标分类、识别提供重要的技术条件。但这在一维相扫的三坐标雷达中很难实现,而只有在二维相扫的情况下,由于没有机扫带来的对波束驻留时间的限制,观测脉冲数 n 可以很高,有利于实现对重点目标的纵向与横向距离的高分辨率。

一些先进的战术三坐标雷达由于对其有目标分类、识别、拦截效果评估等要求,因而采用二维相扫的平面相控阵天线,同时保留在方位上可做机械转动,调整天线阵面朝向的能力。

对 TMD/NMD 及空间监视系统中应用的远程/超远程相控阵雷达,必须实现目标分类、识别,故对目标的分辨率要求至关重要。在采用瞬时宽带信号的前提下,可以利用目标自身的旋转或目标围绕雷达视线的旋转产生的目标上各散射点的多普勒频率差,获得目标的横向距离分辨率ΔR_{cr},即

$$\Delta R_{cr} = \frac{\lambda}{2\Delta\theta} \tag{2.6}$$

式(2.6)中,$\Delta\theta$ 为目标在观察时间 T_{obs} 内目标视在角的变化;若目标的角旋转速率为ω,则

$$\Delta\theta = \omega T_{obs} \tag{2.7}$$

通常在雷达系统设计时希望目标的横向距离分辨率(ΔR_{cr})与目标的纵向距离分辨率(ΔR_B)一致,则在信号瞬时带宽 B 已确定的情况下,由式(2.5)和式(2.6),对目标的转角要求按下式确定,即

$$\Delta\theta = \lambda B / c \tag{2.8}$$

式(2.8)说明,在要求横向距离分辨率与纵向距离分辨率相等时,当纵向距离分辨率ΔR_B确定之后,即信号带宽 B 确定之后,采用较短的波长(较高的信号频率)

可降低对转角 θ 的要求。另外，式（2.8）还可用信号的相对带宽 B/f 来表示，即

$$\Delta\theta = B/f \tag{2.8a}$$

式（2.8a）同样说明，如果 ΔR_B 或信号带宽 B 确定后，提高信号频率有利于降低对成像的目标转角 $\Delta\theta$ 的要求。

也可按式（2.7）将式（2.8）转换成对雷达观察时间 T_{obs} 的要求，即

$$T_{obs} = \frac{\lambda B}{c\omega} \tag{2.9}$$

同样，T_{obs} 也可表示为

$$T_{obs} = \frac{B/f}{\omega} \tag{2.9a}$$

4. 速度分辨率

除了上述距离分辨率，对空间探测相控阵雷达来说，径向速度分辨率也是一个重要指标。大家熟知，目标回波的多普勒频率 f_d 取决于目标的径向速度 V_r，即

$$f_d = 2V_r / \lambda \tag{2.10}$$

由于 TMD/NMD 及空间监视系统中的相控阵雷达所要观察的目标都具有比现有飞机快得多的速度，因此，其多普勒频率和多普勒频率的变化率也更为显著。

通常采用距离门-多普勒（R-f_d）滤波方法来提取目标回波的多普勒频率，即将 n 个重复周期内同一距离单元回波的抽样进行快速傅里叶变换（FFT），亦即对长度为 n 的回波脉冲串信号进行相干处理。FFT 的 n 路输出即为该距离单元的多普勒滤波器组的输出。每一个滤波器的频带宽度在不考虑为抑制副瓣而采取加权的情况下，是总观察时间 T_{obs} 的倒数，即

$$\Delta f_d = 1/T_{obs} \tag{2.11}$$

式（2.11）中

$$T_{obs} = nT_r = n/F_r$$

式中，T_r 和 F_r 分别为雷达信号的重复周期和重复频率。

与目标回波信号的多普勒频率的分辨率相对应，目标径向速度的分辨率 ΔV_r 为

$$\Delta V_r = \lambda \Delta f_d / 2 \tag{2.12}$$

2.1.5 处理多批目标的能力

相控阵雷达的一个特点是具有实时跟踪多个空间目标的能力。当雷达在搜索状态发现目标，并做出目标存在的报告后，必须对其进行确认、截获，然后转入跟踪状态；在对已截获的目标进行跟踪的同时，继续在搜索空域内进行搜索，以

期发现新的目标。

对战术相控阵三坐标雷达来说，处理多批目标的必要性不仅来自雷达要完成多种功能，需要观察监视空域中实际可能存在的多批目标，而且还因为这类雷达在战时通常都会受到敌方有源干扰与无源干扰的对抗，这时为保持一定的检测和跟踪能力，雷达要处理的虚假目标数目将显著增加。

检测过程中产生虚警之后，必须启动跟踪程序中目标确认与截获过程。这一过程结束之后就滤除了大部分的虚警（报告），未被滤除的虚警被当成目标，对这些虚假目标形成"跟踪启动"，这时需要在随后的航迹跟踪过程中将其剔除。剔除虚假航迹可能导致相控阵雷达要处理的目标数目显著增加和雷达信号能量与时间资源的消耗。

对用于 TMD/NMD 中的远程、超远程相控阵雷达及导弹靶场远程相控阵测量雷达来说，多目标处理能力与真假弹头识别等有关。由于空间目标数量逐年增多，仍在工作运转的空间目标和已失效的空间目标及空间碎片（"空间垃圾"）的存在，空间监视相控阵雷达具备同时跟踪多批目标、实时处理多批目标轨迹的能力是完全必要的。

相控阵雷达处理多批目标的能力对其工作方式的设计、雷达在搜索和跟踪状态下的数据率、跟踪精度等都有重要影响，因此它是一个重要的战术指标。

空间探测相控阵雷达跟踪和处理多批目标的能力在技术上自然与雷达控制和其数据处理计算机的能力有关，即与计算机的运算速度、存储容量等有关，但最终还是取决于雷达能提供的信号能量。被跟踪的目标数目越多，用于跟踪照射的信号能量就要越大。因此，根据相控阵雷达要完成的不同特定任务，合理定出雷达要跟踪的目标数目并对跟踪目标进行分类是雷达系统设计的一个重要内容。

2.1.6　数据率

数据率定义为在 1s 内对目标进行数据采样的次数，其单位为"次/s"。在雷达中也常用数据率的倒数，即数据采样间隔时间来表述。

以做旋转 360° 的机扫二坐标雷达为例，若其转速为 6r/min，则天线波束每扫掠 360° 需要 10s，即采样间隔时间为 10s，数据率为 0.1，即 0.1 次/s。

数据率是相控阵雷达的一个重要战术指标，它体现了相控阵雷达一些重要指标之间的相互关系，对相控阵雷达系统设计有重要影响。

由于相控阵雷达既要完成搜索，又要实现多目标跟踪，因此需要区分搜索数据率和跟踪数据率，它们分别是搜索间隔时间与跟踪间隔时间的倒数。由于相控阵雷达需要搜索的区域可以按重要性等区分为多个搜索区，如重点搜索区域、非重点搜索区域，因而可以在不同的搜索区域分配不同的搜索时间，总的搜索时间是在各个搜索区域所花费的搜索时间之和。此外，在搜索过程中还要不断加上跟踪所需的时间，这将导致对同一空域进行搜索的间隔时间加长，因而导致搜索数据率的降低。在多目标跟踪情况下，按目标重要性或其威胁度可以有不同的跟踪采样间隔时间。这些情况使得数据率这一指标在相控阵雷达信号资源分配和工作方式安排与控制中起着十分重要的作用。

2.1.7　抗干扰能力和生存能力

在当今电子战（EW）和信息战（IW）发展的条件下，各种军用相控阵雷达均需要满足在复杂战场环境与电磁环境下的工作能力和生存能力。即使是空间探测相控阵雷达，由于它除了用于空间技术研究，还具有军事应用的潜力，因此也面临同样的要求，在进行相控阵雷达系统设计时，雷达使用方和设计方必须考虑提高雷达的抗干扰能力（ECCM）、抗反辐射导弹（ARM）和抗轰炸能力等要求。所有在战术雷达及其他相控阵雷达中采用的有效措施在不同类型的空间探测相控阵雷达中均须考虑采用。

相控阵雷达在提高其抗干扰能力与生存能力上有更大的潜力。这些潜力的发挥及其实现的技术条件将是相控阵雷达技术发展中的永恒课题。

2.1.8　使用性能与使用环境

相控阵雷达使用性能除包括一般雷达对可维护性、可靠性等的要求外，特别要对雷达的运输条件、可转移条件、相控阵雷达天线的架设与拆收时间、雷达开关机的最少需要时间及减少操作人员数目等有关问题予以特别关注。

对大型地基固定式相控阵雷达，有关使用环境的问题之一是正确选择雷达工作的地理位置即站址，如雷达所在纬度、雷达天线法线方向的朝向、雷达观察区域内在仰角上允许的遮挡角大小、雷达高功率辐射对周围区域内企业与居民生活的影响等。对观测外空目标的远程、超远程相控阵雷达站址所在地区的气候条件，如年高低温度、湿度、降雨量、沙尘含量、风速等都是必须认真考虑的。为了保证雷达的测量精度必须考虑电波传播修正问题，因而必须对雷达站址所在地区的大气折射、电离层状况进行定期观测与监视，且有必要建立相应的电离层观测站。雷达防护罩及雷达基地前是否需要建立屏蔽栅网，也常常是大型相控阵雷达使用环境要求中的一项需认真考虑的战术指标。

2.2　相控阵雷达系统的主要技术指标

相控阵雷达的系统设计与其主要技术指标有密切关系，其主要技术指标大体上分为两类，一类为分配给相控阵雷达各个分系统的指标，如相控阵列天线、馈线分系统、发射机分系统、接收机分系统、信号处理和数据处理分系统、终端显示分系统、通信传输分系统、控制监测分系统、电源保障、环境控制与保障分系统等的指标；另一类为有关雷达系统方案的技术指标。

第一类技术指标主要取决于雷达要完成的任务、雷达要观察的主要目标种类。雷达技术指标体系为雷达设计师与雷达使用方所熟悉，只要考虑相控阵天线的技术特点及其带来的实现战术指标上的潜力，将机扫雷达的技术指标转移至相控阵雷达即可。这些技术指标通常都是严格的数值指标，如天线口径多少平方米，发射功率多少千瓦等。

第二类与雷达系统方案有关的技术指标则多半不以严格的数值来表示，如雷达工作波段、极化形式、天线扫描方式和发射机种类等，但这类技术指标在其选定过程中常常需要经过严格的分析、计算、反复比较，要在第一类指标中的各个单项指标之间进行折中，并多次迭代，因此这类指标虽然主要是定性指标，但它们的确定过程是离不开定量分析的，在系统设计的初期阶段尤其重要。

由于计算机技术、高速通信技术、人工智能技术等在相控阵雷达中应用日益广泛深入，相控阵雷达分系统相应增加，功能不断加强，对其技术指标的要求与提升对相控阵雷达系统的构架设计有非常重大影响。

第二类技术指标主要包括工作波段的选择、相控阵天线方案、雷达发射机的形式、信号波形和测角方式。

2.2.1　工作波段选择

正确选择工作波段是各种相控阵雷达，特别是雷达系统初步设计中的首要问题。由于影响波段选择的因素很多，因此常常需要做反复比较才能最后确定。在选择雷达工作波段时需要考虑以下五种主要因素。

1. 雷达要观察的主要目标

不同目标的雷达散射截面积（RCS）与雷达信号波长（λ）有关。对构成目标的一些基本形状的金属物体表面的雷达散射截面积与波长的关系是不同的[3-5]。在雷达视线上具有同样投影物理尺寸的不同目标，其 RCS 可能相差很大。

由于不同形状和尺寸的目标的 RCS 与雷达波长密切相关，故应将雷达方程中的 σ 看成信号频率或波长的函数，即 σ 应表示为 $\sigma(f)$ 或 $\sigma(\lambda)$。

为了正确选定波长，针对设计中的相控阵雷达要观察的主要目标，需要做目标 RCS 的电磁仿真计算，必要时还应进行模型测试。

以下将文献[5]列出的一些基本几何形状金属体的 RCS 与雷达信号波长的关系作为例子来说明目标 RCS 对相控阵雷达波长选择的影响。

1）金属球

对金属球，其半径为 a，则当 $a \ll \lambda$（在瑞利区）时，有

$$\sigma_{\mathrm{R}} \approx 9\pi a^2 (2\pi a / \lambda)^4 \tag{2.13}$$

当 $a > \lambda$（在光学区）时

$$\sigma_{\mathrm{o}} \approx \pi a^2 \tag{2.14}$$

而在瑞利区与光学区之间，即在谐振区，存在反射波与爬行波之间的干涉，其反射波决定的 RCS 为 σ_{o}，其爬行波决定的 RCS 为 σ_{c}，即

$$\sigma_{\mathrm{c}} \approx \pi a^2 (2\pi a / \lambda)^{-5/2} \tag{2.15}$$

在谐振区的 RCS 的最大值或最小值为

$$\sigma_{\mathrm{c}} \approx (\sigma_{\mathrm{o}}^2 \pm \sigma_{\mathrm{R}}^2)^{1/2} \tag{2.16}$$

由式（2.13）至式（2.16）可以看出，若雷达要观察球形目标，其半径的大小对雷达波长的选择有影响。例如，若要观察半径很小的球形目标，如果选择很低的雷达工作频率，即很长的波长（λ），则因该类目标的 RCS 与波长的 4 次方成反比，RCS 将很小。

2）平板目标

面积为 A 的任意形状的大型平板目标的 RCS，与其法线和雷达视线之间的夹角有关，在法线方向时，可得其最大值为

$$\sigma = 4\pi A / \lambda^2 \tag{2.17}$$

对需要进行拦截效果评估的雷达，由于要观察的碎片目标的 RCS 与波长平方成反比，因此选用较短波长，如选用 X 波段与毫米波波段是有利的。

3）圆锥目标

对半锥角为 α 的无限锥体，在其轴线方向的 RCS 为

$$\sigma = \lambda^2 \tan^4 \alpha / (16\pi) \tag{2.18}$$

4）圆柱体

对半径为 a 长度为 L 的圆柱体，当其尺寸大于雷达信号波长时，若其轴线与雷达视线垂直，则其 RCS 为

$$\sigma = (2\pi a L^2) / \lambda \tag{2.19}$$

若雷达视线与圆柱体轴线之间的夹角的 θ，且 $(4\pi a \sin\theta)/\lambda \gg 1$ 时，则其 RCS 为

$$\sigma = \frac{a\lambda\sin\theta}{2\pi} \cdot \left\{ \frac{\sin[(2\pi L/\lambda)\cos\theta]}{\cos\theta} \right\}^2 \qquad (2.20)$$

5）导弹目标

不同形状导弹目标的 RCS 已有多种仿真计算软件，文献[5]中对某些通用导弹（Generic Missile）模型给出了一些 RCS 的实测值与计算公式。例如，对长 1m、直径为 1/8m 的导弹模型在频率为 4～17GHz 时，可得到不同极化情况下其头部的 RCS 值，即

$$\sigma_{nose}^{V} \approx 0.7\lambda^{1.7}$$
$$\sigma_{nose}^{H} \approx 0.17\lambda^{1.3} \qquad (2.21)$$

从观察弹头目标角度考虑，选用较长的雷达信号波长有利。

从上述几个基本几何形状金属体的 RCS 与波长的关系可以看出，一个复杂目标的 RCS 与雷达信号波长的关系是复杂的。这在一定程度可以说明，在弹道导弹防御（BMD）、空间监视系统中采用的雷达覆盖了很宽的波段。例如，美国海军的空间早期监视系统（Navspasur）中的长基线收/发分置相控阵雷达即采用 VHF 波段；又如，Bmews 中的 AN/FPS-115（Pave Paws）相控阵雷达及超远程空间监视相控阵雷达 AN/FPS-85，美国"赛其"反弹道导弹系统（Safeguard ABM System）中的边界截获（PAR）相控阵雷达，均采用 UHF 波段；采用 L 波段的例子有用于导弹试验情报收集、空间目标跟踪与洲际弹道导弹（ICBM）预警、空间碎片观测的 AN/FPS-108 超远程相控阵雷达；在 S 波段有"赛其"反导系统中的导弹制导雷达，亦称导弹场地雷达（MSR）及"朱迪眼镜蛇"（Cobra Jude）舰载导弹观测雷达；在 C 波段和 X 波段的相控阵雷达有大家熟悉的反导系统中高层空中防御（THAAD，萨德）系统及 NMD 中的 XBR 大型相控阵雷达[6]。

2. 雷达测量精度和分辨率要求

在同样天线口径尺寸条件下，采用较短的信号波长，可以获得更高的角度测量精度和角度分辨率。

为了提高测量精度，识别目标，要求相控阵雷达具有高的距离分辨率，对目标进行一维或二维成像必须采用大的瞬时信号带宽。瞬时信号带宽（Δf）越大，雷达工作频率（f_o）也应越高，否则由于相对信号带宽 $\Delta f/f_o$ 的增加，会给雷达设计带来一些需要费力克服的困难。在 L 和 S 波段的相控阵雷达中，瞬时信号带宽已可分别做到 200MHz 和 500MHz 以上；但在 X 波段，瞬时信号带宽则可做到 1GHz

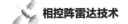

甚至 2GHz 以上。

3. 雷达的主要工作方式

如果相控阵雷达以空域监视为主，即主要工作方式为搜索工作方式时，雷达探测距离主要取决于发射天线辐射的平均功率与接收天线口径面积的乘积（$P_{av}A_r$）；而对以跟踪方式为主的相控阵雷达，跟踪距离与发射天线增益有关，即取决于（$P_{av}G_tA_r$），搜索与跟踪的不同要求在一定程度上也影响雷达工作波段的选择。

如果相控阵雷达以对远区目标进行搜索为主，它承担的任务是向别的具有更高测量精度的雷达如火控雷达、导弹制导雷达等提供引导数据，则根据增大雷达作用距离的要求，波长选择要考虑的主要因素是 $\sigma(\lambda)$ 的大小。如果相控阵雷达主要完成跟踪任务，它可以接收其他雷达或传感器提供的引导数据，则选用较短的波长是有利的，因为在同样大小天线口径条件下，提高信号频率可以提高雷达发射天线的增益（G_t），相应地可增大跟踪作用距离，提高测量精度。这就是为什么大多数火控雷达、导弹制导雷达都工作在较短波长的原因。

对担任搜索任务为主的相控阵雷达，由于监视空域大，作用距离远，要处理的目标数量多，宜选用较低的雷达工作频率。例如，目前国际上多数空间目标监视相控阵雷达，由于其作用距离均在几千千米以上，因此，多采用 UHF 波段和 L 波段，以便充分利用加大天线阵面口径的方法来增加雷达的作用距离，而同时在加大天线阵面口径后，天线单元总数还控制在允许的范围之内。已公开报道的苏联的大型空间监视相控阵雷达，多采用 VHF 波段。由于选用更长的雷达信号波长，当相控阵天线阵面口径接近 100m×100m 时，其天线单元总数却没有明显增加。

4. 雷达的研制成本、研制周期与技术风险

降低成本是推广相控阵雷达应用的关键。考虑到相控阵雷达较机扫雷达复杂，在相控阵雷达的预先设计阶段，必须充分考虑研制和生产的现实条件，而不应盲目追求个别分系统的先进指标。在这方面要考虑的一个重要问题是采用何种类型的高功率发射机及高功率发射机中的关键器件，以实现高功率、高效率和低成本的相控阵发射组件。

5. 电波传播及其影响

与机扫雷达一样，波长选择时必须考虑电波传播的影响。电波传播过程中的

衰减与频率密切相关。电波传播损耗和折射引起的测量误差，特别是在低仰角传播时的测量误差，都与信号工作频段相关。

对用于 TMD/NMD 及空间目标监视的远程/超远程相控阵雷达来说，由于其发射和接收信号均要通过电离层，而电离层对电波的衰减与信号频率有关，因此在波长选择时也应加以考虑。

2.2.2　相控阵天线方案

相控阵雷达与机扫雷达相比的特殊性和复杂性在很大程度上反映在相控阵天线上，因而相控阵天线形式的选择对相控阵雷达系统设计有重大影响。相控阵天线方案的选择，有以下几个方面值得注意。

1. 天线扫描范围

一维相扫战术三坐标雷达一般采用窄波束在仰角上进行相扫，而在方位上进行机扫，这时仰角相扫范围便是一个主要指标，如一般三坐标雷达要求仰角波束覆盖 0°～30°。减少仰角相扫范围，可以拉大一维相扫平面相控阵天线中各个行天线线阵之间的间距，这有利于降低天线质量与生产成本，并可减小天线阵面的风阻系数。

对二维相扫的平面相控阵雷达要注意区分方位与仰角上扫描范围的要求。对安装在方位上可转动或方位与仰角上均能转动的平台上的相控阵天线，可以考虑降低对相扫范围的要求，这有利于降低相控阵雷达的成本。

对主要用作多目标跟踪的二维相扫的雷达，如靶场多目标精密跟踪测量雷达，首先要确定在多大的空域（是全空域还是有限域）内实现相扫，并确定相控阵天线的机扫范围。能用较小的有限相扫天线，便不一定要用大空域相扫天线。这可降低阵面内天线单元的数目，从而大大降低这类相控阵雷达的成本。

2. 馈电方式

相控阵天线有强制馈电和空间馈电两种馈电方式。

强制馈电采用波导、同轴线和微带线进行功率分配，将发射机产生的信号功率传送到阵面每一个天线单元上；接收时，功率相加网络将各天线单元接收的目标回波信号传送到接收机。空间馈电方式亦称光学馈电方式，该方式可实现在空间进行信号功率的分配与相加功能。采用光纤传输收/发信号也属于强制馈电的方式。

3. 馈相方式

馈相方式主要指采用何种方式实现各天线单元通道之间的信号相位调制或时间调制。实现移相器的方案很多，但主要有半导体开关二极管（PIN 管）实现的数字式移相器和铁氧体器件实现的移相器。近年来随着微电子机械（MEM）技术的发展，以各种 MEM 开关实现的移相器得到广泛重视，并已有了相应演示验证系统的研制项目。

4. 有源相控阵天线与无源相控阵天线

在相控阵天线方案的选择中，应认真考虑的一个重要问题是选择有源相控阵天线还是无源相控阵天线。

有源相控阵天线的每一个天线单元通道上均有一个发射机（功率放大器）、低噪声放大器或发射/接收组件（T/R 组件），它们给相控阵雷达带来一些新的优点：

（1）降低相控阵天线中馈线网络即信号功率分配网络（发射时）与信号功率相加网络（接收时）的损耗；

（2）降低馈线系统承受高功率的要求；

（3）易于实现共形相控阵天线；

（4）有利于采用单片微波集成电路（MMIC）和混合微波集成电路（HMIC），可提高相控阵天线的宽带性能，有利于实现频谱共享的多功能天线阵列，为实现综合化电子信息系统（包括雷达、ESM 和通信等）提供可能条件；

（5）采用有源相控阵天线后，有利于与光纤及光电子技术相结合，实现光控相控阵天线和集成度更高的相控阵天线系统。

有源相控阵天线虽然具有许多优点，但在具体的相控阵雷达中是否采用，要从实际需求出发，既要看雷达应完成的任务，也要分析实际条件和采用有源相控阵天线的代价，考虑技术风险及对雷达研制周期和研制生产成本的影响。

5. 实现低副瓣天线的方法

相控阵天线的副瓣性能是雷达系统的一个重要指标，它在很大程度上决定了雷达战术指标中的抗干扰与抗杂波的能力，也与雷达探测性能、测量精度等有关。

相控阵雷达天线包括成千上万甚至数百万个天线单元，在信号功率分配网络与信号相加网络中包括众多的微波器件，各天线单元之间信号的幅度与相位由于制造和安装公差、传输反射等原因难以做到一致，存在幅度与相位误差，这一幅度和相位误差还会随着相控阵天线波束的扫描而变化，给修正幅相误差带来一定困难。因此，与机械转动的天线相比，实现低副瓣/超低副瓣要求有其难度，特别是在宽角扫描情况和宽带相控阵天线中更是如此。在相控阵雷达系统设计中，正确选择天线照射函数的加权方案及幅度、相位监测与调整是完全必要的。

可采用的加权方法有幅度加权、密度加权、相位加权三种方法，也可以采用它们的混合加权方法。

2.2.3　雷达发射机的形式

相控阵雷达采用电真空器件或半导体功率器件来实现对发射功率的要求。由于相控阵天线具有用多部发射机在空间实现功率合成的优点，因此在选择相控阵雷达发射机形式的问题上，有相当大的灵活性。

在相控阵雷达系统设计之初，首先考虑的往往是在雷达作用距离等战术指标得以满足的前提下，尽量选择现有的大功率器件，确保在要求的研制周期里完成任务。如果有提供固态功率器件的条件，提高雷达系统的可靠性和可维护性，降低整个雷达发射机系统要求的初级电源，可优选固态发射机；反之，要是不具备或不完全具备大批量固态功率器件及固态发射组件的生产能力，也可考虑采用电真空器件实现的发射机。

有源相控阵天线主要采用固态功率放大器件的发射机，而无源相控阵天线则主要采用电真空器件的发射机。采用电真空器件的发射机要设法克服它的一个主要缺点——阵列中功率分配网络的损耗。这可通过采用多部发射机的方案，使每部发射机只为一个子天线阵提供信号功率，从而减少在功率分配网络中的损耗。采用多部发射机，必须保证多部发射机输出信号相位的一致性，为此要对多部发射机输出信号的相位进行监测和调整。

发射机形式的选择在很大程度上与相控阵雷达的工作波段相关。当相控阵雷达工作在 C 和 X 及 Ku 和 Ka 波段时，由于固态功率器件不能提供足够高的功率，特别是高的峰值功率，因此当作用距离远（如超过 1000km）时相控阵雷达的成本会很高，这时就可能不得不选择具有高功率输出能力的电真空器件。

在选择相控阵雷达发射机类型时，与其他雷达发射机一样，发射机总效率、能提供的信号带宽、放大增益、相位噪声电平、调制方法、冷却方式、对初级电源的要求、工作寿命、可靠性、全寿命周期成本、体积和质量等中的一些指标都有可能影响对发射机形式的选择。

2.2.4　信号波形

雷达信号波形与雷达各分系统的技术指标关系密切，发射机、接收机、信号

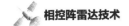

处理、终端显示均与其有密切关系。雷达信号波形的选择取决于许多因素，选择原则应在充分保证工作方式需要的前提下尽可能减少不必要的信号波形种类，使之有利于简化设计，减少不必要的软件开销，提高系统工作的可靠性。

1. 影响雷达信号波形选择的主要因素

雷达信号波形的选择主要受以下 7 种因素的影响。

（1）相控阵雷达的多功能、多工作模式。

不同信号脉冲宽度、重复频率、信号瞬时带宽、脉冲长度及不同编码方式及其相互组合后的变化，便于按雷达完成功能和工作方式的不同而进行变化，可以有效实现相控阵雷达信号能量的最佳管理。

当雷达处于搜索状态时，宜采用大时宽和较窄带宽的信号，信号瞬时带宽较窄可减少在整个搜索区内要处理的距离单元数目，有利于提高雷达回波信号的信噪比，从而减少信号处理的计算工作量。

当雷达处于跟踪状态时，采用具有大时宽带宽乘积的信号，可获得高的测距精度和距离分辨率，且信号处理所需的计算工作量，也因在一个雷达重复周期内只需处理位于较窄的跟踪波门内的回波，而不会明显增加，因而可保持与搜索状态工作时信号处理运算量的大体平衡。

（2）雷达的分辨率和测量精度。

（3）测速要求。

（4）目标识别要求。

（5）电波传播修正要求。

（6）在一个重复周期里探测多个方向目标。

（7）判别虚假目标。

2. 相控阵雷达的抗干扰能力

从提高雷达抗干扰能力角度可以将信号设计成具有低截获概率（LPI）性能的波形，这有利于推远被敌方电子情报侦察设备侦测与定位的距离。

大瞬时带宽信号、捷变频信号、频率分集信号对提高雷达抗干扰能力有重要意义。

3. 测速要求

如果对相控阵雷达有测速要求，则脉冲多普勒信号形式、连续波信号、准连续波信号形式的采用是相控阵雷达系统设计中应考虑的因素。

4. 发射机形式

如果采用高功率真空发射机，除非是专门设计的高工作比发射管，一般信号工作比均较小，即信号峰值功率与平均功率之比较大；而以固态器件实现的功率放大器，更有可能获得大工作比信号，因此有利于实现长脉冲信号。

5. 雷达作用距离要求

一般来说，对近程相控阵雷达的作用距离有严格的要求，这与远程、超远程相控阵雷达有很大不同。例如，对 BMD 系统、空间监视系统中的相控阵雷达来说，由于要求的雷达作用距离远，目标分布范围广，因此对远距离目标要用大时宽信号进行搜索跟踪，而对近距离目标则可用短脉冲信号。对 RCS 大的目标，可用脉宽较窄的信号；对 RCS 小的目标，则应采用宽脉冲信号。观测目标所用信号能量的调节除了改变脉冲宽度，还可通过改变重复频率，改变波束驻留时间，即改变发往同一观测方向的脉冲串长度等来实现。

2.2.5 测角方式

相控阵雷达一般都应具有多种功能，且由于作用距离远、雷达重复周期长、要观测多批目标等原因，在搜索和跟踪状态，在每一个波束位置上雷达信号驻留时间是很短的，这对远程、超视距相控阵雷达来说更是如此。以一维相扫战术三坐标雷达为例，若方位波束宽度为 1°，天线在方位上的转速为 10r/min，重复频率 $F_r = 300Hz$，则按式（2.4）计算，最多只有 5 个脉冲。如果一维相扫只有两三个重复周期，甚至只有一个重复周期，故只能采用单脉冲测角方法，以保证高的测角精度。此外，对一维相扫战术三坐标雷达来说，当三坐标雷达的仰角波束数目不多，不能覆盖要求的仰角空域时，在每一仰角位置上照射脉冲数目也偏少，且不能像机械扫描两坐标雷达那样，可用天线方位波束形状对回波脉冲串信号的幅度调制来测角，这时也只能采用单脉冲测角方法。

单脉冲测角方法可分为相位比较法和幅度比较法两种。两种方法都可以根据测量一个脉冲回波信号在两个接收通道中的相位或幅度差异，再通过对目标角度进行内插，从而得到准确的角度参数。相位比较法和幅度比较法单脉冲测角方法在理论上具有相同的潜在测角精度，即取决于信号噪声比的测量精度[1]。

2.3 相控阵雷达作用距离

雷达作用距离是雷达的一个主要战术指标。相控阵雷达作用距离的计算按雷达方程进行。雷达方程除用于计算作用距离外，还可用来分析雷达各分系统指标对雷达系统性能的影响。雷达作用距离方程在很大程度上反映了雷达战术指标与雷达技术指标之间的联系。由相控阵雷达作用距离方程可以看出，充分发挥相控阵天线带来的优势及潜力，利于获得最佳的系统设计。

与机扫雷达不同，相控阵雷达要完成多种功能和跟踪多批目标，需要用搜索作用距离与跟踪作用距离来分别描述雷达在搜索与跟踪状态下的性能。基于相控阵天线波束扫描的灵活性，可在不同搜索区域内灵活分配信号能量，因而可得出不同的搜索作用距离。在跟踪状态下，同样可对不同目标按其所在距离的远近、目标的威胁程度、目标类型的差异及跟踪目标数目来合理分配信号能量，得出不同的跟踪作用距离。

根据分别用于搜索和跟踪的时间比例的不同，或根据分别用于搜索和跟踪的信号能量分配的不同，在相控阵雷达中，可调整搜索作用距离与跟踪作用距离之间的比例。

2.3.1 脉冲雷达作用距离的几种形式

相控阵雷达作用距离表达式的推导过程与常用脉冲雷达的作用距离公式是一致的，两种形式的差异主要在于，前者还与决定相控阵雷达不同工作方式的有关控制参数，如搜索空域、搜索时间、搜索数据率、跟踪目标数目、跟踪时间、跟踪数据率，以及搜索与跟踪模式之间在时间与信号能量的分配方式等密切相关。

首先回顾一下常用脉冲雷达的雷达作用距离的表达式。在大家熟知的雷达方程中，将雷达最大作用距离 $R_{\max}$ 定义为雷达接收的、从位于该距离处目标的回波信号功率 P_r 等于接收机最小可检测信号功率 $S_{\min}$ 时的作用距离，由此可得[4]

$$R_{\max}^4 = \frac{P_t G_t \sigma A_r}{(4\pi)^2 L_s S_{\min}} \tag{2.22}$$

式（2.22）中，P_t 为雷达发射机峰值功率，G_t 为雷达发射天线增益，σ 为目标有效反射面积，A_r 为雷达接收天线有效面积，L_s 为雷达系统（包括发射和接收天馈线及信号处理）损耗，$S_{\min}$ 为最小可检测信号功率，即

$$S_{\min} = kT_e B(S/N)$$

式中，$k = 1.38 \times 10^{-23}$ J/K 为玻尔兹曼常数；B 为信号带宽；$T_e = T_A + (L_r \cdot NF - 1)T_0$ 为接收系统的等效噪声温度，其中 T_A 为天线噪声温度，T_0 为室温，L_r 为接收天线及馈线损耗，NF 为雷达接收机噪声系数；S/N 为信号噪声比。

将 $S_{\min}$ 代入式（2.22），得常用雷达方程的另一表达式，即

$$R_{max}^4 = \frac{P_t G_t A_r \sigma}{(4\pi)^2 L_s k T_e B(S/N)} \qquad (2.23)$$

若考虑天线增益 G_r 与天线面积 A_r 的关系，有

$$G_r = \frac{4\pi}{\lambda^2} A_r, \quad G_t = \frac{4\pi}{\lambda^2} A_t \qquad (2.24)$$

则式（2.23）可变为

$$R_{max}^4 = \frac{P_t G_t G_r \sigma \lambda^2}{(4\pi)^3 L_s k T_e B(S/N)} \qquad (2.25)$$

或

$$R_{max}^4 = \frac{(P_t A_t A_r)\sigma}{4\pi L_s k T_e B(S/N)} \times \frac{1}{\lambda^2} \qquad (2.26)$$

式（2.24）至式（2.26）这三个雷达作用距离方程在形式上，在如何反映信号波长对作用距离的影响上，似乎有很大差异。但它们反映的物理过程是一样的。式（2.25）表达了当天线增益一定时，信号波长的选择对作用距离的影响；而式（2.26）反映的是发射天线面积 A_t 与接收天线面积 A_r 一定时，信号波长对作用距离的影响。例如，当按式（2.25）希望通过增加波长来提高作用距离时，为保持 $G_t G_r$ 不变，应增加天线面积；若按式（2.26），当希望通过降低波长来提高作用距离时，则会因为 $A_t A_r$ 不变，天线波束会变窄，要搜索完同样的空域，就要增加搜索时间，这是因为这三个公式没有对受限制条件加以说明，它反映的是单个雷达发射脉冲从目标反射回来后被雷达接收天线接收到的功率，应是雷达接收机内噪声的 S/N 倍。而 S/N 是单个接收回波的信噪比，它取决于在探测方向发射多少个脉冲或天线波束在观察方向的驻留脉冲数，脉冲之间是否可进行相参积累等因素，这在方程中并未说明，即在它们的推导过程中未涉及雷达工作方式等问题。

2.3.2 相控阵雷达的搜索作用距离

对一般的两坐标机扫脉冲雷达来说，一旦确定天线波束宽度 $\Delta\varphi_{1/2}$、天线转速 ω 与雷达重复周期 T_r，则用于观测目标的脉冲数 n 便完全确定了，即

$$n = \frac{\Delta\varphi_{1/2}}{\omega} F_r \qquad (2.27)$$

根据观测目标的脉冲数 n，按照要求的总的发现概率和虚警概率，考虑 n 个脉冲之间是否进行相参积累，先求出单个脉冲的发现概率与虚警概率，然后便可确定雷达方程中的 S/N。由于机扫雷达用于搜索探测的时间是固定的（当天线转速固定时），其搜索作用距离也是固定的；但对相控阵雷达来说，观测目标的脉冲数 n 是不固定的，可按不同要求加以调节，因此其作用距离也就不同。

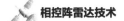

下面着重讨论影响相控阵雷达搜索作用距离的一些主要因素及其表达式[1,7]。

1. 搜索状态下雷达作用距离与搜索空域及搜索时间的关系

预定搜索空域大小和允许的搜索时间是影响相控阵雷达搜索作用距离的两个主要因素。

当相控阵雷达处于搜索状态时，设它应完成的搜索空域的立体角为 Ω 球面度，雷达天线波束宽度的立体角为 $\Delta\Omega$，发射天线波束在每一个波束位置的驻留时间为 t_{dw}，则搜索完整空域所需的时间 t_s 应为

$$t_s = \frac{\Omega}{\Delta\Omega}t_{dw} \tag{2.28}$$

考虑到发射天线增益 G_t 可用波束宽度的立体角 $\Delta\Omega$ 来表示，即

$$G_t = \frac{4\pi}{\Delta\Omega} = \frac{4\pi}{\Omega} \times \frac{t_s}{t_{dw}} \tag{2.29}$$

将式（2.29）代入式（2.23），得

$$R_{max}^4 = \frac{P_t A_r \sigma}{4\pi L_s k T_e B(S/N) t_{dw}} \times \frac{t_s}{\Omega} \tag{2.30}$$

对脉冲雷达来说，波束驻留时间 t_{dw} 为

$$t_{dw} = n_s T_r \tag{2.31}$$

式（2.31）中，T_r 为信号重复周期，n_s 为天线波束在该波束位置观测（照射）的重复周期（简称重复周期）。这表明，为了检测目标，必须使用 n_s 个重复周期，当一个重复周期内只有一个脉冲时，即使用 n_s 个脉冲。这也表明，需要在一个波束指向上使用 $n_s P_t$ 的信号总功率，故在波束驻留时间内的信号能量 E_{dw} 为

$$E_{dw} = P_t n_s T \tag{2.32}$$

式（2.32）中，T 为信号脉冲宽度，即为了检测目标，需使用的信号能量为 E_{dw}。

又因为

$$\frac{P_t n_s}{B t_{dw}} = \frac{P_t n_s T/(n_s T_r)}{BT} = P_{av}/(BT) = \frac{P_{av}}{D} \tag{2.33}$$

或

$$\frac{P_t}{B t_{dw}} = \frac{P_{av}}{D n_s}$$

式中，D 为信号的时宽带宽乘积（时宽带宽积），当信号为脉冲压缩信号时，D 即为脉冲压缩比，故式（2.30）变为

$$R_{max}^4 = \frac{(P_{av} A_r)\sigma}{4\pi L_s k T_e (E/N_0)} \times \frac{t_s}{\Omega} \tag{2.34}$$

式（2.34）中，E/N_0 为 n_s 个重复周期的信号能量与噪声能量之比，它与信噪比 S/N 的关系为

$$E / N_0 = n_s (S/N) D \tag{2.35}$$

采用式（2.34）有利于说明雷达搜索时的最大作用距离在理论上与 $P_{av} A_r$ 及用于搜索完整空域立体角的 Ω 球面度的时间 t_s 成正比，与搜索空域立体角的 Ω 球面度成反比，而与波长无关（在假定目标有效反射面积 σ 与波长无关的条件下）。

2. 以波束驻留时间表示的相控阵雷达搜索距离

为便于进一步阐明雷达搜索距离与相控阵搜索工作方式的有关控制参数之间的关系（在第 3 章将详细讨论），最好在搜索距离方程中能将波束驻留时间 $n_s T_r$ 的影响直接表达出来。

为此，首先讨论式（2.34）中的有关 t_s 和 Ω 的表达式。

将搜索空域立体角的 Ω 球面度表示为方位搜索空域 φ_c 与仰角搜索空域 θ_c 的乘积，即

$$\Omega = \varphi_c \theta_c \tag{2.36}$$

令天线波束在方位与仰角上的半功率点宽度分别为 $\Delta\varphi_{1/2}$ 与 $\Delta\theta_{1/2}$，则

$$t_s = K_\varphi K_\theta n_s T_r \tag{2.37}$$

式（2.37）中，K_φ 与 K_θ 分别为覆盖 φ_c 与 θ_c 所要求的天线波束位置的数目，其详细计算可参见文献[1]，其近似值可表示为

$$K_\varphi = \frac{\varphi_c}{\Delta\varphi_{1/2}}, \quad K_\theta = \frac{\theta_c}{\Delta\theta_{1/2}} \tag{2.38}$$

将式（2.36）与式（2.37）代入式（2.34），得

$$R_{max}^4 = \frac{(P_{av} A_r) \sigma}{4\pi L_s k T_e (E/N_0)} \times \frac{K_\varphi K_\theta}{\varphi_c \theta_c} \times (n_s T_r) \tag{2.39}$$

在计算远程相控阵雷达作用距离或按雷达方程用迭代方法选择雷达性能参数时，雷达设计师常习惯采用含有天线增益的雷达方程。为此，重新将 K_φ 和 K_θ 用天线波束宽度表示，并考虑波束宽度与天线增益（以下将其定义为发射天线增益）和信号波长的关系式，可得到

$$R_{max}^4 = \frac{(P_{av} A_r G_t) \sigma}{(4\pi)^2 L_s k T_e (E/N_0)} \times (n_s T_r) \tag{2.40}$$

与

$$R_{max}^4 = \frac{(P_{av} A_r A_t) \sigma}{4\pi L_s k T_e (E/N_0)} \times \frac{n_s T_r}{\lambda^2} \tag{2.41}$$

初看起来，按式（2.40），雷达搜索距离的四次方与发射天线增益成正比，而按式（2.41），搜索距离的四次方与信号波长的平方成反比，缩短波长会提高雷达搜索时的作用距离，这似乎与前面讨论式（2.34）时的结论（搜索最大作用距离与

搜索完整空域立体角的 Ω 球面度的时间 t_s 成正比，与搜索空域立体角的 Ω 球面度成反比，而与波长无关）相矛盾。其实并非如此，因为在 Ω 及 t_s 一定的条件下，波束驻留时间 $n_s T_r$ 是受到严格限制的，由式（2.36）和式（2.37）可得到

$$\frac{t_s}{\Omega} = \frac{n_s T_r}{\Delta\varphi_{1/2}\Delta\theta_{1/2}} = \text{const}$$

故在式（2.40）中增加 G_t 与在式（2.41）中降低 λ 都将导致搜索波束驻留时间 $n_s T_r$ 的值相应降低，因而搜索作用距离 $R_{\max}$ 将保持不变。

2.3.3 相控阵雷达的跟踪作用距离

跟踪多目标是相控阵雷达的一个重要特点，由于相控阵雷达在对一定空域进行搜索的条件下，还要对多批目标按时间分割原则进行离散跟踪，故与采用机械转动天线的雷达只对一个目标（一个方向）进行跟踪的情况有着显著区别。

1. 跟踪一个目标时跟踪作用距离的基本公式

先讨论最简单的情况，相控阵雷达只对一个目标进行跟踪时的情况。与一般机扫跟踪雷达不同，相控阵雷达不能将全部时间资源，即全部信号能量都用于跟踪一个目标，而用于跟踪一个目标的时间只能为 t_{tr}，这一时间是雷达对一个目标方向进行一次跟踪采样所需花费的时间，即在一个目标方向上的跟踪波束驻留时间

$$t_{tr} = n_{tr} T_r$$

考虑到

$$\frac{P_t}{B} = \frac{P_{av}}{n_{tr}BT} n_{tr}T_r = \frac{P_{av}}{n_{tr}D} n_{tr}T_r$$

则由式（2.23），可推导出相控阵雷达在对单个目标进行一次跟踪采样时的最大作用距离为

$$R_{tr}^4 = \frac{P_{av}A_r G_t \sigma}{(4\pi)^2 L_s k T_e (E/N_0)} (n_{tr}T_r) \qquad (2.42)$$

如果将 G_t 用发射天线面积 A_t 来表示，则式（2.42）又可表示为

$$R_{tr}^4 = \frac{(P_{av}A_r A_t)\sigma}{4\pi L_s k T_e (E/N_0)} \times \frac{n_{tr}T_s}{\lambda^2} \qquad (2.43)$$

式（2.42）与式（2.43）表示的跟踪距离方程与式（2.40）与式（2.41）表示的搜索距离方程的形式是一样的。式（2.42）表明，相控阵雷达在对一个目标进行一次跟踪照射（采样）时，其作用距离的 4 次方 R_{tr}^4 与发射机平均功率、接收天线面积和发射天线增益的乘积 $P_{av}A_r G_t$ 及跟踪波束驻留时间 $n_{tr}T_s$ 成正比，它不仅与雷达功率孔径积 $P_{av}A_r$ 有关，且还与发射天线增益 G_t 有关。式（2.43）则说明，跟踪作

用距离的 4 次方 R_{tr}^4 与雷达信号波长的平方成反比，这是由于在跟踪状态下，没有前面提到的对搜索时间和搜索空域的限制，故在天线面积一定的条件下，降低信号波长有利于提高雷达发射天线的增益。

2. 跟踪多目标时的跟踪作用距离

式（2.42）或式（2.43）反映的是雷达用 n_{tr} 个周期的信号对一个目标进行一次跟踪照射（采样）情况下的跟踪作用距离。R_{tr}^4 与跟踪照射时波束驻留时间 $n_{tr}T_r$ 成正比，当相控阵雷达进行多目标跟踪时，允许的跟踪次数 n_{tr} 是有限的，因而相控阵雷达的跟踪距离与要跟踪的目标数目 N_t 密切相关。

令对所有 N_t 个被跟踪目标进行一次跟踪照射所花费的时间为 t_t，即对 N_t 个目标的总跟踪时间或总的波束驻留时间为 t_t，在最简单的跟踪控制方式下，假设对所有 N_t 个目标均采用 n_{tr} 次跟踪照射，对它们的跟踪采样间隔时间（即跟踪数据率的倒数）均一样，且雷达重复周期 T_r 也一样，这时 t_t 为

$$t_t = N_t n_{tr} T_r \qquad (2.44)$$

故每次跟踪照射次数 n_{tr} 为

$$n_{tr} = \frac{t_t}{N_t T_r} \qquad (2.45)$$

显然，要跟踪的目标数目 N_t 越多，用于在每一目标方向进行跟踪照射的次数 n_{tr} 就越少，跟踪作用距离就越近。

如果相控阵雷达将全部信号能量都用于对 N_t 个目标进行跟踪，则跟踪间隔时间（跟踪数据率的倒数）t_{ti} 必须大于或等于跟踪时间 t_t，这时 n_{tr} 应满足

$$n_{tr} \leqslant \frac{t_{ti}}{N_t T_r} = \frac{t_{ti} F_r}{N_t} \qquad (2.46)$$

n_{tr} 至少应为 1。例如，令重复频率 $F_r = 300\mathrm{Hz}$，跟踪采样间隔时间 $t_{ti} = 1\mathrm{s}$，跟踪目标数目 $N_t = 100$ 个，则 $n_{tr} = 3$；如果 N_t 超过 300 个，则 n_{tr} 将小于 1，不能保证在每一个目标方向哪怕只有一个重复周期的跟踪照射时间。

由此式可见，相控阵雷达特别是远程或超远程相控阵雷达在跟踪多批目标情况下，能用于对一个目标进行跟踪的照射次数 n_{tr} 或跟踪驻留时间 $n_{tr}T_r$ 是很小的，因而目标跟踪数目与跟踪采样间隔时间是限制雷达跟踪距离的主要因素，在多目标跟踪情况下，跟踪距离与 $N_t^{1/4}$ 成反比。

限制跟踪驻留时间 $n_{tr}T_r$ 即限制跟踪作用距离的因素是相控阵雷达要跟踪的目标数目和跟踪数据率。如果搜索与跟踪时的波束驻留时间相等，即 $n_s T_r = n_{tr} T_r$，且要求的信号信噪比一样，则跟踪作用距离与搜索作用距离便完全相等，可实现两者的平衡。

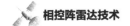

参考文献

[1] 张光义. 相控阵雷达系统[M]. 北京：国防工业出版社，1994.

[2] BARTON D K. Modern Radar System Analysis[M]. Boston: Artech House, 1985.

[3] SKOLNIK M I. Introduction to Radar Systems[M]. 3rd ed.. New York: McGraw-Hill, 2001.

[4] 斯科尼克 M I. 雷达手册[M]. 王军，林强，米慈中，等译. 北京：电子工业出版社，2003.

[5] MORCHIN W. Radar Engineer's Sourcebook[M]. Boston: Artech House, 1993.

[6] 南京电子技术研究所. 世界地面雷达手册[M]. 北京：国防工业出版社，2005.

[7] 张光义，刘光磊，赵玉洁. 工作方式对相控阵雷达作用距离的影响[J]. 现代雷达，2003(3): 1-6.

第 3 章
相控阵雷达工作方式

相控阵雷达工作方式的多样性取决于相控阵雷达的技术特点。合理安排相控阵雷达的工作方式，对合理确定和调整相控阵雷达的各项技术指标，最终得到接近最佳的雷达系统设计方案，以及正确编制相控阵雷达的控制软件是十分重要的。

执行不同任务的相控阵雷达有不同的工作方式。对只在仰角上做相扫的三坐标雷达来说，平面相控阵天线在方位上做机械转动，雷达搜索与跟踪具有同样的采样间隔时间，即具有同样的数据率，因此雷达工作方式相对较为简单。对于具有二维相扫能力的战术三坐标雷达，因天线波束可在方位与仰角方向上进行相扫，天线波束扫描的灵活性可得到更好发挥，因而可实现的雷达工作方式就较多。用于导弹防御系统及空间目标监视的远程相控阵雷达，由于雷达要求的作用距离远，要观测的目标，如卫星、导弹的飞行速度远高于飞机目标，雷达散射截面积的变化范围大，雷达要满足精确定轨、编目等高测量精度要求，使这一类相控阵雷达工作广度与战术使用的相控阵雷达在雷达工作方式安排上具有一些不同的特点。

相控阵雷达天线波束的快速扫描和天线波束形状的快速变化能力，为雷达完成多种功能、实现多种工作方式提供了灵活性和自适应调节能力。如何充分发挥相控阵天线可高速改变天线波束的指向和形状，在各种工作方式之间合理分配雷达信号能量，如按观察空域内目标数量、目标分布、目标 RCS 大小、威胁度和重要性等合理调整信号能量，实行自适应能量管理，对相控阵雷达系统设计有非常重要的意义。

3.1　相控阵雷达数据率概念

数据率是相控阵雷达的一个主要指标，它既是一个战术指标，也是一个技术指标。现将它放在雷达工作方式一章中再次进行讨论，是因为它与各种工作方式都有密切联系。在对某一种工作方式进行控制程序设计安排时，要讨论保证该种工作方式要求的数据率对实现其他工作方式的影响；此外，数据率指标体现了相控阵雷达一些重要指标之间的相互制约关系。

第 2 章中已提到，数据率 D 定义为在单位时间（1s）内对随时间变化的数据进行采样的次数，其单位为"次/s"。在相控阵雷达中常用数据率 D 的倒数 $1/D$，即数据采样间隔时间这一概念，因为用它有时可更方便地解释雷达获取数据的过程及其物理意义。数据率有时也被称为数据更新率。这里应注意的是，此概念指的是雷达通过发射探测信号对空间方向或目标方向进行照射的采样率，而不是雷达终端传送给友邻雷达或上级指挥所的关于目标参数或航迹的数据更新率，因为雷达终端对目标回波数据进行处理之后，可以采用内插方法按更高的数据更新率传送目标位置与航迹的数据。

相控阵雷达有搜索和跟踪两种基本工作方式。雷达天线波束搜索完规定的搜索空域后，第二次重新去搜索该空域时的间隔时间称为搜索间隔时间，它的倒数称为搜索数据率。雷达按跟踪工作方式对同一个被跟踪目标，连续两次用雷达发射波束对其进行跟踪照射（亦即对目标进行跟踪采样）的间隔时间称为对该目标的跟踪间隔时间，其倒数即为对该目标的跟踪数据率。

由于相控阵雷达需要搜索的空域一般均较大，因而要求的搜索时间较长，搜索间隔时间相应也较长，故搜索数据率偏低；而为了提高目标航迹精度，降低高机动目标跟踪丢失概率，维持跟踪稳定性及在多批目标航迹交叉情况下减少混批现象，要求有较高的跟踪数据率。雷达的信号能量是一定的，信号能量应在搜索与跟踪两种状态之间进行合理分配，分配的方法之一便是对两种工作方式状态下的搜索数据率和跟踪数据率进行合理的分配与调整。

3.2　相控阵雷达搜索方式设计

相控阵雷达可能要在三种情况下进行搜索：第一，监视雷达空域中可能出现的新目标，这时没有目标指示数据。由于没有在监视空域中是否存在目标的先验知识，也就没有目标进入雷达观察空域的航向和时间等可作为进一步修正搜索方式安排的目标指示数据，雷达需要按搜索程序规定自主进行搜索。第二，按上级指挥所或友邻雷达提供的目标指示数据进行搜索。相控阵雷达在执行某一具体任务之前，已经掌握要观测目标的初步数据，如目标的某些特性，进入观察空域的航向、时间及随时间变化的粗略坐标位置，目标航迹或轨道参数等。这些数据可作为对该空域或空域内的目标建立搜索控制参数的引导数据。这时，相控阵雷达可在较小的搜索空域内对其进行搜索，这有利于提高发现概率及截获概率。第三，初次发现目标后，对目标进行检验、确认或跟踪丢失后在较小的搜索区域内进行重新搜索。相控阵雷达在对目标进行跟踪的过程中，一旦发生目标跟踪丢失，需要安排在原来跟踪预测（外推）位置附近的一个小的搜索区域内进行搜索，以便重新发现该目标，继续维持对该目标的跟踪。

3.2.1　搜索数据率

搜索数据率的计算和分配是安排搜索过程及搜索过程控制中的一个重要环节，搜索数据率是搜索过程的重要调节参数或控制参数。

1. 搜索时间的计算

为搜索完一个规定的空域，若用 φ 和 θ 分别表示方位和仰角的搜索范围，$\Delta\varphi_{1/2}$ 和 $\Delta\theta_{1/2}$ 分别表示相控阵天线搜索波束在方位和仰角上的半功率点宽度，则搜索时间 T_s 大致可表示为

$$T_s = \frac{\varphi\theta}{\Delta\varphi_{1/2}\Delta\theta_{1/2}}nT_r \qquad (3.1)$$

式（3.1）中，T_r 为雷达信号重复周期，n 为在一个波束位置上天线波束的驻留次数，故 nT_r 为在一个波束位置上的驻留时间。

由于相控阵天线波束宽度是随天线波束的扫描角度而变化的，在扫描过程中相邻天线波束的间隔（波束跃度）也不一定正好是波束的半功率点宽度，因此更为准确的 T_s 计算公式应为

$$T_s = K_\varphi K_\theta nT_r \qquad (3.2)$$

式（3.2）中，K_φ 为覆盖整个方位搜索范围 φ 所需的波束位置数目，大体上与式（3.1）中的 $\varphi/\Delta\varphi_{1/2}$ 接近；K_θ 为仰角平面上的波束位置数目，与式（3.1）中的 $\theta/\Delta\theta_{1/2}$ 接近。K_φ 与 K_θ 可简称为 "波位" 数目。K_φ 与 K_θ 的计算方式相同。以 K_φ 的计算为例，当天线波束从天线法线方向扫描至 $\pm\varphi_{max}$ 时，K_φ 为[1]

$$K_\varphi = 2P_b + 1 \qquad (3.3)$$

式（3.3）中，P_b 为由法线扫描到 φ_{max} 时所需的波束数目，即

$$P_b = \frac{d}{\lambda}2^K \sin\varphi_{max} \qquad (3.4)$$

式（3.4）中，K 为实现相邻天线波束间隔（波束跃度）所要求的数字式移相器的计算位数。

2. 搜索间隔时间计算

相邻两次搜索同一波束位置的间隔时间称为搜索间隔时间 T_{si}。如果相控阵雷达在搜索过程中没发现目标，雷达只需继续进行搜索，不必进行跟踪，这时 T_{si} 与搜索时间 T_s 相等。如果相控阵雷达在搜索过程中发现目标后，在搜索间隔时间 T_{si} 以内用于检验这些目标需要花费一定时间。加上用于跟踪新老目标所花费的全部时间 T_{tt}，则搜索间隔时间 T_{si} 应为

$$T_{si} = T_s + T_{tt} \qquad (3.5)$$

式（3.5）表明，搜索间隔时间要长于搜索时间，如在 T_{si} 内用于跟踪目标所花费的时间增加，则搜索间隔时间相应增加，其倒数即搜索数据率将会降低。由此式还可看出，若允许的搜索间隔时间 T_{si} 越大，则可增大 T_s 与 T_{tt}。增加 T_s 意味着可扩

展搜索范围或增加每一个搜索波束位置上的驻留时间（nT_r），而增加 T_{tt} 意味着可提高跟踪采样率（跟踪数据率）或增加跟踪目标的数目。

雷达允许的搜索间隔时间 T_{si} 主要取决于目标穿过雷达搜索屏的时间 Δt_p 和在搜索过程中对目标的累积发现概率。例如，按图 3.1 所示，设目标飞越一定的仰角空间 $\Delta\theta$（注：$\Delta\theta = \theta_1 - \theta_2$），根据目标飞行方向、速度和预计的目标距离，可确定 Δt_p，若要求目标飞越设置

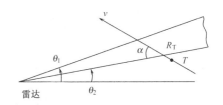

图 3.1 目标穿越雷达搜索屏的时间示意图

的雷达搜索区域的时间为 $n_r T_{si}$，即 $\Delta t_p \geqslant n_r T_{si}$，则在 Δt_p 内，对目标进行搜索照射的次数有 n_r 次，若每次搜索时对目标的发现概率为 P_d，则根据搜索累积检测概率 P_c 与 P_d 的关系，可确定 n_r 的选择，因而有

$$P_c = 1 - (1 - P_d)^{n_r} \tag{3.6}$$

对远程相控阵雷达来说，由于重复周期长，导致 T_s 很大，T_{si} 也相应增加，当设置的搜索空域过大时，有可能不能保证 $n_r = 2$ 或 3，甚至可能出现 $n_r < 1$，即 $\Delta t_p/T_{si} < 1$，这时便没有时间用于跟踪。因此在搜索到预定的目标，对其进行跟踪后，便不得不缩小搜索空域，调整 T_s 和 T_{si}，总之，要在 T_s 与 T_{tt} 之间进行折中。

为了缩短搜索时间 T_s，必须采用多波束发射和多波束接收，用 m 个通道同时处理，这时搜索时间 T_s 将变为

$$T_s = K_\varphi K_\theta n T_r / m \tag{3.7}$$

于是，T_s 将缩短到原来的 $1/m$，T_s 及 T_{si} 的缩短，是靠增加接收馈线系统、波束控制系统和接收系统的复杂性及设备量而得到的，每个波位上的信号能量也相应降低到原来的 $1/m$，信号的能量也应重新进行分配。

3.2.2 搜索方式

根据相控阵雷达承担的任务，充分利用相控阵天线波束的灵活性和相控阵雷达信号波形的多样性，可以实现多种搜索工作方式。

1. 搜索控制参数

为了编制搜索工作方式的控制程序，需要设定若干搜索工作方式的控制参数，主要的控制参数有以下四种。

（1）搜索区域序号；

（2）每一搜索区域的搜索范围包括角度搜索范围（方位和仰角）和距离搜索

范围，即搜索距离波门的宽度与起始点；

（3）搜索信号的重复周期（T_r）与信号形式，包括信号脉冲宽度、信号调制方式和信号瞬时带宽；

（4）对不同搜索区域内波位的搜索波束驻留周期数 n。

从以下工作方式讨论中可以看出，相控阵雷达搜索工作方式是很灵活的，可根据雷达要执行的主要任务来进行合理安排与调整。

2. 分区域搜索与重点空域的搜索

利用相控阵天线波束扫描的灵活性，可以将整个搜索区域分为多个子搜索区域，每个子搜索区域内可按不同重复周期、不同信号波形及不同的波束驻留时间来安排不同的搜索时间和搜索间隔时间。

在若干子搜索区域内可以选择个别搜索区域为重点搜索空域，给该重点搜索区域分配更多的信号能量，以保证更远的作用距离。

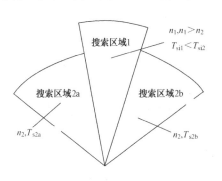

图 3.2　重点空域及提高其搜索数据率的示意图

对仰角上一维相扫的三坐标雷达来说，重点搜索区域放在低仰角，一般搜索区域放在高仰角。对二维相扫的战术三坐标雷达，重点搜索区域还可在方位搜索空域内安排。为说明在有重点搜索区域安排情况下的搜索时间与搜索间隔时间的计算，下面以图 3.2 为例。

图 3.2 中搜索区域 1 为重点搜索区域，搜索区域 2 又分为两部分，它们的搜索时间分别为 T_{s1} 和 T_{s2}，即有

$$T_{s1} = K_{\varphi1}K_{\theta1}n_1T_{r1} \tag{3.8}$$

$$T_{s2} = K_{\varphi2}K_{\theta2}n_2T_{r2} \tag{3.9}$$

为了增加重点搜索区域的距离，n_1 应大于 n_2；如要求的重点搜索区域的作用距离大于非重点搜索区域的作用距离，则它们可用不同的信号重复周期，T_{r1} 大于 T_{r2}。

如果要求对重点搜索区域增加搜索数据率，即减少搜索间隔时间，使 $T_{si1} < T_{si2}$，如当要求对第 2a 和 2b 两个搜索区域搜索完一遍之后，搜索区域 1 应搜完两遍，即搜索区域 1 的搜索数据率比搜索区域 2 高 1 倍，这时，两个搜索区域的搜索间隔时间分别为

$$\begin{aligned} T_{si1} &= T_{s1} + T_{s2}/2 \\ T_{si2} &= T_{s2} + 2T_{s1} \end{aligned} \tag{3.10}$$

式（3.10）中，T_{s2} 为搜索完 2a 及 2b 两个区域的总的搜索时间，即

$$T_{s2} = T_{s2a} + T_{s2b} \tag{3.11}$$

3. 同时对远区及近区进行搜索

有一些相控阵雷达要观察的目标种类多、目标数量多，需充分利用相控阵雷达的时间资源，同时对远区及近区目标进行搜索，如在舰载相控阵三坐标雷达中，在观察远区飞机的同时还需观察海面目标及其他近程空中目标。

地基战术三坐标相控阵雷达在搜索远距离目标时，重复周期长，所需信号能量大，相应的信号脉冲宽度也较宽；当预计搜索目标所在的距离只在重复周期的后半部或后 $T_r/3$ 时间段内时，可将对这类目标的搜索距离波门安排在重复周期的后半部或后 1/3 时间段内，而将重复周期的前半段时间或前 2/3 段时间用于对近距离目标进行搜索，这将有利于充分利用相控阵雷达的时间资源，可部分地克服远程相控阵雷达由于作用距离很远而带来的提高搜索数据率和跟踪数据率的困难。

图 3.3 所示为在一个重复周期内同时对远区（远程搜索区）及近区（近程搜索区）进行搜索的示意图。

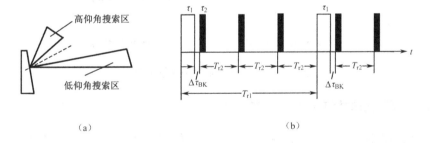

（a）　　　　　　　　　　　　（b）

图 3.3　同时对远区及近区进行搜索的示意图

图 3.3（a）所示的低仰角和高仰角搜索区分别为远程搜索区和近程搜索区。图 3.3（b）所示的远程搜索区的搜索波门只占 T_{r1}/n_p，其中 T_{r1} 为雷达最大作用距离决定的重复周期，近区搜索所用的脉冲数目 n_p 为大于 1 的整数。为方便计可设 n_p 为大于 1 的整数，如图 3.3 所示设 $n_p=3$。$\Delta\tau_{BK}$ 为宽窄脉冲之间的转换时间，它与相控阵雷达天线波束转换时间有关。令远程搜索脉冲宽度为 τ_1，在重复周期余下的时间里，若安排长度为 m 的窄脉冲串信号（脉宽为 τ_2），则其重复周期 T_{r2} 为

$$T_{r2} = \frac{(1-1/n_p)T_r - (\tau_1 + \Delta\tau_{BK})}{m} \tag{3.12}$$

按式（3.12）可计算出搜索区 2 的最大作用距离。以 $n_p=3$，$m=3$ 为例，即远程搜

索区搜索波门安排在 T_r 的后 1/3 时间内，搜索波门宽度为 $T_{r1}/3$。这时若 $m=1$，则 $T_{r2}=2T_r/3-\tau_1$，如 $\tau_1+\Delta\tau_{BK}=T_{r1}/10$，则 $T_{r2}=0.566T_{r1}$，即可在远距离搜索波门到来之前，安排对近程搜索区域进行搜索，其作用距离 R_{max2} 接近 $56\%R_{max1}$，而其脉宽 τ_2 按下式计算仅为 $0.1\,\tau_1$，即

$$\tau_2=\tau_1\cdot(R_{max2}/R_{max1})^4 \tag{3.13}$$

4. 多波束同时搜索

为了降低搜索间隔时间或提高搜索数据率，除了降低波束驻留时间 nT_r 以外，还必须采用多波束同时搜索，如图 3.4（a）所示，在每一个重复周期内，将 m 个脉冲发往相邻的 m 个方向，同时用 m 个接收波束接收。多个接收波束的安排可以有多种方式，图 3.4 中以 $m=3$ 为例，需形成 10 个接收波束，可利用上、下波束和左、右波束信号的幅度比较，在搜索时进行单脉冲测角。如果采用数字方法形成接收多波束（DBF），多个接收波束的安排方式可做得更为灵活。

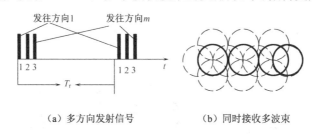

（a）多方向发射信号　　　　　　（b）同时接收多波束

图 3.4　多波束搜索发射和接收示意图

5. 搜索波束的相交电平与扫描方式

与机扫雷达不同，相控阵天线波束指向不能连续移动（扫描），只能按一定波束跃度做离散移动。在搜索过程中，天线波束的扫描方式有两种：一种与机扫雷达天线波束的扫描相似，当 n 较大时，每个重复周期天线波束以较小的波束跃度在角度上移动；当 n 较小时，如 $n=1$，则相邻搜索波束间距只能大致上与波束半功率点宽度相一致。另一种是两者皆已确定，则波束相交电平也就确定，搜索时存在较大的天线波束覆盖损失。强调合理安排搜索波束扫描方式的重要原因之一是要降低搜索时天线波束的覆盖损失。

3.3　相控阵雷达的跟踪工作方式

相控阵雷达在发现目标后的主要工作方式是跟踪工作方式。在搜索状态下发现目标之后，需要对目标参数及其飞行航迹进行测量与预报，对弹道导弹和卫星

目标，根据跟踪数据提取目标的 6 个轨道根数。对目标的分类、识别、登录和编目，都是在跟踪工作方式下完成的。

搜索状态下发现目标之后，无论是新出现的目标，还是有目标指示数据（引导数据）的目标，在转入对其跟踪之前都必须有一检验确认过程或捕获过程。由于它在信号能量分配和数据采样安排等方面与跟踪工作方式相似，故将其放在跟踪工作方式里进行讨论。

在仰角上一维相扫的相控阵三坐标雷达的跟踪工作方式较为简单，由于受天线在方位上机械转动速度的限制，实际上是一种边搜索、边跟踪（TWT）的工作方式，而二维相扫的相控阵雷达的跟踪方式则较为复杂，以下讨论主要针对二维相扫的情况进行。

相控阵雷达跟踪方式的安排与跟踪目标数目及对跟踪精度的要求密切相关。此外，还应注意到，相控阵雷达在许多情况下都要求在跟踪已发现（已捕获）的多批目标情况下还要维持对搜索区的搜索，以便发现在搜索区内可能出现的新目标。

3.3.1 从搜索到跟踪的过渡过程

在搜索过程中一旦发现目标，做出发现目标的报告，即给出目标存在的标志，并将目标位置（方位、仰角和距离）及录取时间传送至相控阵雷达控制计算机。控制计算机首先需要确认其是真目标还是接收机噪声或外来干扰引起的虚警。为此，控制计算机通过给波束控制器提供"重照"指令，暂时中断搜索过程，在原来发现目标的波束位置上再进行一次或两次探测照射，并以发现目标的距离作为中心，形成一个宽度较窄的"搜索确认"距离波门，只检测在此波门中各个距离单元是否有目标回波。由于此距离波门的宽度远较重复周期 T_r 的值小，故确认时产生虚警的概率很小。因此，在此波门内连续一两次发现目标，已可达到确认是否为真目标的目的。

用于搜索确认的距离波门宽度 ΔR_c 与目标最快可能飞行速度、从发现目标到实施重照的时间差 ΔT_c 及搜索时的测距误差 $\Delta\tau$ 有关。ΔR_c 为

$$\Delta R_c \geqslant k_{RG} V_{\max} (\Delta T_c + \Delta \tau) \tag{3.14}$$

式（3.14）中，k_{RG} 为大于 1 的系数，用于考虑第一次重照时尚不知道目标的运动方向；$\Delta\tau$ 为搜索时的测距误差，它包括采用线性调频（LFM）脉冲压缩信号在观察运动目标时存在的回波信号多普勒频率与目标距离之间存在的耦合误差 $\Delta\tau_{LFM}$，$\Delta\tau_{LFM}$ 与 LFM 信号的调频带宽 B 及脉冲宽度 T 有关，即

$$\Delta\tau_{LFM} = \frac{f_d T}{B} \tag{3.15}$$

为了不因"确认波门"太窄而丢失目标，ΔR_c 应大一些，如 $k_{RG} \geqslant 5$；但为了减少接收机噪声和外界干扰引起的虚警，又希望 ΔR_c 尽可能小。在按式（3.14）选取"确认波门"的宽度以后，可以考虑适当降低检测门限，以提高检测概率。

目标确认过程往往按预先设定的程序进行，如图 3.5 所示。

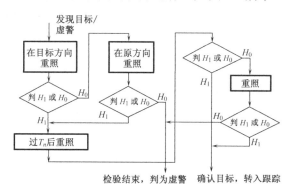

图 3.5　目标确认过程的逻辑示意图

图 3.5 中的 H_1 表示有目标，H_0 表示无目标，如按此图所示逻辑，最短的确认时间要求重照两次，最长的确认时间为重照四次。当然，可能根据不同情况，设置不同的目标确认过程的逻辑，如用更多的重照次数。但必须考虑到，当存在较多虚警及多目标情况下，重照次数的增加将导致雷达时间资源与信号能量资源的浪费，雷达的数据处理量也将大幅度上升，使雷达数据率（搜索数据率和跟踪数据率）大为降低。为了降低从搜索发现目标到正式启动跟踪所需的确认重照对雷达时间资源的占用，可以考虑在重照时增大雷达信号能量，如适当增加重照脉冲的宽度，用以换取减少重照次数。例如，实现一次重照，在重照一次后，无论检测到目标（H_1）还是未检测到目标（H_0）均予以确认，不再重照。

相控阵雷达对新发现目标的确认过程是随时进行的。越早进行确认，"确认波门"就越窄，在确认过程中，产生新的虚警的概率就越低，或可适当降低确认时的信号检测门限，用以提高确认概率。这对目前常用的机扫与相扫结合的一维相控阵三坐标雷达来说，确认过程必须让天线波束在方位上扫过目标所在方向的时间内完成，否则目标确认过程只能在一个扫描周期以后才能进行。

3.3.2　跟踪数据率与目标跟踪状态的划分

1. 跟踪数据率

跟踪数据率或其倒数，即跟踪采样间隔时间，对相控阵雷达多目标跟踪性能有很大的影响。正确选定跟踪采样间隔时间对确保跟踪的连续性（不丢失目标）、可靠性和跟踪精度有重要意义。不适当地提高跟踪数据率会使雷达系统设备量急剧增加，不利于降低相控阵雷达的成本。

设对同一目标的相邻两次跟踪采样间隔时间为 T_{ti}，目标运动速度为 v，则在 T_{ti} 时间内，当还不知道目标的飞行方向时，目标坐标将限制在以 $(T_{ti}v)$ 为半径所做的一个球形空间内。目标可能的所在角度范围 $(\Delta\varphi_t, \Delta\theta_t)$ 最大为

$$\Delta\varphi_t = \Delta\theta_t = 2(T_{ti}v)/R_t \qquad (3.16)$$

式（3.16）中，R_t 为目标所在距离。目标的距离波门宽度 ΔR_t 应为

$$\Delta R_t \geqslant 2(T_{ti}v) \qquad (3.17)$$

当知道目标飞行方向后，方位、仰角与距离波门宽度都可减小，因此跟踪波束必须在预测的目标位置上，以其为中心，覆盖 $\Delta\varphi_t$ 及 $\Delta\theta_t$ 决定的范围，距离波门宽度应大于 $(T_{ti}v)$。这样，跟踪采样间隔时间 T_{ti} 越长，跟踪天线波束要覆盖的范围 $(\Delta\varphi_t, \Delta\theta_t)$ 就越宽，跟踪数据录取的距离波门宽度也越宽，录取的数据越多，跟踪数据的相关处理工作量也就越大。对于必须跟踪多个目标的情况，T_{ti} 的增大将加大多目标位置和航迹相关处理的难度。

在跟踪多批飞行目标特别是高速飞行目标时，可能出现目标航迹交叉的情况，这时两个目标位于同一天线波束内，如无其他对其进行分辨的措施，例如速度分辨措施，则为了使两个相隔距离 ΔR 的目标经过 T_{ti} 后其位置不至于发生混淆，跟踪采样间隔时间 T_{ti} 应按下式选择，即

$$T_{ti} \leqslant \Delta R/2v \qquad (3.18)$$

2. 目标跟踪状态的划分

如果相控阵雷达对每一个跟踪目标都要采用高的跟踪数据率，那么时间资源和信号能量都是不够的。合理的解决途径是：利用相控阵天线波束扫描的灵活性，对不同目标选用不同的跟踪数据率。为此，将被跟踪的目标分为若干类，对不同类别的目标采用不同的跟踪采样间隔时间。例如，对还处于跟踪过渡过程中的目标，用较短的采样间隔时间，这类目标的跟踪状态可称为 a 状态，跟踪采样间隔时间为 T_{tia}。对已稳定跟踪的目标，可视其重要性及威胁度大小分成若干种跟踪状态，如重要性或威胁度大的目标，跟踪状态定为 b 状态，跟踪采样间隔时间也较小，为 T_{tib}；重要性或威胁度较小的目标，跟踪采样间隔时间可以较大。以战术相控阵三坐标雷达为例，对民航飞机的跟踪与对高机动飞机的跟踪显然就应有不同的跟踪数据率要求；同样，对低空高速飞行目标，由于其角速度大，也应缩短跟踪采样间隔时间。对观测卫星的相控阵雷达来说，在观测轨道参数已知

或稳定的卫星时，跟踪数据率可以降低，而对轨道参数不稳定的或新发现的卫星，跟踪数据率则应该提高。对已稳定的编目卫星，跟踪数据率可降低，而对刚编目的卫星，跟踪数据率则应提高。

当搜索空域较小和跟踪目标数目较少时，跟踪数据率也可提高。这些自适应工作状态的改变建立在严格的操作时间关系的基础上，在雷达控制计算机的程序控制下完成。

在相控阵雷达的系统设计阶段，可预先安排若干种跟踪状态，对不同的跟踪状态分配不同的跟踪采样间隔时间和跟踪波束驻留时间即跟踪时间。信号波形也可按不同的跟踪状态进行改变。总的说来，信号波形种类越多，跟踪状态也可设计得越多。

以 4 种跟踪状态为例，每种跟踪状态所对应的跟踪间隔时间分别以 T_{tia}, T_{tib}, T_{tic} 和 T_{tid} 表示，4 种状态的跟踪时间分别以 T_{ta}, T_{tb}, T_{tc} 和 T_{td} 表示，如在 4 种跟踪状态下进行跟踪的目标数目分别为 N_a, N_b, N_c 和 N_d，则 4 种状态下的跟踪时间可分别表示为

$$T_{ta}=N_aT_r$$
$$T_{tb}=N_bT_r$$
$$T_{tc}=N_cT_r$$
$$T_{td}=N_dT_r$$

与之对应的 4 种跟踪间隔时间可假定分别为

$$T_{tia}=0.25s$$
$$T_{tib}=0.5s$$
$$T_{tic}=1s$$
$$T_{tid}=2s$$

实际上，为适应空间探测相控阵雷达执行不同任务的需要，目标跟踪状态还应更多，如由 4 种增加到 8 种。

为了便于用时间分割方法进行多目标跟踪，跟踪时间需集中在一起。因此，为了便于编制工作方式程序，各种跟踪状态对应的跟踪间隔时间应是最小跟踪间隔时间的整数倍。

3.3.3 跟踪加搜索与边扫描边跟踪工作方式

相控阵雷达在搜索过程中发现目标之后，一方面要对该目标进行跟踪，同时还要继续对整个监视空域进行搜索。这种工作方式称为边扫描边跟踪（TWS）方

式，另一种跟踪工作方式称为跟踪加搜索（TAS）方式。

1. 跟踪加搜索（TAS）工作方式

为了节省发射功率和设备量，对搜索数据率应尽可能放宽要求，允许较大的搜索间隔时间；但是，为了保证跟踪可靠性和跟踪精度，便于满足多目标航迹处理等相关要求，跟踪间隔时间却又应小些，即跟踪数据率要高些。要解决这一矛盾，就需要把跟踪时间安插在搜索时间内。图 3.6 所示为相控阵雷达 TAS 工作方式的示意图。

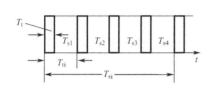
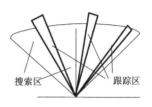

（a）搜索时间与跟踪时间分配示意图　　　　（b）搜索区域与跟踪区域示意图

图 3.6　相控阵雷达 TAS 工作方式示意图

图 3.6（a）所示为 TAS 工作方式的时间分配，在跟踪时间 T_t 内，对所有目标进行跟踪采样。在各个 T_{si} 时间段内完成对整个预定搜索空域进行一次搜索。经过 T_{si} 后再重新对整个搜索空域进行一次搜索。在 T_{si} 内，按图 3.6（a）所示，需要对已跟踪的所有目标进行 4 次跟踪采样。

图 3.6（b）所示为在 3 个跟踪区域内已有目标存在的情况，假定这些目标的跟踪数据率都一样，跟踪间隔时间均为 T_{ti}。天线波束还没搜索完整个监视区域时，由于跟踪数据率较搜索数据率高得多，故必须暂时中断搜索过程，将天线波束用于跟踪。

图 3.6 所示是比较简单的情况。前面已说明，在对多目标进行跟踪时，有多种跟踪状态，相应地则有多种不同的跟踪间隔时间，因此跟踪多目标用的 TAS 工作方式，其时间关系要更复杂一些。以 4 种跟踪状态为例，图 3.7 为多种目标跟踪情况下，搜索时间与跟踪时间的关系图。由图 3.7 可见，TAS 工作方式是依靠相控阵天线波束扫描的灵活性和时间分割原理实现的。

2. 边扫描边跟踪（TWS）工作方式

边扫描边跟踪（TWS）工作方式常用于一维相控阵雷达的扫描中，以在仰角上进行电扫（电子扫描）[包括相扫与频率扫描（频扫）等]和在方位上进行机扫的相控阵三坐标雷达为例，尽管天线波束在仰角方向可以进行相扫，但它只能在天线阵面转动到目标方向上才可能，因此这类雷达的跟踪采样时间取决于雷达天线在方位上的转速并与雷达搜索采样间隔时间相同，即跟踪数据率与搜索数据率一样，搜索间隔时间（T_{si}）与搜索时间（T_s）一样。检测新目标与跟踪老目标以同样方式进行，没有设定专门的跟踪照射。TWS 工作示意图如图 3.8 所示。

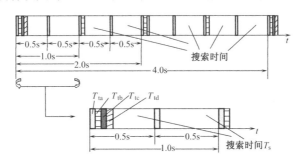

图 3.7　多种目标跟踪情况下搜索时间与跟踪时间的关系图

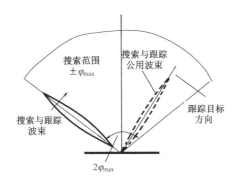

图 3.8　TWS 工作方式示意图

按 TWS 工作方式的另一例子是在方位上实现相扫，仰角上为宽波束的相控阵雷达，如有的机载或地基相控阵雷达，它们的天线波束在仰角上为余割平方宽波束，在方位上为窄波束，这种情况下可实现相扫。它们在搜索时天线波束扫掠完整个方位搜索区（图 3.8 中为 $\pm \varphi_{max}$）后，再不断重复。跟踪时，不要求有高的跟踪数据率，不单独进行跟踪采样，也不要求在目标所在方向提高跟踪采样率。这时的跟踪工作方式也属于边扫描边跟踪工作方式。按这种方式进行跟踪，控制简单，但跟踪数据率较低，没有充分发挥相控阵雷达的优点。

3.3.4　跟踪时间的计算

在 TAS 工作状态下，雷达信号能量要分别分配给搜索与跟踪，即要将雷达观察时间在搜索方式与跟踪方式之间进行分配。当跟踪目标数目增多，同时又要按高跟踪采样率进行跟踪时，用于跟踪的时间和信号能量就会挤占搜索所需的时间与信号能量，即使在完全停止搜索状态之后，将全部时间资源和信号能量均用于跟踪，也有可能无法保证按要求的跟踪数据率对所有目标进行跟踪。

在这里要讨论的是在搜索间隔时间 T_{si} 之内所花费的总的跟踪时间，即在式（3.5）中的 T_{tt}。对 N_t 个目标进行一次跟踪采样所要求的跟踪时间 T_t 取决于跟踪波束驻留时间 $n_t T_r$ 和跟踪间隔时间 T_{ti}；对比较简单的跟踪状态，当只有一种跟踪状态，在每一跟踪目标方向上都用相同的波束驻留时间 $n_t T_r$ 时，跟踪时间 T_t 为

$$T_t = N_t n_t T_r \tag{3.19}$$

由于搜索间隔时间 T_{si} 远长于跟踪间隔时间 T_{ti}，故在 T_{si} 内要多次对目标进行跟踪，因此在 T_{si} 内的总的跟踪次数应为 T_{si}/T_{ti}，故在 T_{si} 内总的跟踪时间 T_{tt} 应为

$$T_{tt} = T_{si} / T_{ti} \cdot N_t n_t T_r \tag{3.20}$$

若将式（3.20）代入式（3.5），可得

$$T_{si} = T_s + T_{si} / T_{ti} \cdot N_t n_t T_r \tag{3.21}$$

由式（3.21）即可得到跟踪数据率、搜索数据率与跟踪目标数目及有关跟踪参数之间的关系。从式（3.20）可以看出，为了减少总跟踪时间 T_{tt}，在跟踪目标数目 N_t 不变的条件下，必须减少跟踪波束驻留时间（$n_t T_r$）和增加跟踪间隔时间 T_{ti}（亦即降低跟踪数据率）。n_t 只能降低到 $n_t = 1$，降低 T_r 则根据目标远近而定；适当增加 T_{ti} 对雷达测量精度和维持目标稳定跟踪的影响不大。总之，不能无分析地一味追求高的跟踪数据采样率。

调节总跟踪时间 T_{tt} 的一个措施就是将被跟踪目标按重要性、威胁度、距离远近等分为不同跟踪状态的目标，对它们给予不同的跟踪时间和跟踪采样率。减少跟踪时间还有一个措施是在一个重复周期内，同时向 m 个不同方向的跟踪目标发射信号，接收时按目标距离差异，分别对 m 个方向的目标按距离远近进行接收，但要求在 T_r 内转换天线波束指向。如此操作，跟踪时间可减少至原来的 $1/m$，但由于每个方向发射信号能量降低为原来的 $1/m$，因而跟踪信号的信噪比相应降低了 $1/m$。这种方式适合跟踪较近距离的多批目标。

3.3.5　跟踪目标数目的计算

在边搜索边跟踪工作状态下，能跟踪的目标数目是一个重要战术指标，对相控阵雷达的设备量影响很大。跟踪目标数目的计算可参照图 3.7 所示的搜索与跟踪的时间关系加以说明。

1. 简单跟踪状态下的跟踪目标数目计算

当对所有被跟踪目标均采用同样的跟踪采样间隔和同样的跟踪波束驻留时间时，这种跟踪状态可称为简单跟踪状态。

对这种简单跟踪状态，由式（3.21）可得跟踪目标数目 N_t 为

$$N_t = (T_{si} - T_s)\frac{T_{ti}}{T_{si}n_tT_r} \tag{3.22}$$

式（3.22）的物理意义很明显。（$T_{si} - T_s$）表示搜索间隔时间与搜索时间之差，亦即可用于跟踪的时间；T_{ti}/T_{si} 表示总跟踪时间在搜索间隔时间里所占的比例。提高（$T_{si} - T_s$）与 T_{ti}/T_{si} 均可增加跟踪目标数目。减少对每一个目标的跟踪波束驻留时间（n_tT_r）同样有利于提高跟踪目标总数 N_t。

2. 复杂跟踪状态下的跟踪目标数目计算

对于较复杂的跟踪状态，仍以 4 种跟踪状态为例，先看跟踪时间 T_t 与跟踪目标数目的关系。设在一个重复周期内有 m 个脉冲可用于跟踪 m 个方向的目标，在一个重复周期内，能跟踪的平均目标数为 n_p（$n_p \leqslant m$），处于 4 种跟踪状态的目标数分别为 N_{ta}, N_{tb}, N_{tc} 和 N_{td}，则用于这 4 种不同跟踪状态目标的跟踪时间分别为

$$
\begin{aligned}
T_{ta} &= \frac{N_{ta}n_t}{F_rn_p} \\[6pt]
T_{tb} &= \frac{N_{tb}n_t}{F_rn_p} \\[6pt]
T_{tc} &= \frac{N_{tc}n_t}{F_rn_p} \\[6pt]
T_{td} &= \frac{N_{td}n_t}{F_rn_p}
\end{aligned}
\tag{3.23}
$$

式（3.23）中，n_t 为每次跟踪所用的脉冲数，即重复周期数，极限情况下，$n_t=1$；F_r 为雷达信号的重复频率。

按图 3.7 所示的情况，若设搜索间隔时间 T_{si} 与跟踪间隔时间之比为 p_j，j 为跟踪状态的代号（a, b, c, d），于是有

$$p_j = T_{si}/T_{tij} \tag{3.24}$$

则搜索间隔时间 T_{si} 可表示为

$$T_{si} = T_s + p_aT_{ta} + p_bT_{tb} + p_cT_{tc} + p_dT_{td} \tag{3.25}$$

式（3.25）中，搜索时间 T_s 按式（3.7）计算；P_a, P_b, P_c 和 P_d 分别表示在搜索间隔时间里对 a, b, c 和 d 四种跟踪状态的目标需要进行跟踪的次数。

如果搜索时间和最大允许的搜索间隔时间是给定的，那么允许的最大跟踪目标数目便完全确定，其计算公式为

$$N_{ta} + N_{tb} \cdot p_b/p_a + N_{tc} \cdot p_c/p_a + N_{td} \cdot p_d/p_a \leqslant F_rn_p/(n_tp_a) \cdot (T_{si} - T_s) \tag{3.26}$$

能跟踪的目标总数 N 为

$$N = N_{ta} + N_{tb} + N_{tc} + N_{td} \qquad (3.27)$$

式（3.26）和式（3.27）表明，跟踪目标数目与重复频率及每个周期内能独立跟踪的目标数目 n_p 成正比，而与用于跟踪的重复周期数 n_t 成反比。若用于搜索的总搜索时间 T_s 越少，而允许的搜索间隔时间越多，则跟踪目标数据将因（$T_{si}-T_s$）的增加而增加。最少跟踪间隔时间 T_{tia} 对跟踪目标数影响最大，N 随着 T_{tia} 的减少而减少，T_{tia} 的影响在式（3.26）中是通过 p_a 表示的。从物理概念来说，显然，若 T_{tia} 的值很小，则在 T_{si} 时间内，就要对 a 跟踪状态的目标跟踪许多次，搜索过程将不断被跟踪状态所中断。

3.4　相控阵雷达的信号能量管理

　　信号能量管理是相控阵雷达系统设计中资源管理的一项重要内容。相控阵雷达具有多种工作方式与多目标跟踪能力，充分发挥这些特点，有利于提高相控阵雷达的工作性能。通常要求相控阵雷达具有作用距离远、跟踪目标多的性能，考虑到要观测目标的 RCS 值变化范围大，且在空间和时间上分布不均匀等特点，合理分配雷达信号能量，对雷达进行信号能量管理是完全必要的。

3.4.1　信号能量管理的调节项目与调节措施

　　以下先简要介绍实现信号能量管理的调节措施与相控阵雷达信号能量管理的项目。

1. 相控阵雷达信号能量管理的调节措施

　　雷达探测信号的能量是指信号功率及其持续时间的乘积，因此改变信号能量即要改变信号的功率时间乘积。表 3.1 共列出了 12 种主要的相控阵雷达信号能量管理的调节措施或调节控制参量。

表 3.1　相控阵雷达信号能量管理的调节措施或调节控制参量

序号	调节措施或调节控制参量
1	调节波束驻留脉冲数 n
2	雷达观察重复频率 F_r
3	脉冲宽度 T（未压缩脉宽）
4	搜索时间 T_s
5	跟踪时间 T_t
6	在一个重复周期内实现多批目标跟踪（m_p）

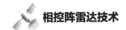

序号	调节措施或调节控制参量
7	搜索间隔时间 T_{si}
8	跟踪间隔时间 T_{ti}
9	改变搜索空域 Ω
10	舍弃次要目标（非重要目标，无威胁度目标）
11	暂停对远距离可能出现的新目标的搜索
12	集中能量工作方式（"烧穿工作方式"）

表 3.1 中序号 12 所列"集中能量工作方式"实际上是利用序号 1（调节波束驻留脉冲数 n）的调节措施，但因"集中能量"的概念比增加波束驻留脉冲数 n 的概念要更宽一些，也更受相控阵雷达使用方重视，故单独列出。

2. 相控阵雷达信号能量管理项目

表 3.2 列出了相控阵雷达信号能量管理中希望调节信号能量的项目及可用于实现该项目的调节措施的序号。其中"调节项目"反映了信号能量管理的必要性；该表中的调节措施序号则说明实现调节的可能性。具体采用哪一项或哪几项调节措施，由相控阵雷达控制程序实现。

表 3.2　相控阵雷达信号能量管理中的调节项目与调节措施序号

序号	调节项目	针对该项目的主要调节措施序号
1	按目标远近分配信号能量	1，2，3
2	按目标的 RCS 大小分配信号能量	1，2，3
3	按目标威胁度与重要性分配信号能量	5，8，1，2，3
4	按空域中实际目标数目多少分配信号能量	4，5，6，2，3
5	按雷达工作方式重要程度分配信号能量	4，5，6，7，8，1，2，3
6	在跟踪方式和搜索方式之间分配信号能量	4，5，7，8，9，10，11
7	在跟踪方式内按截获过程、正常跟踪、测速和识别等方式分配信号能量	1，2，3，4，8
8	对小目标进行搜索与跟踪	9，12

表 3.2 中所列的若干有代表性的信号能量管理方式的一个前提是维持发射机平均功率不变，即充分利用发射信号的平均功率。当然，在有的情况下也可以在降低发射机辐射功率情况下进行工作，这时各种降低发射机平均功率的措施，如降低信号工作比，控制工作发射机的数量等均可用作进行信号能量管理的控制措施。

以下将分别就主要信号能量管理项目进行论述。

3.4.2 按目标远近及其 RCS 的大小进行信号能量管理

若雷达方程中最大作用距离 R_{max} 是按目标有效反射面积 σ_d 设计的，则在安排相控阵雷达的搜索工作方式时，若雷达能获得引导数据或分区/分段搜索时可预计目标的出现距离为 R_t，目标反射面积为 σ_t，则可用调节系数 K_{RR} 来调整搜索信号的能量。按雷达方程不难得出调节参数 K_{RR} 的表达式为

$$K_{RR} = \frac{R_t^4 / \sigma_t}{R_{max}^4 / \sigma_d} \qquad (3.28)$$

搜索控制软件按 K_{RR} 大小在必要时实现搜索信号的能量管理。

当雷达处于跟踪状态时，目标跟踪距离已知，目标回波的 RCS 可以从回波信号的信噪比估计得出（尽管有 1~3dB 的估计误差），因而系数 K_{RR} 可以在雷达信号数据处理中得出其估值，将其作为控制分配跟踪信号能量的一个依据。

雷达在处于跟踪状态时，最重要的是雷达的测量精度，因而这时的调节参数往往不是其跟踪作用距离，而是回波信号的信噪比，它是用于信号能量调节的必要性与调节方向判决的参数。表 3-1 所示的调节参数序号 1，2 和 3 等则是用于实现信号能量调整的控制参数。因此，为了判断信号的信噪比，用其作为是否需进行信号能量调节的判决参数，而雷达回波信号的录取参数中应包括回波信号的幅度参数。

3.4.3 搜索和跟踪状态之间的信号能量分配

1. 搜索与跟踪能量的分配系数

在跟踪加搜索（TAS）工作方式情况下，总的搜索间隔时间（即搜索数据率的倒数）T_{si} 将包括两部分，即搜索时间 T_s、与 T_{si} 内对所有已跟踪目标的总的跟踪时间 T_{tt}。最简单的情况是对所有 N_t 个目标均按同一种跟踪采样间隔时间 T_{ti}、同样的跟踪波束驻留时间 $n_t T_r$ 来安排跟踪。由于跟踪目标数目 N_t 等的变化，T_{tt} 是经常变化的，这使得相控阵雷达控制程序要不断在搜索状态和跟踪状态之间进行信号的能量分配。

设 $T_s = K_s T_{si}$，$T_{tt} = K_t T_{si}$，则式（3.5）可改写为

$$T_{si} = (K_s + K_t)T_{si} \qquad (3.29)$$

$$K_s + K_t = 1 \qquad (3.30)$$

式中，K_s 和 K_t 可称为搜索与跟踪状态的信号能量分配系数。

在搜索和跟踪状态之间分配信号能量就是要根据不同的目标状况，如目标数目多少、目标空间分布的远近、目标 RCS 的大小、目标的重要性与威胁度、目

标是否有先验知识及对目标测量精度的不同要求等，合理选择 K_s 或 K_t。

2. 搜索阶段与截获阶段的信号能量分配

当还没有发现目标，雷达完全处在搜索状态，因而无须安排信号用于跟踪时，因 $K_t=0$，故 $K_s=1$，搜索间隔时间与搜索时间相等，即 $T_{si}=T_s$。

相控阵雷达在搜索阶段有两种情况：一种情况是没有目标引导数据，这时搜索方式可按对预定的搜索空域、搜索时间、搜索间隔时间进行安排，即从若干典型的搜索区与搜索方式中选择一种或若干种进行搜索；另一种是有引导数据，对要搜索目标的出现时间和空间位置有先验知识，因而搜索空域的大小和允许的搜索时间、最大允许的搜索间隔时间均可预先设定，在不超过发射机平均输出功率的条件下，信号波形可灵活设置。

在搜索过程中一旦发现目标，便应启动目标确认程序，并在截获目标后启动跟踪程序。为了缩短目标确认时间，提高目标确认的准确率，可增加用于目标确认与截获的信号能量，如在缩短"搜索确认"距离波门的同时，增加观察脉冲数目 n 或增加信号脉冲宽度 T 等。

3. 同时进行搜索和多目标跟踪时的信号能量分配

相控阵雷达搜索到目标，并已对其转入正常跟踪之后，雷达的工作方式通常以跟踪方式为主，搜索方式为辅，在两种工作方式的信号能量分配上，取 $K_t>K_s$（例如 $K_t=0.8$，$K_s=0.2$）。对一些精密跟踪相控阵雷达，如果不能确信已跟踪上的目标是预定要观测的目标，这时可以在目标飞行轨迹周围安排一个随时间移动的搜索区域，分配一定的用于搜索的信号能量，以便确保不会因跟踪错误目标而丢失预定跟踪目标，并可在出现目标跟踪丢失后，能很快重新将其捕获。

如果相控阵雷达以空中监视或空间监视为主，这时尽管已跟踪上多批目标，但仍应继续搜索以便发现可能出现的新目标。这时在搜索与跟踪之间的信号能量分配是在保证最小搜索时间，即 $K_s \geqslant K_{smin}$ 的条件下，通过调整跟踪数据率来实现对所有目标的跟踪，即按实际跟踪目标数目通过调整跟踪采样间隔时间，使 $K_t \leqslant 1-K_{smin}$，即在保证必要的搜索条件下，将剩下的信号能量分配给跟踪工作方式。

3.4.4 波束驻留数目 n 的选择与信号能量管理

无论搜索工作方式还是跟踪工作方式，波束驻留数目都是一个最易于改变的控制参数，因此，波束驻留数目的改变常用作雷达信号的能量管理。

对各种相控阵雷达来说，由于要对多目标进行高数据率采样跟踪，因此无论是在搜索还是在跟踪工作状态中，波束驻留数目（波束位置数）n 通常均不可能很大，因而 n 的增减对雷达探测性能影响较大，故应力求合理利用这一控制参数。

1. 影响波束驻留数目 n 的主要因素

影响波束驻留数目 n 的选择因素主要包括以下五种。

（1）随波束扫描方向的改变补偿天线增益变化。

天线增益随扫描角增大而降低，导致作用距离降低和测量精度变差。易于补偿的方法便是增大波束驻留时间 nT_r。

以一维相扫天线为例，因天线有效口径及天线增益随波束扫描角增大而降低，因此在扫描角为 φ_{max} 的情况下，相控阵雷达接收信号功率将较不扫描（波束指向天线法线方向）时的 S/N 降低至 $(S/N)_s$。

$$(S/N)_s = \cos^2 \varphi_{max} (S/N) \tag{3.31}$$

为了克服因波束扫描造成的信噪比降低，需增加波束驻留时间，由原来的 n_0 增加至 n_s，即

$$n_s = n_0 / \cos^2 \varphi_{max} \tag{3.32}$$

当 φ_{max} 分别等于 $45°$ 和 $60°$ 时，n_s 应增加至 $2n_0$ 和 $4n_0$。

（2）从控制搜索时间、搜索间隔时间和跟踪时间与跟踪间隔时间考虑，这主要是为了节省雷达的时间资源，提高雷达数据率。

（3）从维持和调整跟踪目标数目考虑，通过调整波束驻留时间，在多个跟踪目标之间合理分配时间与能量资源。

（4）从分配和调整搜索与跟踪状态的信号能量角度考虑，这是为了确保重点搜索区域的搜索和对重点目标的跟踪测量。

（5）从降低 n 个探测信号的总能量考虑。

在每一个搜索或跟踪方向上，天线波束的驻留数目（波束位置数）n 最小等于 1，也可是等于或大于 2 的整数。当 $n=1$ 时，为单脉冲检测，由于采用匹配滤波器在一个重复周期内实现了全相参处理，因此不需要在各重复周期间实现相参积累；当 n 为大于 1 的整数时，若脉冲间不能实现全相参积累，则会存在 n 个脉冲进行非相参积累造成的损失。n 值越大，这种非相参积累损失越大。故影响天线波束驻留数目 n 的选择的另一个因素便是如何降低 n 个探测信号的总能量。

2. 天线波束驻留数目 n 的计算过程

天线波束驻留数目 n 的计算首先要满足雷达探测距离的要求。考虑到 n 的值

较小，在重复周期之间接收信号不进行相参积累带来的损失不是很大，这时 n 的计算过程可简要叙述如下。首先，在满足同样的单个检测单元发现概率 P_d 和虚警间隔时间 T_f 的情况下，或满足同样的单个检测单元的 P_d 和由 T_f 推导出的单个检测单元的虚警概率 P_f 的情况下，可分别求出与不同的 n 相对应的单个脉冲的发现概率 P_d 和虚警概率 P_f，并由此定出要求的单个脉冲的信噪比 (S/N)。由于波束驻留数目为 n，因此所花费的总的信噪比为 $n(S/N)$。若按通常情况，n 个重复周期内发射信号的脉冲宽度相同，均为 τ_n 时，则在每一波束位置上所花费的总的信号脉宽为 $n\tau_n$。显然，从合理使用信号的能量角度考虑，应这样选择 n，使 $n(S/N)$ 的值最小，或使它对应的 $n\tau_n$ 的值最小。具体运算过程，如图 3.9 所示。

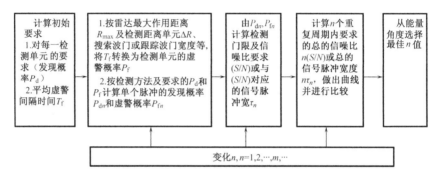

图 3.9　每一波束位置上总的信噪比或总的信号脉宽的计算过程示意图

按上述流程，经过计算可以发现，$n=1$ 时要求的信噪比 $[n(S/N)=S_1]$ 和 $n=2$ 时二进制检测器要求的信噪比 $[n(S/N)=2S_2]$ 均大于 $n=3$ 时的二进制检测器要求的信噪比 $[n(S/N)=3S_3]$。n 继续增大，会使对单个脉冲的信噪比要求进一步降低，但 $n(S/N)$ 却会上升。选择 n 等于多大合适，若以信号能量为出发点，则应比较 $[n(S/N)]$ 或 $n\tau_n$。

3. 采用序列检测方法对降低 n 的作用

相控阵天线波束扫描的灵活性为序列检测方法的应用提供了可能。从降低雷达信号能量消费、提高雷达数据率，或当降低波束驻留数目 n 成为关键时，采用序列检测方法是一种有效的措施。该措施在中国 20 世纪 70 年代研制的大型相控阵雷达中就得到过成功的验证[2-3]。二进制检测器是一种双门限检测器，第一门限是普通雷达信号检测器中应用的幅度门限，第二门限为数字门限，当波束驻留数目 $n=m$ 时，若在同一距离单元上有 K 个信号超过门限（$K \leqslant m$），则判定该距离单元上存在目标 H_1。序列检测方法也是一种双门限检测方法，但第二门限 K 并不固定。将通常的二进制检测器判决 K/m 准则中的 K 设置为两个门限值 K_1 和 K_0，

如 $K \geqslant K_1$，判为有目标（H_1），如果 $K < K_0$，判为无目标（H_0）；如果 $K_0 < K < K_1$，则继续检测过程，再发射一个探测信号，即波束驻留数 n 增加 1，由 m 变为 $m+1$，因此序列检测器的数字门限也是双门限的。序列检测方法可用于降低波束的驻留时间 nT_r。

参考文献

[1]　张光义. 相控阵雷达系统[M]. 北京：国防工业出版社，1994.

[2]　SKOLNIK M I. Introduction to Radar Systems. [M]. 3rd, ed.. New York: McGraw-Hill, 2001.

[3]　斯科尼克 M I. 雷达手册[M]. 王军，林强，米慈中，等译. 北京：电子工业出版社，2003.

第 4 章
相控阵雷达天线波束控制

相控阵雷达与机扫雷达相比较，最显著的特点是其天线波束可在天线阵面不动的情况下实现扫描。完成这一功能的分系统称为相控阵雷达的波束控制系统（也称为波束控制分系统），它相当于机扫雷达的伺服系统。

相控阵天线波束快速扫描的特点要依赖于波束控制设备来实现；相控阵天线波束形状的快速变化也要依赖于波束控制设备来实现。相控阵天线波束的快速扫描和波束形状的捷变能力是相控阵雷达对工作环境、目标环境具有高度自适应能力的技术基础。除此之外，相控阵雷达的波束控制系统还能完成其他一些重要功能。

在相控阵雷达系统设计中，对波束控制系统提出的主要要求是：

（1）正确生成天线阵面上各个移相器所需的控制信号，使天线波束准确指向预定的空间方向，这是对波束控制系统的基本要求；

（2）对天线阵面各天线单元激励电流的幅度与相位（或只对相位）沿天线孔径的分布（照射函数）进行控制，改变天线波束的形状；

（3）实现相控阵天线各天线单元之间的幅度与相位误差的监测与修正补偿；

（4）满足相控阵天线波束位置快速转换的要求，确保系统的响应速度；

（5）在满足相控阵雷达系统要求的条件下，尽可能减少波束控制系统的设备量，提高其可靠性，并降低成本。

4.1 平面相控阵天线波束控制器的基本功能与波束控制数码计算

对天线波束定位是波束控制系统的基本要求，根据要求的天线波束指向计算并提供阵列中每个移相器的控制信号，需要讨论天线波束指向与波束控制数码的关系。

4.1.1 相控阵雷达波束控制系统的基本功能

根据要求的相控阵天线波束最大值指向的位置，计算每一个天线单元移相器所要求的波束控制数码，经传输、放大，传送至每一个移相器，控制每一个移相器相位状态的转换，产生天线阵面复照射函数的相位分布，即与波束指向相对应的相位分布，这是波束控制器的基本功能。如果阵面上各单元通道或子天线阵通道中有幅度可调装置，则产生幅度调整信号也是波束控制系统的基本功能。

雷达处于搜索状态时，波束控制分系统（亦称波束控制设备）要按雷达控制计算机提供的搜索空域计算出天线阵中每个移相器需要的波束控制数码。在搜索

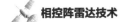

空域内一旦发现目标，需对目标进行确认、验证时，波束控制系统要将天线波束再次指向刚发现目标的方向或其周围一个较小的空域。经多次目标确认后，启动跟踪程序，之后，波束控制系统便根据计算机对目标进行跟踪预测的位置，计算出跟踪波束下一时刻所在位置对应的波束控制数码。在完成这些基本功能时，均需要进行相应的坐标位置变换[1]。

4.1.2 相控阵天线波束指向与波束控制数码的对应关系

无论相控阵雷达是处于搜索工作状态还是跟踪工作状态，波束控制分系统提供的天线阵面上各个移相器的控制信号都应该使天线波束准确指向预定位置。波束控制分系统提供的控制信号应与受控的移相器相匹配，对于数字式移相器，波束控制信号提供的只是二进制信号；对于模拟类移相器，波束控制分系统生成的二进制控制信号必须经D/A变换后再传送到移相器。因此，必须在天线波束指向的空间位置与二进制的波束控制信号之间建立严格的对应关系。故以下首先讨论天线波束指向与波束控制数码之间的对应关系。

1. 平面相控阵天线波束控制数码的概念

以图 4.1 为例，平面相控阵天线阵面安放在(y,z)平面上。各相邻天线单元之间的间距在水平与垂直方向上分别为 d_1 和 d_2。

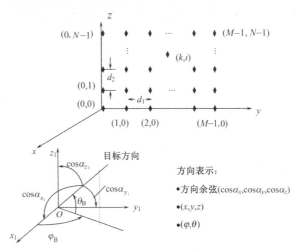

图 4.1　平面相控阵雷达天线

大家熟知，波束指向或目标方向可用直角坐标系中的三个单位向量(x, y, z)表示，也可用球坐标系中的(φ, θ)表示，或用它们的方向余弦表示。这里先将天线波束最大值指向以其方向余弦($\cos\alpha_x$, $\cos\alpha_y$, $\cos\alpha_z$)表示。根据前面提到的相邻单元之间信号的"空间相位差"与移相器提供的"阵内相位差"相等的原理，可以求出阵列中第(k,i)天线单元即面阵上位于第 k 行、第 i 列的单元相对于第$(0,0)$单元的波束控制数码 $C(k,i)$。$k=0, 1, \cdots, M-1$；$i=0, 1, \cdots, N-1$。

当采用数字式移相器时，设提供给第(k,i)个天线单元通道中移相器的波束控制数码为 $C(k,i)$，因为与 $C(k,i)$ 为"1"时相对应的最小计算移相量 $\Delta\varphi_{B\min} = 2\pi/2^K$，$K$ 为数字式移相器的计算位数，故参照前面有关等式可得

$$C(k,i) = k\beta + i\alpha \tag{4.1}$$

式（4.1）中，β 和 α 为整数数码，与波束指向相对应；$C(k,i)$亦为整数，称为波束控制数码。注意，β 和 α 已不是前面为简化波束控制矩阵书写所表示的移相量，而是表示沿 z 与 y 方向相邻天线单元之间波束控制数码的增量。因而有

$$\beta = \Delta\varphi_{B\beta} / \Delta\varphi_{B\min}$$
$$\alpha = \Delta\varphi_{B\alpha} / \Delta\varphi_{B\min} \tag{4.2}$$

式（4.2）中

$$\Delta\varphi_{B\beta} = \frac{2\pi}{\lambda}d_2\cos\alpha_{z_0}$$
$$\Delta\varphi_{B\alpha} = \frac{2\pi}{\lambda}d_1\cos\alpha_{y_0} \tag{4.3}$$

由于天线波束指向也可用球坐标系中的(φ_B,θ_B)表示，或用直角坐标系中的三个单位向量(x_1, y_1, z_1)表示，故式（4.3）又可表示为

$$\Delta\varphi_{B\beta} = \frac{2\pi}{\lambda}d_2\sin\theta_B = \frac{2\pi}{\lambda}d_2 z_1$$
$$\Delta\varphi_{B\alpha} = \frac{2\pi}{\lambda}d_1\cos\theta_B\sin\varphi_B = \frac{2\pi}{\lambda}d_1 y_1 \tag{4.4}$$

因此，式（4.2）表示的波束控制数码为

$$\beta = \frac{d_2}{\lambda}2^K\sin\theta_B \quad 或 \quad \beta = \frac{d_2}{\lambda}2^K z_1$$
$$\alpha = \frac{d_1}{\lambda}2^K\cos\theta_B\sin\varphi_B \quad 或 \quad \alpha = \frac{d_1}{\lambda}2^K y_1 \tag{4.5}$$

2. 倾斜放置的平面相控阵天线波束指向与波束控制数码的对应关系

以上波束控制数码的计算公式仅适合图 4.1 所示的相控阵天线的坐标位置，即垂直放置的平面天线阵。实际上相控阵天线通常是倾斜放置的，如图 4.2 所示。

将天线阵面所在的(y, z)平面往后倾斜 $A°$，即将(x, y, z)坐标系围绕 y 轴旋转 $A°$ 后得到(x_1, y_1, z_1)坐标系。设要求的天线波束最大值指向仍然为原方向，用 (φ_B,θ_B)表示，则为了计算阵面倾斜 $A°$ 后要求的新的波束控制数码，必须先进行

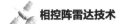

由 (x, y, z) 到 (x_1, y_1, z_1) 的坐标变换。

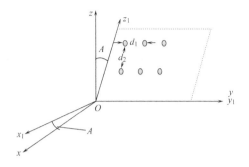

图 4.2　天线阵面往后倾斜 $A°$ 后的坐标位置

参照图 4.3，不难得到这一变换公式为

$$\begin{bmatrix} x_1 \\ y_1 \\ z_1 \end{bmatrix} = \begin{bmatrix} \cos A & 0 & \sin A \\ 0 & 1 & 0 \\ -\sin A & 0 & \cos A \end{bmatrix} \begin{bmatrix} x \\ y \\ z \end{bmatrix} \tag{4.6}$$

或

$$\begin{aligned} x_1 &= x\cos A + z\sin A \\ y_1 &= y \\ z_1 &= -x\sin A + z\cos A \end{aligned} \tag{4.7}$$

因此，阵面坐标旋转之后，新的波束控制数码 $C(k,i)$ 中的 β, α 值可由式（4.5）和式（4.7）求得，为

$$\begin{aligned} \beta &= \frac{d_2}{\lambda} 2^K \left(-\cos\theta_B \cdot \cos\varphi_B \cdot \sin A + \sin\theta_B \cdot \cos A \right) \\ \alpha &= \frac{d_1}{\lambda} 2^K \cos\theta_B \cdot \sin\varphi_B \end{aligned} \tag{4.8}$$

此即天线阵面绕 y 轴（即 y_1 轴）旋转 $A°$ 以后，波束指向以球坐标 (φ_B, θ_B) 表示时，第 (k,i) 单元的波束控制数码 $C(k,i) = k\beta + i\alpha$ 中 β 与 α 的计算公式。

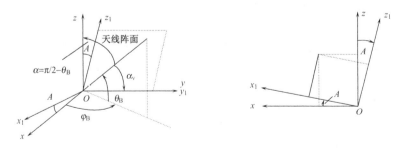

图 4.3　坐标系统 y 轴旋转后的坐标位置变化

4.1.3　跟踪状态时波束控制数码的计算

相控阵雷达发现目标后，在目标确认过程、跟踪过程或跟踪丢失后重新照射的过程中，波束控制系统都需要按照预测的目标位置提供预测方向的波束控制数码 (α_p, β_p)。这一波束控制数码的计算与选定的计算坐标系有关，即与跟踪处理所用的坐标系有关。对目标进行跟踪处理，可在以下坐标系里进行：

- 在 (α, β, R) 坐标系中进行跟踪；
- 在 (φ, θ, R) 坐标系中进行跟踪；
- 在 (x, y, z) 或 (x_1, y_1, z_1) 坐标系中进行跟踪。

1. 在 (α, β, R) 坐标系中进行目标跟踪处理

由式（4.8）可见，相邻天线单元之间的波束控制数码 (α, β)，包含了天线波束指向 (φ_B, θ_B)，即被发现或跟踪的目标所在方向的信息。因此，可直接在 (α, β) 坐标系里对目标位置的变化进行跟踪，选择这种跟踪坐标系，不存在坐标变换问题，在每一次跟踪照射之后，将测量出的目标偏离和波束最大值方向或差波束零值方向的角度差值（以 $\Delta\alpha, \Delta\beta$ 表示）与该天线波束对应的跟踪波束控制数码 $(\alpha_{tr}, \beta_{tr})$ 相加，并用其多次跟踪测量的 $(\alpha_{tr}, \beta_{tr})$ 数据去外推，计算得出下一次跟踪照射（跟踪采样）时刻的目标位置，该预测位置仍在 (α, β) 坐标系中用 (α_p, β_p) 表示。在距离上的跟踪处理，单独在距离 R 上进行，因此对目标在空间的三维运动，包括距离与二维角度上的运动，跟踪坐标系为 (α, β, R)。

采用这种方法可简化跟踪数据处理的计算量，曾在中国 20 世纪 70 年代研制的超远程二维相位扫描相控阵雷达中成功应用。由于当时用于相控阵雷达的晶体管数据处理计算机的存储器容量非常有限，这一坐标系的选择缓解了存储器容量小带来的问题。

2. 在球坐标系 (φ, θ, R) 中进行跟踪处理

在球坐标系 (φ, θ, R) 中进行跟踪处理，需要将跟踪波束位置对应的波束控制数码 (α, β) 加上测量得到的目标位置偏移差波束零点位置的偏移测量值 $(\Delta\alpha, \Delta\beta)$ 及目标距离 (R)，在 (φ, θ, R) 坐标系中外推计算下一次跟踪采样时目标的球坐标位置 $(\varphi_p, \theta_p, R_p)$，然后进行坐标变换，将 $(\varphi_p, \theta_p, R_p)$ 转换至 (α_p, β_p, R_p)。其中 (α_p, β_p) 为波束控制数码预测值，R_p 为测距机的跟踪波门的中心位置。

显然，上述过程必须包括相应的坐标变换过程，该坐标变换流程如图 4.4 所示。

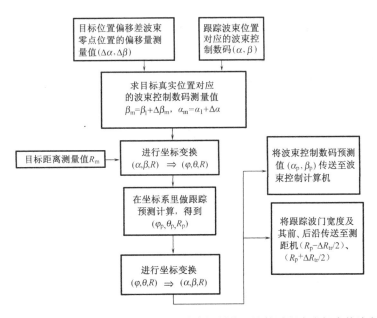

图 4.4　在球坐标系中进行跟踪处理时波束控制数码计算过程中坐标变换流程图

3. 在直角坐标系 (x, y, z) 中进行跟踪处理

此时，需将坐标系 (α, β, R) 变换至 (x, y, z)，在 (x, y, z) 坐标系中完成跟踪预测计算，并进行跟踪外推运算，求出下一次跟踪时目标位置的预测值 (x_p, y_p, z_p) 后，需再将它变换至 (α_p, β_p, R_p)，即变换为 (α, β, R) 坐标系的坐标，将此预测的波束控制数码 (α_p, β_p) 传送至波束控制计算机。这一处理过程的流程图如图 4.5 所示。

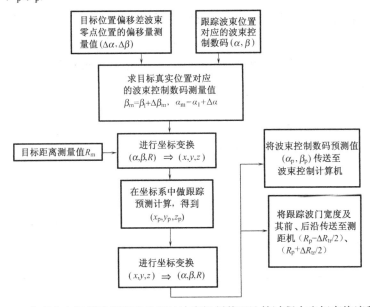

图 4.5　在直角坐标系进行跟踪处理时波束控制数码计算过程中坐标变换流程图

4. 波束控制数码计算过程中有关坐标变换公式

由图4.4和图4.5可见，相控阵雷达数据处理计算机在进行跟踪处理过程中，需要完成不同的坐标变换，以便产生跟踪波束需要的波束控制数码。这些变换可简要表述如下：

（1）$(\alpha, \beta, R) \Rightarrow (x, y, z)$。由前述有关公式，$(\alpha, \beta, R)$变换至$(x, y, z)$可按以下一组公式进行

$$\begin{aligned}
\cos \alpha_{y_1} &= \alpha \cdot 2^{-K} \cdot \lambda / d_1 \\
\cos \alpha_{z_1} &= \beta \cdot 2^{-K} \cdot \lambda / d_2 \\
\cos \alpha_{x_1} &= (1 - \cos^2 \alpha_{y_1} - \cos^2 \alpha_{z_1})^{1/2}
\end{aligned} \qquad (4.9)$$

因为

$$\begin{aligned}
x_1 &= R \cdot \cos \alpha_{x_1} \\
y_1 &= R \cdot \cos \alpha_{y_1} \\
z_1 &= R \cdot \cos \alpha_{z_1}
\end{aligned} \qquad (4.10)$$

由式（4.6）可得

$$\begin{bmatrix} x \\ y \\ z \end{bmatrix} = \begin{bmatrix} \cos A & 0 & -\sin A \\ 0 & 1 & 0 \\ \sin A & 0 & \cos A \end{bmatrix} \begin{bmatrix} x_1 \\ y_1 \\ z_1 \end{bmatrix} \qquad (4.11)$$

式（4.9）、式（4.10）和式（4.11）是实现图4.5中的$(\alpha, \beta, R) \Rightarrow (x, y, z)$变换的有关公式。

（2）$(x, y, z) \Rightarrow (\varphi, \theta, R)$。为实现$(x, y, z)$至$(\varphi, \theta, R)$的变换，先利用以下一组公式

$$\varphi = \arctan(y / x) \text{或} \varphi = \arcsin \frac{y}{\sqrt{x^2 + y^2}} \qquad (4.12)$$

$$\theta = \arcsin(z / R)$$
$$R = (x^2 + y^2 + z^2)^{1/2}$$

由前面的第（1）步，在求得(x, y, z)之后，再按式（4.12）计算即可实现(x, y, z)至(φ, θ, R)的变换。

（3）$(x, y, z) \Rightarrow (\alpha, \beta, R)$。先按式（4.6）计算，得到$(x, y, z)$至$(x_1, y_1, z_1)$的变换，因

$$\begin{aligned}
\cos \alpha_{z_1} &= z_1 / R \\
\cos \alpha_{y_1} &= y_1 / R
\end{aligned} \qquad (4.13)$$

而$R = (x^2 + y^2 + z^2)^{1/2}$或由测距机直接获得。由式（4.9），可求得$(\alpha, \beta)$为

$$\beta = \frac{d_2}{\lambda} 2^K \cos\alpha_{z_1}$$

$$\alpha = \frac{d_1}{\lambda} 2^K \cos\alpha_{y_1}$$

（4.14）

式（4.14）即为实现图 4.5 所示的 $(x, y, z) \Rightarrow (\alpha, \beta, R)$ 的坐标变换公式。

（4）$(\varphi, \theta, R) \Rightarrow (\alpha, \beta, R)$。因为

$$x = R\cos\theta\cos\varphi$$

$$y = R\cos\theta\sin\varphi$$

$$z = R\sin\theta$$

（4.15）

所以可先实现以下变换

$$(\varphi, \theta, R) \Rightarrow (x, y, z)$$

再按式（4.6）实现变换 $(x, y, z) \Rightarrow (x_1, y_1, z_1)$ 之后，即可按式（4.13）和式（4.14）求得 (α, β)。按此可实现图 4.4 中要求的 $(\varphi, \theta, R) \Rightarrow (\alpha, \beta, R)$ 的坐标变换。

4.2 一维相控阵天线的波束控制数码计算

以上讨论的是二维相位扫描（简称相扫）平面相控阵天线为实现波束控制分系统的基本功能所需的波束数码的计算。对目前在使用与研制的各种战术应用相控阵雷达来说，出于降低研制成本等方面的原因，还较多地采用一维相扫的相控阵天线，如相当多的三坐标雷达，单个或若干个天线波束只在仰角方向上进行相扫，而一些两坐标（2D）雷达，在方位上较窄，仰角方向上为余割平方形状的天线波束只在方位上进行相扫。对这两种情况，相控阵天线实际上是一个线形阵列，天线波束只需在一个方向上进行相扫。这时，它们的波束控制数码的计算变得相对简单，只需计算 β 或 α 即可。

4.2.1 一维相扫三坐标（3D）雷达的波束控制数码计算

大多数一维相扫的三坐标雷达均采用在仰角方向上进行相扫，在方位上机扫的天线。图 4.6（a）所示为天线阵面安装在 y, z 平面上的平面阵列天线的示意图，该天线由多个上下排列的水平子天线阵亦称行天线阵组成；每个水平子天线阵也可以是阵列天线、裂缝波导天线或其他形式的天线，它们的横向尺寸大小决定了天线波束在水平方向的宽度，一般均为 $1° \sim 2°$ 的窄波束，而它们在垂直方向的尺寸较窄，一般不到一个雷达信号波长，因而其天线方向图在仰角方向上很宽。整个天线在仰角方向的波束宽度取决于行天线阵的数目与各行天线阵之间的间距，即取决于整个天线在垂直方向的口径尺寸。这些子天线构成一个在垂直方向上即沿 z 轴排列的线阵。令这一垂直线阵共有 M 个单元，各单元（即各子天线或

行天线）之间的间距仍为 d_2，则第 k 个单元（$k=0,1,\cdots,M-1$）的波束控制数码 $C(k)$ 为

$$C(k) = k\beta \tag{4.16}$$

式（4.2）为

$$\beta = \Delta\varphi_{B\beta} / \Delta\varphi_{Bmin}$$

式（4.2）中，最小计算移相量 $\Delta\varphi_{Bmin}$ 取决于数字式移相器的计算位数 K，即 $\Delta\varphi_{Bmin} = 2\pi/2^K$，由式（4.5）有

$$\beta = \frac{d_2}{\lambda} 2^K \sin\theta_B$$

实际上，一维相扫三坐标（3D）雷达的天线要往后倾斜一个角度，令后倾角为 $A°$ ［见图 4.6（b）］，则按图 4.3 所示坐标旋转变换，或直接由式（4.8）简化可获得

$$\beta = \frac{d_2}{\lambda} 2^K (-\cos\theta_B \cdot \sin A + \sin\theta_B \cdot \cos A)$$
$$= \frac{d_2}{\lambda} 2^K \sin(\theta_B - A) \tag{4.17}$$

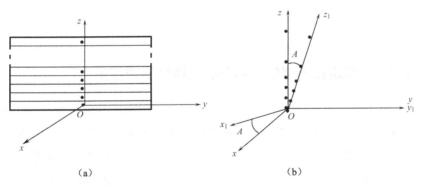

图 4.6 一维相扫三坐标雷达天线的坐标位置

4.2.2 一维相扫两坐标（2D）雷达的波束控制数码计算

图 4.7（a）所示为在方位进行一维相扫的两坐标雷达天线示意图，这类雷达天线波束在方位方向上为窄波束，而在仰角上则为宽波束，如余割平方波束。在仰角方向上天线波束形状的形成多半是用变形抛物柱面反射面实现的，也可用阵列天线实现。

这一水平线阵由 N 个单元组成，第 i 个单元的波束控制数码 $C(i)$ 为

$$C(i) = i\alpha \qquad i = 0,1,\cdots,N-1 \tag{4.18}$$

其中，最小计算移相量 $\Delta\varphi_{Bmin}$ 仍为 $2\pi/2^K$，即

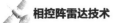

$$\alpha = \Delta\varphi_{B\alpha} / \Delta\varphi_{B\min}$$

由式（4.5），α 应为

$$\alpha = \frac{d_1}{\lambda} 2^K \cos\theta_B \cdot \sin\varphi_B$$

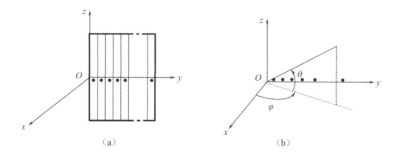

图 4.7　方位上一维相扫的两坐标雷达天线示意图

由于这里讨论的两坐标雷达只在方位上进行相扫，因此波束控制数码只根据方位角 φ_B 来决定，即实际上 α 的计算是按下式进行的，为区别于二维相扫时的 α，改用 α_φ 表示，即

$$\alpha_\varphi = \frac{d_1}{\lambda} 2^K \sin\varphi_B \tag{4.19}$$

4.2.3　一维相扫两坐标雷达天线波束的倾斜现象

方位上一维相扫两坐标雷达天线波束一般在仰角方向上均为宽波束，如余割平方波束，如按式（4.19）确定 α_φ，则它相当于在仰角 $\theta_B=0°$ 方向时的式（4.5），即在图 4.7（b）中 (x, y) 水平面上时的情况。而实际上，发射天线应照射的仰角空域包括从 $\theta_B=0°$ 至 $\theta_{B\max}$（如 $\theta_{\max}=30°$），接收天线应接收位于 $\theta_{B\max}$ 以下仰角的目标回波信号，因此必须考虑按式（4.19）凭 φ_B 确定相邻单元之间波束控制数码的增量 α_φ 以后，仰角波束在垂直方向上的变化。

设按式（4.19）在假设 $\theta_B=0°$ 条件下来选定 α_φ，实现波束在方位上的相扫。选定 α_φ 之后，由于天线仰角波束很宽，则会在不同于 $0°$ 的 θ_B 角度方向，波束最大值将略为偏离 φ_B，指向（$\varphi_B+\Delta\varphi_B\theta_B$），从而产生天线波束的倾斜现象。

以下讨论方位波束最大值在不同仰角 θ_B 时对波束偏移量 $\Delta\varphi_B\theta_B$ 的估计。

当 α 选为 α_φ 后，在 $\theta_B=0°$ 与 $\theta_B\neq0°$ 时，波束最大值指向 φ_B 与 $\varphi_B\theta_B$ 取决于

$$\sin\varphi_B = \alpha_\varphi \frac{\lambda}{d_1 2^K} \tag{4.20}$$

$$\sin\varphi_{\mathrm{B}}\theta_{\mathrm{B}} = \alpha_\varphi\frac{\lambda}{d_1 2^K}\times\frac{1}{\cos\theta_{\mathrm{B}}} \qquad (4.21)$$

显然，$\varphi_{\mathrm{B}}\theta_{\mathrm{B}} > \varphi_{\mathrm{B}}$。因对大多数两坐标雷达来说，$\theta_{\mathrm{B}}$ 均不是很大，如 $\theta_{\mathrm{Bmax}} \leqslant$ 30°，此时，可利用 $\cos x$ 的级数展开式，求得

$$1/\cos\theta_{\mathrm{B}} \approx 1+\frac{1}{2!}\theta_{\mathrm{B}}^2 \qquad (4.22)$$

式（4.22）中，θ_{B} 以弧度表示。

因为 $\varphi_{\mathrm{B}}\theta_{\mathrm{B}}$ 可表示为 $\varphi_{\mathrm{B}}\theta_{\mathrm{B}} = \varphi_{\mathrm{B}} + \Delta\varphi_{\mathrm{B}}\theta_{\mathrm{B}}$，故

$$\sin\varphi_{\mathrm{B}}\theta_{\mathrm{B}} = \sin(\varphi_{\mathrm{B}} + \Delta\varphi_{\mathrm{B}}\theta_{\mathrm{B}}) \qquad (4.23)$$

式（4.23）中，$\Delta\varphi_{\mathrm{B}}\theta_{\mathrm{B}}$ 为波束最大值指向随仰角不同而发生的方位偏移量。

将式（4.23）展开，考虑 $\Delta\varphi_{\mathrm{B}}\theta_{\mathrm{B}}$ 很小，可求得 $\Delta\varphi_{\mathrm{B}}\theta_{\mathrm{B}}$ 为

$$\Delta\varphi_{\mathrm{B}}\theta_{\mathrm{B}} = \frac{\alpha_\varphi}{\cos\theta_{\mathrm{B}}}\times\frac{\lambda}{d_1 2^{K+1}}\theta_{\mathrm{B}}^2$$

简化后得

$$\Delta\varphi_{\mathrm{B}}\theta_{\mathrm{B}} \approx \frac{\sin\varphi_{\mathrm{B}}}{\cos\theta_{\mathrm{B}}}\times\frac{1}{2}\theta_{\mathrm{B}}^2 \qquad (4.24)$$

图 4.8（a）所示为方位相扫的一维相控阵天线（线阵）的波束最大值指向随仰角变化不同而发生偏移的示意图。由图 4.8（b）可见，随着方位相扫角度 φ_{B} 的增加，$\Delta\varphi_{\mathrm{B}}\theta_{\mathrm{B}}$ 逐渐增加，仰角 θ_{B} 越大，则 $\Delta\varphi_{\mathrm{B}\theta}$ 增加越快。

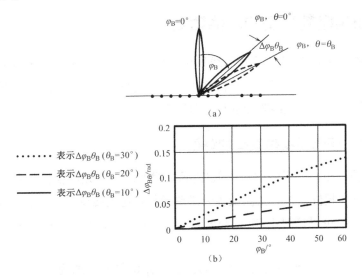

图 4.8　宽仰角波束的一维相控阵天线波束最大值的指向随仰角变化而发生偏移的示意图

图 4.9 所示为按式（4.23）计算的 $\Delta\varphi_{\mathrm{B}}\theta_{\mathrm{B}}$ 随仰角 θ_{B} 增大而急剧增加的曲线。

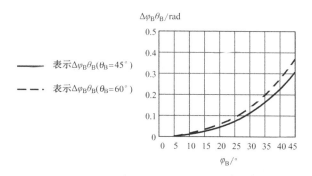

图 4.9 一维相控阵天线波束最大值 $\Delta\varphi_B\theta_B$ 与仰角 θ_B 和方位相扫角度 φ_B 的关系曲线

根据以上的讨论可以看出，对具有宽仰角波束在方位上相扫的一维相控阵天线，其天线波束最大值指向会随着仰角 θ_B 的增大而发生偏移，随着方位相扫角 φ_B 的增大与仰角 θ_B 的增大，这一波束最大值偏移将快速增加，由此带来的不良后果是，方位上相扫的一维相控阵雷达在大扫描角的情况下，对位于不同仰角上的目标进行测角时将有不同的方位测量系统误差，对位于高仰角的目标，这一误差将是相当大的。

克服这一缺点的根本方法，是增加仰角上的波束数目，如用三个以上的仰角波束，分别覆盖 1/3 的仰角搜索空域，这时因 θ_B 被限制在约 $\theta_{Bmax}/3$，如 10° 以内，$\Delta\varphi_B\theta_B$ 将明显降低。

4.3 波束控制系统的其他功能

波束控制系统除了实现对天线波束定位，还可以实现天馈线相位误差的补偿，频率捷变后进行天线波束指向修正，实现随机馈相，完成天线近场测试时球面波的补偿，以及对天线阵面的相位监测等。

4.3.1 天馈线相位误差的补偿

为了获得相控阵天线波束的低/超低副瓣性能，必须严格控制各天线单元通道内的幅度和相位误差。在测量各天线单元与参考天线单元之间的幅度和相位误差的基础上，可以通过改变波束控制数码，对各单元通道之间的相位误差加以修正。

若设第 (k,i) 单元通道与参考单元［第 $(0,0)$ 单元］通道之间的相位误差为 $\Delta\varphi_{ki}$，则用于修正该单元通道内移相器的波束控制数码 δ_{ki} 应为

$$\delta_{ki} = \Delta\varphi_{ki} / \Delta\varphi_{Bmin} \tag{4.25}$$

在考虑对天馈线相位误差进行补偿的情况下，送到第 (k,i) 单元通道内移相

器的波束控制数码应为

$$C(k,i) = k\beta + i\alpha + \delta_{ki} \tag{4.26}$$

4.3.2　频率捷变后进行天线波束指向修正时波束控制修正码的计算

频率捷变（FA）是提高雷达抗干扰（ECCM）能力的一种重要措施。当雷达发射信号频率改变后，相邻天线单元之间的"空间相位差"会发生变化，而多数数字式移相器的移相值不随通过信号的频率变化而变化，这时将会导致天线波束指向发生偏转。以发射天线为例，若相邻单元之间由移相器提供的"阵内相位差" $\Delta\varphi_B$ 为 $\Delta\varphi_{Bmin}$ 的 P 倍（P 为整数），即

$$\Delta\varphi_B = P \cdot 2\pi/2^K \qquad P = 0, \pm 1, \pm 2, \cdots \tag{4.27}$$

当信号频率分别为 f_0 与（$f_0 + \Delta f$）时，对同样的 $\Delta\varphi_B$，波束指向应分别为 θ_{BP} 和（$\theta_{BP} + \Delta\theta_{BP_f}$）。

当 $f = f_0$ 时，因 $\lambda_0 = c/f_0$，故 θ_{BP} 取决于下式，即

$$\frac{2\pi}{\lambda_0} d \sin\theta_{BP} = \frac{2\pi}{c} f_0 \sin\theta_{BP} = P\frac{2\pi}{2^K} \tag{4.28}$$

$$\theta_{BP} = \arcsin\left(\frac{\lambda_0}{2\pi d}\Delta\varphi_B\right) \tag{4.29}$$

若为了在 $f = f_0 + \Delta f$ 时仍保证天线波束处于 θ_{BP} 方向，则要求将 P 值修改成 $P + \Delta P_f$。以下讨论 ΔP_f 的估计与计算。

设在 $f = f_0 + \Delta f$ 时，当 P 修改为（$P + \Delta P$）后，天线波束仍保持在 θ_{BP}，则有

$$\frac{2\pi d}{c}(f_0 + \Delta f)\sin\theta_{BP} = (P + \Delta P)\frac{2\pi}{2^K} \tag{4.30}$$

由此得 ΔP 的计算公式为

$$\Delta P = \frac{\Delta f d}{c} 2^K \sin\theta_{BP} \tag{4.31}$$

或

$$\Delta P = \frac{d}{\Delta\lambda} 2^K \sin\theta_{BP} \tag{4.32}$$

式（4.32）中

$$\Delta\lambda = c/\Delta f, \ \Delta\lambda \gg \lambda \tag{4.33}$$

例如，设 $d = \lambda/2$，$\theta_{BP} = 45°$，$\Delta f/f = \pm 5\%$，即 $\Delta\lambda/\lambda = \pm 20$，波束控制计算数码为 8 位（$K=8$），则由式（4.32）有

$$\Delta P = \frac{1}{2} \times \frac{1}{\Delta\lambda/\lambda} \times 2^8 \times \sin 45° = 4.5$$

取整数后，得 $\pm[\Delta P] = \pm 4$。

对于二维相扫的平面相控阵天线，与 ΔP 相对应的用于修正波束指向的波束控制数码 $\Delta\alpha$ 及 $\Delta\beta$，由式（4.8）取微分或参照（4.32）式的推导，可得

$$\Delta\beta = \frac{\Delta f d_2}{c} 2^K \left(-\sin A \cos\theta_{BP} \cos\varphi_B + \cos A \sin\theta_{BP}\right)$$

$$\Delta\alpha = \frac{\Delta f d_1}{c} 2^K \cos\theta_{BP} \sin\varphi_B \tag{4.34}$$

4.3.3 随机馈相的实现

随机馈相是对天线口径照射函数进行相位加权的方法，由于是"唯相位"（Phase-Only）方法，因此它对无源相控阵天线或有源相控阵天线均是适用的，在后面第 5 章中将进行较详细讨论[2]。随机馈相的实现依赖于波束控制系统。在后面关于虚位技术及随机馈相原理的讨论中，以图 4.10 所示的情况为例加以说明。第 i 个天线单元的移相器要随机地增加一个 φ_i 值，φ_i 值的选取按下式进行，即

$$\begin{cases} a_i = \varphi_i - \varphi_i' & \text{概率为} p_i \text{时} \\ b_i = \varphi_i - 0 = \varphi_i & \text{概率为} q_i = (1 - p_i) \text{时} \end{cases} \tag{4.35}$$

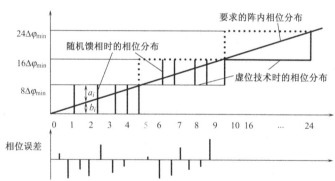

图 4.10 随机馈相时单元相位的随机取值的概率示意图

当按此确定 φ_i 值后，相控阵雷达波束控制分系统应产生相应的波束控制数码。

令随机馈相后第 i 单元的相位误差 φ_i 与最小计算移相量 $\Delta\varphi_{Bmin}$（$2\pi/2^K$）之比为 γ_i，则

$$\gamma_i = \frac{\varphi_i}{\Delta\varphi_{Bmin}} \tag{4.36}$$

对于面阵，第 (k,i) 单元的波束控制数码应为

$$C(k,i) = i\alpha + k\beta + \gamma_{ki}$$

$$\gamma_{ki} = \pm\varphi_{ki} / \Delta\varphi_{Bmin} \tag{4.37}$$

当 (k,i) 单元的相位误差按式（4.37）取 a_i 状态时，γ_{ki} 为正值；当取 b_i 状态时，γ_{ki}

为负值。

由于 γ_{ki} 是随机的，对各个天线单元通路是不同的，且还可能会随雷达信号工作频率与波束扫描角的变化而变化，因此在波束控制系统中，必须要有一个 γ 存储器，用于存储各个移相器按不同情况预先算出的波束控制修正数码 γ_{ki}。

4.3.4　天线近场测试时球面波的补偿

天线远场测试要求测试距离 R_t 满足下述条件

$$R_t \geqslant 2D^2/\lambda \tag{4.38}$$

对于大型相控阵天线，天线口径 D 很大，且常常是不能转动的天线，这给天线远场测试带来特殊的困难。天线近场方法是解决这类困难的有效方法。

天线近场测试有两种方法。一种是探头紧靠天线阵面，相距仅几个波长的近场测试方法。这种方法要求有高精度的扫描器测试架、探头、机械或激光定位装置等，测试通常在微波暗室中进行。另一种方法是将天线测试信号源或测试探头放置在离天线阵面较远的地方，但仍远小于远场测试要求的 $2D^2/\lambda$。这种方法也可称为中场测试方法，它是在雷达场地进行的。这种方法曾在大型相控阵雷达中得到成功应用。为减少周围环境反射的影响，必要时也应在活动测试装置的支撑结构上及天线阵面附近的地面上安放微波吸收材料。

图 4.11 所示为一种大型相控阵天线的近场测试示意图。

测试天线可安置在一个可移动的

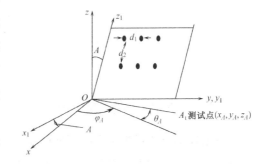

图 4.11　大型相控阵天线的近场测试示意图

测试支架上，在图 4.11 上以 A_t 测试点表示，其坐标位置为 (x_A, y_A, z_A)。

为了保证在天线口面上获得平面波，必须通过相控阵雷达的波束控制设备来修正各单元移相器的相位，以便将球面波变为平面波前，要求波束控制系统提供进行相位修正所需的波束控制数码。

为此，应先求出测试天线至参考单元的距离 R_{At}，A_t 至各天线单元的距离 R_{ki}，以及它们之间的距离差 ΔR_{ki}，即

$$\Delta R_{ki} = R_{At} - R_{ki} \tag{4.39}$$

通过光学测量测试天线 A_t 的位置可在球坐标系里给出，为 $(\varphi_{At}, \theta_{At}, R_{At})$，换算至 (x, y, z) 坐标系，表示为

$$x_A = R_{At} \cos\theta_A \cos\varphi_A$$
$$y_A = R_{At} \cos\theta_A \sin\varphi_A \qquad (4.40)$$
$$z_A = R_{At} \sin\theta_A$$

而安放在倾角为 $A°$ 的 (x_1, y_1, z_1) 平面上的第 (k,i) 单元，在 (x, y, z) 坐标系里的位置由式（4.11）确定为

$$x_{ki} = -kd_2 \sin A$$
$$y_{ki} = id_1 \qquad (4.41)$$
$$z_{ki} = kd_2 \cos A$$

故 A_t 至第 (k,i) 单元的距离 R_{ki} 可表示为

$$R_{ki} = \left[(x_A - x_{ki})^2 + (y_A - y_{ki})^2 + (z_A - z_{ki})^2 \right]^{1/2} \qquad (4.42)$$

再按式（4.39），即可算出第 (k,i) 单元与 $(0, 0)$ 参考单元之间的相位误差 $\Delta\varphi_{ki}$ 为

$$\Delta\varphi_{ki} = \frac{2\pi}{\lambda}\Delta R_{ki} - 2\pi L \qquad (4.43)$$

式（4.43）中，$L=0, \pm1, \pm2, \cdots$，L 用于考虑修正超过波长整数倍的路程差。

令 $\Delta\varphi_{ki}$ 与最小计算移相量 $\Delta\varphi_{Bmin}$ 之比值为 τ_{ki}，则

$$\tau_{ki} = \Delta\varphi_{ki} / \Delta\varphi_{Bmin} \qquad (4.44)$$

此时，波束控制系统送至各个移相器的波束控制数码 $C(k,i)$ 应为

$$C(k,i) = i\alpha + k\beta + \tau_{ki} \qquad (4.45)$$

4.3.5 天线阵面的相位监测

波束控制系统可用于天线阵面的相位监测。天线阵面的监测依照测试信号源的放置位置可分为内监测与外监测两种方法。采用内监测方法，可以将雷达发射机的工作信号作为对移相器和馈线系统的测试信号，雷达监测工作状态与雷达工作状态可同时进行。内监测方法一般无法检测到天线单元本身；外监测方法则可检测到天线单元。

无论采用哪种方法，在检测移相器的相位状态时，均需要将该移相器的移相状态逐位地进行切换，或对移相器进行全"1"状态与全"0"状态的检测，即移相器所有各位均全部移相或不移相。

对哪一个移相器进行检测，按哪种方式进行检测，均是由监测计算机按程序设计进行的。因此，在波束控制系统的设计过程中，应考虑监测工作方式的要求及与监测计算机的接口[3]。

4.3.6　相控阵天线波束形状变化的控制

天线波束形状的捷变能力是相控阵雷达的特点之一。它可以依靠改变相控阵天线的复加权系数来实现。对于只有移相器的无源相控阵天线，则可用"唯相位"（Phase-Only）的方法，即只改变各单元通道的相位来实现天线波束形状的改变。

设 N 单元线阵第 i 个天线单元（或第 i 个子天线阵）接收的复信号为 x_i，其复加权系数为 w_i，则在某一采样时间，整个阵面的接收信号矢量 X 及其对应的加权矢量 W 可表示为

$$X = \left(x_0, x_1, \cdots, x_{N-1} \right)^{\mathrm{T}}$$
$$W = \left(w_0, w_1, \cdots, w_{N-1} \right)^{\mathrm{T}} \tag{4.46}$$

各单元信号经加权后求和，在阵列的相加网络输出端的输出为

$$F = \sum_{i=0}^{N-1} w_i x_i = \boldsymbol{w}^{\mathrm{T}} \boldsymbol{x}$$

或

$$F = X^{\mathrm{T}} W \tag{4.47}$$

改变加权矢量 W，即可改变阵列输出，即改变天线波束形状。在采用 RF 波束形成的相控阵雷达天线中，W 的变化是由波束控制系统来实现的。

4.4　波束控制系统设计中的一些技术问题

波束控制系统在设计中根据其组成情况，在降低设备量方面可采取一些技术措施。

4.4.1　波束控制系统的组成

波束控制系统的组成有很大的灵活性，它与天线阵面的大小、移相器负载的差异及技术的进步等有很大的关系。图 4.12 所示为一般的波束控制系统的组成框图，它主要包括波束控制计算机、自适应波束形成波束控制数码存储器、子天线阵波束控制计算机、波束控制数码寄存器与驱动器、移相器、相应的控制软件及电源设备等。

相控阵雷达的波束控制计算机接收来自雷达控制计算机的天线波束位置信息，这通常以波束控制数码 (α, β) 的形式给出（如图 4.12 所示），也可以以球坐标位置 (φ, θ) 或直角坐标位置 (x, y, z) 给出。此时，波束控制数码由波束控制计算机通过计算后给出。

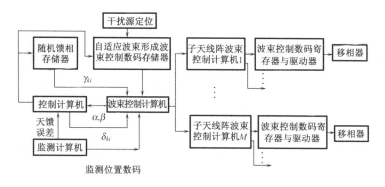

图 4.12 波束控制系统的组成框图

各种相位修正需要的存储器及其计算测试设备也是波束控制系统的重要组成部分。寄存器与驱动器的负载是移相器，在有的波束控制系统中寄存器和驱动器可以由同一电路完成。由于集成电路技术的进步，已可将其设计成专用集成电路（ASIC）。可以为一个移相器或为多个安装在同一机箱内的多个移相器设计相应的 ASIC 电路。

波束控制计算机可以分散至多个子天线阵，即每一个子天线阵有一个波束控制计算机。每一个子天线阵波束控制计算机与雷达总的波束控制计算机之间的信号传输由波束控制信号的传输分配总线实现。在大型二维相扫相控阵雷达中，波束控制信号的传输分配总线已开始采用光纤来实现。

自适应波束形成波束控制数码存储器的作用之一是根据干扰源定位设备测出的外来干扰的方向，提供预先计算好的波束控制数码，在干扰方向快速形成接收波束凹口。

4.4.2 减少波束控制系统设备量的一些技术措施

对于二维相扫平面相控阵天线，由于总的移相器数目很多，对一个矩形阵列是两个方向单元数目 M（仰角方向）与 N（方位方向）之和，即 $M \times N$，大体上总的单元数目为 5000～10000 个，如美国海军"宙斯盾"系统中的 AN/SPY-1 相控阵雷达，阵元总数为 4480×4 个[4]；美国用于反导的 THAAD 系统中的 X 波段相控阵雷达的天线单元总数为 25344 个[5]。因此，减少波束控制系统的设备量，对降低波束控制系统与整个相控阵雷达的成本有重要作用。

为减少波束控制系统设备量，可采取的主要技术措施包括如下四种。

1. 在方位与仰角上分别进行波束控制

如果只要求波束控制系统完成其基本功能，即波束控制数码只是按波束指向来决定，则波束控制系统可以简化。对图 4.13 所示的在方位与仰角上分别进行馈相的二维相控阵天线，由各个单元移相器的波束控制数码 $C(k,i)$ 组成的波束控制数码矩阵 $[C(k,i)]_{M×N}$ 可分解为两个分别对应方位与仰角的相位扫描的子矩阵之和。

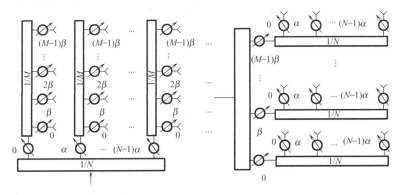

图 4.13　在方位与仰角上分别进行馈相的二维相控阵天线示意图

$$[C(k,i)]_{M×N} = \begin{bmatrix} 0 & \alpha & 2\alpha & \cdots & (N-1)\alpha \\ \beta & \alpha+\beta & 2\alpha+\beta & \cdots & (N-1)\alpha+\beta \\ \vdots & \vdots & \vdots & \ddots & \vdots \\ (M-1)\beta & \alpha+(M-1)\beta & 2\alpha+(M-1)\beta & \cdots & (N-1)\alpha+(M-1)\beta \end{bmatrix}$$
$$= [C(k,i)_\alpha]_{M×N} + [C(k,i)_\beta]_{M×N} \tag{4.48}$$

式（4.48）中，$[C(k,i)_\alpha]_{M×N}$ 与 $[C(k,i)_\beta]_{M×N}$ 分别为行、列波束控制数码矩阵，即

$$[C(k,i)_\alpha]_{M×N} = \begin{bmatrix} 0 & \alpha & 2\alpha & \cdots & (N-1)\alpha \\ 0 & \alpha & 2\alpha & \cdots & (N-1)\alpha \\ \vdots & \vdots & \vdots & \ddots & \vdots \\ 0 & \alpha & 2\alpha & \cdots & (N-1)\alpha \end{bmatrix}_{M×N} \tag{4.49}$$

$$[C(k,i)_\beta]_{M×N} = \begin{bmatrix} 0 & 0 & \cdots & 0 \\ \beta & \beta & \cdots & \beta \\ \vdots & \vdots & \ddots & \vdots \\ (M-1)\beta & (M-1)\beta & \cdots & (M-1)\beta \end{bmatrix}_{M×N} \tag{4.50}$$

这就意味着在图 4.12 中增加一层移相器之后，波束控制系统通过计算要产生的波束控制数码便由 $M×N$ 个降低为（$M+N$）个，这使计算工作量大为简化。由于每一行或每一列的移相器具有相同的移相量，因而图 4.12 所示的波束控制数码寄存器与驱动器数目也可能降低，只要波束控制信号的功率放大器（图 4.12 中的驱动器）的电流足够大，就可以使一个驱动器带动多个移相器，使波束控制系统的设备量减少。

采用这种方法的特点是不能用波束控制系统实现对每个单元通道相位误差的修正，而只能修正每一行或每一列通道之间的相位误差。这意味着，天线阵内存在行与行、列与列之间的相位误差。

如果将整个平面相控阵天线分为若干个小的矩形子天线阵，则同样可将波束控制数码矩阵 $[C(k,i)]_{M \times N}$ 分解为若干个子波束数码矩阵，每个子天线阵内相同位置上天线单元通道中的移相器具有相同的移相量，因而同样可降低波束控制信号的产生难度及减少控制硬件的设备量。其缺点是，天线阵内行与行、列与列之间存在相位误差。

2. 采用"行-列"式馈入波束控制信号的移相器

对图4.14所示的采用铁氧体移相器的二维相扫平面相控阵天线，一般用于采用铁氧体移相器的大型毫米波相控阵雷达[6-7]。按这种方式，可不需要按图 4.13 所示那样，将平面相控阵天线分解为两层馈相的天线。

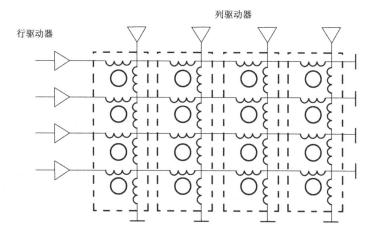

图 4.14 采用"行-列"式馈入波束控制信号的铁氧体移相器阵列

3. 在子天线阵范围内采用串联馈相

只要相控阵天线的带宽满足要求，在部分子天线阵（如一段线阵）中采用串联馈相方式，如在后面章节中要介绍的 CTS 相控阵天线，则可达到减少波束控制系统设备量与降低相控阵雷达成本的目的。

4. 采用新型的移相器件及低功耗电压控制的移相器

采用新型的移相器件及低功耗电压控制，如后面要介绍的采用微电子机械（MEM）的移相器，对减少波束控制系统的设备量与降低成本都有显著的效果。

4.5　波束控制系统的响应时间与天线波束的转换时间

相控阵雷达天线波束的快速扫描能力取决于波束控制系统的响应时间。这里所说的响应时间是指波束控制系统接收来自计算机的有关天线波束指向的控制代码后，进行波束控制数码运算和传输，以及将阵面上所有天线单元通道内的移相器全部置于相应的移相状态所需要的时间。

除了波束控制系统的响应时间，还要有一个反映波束控制系统工作性能的时间指标，它称为天线波束转换时间。这两个时间指标都与相控阵雷达处于何种工作状态，即搜索工作状态还是跟踪工作状态有关。

4.5.1　搜索状态时的波束控制系统的响应时间与天线波束转换时间

图 4.15 所示为典型的搜索状态的时间关系图，也即波束控制系统的响应时间示意图。假定，在"主脉冲"定时信号（M 信号）到来后，波束控制系统就收到了相控阵雷达控制计算机给出的波束控制数码(α, β)，在发射脉冲信号到来之前的 Δt_c 时间里，必须完成全部波束控制数码的计算，算出每个移相器的移相状态，实现波束控制数码的传输、寄存和放大，并完成阵面所有移相器移相状态的转换。

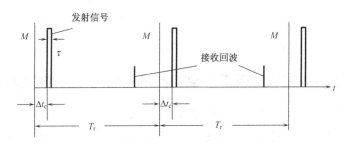

图 4.15　波束控制系统的响应时间示意图

雷达处于搜索状态下，发射信号辐射完之后，接收波束必须在发射波束位置方向处于等待状态，直到距离搜索波门的后沿到来之后才可以更改移相器的移相状态。这时天线波束转换时间为 T_r。如果雷达在同一波束位置要发射 n 个重复周期的信号，则在 nT_r 时间里，移相器的相位状态无须改变，这时天线波束的转换时间便是 nT_r。

对于采用 PIN 二极管作为开关器件的移相器，在移相器移相状态改变后，如需维持控制信号提供的控制电流或电压，则无论天线处于发射状态还是接收状态，其移相状态均可保持。

但对采用非互易铁氧体移相器的相控阵雷达，发射脉冲信号结束后，波束控制信号应在接收信号到来之前完成控制信号的极性转换，移相器才能在接收状态下工作，故除波束控制信号的响应时间外，还应增加发射–接收移相状态的转换时间，方能全面反映波束控制系统的性能。

当雷达工作在搜索状态时，为了提高雷达搜索数据率，在一个重复周期里，需要向相邻的几个方向发射雷达信号，同时对这几个方向进行接收，此时对波束控制响应时间的要求将略有变化。

图 4.16 所示为在一个重复周期里向相邻 m 个方向（图 4.16 中，$m=3$）发射搜索波束，同时用多波束进行接收的工作方式示意图。

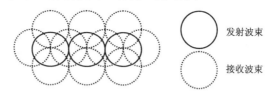

发射波束

接收波束

图 4.16 在一个重复周期里向相邻 m 个方向发射搜索波束示意图

此时，发射波束转换时间为 Δt_c，它应限制在相邻两个发射脉冲信号之间。因此，这要比上一种情况要求更高一些。除第一个发射脉冲可以有较长的响应时间（由主脉冲至第 1 个发射脉冲前沿）Δt_{c1} 外，后两个发射脉冲的响应时间 Δt_{c2} 和 Δt_{c3} 则相对较短。缩短响应时间 Δt_{c2} 和 Δt_{c3}，有利于改善雷达观测的最小作用距离和缩短为保证最大作用距离要求的 T_r 时间。

4.5.2 跟踪状态时的波束控制系统响应时间与波束转换时间

如图 4.17 所示，m 个脉冲按跟踪目标的远近发往 m 个方向。当雷达处于跟踪状态时，由于目标分布范围可能较广，一般情况下它们并不处在相邻的波束位置内，相应地需要有几组指向不同方向的跟踪接收波束，因此，除了在发射状态要转换波束位置，接收时也必须要转换波束位置。

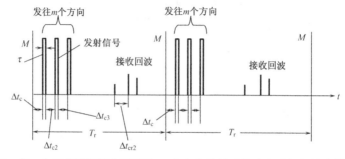

图 4.17 在一个重复周期里向不同的 m 个方向发射时的响应时间与波束转换时间

如图 4.17 所示，发射波束转换时间分别为Δt_{c}, Δt_{c2} 和Δt_{c3}，而对应的接收波束转换时间则还与被跟踪目标之间的间距有关。例如，如果两个被跟踪目标间距较大，则它们之间的接收波束转换时间也可以相应增大。

从以上讨论可以看出，为了提高相控阵雷达跟踪多目标时的跟踪数据率，需要在一个重复周期内跟踪多批目标时，缩短波束转换时间是一个重要的前提条件。

4.5.3　降低波束系统响应时间的措施

有多种降低波束控制系统响应时间的方法，它们主要与波束控制系统的设计和相控阵馈线系统的设计有关。由于大规模集成电路等的发展，波束控制系统的系统响应时间有可能大为降低。

降低波束控制系统响应时间与波束转换时间的主要方法有以下四种。

1）脱机计算与全存储（ROM）方式

脱机计算与全存储方式是指：预先将不同波束指向对应的各个移相器的波束控制数码脱机计算后存储在高速存取的大容量存储介质中，每个天线单元通道中有一个波束控制数码存储器，不同地址内存储不同波束指向对应的波束控制数码，因此波束控制计算机只需给出所要求的存储器的地址即可实现波束控制。这时波束控制系统响应时间中省去了用于运算的时间。

2）按子阵分别计算

一般大型相控阵雷达均采用按子阵计算的方法，实际上是应用并行计算降低整个波束控制系统需要的计算时间。

3）降低移相器开关时间

移相器开关时间短，保证了相控阵雷达天线波束扫描是无惯性的。

4）采用行-列（Row-Column）方式产生控制信号

图 4.18 所示为采用行-列方式实现波束控制数码运算的示意图，这种方式在早期大型相控阵雷达中曾经应用过。

这种方式给二维相扫的平面相控阵雷达带来的好处是可大大降低波束控制的运算量，由计算和传输 $M\times N$ 个移相器所需的波束控制数码，缩小为只计算和提供 $M+N$ 个波束控制数码（M 个β 码与 N 个α 码），$M\times N$ 个移相器需要的波束控制码则只需依靠 $M\times N$ 个加法器即可实现。

这种方式的缺点是较难实现对每个移相器相位误差的单独修正。例如，要利用波束控制系统实现阵面单元通道幅相误差的修正、随机馈相等其他功能，则应在每个加法器之后再做一次运算。这时，采用行-列方式产生波束控制信号的优点仅在于降低了波束控制数码的产生。存在天线单元通道之间的相关相位误差也是其缺点。

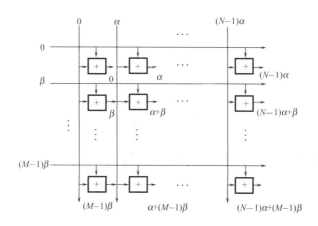

图 4.18 采用行-列方式实现波束控制数码运算的示意图

4.6 波束控制电流的计算

为移相器相位状态的转换提供电流或电压控制信号的波束控制驱动器，是波束控制系统中的一个重要组成部分。目前多数移相器，如 PIN 开关二极管数字式移相器均采用电流控制。一般情况下，波束控制驱动器的数量与移相器数目一样多。若采用行-列控制方式，驱动器数目虽然可以减少，但它要打通的总的开关数量仍然取决于移相器的总数量，因而对其负载能力的总要求仍然是一样的。

4.6.1 计算波束控制电流的意义

对一个二维相控扫描的相控阵天线来说，若移相器总数为 $M \times N$，当采用数字式移相器时，设每个移相器为 K 位，每一位有开关元件 S 个（如 $S=2$ 或 4，平均 $S_{AV}=3$），打通开关所需电流为 i_S，则整个天线阵面上需要的最大波束控制电流 I_{BK0} 为

$$I_{BK0}=MNKS_{AV} i_S \tag{4.51}$$

由于相控阵天线实际工作时，不会出现所有移相器均全部导通的状态，因而实际的波束控制电流 I_{BK} 为

$$I_{BK}= C_{BK} MNKS_{AV} i_S \tag{4.52}$$

式（4.52）中，C_{BK} 为 0～1，称为波束控制最大电流系数，它与波束位置有关。在搜索与跟踪过程中，天线波束位置不断变化，因而 C_{BK} 是变化的，波束控制驱动器电源的输出也就不断变化，同时，波束控制驱动器电源的初级电源输出也就随着不断变化。当 $C_{BK}=C_{BKmax}$ 时，得到实际要求的波束控制电流最大值 I_{BKmax} 为

$$I_{BKmax}=C_{BKmax} I_{BK0} \tag{4.53}$$

波束控制电流的计算包括以下四个步骤。

（1）计算子天线阵与整个阵面波束控制系统驱动器对其初级电源的要求，正确确定对波束控制电流的要求。

（2）计算不同波束位置时 C_{BK} 的变化，降低扫描过程中波束控制驱动电流的陡变程度，并减少其起伏，改善波束控制电源负载的动态特性。

（3）算出与过大的 C_{BK} 值对应的波束位置，如有必要，可以在扫描过程中避开这些波束位置。为此，在搜索过程中，在设置搜索拦截区时，可以避开该位置；在跟踪过程中，可通过调整跟踪预测时间，避开该波束位置。实际上，根据计算结果与中国二维相扫相控阵雷达的实际使用经验，只需将 8 位波束控制数码 $C(k,i)$ 增加或减少"1"，即可避开波束控制电流的峰值，而天线波束指向在这一特殊位置只不过移动了一个"波束跃度"（大于或等于半个天线波束宽度）。

（4）在采用虚位技术时，一般情况下传送至移相器的实际波束控制数码是由波束控制计算机计算得出的控制码经过舍入法形成的。例如，按 $K=8$ 位计算得出 8 位字长的控制码，而实际移相器只有 b 位（如 $b=4$），加在移相器上的控制码是在第 $b+1$ 位（如第 5 位）计算码上加"1"后才取出的高 b 位码。因此，如果按此方法得出的该波束位置的波束控制最大电流系数 C_{BK} 值很大，则可以不采用舍入方法，从而可使 C_{BK} 值降低。

对于目前多数有源相控阵雷达（APAR）即有源电子扫描阵列（AESA）雷达，由于移相器的移相等功能是在低功率条件下实现的，故上述讨论的问题的影响并不突出，但对特大孔径有源相控阵天线（包含数百万个天线单元），则波束控制电流的计算是有必要考虑的。

4.6.2　相位参考点的选择对波束控制电流起伏的影响

为了减小波束控制电流起伏值的影响，可以采用阵中相位参考点方法，即将阵列中心的天线单元作为参考单元，其信号相位作为参考相位，波束控制信号提供的控制信号在参考点左右两边互为补码，由此可使总的波束控制驱动器提供的波束控制电流的起伏大为降低[8]。

以图 4.19 所示线阵为例，从中很容易得出线阵参考点左右两边对称单元的相位互为补码（以 2π 为模）。

因此，若参考单元两边两个对称移相器用同一寄存器的"0"端与"1"端分别连接驱动器，则驱动器电源基本不变化，因而驱动器的负载将大体上保持恒定。不完全恒定的原因是由于采用了虚位技术。它在虚位之前要做一次舍入计算，即对计算得出的波束控制数码再加上一个代表最小移相量一半的数码。例如，对 4 位数字式移相器，在按 8 位计算时，要加一个代表 11.25°的数码（00001000），如某移相器计算出的 8 位波束控制数码 $C(i, k)$ 以二进制数表示为（01111101），再加上（00001000）之后变为（10000101），取其高 4 位，得实际控制码（1000），显然，它与（0111）在对波束控制电流的需求上有了巨大的差别。

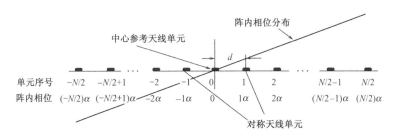

图 4.19 相位参考点选在线阵中心时波束控制数码的对称性

当采用较多位数的数字式移相器时，如 6 位或 7 位，即 $K=6$ 或 7 时，虚位数 $b=2$ 或 1，这时可以不必采用舍入算法。以这种情况为例，两个对称移相器的波束电流将基本保持恒定。

图 4.20 所示为将相位参考点选在小面阵中心时，波束控制数码的对称性。

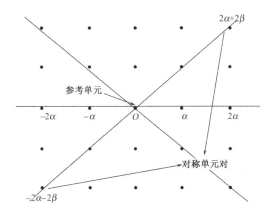

图 4.20 相位参考点选在小面阵中心时波束控制数码的对称性

小面阵中每一个天线单元都有其对称单元，它们构成一对对称单元，可只需要一个寄存器，其输出信号由其"0"端与"1"端分别经驱动器放大后去控制两个移相器。这还带来了减少设备量的好处。即使采用专用集成电路（ASIC）来实现波束控制电路，也可减少元器件的数量，并可相应降低其功耗要求。

4.7 天线单元不规则排列的相控阵天线的波束控制数码计算

以上讨论的有关波束控制问题均针对天线单元规则排列的平面相控阵天线。

对于这种平面相控阵天线，相邻天线单元之间的间距在两个方向均是等间距的。常用的三角格阵排列的平面相控阵天线，也可以分解为（或视为）两个矩形排列的平面天线阵。这为波束控制数码的计算提供了便利（2α 数码可视为 α 数码往高位方向左移 1 位后的结果），更主要的是，它为按行-列方式实现波束控制提供了方便。

4.7.1　天线单元随意排列的平面相控阵天线的波束控制数码计算

如果各天线单元在图 4.21 所示 (y, z) 平面上的位置不是按矩形栅格排列，而是不规则排列的，则这时各单元移相器的波束控制数码应按各天线单元所在位置及波束指向角来计算。

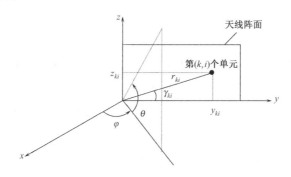

图 4.21　天线单元在平面上不规则排列的平面相控阵天线示意图

第 (k, i) 个单元在平面上的坐标位置可以有两种表示方法：在直角坐标系中以 (y_{ki}, z_{ki}) 表示或以平面上的极坐标系 (γ_{ki}, r_{ki}) 表示。

若参考单元选在圆心，要求天线波束指向为 (φ_B, θ_B)，由第 (k, i) 个单元提供的阵内相位差 $\Delta\varphi_{Bki}$ 应为

$$\Delta\varphi_{Bki} = \frac{2\pi}{\lambda} y_{ki} \cos\theta_B \sin\varphi_B + \frac{2\pi}{\lambda} z_{ki} \sin\theta_B \qquad (4.54)$$

或

$$\Delta\varphi_{Bki} = \frac{2\pi}{\lambda} r_{ki} \cos\gamma_{ki} \cos\theta_B \sin\varphi_B + \frac{2\pi}{\lambda} r_{ki} \sin\gamma_{ki} \sin\theta_B \qquad (4.55)$$

相应地，第 (k, i) 个单元移相器的波束控制数码 $C(k, i)$ 的计算公式与前面讨论的一致，为

$$C(k, i) = \Delta\varphi_{Bki} / \Delta\varphi_{Bmin}$$
$$\Delta\varphi_{Bmin} = 2\pi / 2^K \qquad (4.56)$$

式（4.56）中，$\Delta\varphi_{Bmin}$ 为进行波束控制计算时的移相器的最小移相量，K 为移相器

的计算位数，如 K=8，9，10。

4.7.2 环形阵天线的波束控制数码计算

对于图4.22所示的环形阵，天线单元分别放置在 N 个围绕圆心的同心圆上，天线单元在 r 轴上有严格的离散位置，每环之间的间距 Δr 是固定的，相当于平面阵中的单元间距 d_r，并设同一环内单元间距也为 Δr。因此，环形阵天线是上述天线单元随意排列的平面阵天线的特例，各单元位置之间仍有一定的规律可循，不完全是随机的。由于圆阵半径为 $N\Delta r$，每一天线单元大致占有面积为 Δr^2，故整个天线孔径的面积 S_A 与天线单元总数 N_{AE} 分别为

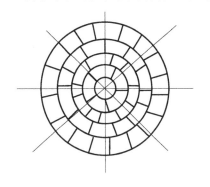

图4.22　环形阵示意图

$$S_A = \pi N^2 \Delta r^2 \qquad (4.57)$$

$$N_{AE} = \pi N^2 \qquad (4.58)$$

以下讨论环形天线阵上天线单元位置的表示方法，为使波束控制数码运算较为简单，天线单元位置可按径向位置与转角 (r_i, γ_i) 表示。

在轴线方向，由于 r_i 易于以有限字长的二进制数码表示，如整个天线共有 64 环，即天线单元安放在 64 个环带上，这意味着，在天线直径上可放置 64×2-1=127 个天线单元，则总共只需要 6 位数码即可准确表达天线单元位于哪一环带上。

相邻天线单元之间在 γ 角上的最小间距出现在最外圈，即在最外一环上，如令环形天线阵的环数为 N，则 γ 角上的最小间距 $\Delta\gamma$ 为

$$\Delta\gamma = \arcsin\left(\frac{1}{N-1/2}\right) \qquad (4.59)$$

因 N 值一般都较大（如在上述例子中 N=64），故有

$$\Delta\gamma \approx \frac{1}{N} \qquad (4.60)$$

因此，在角度上 γ 的量化总数 M_γ 为

$$M_\gamma = 2\pi / \Delta\gamma \approx N2\pi \qquad (4.61)$$

因此，天线单元转角位置 γ 的表示便取决于 M_γ，如当 N=64 时，M_γ=402，故只需 9 位数码即可。

这样，天线单元的位置可用其所在的环数与角度 γ 来表示。如果天线单元在圆环上放置的位置均处于 $\Delta\gamma$ 的整数倍角度上，则第 (k, i) 个天线单元的位置 (γ_{ki}, r_{ki}) 可以表示为 $(k\Delta\gamma, i\Delta r)$，其对应的波束控制数码 $C(k, i)$，按式（4.55）及式（4.56）

可表示为

$$C(k,i) = \frac{\Delta\varphi_{\text{B}ki}}{\Delta\varphi_{\text{B}\min}}$$

$$= \frac{\Delta r \cdot 2^K}{\lambda} i \left[\cos(k/N)\cos\theta_{\text{B}}\sin\varphi_{\text{B}} + \sin(k/N)\sin\theta_{\text{B}} \right]$$

（4.62）

如果要考虑修正单元通道内的幅、相误差，则除提供给第(k, i)单元的波束控制数码外，还应加上相应的修正数码 δ_{ki}。

上述这种不规则排列的平面相控阵天线可以由若干个排列在圆环上的子天线阵所组成，子阵之间的波束控制数码运算按上述方式进行，而子阵内各个单元之间的相位梯度的保证则可以按其排列方式，采用相同的计算方法和波束控制方法，以达到减少设备量和降低成本的目的。

4.8　最小波束跃度

在相控阵雷达中，如何实现各种工作状态下的波束跃度是相控阵雷达波束控制系统设计中的一个特殊问题。相控阵天线移相器位数的离散性及虚位技术的采用，使天线波束指向位置也是离散的，不像机扫天线那样，天线波束可以在扫描空间连续运动。

当相控阵雷达处于搜索状态时，为了降低天线波束覆盖的损失，往往需要调整天线波束的跃度。在跟踪过程中，为了提高跟踪测量精度，要求天线波束跃度尽可能降低，以便使目标位置始终处于差波束零点位置附近。因此，对精密跟踪测量相控阵雷达来说，降低天线波束跃度具有特别重要的意义。

4.8.1　天线波束跃度与波束控制数码的计算位数

天线波束跃度与波束控制数码的计算位数有密切关系。

采用 K 位数字式移相器能提供的最小移相值为

$$\Delta\varphi_{\min} = 2\pi/2^K$$

（4.63）

按前面的讨论，当相邻单元之间的移相差为 $\Delta\varphi_{\min}$ 时（即波束指向 θ_p ），由第 $(P-1)$ 至第 P 个波束位置时的天线波束跃度为

$$\Delta\theta_P = \frac{1}{\cos\theta_{\text{B}(P-1)}}\Delta\theta_1$$

$$\Delta\theta_1 = \frac{\lambda}{d \cdot 2^K}$$

以 $d=\lambda/2$ 为例，当 $K=8,9,10$ 时，$\Delta\theta_1$ 分别为 $0.4476°$，$0.2238°$ 和 $0.1119°$。对三坐标雷达，天线波束宽度为 1° 左右，K 值至少应选为 8；对精密跟踪测量相控阵雷达，波束跃度为 0.1° 还不够低，因此至少应选 $K=10$。

显然，为了降低波束跃度，需要增加移相器的位数 K。但要实现 8 位的移相器客观上已有很大困难，一般情况下只采用 3 位或 4 位的移相器，在对天线副瓣电平要求很高的时候，可采用 5 位或 6 位甚至 6 位或 7 位的数字式移相器，因此实际上都要采用虚位技术，舍去移相器的低位部分。

在采用虚位技术的同时，为了实现低的波束跃度，在进行波束控制数码运算时，波束控制系统仍按较大的 K 值进行计算。

在以下讨论时，将 K 值看成是波束控制数码的计算位数，而将移相器的实际位数定义为 m，这样移相器实际上能提供的最小移相量 Δ 便为

$$\Delta = 2\pi/2^m$$

4.8.2 波束控制数码的最大计算位数的上限

为了降低波束跃度，能否任意增大波束控制数码的计算位数 K 呢？由图 4.23 所示的相位分布情况可以看出，K 值的增大受到以下条件的限制，即当 K 值逐渐增大时，天线阵列中只有最边上一个单元即第 N 个单元能获得最小移相量 Δ，而其余各天线单元的移相器均只能保持零移相状态。如再继续增大 K 值，则天线阵内所有天线单元的移相值均为零。

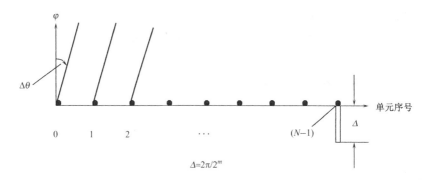

图 4.23　增加波束控制数码的计算位数 K 值的上限示意图

由图 4.23 还可以看出，K 值的增加受到下式的限制，即

$$(N-1)\Delta\varphi_{\min} \geq \Delta \tag{4.64}$$

故可得

$$K \leq m + \lg(N-1)/\lg 2 \tag{4.65}$$

以 100 个单元的天线阵为例，若采用 4 位移相器（$m=4$），则 $K \leqslant 10.63$，即最多只能取 $K=10$，波束跃度大体上只能达到天线波束宽度的 1/10。

4.8.3　最小波束跃度的计算

对图 4.23 所示的相位分布情况，当阵列最边上一个单元有最小移相量 Δ 时，其沿阵列的等效相位分布 $\varphi_{\mathrm{ef}}(i)$ 如图 4.24 所示。

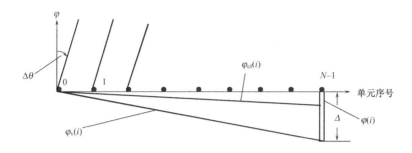

图 4.24　最小波束跃度对应的阵内等效相位分布

图 4.24 中实际的阵内相位分布 $\varphi(i)$ 为

$$\varphi(i) = \begin{cases} -\Delta & i = N-1 时 \\ 0 & i = 0,1,\cdots,(N-2) 时 \end{cases} \tag{4.66}$$

图 4.24 中最下面一条直线所示的相位分布 $\varphi_{\mathrm{v}}(i)$ 与要求的最小波束跃度相对应，即波束控制数码计算位数 K 所对应的波束跃度 $\Delta\theta_{1K}$ 为

$$\Delta\theta_{1K} = \frac{\lambda}{d \cdot 2^K} \tag{4.67}$$

显然，由于虚位技术，只有最边上一个天线单元的相位分布才与之相符合，即与此直线所示的相位分布 $\varphi_{\mathrm{v}}(i)$ 不相符合。因此，实际的天线波束的跃度要比 $\Delta\theta_{1K}$ 小许多。

令式（4.66）所对应的等效相位分布以 $\varphi_{\mathrm{ef}}(i)$ 表示，则式（4.66）表述的相位分布 $\varphi(i)$ 与等效相位分布 $\varphi_{\mathrm{ef}}(i)$ 均能使波束偏移 $\Delta\theta_{1\min}$，即获得最小波束跃度 $\Delta\theta_{1\min}$。

1）$\Delta\theta_{1K}$ 的实现

为获得图 4.24 所示的相位分布 $\varphi_{\mathrm{v}}(i)$ 必须采用随机馈相方法，对阵中除第 N 单元以外的所有天线单元，按与相位分布相对应的概率，随机地取 Δ 或 0。由此得出的等效相位分布从平均意义角度讲，与 $\varphi_{\mathrm{v}}(i)$ 相当，故能得到式（4.67）计算的波束跃度 $\Delta\theta_{1K}$。可以认为，调整波束跃度是随机馈相的应用的一个方面。

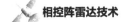

2）$\Delta\theta_{1\min}$ 的计算

若相位分布 $\varphi_{ef}(i)$ 与按式（4.67）表达的相位分布所产生的波束偏转均为 $\Delta\theta_{1\min}$，则可认为 $\varphi_{ef}(i)$ 为等效相位分布。寻找合适的 $\varphi_{ef}(i)$，即可算出 $\Delta\theta_{1\min}$。

在文献[9]中，用拟合直线法计算 $\Delta\theta_{1\min}$，其实质是设 $\varphi_e(x) = -ax$，其中 x 为天线口径变量，天线口径分布函数为 $f(x)$，则对积分式

$$\int_0^{N_d} f(x)|ax - \varphi(x)|^2 \, dx \tag{4.68}$$

进行微分，令其等于0，由此求出 $\varphi_e(x)$ 的斜率 a，再由 $\varphi_e(x)$ 求出对应的波束跃度 $\Delta\theta_{1\min}$ 及其与波束宽度的比值，即

$$\Delta\theta_{1\min} = \frac{\lambda}{d} \times \frac{3}{2^m} \times \frac{1}{N^2}\left(1 - \frac{1}{2N}\right) \tag{4.69}$$

$$\frac{\Delta\theta_{1\min}}{\Delta\theta_B} = \frac{3}{2^m} \times \frac{1}{N}\left(1 - \frac{1}{2N}\right) \approx \frac{3}{2^m} \times \frac{1}{N} \tag{4.70}$$

在《相控阵雷达系统》一书中[3]，用天线方向图函数展开法，可以得出

$$\Delta\theta_{1\min} = \frac{\lambda}{d} \times \frac{6}{2^m} \times \frac{1}{N^2}\left(1 - \frac{1}{N}\right) \tag{4.71}$$

这比用拟合直线法得到的波束跃度正好大 1 倍。为了验证这一计算方法的正确性，在文献[10]中进行了计算机仿真计算，验证了式（4.69）的正确性。

天线方向图函数展开法[10]还可以很方便地应用于其他特殊的相位分布情况。

参考文献

[1] 张光义. 相控阵雷达波束控制器的系统功能[J]. 现代雷达，1985(4): 1-9.

[2] 郭燕昌，钱继曾，黄富雄，等. 相控阵和频率扫描天线原理[M]. 北京：国防工业出版社，1978.

[3] 张光义. 相控阵雷达系统[M]. 北京：国防工业出版社，1994.

[4] SCUDDER R M, SHEPPARD M H. AN/SPY-1 Phased Array Antenna[J]. Microwave Journal, 1974, 17: 51-55.

[5] THAAD Theatre High Altitude Area Dcfcnse-Missile System [EB/OL]. https://www.army-technology.com/projects/thaad/, 2023-6-14.

[6] TOLKACHEV A A, LEVITAN B A, SOLOVJEV G K, et al. A Megawatt Power Millimeter-Wave Phased-Array Radar[J]. IEEE AES Systems Magazine, 2000 (7): 25-31.

[7]　TOLKACHEV A A, MAKOTA V A, PAVLOVA M P, et al. A Large-Aperture Radar Phased Array Antenna of Ka Band[C]. Proceedings of XXIII Moscow International Conference Antenna Theory and Technology, Moscow: XXX 1998.

[8]　张光义，须国雄. 在相控阵雷达中相位参考点与波控电流的关系[J]. 现代雷达，1981(3): 22-28.

[9]　HATCHER B. Granularity of beam positions in digital phased arrays[J]. Proceedings of the IEEE, 1968, 56(11).

[10]　张光义. 相控阵雷达天线波束跃度的计算[J]. 现代雷达，1989(4): 66-72.

第 5 章
相控阵雷达天线与馈线系统

相控阵雷达是采用相控阵天线的雷达，因此相控阵雷达与机扫雷达相比的特殊性和复杂性在很大程度上反映在相控阵天线上，因而相控阵雷达的系统设计与机扫雷达有很大差别。相控阵雷达工作方式的灵活性主要取决于相控阵天线的性能。相控阵雷达的成本，特别是有源相控阵雷达的成本，很大程度上取决于所选定的相控阵天线，因此天线形式的选择对雷达系统设计有重大影响。相控阵雷达的天线系统除阵列天线外，还包括复杂的传输线网络即馈线系统；因而馈线系统的方案选择对相控阵雷达天线方案的选择也有重要影响。本章主要讨论与相控阵雷达系统设计有关的相控阵天线与馈线系统问题。

5.1 相控阵天线方案的选择

本节主要从相控阵雷达系统设计角度来讨论在天线方案选择中优先要考虑的几个问题。

5.1.1 天线方案选择的主要依据

相控阵雷达天线方案选择的主要依据是整个相控阵雷达应实现的战术技术指标。从相控阵雷达系统角度考虑，在多数情况下影响相控阵雷达天线方案选择的主要因素有以下七个。

1. 雷达观察目标的能力

雷达观察目标的能力，亦称"雷达威力"，包括雷达方位、仰角观察范围和最大作用距离等。对相控阵雷达来说，还应加上观察多批目标的能力，这是因为相控阵雷达一般均要担任搜索与跟踪双重任务，雷达信号能量要在搜索与跟踪两种工作状态下进行分配，当雷达处于跟踪状态时，随着目标数目的增加，用于跟踪的雷达信号能量也相应增加，这导致搜索状态下雷达作用距离的减小，或"雷达威力"下降。

在搜索状态下，雷达的作用距离取决于发射机平均功率与接收天线孔径的乘积（$P_{av}A_r$）；在跟踪状态下，雷达作用距离取决于（$P_{av}A_rG_t$），其中 G_t 是发射天线增益。由此可见，相控阵天线孔径的确定在很大程度上与雷达观察目标的能力密切相关。

2. 雷达工作波段

雷达工作波段选择有许多出发点，这是一般雷达系统设计中的首要论证项

目。对相控阵雷达来说，由于相控阵天线中天线单元数目众多，需要一个复杂的馈线系统，合理选择雷达信号波长，对降低相控阵雷达成本、缩短研制周期有重要作用，因此从相控阵雷达天线系统的角度对波长选择进行深入论证，是相控阵雷达系统方案论证中的一个重要内容。

选择较低的工作频率，在同样的天线孔径下，有利于减少阵中天线单元数目、降低馈线系统研制中的公差要求和成本；选择较高的工作频率在同样天线孔径条件下，有利于提高雷达的测角分辨率、测角精度和跟踪作用距离。因此，相控阵雷达天线方案的选择受雷达信号波长的影响，它也影响相控阵雷达的系统设计。

3. 对相控阵天线的副瓣要求

天线副瓣电平常常是对天线设计影响最大的一项指标。在雷达系统设计中，合理地确定发射和接收天线的副瓣电平，对天线方案的选择有较大影响。

4. 雷达测角方法、测角精度和角分辨率

相控阵雷达测角方法对相控阵天线的馈线系统构成有重要影响。在雷达系统设计中，当雷达波长大体确定之后，为了提高相控阵雷达的测角精度和角分辨率，不得不增大相控阵天线孔径的尺寸，天线单元数目、移相器数目与波束控制电路也相应增加。

5. 天线相位控制扫描的范围

雷达相位控制扫描（简称相控扫描或相扫）的角度范围的大小，对相控阵天线方案的选择有重大影响。只需在有限空域进行相扫的相控阵天线称为有限相扫天线。由于其天线单元间距可以拉大，同样孔径尺寸天线的单元数目可以大为减少，所以相应地降低了相控阵雷达的成本。

采用有限相扫的相控阵天线，因天线质量减小，可以将相控阵天线安装在可机械转动的天线座上，将天线波束的相扫与机扫相结合，有利于跟随单个或多个目标的运动，保证对重点目标的跟踪角度范围，增加总的跟踪时间。这种方式在具有多目标跟踪能力的相控阵雷达中应用较多。

6. 天线波束数目与天线波束的覆盖范围

从保证相控阵雷达数据率出发，需要决定是否形成多个波束来增加天线波束的覆盖范围。

7. 一维相扫与二维相扫天线

前面的讨论主要针对方位与仰角上均进行相扫的雷达，如果雷达只在一维相扫条件下工作，如仰角相扫、方位机扫的三坐标雷达，则相控阵天线方案的选择就较为简单。对只在方位上进行相扫的二坐标雷达，相控阵雷达线阵天线方案的选择就更为简单。

在一维相扫的三坐标雷达中，是采用单个波束进行相扫，还是采用多个波束同时进行相扫，对相控阵雷达天线方案的选择上也有较大的影响。

5.1.2　实现低副瓣相控阵雷达天线的方法

在大致明确了相控阵雷达对天线系统的主要要求后，相控阵雷达天线方案的选择反过来可修正雷达系统方案中一些主要技术指标的分配。在相控阵雷达天线设计过程中，合理地选择具体实现方案对雷达各分系统指标之间的平衡分配有重要意义。

相控阵雷达天线的副瓣性能是雷达系统的一个重要指标，它在很大程度上决定了雷达的抗干扰与抗杂波等的战术指标。对远程相控阵雷达，如用于空间目标探测的大型相控阵雷达，一个重要要求是增加雷达探测距离，为此，首先希望在一定的天线口径条件下，能获得更高的天线增益。要实现这一点，天线照射函数应是均匀的，即应采用等幅分布的天线照射函数。此时，天线方向图为辛格函数形状，虽然能获得最大的天线增益，但天线副瓣电平也最高，第一副瓣为 -13.2dB，而这往往与降低天线副瓣电平的要求相矛盾。对大多数战术相控阵雷达，实现几百千米的探测距离的难度往往不是最大的，而通过降低接收天线副瓣电平来提高雷达抗有源干扰与降低地面/海面杂波干扰却是最重要的。降低发射天线副瓣电平对提高雷达抗反辐射导弹（ARM）的能力也是必要的。具有二维相扫能力的大型相控阵雷达天线包括数千甚至上万个天线单元，在信号功率分配网络与信号相加网络中包括众多的微波器件，由于制造和安装公差及传输线结点上的反射等原因，各天线单元之间信号的幅度与相位难以做到一致，存在幅度与相位误差，这一幅度和相位误差还会随着相控阵雷达天线波束的扫描而变化，给修正幅相误差带来一定困难。因此，与机械转动的天线相比，实现低副瓣/超低副瓣电平要求的难度更大，特别是在宽角扫描情况和宽带相控阵天线中更是如此。天线副瓣电平的理论值取决于天线孔径的照射函数。

可采用的加权方法有幅度加权、密度加权、相位加权三种方法，也可以采用它们的混合加权方法。

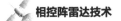

1. 幅度加权方法

为获得所需的天线副瓣电平，阵列中各天线单元的激励电流的幅度应按一定的照射函数（例如泰勒分布、带台阶的余弦分布函数）进行加权，这种方法称为幅度加权方法。

表 5.1 所示为天线方向图特性与照射函数的关系，该表列出了均匀分布、余弦平方加台阶分布所对应的半功率点波瓣宽度、天线相对增益和第一副瓣电平的关系。[1-2]

表5.1 天线方向图特性与照射函数的关系

分布函数	半功率点波瓣宽度/°	相对增益	第一副瓣电平/dB
均匀分布 $A(x)=1$	$51\lambda/D$	1	−13.2
海明分布（余弦平方加台阶分布） $A(x)=0.08+0.92\cos^2(\pi x/2)$	$76.5\lambda/D$	0.74	−42.8
泰勒分布（余弦平方加台阶分布） $A(x)=0.088+0.912\cos^2(\pi x/2)$	$71.9\lambda/D$	0.77	−40.0

在相控阵天线中实现幅度加权的方案主要有两种，选用何种方案与馈线网络的方案有关，这是在天线方案选择中要论证的一个重要内容。

1）等功率分配器方案

在等功率分配器方案中，馈线网络由等功率分配器（对发射阵）与等功率相加器（对接收阵）组成，依靠设置在每一个天线单元通道中的衰减器，来实现幅度加权。

2）不等功率分配器方案

在不等功率分配器方案中，采用不等功率分配器或相加器，依靠不等功率分配器（发射时）与不等功率相加器（接收时）各通道之间传输函数的不同，即功率分配比例的不同，实现要求的天线照射函数的幅度加权。

第一种方案与第二种方案相比，功率分配网络易于设计和生产，但要设置众多衰减器，且与后者比较时天线增益有一定损失。在第二种方案中，不等功率分配器设计较复杂，设计和生产的功率分配器的品种增多，但与第一种方案比较，由于没有衰减器，天线增益损失较少[3]。对远程相控阵雷达来说，由于满足要求的雷达作用距离是主要指标，因此，应尽量减少天线增益的损失，故可优先选用不等功率分配器来实现幅度加权。

对于有源相控阵发射天线，由于每个天线单元上有一个发射组件，如采用幅度加权，则要求每个天线单元通道内的发射功率放大器的输出功率应根据幅度加权函数而改变。解决这一问题的方法之一是使用多种具有不同输出功率的发射功率放大器，因此要使用很多品种的发射组件。工程上比较易于实现的方案是，只采用若干个具有不同输出功率的发射组件的品种。由于发射组件的品种不够多，会带来幅度量化误差，天线副瓣电平会有所提高。

对于收/发合一的有源相控阵接收天线，由于每个天线单元收到的接收信号，先经过发射/接收组件（T/R 组件）中的低噪声放大器放大之后，才经过衰减器进行衰减，由此带来的接收天线增益的损失很小，故实现幅度加权较为容易[3]。

2. 密度加权方法

实现相控阵天线低副瓣电平要求的另一种常用方法是密度加权方法。密度加权天线阵实际上是一种不等间距天线阵。不等间距天线阵中各有源天线单元的间距是不相等的，靠近阵列中心的单元之间的间距小些，偏离阵列中心越远的单元，单元之间的间距越大，但各天线单元具有相同的单元增益。但实际上，在不等间距条件下，要做到单元增益相等是有困难的，而且波束控制也不方便。因此，在常用的密度加权阵中，每一栅格中均有一个天线单元，有源单元或无源单元，但天线单元之间的间距是相等的，因此，有源单元之间的间距是离散的，为相邻单元之间间距的整数倍。采用密度加权方法，靠近阵列中心的有源单元多，偏离阵列中心的有源单元少，无源单元多。

密度加权天线阵采用概率统计方法设计，可以先按副瓣要求选定幅度加权照射函数，将其作为天线的参考照射函数，按此照射函数用概率统计方法确定阵列中每个栅格位置上是否放置有源天线单元。用这种方法可等效地实现所需副瓣电平的幅度加权。

发射功率分配网络的各输出端（发射阵）或接收相加网络的各输入端（接收阵）只与有源天线单元相连接，而无源天线单元则各自与吸收负载相连接。采用这种将有源单元置于等间隔栅格中的密度加权阵列，使天线阵中的发射组件具有同一种输出功率电平，接收组件具有同样的低噪声放大器（LNA），因而只需要一个品种的 T/R 组件，而功率分配网络仍然是等功率的，这非常有利于简化设计，便于生产和降低成本。密度加权方法在多种大型空间探测相控阵雷达，如AN/FPS-85、AN/FPS-115 和 AN/FPS-108 等中均得到了应用。这三种相控阵雷达的天线性能和有源单元数目及无源单元数目列于表 1.1 中，美国用于国家弹道导弹防御（NMD）的 X 波段地基雷达样机 GBR-P 也是采用密度加权的有源相控阵雷达。该雷达天线口径约为 12.8m，有源天线单元数目为 16896 个，如按该相控阵雷达样机的扫描角度±35°估算，根据在扫描范围内不出现栅瓣的条件，其天线单元间距约为 0.6λ，因此，整个阵面可容纳的天线单元总数约为 280000 个，由此可见，如按常规方式安置 T/R 组件，则该有源相控阵天线的密度加权比率只有约 6%。

在空间探测相控阵雷达中采用密度加权方法，除了上面所述的理由，还因为当有源天线单元数目有限时，如有源相控阵天线中 T/R 组件数目有限时，采用密度加权天线阵，可以加大天线阵口径，获得与加大后的天线口径相对应的较窄的天线波瓣宽度，这虽然没有增加天线增益，但改善了角度分辨率和测角精度。此外，采用密度加权方法，给大型二维相位扫描的相控阵雷达的系统设计增加了灵活性。例如，在雷达研制初期，采用较少的有源天线单元，对有源相控阵天线来说，相应地采用较少的 T/R 组件，待雷达安装联试成功，一旦需要增加雷达的作用距离或其他需要增加雷达信号能量的功能，可以比较方便地通过在阵面上增加有源天线单元数目来解决。上述三部大型空间探测相控阵雷达都留有将有源单元增加一倍的余地，这意味着天线阵面辐射的发射机总功率、发射天线阵的增益、接收天线的有效口径面积均分别可提高 3dB。

3. 相位加权方法

如果在将波束控制信号加到阵列中每一天线单元移相器的同时，还将相位加权控制信号加到阵列中部分单元的移相器上，改变阵列天线单元激励电流的相位，亦即改变阵列天线口径照射函数的相位分布，除了可实现天线波束扫描，还可同样得到幅度加权和密度加权的效果，降低天线波束的副瓣电平[4]。

采用相位加权方法，同样先要选定降低天线副瓣电平所需的幅度加权照射函数，将它作为相位加权的参考照射函数，然后再用概率统计方法选择各个天线单元所需相位加权的值。最初相位加权方法只利用一位数字式移相器的相位进行加权，即仅对该移相器的相位进行"0，π"调制。在整个阵列中，有的单元的相位不改变（加权移相为0°，该移相器的相位控制状态完全按天线波束扫描角的角度来决定），有的单元移相改变π（加权移相为180°）。从物理意义上理解，大体上可看成具有(0, π)移相的两个天线单元的场强相互抵消，等效于密度加权阵列中的一个无源单元。靠近阵列中心，进行"0"相位调制的单元多；由阵列中心向阵列边缘移动，进行"π"相位调制的单元逐渐增多，因此，用这种方法实质上仍是一种通过相位调制实现的幅度加权方法。

采用相位加权方法，相控阵天线的波束控制器给每一个移相器提供的控制信号是天线波束指向的控制信号和相位加权控制信号之和。因此，在原有相控阵天线的基础上，只要改变波束控制数码，即可实现相位加权[4]。除了用一位移相器进行相位加权，还可用两位数字式移相器或多位数字式移相器进行相位加权[5]。若原有相控阵天线已用幅度加权，则相位加权可作为进一步降低天线副瓣电平的措施来使用。

由于只要改变波束控制数码即可实现相位加权，因此降低天线副瓣电平的实现有了更大的灵活性。例如，当雷达处于发射工作状态时，一般允许有较大的第一副瓣，故对发射天线不进行加权，采用均匀分布照射函数，使天线增益最大；而当雷达处于接收工作状态时，采用相位加权，从而获得低的接收天线波束的副瓣电平。因探测远程目标需要高天线增益，故在接近远距离目标回波时也可以不加权，不存在因为加权带来的天线增益损失（例如，采用表 5.1 所示的海明分布，带来的天线增益损失为 1.3dB），而只在近距离进行加权，这时天线增益损失带来的信噪比损失已不是主要问题，但却可获得低的天线副瓣电平。为在一个重复周期内实现不同的相位加权，只需在重复周期内改变一次波束控制数码的状态即可。这是采用相位加权方法的一个优点。

5.1.3　有源相控阵天线或无源相控阵天线的选择

如果相控阵天线的馈电网络中不包含有源电路，则此天线称为无源相控阵天线；如果在相控阵列天线的每一个天线单元通道中含有源电路，例如发射功率放大器、低噪声放大器、混频器等，则称为有源相控阵天线。

有源相控阵雷达有许多优点，已成为相控阵雷达发展的一个主流方向，但总的来说，其成本仍然可能偏高，因此在相控阵雷达天线系统的设计过程中，是采用有源相控阵雷达还是采用无源相控阵雷达就成了需要认真比较的重要内容。

在相控阵天线方案选择中，需要比较有源相控阵天线与无源相控阵天线各自的优/缺点，分析雷达应完成的任务和雷达研制条件[6]。

在有源相控阵天线的每一个天线单元上均有一个发射机（功率放大器）或 T/R 组件，它给相控阵雷达带来许多新的优点。

20 世纪 60 年代，二维相扫大型相控阵雷达，主要用于观察洲际弹道导弹和卫星目标。对于这种用于空间目标探测的大型相控阵雷达，为了满足雷达观察目标的作用距离能达到数千千米，首先采用有源相控阵天线。美国 AN/FPS-85 雷达即为最早的有源相控阵雷达[7]。美国用于空间监视与弹道导弹预警的 AN/FPS-115 雷达也采用收/发合一的大型有源相控阵天线[8]。采用有源相控阵天线后，可以利用众多发射机，实现几千千米雷达作用距离所需的特高（数百千瓦以上）发射机总平均输出功率。此外，采用有源相控阵天线，还具有降低馈线损耗和馈线系

统承受高功率要求等重要优点。

1. 降低馈线损耗

采用有源相控阵天线可降低相控阵天线馈线网络中的信号功率分配网络（发射时）与信号功率相加网络（接收时）的损耗。图 5.1 所示为有源相控阵天线和无源相控阵天线的简化构成示意图。

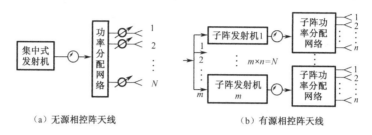

（a）无源相控阵天线　　　　　　（b）有源相控阵天线

图 5.1　有源相控阵天线和无源相控阵天线的简化构成示意图

当天线阵处于发射状态时，T/R 组件中高功率放大器的输出信号直接由天线单元向空间辐射，而没有无源相控阵天线中功率分配网络的损耗，从而大大降低了射频高功率损耗。

由于馈线损耗的降低，与无源相控阵天线相比，在同样天线口径、同样从天线口面辐射功率的条件下，相应地降低了对发射机输出功率的要求，也大大降低了对发射机初级电源容量的总要求[6]。对收/发共用的相控阵天线，接收相控阵天线的损耗降低也使要求的发射机输出功率可以降低。

2. 降低馈线系统承受高功率的要求

在有源相控阵天线中，由于用多个发射机输出功率在空间实现功率合成，阵内没有无源相控阵天线中的高功率源，因而所有馈线系统均工作在中、低功率状态，所以没有很高的耐功率要求。这一特点在相当程度上简化了复杂的相控阵天线系统的设计，可按标准化、模块化方法进行设计，便于批量生产、调试和安装，有利于降低生产成本，也便于减小相控阵天线分系统的体积和质量。此外，馈线系统无须承受高功率这一特点对提高整个天线的可靠性也非常有利。

5.1.4　多波束数目与波束形成方式

在相控阵雷达天线系统设计中，为了满足各种不同的雷达工作方式和实现一些新的雷达功能，常常需要相控阵雷达天线能形成多个波束，这包括发射多波束与接收多波束。对相控阵雷达天线多波束的需求将在后面第 7 章里详细讨论。

要形成的天线波束数目及实现多波束形成的方法,在很大程度上影响相控阵雷达天线的构成、复杂程度和成本。

发射多波束的形成主要有两种方式,一是按"时间分割"原理,在一个雷达探测信号的重复周期(T_r)内将探测脉冲分为若干个子脉冲,分别发射到多个方向,接收时以多个接收波束分别在发射波束方向进行接收。这种方式要求波束控制分系统具有快速转换的能力。另一种方式是同时形成多个发射波束,这要求采用同时多波束形成矩阵,如 Butler 矩阵、Blass 矩阵、Rotman 矩阵等。

接收多波束的形成网络比发射多波束的形成网络要更复杂一些,这是因为在搜索状态工作时,接收波束必须在整个雷达信号的重复周期内停在同一方向上;而在发射时,只要发射信号脉冲结束,发射天线波束即可转换至另一方向。

根据发射波束与接收波束在波束指向上驻留时间的这种差异,以及跟踪雷达工作状态是处于搜索还是跟踪的不同,发射多波束与接收多波束的位置排列有很大不同,可以是相互独立随机排列的,或者是相互邻接的。

多波束的形成方法选择是相控阵天线方案选择中的一个重要内容,这与要形成多少个天线波束有关。此外,影响多波束形成方法选择的其他因素有:

(1)相控阵天线的带宽;

(2)天线波束形状变化的灵活性;

(3)获得天线低副瓣电平的需求。

在什么频段上形成相控阵天线多波束也是相控阵天线方案选择中的一项重要内容。相控阵天线多波束的形成可以在射频(RF)上实现,也可以在中频(IF)或视频(Video)上实现。数字波束形成(DBF)技术可用于在视频形成多个波束,它将相控阵天线技术与信号处理技术相结合,可用于同时实现时域、频域与空域的自适应处理。

在相控阵雷达中,同时形成的多个天线波束还需不需要进行扫描,对相控阵天线的方案也有重大影响。在仰角上进行一维相扫的三坐标雷达,如观察飞机目标的三坐标雷达的整个仰角观察范围一般均在 30° 以内,可选择几个波束在仰角上进行相扫,也可选择用更多波束覆盖整个仰角观察空域,究竟选择何种方案,都可能是相控阵雷达系统设计中的重要内容。

5.1.5 多极化发射与接收的实现

对先进现代雷达,除了要测量目标的位置参数与运动参数,还希望能从目标回波中提取其特征信息。目标回波的极化特性便是一个重要的特征信息。

目标回波的极化特性在雷达目标识别、雷达反隐身技术、抑制有源干扰与杂波等方面均有重要作用。机载与星载合成孔径相控阵雷达，采用两个独立通道发射与接收圆极化信号可获得更多的图像信息。

对相控阵雷达来说，要实现多极化发射与接收比采用机扫的雷达要困难得多，其主要原因是二维相扫的相控阵天线含有众多的天线单元，每个天线单元都应具有实现变极化发射与接收的能力，即每个天线单元均应具有两个极化通道，如在空间上正交放置的一对辐射单元和相应的变极化移相器和功率分配器或功率相加器。这就意味着相控阵天线的馈线网络要增加一倍。

两个在空间上正交、相位上相差π/2 的电场强度的合成场强具有圆极化特性，圆极化与线极化均可看成是椭圆极化的特例。而一个椭圆极化波又可看成是两个旋向相反的圆极化波的合成波。因此，只要雷达天线具有分别发射与接收两个空间上正交的电磁波的能力，即天线具有两个独立的极化分集波束，便可通过改变两个波束之间发射/接收信号的幅度与相位，实现多种极化状态。[20-22]

5.1.6　大瞬时信号带宽对相控阵天线的影响

宽带相控阵技术主要用于高分辨雷达。高分辨一维成像（距离维分辨成像）和二维成像（SAR 和 ISAR）是解决多目标分辨、目标分类和识别，以及属性判别等难题的重要技术途径。此外，这一技术还可用于提高雷达的 ECCM 能力、抗 ARM、实现低截获概率（LPI）等。宽带/超宽带相控阵雷达天线还可实现远程无源探测、ESM、ECM、通信等功能，使相控阵雷达天线成为共享孔径的天线系统。

相控阵雷达有两种带宽要求，一种要求是雷达工作的调谐带宽大；另一种要求是大的瞬时信号带宽工作能力。当瞬时信号带宽 $\Delta f / f_0 \geqslant 25\%$ 时，称为超宽带相控阵雷达（UWB PAR）。要成为宽带/超宽带相控阵雷达，相控阵天线应具有宽带信号通过能力。窄带信号的相控阵天线与采用具有大瞬时信号带宽的相控阵天线在设计上有很大不同。它们的主要差别在于，相控阵天线中必须要有时实延迟单元，以补偿各个天线单元至目标的距离由于存在差异而造成的实时延迟误差。实现实时延迟线有多种方案，它们在很大程度上影响相控阵天线馈线方案的选择，这将在第 10 章详细讨论。

5.2　共形相控阵天线的选择

将阵列天线中各个单元安装在雷达平台的表面上，使阵列天线的表面与雷达平台外形相吻合，可形成"共形阵列天线"（Conformal Phased Array Antenna，

CPAA）。如果将线形相控阵天线中各个天线单元安装在一个圆形弧段上，可得到圆形相控阵天线；将阵列天线中各个天线单元安装在圆柱形或球形表面上，则可获得圆柱形阵列天线与球形阵列天线。采用共形相控阵天线的雷达称为共形相控阵雷达。

有些雷达，如机载雷达，可以考虑采用共形相控阵天线，也可采用平面相控阵天线，这时就有必要比较两种天线的优/缺点，选择哪一种天线成了天线方案中需要深入论证的项目。

5.2.1　采用共形相控阵天线的主要原因及其作用

1. 采用共形相控阵天线的主要原因

采用共形相控阵天线的主要原因有如下五种。

（1）克服平面相控阵天线的一些缺点。平面相控阵天线虽然具有波束高速扫描与波束形状可快速变化等优点，但也存在一些重大缺点，如：

① 天线波束宽度随天线波束扫描角变化。由于天线波束宽度随扫描角度的增大而增大，导致雷达角度分辨率与测角精度变差，所以对二维相位扫描的平面相控阵雷达来说，当天线波束在方位和仰角上均远离法线方向时，这一影响就更显严重。

② 天线增益随扫描角的增大而降低。当天线波束在方位和仰角方向上的扫描角都增大时，收/发双程天线增益的降低使得相控阵天线在整个观察空域里的发射信号功率分配极不均匀。

③ 平面相控阵天线扫描范围窄。因上述两个缺点限制了平面相控阵天线的扫描范围，所以平面相控阵天线的最大扫描范围大体上被限制在±(45°～60°)。

④ 平面相控阵天线的瞬时信号带宽有限。这是由于平面相控阵天线的瞬时信号带宽在大扫描角情况下难以实现。在大扫描角情况下，平面阵列天线各单元辐射信号在到达目标时存在较大的时间差，阵列两端辐射信号到达目标时的时间差将更大，因而必须在单元层面或子天线阵层面上采用实时延迟线方能解决这一问题。

⑤ 难以实现宽角扫描匹配。由于相控阵天线单元之间存在互耦，相控阵天线单元驻波系数随扫描角的增大而变化，天线单元之间的互耦效应对天线性能的影响是天线扫描角的函数，因而难以实现宽角扫描匹配，天线副瓣电平也往往随扫描角的增大而提高。

（2）改善或消除武器平台上雷达天线对平台空气动力学性能的不良影响。

（3）克服武器平台对雷达天线性能的不利影响。

（4）增大天线的有效孔径和提高天线增益，改善相控阵天线性能。

（5）改善地面雷达在复杂地形条件下的布置。

2. 共形相控阵天线的作用

共形相控阵天线对改善平面相控阵天线性能有重要的作用，它可以克服上述平面相控阵天线的一些缺点，满足各种先进武器平台的需求，如飞机、舰艇、导弹、坦克等提高作战性能的需求，包括：

（1）克服雷达天线对平台空气动力学性能的影响。这一点对正在高速发展的超高速武器平台上的雷达、通信系统等尤其重要。

（2）增大雷达天线面积，提高雷达探测能力，改善雷达角分辨率与测角精度。作战平台一般空间有限，为了避免雷达天线对飞行器或其他雷达运动平台的空气动力学性能的影响，不得不将雷达天线安装在整流罩内，雷达天线安装空间受到很大限制，雷达天线尺寸不得不减小，这限制了雷达的探测性能、角分辨率和测角精度的提高。采用共形相控阵天线则可增加雷达天线的安装面积。例如，对机载预警雷达来说，若采用共形相控阵天线，则可安装在机身、机翼、机头等部分，有利于提高天线的有效利用面积、增加天线口径，这对提高雷达探测低可观测目标能力非常必要[3, 11]。

（3）改善雷达平台的隐身设计。采用共形相控阵天线，使武器平台外形的设计可首先按其隐身要求来进行，雷达天线对隐身性能的影响变得较易解决。

（4）提高地基雷达天线与地表共形的能力。

5.2.2　共形相控阵天线

设阵列天线的各个单元安装在一个曲面上，如图 5.2 所示，只要知道各个天线单元在曲面上的坐标位置及其在阵中的单元方向图函数，就可按要求的共形阵列天线方向图指向，计算出各个天线单元通道上应实现的幅度与相位补偿量，并由此求出相应的波束控制数码，并计算出该共形阵列天线的方向图函数。

共形相控阵天线的性能与平面相控阵天线一样，可用其天线方向图函数来表示。由天线方向图函数可计算出天线波束的指向，改变影响天线波束指向的参数即可实现天线波束的扫描。天线波束宽度、副瓣电平大小及其分布是天线波束形状的主要特性，改变共形相控阵天线在波束指向方向的等效平面相控阵列的大小及其照射函数的分布，即可实现天线波束宽度与天线副瓣电平的变化。

若令 N 个天线单元或子天线阵安装在一个曲面上，如图 5.2 所示，它们的位

置以其位置矢量 r_i 表示，$i=0,1,\cdots,N-1$。图 5.2 上只标明了 3 个天线单元，$i=0$，$1,\cdots,i,\cdots,N-1$，它们并不在一个平面上。

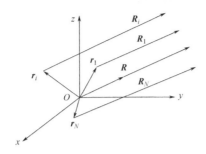

图 5.2　曲面上 N 单元阵列天线示意图

设第 i 个天线单元的场强方向图为 $f_i(\varphi,\theta)$，第 i 个天线单元的幅度和相位加权系数分别为 a_{Bi} 和 $\Delta\varphi_{Bi}$，即第 i 个单元的复加权系数 w_i 为

$$w_i = a_{Bi}\mathrm{e}^{-\mathrm{j}\Delta\varphi_{Bi}} \tag{5.1}$$

令目标方向以矢量 r 表示，其对应的方位与仰角分别为 φ 和 θ；另外，假定阵列的相位参考点选在图 5.2 中的坐标原点 O，则阵列中各天线单元在目标方向 r 上，各单元的合成场强（即发射天线方向图函数）可表示为

$$E(r) = E(\varphi,\theta) = \sum_{i=0}^{N-1} f_i(\theta,\varphi)w_i \frac{\mathrm{e}^{-\mathrm{j}\frac{2\pi}{\lambda}|R_i|}}{|R_i|} \tag{5.2}$$

式（5.2）中，$|R_i|$ 为第 i 个天线单元至目标的距离，即

$$|R_i| = |R| - \Delta R_i \tag{5.3}$$

由于阵列相位参考点（坐标原点 O）到目标的距离 $|R|$ 远大于坐标原点 O 到各天线单元的距离 r_i，即 $|R| \gg r_i$，故式（5.2）中的分母可用 $|R|$ 表示，第 i 个天线单元到目标的距离 $|R_i|$ 可表示为

$$\mathrm{e}^{-\mathrm{j}\frac{2\pi}{\lambda}R_i} = \mathrm{e}^{-\mathrm{j}\frac{2\pi}{\lambda}(R-\Delta R_i)}$$

去除公共相位因子 $\left(\dfrac{2\pi}{\lambda}|R|\right)$，与前面讨论线阵方向图一样，可以不考虑幅度的常数项，则式（5.2）可改写为

$$E(\varphi,\theta) = \sum_{i=0}^{N-1} f_i(\varphi,\theta)a_{Bi}\mathrm{e}^{\mathrm{j}\left(\frac{2\pi}{\lambda}\Delta R_i - \Delta\varphi_{Bi}\right)} \tag{5.4}$$

由式（5.4）可以看出，为计算共形相控阵天线的方向图函数，必须知道天线单元在曲面上的坐标位置及天线单元的方向图函数。

5.2.3 共形相控阵天线的波束控制

用于改变共形相控阵天线波束指向与形状的控制参数只有各天线单元的复加权系数 w_i，即式（5.1）中的相位加权系数 $\Delta\varphi_{Bi}$ 与幅度加权系数 a_{Bi}。

1. 相位加权系数 $\Delta\varphi_{Bi}$ 的计算

相位加权系数亦称为相移值或相位补偿值，它由实时时间延迟线（TTD，简称实时延迟线）与移相器提供。为求 $\Delta\varphi_{Bi}$，需先求式（5.3）中的 ΔR_i。

1）ΔR_i 的计算

ΔR_i 是曲面上第 i 个天线单元到目标的距离 $|\boldsymbol{R}_i|$ 与阵列相位参考点（坐标原点 O）到目标的距离 $|\boldsymbol{R}|$ 的距离差值。ΔR_i 可以用第 i 个天线单元的位置矢量 $\boldsymbol{R}_i$ 与阵列相位参考点到目标的位置矢量 $\boldsymbol{R}$ 的标量积来表示。

第 i 个天线单元在阵面上的位置有多种表示方法。可用它在 (x, y, z) 坐标系里的投影来表示，即

$$\boldsymbol{r}_i = \boldsymbol{i}x_i + \boldsymbol{j}y_i + \boldsymbol{k}z_i \tag{5.5}$$

式（5.5）中，$\boldsymbol{i}, \boldsymbol{j}, \boldsymbol{k}$ 为直角坐标系的单位矢量，x_i, y_i, z_i 为矢量 $\boldsymbol{R}_i$ 在 x, y, z 三个坐标轴上的投影，$\boldsymbol{R}$ 可用它们的方位余弦表示，即

$$\boldsymbol{R} = \boldsymbol{i}\cos\alpha_x + \boldsymbol{j}\cos\alpha_y + \boldsymbol{k}\cos\alpha_z \tag{5.6}$$

若以极坐标中的 (φ, θ) 表示，$\boldsymbol{R}$ 又可表示为

$$\boldsymbol{R} = \boldsymbol{i}\cos\theta\cos\varphi + \boldsymbol{j}\cos\theta\cos\varphi + \boldsymbol{k}\sin\theta \tag{5.7}$$

故 ΔR_i 可表示为

$$\Delta R_i = x_i\cos\alpha_x + y_i\cos\alpha_y + z_i\cos\alpha_z \tag{5.8}$$

或

$$\Delta R_i = x_i\cos\theta\cos\varphi + y_i\cos\theta\sin\varphi + z_i\sin\theta \tag{5.9}$$

2）$\Delta\varphi_{Bi}$ 的计算

ΔR_i 对应的相位，即第 i 个单元相对于相位参考点（坐标原点 O）的时间差 $\Delta\tau_i$ 与相位差 $\Delta\varphi_i$ 分别为

$$\Delta\tau_i = \Delta R_i / c$$
$$\Delta\varphi_i = \frac{2\pi}{\lambda}\Delta R_i \tag{5.10}$$

为了使天线波束的最大值指向 (φ_B, θ_B) 方向，则第 i 个天线单元应提供的 $\Delta\varphi_{Bi}$ 为

$$\Delta\varphi_{Bi} = \frac{2\pi}{\lambda}(x_i\cos\alpha_{xB} + y_i\cos\alpha_{yB} + z_i\cos\alpha_{zB}) \tag{5.11}$$

或
$$\Delta\varphi_{\mathrm{B}i} = \frac{2\pi}{\lambda}(x_i \cos\theta_{\mathrm{B}} \cos\varphi_{\mathrm{B}} + y_i \cos\theta_{\mathrm{B}} \sin\varphi_{\mathrm{B}} + z_i \sin\theta_{\mathrm{B}}) \tag{5.12}$$

2. 幅度加权系数 $a_{\mathrm{B}i}$ 的计算

改变天线单元的幅度加权系数 $a_{\mathrm{B}i}$，使它与天线单元方向图的乘积符合降低天线副瓣电平的要求，即满足天线口径照射函数的要求，则

$$a_{\mathrm{B}i} f_i(\varphi_{\mathrm{B}}, \theta_{\mathrm{B}}) = a_i \tag{5.13}$$

式（5.13）中，a_i 为实现一定天线副瓣要求的加权系数；$f_i(\varphi_{\mathrm{B}}, \theta_{\mathrm{B}})$ 为第 i 个单元方向图在 $(\varphi_{i0} - \varphi_{\mathrm{B}}, \theta_{i0} - \theta_{\mathrm{B}})$ 的取值，其中 φ_{i0} 与 θ_{i0} 分别为第 i 个单元方向图在方位与仰角方向的最大值指向。

因此，按式（5.13）可求出幅度加权系数 $a_{\mathrm{B}i}$。

5.2.4　实现共形相控阵天线的条件

根据以上讨论，对于共形相控阵天线方向图及其波束控制方法可以得出如下结论。

（1）需要单独计算每一单元的波束控制数码。共形相控阵天线中每一单元移相器的移相值，除与要求的波束最大值指向 $(\varphi_{\mathrm{B}}, \theta_{\mathrm{B}})$ 有关外，还与每一单元的坐标位置 (x_i, y_i, z_i) 有关；各天线单元之间的相位关系与线阵或平面阵不同，不存在简单的线性关系。因此，对每一天线单元，其移相器的波束控制信号需要单独运算，故共形相控阵天线的波束控制较线阵或平面阵要复杂一些。

（2）宽带信号情况下，同样需要时间的延迟补偿。

（3）由于天线单元安装在曲面上，因而天线单元或子天线阵方向图，哪怕它们的形状都是一样的，但因其在曲面上的位置不同从而导致单元方向图最大值指向不同方向，因而在要求的综合方向图的最大值方向 $(\varphi_{\mathrm{B}}, \theta_{\mathrm{B}})$ 上，各天线单元发射与接收信号的幅度是不相等的，这使得单元方向图因子 $f_i(\varphi, \theta)$ 不能像线阵或平面阵那样，在天线方向图函数中作为公因子从求和符号 Σ 里提出。为了满足一定的天线副瓣电平及自适应波瓣置零等要求，应使 $a_{\mathrm{B}i} f_i(\varphi_{\mathrm{B}}, \theta_{\mathrm{B}})$ 满足一定的天线口径加权函数的要求，亦即要求 $a_{\mathrm{B}i}$ 要随着共形阵列天线中辐射部分的口径变化和天线波束最大值指向的变化而相应变化。这些要求将增加共形相控阵天线波束控制系统的运算量。

考虑以上结论，为了实现共形相控阵天线，每一个天线单元通道内均要有一个可以调节信号幅度和相位的调节器，或"可变幅相器"（Variable Amplitude-Phaseshifter，VAP）与时间延迟单元（Time Delay Unit，TDU），这是为实现共形

相控阵天线所必需的硬件设备。

如采用有源共形相控阵天线方案,由于 T/R 组件中包含有移相器和衰减器,所以它们可用于调整各单元通道传输信号相位与幅度;如采用数字式 T/R 组件,则有利于简化馈线设计和实现实时的延迟补偿;数字波束形成方法可用于实现接收形成多波束和信号幅度、相位与极化的补偿;先进信号处理技术是实现"灵巧蒙皮"(Smart Skin)共形相控阵天线的一项关键支撑技术。

5.3 相控阵天线的馈电方式

相控阵天线一般均包含大量天线单元。在发射机、接收机与天线阵各单元之间有一个多路的馈线系统,该馈线系统包括发射馈线、接收馈线、收/发共用馈线与监测馈线。对发射天线阵来说,在采用集中式发射机情况下,在发射机与天线单元之间必须要有一个功率分配网络,将发射信号由发射机输出端传送至各个天线单元(亦称辐射单元)。因此,功率分配网络是发射馈线系统的一个主要组成部分。在有源相控阵发射天线阵每一天线单元通道中的发射组件,是发射相控阵天线馈线系统的重要组成部分。对接收天线阵而言,由于各个天线单元接收的信号,在经过移相器移相后,必须经过功率相加网络,实现同相相加,然后再传送到接收机输入端。对于要形成多个接收波束,如单脉冲测角需要的和波束(Σ)、方位差波束(ΔA)、仰角差波束(ΔE),或多个并行排列的波束时,功率相加网络更复杂一些,是一个具有 N 个输入端和 m 个输出端的微波网络[9]。输出端口 m 与要求的接收波束数目相一致。

在相控阵天线中,从发射机输出端将信号传送至阵中各个天线单元或将阵中各个天线单元接收的信号传送到接收机,通常被称为"馈电",而将为阵列中各个天线单元通道提供所要求实现波束扫描或改变波束形状的相位分布称为"馈相"。实现"馈相"的方法与"馈电"方式一样,均是相控阵馈线分系统中要讨论的一个重要问题。

此外,为获得低的天线副瓣电平,天线阵内各个单元之间的激励电流应按相应的幅度加权函数来选取,各个天线单元所需的幅度加权在通常情况下也是在相控阵天线的馈线系统中实现的。

5.3.1 强制馈电方式

强制馈电(Constrained Feeding)亦称为约束馈电。

强制馈电系统采用波导、同轴线、板线、微带线等微波传输线实现功率分配网络（对发射阵）或功率相加网络（对接收阵），完成对发射信号的分配或对接收信号的相加。强制馈电分并联馈电、串联馈电和混合馈电三种。从保证相控阵雷达天线的宽带性能考虑，并联强制馈电的方式在大部分相控阵雷达型号中得到了广泛的应用。

1. 强制馈电系统的组成

图 5.3 所示的发射天线阵强制馈电网络可以是等功率分配网络，也可以是不等功率分配网络，其中部分功率分配器采用隔离式，以增加各路馈线之间反射信号的隔离度。一个功率分配器的功率分配路数根据具体情况是可以变化的。

图 5.3 中，在功率分配网络的输出端，还包括移相器，对宽带相控阵天线来说，在子天线阵级别上还应设置实时延迟线（实时时间延迟线），以便于各通道之间信号相位与幅度的调整。在设计强制馈电网络时，还应考虑在适当的地方设置必要的用于监测各路幅相一致性的定向耦合器及相位和幅相调整器件。

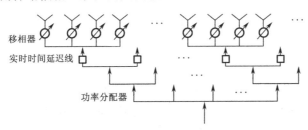

图 5.3　发射天线阵强制馈电网络示意图

2. 强制馈电系统所用传输线类型的选择

总的说来，在选择发射功率分配网络传输线类型时，应着重考虑传输线承受高功率的能力和降低传输线的损耗，保持信号幅度、相位的一致性；对接收阵来说，功率相加网络虽然没有耐高功率问题，但往往要求形成多个接收波束，因此相加网络应与最终需要形成的接收机通道数目相对应，故在选择传输线形式上，除考虑降低传输线损耗外，还应特别注意是否易于保证各单元通道之间在信号幅度、相位上的一致性。此外，强制馈电系统所用传输线类型的选择在很大程度上受相控阵雷达结构设计的影响。

3. 收/发合一相控阵天线的强制馈电方式

目前，大多数相控阵雷达均采用接收与发射共用的阵列天线，这主要是为了降低天线成本，采用收/发合一天线对提高战术相控阵雷达的机动性也有重要意义。

对于收/发合一的相控阵天线，强制馈电系统可以分为发射馈线系统与收/发共用馈线系统两部分。收/发共同相控阵天线的馈电系统示意图如图 5.4 所示。下面结合此图所示的例子讨论一般战术相控阵雷达系统设计时应考虑的问题。

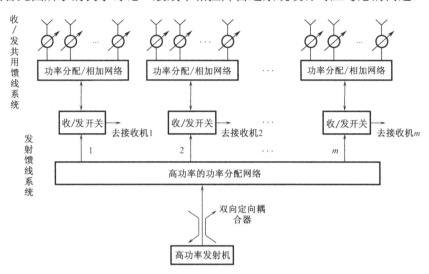

图 5.4　收/发共用相控阵天线的馈电系统示意图

　　图 5.4 所示发射馈线系统包括从发射机至位于各个子系统阵输入端的收/发开关。由于要承受高的发射机输出功率，因此应尽可能地选择耐高功率的低损耗传输线，如波导和同轴线等。该发射馈线系统中还包括双向定向耦合器，用于监测发射机输出功率变化及来自馈电网络反射信号功率的变化（该变化取决于馈电网络输入端的总驻波），以防在反射信号功率过大时启动大功率雷达发射机的保护装置。

　　图 5.4 中有多个收/发开关，分别设置在各个子天线阵上。这样，每个天线阵便成为发射与接收共用的子天线阵，其中的馈电网络便是收/发共用馈线网络。采用这种馈电方式的目的之一是提高整个相控阵接收系统的灵敏度，因为与将收/发开关放置在发射机输出端的方式相比，图 5.4 所示发射馈线网络的损耗便不计入接收系统之中。采用多个子阵接收机的另一个原因是形成多波束的需要。这种有多个子阵接收机馈电方式可以称为在子阵级别层次上的有源相控阵接收系统。

5.3.2　空间馈电方式

　　空间馈电（简称空馈）亦称光学馈电，实际上是采用空间馈电的功率分配/相加网络。采用空间馈电方式省去了许多加工要求严格的高频微波器件。与强制馈电相比，对于波长较短（如 S, C, X, Ku 和 Ka 波段）的情况，它具有一些明显的优点。

早期采用空间馈电的相控阵例子有美国用于要点防御的 HAPDAR 有限相位扫描相控阵雷达和"爱国者"地-空导弹制导系统的相控阵雷达（AN/MPS-53）。它们的工作波段分别为 S 波段和 C 波段。

空间馈电方式形成单脉冲测角所需的多波束的方法与抛物面天线一样，也可利用空间馈电的方式实现数量不多的接收多波束。

空间馈电方式有多种形式，主要分透镜式与反射式两种。

1. 透镜式空间馈电阵列

如图 5.5 所示，透镜式空间馈电天线阵包括收集阵面与辐射阵面两部分。收集阵面又称为内天线阵面，辐射阵面亦可称为外天线阵面。

对图 5.5 所示的空间馈电系统，在设计中要特别注意初级馈源与收集阵面之间的匹配，应尽量降低收集阵面中天线单元的输入驻波，以减少空间馈电网络的损耗。为了降低收集阵面天线单元的输入驻波，必须对移相器输入驻波及辐射阵面天线单元的输入驻波提出相应的要求。辐射阵面与收集阵面天线单元之间互耦的影响也是在天线单元定型时应加以考虑的。

在空间馈电系统中，初级馈源的照射方向图覆盖整个收集阵面，为辐射阵面提供了幅度加权。为了充分利用初级馈源提供的能量，减少边缘泄漏损失，收集天线阵面（内天线阵面）上的天线单元数目可适当增加，从而超过辐射天线阵面（外天线阵面）上的单元数目。在内天线阵面上靠近阵面边沿部分，可以将若干个收集单元接收的信号进行相加，再经过移相器移相后传送至外天线阵面的辐射天线单元。当仅依靠改变初级馈源照射函数还不足以保证获得天线的低副瓣电平或为了降低阵面单元总数时，也可采用密度加权的空间馈电天线阵列。图 5.6 所示为考虑充分利用初级馈源照射功率的密度加权空间馈电的天线阵列示意图。这种空间馈电方式被用于美国"硬点防御"系统的相控阵雷达 HAPDAR。

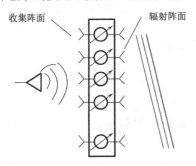
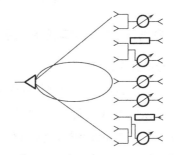

图 5.5　透镜式空间馈电系统　　　　图 5.6　采用密度加权的空间馈电天线阵列

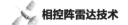

2. 反射式空间馈电阵列

图 5.7 所示的反射式空间馈电天线与图 5.5 所示透镜式空间馈电方式不同，它的收集阵面与辐射阵面是同一阵面，无论天线处于发射工作状态还是接收工作

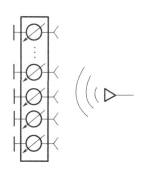

图 5.7　反射式空间馈电阵列

状态，每个天线单元收到的信号，都先经过移相器移相后，再被短路器全反射后从阵面辐射出去。这种反射式空间馈电阵面，因移相器提供的移相值只需要等于透镜式空间馈电时的一半，而移相器的衰减却增加了一倍。对于这种阵列，作为初级馈源的照射喇叭天线采用前馈方式（正馈或偏馈）对天阵阵面进行照射。反射式空间馈电方式多用于波长短（如 X、Ku 和毫米波波段）的战术相控阵雷达。图 5.8 和图 5.9 所示分别为俄罗斯研制

的用于 X 波段机载火控无源相控阵雷达天线[10]和法国研制的 W 波段导弹寻的器的有源相控阵雷达天线试验样机[11]。后者为有源相控阵天线，由 3000 多个单元组成，天线波束宽度为 2°，采用 PIN 二极管，波束扫描范围为±45°，具有单脉冲馈源。

图 5.8　采用空间馈电的"Pero"机载火控
无源相控阵雷达天线（俄罗斯）

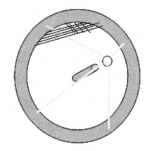

图 5.9　95 GHz 有源相控阵雷达天线
试验样机（法国 Thomson-CSF）

3. 空间馈电阵列中球形波到平面波的准直修正

在透镜式空间馈电和反射式空间馈电两种方式中，由于初级馈源辐射的电磁波是球形波，到达天线的收集阵面（对透镜式空间馈电方式）或天线阵面（对反射式空间馈电方式）边沿上的天线单元与阵中心的单元之间存在时间差与相位差。故存在由球面波到平面波的准直修正问题。

相位差的准直修正问题可通过改变移相器的移相值来加以实现，对宽带相控

阵天线还必须修正延迟时间，为此可以在内天线阵靠边沿的单元通道中采用比阵中心单元通道更短的传输线来进行补偿，即用调整天线阵内各单元通道内传输线的长度来补偿空间馈电透镜中的空间路程差。

另一种用于解决空间馈电中的球面波到平面波的准直方法是采用如图5.10所示的抛物面天线。

由图5.10可以看出，采用这种方法不仅解决了准直修正问题，而且还带来另一优点，即可使整个天线阵面的深度（厚度）较采用透镜式和反射式空间馈电方式的尺寸要小，但结构设计上要复杂一些，内天线阵面维修难度增大。因此，应认真进行比较。选择具体空间馈电方案时，若传输路径加长，则空间馈电传输损失将略有增加。

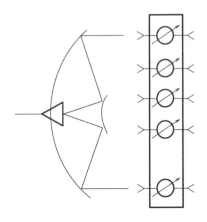

图 5.10 采用抛物面天线进行准直
修正的空间馈电天线阵

4. 采用空间馈电时收/发波束的设置

收/发合一的空间馈电相控阵雷达天线与强制馈电系统相比，在收/发天线波束的位置安排上有更大的灵活性。在图5.11所示的空间馈电系统中，发射波束与接收波束用的初级馈源在空间上分别放置。这在一些相控阵雷达中得到应用，如法国的 ARABEL 二维相位扫描有源相控阵雷达[12]。如果发射和接收之间的隔离要求降低，耐高功率的收/发开关可以省掉或降低隔离要求，接收通道上只需耐较低功率的限幅器就可能满足收/发隔离的要求。这在采用强制馈电方式时是不便实现的。

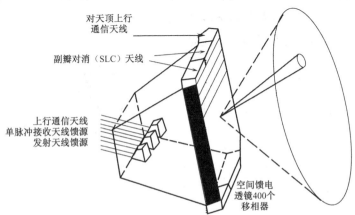

图 5.11 空间馈电相控阵天线中收/发天线波束初级馈源的放置方式

在图 5.11 所示的空间馈电相控阵天线中，实现单脉冲测角要求的和差波束形成也较为简单，可以直接采用单脉冲跟踪抛物面天线的单脉冲馈源方案，如四喇叭、五喇叭单脉冲馈源方案或多模喇叭方案。

5. 子阵空间馈电与强制馈电结合的馈电方式

当空间馈电天线阵口径（D_A）较大时，初级馈源与收集阵面之间的距离（D_{in}）也相应增加（一般情况下 $D_{in} \approx D_A$），故由初级馈源和收集阵面与辐射阵面构成的整个天线系统所占的体积大为增加，这带来结构设计的困难。采用强制馈电与空间馈电相结合的办法，只在子天线阵级别上实现空间馈电，有利于解决这一问题。采用这种馈电方式的简图如图 5.12 所示，该图中将整个阵面分为 4×4 个子天线阵，每一子天线阵包含 2×2=4 个空间馈电模块（见图 5.12 右侧的小图），共有 64 个空间馈电模块。以发射阵为例，高功率发射机输出信号经波导等耐高功率、损耗低的强制功率分配系统分至 64 个子天线阵。

采用图 5.12 所示的馈电方式的另一优点是，由于只在子阵级别上进行空间馈电，因而子阵空间馈电阵中的单元与边沿单元之间的空间路程差及其产生的相位差与大孔径空间馈电相比较有极大减小。这有利于实现空间馈电阵列中球形结构的准直修正。

图 5.12 所示天线阵面为收/发合一天线阵面，收/发开关一共只有 16 个，置于16 个强制馈电网络的输出端口。每一子天线阵又分为 4 个空间馈电模块，因此从发射机至 16 个子天线阵输入端为发射馈线网络；从子天线阵输出端至 4 个空间馈电模块输入端及空间馈电模块中的单元移相器属于发射共用馈线。按这种方式，总共只有 16 个接收子天线阵，单脉冲测角所需的和通道、方位差通道和仰角差通道则由这 16 个接收子天线阵的信号经低噪声放大器放大后形成。

采用这种空间馈电与强制馈电混合的馈电方式，有利于发挥雷达模块化设计的优点，有利于加快研究周期与降低成本。

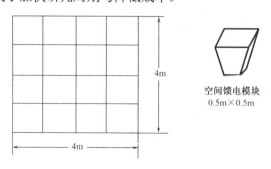

图 5.12　强制馈电与空间馈电结合的馈电方式简图

5.3.3　视频馈电方式

视频馈电方式，亦称数字馈电方式，是近年来出现的新的馈电方式。它的出现与数字与模拟集成电路技术的发展紧密相关，是雷达数字化技术发展中，继数字波束形成（DBF）技术出现后的一个重要进展。

视频馈电方式应用于有源相控阵雷达，它的技术基础是直接数字频率合成器（DDS）和 T/R 组件。如果每一个天线单元通道上都由直接数字频率合成器产生相控阵天线口径照射函数要求的发射激励信号或接收本振位号所需的相位和幅度，由 T/R 组件中的发射信号功率放大器（亦称高功率放大器，HPA）进行功率放大（发射状态时）或低噪声放大（接收状态时），则可以不需要前述强制馈电与空间馈电系统中必不可少的功率分配系统。天线阵面上各天线单元要求的不同相位，由雷达波束控制计算机提供的二进制数字控制信号对每个单元通道上的 DDS 进行控制，即前述两种在高频实现的馈电系统可完全由计算机提供的视频（即数字）信号网络所代替。

对发射天线阵来说，每一个天线单元通道中 DDS 产生的信号满足相控阵天线口径照射函数所需相位分布，经过上变频器转换至微波频率，再经过 T/R 组件中的功率放大器放大，由天线单元辐射出去。接收时，DDS 产生本振输出信号，其相位分布也由各单元通道中的 DDS 在视频实现。这种基于 DDS 组件的视频馈电（亦可称为数字馈电）相控阵雷达原理框图如图 5.13 所示。

关于基于 DDS 的数字 T/R 组件的工作原理在后面章节中还将进一步讨论。

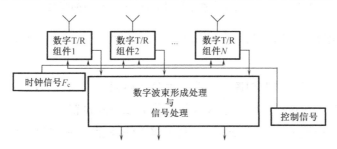

图 5.13　视频馈电相控阵雷达原理框图

图 5.13 中已没有复杂的射频（RF）功率分配/相加网络，它被由计算机控制的视频（数字）控制信号的分配系统通过各单元通道中的 DDS 和上变频器所取代。

这种视频馈电系统也属于并联强制馈电系统。它只适用于有源相控阵雷达天线，不能适用于需承受高功率的无源相控阵雷达天线。在射频馈电网络中由射频传输线实现的馈电网络被每个单元通道中的 DDS 视频信号、时钟信号（参考信号）和控制信号传输网络所代替，原来有源相控阵天线中 T/R 组件中的移相器、衰减器被 DDS 中的相位累加器和乘法器取代，除此之外，还需要增加集成的 D/A 转换器、低通滤波器、上变频器等集成电路。随着大规模数字和微波及模拟集成电路大批量生产技术的成熟，成本还将进一步降低。这种基于 DDS 的数字有源相控阵天线及相应的视频馈电网络将会逐步得到推广应用。

5.3.4　光纤馈电方式

随着光电子技术与光纤技术的发展，已开始采用光纤作为相控阵雷达馈线中的传输线，但这种传输线目前主要在低功率电平上使用，如在相控阵接收天线或有源相控阵发射天线中采用。图 5.14 所示为含有光纤功率分配网络的相控阵天线的馈线系统示意图，该馈线系统也是一种并联馈电系统。

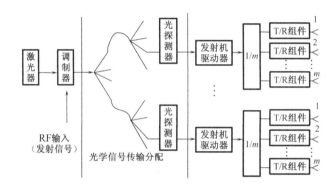

图 5.14　含有光纤功率分配网络的相控阵天线的馈线系统

光纤传输线的采用，除了在结构设计上能提供方便，在电性能上也能带来一些潜在的好处：

（1）有利于将超大型相控阵天线进行分散布置；

（2）有利于实现相控阵发射天线与接收天线分开设置；

（3）对有源发射相控阵天线，有利于将天线阵面部分与其驱动、控制部分在空间上分开；

（4）对相控阵接收天线，便于实现多个接收波束的形成。

5.4　并联馈电与串联馈电

5.3 节所述几种馈电方式均属于并联馈电方式，在此不再赘述。

在相控阵雷达设计中，从降低成本、简化结构设计方面考虑，常需要比较并联馈电与串联馈电两种方案的优劣。在一些信号瞬时带宽要求不高的相控阵战术雷达中，采用串联馈电方案，在某些条件下是合理的。

5.4.1　串联馈电方式

采用串联馈电的相控阵天线有多种，这与采用何种"馈相"方式有关，即与用串联或并联方式对每个天线单元提供所需移相的方式有关。按此可分为"串联馈电、并联馈相"与"串联馈电、串联馈相"等方式。

1. 串联馈电、并联馈相方式

串联馈电、并联馈相方式示意图如图 5.15 所示。该图是一个以串联馈电、并联馈相方式实现的发射线阵示意图，该图中所示是一个串联馈电网络，由一个带定向耦合器的行波传输线与移相器组成。线阵中各单元通道内的移相器提供的移相值是不相同的，与前述并联馈电时一样，提供天线扫描要求的倾斜相位波前。在串联馈电中为降低天线副瓣电平所需的幅度加权系数 a_i 则由串联馈电网络的定向耦合系数确定。

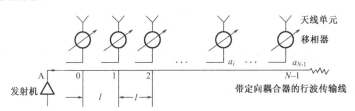

图 5.15　串联馈电、并联馈相方式示意图

图 5.15 中，发射机输出信号经一个串联馈电网络，通过定向耦合器，按天线口径面上要求的幅度加权函数实现功率分配，而每一个天线单元通道中都有一个实现天线波束快速扫描所需要的移相器。这种方式与前面讨论的并行强制馈电系统相比，只是在一定程度上节省了发射阵中功率分配网络的复杂性。串联馈电网络中各个单元通道上的定向耦合器的耦合系数应按幅度加权系数 a_i，并考虑信号功率在传输过程逐渐降低这一因素来选择。

由于线阵中各个单元上均有独立的移相器，因此实现波束扫描所需的相位控制与前面讨论的相控阵线阵天线一样，但要考虑串联馈电网络中相邻两个单元之间的路径差 l，故阵中第 i 个天线单元的移相器应提供的相位加权系数 $\Delta\varphi_{Bi}$ 为

$$\Delta\varphi_{Bi} = \frac{2\pi i}{\lambda}(d\sin\theta_B - l) \tag{5.14}$$

式(5.14)中，$2\pi i/\lambda$ 是串联馈电网络决定的阵内相邻单元通道之间的固定相位差，

它也可表示为 $(2\pi l/c)f$，显然，它将随信号频率变化而变化，对于大型线阵天线，这种串联馈电系统同样存在瞬时信号带宽较窄的问题。为了解决这个问题，可以选择图 5.16 所示的等长度串联馈电、并联馈相方式。

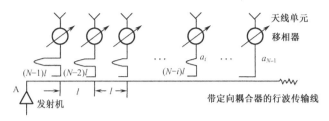

图 5.16   等长度串联馈电、并联馈相网络示意图

图 5.16 中所示各天线单元至串联馈电发射机的输出信号，仍然是通过一个串联馈电网络经定向耦合器将信号分别传送至各天线单元，但从发射机输出端 A 至各个天线单元的路程均是一样的。天线的瞬时信号带宽没有降低，相邻耦合器之间路程差别引起的固定相位偏移也经过不同长度的传输线得到了补偿。

这样，为使天线波束最大值指向 θ_B，第 i 个天线单元内移相器应提供的 $\Delta\varphi_{Bi}$ 为

$$\Delta\varphi_{Bi} \approx i\frac{2\pi}{\lambda}d\sin\theta_B \tag{5.15}$$

这便与并联馈电时没有差别。这种方案在馈电网络的结构设计上提供了某种方便。

2. 串联馈电、串联馈相方式

串联馈电、串联馈相方式的原理图如图 5.17 所示。按这种馈电方式，由于移相器安放在串联馈电网络之中，因此相邻两个天线单元之间的移相值 $\Delta\varphi_i$ 应是一样的。相邻两个天线单元之间的移相值包括移相器提供的移相值 $\Delta\varphi_{ph}$ 和传输线的移相值 $\Delta\varphi_l$。后者是固定移相值，但随信号频率变化会略有变化。因 $\Delta\varphi_i$ 按波束指向 θ_B 来决定，为

$$\Delta\varphi_i = \frac{2\pi}{\lambda}d\sin\theta_B, \quad i=1,2,\cdots,N-1 \tag{5.16}$$

故各移相器提供的移相值 $\Delta\varphi_{ph}$ 为

$$\Delta\varphi_{ph} = \Delta\varphi_i - \Delta\varphi_l$$
$$= \frac{2\pi}{\lambda}d\sin\theta_B - \Delta\varphi_l$$

若串联馈电传输线为非色散型传输线，则因

$$\Delta\varphi_l = 2\pi(l/\lambda)$$

故移相器提供的移相值 $\Delta\varphi_{ph}$ 为

$$\Delta\varphi_{\mathrm{ph}} = \frac{2\pi}{\lambda}(d\sin\theta_{\mathrm{B}} - l) \qquad (5.17)$$

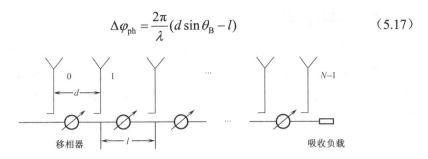

图 5.17　串联馈电、串联馈相方式的原理图

显然，采用这种方式的主要优点有以下两个。

（1）移相器需提供的移相值降低。任一移相器需要提供的最大移相值 $\Delta\varphi_{\mathrm{phmax}}$ 为

$$\Delta\varphi_{i\max} = \frac{2\pi}{\lambda}d\sin\theta_{\mathrm{Bmax}}$$

式中，θ_{Bmax} 为最大扫描角，以 $d=\lambda/2$，$\theta_{\mathrm{Bmax}}=60°$ 为例，即使在忽略 l 的情况下，$\Delta\varphi_{i\max}$ 也仅为 77.94°，因而移相器的位数可以减少，这有利于降低成本。

（2）波束控制简化。由于线阵中每个移相器要提供的移相值均是一样的，这使波束控制信号产生所需的运算大为简化，波束控制器中的寄存器的数量也可降低为 1 个，如果波束控制驱动器能提供的控制电流（或控制电压）足够大，则用一个或少数几个波束控制驱动器即可实现对众多串联移相器的控制。

采用串联馈电、串联馈相方式的缺点包括以下两个。

（1）馈电网络损耗加大。由于多个移相器串联在馈电网络之中，导致馈电网络损耗加大，因而要求这种方案的应用条件是移相器损耗不能太大，且串联馈电的结点数不能过多。降低串联馈电传输网络长度，即可减少传输损耗，也有利于降低信号频率变化时引起的天线波束的偏移。

（2）各单元通道相位误差不便补偿。当线阵中各个天线单元至串联馈电网络定向耦合器之间存在相位误差时，用这种串联馈电系统也不便于对单元通道的相位误差进行修正，不过，这一缺点是任何串联馈电系统均存在的。

虽然这种串联馈电、串联馈相的方式有上述缺点，但只要各个串联移相器带来的信号总损耗可以降低或者在工程实现上可以允许，则仍是一种低成本相控阵天线的设计选择方案。这种串联馈电、串联馈相天线的应用例子包括下面将要讨论的频率扫描天线、基于压控陶瓷材料（VCM）和铁氧体材料的线阵天线[13-14]。

5.4.2　频率扫描天线

频率扫描天线（简称频扫天线）是最早用于三坐标雷达的电扫描雷达天线，采用串联馈电、串联馈相方式，它依靠改变雷达信号频率来实现天线单元之间"阵内相位"的改变，从而控制天线波束扫描。频率扫描天线的结构实现形式有很多种，其基本原理和外形照片参见图 5.18。

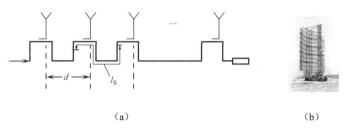

(a)　　　　　　　　　　　　　(b)

图 5.18　频率扫描天线的基本原理示意图和外形照片

频率扫描天线的馈源是一个串联馈电的慢波线，为了降低对信号扫频带宽的要求，需要拉开天线单元之间慢波线的长度 l_S，从文献[3]中的计算公式可以看出，l_S 需要等于多个波长，因此这一串联馈电传输线必须盘绕，故也被称为"蛇形线"。

图 5.18（b）所示是 20 世纪 60 年代中国研制成功的频率扫描天线，它采用波导慢波线即色散型慢波线，用于远程 S 波段三坐标雷达中。改变信号频率，可使天线波束在仰角上实现大于 30° 的扫描。20 世纪 70 年代中国还曾经研制成功 VHF 波段的频率扫描天线，该雷达天线采用大孔径同轴线实现慢波线结构，为非色散型慢波线。

1. 脉冲内频率扫描天线

频扫天线波束的扫描依赖于信号频率的变化，如果在一个雷达发射信号脉冲宽度内，信号频率是变化的，则发射天线波束最大值将在一个脉冲宽度时间内指向不同方向，因此可实现天线波束的快速扫描。这种脉冲内实现频率扫描的信号形式可分为离散频率扫描和连续频率扫描，其信号形式如图 5.19 所示。

图 5.19（a）所示的信号形式将实现 4 个发射天线波束，分别指向与 f_1, f_2, f_3, f_4 对应的指向上，如采用图 5.19（b）所示的信号，发射天线波束将从 $f_0-\Delta f/2$ 对应的指向扫描到与 $f_0+\Delta f/2$ 对应的指向。

采用离散频率扫描的形式，相邻波瓣之间的覆盖电平由相邻两个信号频率值的大小来决定。采用这种信号形式还带来另一优点，即各波瓣之间的信号能量分配具有更大的灵活性，可以通过改变不同频率的信号子脉冲宽度与改变子脉冲信号的功率电平来实现（如发射机功率电平可以调整时）。以仰角上频扫三坐标雷达为例，若多个发射波束在仰角上的包络按余割平方分布，为使指向低仰角的第一波束的发射信号能量最大，高仰角发射波束信号能量逐渐降低，可通过改变不同频率发射信号的脉冲宽度来实现。按这一方法实现发射波束能量分布的示意图如图 5.20 所示。

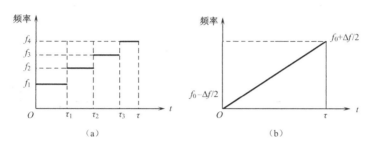

图 5.19　实现脉冲内天线波束扫描的发射信号频率与时间的关系图

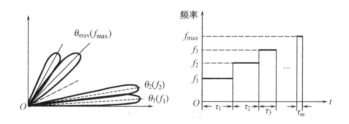

图 5.20　按余割平方波束能量分配的信号脉冲宽度的示意图

2. 在本振频率上实现的频率扫描天线

上述串联馈电的频扫天线是在信号射频（RF）上实现的，对发射和接收均适用。

当频扫天线的概念用于接收线阵时，可将频扫慢波线用于给各个天线单元提供需要的移相，以实现要求的阵面相位分布。在本振频率上实现的频扫接收天线原理图如图 5.21 所示。

本振频率扫描天线的工作原理与串联馈电射频慢波线的原理是一样的，它只是用来提供各个相邻单元之间要求的"阵内相位差"，从而实现接收波束指向的偏移。由于它是在低噪声放大器（LNA）之后实现的，因而对整个接收系统的灵敏度并无大的影响。此外，由于采用这种方法并不影响雷达探测信号频率的改变，因而没有前面提到的频扫天线在抗干扰方面的缺点。

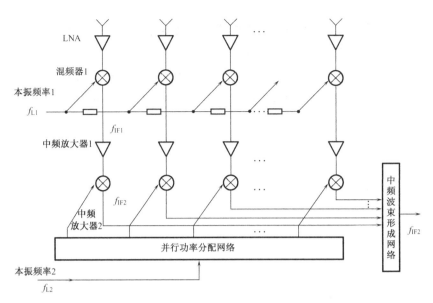

图 5.21　在本振频率上实现的频扫接收天线原理图

当雷达发射机辐射信号频率为 f_0，发射天线波束指向 θ_B 时，则接收阵中相邻单元之间的空间相位差 $\Delta\varphi_B$ 应为

$$\Delta\varphi_B = \frac{2\pi}{\lambda}d\sin\theta_B$$
$$= (2\pi d/c)f\sin\theta_B \tag{5.18}$$

$\Delta\varphi_B$ 的实现要依靠改变本振频率 f_{L1}，即

$$f_{L1} = f_{L10} + p\delta f \qquad p = 0, \pm1, \pm2, \cdots \tag{5.19}$$

式（5.19）中，p 为整数，用于表示天线波束偏离线阵法线方向的波束序号。当天线波束偏离阵面法线方向 p 个波束位置（即 p 个波束跃度）时，本振信号频率应增加 p 个频率增量 δf。本振频率改变后，在本振串联馈电慢波线两个相邻结点之间产生的相位增量 $\Delta\varphi_l$ 为

$$\Delta\varphi_l = (2\pi l/c)(p\delta f) \tag{5.20}$$

式（5.20）中，l 为位于相邻两个天线单元之间的本振传输线长度。

$\Delta\varphi_l$ 应等于单元之间的空间相位差 $\Delta\varphi_B$，即

$$\Delta\varphi_l = \Delta\varphi_B$$

由此可得到

$$p\delta f = (d/l)f\sin\theta_B \tag{5.21}$$

或

$$p(\delta f/f) = (d/l)\sin\theta_B$$

经过第一次混频之后，得到第一中频信号，第一中频信号的频率有了一个与波束扫描角对应的频移（$p\delta f$），因此，如果在第二本振（见图 5.21 中本振频率 2）

上也有一个频移（$p\delta f$），则可使第二中频信号与波束扫描角 θ_B 无关。经并行功率分配网络将中频信号功率相加，网络（即图 5.21 中的中频波束形成网络）便可实现与发射信号频率无关的接收波束。

由于在图 5.21 所示方案中第一本振频率的频偏假定是离散的，故波束扫描角 θ_B 也是离散的，因此可用 θ_{BP} 来表示。参照第 4 章讨论的波束跃度概念，可以确定本振频率的最小频率偏移量 δf。

以上讨论的是，在本振频率上用脉间频率扫描方式实现的接收天线波束扫描的方式，本振频率在每个重复周期内是保持不变的，只在每个重复周期之间改变。

5.5　平面相控阵天线馈电网络的划分及其作用

一般来说，相控阵天线的馈电网络要实现"馈电"与"馈相"两项功能。为了获得要求的天线波束形状和低副瓣天线性能，馈线系统提供给每一个天线单元的信号幅度和相位应符合口径照射函数的要求。各单元信号幅度的差异主要由不等功率分配器、衰减器或改变放大器的传输增益来实现，而各单元信号的相位差异则由移相器来提供。前面已说明，馈电网络向各天线单元提供所需的信号相位被称为"馈相"，亦即在对各天线单元信号进行复数加权时，提供复数加权系数 $w = a_i \mathrm{e}^{\mathrm{j}\varphi_i}$ 中的相位加权部分 φ_i。

前面讨论的相控阵天线的馈电方式是针对线阵天线进行的，对于面阵来说，合理划分馈电网络，可同时满足平面相控阵天线的"馈电"与"馈相"要求，有利于简化设计和降低成本。

按不同方式实现的平面相控阵天线馈电网络，对应有不同的天线阵列划分方法。划分子天线阵的方法可能有不同的出发点，这些出发点可能是：①从简化馈电网络的设计出发，包括结构安排，提高模块化程度，简化馈电网络中所用微波器件的设计与减少其数量；②从优化波束控制器设计出发；③从提高天线阵的性能出发，如在单脉冲测角波束的形成中能从方便实现和差波束的独立馈电角度考虑。

5.5.1　平面相控阵天线按行、列方式实现的馈电网络

对图 4.1 所示的平面相控阵天线，第 (k, i) 天线单元与第 $(0, 0)$ 参考天线单元的"阵内相位差" $\Delta\varphi_{Bki}$ 表示为 $\Delta\varphi_{Bki} = i\alpha + k\beta$，其中

$$\alpha = \frac{2\pi}{\lambda} d_1 \cos\alpha_{y0}$$

$$\beta = \frac{2\pi}{\lambda} d_2 \cos\alpha_{z0}$$

（5.22）

整个阵面内所有天线单元的"阵内相位"是一个 $M \times N$ 矩阵（$[\Delta\varphi_{Bki}]$），它可以用两个 $M \times N$ 的子阵的和来表示，即

$$[\Delta\varphi_{Bki}] = \begin{bmatrix} 0 & 0 & \cdots & 0 \\ \beta & \beta & \cdots & \beta \\ \vdots & \vdots & \ddots & \vdots \\ (M-1)\beta & (M-1)\beta & \cdots & (M-1)\beta \end{bmatrix} + \begin{bmatrix} 0 & \alpha & 2\alpha & \cdots & (N-1)\alpha \\ 0 & \alpha & 2\alpha & \cdots & (N-1)\alpha \\ \vdots & \vdots & \vdots & \ddots & \vdots \\ 0 & \alpha & 2\alpha & \cdots & (N-1)\alpha \end{bmatrix} \quad (5.23)$$

按照式（5.22），可以得到第 4 章图 4.13 所示的两种分两层馈相的平面相控阵天线的馈电网络。按图 4.13 所示分两层馈相，设置两层移相器，其缺点是各行或各列中的单元移相器不能单独用于修正单元通道之间的相位误差；此外，采用两层"馈相"方式，设置两层移相器，还会增加移相器的损耗，使无源相控阵天线的总损耗增加。在图 4.13 中，将馈电与馈相网络分两层的主要出发点是减少波束控制分系统的设备量。

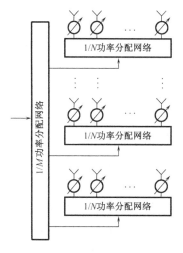

图 5.22　平面相控阵天线分两层馈相时的馈电网络划分方式（一）

如果从简化馈电网络的设计和制造（如提高模块化程度）出发，平面相控阵天线的馈线网络仍然可以按行、列方式进行分层。

图 5.22 中共有 M 个行馈电网络和一个列馈电网络，因而整个平面相控阵天线分为一个列线阵和 M 个行线阵。

图 5.22 中所示行线阵是并联馈电网络，也可以是串联馈电网络或带有延迟线的串联馈电等长度馈线网络。由于只有一层移相器，因此，波控分系统没有简化，但每一个移相器均可独立控制，波控分系统可独立地用于补偿各个单元通道中的相位误差。

图 5.23 所示为将平面相控阵天线分为一个行线阵和 N 个列线阵的情况。

按行、列方式馈电的有源平面相控阵天线原理如图5.24所示，它是将平面相控阵天线分为多个按列馈电的例子[15]。该雷达工作在 S 波段，是一有源相控阵天线，其发射馈线包括一个行馈（按行馈电）和多个列馈（按列馈电），每一列馈为一个功率分配网络，其多个输出端分别接入该列天线的 T/R 组件中功率放大器的输入端。T/R 组件里接收电路的输出端传送至接收馈线功率相加器的输入端，经功率合成后再经下变频器、中放、模/数转换（A/D），变为二进制信号，传送至数字式行馈波束形成网络。

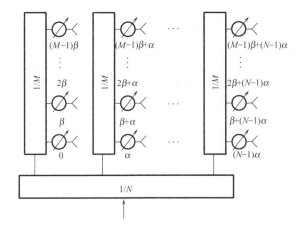

图 5.23 平面相控阵天线分两层馈相时馈电网络的划分方式（二）

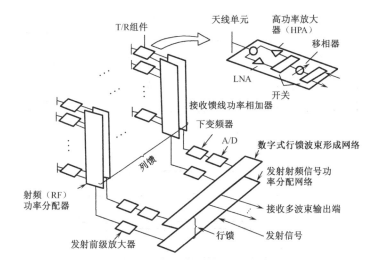

图 5.24 按行、列方式馈电的有源平面相控阵天线原理图

在这一例子中，采用这种方式的主要目的是便于在方位上用数字方式形成接收波束，其原理与作用将在第 8 章中进一步讨论。

5.5.2 平面相控阵天线按小面阵方式实现的馈电网络

在第 1 章里已讨论过，平面相控阵天线可分解为多个子阵天线，因此相应地，平面相控阵天线的馈电网络也可以分解为若干小的平面阵馈电网络。平面阵馈电网络可以有不同的分解方法，这与相控阵雷达系统设计中不同的出发点和希望达到的目标有关。

1. 减少波束控制系统的设备量与计算量

为了简化波束控制（波控）系统的设计，在第 4 章已提到，也可以将"阵内相位矩阵"分解为若干个小的矩形或正六边形子阵，即用若干个小的平面相控阵天线的馈电网络来构成总的天线的馈电网络，并分两层进行馈相，以此减少对波束控制的计算量要求与设备量。

对一个大型平面相控阵雷达天线（如 100×100 个天线单元）来说，为保障所要求的低副瓣天线性能，采用这种平面子天线阵的馈相方式，可以只对阵面中心部分进行独立控制，使其具有修正单元之间相位误差的功能；而对平面子天线阵的其余部分仍可利用"阵内相位"因子分解带来的优点。这种分布天线阵的中心部分实现的是一层馈相，而在阵中心周围部分实行双层馈相，如图 5.25 所示。该图中整个阵面面积为 S，$S=LH$，而阵面中心部分面积为 S_1，$S_1=L_1H_1$。在 S_1 以内，各子天线阵内馈线网络中只有一层移相器，它们在每一天线单元通道内；而在天线阵面外部区域，即 $S_2=S-S_1$ 范围内，实行两层馈相，各子天线阵的输入端有一层移相器，子天线阵内单元通道上有一层移相器。因此，由于各子天线阵具有相同的"阵内相位差"，因而可以简化对波控系统的控制，有利于降低成本。

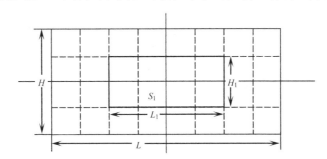

图 5.25　平面阵中实现单层与双层馈相的示意图

2. 采用平面布置的子阵发射机

对无源相控阵天线来说，为了降低发射馈线网络传输损耗，需采用多部子天线阵发射机，从结构设计考虑，宜采用平面布局的多发射机方案，各子天线阵发射机布置在子天线阵的中央。相应地，发射馈电网络也变为平面布局，而收/发共用馈电网络也按小面阵方式实现。

3. 在小面阵层次上实现多个接收波束

平面馈电网络可以在子天线阵级别上实现多波束形成。当需要形成方位差与仰角差接收波束时，将分布于 4 个平面阵的各个收/发共用馈电网络的接收输出端口接至单脉冲和差波束形成网络,这与直接在整个阵面上形成单脉冲测角和差波束方法相比,大大减少了馈电网络构成中所需微波元器件品种和数目。

为了形成同时在方位与仰角上排列的多个接收波束,采用这种馈电网络的划分方法是完全必要的,也有利于实现二维排列的数字多波束。

4. 有源与无源结合的相控阵天线

为了降低有源相控阵天线的成本,可以考虑采用有源与无源结合的相控阵天线,即在有源相控阵天线上采用部分无源相控阵子天线。这种方式需将有源相控阵天线划分为内圈与外圈,在外圈可以由一个 T/R 组件推动一个无源子天线阵。使用这种方法对降低有源相控阵发射天线的副瓣电平也是有利的。

从上面初步讨论可见,按小面阵方式实现的馈电网络,在实现多波束接收,形成测角需要的单脉冲和差波束和二维分布的多个接收波束,保证天线阵的低副瓣性能等方面均比按行、列方式划分的馈电网络要优越得多。

5.5.3 密度加权平面相控阵天线馈电网络的划分方法

为了降低天线副瓣电平,在天线阵面密度加权方案确定之后,相应地要确定馈电网络的结构。而在天线阵中,有源天线的单元数目多,无源天线的单元数目少;天线阵面的周边有源单元数目少,无源天线的单元数目多。为了减少接收多波束形成网络中的微波元器件数量,应在子阵列级别上进行信号分路,为此应准确知道每个接收子天线阵相位中心的位置。此外,为了便于接收多波束网络中功率相加器的设计,满足接收波束的低副瓣要求,每一接收子天线阵中最好具有相同的有源天线单元数目,这也给密度加权天线阵中馈电网络的划分提出了一些附加的要求。

图 5.26 所示为密度加权天线阵中子天线阵馈电网络的划分方式示意图。

该图上只列出了阵中心几行子天线阵的排列。按该图所示,与各个馈电网络对应的子天线阵内均有相同的有源天线单元数目,这些有源天线单元分布在相邻的若干行中,若子天线阵在 z 方向只占 4 行,在 y 方向按有源单元数的排列情况分布,以达到预先确定的子天线阵单元总数为准。例如,若一个相控阵天线中有源单元总数为 $M \times N$,共有 2^k 个子天线阵,则每一子天线阵内单元数 N_m 为 $M \times N/2^k$。如果 $M \times N = 16\,384$,$2^k = 128$,则 $N_m = 128$。因此,它们的相位中心随机分布在阵中,但在子天线阵上一定是在这 4 行对应的 z 轴坐标范围之内,这在一定程度上有利于简化结构设计,也有利于降低由于在子天线阵级别上形成接收天线波束时因栅瓣而引起的副瓣电平。

相控阵雷达技术

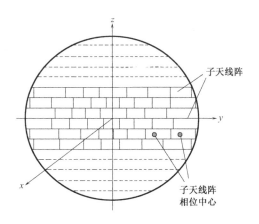

图 5.26 密度加权天线阵中子天线馈电网络的划分方式示意图

另一种密度加权天线中子天线阵馈电网络的划分方法是"星座法"。密度加权相控阵天线中有源天线单元在阵面的分布有如夜空天穹上的繁星，将各个有源单元划归给若干个"星座"，即子天线阵，每一子天线阵中有源天线单元数目 N_m 仍然恒定，要确定每一子天线阵的相位中心，这时这一相位中心在(z, y)平面上的位置便更具有随机性，这对降低栅瓣引起的副瓣电平更为有利。类似这种子天线阵馈电网络的划分方法在德国 S 波段相控阵试验雷达 ELPA 中已被采用[16]。该相控阵试验发射阵有 300 个天线单元，接收阵为密度加权阵，圆形孔径为 39 个波长，阵中有 768 个有源天线单元，这些单元划分为 48 个子天线阵，每个子天线阵包含 16 个单元，且每一子天线阵均有一通道接收机，其输出为正交零中频信号，经 A/D 转换后变为数字信号，传送给计算机，从而实现接收波束的数字形成。

5.6 移相器的选择

移相器是相控阵雷达天线、馈线系统中的关键器件，依靠移相器实现对阵中各天线单元的馈相，提供为实现波束扫描或改变波束形状要求的天线口径上照射函数的相位分布。实现移相的方法有多种，移相器类型的选择取决于多种因素，其主要的影响因素有：①雷达工作波段的不同；②相控阵天线类型的差异，即是无源还是有源相控阵天线，是窄带还是宽带相控阵天线，是一维相位扫描天线还是二维相位扫描天线，这都要根据天线承受的发射机功率的大小、允许损耗大小及成本高低、移相器的控制方式等确定。

影响相控阵技术推广应用的主要因素是其成本，而由于二维相位扫描的相控阵天线中天线单元数目巨多，因此，降低移相器及其控制系统的成本就成了相控阵雷达设计中的一个重要问题。

随着技术的进步，实现信号相位变化即移相的方法逐渐增多，移相器相关技术的发展，在很大程度上推动着相控阵技术在雷达与通信等中的应用。

5.6.1　实现移相器的基本原理与对移相器的主要要求

实现馈相的主要器件是移相器。它将通过该移相器的信号实现移相 $\Delta\varphi$，即移相器输出端信号的相位与输入端信号的相位差 $\Delta\varphi$。

按信号相位的定义有

$$\varphi = 2\pi f t \tag{5.24}$$

不难看出，实现信号移相的基本方法为改变信号频率或改变信号通过移相器的传输时间 t。

因信号频率 $f = v/\lambda$，传输时延 $t = l/v$，l 为信号在移相器中的传输路径，v 为信号在移相器中的传输速度，也是传输媒质的 ε_r 与 μ_r 的函数（$v = c/\sqrt{\varepsilon_r \mu_r}$），因此，通过改变信号频率 f、传输速度 v（通过改变 ε_r 与 μ_r）以及传输路径 l，均可实现信号移相。此外，在传输线上接入电抗单元，采用多个信号的矢量叠加，如矢量调制器等也可实现信号移相。

移相器实现信号移相既可在高频实现，也可在中频实现。在上述视频（数字）馈相系统中，相控阵天线阵中各天线单元之间信号相位差的改变是由各单元通道中 DDS 的二进制相位控制信号实现的，因此，虽然没有高频或中频移相器，但实际上，被数字信号控制的 DDS 可以称为视频移相器。

此外，移相器也可用光纤实现。用光纤矩阵开关实现的数字式移相器原理如图 5.27 所示。该图中用两节"四合一"矩阵开关可实现 4 位数字式移相。这种依靠改变信号传输线长度方法实现的移相，在微波移相器中被广泛采用，但大多数情况下，每一个移相器只对应一位移相值，即采用"二合一"光开关矩阵。

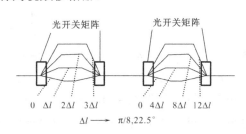

图 5.27　用光纤矩阵开关实现的数字式
移相器原理图

5.6.2　用矢量调制器方法实现的移相器

采用附加信号对拟改变相位的信号（输入信号）进行矢量叠加的方法，也可改变输入信号的相位，其原理如图 5.28 所示。

调整附加信号 V_a 的幅度和相位，即可使矢量叠加后的输出信号，即合成信号与输入信号之间的移相 $\Delta\varphi$ 获得变化。

用矢量调制器即是利用矢量叠加方法来实现信号的移相值和信号幅度的调整，其工作原理如图 5.29 所示。

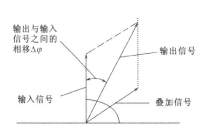

图 5.28 用信号矢量叠加方法实现
移相的原理图

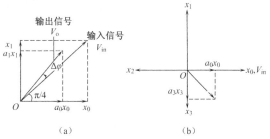

（a）　　　　　（b）

图 5.29 矢量调制器工作
原理示意图

图 5.29 中首先将信号分解为两个正交分量，在对两个信号分量分别进行幅度调制后，再将它们相加，得到输出信号。输出信号的相位和幅度与输入信号相比均发生了变化。

输出信号 V_o 的幅度为

$$|V_o| = [(a_0x_0)^2 + (a_1x_1)^2]^{1/2} \tag{5.25}$$

输出信号的相位 φ 为

$$\varphi = \arctan\frac{a_1x_1}{a_0x_0} - \frac{\pi}{4} \tag{5.26}$$

$$-\frac{\pi}{4} \leqslant \varphi \leqslant \frac{\pi}{4}$$

因此，改变 a_0 和 a_1 即可改变输出信号的幅度和相位。如果要获得在 $\pi/2\sim\pi$、$\pi\sim3\pi/2$ 和 $3\pi/2\sim2\pi$ 之间的移相量，则应将输入信号 V_{in} 分解为如图 5.29 中的 4 组正交矢量。在图 5.29（b）中，假定输入信号 V_{in} 与 x 方向一致，x_3（即$-\pi/2$）的分量可通过一个正交功率分配器（Quadrature Power Divider），如 3dB 电桥来获得。x_2 和 x_1 分量可分别从 x_0 和 x_3 通道上放大器的反相输出端取出，然后对 4 个信号分量分别进行幅度调制，根据移相量的大小，分别选出相应的两路信号进行相加，从而获得满足需要移相的输出信号。

用矢量调制器实现的移相器特别适合应用于以 MMIC 实现的 T/R 组件中，它是一种有源移相器，它可同时提供 4 种移相状态，这一特点在相控阵雷达系统设计上也会带来一些优势。二十多年前，采用矢量调制器的移相器在有源相控阵雷达的 T/R 组件中即已出现。在有源相控阵雷达的基于 MMIC 的 T/R 组件中采用这种方案，可以简化 T/R 组件中射频功能电路的品种，在获得移相的同时，也能获得幅度调制，即兼有移相器和衰减器的功能。因此，对相控阵接收天线来说，可以用 T/R 组件中或子天线阵级别上的接收组件的矢量调制器来实现低副瓣要求的幅度加权函数。

早年有文献报道，用 MMIC 完成的 C 波段（$f = 5.0 \sim 5.6\text{GHz}$）矢量调制器已实现的指标为：

相位控制范围为 360°；

幅度控制范围>15dB；

未经修正的幅度误差为 0.4dB；

未经修正的相位误差的均方根值为 2.3°；

插入损耗<1dB；

输入返回损耗>7dB；

输出返回损耗>15dB；

1dB 功率压缩点>3dBm；

功率耗散<1.8W；

直流与射频成品率（DC and RF Yield）为 73%。

5.6.3　"块移相器"的原理与应用前景

"块移相器"（Bulk Phase-Shifter）亦可称为"整体移相器"，它是为了降低相控阵雷达、特别是二维相控阵雷达成本而开发的一种移相器[17]。

减少移相器的数量和移相器控制电路的数量对降低二维相位扫描相控阵雷达的成本有重要的意义，其方法之一就是采用"块移相器"。从前面关于平面相控阵天线馈相方式的讨论中可以看到，如果采用第 4 章讨论过的"阵内相位"矩阵的分解方式，可得到如图 5.22 所示的平面相控阵天线的馈相方式，阵面上各天线单元所需要的移相值分两次提供。以图 5.22 为例，第一次将整个天线当成一个 M 单元的列线阵（平面阵中的一个行线阵仅作为这一列线阵中的一个组合天线单元），只对这个列线阵进行馈相，提供"阵内相位"矩阵

$$\beta \begin{bmatrix} 0 & 1 & 2 & \cdots & (M-1)\beta \end{bmatrix}$$

该列线阵中的每一个组合天线单元的 N 个单元均获得同样的移相值；然后进行第二次馈相，这时将整个天线当成一个包括 N 个子天线阵单元的行线阵，其中每个子天线阵单元为平面阵中的一个列线阵，对该行线阵进行馈相，提供"阵内相位"矩阵

$$\alpha \begin{bmatrix} 0 & 1 & 2 & \cdots & (N-1)\alpha \end{bmatrix}$$

由此可以看出，如果有一种单一移相装置，天线仅依靠 M 个或 N 个独立的移相器便能使整个线阵获得同样的移相量（α 和 β），则一个 $M \times N$ 单元的平面相控阵天线，只需要 $M+N$ 个移相装置即可完成整个天线波束在二维进行相扫。

这里讨论的"块移相器"即是这种装置，"Bulk Phase-Shifter"也可译为"子天线阵移相器"。

目前有两种实现"块移相器"的方法，一种是铁电透镜（Ferroelectric Lens），即采用铁电材料的"块移相器"；另一种是 Radant 透镜（Radant Lens）。

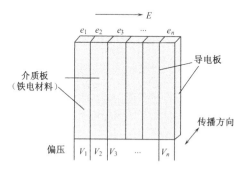

图 5.30　采用铁电材料的"块移相器"的工作原理简图

1. 铁电透镜

图 5.30 所示为采用铁电材料的"块移相器"的工作原理简图[17]。

每一对导电板之间的铁电材料的介质常数取决于加在两块平板之间的直流电压，因而通过铁电材料的电磁信号的相位便取决于两块平板之间的直流电压。改变各铁电材料列阵之间的直流电压，即可获得需要的信号相位梯度，从而可以实现在方位上的相扫。

改变两块金属导电板之间的直流偏压，即改变了通过这一区域信号电场的移相，相当于对这一区域的所有天线单元进行了馈相，因此被称为"块移相器"。一个实现一维相扫的平面相控阵天线只需要 n 个"块移相器"即可。

铁电透镜的关键是研制承受高功率的低损耗铁电材料。

2. Radant 透镜

图 5.31 所示为采用 PIN 二极管的称为 Radant 透镜的"块移相器"的工作原理简图。这种移相器是法国 Radant 公司于 20 世纪 70 年代的一项专利产品，目的也是降低相控阵天线的成本。

Radant 透镜由多个平行的导电板组成，在每对导电板之间，接入多层 PIN 二极管。电磁信号通过每一对金属导电板时的传输速度取决于分别处于通、断状态的二极管数目的多少。改变相邻导电板内导通 PIN 二极管的数量，即可产生相扫需要的相位梯度。

图 5.31（b）示出了在 X 波段的一个 Radant 透镜的一些指标，为实现 360° 相位扫描，需要有 20 层二极管，其厚度约为 4in（1in=2.54cm），插入损耗为 0.9dB[18]。

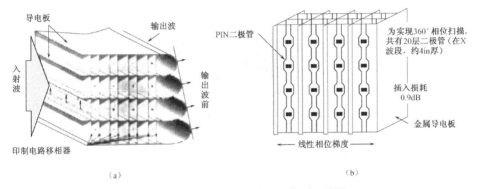

（a）　　　　　　　　　　　　　　　　　　（b）

图 5.31　Radant 透镜的工作原理简图

3. "块移相器"的应用

采用"块移相器"的二维相扫天线，只需要 $M+N$ 个移相器，它取代了传统的相控阵天线需要 $M \times N$ 个移相器的方式，因而大大减少了波束控制信号的产生数量，也有利于降低天线成本。

Radant 透镜相控阵天线已应用于法国 RAFALE 战斗机的机载火控相控阵雷达之中。图 5.32 所示为该雷达天线的示意图[12]。

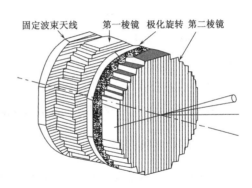

图 5.32　采用 Radant 透镜的机载火控相控阵雷达天线（法国）

采用两级"块移相器"的平面相控阵天线，中间必须要有一个旋转 90° 的极化旋转器。因此，要实现二维相位扫描，整个天线阵的损耗将包括两个透镜和一个 90° 极化旋转器的损耗，对收/发合一的天线来说，损耗还将增加一倍。

一个需要在二维实现相位扫描的平面相控阵天线，也可在其中一维用普通移相器，在另一维用"块移相器"完成，如图 5.33 所示。该图为美国炮位侦察雷达 AN/TPQ-36 的一种改进方案[17]。

采用普通铁氧体移相器实现天线波束在方位上的扫描，每一铁氧体移相器输出信号还需经过一个裂缝波导，将其变成能照射一维 Radant 铁电透镜的场强 E 的空间分布。显然，这一平板裂缝波导阵列便是将 $M \times N$ 个单独移相器变为 $M+N$ 个"块移相器"的代价。

"块移相器"应用中的另一个缺点是，不能单独修正原平面相控阵天线中每一个单元通道的幅度与相位误差，这对实现低副瓣电平的相控阵天线是不利的。

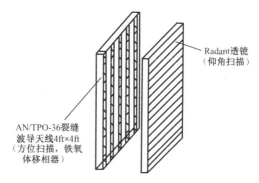

注：1ft=0.3048m。

图 5.33　普通移相器与"块移相器"混合使用的二维相位扫描平面相控阵天线

5.6.4　串联移相器

在前面讨论串联馈电网络时提到在串联馈电传输线中每两个天线单元间接入一个移相器（见图 5.17）的馈相方式，由于每个移相器均处于同样的移相状态，最大移相量也较小，且移相器的控制信号对每一串联网络中的各个移相器均是相同的，因而简化了波束控制系统的设计和降低了相控阵雷达的成本。对这种串联式移相器的一个主要要求是降低损耗。

下面介绍的两种串联式移相器实现了对相位控制简便和降低损耗的要求，可以称为串联馈电的"块移相器"，并作为降低相控阵雷达成本的一种技术措施。

1. 电调介质移相器

电调介质移相器（Voltage Variable Dielectric Phase Shifters）利用电调介质（Voltage Variable Dielectric，VVD）陶瓷材料，其介质常数取决于加在其上的电场强度，将 VVD 陶瓷材料置于传输线（如波导）之中，通过调节控制电压改变 VVD 陶瓷材料的 ε_r，从而改变射频信号在串联传输线中的传播速度，也改变了在相邻结点之间传输信号的相位，实现了信号移相。

这种电调介质移相器的原理示意图如图 5.34 所示。

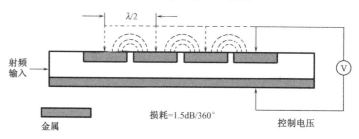

图 5.34　电调介质移相器的原理示意图

在二维电扫天线中，可以在一个方向（如在方位方向）采用传统移相器实现相扫，而在另一个方向（仰角方位）采用电调介质移相器。美国 Raytheon 公司研制的采用 CTS 天线结构和 VVD 陶瓷材料的串联移相器的二维相位扫描雷达原理示意图[18]如图 5.35 所示。

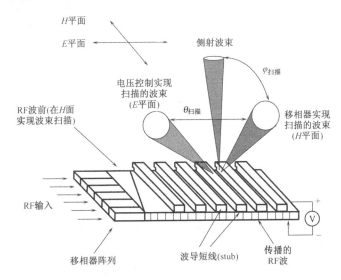

图 5.35 采用 CTS 天线结构和 VVD 陶瓷材料的串联移相器的二维相位扫描雷达原理示意图

该雷达天线串联传输馈线采用连续横向短截线（Continuous Transverse Stub，CTS）天线结构，相邻两段短截线之间的距离约为 $\lambda/2$，多路射频（RF）输入信号经过铁氧体介质波导移相器获得在 H 平面进行相扫所需的相位变化；波束在 E 平面的扫描依靠加载到 VVD 陶瓷材料制成的波导短线进行。VVD 陶瓷材料的波束控制信号采用电压控制的形式，因而波束控制所需的功率较 PIN 二极管移相器所需的控制功率要低很多。

由于这种串联移相器对一个串联馈电传输线上所有的天线辐射单元都只需一个电压控制信号，所以实际上可以将其视作一种应用于线阵的"块移相器"。

采用这种串联移相器同样可获得前述"块移相器"的好处，但也同样存在前面讨论过的串联馈电、串联馈相的缺点。

2. 铁氧体介质波导移相器

用铁氧体材料实现的串联移相器可同时实现串联馈电、串联馈相网络，当用于二维相位扫描的相控阵天线中时，同样能降低对波束控制信号种类与形成的要求，有利于降低雷达成本。图 5.36 所示为俄罗斯开发的 75GHz 的采用铁氧体介质波导的二维电扫雷达天线的样机[19]。

163

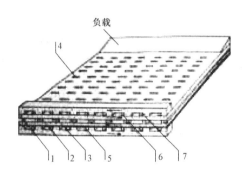

1，2，3—构成铁氧体-介质-铁氧体波导；4—微带偶极子天线单元，单元间距$d=\lambda/2$；
5—金属隔板；6，7—对铁氧体板进行磁化的导线

图5.36 采用铁氧体介质波导的二维电扫雷达天线的样机

该天线样机在E平面采用传统的铁氧体移相器实现相扫，而在H平面则采用铁氧体介质波导，依靠改变加在波导中铁氧体棒上的电压方法来实现。该天线阵样机由8根行波式波导传输线组成，每一波导内安放一根铁氧体棒，波导采用铁氧体—介质—铁氧体三层结构。辐射单元为微带偶极子天线。

根据对铁氧体介质波导移相器原理的简介可知，这种二维相位扫描雷达天线波束与前面电调介质移相器天线一样，均有两层移相器，一层为普通移相器，实现一个方向的相位扫描；另一层是一个串联馈电、串联馈相移相器，只需一个控制信号，即可实现对一行（或一列）天线线阵的相扫，起到了与"块移相器"相同的作用。因此，这种包括$M\times N$单元的天线面阵总共只需$M+N$个移相器与$M+N$个波束控制信号。

参考文献

[1] 斯科尼克 M I. 雷达手册[M]. 王军，林强，米慈中，等译. 北京：电子工业出版社，2003.

[2] SKOLNIK M I. Radar Handbook[M]. 2nd ed. New York: McGraw-Hill, 1990.

[3] 张光义. 相控阵雷达系统[M]. 北京：国防工业出版社，1994.

[4] 郭燕昌，钱继曾，黄富雄，等. 相控阵和频率扫描天线原理[M]. 北京：国防工业出版社，1978.

[5] CAREY D R, EVANS W. The Patriot Radar in Tactical Air Defence[C]. Dectronics and Aerospace Systems Conference, 1981, 64-70.

[6] 张光义. 有源相控阵雷达与无源相控阵雷达的功率比较[J]. 现代雷达，2000：7-13.

[7] REED J. The AN/FPS-85 Radar System[J]. Proceedings of the IEEE, 1969, 57(5):

324-335.

[8] 丁友石，姜伟卓，曹文清. 高性能低成本微波组件制造技术[J]. 现代雷达，2000(3): 83-86.

[9] 林守远. 微波线性无源网络[M]. 北京：科学出版社，1987.

[10] CHERVYAKOV A, BELY Y. Radar Phased Arrays for Fighters[J]. The Magazine of the Millitary Industrial Complex, 2002.

[11] 张光义. 数字波束形成方法在圆形阵列中的应用分析[J]. 现代雷达，1989(2): 32-36.

[12] RAO J B L, Trunk G V, Patel D P. Two Low-Cost phased Array Arrays[J]. IEEE Aerospace and Electronic Systems Magazine, 1997, 12(6): 39-44.

[13] HOFT D J. Solid state transmit/receive module for the PAVE PAWS phased array radar[J]. Microwave Journal, 1978, 21: 33-35.

[14] RAO J B L, HUGHES P K, TRUNK G V et al. Affordable Phased-array for Ship Self-defense Engagement Radar[C]. Proceedings of the 1996 IEEE National Radar Conference. Ann Arbor: IEEE, 1996 (5): 32-37.

[15] MIYAUCHI H, SHINONAGA M, TAKEYA S, et al. Development of DBF Radars[C]. Proceedings of International Symposium on Phased Array Systems and Technology. Boston: IEEE, 1996: 226-230.

[16] 南京电子技术研究所. 世界地面雷达手册[M]. 北京：国防工业出版社，2005.

[17] LIU B. High-performance and Low-cost capacitive switches for RF applications [EB/OL]. http://www.researchgate.net/profile/Bruce-Liu-3, 2023-6-14.

[18] GENDERSEN P V. State-of –the-Art and Trends in Phased Array Radar[J]. Perspectives on Radio Astronomy Technologies for Large Antenna Arrays, 1999.

[19] ZAITSEV E F, YAVON Y P, KOMAROV Y A, et al. MM-Wave Electronically Scanning Antenna on Planar Gyrotropic Structure with Ferrite Control[C]. IEEE 20th European Microwave Conference. Budapest: IEEE, 1990: 1501-1504.

[20] 张光义. 椭圆极化波的形成和极化椭圆参数的表示[J]. 现代雷达，1992(1): 9-18.

[21] 张光义. 相控阵雷达的几种极化工作状态[J]. 现代雷达，1992(2): 1-10.

[22] 张光义，王德纯，华海根，等. 空间探测相控阵雷达[M]. 北京：科学出版社，2001.

第6章

相控阵雷达发射机系统

相控阵雷达发射机系统包括发射机、发射功率分配网络、发射相控阵天线、发射机控制、发射机保护、发射电源与通风冷却等分系统。发射机部分又包括发射激励信号产生，前级功率放大器及末级功率放大器、发射机工作状态监测与多个发射通道幅度、相位一致性监测等功能。相控阵雷达的发射机作为单独一部雷达发射机来说，与一般机扫雷达发射机在设计上有许多共同点，但作为相控阵雷达中的发射机系统同时也具有一些与机扫雷达发射机不同的特点。其主要差别来源于相控阵雷达发射机系统是一个多通道系统，可以利用众多天线单元分别发射信号，在空间实现功率合成，这给相控阵雷达发射机的设计带来了很大的灵活性。

相控阵雷达可采用集中式的大功率发射机，也可采用分布式的发射机，包括在天线单元级别上或在子天线阵级别上实现的分布式发射机。相控阵雷达发射机系统设计中的另一特点来自它与发射相控阵天线中馈线网络的关系，必须考虑发射馈线系统中各个传输元器件的驻波与传输损耗带来的影响。在采用多部发射机并联工作的情况下，还应解决各路发射机输出信号的相关性，即各路发射机输出信号的幅度与相位的一致性，为此应有相应的信号幅度和相位的监测与调整设备。

6.1　对高功率发射信号的需求

在雷达战术指标确定之后，对雷达发射机输出功率的要求通常按雷达方程计算即可确定，为便于比较，常使用发射机输出的平均功率（P_{av}）来表示。无论是机扫雷达还是相控阵雷达，如果天线孔径、接收机灵敏度等其他技术指标相近，则它们的发射机输出功率大体应该一样。但实际上，通常都要求相控阵雷达要实现搜索、跟踪等多种功能，而其中一些功能是机扫雷达无法实现的。要实现这些功能，如在维持搜索的同时，还应跟踪多批目标或对重点目标进行测量，包括精确测距与测角，使用多种工作方式，完成多种任务，跟踪多批目标等，所以需要额外增加雷达信号的能量。因此对相控阵雷达来说，通常对发射机输出功率的要求较机扫雷达更高一些。此外，提高搜索与跟踪数据率也会导致提高发射功率的要求。在雷达系统设计过程中，一旦计算雷达作用距离达不到预定的指标要求，便可能提出采用"集中雷达发射信号能量"的工作方式（亦称"烧穿"工作方式）来增加雷达的作用距离，将相控阵雷达可合理调度雷达信号能量这一特点当成弥补雷达系统设计中信号能量不足的补救措施。其实，这是不全面的，因为通过采用"集中雷达发射信号能量"工作方式在某些观察方向提高了雷达作用距离，但在另外一些观察方向，雷达作用距离却会受到不利影响。

"集中雷达发射信号能量"只是相控阵雷达合理使用信号能量的一种方式，

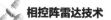

虽然可以用来缓解特殊情况下对雷达探测威力的要求，但增加相控阵雷达发射机的输出功率却始终是一个不断增长的需求，这与以下四种因素密切相关。

1）探测隐身目标及小目标的需要

过去在设计雷达系统时常按国外惯例以 RCS 为 $1m^2$ 的目标作为计算雷达最大作用距离的参考。目前，在军用雷达要观察的目标中，巡航导弹、反辐射导弹、各种无人机（UAV）、空-面导弹、空-空导弹、隐身飞机等的 RCS 均远低于 $1m^2$，如 $0.01m^2$，这意味着要保持 $1m^2$ 时原有雷达的作用距离，发射机功率必须增加 20dB。这一趋势随着多种隐身技术、准隐身技术和各种小型、微型飞行器或其他新型作战平台的出现，雷达要观察目标的 RCS 日益变小，因此，提高相控阵雷达发射机输出功率的要求将是不断增加的。

2）提高雷达抗干扰（ECCM）能力的要求

有两个主要指标可用来描述雷达抗有源干扰的能力，它们是抗主瓣干扰自卫距离 R_{mj} 与抗副瓣干扰自卫距离 R_{sj}。这两个指标分别用来表述雷达对抗从雷达接收天线主瓣进入干扰的能力与对抗从雷达接收天线副瓣进入干扰的能力。R_{mj} 和 R_{sj} 与雷达发射机平均功率 P_{av} 的关系可分别表示为[1]

$$R_{mj}^2 \propto P_{av}$$

$$R_{sj}^4 \propto P_{av}$$

即 R_{mj} 的 2 次方与 R_{sj} 的 4 次方正比于发射机的平均功率。

由此可以看出，在有源干扰条件下提高信号干扰比的一个重要措施就是增加雷达发射机的功率。

3）超远程相控阵雷达对高功率发射信号的特殊要求

空间探测相控阵雷达的作用距离通常均要求达到数千千米以上，这种超远程相控阵雷达对高功率发射信号的要求好像特别难以满足，这是因为在其他雷达技术指标不变的条件下，雷达发射机输出功率应按雷达作用距离的 4 次方增加。作用距离300km 的雷达要将作用距离增加到 600km，如果雷达各分系统指标均保持不变，发射功率需增加 16 倍，尚可能不成为特别突出的问题；但如果要将300km 增加至 3000km，同样在保持雷达分系统指标不变的情况下，只增加发射机功率时，则必须增加 10 000 倍，显然这带来的问题就严重得多，不能将全部设计压力都放在提高发射机的输出功率上。

4）观察空间碎片及深空探测的需求

随着空间技术的发展，观察空间碎片对保证航天飞行器的安全，对研究降低产生空间碎片的措施和保护航天器免受空间碎片撞击的措施，以及清除碎片的措施都有重要意义。空间碎片多为金属薄片，通常成组成群地存在，用相控阵雷达进行观察有利于掌握其空间分布。观测 1～5cm 大小的空间碎片，对其进行编目是完全必要的。

对盘片目标来说，在法线方向其 RCS 与雷达信号波长的平方成反比[2]。例如，对直径为 5cm 的盘片，在 UHF 和 L 波段，波长分别为 73cm 及 23cm，在它们的法线方向，其 RCS 计算值分别是 0.046m² 与 0.46m² 左右，因此，要对更小的空间盘片进行编目，相控阵雷达发射机应具有很高的输出功率。

6.2　高功率发射信号的实现方法

在相控阵雷达发射机的系统设计中，首先应考虑如何获得雷达探测、跟踪、识别等所要求的发射机输出功率。与常规机扫雷达相比，在实现高功率方面，相控阵雷达有更多的灵活性，其主要原因是相控阵天线提供了空间功率合成的可能性。根据雷达任务与性能要求的不同，相控阵雷达可以采用集中式发射机与分布式发射机两种方式。实现大功率发射机的器件，可以是大功率的电真空发射管，也可以用多个具有较低功率的固态器件合成形式来实现。

采用何种方法获得需要的高功率，除与相控阵雷达的任务要求有密切关系外，还取决于以下一些因素：

（1）功率器件供应的现实性；

（2）发射机成本，包括全寿命周期成本；

（3）雷达能提供的初级电源，允许消耗的电源功率；

（4）对发射信号相位稳定性的要求；

（5）发射机对馈线设计的影响因素；

（6）发射机与天线阵面散热的解决方法；

（7）可靠性，可维修性。

6.2.1　集中式大功率发射机

集中式大功率发射机大都用于作用距离要求不是很高的战术相控阵雷达，因为用一部集中式发射机即可满足要求，发射机输出功率也不是很高，且雷达能提供足够的初级电源功率（因单元总数不多，采用电真空发射机或多部固态放大器合成的集中式发射机即可满足雷达系统天线、馈线总损耗的要求）。特别是对频率较高的雷达发射机，如 X, Ku, Ka 波段的战术相控阵雷达，如各种火控雷达、导弹制导雷达、导引头雷达等，采用单部集中式发射机往往能很好满足雷达系统要求。

1. 集中式大功率发射机的组成

典型的采用集中式大功率发射机（简称集中式发射机）的相控阵雷达发射分系统框图如图 6.1 所示。

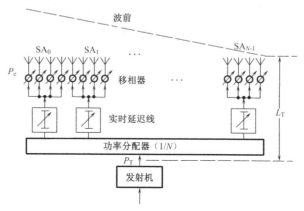

图 6.1 采用集中式大功率发射机的相控阵雷达发射分系统框图

图 6.1 所示相控阵天线若是收/发合一天线，则其发射机输出端还应接有收/发开关（环流器）；发射机输出信号经过功率分配器，将输出信号分为 N 路，经移相器移相后最终传送至 N 个天线单元。如果相控阵天线要求发射和接收具有大的瞬时带宽的信号，则功率分配器分为两层，先将发射和接收信号分至若干个子天线阵，在子天线阵级列上设置实时延迟线（True Time Delay，TTD），然后在每一子天线阵内再进行功率分配，信号经移相器移相后再传送至天线单元。

集中式大功率发射机有电真空发射机与固态发射机两种可选择方案。电真空发射机一般由单个大功率电真空器件（如行波管）构成，而固态发射机则需要由多部固态功率放大器合成。

2. 集中式相控阵发射机的主要优点和缺点

1）集中式相控阵发射机的主要优点

（1）发射机易于与天线阵面分离，对一些固定式相控阵雷达，发射机可设置在离天线阵面较远的地方，采用低损耗传输线与阵面连接，有利于发射机的安装及维护使用。例如，可将发射机置于洞内或地下，从而有利于提高雷达发射机的抗轰炸能力。

（2）发射机散热装置可安置在离阵面较远的地方，较易实现冷天线阵面，有利于抗敌方红外侦察和红外制导的反辐射导弹攻击，也有利于实现天线伪装。

（3）成本较低。由于获得同样射频功率所花费的成本较低，因此可用于在收/发天线分置的相控阵雷达系统中作为移动式相控阵发射照射源。

2）集中式相控阵发射机的主要缺点

（1）发射馈线损耗增加。由于在发射通道中不仅存在包括收/发开关、定向耦合器等射频部件的损耗，而且还增加了多层功率分配器与移相器的损耗。随着发射天线阵内天线单元数目的增多，功率分配网络的损耗将显著增加。一般一个一分为二的功率分配器的损耗为 0.1~0.2dB，故对一个包含 1000 个以上单元的发射阵列，仅功率分配器的损耗就将达到 1~2dB。

（2）发射馈线网络中的微波传输线要承受高功率，包括高峰值功率与平均功率，相应地增加了结构设计的难度。

（3）需解决天线阵面的通风和散热问题。在发射天线阵面上，功率分配器和移相器的损耗将导致发射天线阵面温度的上升，为保持"冷"天线阵面，需要设计良好的天线阵面通风散热系统。

（4）如果采用集中式发射机，其与下面讨论的分布式发射机系统相比，可靠性较低。

6.2.2　集中式大功率发射机系统的效率计算

在相控阵雷达发射分系统中是否采用集中式大功率发射机，很大程度上取决于整个发射机系统的效率，因此，需计算整个发射机系统的总效率[3]。

1. 发射馈电网络的损耗

设相控阵天线发射馈电网络总损耗的设计值为 L_T（$L_T>1$），该损耗对评价是否采用集中式发射机有重要影响。

2. 发射机初级电源功率的计算

若整个发射机的效率，即发射机射频效率、发射机高压电源、调制器和控制保护系统的总效率为 C_T，发射机输出功率为 P_T，从天线阵面辐射出去的功率为 P_{RA}，则发射机要求的初级电源功率 P_{TP} 为

$$P_{TP}=P_T/C_T=P_{RA}L_T/C_T \tag{6.1}$$

3. 发射机系统的热耗

集中式发射机的冷却设备分为发射机本身的冷却设备和发射馈电网络的冷却设备两部分。发射机本身的热耗功率 P_{TH1} 取决于发射机的效率 C_T，即

$$P_{TH1}=P_T(1/C_T-1)=P_{RA}L_T(1/C_T-1) \tag{6.2}$$

发射信号在发射馈电网络中的热耗功率 P_{TH2} 为

$$P_{\text{TH2}}=P_{\text{T}}(1-1/L_{\text{T}}) \tag{6.3}$$

若以天线阵面辐射功率 P_{RA} 表示，则在阵面的热耗功率 P_{TH2} 又可表示为

$$P_{\text{TH2}}=P_{\text{RA}}(L_{\text{T}}-1) \tag{6.4}$$

从式（6.4）可以看出，发射馈电网络总损耗 L_{T} 的增加将会引起发射天线阵面的热耗功率 P_{TH2} 的增加。相应地，为了进行散热冷却，还要再消耗一定功率给阵面冷却系统。

4. 相控阵雷达发射分系统的总效率

将整个相控阵雷达发射分系统的总效率 C_{TI} 定义为天线阵面输出的发射机功率 P_{RA} 与初级电源功率 P_{TP} 之比值，即

$$C_{\text{TI}}=P_{\text{RA}}/P_{\text{TP}} \tag{6.5}$$

发射馈电网络总损耗 L_{T} 与发射机效率 C_{T} 对发射分系统总效率的影响，可通过代入上述各式，按式（6.6）计算，即

$$C_{\text{TI}}=C_{\text{T}}/L_{\text{T}} \tag{6.6}$$

需要指出，在计算这一效率时尚未将冷却所需的功率计算进去。

6.2.3 发射机输出端驻波系数计算

集中式发射机多采用电真空放大器件，如行波管和速调管等，从发射馈电系统中各个结点发射的信号经过各种途径返回到发射机输出端。

送往馈电网络的发射机输出高功率信号与馈电网络的反射信号将形成驻波，使对发射机输出端耐高功率的要求提高。因此，必须对发射馈电网络在发射机输出端的驻波进行计算，以检验此驻波系数是否低于发射机的要求标准，并用于检验对发射馈电网络中各段微波传输线与微波器件的输入/输出驻波系数的要求是否合理。详细计算方法可参见文献[1]。

显然，如果发射天线阵中天线单元数目很多，则发射馈电网络中传输线段与微波器件数量将急剧增加，其输入端驻波即在发射机输出端的驻波系数也会增大。

发射机输出端驻波系数的增大对相控阵发射机系统的影响主要有以下两个方面：

（1）需要提高发射机的耐高功率能力，或在同样的发射机耐高功率能力下，降低发射机的输出功率，相应地提高发射馈线系统耐高功率的能力。

（2）增加了发射信号的驻波损耗。

从上述讨论可以看出，在具有多个天线单元的大型相控阵雷达中，不宜采用集中式发射机。

6.3　分布式子天线阵发射机的应用

相控阵雷达可以利用"空间功率合成"原理来获得要求的高发射功率，这是因为相控阵发射天线的众多辐射单元通道中只要结构条件等允许，均可以放置发射信号的功率放大器，每一个天线单元辐射的信号经过移相器移相之后，可以在指定的方向实现同相相加，获得要求的总发射功率。

分布式发射机的实现方法有两种：一是在子天线阵级别上实现的分布式发射机方法，即子天线阵发射机方法；二是在天线单元级别上实现的发射机方法，即完全分布式发射机方法。第二种方法由于在每一个单元通道中均包含有源电路，即功率放大器，故这种发射天线阵称为有源相控阵发射天线阵。有关有源相控阵天线还将在第 9 章中详细讨论。

采用何种分布式发射机实现方法主要取决于雷达总辐射功率的要求、发射馈线损耗和能提供高功率的发射放大器件的可行性。

6.3.1　分布式子天线阵发射机

1. 采用分布式发射机组成的发射分系统

分布式子天线阵发射机是在相控阵发射天线的子天线阵级别上安置雷达发射信号功率放大器。采用分布式子天线阵发射机的相控阵雷达发射分系统的组成框图如图 6.2 所示。

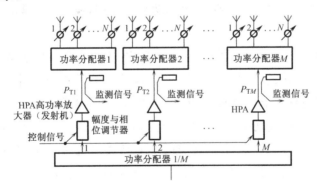

图 6.2　采用分布式子天线阵发射机的相控阵雷达发射分系统的组成框图

图 6.2 所示是一个线阵，实际上分布式子天线阵发射机主要用于二维相扫的平面相控阵天线。在该图中整个发射相控阵天线分为 M 个子阵，发射机前级放大器的输出信号先经过"一分为 M"的功率分配器变为 M 路并行输出，再分别

经过幅度与相位调节器（VAP）传送至各个子天线阵发射机。每个子天线阵通道中的幅度与相位调节器用于调整和修正各路子天线阵发射机输出信号的幅度与相位，确保其一致性，以在发射波束最大值方向实现信号的高效空间功率的合成。为此，必须对各路子天线阵发射机输出信号的幅度和相位进行监测，故图中各子天线阵发射机输出端均有一个定向耦合器，其输出信号会传送至子天线阵发射机的监测系统。根据测量得到各路输出信号的幅度差与相位差，将其反馈给各子天线阵发射机输入端的幅度与相位调节器，加以修正。

对于收/发天线合一的相控阵雷达天线，从形成接收多波束角度考虑，接收天线也同样需要划分为若干个子天线阵，接收子天线阵数目通常都等于或大于发射子天线阵数目。

2. 采用子天线阵发射机的原因

获得足够的用于探测和跟踪目标要求的信号能量是采用多部子天线阵发射机的根本原因。这对于探测外空目标的超远程相控阵雷达尤为必要，对需要探测远距离低可观测目标和其他一些微小型目标的战术相控阵雷达，也可以采取增大发射机总输出功率的措施。

以美国用于弹道导弹观察、空间目标监视、空间目标识别和空间碎片观测的"丹麦眼镜蛇"相控阵雷达 AN/FPS-108 为例[4]，整个雷达发射机的总平均功率为 1000kW，总峰值功率为 15.4MW，这显然用单部雷达发射机无法实现。该雷达采用子天线阵发射机方式，用 96 个 QKW-1723 型大功率行波管，每个子天线阵发射机输出峰值功率为 160kW，平均功率为 10.4kW，从而满足了发射分系统的功率要求。

在战术相控阵雷达中，采用多部子天线阵发射机实现高功率要求也有过若干成功的例子，如美国的"宙斯盾"系统中的舰载多功能相控阵雷达 AN/SPY-1，即采用了 35 部电真空子天线阵发射机组件以保证所需的发射功率要求[5]。

除了获得要求的高功率外，采用子天线阵发射机的另一原因是降低发射馈线系统承受高功率的要求。在采用 M 部子天线阵发射机后，每部发射机的输出功率就至少降低到总功率的 $1/M$，因而大大减轻了对整个发射相控阵天线阵中传输线即功率分配器的耐功率要求。

随着子天线阵发射机数目的增加，发射馈线系统的耐高功率要求和传输损耗都相应降低，这是因为在天线单元总数不变的条件下，增加子天线阵发射机的数目，意味着子天线阵内的天线单元数目将减少，发射传输线中的主要损耗，即功率分配器的损耗也将随之降低。馈电网络传输损耗的降低将进一步降低对发射机输出功率的要求和发射馈电网络的耐功率要求。

6.3.2 分布式子天线阵发射机幅相一致性要求与监测

当将整个相控阵雷达发射天线阵划分为若干个子天线阵后，每个子天线阵发射机由于工作参数及特性的差异及其起伏，会导致输出信号之间在幅度与相位上的差异与起伏，即导致各子天线阵发射机输出信号的幅相不一致性。由于每一部子天线阵发射机负责向一个子天线阵内所有的天线单元馈电，因此各子天线阵发射机输出信号的幅相误差会使该子天线阵内各天线单元通道均存在同样的幅相误差，因而子天线阵发射机通道内的幅相误差对整个发射天线阵来说是一种幅相相关误差。

以下讨论子天线阵发射机输出信号幅相不一致的影响。由于子天线阵发射机输出信号幅相不一致，产生的天线阵面幅相分布的相关误差会给发射天线波束带来发射天线波束指向的偏移，以及发射天线主瓣的展宽和发射天线副瓣电平的提高。

以图 6.2 为例，每个子天线阵共有 N 个天线单元，由 M 部子天线阵发射机给 M 个子天线阵馈电；令 m 为子天线阵序号，$m=1,2,\cdots,M$；令 l 为子天线阵内天线单元序号，$l=1,2,\cdots,N$。每部发射机负责给每个子天线阵内的 N（$N=L/M$，L 为整个天线总单元数）个天线单元馈电。

为简化说明，设发射天线阵为均匀分布发射阵，每部发射机输出信号的幅度与相位误差分别为 Δa_m 与 $\Delta \varphi_m$，其中 Δa_m 为幅度归一化后的相对幅度起伏，$\Delta a_m<1$。

为简化计算，设天线单元方向图为无方向性方向图，等于 1。

对 L 个子天线阵，当单元幅相误差分别为 Δa_i 与 $\Delta \varphi_i$ 时，方向图计算公式应为

$$F(\theta) = \sum_{l=1}^{N} (1+\Delta a_i) \, \mathrm{e}^{\mathrm{j} \left[l \left(\frac{2\pi}{\lambda} d \sin\theta - \frac{2\pi}{\lambda} d \sin\theta_{\mathrm{B}} \right) + \Delta \varphi_l \right]} \tag{6.7}$$

当 L 个单元构成的子天线阵划分为 M 个子天线阵后，在 L 为 M 的整数倍条件下，每个子天线阵内的单元数相等，为 $N=L/M$，由于子天线阵之间存在信号幅度和相位误差 Δa_m 与 $\Delta \varphi_m$，$m=1,2,\cdots,M$，在不考虑各天线单元通道内的随机幅度、相位误差的情况下，式（6.7）中的 Δa_m 与 $\Delta \varphi_m$ 在同一个子天线阵内均相等，这时天线方向图函数 $F(\theta)$ 可表示为

$$F(\theta) = \sum_{m=1}^{M} (1+\Delta a_m) F_{\mathrm{SA}}(\theta) \, \mathrm{e}^{\mathrm{j} \left[mN \left(\frac{2\pi}{\lambda} d \sin\theta_{\mathrm{B}} \right) + \Delta \varphi_m \right]} \tag{6.8}$$

式（6.8）中，$F_{\mathrm{SA}}(\theta)$ 为子天线阵的方向图函数，由于假定不存在单元通道之间信号的随机幅相（幅度与相位）误差，故各个子天线阵的方向图函数是一样的，因

此 $F_{SA}(\theta)$ 可作为公因子从求和符号中提出，得

$$F(\theta) = F_{SA}(\theta)\sum_{m=1}^{M}(1+\Delta a_m)\,\mathrm{e}^{\mathrm{j}\left[mN\left(\frac{2\pi}{\lambda}d\sin\theta-\frac{2\pi}{\lambda}d\sin\theta_B\right)+\Delta\varphi_m\right]} \tag{6.9}$$

$$= F_{SA}(\theta)F_{Syn}(\theta)$$

在均匀分布天线阵面的情况下，子天线阵方向图函数为

$$F_{SA}(\theta) = \sum_{l=1}^{N}\mathrm{e}^{\mathrm{j}l\left(\frac{2\pi}{\lambda}d\sin\theta-\frac{2\pi}{\lambda}d\sin\theta_B\right)} \tag{6.10}$$

按第 1 章内容的讨论，$\left|F_{SA}(\theta)\right|$ 为辛格函数，其半功率点波束宽度 $\Delta\theta_{SA}$ 在 $d = \lambda/2$ 时，为

$$\Delta\theta_{SA} = \frac{101}{N}$$

例如，当天线单元数 N=128，子天线阵数 M=16，子天线阵内单元总数 N=L/M=8，则 $\Delta\theta_{SA}$ 约为 13.6°。在式（6.9）中，综合因子方向图 $F_{Syn}(\theta)$ 为

$$F_{Syn}(\theta) = \sum_{m=1}^{M}(1+\Delta a_m)\,\mathrm{e}^{\mathrm{j}\left[mN\left(\frac{2\pi}{\lambda}d\sin\theta-\frac{2\pi}{\lambda}d\sin\theta_B\right)+\Delta\varphi_m\right]} \tag{6.11}$$

图 6.3 所示为在没有子天线阵幅相误差的情况下，L=128，M=16，N=L/M=8 时的综合因子方向图。

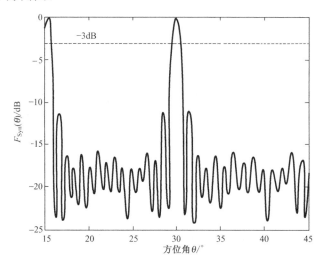

图 6.3 无子天线阵幅相误差时的综合因子方向图

同时具有子天线阵幅度与相位误差时的发射综合因子方向图如图 6.4 所示。该图中幅度误差 Δa_m 在±0.2 之间按均匀分布随机取值，即幅度起伏为 0.9dB；相位误差 $\Delta\varphi_m$ 在±11.46°内随机取值，即相位误差的均方根值 $\sigma_{\Delta\varphi}$=6.6°。

只有单元幅相误差而无子天线阵幅相误差时的方向图如图 6.5 所示，该图也是按式（6.7）计算 128 个单元线阵的方向图，其波束最大值指向 θ_B 仍为 30°，各个单元通道内均存在幅度与相位误差。Δa_i 取值为 ±0.4 以内均匀分布的随机值，即各单元之间幅度不一致性的均方根值为 0.23，约 1.8dB；而单元间的相位误差 $\Delta\varphi_i$ 为 ±0.3° 之间的均匀分布随机数，即均方根值 $\sigma_{\Delta\varphi}$ 为 10°。

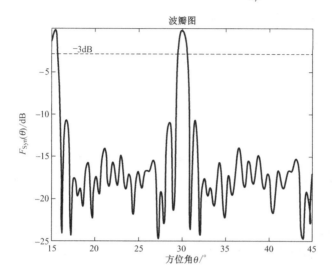

图 6.4 同时具有子天线阵幅度与相位误差时的发射综合因子方向图

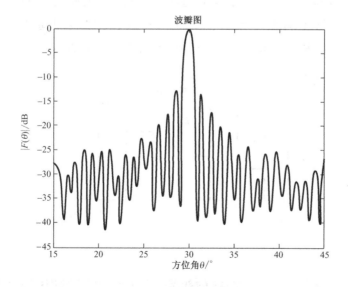

图 6.5 只有单元幅相误差而无子天线阵幅相误差时的方向图

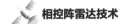

将图 6.5 与图 6.4 相比，可以看出，采用分布式发射机之后，当子天线阵数较多（此例为 M=16）时，尽管存在子天线阵发射通道随机幅相误差，但最终形成的波瓣形状没有明显失真，整个发射阵天线方向图的形状主要取决于子天线阵综合因子的方向图；而子天线阵幅相误差对天线方向图的副瓣电平有较大的影响，约为 1.5dB。

为了确定子天线阵发射机引入的幅相误差的最大允许值，在发射系统设计时进行此类计算是必要的。在上述例子中，以综合因子方向图来大致判断子天线阵发射机引入的幅相误差对整个发射方向图的影响，是因为综合因子方向图波束宽度很窄，而子天线阵方向图波束宽度较宽，故子天线阵因子方向图的调制作用较小，如需严格运算，则应按式（6.7）进行。

需要指出，采用子天线阵发射机方案时，各子天线阵发射机之间存在的相位误差，只要通过发射馈电系统的监测设备能加以测定，便可以通过改变波束控制信号的波束控制数码来加以修正。要做到这一点，必须按一定精度要求测出阵面各单元通道之间的相位差，然后对每一个子天线阵内各单元通道的相位误差求平均，各子天线阵之间平均相位的差别即是各子天线阵之间的相关误差。然后通过同时改变子天线阵内所有单元移相器的波束控制信号，实现对子天线阵相位误差的修正。

通过波束控制系统与阵面监测进行相位误差修正的原理示意图如图 6.6 所示，该图中的子天线阵相关相位误差既包括了子天线阵发射机通道中的幅相误差 $\Delta\varphi_m$，也包括子天线阵内单元通道随机相位误差的平均值 $\delta\varphi_m$。

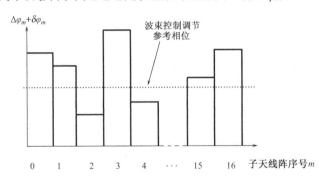

图 6.6　通过波束控制系统与阵面监测进行相位误差修正的原理示意图

6.3.3　分布式子天线阵发射机系统对相控阵发射天线副瓣电平的影响

在采用分布式子天线阵发射机方案的条件下，为实现低副瓣发射波束，可在

各个发射天线子天线阵之间实现幅度加权。这有两种方法，第一种是改变发射机
的输出功率。因而位于发射天线阵中间部位的子天线阵发射机的输出功率最大，
从天线阵中心到阵列边缘输出功率逐渐降低，整个发射天线阵将获得呈阶梯式下
降的不等幅分布，如图 6.7（a）所示，所以采用阶梯式幅度加权照射函数。第二
种是使各子天线阵发射机保持同样的输出功率电平。但由于这种方法中每个子天
线阵发射机馈电的天线单元数目不同，在阵中间位置的子天线阵发射机负责馈电
的天线单元数目最少，越靠近阵列边缘的子天线阵发射机负责馈电的单元数目越
多，如图 6.7（b）所示，由此形成的幅度锥削与图 6.7（a）相似，为阶梯形。每
个幅度阶梯下降的差异取决于子天线阵内单元数目的多少，所以这种方法对发射
机设计有利，只需一个品种，但发射馈线网络品种多一些。此外，在第二种方法
中，除改变每个子天线阵发射机馈电的天线单元数目外，还应用不等功率分配网
络，则可使得发射天线阵面幅度阶梯变化更接近理论加权函数。

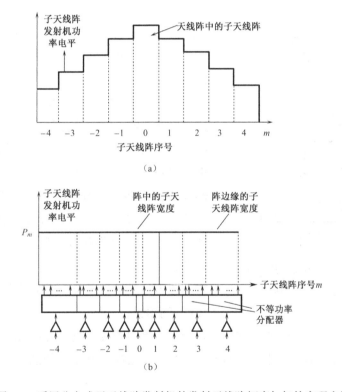

图 6.7　采用分布式子天线阵发射机的发射天线阵幅度加权的实现方法

用上述两种方法实现的发射阵幅度加权，可以降低各发射子天线阵的综合因
子方向图的副瓣电平。因此，即使各个发射子天线阵的方向图是等幅加权的，但
总的发射天线副瓣电平仍主要取决于综合因子方向图，从而实现整个相控阵发射

天线的副瓣电平。在第二种方法中，如将子天线阵内功率分配网络设计成不等功率，则可进一步改善沿整个阵面幅度分布的锥削，这对降低副瓣电平更为有利，但发射馈线设计的复杂程度也更高一些。

如果不采用分布式子天线阵发射机，而只采用单部大功率或特大功率发射机来对整个相控阵发射天线馈电，则必须采用锥削度更大的不等功率分配网络。

当然，如果子天线阵发射机的数量很少，则降低发射天线副瓣电平的效果会很有限，因为子天线阵综合因子方向图的栅瓣在乘以子天线阵方向图之后获得的发射天线方向图的副瓣，即综合因子方向图栅瓣引起的副瓣电平将会提高。

6.3.4 对子天线阵发射机功率分配网络的要求

子天线阵发射机功率分配网络的设计对子天线阵发射系统有重要影响，在子天线阵发射机系统设计时应对子天线阵发射馈线网络提出合理要求。

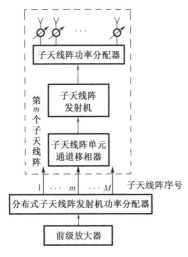

图 6.8 分布式子天线阵发射机功率分配网络组成图

图 6.8 所示为分布式子天线阵发射机功率分配网络的组成图，包含有子天线阵发射机、子天线阵功率分配器、子天线阵单元通道移相器等。

在子天线阵发射机馈线系统各单元通道中的相位调节器、定向耦合器、监测馈线、连接电缆等均未在图 6.8 中画出。对子天线阵发射机馈线系统的要求主要体现在对各组成微波器件的驻波要求与分配上，它主要与保护发射机正常工作、减少因馈线系统输入端驻波增大带来的功率损失及控制发射天线副瓣电平有关。

图 6.9 所示为子天线阵发射机馈线系统驻波计算示意图。

图 6.9 是图 6.8 中的一部分，是一个简单的馈线系统。它表示从子天线阵发射机输出端的功率放大器到移相器和天线单元这样一个并行多通道系统中的一个通道。

这种驻波的计算是按图 6.9 的方式，先列入信号在传输过程中的各主要结点，分配各结点前向、反向的驻波系数 Γ_{iF} 和 Γ_{iB}，求出它们对应的反射系数 ρ_{iF} 和 ρ_{iB}；而相邻结点之间的传输损耗以 $l_{i,i+1}$ 表示（$l_{i,i+1}<1$）。图 6.9 中假定正向、反向传输损耗是一样的，这在多数情况下均成立。

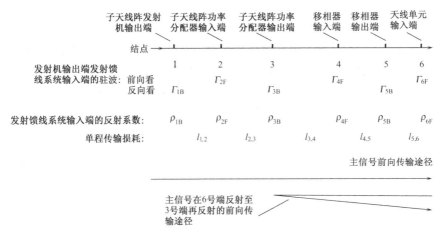

图 6.9　子天线阵发射机馈线系统驻波计算示意图

1. 对子天线阵发射机输出端驻波的要求

对图 6.8 中所示的子天线阵发射机系统来说，为了保护发射机不损坏，要求图 6.9 中所示的发射机输出端发射馈线系统输入端的驻波（$\varGamma$）不宜过大（应小于规定的要求），如驻波系数不超过 2，即发射馈线系统输入端的反射系数 ρ 按式（6.12）计算应小于 0.33。此外，降低子天线阵发射机馈线系统的总驻波，可减少发射信号传输损耗。因此有必要针对子天线阵发射机输出端驻波提出要求，即

$$\rho = \frac{|\varGamma| - 1}{|\varGamma| + 1} \tag{6.12}$$

按图 6.9 所示的子天线阵发射机馈线系统，在计算子天线阵发射机输出端的驻波要求值时，可先求出在各结点的一次反射波在结点 1 之和，再加上各个具有较大驻波结点之间的多次反射最终回到结点 1 的反射回波，将其与前向传输的主信号相比，即可求出子天线阵发射机输出端的驻波。子天线阵发射机输出端馈线系统输入驻波的计算方法可参见文献[1]中第 6 章和第 8 章。

2. 发射天线"三次波束"的计算

当对相控阵发射天线副瓣电平有较高要求时，对子天线阵发射机馈线系统的驻波也有较严格的要求。这主要来自避免产生所谓发射天线的"三次波束"。根据相控阵发射天线"三次波束"的电平应低于发射天线的峰值副瓣电平这一要求，以及子天线阵功率分配网络输出驻波等的参数，可以计算出对子天线阵发射机输出端驻波的要求。

　　按图 6.9 所示，发射机输出信号按前向传输途径经过移相器后到达结点 6（天线单元输入端），经反射，再次通过移相器，反向传输至子天线阵功率分配器输出端结点 3，经再次反射，重新经过移相器按正向传输途径到达天线单元输入端（结点 6）与主信号叠加，最终通过天线单元向空间辐射。由于这一信号三次经过移相器，若主信号幅度为 1，则该信号 S_K（下标 K 为该单元通道在整个阵面中的通道序号）可表示为

$$S_K = \rho_6 l_K^2 \rho_3 e^{j(-3\Delta\varphi_{BK} + \Delta\varphi_{K0})} \tag{6.13}$$

式（6.13）中，$\Delta\varphi_{K0}$ 为子天线阵中第 K 个单元通道与天线阵内参考通道（0 通道）之间的固定相位差；$\Delta\varphi_{BK}$ 为实现天线波束扫描第 K 个单元通道移相器的移相值，即

$$\Delta\varphi_{BK} = \frac{2\pi}{\lambda} d \sin\theta_B \tag{6.14}$$

l_K 为第 K 个单元通道内从结点 3 至结点 6 的传输损耗（$l_K < 1$）；ρ_3 为子天线阵功率分配网络输出端驻波。

　　由于子天线阵功率分配（简称功分）网络中各个通道是基本一致的，故 $\Delta\varphi_{K0}$ 不会有太大的偏差，即各通道的相关性较好，因此 S_K 的相位主要取决于子天线阵移相器的相位。

　　由 S_K 引起的"三次波束"的指向 θ_3 取决于下式，即

$$\frac{2\pi}{\lambda} d \sin\theta_3 - (3\Delta\varphi_{BK} - p2\pi) = 0 \tag{6.15}$$

$$\sin\theta_3 = 3\sin\theta_B - \frac{\lambda}{d} p \tag{6.16}$$

式中，$p = 0, \pm 1, \cdots$，用于考虑以 2π 为模的移相器的移相。

　　"三次波束"的最大值电平 L_{3max} 为

$$L_{3max} = \rho_6 l^2 \rho_3 \tag{6.17}$$

根据允许的发射天线"三次波束"引起的副瓣，按式（6.17）可计算对各结点驻波的要求值。

　　例如，设天线单元输入端驻波 Γ_6 为 2，移相器损耗为 1dB（$l = 0.89$），子天线阵功率分配器输出端驻波 Γ_3 为 2，则 ρ_6 为 0.33，ρ_3 为 0.33，代入式（6.17）得 $L_{3max} = 0.0878$，与子天线阵综合因子方向图波束最大值相比，副瓣电平 SLL$_3$=-21.1dB。若相控阵发射天线峰值副瓣电平要求低于-30dB，则应提高对天线单元输入驻波与子天线阵功率分配器输出端驻波的要求，如子天线阵功率分配器输出端驻波与天线单元输入端驻波均为 1.5，移相器损耗仍为 1dB，则可得 SLL$_3$=-30dB，满足峰值副瓣电平低于-30dB 的要求。

6.3.5　子天线阵发射机幅相一致性的监测

在实际的发射相控阵天线中，馈线系统要复杂一些，需要考虑的驻波结点比图 6.9 所示的要多，计算也复杂一些。不过从上面计算的例子来看，-30dB 的发射天线副瓣电平还是有望达到的。

各子天线阵发射机通道之间信号的幅度与相位一致性对整个发射相控阵天线是一种相关相位误差，即一个子天线阵通道的幅相误差将使这一通道对应的子天线阵内所有的天线单元通道内均包含这一误差。因此必须修正这一相关误差，为此在采用子天线阵发射机的发射分系统中，必须有发射信号的幅相监测系统。利用这一监测系统实现的主要工作模式为幅相监测工作模式。子天线阵发射机的幅相监测系统原理框图如图 6.10 所示。

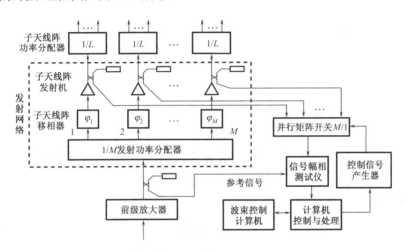

图 6.10　子天线阵发射机系统的幅相监测系统原理框图

1. 幅相监测系统的构成

为实现各子天线阵发射机输出信号幅相监测工作模式，监测信号通过前级放大器馈入发射网络，再通过并行矩阵开关组成的监测信号选通网络，馈入信号幅相测试仪，再进入相应的计算机控制与处理，得到幅相误差结果，送入波束控制计算机。

1）监测信号源

监测信号源可以是单独的监测信号源，也可利用雷达工作信号，即发射机前级放大器的输出信号，如利用外部设备监视发射机，则必须有一监测信号注入网络，将监测信号分配至多个子天线阵发射机，图 6.10 所示为直接利用发射机前级放大器作为监测信号源的例子。一般相控阵雷达有多种发射信号波形，根据在发射机工作状态下进行监测的原则，使得信号幅相测试设备在各种信号波形条件下均可进行测量。

为了提高测量精度，也可设计专门用于信号幅相监测的信号波形，如等频长脉冲信号。

由于具有瞬时大带宽信号的宽带相控阵雷达已成为相控阵雷达发展的一个重要方向，因此宽带监测也成为发射系统组成中的一个重要内容。当采用宽带信号时，为测试整个子天线阵发射机系统的幅频特性与相频特性，即在宽带内的幅相不一致性，可以在信号瞬时带宽内的多个频率点上分别进行测量，以便在子天线阵发射机通道中设置均衡器来分别对各子天线阵的宽带频率响应进行调节与修正。

2）监测信号选通网络

图 6.10 中采用并行矩阵开关网络提取被测信号。为了减少并行矩阵开关网络的复杂性，也可以采用串联耦合方式将从各子天线阵发射机输出端耦合出来的测试信号通过一个串联馈电网络传送至信号幅相测试仪。

这种监测串馈网络与大孔径天线阵面并馈监测馈电网络相比，具有缩短总传输线、较易保证测量稳定性等优点。不过，国外大型相控阵发射天线中报道的监测方式仍主要采用并行矩阵开关网络。

为了保证测量精度，无论是并馈或串馈监测馈电网络均有隔离度要求。

若要求的监测系统测相精度为 $\sigma_{\Delta\varphi}$，子天线阵发射机数目为 M，隔离度 I 可按下式计算[1]

$$I = 20\lg \frac{\sigma_{\Delta\varphi}}{\sqrt{M-1}} \tag{6.18}$$

例如，若 $\sigma_{\Delta\varphi}=1°$，因为大型相控阵天线子天线阵发射机数目大多在 100 个左右，若取 $M=128$，则

$$I = -59.2\text{dB}$$

按式（6.18）可对并馈与串馈监测馈电网络的设计提出要求。

另外，考虑到子天线阵发射机分布在整个阵面上，对大型相控阵天线来说，各子天线阵发射机之间相距较远，监测馈线系统必须采用长度可达数十米的稳相测试电缆，另外采用文献[6]中提出的"交叉换位法"进行测量可消除测试电缆移动带来的相位变化的影响。

3）信号幅相测试设备和相应的控制与处理计算机

子天线阵发射机系统中信号幅度与相位测试仪（简称信号幅相测试仪）是一个关键设备。信号幅相测试仪将被测子天线阵发射机输出端耦合出的信号与参考信号进行比较，测出被测子天线阵发射机通道与参考通道信号幅度和相位的差

值，以此作为判断该子天线阵发射机是否正常工作的判据，并以该差值作为调整各子天线阵发射机工作参数的依据。

信号幅相测试仪是一个可以在雷达工作条件下进行测量的仪器，因此它是一种工作在脉冲工作状态下的幅相测试设备，可对具有多种调制形式的脉冲信号进行测量。

由于高速采样技术的发展，现在的脉冲信号幅度与相位测量也可以在计算机中完成，为此，被测通道和参考通道的信号分别经过采样与模数变换（A/D）后，传送至图 6.10 所示的计算机，在计算机中根据幅度比较与相位比较算法，由软件来实现各子天线阵发射机通道之间幅相差异的测量。

2. 发射子天线阵幅相相关误差的修正

子天线阵发射机幅相监测系统的另一作用是对发射子天线阵的幅度和相位的相关误差进行修正。这时，子天线阵发射机幅相监测系统测试出各子天线阵发射机输出之间的幅相差异后，再加上发射天线阵面子天线阵间的辐射相关误差，获得包括子天线阵发射机引入的和发射天线阵原有的子天线阵相关误差，将其作为调整子天线阵发射机输入端的子天线阵移相器及控制子天线阵发射机输出功率的依据。

发射天线阵面的子天线阵相关误差的获得：先将天线阵面幅相一致性测试中获得的各个天线单元之间的幅相误差按子天线阵求出各子天线阵内所有单元的平均幅相误差，将其作为天线阵面各个子天线阵之间的幅相误差。为此，必须对整个发射阵面各单元通道的幅度和相位误差进行监测，需要一个包括阵面所有天线单元通道的监测系统。

要实现发射子天线阵幅相误差修正工作模式，在监测计算机中除了要将子天线阵发射机的幅相监测系统测试出的误差与天线阵面子天线阵的幅相相关误差进行合并外，还要将此信息反馈至各子天线阵发射机内的控制电路。

实现子天线阵发射机输出信号功率与相位控制的方法有两种，一种方法是利用在子天线阵发射机内的幅度调整器和移相器等实现子天线阵发射机输出功率和相位的调节；另外一种方法是利用雷达波束控制系统，对所有阵面上的移相器的相位进行修正。前一种方法已有成功的应用，后一种方法对发射监测系统有严格要求，会增加波束控制系统的复杂性。

如果能对各个子天线阵发射机输出信号进行幅度和相位的监测，且监测系统测量精度较高，将各子天线阵发射通道的幅度和相位调整一致，则可放宽对阵面上大量的单元通道之间幅相一致性的监测精度要求。

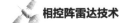

6.3.6 子天线阵发射机系统的波束控制方式

采用子天线阵发射机的发射相控阵天线与采用集中式发射机的相比，整个天线阵波束控制方式的设计更加灵活。采用子天线阵发射机后，在各个子天线阵发射机输入端之前可以设置独立的移相器作为子天线阵移相器。子天线阵移相器既可修正子天线阵发射机输出信号之间的相位不一致，也可用作提供子天线阵综合波束方向图扫描所需的移相值。这种带二维波束控制的子天线阵发射机系统的结构如图 6.11 所示。

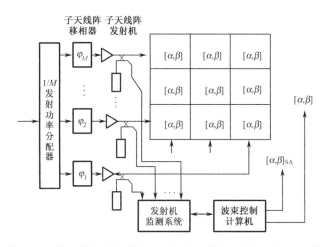

图 6.11 带二维波束控制的子天线阵发射机系统的结构示意图

按图 6.11 所示的波束控制方式，天线阵面内各个子天线阵内同一位置上的移相器的移相状态是相同的，即它们的波束控制代码是相同的，其波束控制代码矩阵为$[\alpha,\beta]$，即各个子天线阵的方向图是相同的。由于整个发射相控阵天线波束的方向图是单元方向图、子天线阵方向图与各子天线阵的综合因子方向图的乘积，而子天线阵综合因子方向图波束宽度最窄，对决定整个天线方向图形状的细微特征，如波束宽度、副瓣电平等起主要作用。控制综合因子方向图扫描的子天线阵移相器波控代码矩阵为$[\alpha,\beta]_{SA}$。按第 4 章的讨论，$[\alpha,\beta]_{SA}$应与天线阵面内各子天线阵的波束控制数码矩阵$[\alpha,\beta]$协调变化，也可以改变$[\alpha,\beta]_{SA}$，实现在子天线阵波束半功率点宽度内单独控制综合因子方向图的扫描。因此，采用分两层设置移相器方法，相应地按两个级别（层面），即在子天线阵级别与天线单元级别上分别进行波束控制，可简化波束控制信号的形成，使得只在子天线阵级别上实现发射天线方向图的自适应调整。

由于子天线阵尺寸与整个阵面的尺寸相比较大为缩小，因此天线在子天线阵内各单元通道中移相器的波束控制也较易于采取一些诸如降低波束控制设备量与降低成本的措施，如可以将子天线阵内的相位参考点选在子天线阵中央[7]，以及降低阵面上移相器位数等。

6.4　子天线阵发射机的选择

在采用子天线阵发射机的相控阵雷达发射系统中，作为子天线阵发射机的功率放大器采用的功率器件主要有三种选择：电真空器件、半导体器件、电真空和半导体器件混合使用。它们各有优点和缺点，采用何种器件与相控阵雷达发射机的总要求、工作波段、雷达研制周期及获得功率放大器的现实条件等有关。以下讨论的是在方案选择时应着重考虑的一些因素。

6.4.1　电真空子天线阵发射机

1. 电真空发射机的优点

在相控阵雷达中采用电真空器件作为相控阵雷达发射机功率放大器件，多半与下述一些有利因素相关。

（1）单管输出功率大，特别是在一些波长较短的情况。例如，在 X, Ku 和 Ka 波段工作的雷达，当雷达作用距离要求较高时，电真空器件可能是优选方案。这时一个电真空器件提供的发射机输出功率就可能要用许多半导体器件才能实现。当雷达工作频率很高时，电真空功率放大器输出功率明显大于固态发射机，无须依靠大量固态功率放大器进行功率合成。

（2）放大增益高。一级电真空功率放大器发射机的增益均较高，如前向波放大器，功率增益一般高于 20dB，行波管功率放大器增益可做到 45dB 左右，速调管放大器的增益则可高达 40dB 以上，而用固态功率器件实现的一级高功率放大器的增益大约为 7dB。

（3）抗恶劣电磁环境性能较好，抗辐照能力比固态器件高。

（4）效率较高。电真空功率放大器的高频效率较半导体功率放大器件更高一些。例如，速调管的高频转换效率可达到 35%～50%，行波管可达到 30%左右，前向波放大器可达到 35%～45%。

（5）成本较低。

2. 电真空发射机的缺点

电真空器件的缺点有时也成为选择相控阵雷达发射功率放大器的不利因素。

（1）需要高电压。行波管、速调管的收集极电压一般均在10kV至数十千伏，相应的发射机电源、调制器、整流器等均存在高电压问题。需要高的工作电压使电真空器件在机载、星载发射机的应用上受到限制。

（2）输出峰值功率高。多数电真空器件受阴极辐射特性的限制，信号脉冲宽度较窄，使电真空发射机放大信号的工作比相对较低。因此，在同样的发射机平均功率条件下，发射机一般均工作在高峰值功率状态；在低工作比发射信号下工作，为使平均功率保持一样，必须提高发射机峰值功率。虽然窄脉冲宽度可用于降低雷达观察最小作用距离，减少发射脉冲对接收距离的遮挡，但对采用高重复频率的脉冲多普勒雷达和低截获概率雷达来说，却希望采用低峰值功率宽脉冲的雷达信号。此外，高峰值功率要求发射馈线应能承受高峰值功率，因此电真空发射机输出峰值功率高有时也被认为是一个缺点。

（3）电真空发射机难以实现很大的带宽。不少电真空功率放大器与半导体功率放大器相比，多半工作在较窄的频率范围。例如，速调管放大器一般小于10%，高功率行波管的带宽也大体为10%～20%。

（4）可靠性较差，寿命较短。采用电真空发射机作为子天线阵发射机的例子，除前面提到的AN/FPS-108和AN/SPY-1雷达等，近年来美国陆军对炮位侦察雷达AN/TPQ-37的改进型AN/TPQ-47（由Raytheon研制）经与宽禁带（WBG）半导体功率器件实现的固态发射机比较，最终还是选用了由17个行波管功率放大组件（PAM）构成的电真空发射机方案，其构成如图6.12所示。

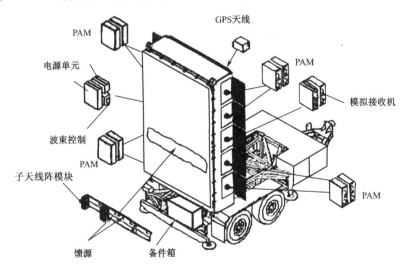

天线阵箱体两侧各有20个插槽，包括①功率放大组件（PAM）

17个；②模拟接收机1个；③电源单元2个；④波束控制

图6.12 由行波管功率放大组件实现的子天线阵发射机构成示意图

子天线阵发射机也可选用固态功率放大器，考虑到单个固态功率放大器的输出功率较低，因此往往需要将多个固态功率放大组件通过网络相加获得所需的功率电平。

随着参与相加的固态功率放大组件数目的增加，功率相加网络的损耗将逐渐增加，解决这一问题的方法之一是适当增加子天线阵发射机的数量，即增加发射子天线阵的数目，从而相应地降低子天线阵内的天线单元数目。

6.4.2　固态子天线阵发射机

1. 固态子天线阵发射机的主要优点

采用固态功率器件作为子天线阵发射机多半是考虑固态器件具有以下一些优点：

（1）工作寿命长。采用固态功率器件极大地提高了发射机的可靠性，便于对相控阵雷达发射机做模块化设计，因而显著提高了发射机的可维护性。例如，美国用于空间目标监视和弹道导弹预警的相控阵雷达 AN/FPS-115，其固态发射机组件的平均无故障时间（MTBF）超过 77 000h。

采用固态功率放大组件的高可靠性和模块化的设计，大大减少了功率放大的备份组件与器件，保障了整个发射机系统全寿命周期成本的降低。

（2）低电压工作。由于固态功率放大组件一般工作在 50V 以内，因此与电真空功率放大器相比，不需要 10kV 以上的高压，也不存在高压绝缘要求，更无须解决发射管在高电压工作时产生 X 射线辐射的防护问题。

（3）长脉冲工作状态。用固态功率器件较易获得大的信号脉冲宽度，甚至可实现准连续波或连续波信号工作方式。这一特性对远程与超远程相控阵雷达和低截获概率（LPI）雷达是很有意义的。

（4）宽工作带宽。对固态功率放大组件来说，实现大的信号工作带宽比提高电真空功率要容易。例如，在 X 波段，6～11GHz 和 8～18GHz 的固态功率放大器在二十多年前即已实现。

（5）快速开关机能力。快速开关机的能力是固态器件固有的优点，采用固态子天线阵发射机的相控阵雷达可以方便地实现波形捷变，快速关闭发射机与重新启动发射机。快速开启与关闭相控阵雷达各子天线阵发射机是固态功率放大组件的一大优点，它是抗 ARM 的一项重要技术措施。

2. 固态子天线阵发射机的功率合成方式

当采用多部子天线阵发射机来实现相控阵雷达有效功率孔径积（$P_{av}G_tA_r$）的

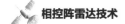

要求时，每个子天线阵发射机的输出功率往往仍相当高，需要由多部固态功率放大器经过功率相加后才能达到要求的功率电平。

实现子天线阵发射机中多部固态功率放大组件功率相加的相加网络主要有组合馈电功率相加网络和空间馈电功率相加网络两种方式。

1）组合馈电功率相加网络

在每个子天线阵发射机内有一个组合馈电功率相加网络，它将多个并行工作的固态功率组件的输出信号并行相加，获得所需的子天线阵发射机输出功率。

组合馈电功率相加网络又可分为两种：并联馈电（简称并馈）功率相加网络和串联馈电（简称串馈）功率相加网络，如图 6.13 所示。

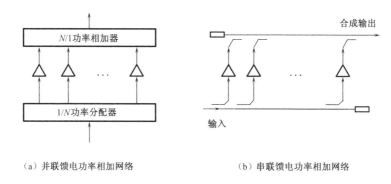

（a）并联馈电功率相加网络　　　　　　　　（b）串联馈电功率相加网络

图 6.13　固态子天线阵发射机内的组合馈电功率相加网络示意图

在并馈功率相加网络中往往需要经过多次"二合一"的相加过程，考虑到固态功率晶体管的输入驻波较大，且固态发射机往往由多级固态功率放大器组成，因此需要解决各级固态功率放大器之间的间隔与各并联连接的固态功率放大链之间的驻波隔离问题。为此，可采用环流器，以及图 6.14 所示的 3dB 电桥与 T 型分支放大器对等方式。

2）空间馈电功率相加网络

可以将第 5 章讨论过的空间馈电网络方式用于实现子天线阵发射机的功率合成。这时，各固态功率放大组件设置在空间馈电网络的收集阵与辐射阵之间，如图 6.15 所示。

当固态子天线阵发射机包含的功率放大组件数量较多时，采用这种方式可使功率相加网络的损耗较组合馈电有所降低。特别是更高波段，如 Ku 和 Ka 波段，空间馈电功率相加网络在结构上或加工公差要求上均可能更具优势。国外在毫米波波段功率合成中有使用空间馈电相加网络的例子（参见本书第 11 章）。

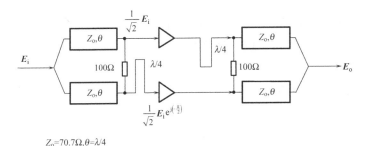

$Z_o=70.7\Omega, \theta=\lambda/4$

（a）3dB 电桥方式

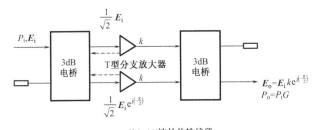

（b）1/4 波长传输线段

图 6.14　减少放大器输入驻波影响的功率分配网络示意图

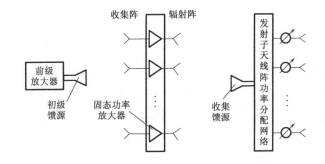

图 6.15　用空间馈电网络实现的子天线阵发射机原理图

6.4.3　微波功率组件子天线阵发射机

除了电真空器件、固态功率器件以外，还可以将这两者结合，采用电真空器件与固态功率器件相结合的微波功率组件（MPM）作为相控阵雷达中的子阵发射机。

MPM 是电真空器件的一个重要发展方向，其发展与固态功率器件的竞争不无关系。

目前由固态功率器件实现的发射机，在波长较长的波段，如在 L 和 S 波段，其成本已达到可与电真空功率器件竞争的程度。面对半导体功率器件的竞争，高功率电真空功率器件也在努力发展，其发展方向包括[8]：

（1）提高寿命和可靠性，如国外报道的 M 型器件，其交叉场前向波放大管（CFA）的寿命有的已达到 5000～10 000h；O 型器件，如行波管（TWT）已有寿命达到 10 000h。

（2）降低对高压电源的要求，如多注速调管。以 S 波段的多注速调管为例，发射机的电压可从一般速调管发射机要求的 60～70kV 电源降低到至 20～30kV。

（3）提高工作带宽、提高效率和降低成本。

（4）采用微波功率组件（MPM）。

推动 MPM 发展的主要原因更多来自雷达、通信、电子战等领域对功率放大器的需求。自固态功率放大器出现之后，雷达发射机放大链中就将其用作前级甚至末前级放大器，而末级放大器仍采用电真空功率放大器件，即通常所说的由固态功率放大器推动电真空功率放大器的发射机组成方式。MPM 就是在这种多级功率放大链的基础上发展起来的。

MPM 利用半导体器件具有大带宽工作能力等优点，将其作为前级放大器，利用电真空器件输出功率高等优点，将其作为末级放大器，并在结构上将它们设计在一起，从而提高了整个发射功率放大器的系统性能，特别是显著改善了发射机的体积和质量等性能。

MPM 的出现主要是针对过去多级发射系统在组装中存在的问题，如尺寸、体积和质量较大，难应用于一些在体积、质量受限制的平台中；各级放大器之间高压电源与低压电源连接带来的问题；以及冷却方式复杂和总效率不高等。

针对上述这些缺点，在 MPM 设计中采用的主要技术途径有：

（1）将固态前级放大器件与电真空放大器件（如行波管器件）相结合，将它们安装在一个容器内，合理分配各级放大器指标，降低级间连接损耗，并减少了高、低压电源的内部连接。

（2）前级采用固态功率放大器，利用其宽带特性及低电压工作特点，使整个放大器的宽带均衡特性在固态功率放大级实现。

（3）末级采用小型、高效的电真空功率放大管，如行波管。

（4）改进小型化高功率电真空放大器的设计与制造工艺，并实现高密度组装，以减小整个发射机的体积和质量。

（5）采用高效冷却方式。

因此，MPM 的出现是电子技术、结构、工艺技术协调发展的成果。

目前，MPM 已具有广泛的应用前景，并较多地应用于电子战（EW），作为高效干扰机和高功率诱饵。例如，安装在飞机平台、无人机载平台上的干扰机及高功率拖曳式诱饵，像美国诺斯洛普公司的 ALQ-135, ALQ-162, ALQ-131 等对抗设备中的干扰机[9]。在 ALQ-162 中采用 MPM 后，系统输出功率提高了一倍。

美国 Triton 公司为电子战系统中的干扰机与运动飞机、舰船与地面慢速运动平台诱饵研制的 X 波段 MPM，包括固态放大器（SSA）、增益均衡器、电源调节器和先进的行波管放大器几个主要组成部分。

该 MPM 的主要指标为

（1）工作频段为 6～18GHz；

（2）输出功率为 100W；

（3）尺寸为 12.7cm×17.78cm×6.35cm (0.0014m^3)；

（4）质量< 7lb（约 3.175kg）；

（5）冷却方式为空气冷却；

（6）行波管采用 5 级降压级，其效率在 6～18GHz 内达到 40%，在 7～14GHz 内超过 45%。

MPM 在相控阵雷达发射系统中的应用也具有很大的潜力，具体应用方式如下所述。

（1）子天线阵发射机：在采用分布式发射机方案中，将其直接用作子天线阵发射机，这时可按整个相控阵雷达发射系统方案，结合工作波段实现 MPM 的现实条件，通过在相控阵发射天线子天线阵数目与单部 MPM 指标之间进行折中，使 MPM 较易实现和达到最佳指标。

由于在采用子天线阵发射机的相控阵发射天线阵中，从子天线阵发射机输出端至天线单元之间设置的移相器工作在高功率状态，因而移相器的损耗降低了整个发射系统的功率效率。但是可以预料，随着新的低损耗移相器的出现，如微电子机械系统（MEMS）移相器的出现和进步，MPM 在相控阵发射系统中的应用将有更好的前景。

（2）在有源相控阵发射天线阵中用作阵面 T/R 组件的前级放大器。

（3）对作用距离值要求不是很高的战术相控阵雷达，可以直接将其作为集中式发射机或将可实现的几部 MPM 通过功率合成后用作集中式发射机，然后馈电给予无源相控阵发射天线。

6.5　完全分布式发射功率放大系统

为获得相控阵雷达所需的从天线阵面辐射的总的发射功率，可以采用全分布式发射功率放大系统。利用相控阵天线可实现信号空间功率合成的特点，在每一个天线单元通道中均设置一个功率放大器，这时相控阵发射天线称为有源相控阵发射天线。

采用这种全分布式发射功率放大系统（即有源相控阵发射天线）有许多优点，包括：

（1）每个天线级别上的功率放大器的输出端至天线单元输入端的传输距离短，射频传输损耗小。

（2）发射馈线系统的传输损耗（包括各天线单元中的移相器的损耗）均是在低功率电平上的损耗，因而总的功率损耗不大。

（3）整个发射馈电系统无须承受高功率，因而大大简化了馈电网络的设计。

（4）由于提高了整个发射系统的功率效率，因而对初级电源的要求降低。

（5）由于发射系统是高度并联的系统，个别通道或部分通道损坏与故障不至于影响整个系统工作，因而使故障软化，系统可靠性显著提高。

（6）系统设计的模块化程度显著提高。

（7）可通过改变有源发射阵天线单元的数目，随意改变发射天线的总辐射功率。

（8）易于形成不同频率、不同指向和不同形状的多个发射波束。

全分布式发射功率放大系统也存在一些缺点：

（1）需要在大批量生产条件下解决固态功率放大器的幅相一致性与稳定性问题。

（2）需解决高成本、大批量生产投资及降低生产成本问题。

（3）固态放大器的体积受限制，其横向尺寸取决于发射相控阵天线单元之间的间距，因此单元功率放大器件在体积上受到严格限制。

（4）采用固态放大器在信号选择上也受到一定限制，常需选用具有大工作比的雷达脉冲信号。

有关采用固态功率放大器的全分布式发射功率放大系统的优/缺点及其应用情况将在第9章（有源相控阵雷达）中再进行较详细的讨论。

从形式上来说，全分布式发射机与集中式发射机是两种完全相反的提供相控阵雷达发射机总功率的方式，而子天线阵式分布式发射机是介于二者之间为满足较高总发射功率的一种折中方法。

6.5.1 完全分布式发射机分系统的组成

图6.16所示为采用完全分布式功率放大的一维相控阵发射分系统的构成。这种发射线性天线阵的结构比较简单，其发射分系统中除分散在各个天线单元通道中的高功率放大器（HPA）外，还需要有一个前级功率放大器，用于为各个通道功率放大器提供激励信号。前级功率放大器输出的信号经功率分配器分配给各个单元通道，再经移相器移相后传送至单元功率放大器放大。功率分配器与移相器是发射馈电网络中的主要射频部件，它们只需承受较低的功率，其传输损耗是在低功率电平上的损耗，因此发射馈电网络与移相器的设计大为简化，整个发射系

统的功率效率也较高。

这种全分布式的发射线性天线阵常常是收/发共用天线，因此收/发开关（图 6.16 中以环流器表示）便设置在单元功率放大器输出端。对仰角上进行相扫的相控阵天线，每一个单元功率放大器馈给一个行线形阵列。如果还需要在方位上实现单脉冲测角，则行馈电网络还应提供形成方位差波束的能力。图 6.17 所示为用于只在仰角上进行相扫的三坐标雷达有源相控阵天线的一个行馈网络发射机的组成框图。

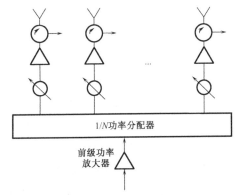

图 6.16　采用完全分布式功率放大的一维相控阵发射分系统的构成

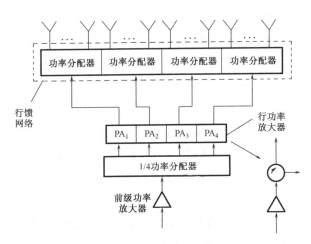

图 6.17　行馈网络发射机的组成图

一般一维相扫固态有源相控阵三坐标雷达，在垂直方向进行相控阵扫描，整个天线阵为一个列线阵，每一列包括一个行馈天线，第一行馈内包括 m 个水平放置的天线单元。每一行馈由一个固态功率放大器提供高功率发射信号。若线阵中有 N 个行馈，则有 N 部发射机。如图 6.17 所示，每一行馈中采用 4 个功率放大器，可将固态发射机数目增加到 $4N$。由以下讨论可以看出，采用增加行馈内功率放大器数目的方法，可带来降低传输损耗、提高整个发射系统效率的好处，这对在远距离观察小目标的三坐标雷达尤其有利。

若一维相位扫描线阵中行馈数目为 N，要求的发射机总平均功率为 P_{av}，发射信号的工作比为 D，则每个行馈网络中的功率放大输出平均功率 P_{eav} 和峰值功率 P_{et} 分别为

$$P_{eav} = P_{av} / N \qquad (6.19)$$

$$P_{et} = P_{av} / (ND) \qquad (6.20)$$

在这种一维相扫的相控阵天线中，由于行馈数量不是很大（如对仰角上进行一维相扫的有源相控阵三坐标雷达，一般均不到 100），因此参加功率合成的单元功率放大器数目并不很大，故每一个行馈功率放大器的输出功率往往较高。例如，按大多数战术应用三坐标雷达指标[10]，若雷达要求的总的发射机平均功率为 10kW，雷达信号最大脉宽与重复周期之比为 10%，即发射机的工作比为 0.1，则当 N=50 时，行馈功率放大器输出信号的平均功率和峰值功率分别应为 200W 与 2kW。这意味着单元功率放大器的输出功率较大，其放大增益也相应增加。为获得这一功率，必须在行馈发射机组件中用多个固态功率放大器进行功率合成。

如果按图 6.17 所示，将行馈发射机数目增加 m 倍（该图中 m=4），则降低了原行馈发射机中功率合成的次数，减少了这部分功率分配网络在高功率状态下的损耗。此外，由于在原行馈发射机之前增加一个 $1/m$ 功率分配器，相应地也就取消了原行馈发射机之后的 $1/m$ 功率分配器，并由此降低了它的损耗。

总的来说，由这些步骤获得的性能改善表现在如下方面：

（1）降低了高功率状态下的功率分配网络损耗。以 m=4 为例，它减少了原行馈发射机中"4 合 1"功率相加器及其输出端行馈功率分配网络中"一分为四"功率分配器的损耗，由此降低的损耗约为 0.4～0.8dB。

（2）降低了行馈功率分配网络的耐功率要求。在采用一部行馈发射机时，行馈承受的最高功率为 P_{et} 与 P_{av}，采用图 6.17 所示的构成后，承受功率降低为原来的 $1/m$，仅为 P_{et}/m 与 P_{av}/m。

（3）有利于提高接收系统的灵敏度和降低由此带来的复杂性，一是结构设计上有所变化；二是接收通道数目有所增加。简化了接收单脉冲测角波束的形成过程。

6.5.2　有源相控阵发射系统的能量指标

采用全分布式功率放大器的二维相位扫描有源相控阵发射天线的构成及功率源分布示意图如图 6.18 所示。

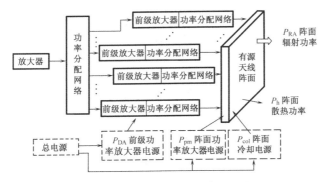

图 6.18　二维相扫有源相控阵发射天线的构成及功率源分布示意图

具有二维相扫特性的全分布式发射机系统大多数情况下均通过空间功率合成获取高的发射机总功率。由于单元功率放大器数目巨大，因此整个全分布式发射机系统要求的射频功率及初级电源功率均很大，因此特别强调提高整个系统的能量设计和功率效率。在整个发射天线系统中损耗很大，它们产生的热量也多，又带来冷却需求及降低相控阵天线阵面的红外热辐射的要求。可见，讨论有源相控阵发射系统的能量指标有着重要意义。

用于评估大型有源面阵能量设计有以下一些能量指标[3]。

1）从天线孔径辐射的总射频功率 P_{RA}

若单元功率放大器的总数目为 N，各个单元功率放大器的输出功率为 P_{e}，从单元功率放大器至天线单元的传输损耗为 L_{e}，则 P_{RA} 为

$$P_{\mathrm{RA}} = NP_{\mathrm{e}}L_{\mathrm{e}} \tag{6.21}$$

式（6.21）中，传输损耗 L_{e} 为小于 1 的正数，它包括从单元发射机至天线单元之间传输、收/发隔离开关等的损耗。NP_{e} 为发射机总输出功率，即阵面上所有功率放大输出之和。

2）阵面各放大器所需的初级电源功率 P_{pm}

在式（6.21）中，NP_{e} 为 N 个单元功率放大器的总输出功率 P_{tr}，即

$$P_{\mathrm{tr}} = NP_{\mathrm{e}} \tag{6.22}$$

若单元功率放大器的功率效率为 η_{e}，则阵面上各放大器需要的总的初级电源功率 P_{pm} 为

$$P_{\mathrm{pm}} = P_{\mathrm{tr}} / \eta_{\mathrm{e}} = NP_{\mathrm{e}} / \eta_{\mathrm{e}} \tag{6.23}$$

若 P_{pm} 以阵面的总射频功率 P_{RA} 表示，则

$$P_{\mathrm{pm}} = P_{\mathrm{RA}} / (L_{\mathrm{e}}\eta_{\mathrm{e}}) \tag{6.24}$$

3）阵面各放大器产生的总的热耗功率 P_{h}

各个单元功率放大器所要求的初级电源中只有一小部分变成了有效的射频功

率，其余部分则变为热耗功率，总的热耗功率 P_h 为

$$P_h = P_{pm}(1-\eta_e)$$

或

$$P_h = NP_e(1/\eta_e - 1) \tag{6.25}$$

若以阵面的总射频功率 P_{RA} 表示，则总的热耗功率又可表示为

$$P_h = \frac{P_{RA}}{L_e}\left(\frac{1}{\eta_e} - 1\right) \tag{6.26}$$

表 6.1 列出了两类有源相控阵雷达的主要能量指标并进行比较。其中，第一类为战术二维相位扫描中远程有源相控阵雷达，其阵面的总射频功率 P_{RA} 为 10kW；第二类为超远程大型有源相控阵雷达，其 P_{RA} 要求为 500kW。

表6.1 两类有源相控阵雷达的主要能量指标

项　　目	中远程有源相控阵雷达/kW	超远程大型有源相控阵雷达/kW
要求的阵面辐射功率 P_{RA}	10	500
发射机输出总功率 P_{tr} (L_e=0.5dB)	10.63	532
要求的总的初级电源功率 P_{pm} (η=0.30)	35.43	1773.3
要求的总的初级电源功率 P_{pm} (η=0.35)	30.37	1520
阵面散热功率 P_h (η=0.3)	24.8	1240.0
阵面散热功率 P_h (η=0.35)	19.7	988

由表 6.1 可见，提高发射机功率放大器的效率对改善能量设计有特别重要的作用。

4）整个发射系统要求的总的初级电源功率

除了各个单元功率放大要求的初级电源功率外，要计算的整个发射系统总的初级电源功率还需考虑以下两种对初级电源功率的要求：

第一，前级发射机的功率。各个单元功率放大需要前级功率放大器的推动，二维相位扫描的有源相控阵雷达整个发射天线阵分为若干个子天线阵，每一子天线阵内有一个前级放大器，因此前级放大器也是一个并联的多放大器系统，相应有其功率分配网络，同样存在网络传输损耗。各子天线阵中的前级放大器因功率效率小于 1，故仍然有热耗产生。

第二，冷却系统所需的电源。对于在天线阵面及各前级放大器与功率分配网络中的热耗，需要再耗费电源功率去实现冷却，因此对初级电源的预算也必须在设计中加以考虑与比较。

参考文献

[1] 张光义. 相控阵雷达系统[M]. 北京：国防工业出版社，1994.

[2] MORCHIN W. Radar Engineer's Sourcebook[M]. Boston: Artech House, 1993.

[3] 张光义. 有源相控阵雷达与无源相控阵雷达的功率比较[J]. 现代雷达, 2000: 7-13.

[4] 斯科尼克 M I. 雷达手册[M]. 王军，林强，米慈中，等译. 北京：电子工业出版社，2003.

[5] SCUDDER R M, SHEPPARD M H. AN/SPY-1 Phased Array Antenna[J]. Microwave Journal, 1974, 17: 51-55.

[6] 殷连生. 微波大系统相移精测的交叉换位法[J]. 电子学报，1987(2): 93-97.

[7] 张光义，须国雄. 在相控阵雷达中相位参考点与波控电流的关系[J]. 现代雷达，1981(3): 22-2.

[8] WOODS R L. Microwave Power Source Overview[C]. Conference Proceedings Military Microwaves'86. London: Microwave Exhibitions and Publishers Ltd. 1986: 349-353.

[9] BASTEN M A, PERKINS J, REIN M, et al. MPM as a enabling technology for a major product upgrade: the ALQ-162 Pulse Doppler/PowerPlus Program[C]// IEEE International Conference on Vacuum Electronics. Seoul: IEEE, 2003: 294-295.

[10] 南京电子技术研究所. 世界地面雷达手册[M]. 北京：国防工业出版社，2005.

第7章
相控阵雷达接收系统

相控阵雷达接收系统与机扫雷达接收系统的功能一样，都是接收从目标反射回来的信号，然后对其进行放大和变换，滤除接收机内噪声或外来的有源干扰与无源杂波干扰，检测出目标回波，判定是否存在目标，并从回波中提取目标信息。

相控阵雷达接收系统与大多数机扫雷达相比，其主要特点是，它是一个多通道的接收系统。整个接收系统中有多个接收通道，每一通道均可能包含有完整的高频放大器、混频器、中频放大器、匹配滤波器和正交 I/Q 两路零中频接收机等电路。每一接收通道接收的回波信号与参考通道接收信号之间的相位差包含目标所在空间位置的信息，因此相控阵雷达接收系统除可在时间域或频率域检测信号外，还可测量目标的来波方向（DOA），并可实现空间滤波。

本章着重讨论接收系统的组成、主要性能和单脉冲测角对系统性能的要求、接收系统的噪声温度计算、接收机动态范围计算等有关相控阵雷达系统设计的问题。有关数字式相控阵雷达接收系统的概念将在介绍接收多波束形成技术之后进行。

7.1　相控阵雷达接收系统的组成与特点

相控阵雷达接收系统一般包括接收系统前端、通道接收机、波束形成网络（BFN）、波束通道接收机、多通道数字信号处理机等。一种较典型的相控阵雷达接收系统组成如图 7.1 所示。接收系统前端包括相控阵接收天线、功率相加网络及其中可能设置的低噪声放大器等有源电路。它的主要作用是：对相控阵接收天线各天线单元接收的信号进行放大，实现相位和幅度加权，将子天线阵内各单元通道信号进行相干相加，形成子阵级接收波束；之后将其输出信号传送至通道接收机，经放大、滤波后送入波束形成网络，最后形成多个接收波束。图 7.1 中的波束形成网络是在高频实现的多波束形成，各波束输出端连接该波束的通道接收机。波束通道接收机与一般雷达接收机一样，包括低噪声放大器、混频器、中频放大器、中频放大采样电路等。

在相控阵雷达接收系统的前端，同样可以在接收馈线网络（功率相加网络）通道设置低噪声放大器，以降低整个接收系统的噪声温度或减小噪声系数。

根据低噪声放大器或通道接收机的数量与放置位置，相控阵雷达接收系统也可以分为集中式接收系统或分布式接收系统。根据不同的相加方式，相控阵雷达接收系统又可分为组合馈电接收系统、空间馈电接收系统和混合式馈电接收系统。

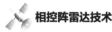

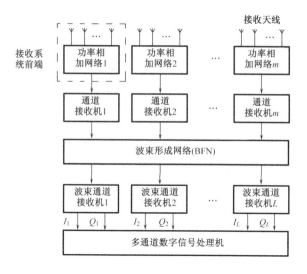

图 7.1　相控阵雷达接收系统组成框图

7.1.1　组合馈电接收系统

相控阵雷达接收系统中功率相加网络是一个主要组成部分，在成本上它占整个相控阵雷达接收系统成本的大部分。由射频实现的相加网络主要有组合馈电方式和空间馈电方式或光学馈电方式两种。

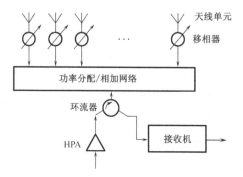

图 7.2　集中式组合馈电接收系统示意图

先以无源相控阵接收天线为例，图 7.2 所示为集中式组合馈电接收系统示意图。

这种接收系统的组成方式与采用集中式发射机的相控阵雷达的发射系统相对应，整个天线阵面、移相器、功率分配/相加网络对于发射和接收两种工作状态是共用的，所有馈线网络中的部件（移相器和功率分配/相加网络）均应按必须承受的发射信号功率电平来设计。这种方案中的相加网络与发射阵的功率分配网络共用，因而必须有收/发开关将发射机与通道接收机进行隔离。图 7.2 中发射机为一个高功率放大器（HPA）。

在图 7.2 所示方案中，只形成一个接收波束，连接单路接收机。接收波束指向取决于天线阵中的移相器，天线波束宽度取决于阵中天线单元的数目及相邻单元的间距。在形成波束之后再进行信号时域处理与频域处理，因此这种接收系统与机扫雷达中的接收系统在功能上并无差别。

图 7.2 所示的组合馈电接收系统对于二维相扫的相控阵接收天线，需要多个单元接收机，因而成本较高。但对于一维相扫的相控阵接收天线来说，因天线单元数目有限（通常在 100 以下），这一缺点并不明显。

这种接收机组成方式的一个严重缺点是接收馈线损耗大，除了收/发开关（这里以一个环流器表示）的损耗外，移相器与功率分配/相加网络的损耗占有很大比重，它们给发射信号和接收信号在天线阵内传输过程中造成两次衰减损失。特别是当天线单元数量很多时，集中式组合馈电接收系统的损耗将更大。

图 7.3 是需要形成多个接收波束时子天线阵组合馈电接收系统框图。它与图 7.1 类似，但是一个无源相控阵接收系统。这种结构有利于降低接收馈线网络的复杂性和损耗，有利于降低多波束形成的成本。形成多个接收波束的具体方法将在第 8 章详细讨论。此外，图 7.3 的方案与图 7.2 相比，由于子天线阵（简称子阵）内天线单元数目已明显降低，因而收/发共用子天线阵的损耗有所降低。

在图 7.3 中，整个接收天线阵分为 m 个子天线阵，经子天线阵相加网络形成 m 个接收通道，在每一个接收子天线阵输出端均接有子天线阵接收机（SAR），经低噪声放大后传送至多波束形成网络，获得需要的 L 个接收波束。每个接收波束通道里又包括各自的接收机电路。如果要在中频形成多个接收波束，则在子天线阵接收机中除低噪声放大器外，还应包括混频器和中频放大器。

如果子天线阵接收机的输出为正交双通道输出，输出信号 (I_i, Q_i) 保留了信号的幅度和相位，则图 7.3 所示的多波束相加网络应是数字式波束形成网络。

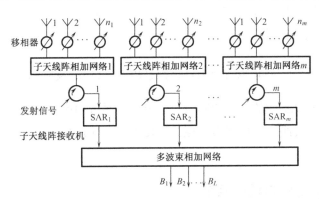

图 7.3 子天线阵组合馈电接收系统框图

为了进一步降低接收馈线网络的损耗，可以在每个天线单元通道上设置一个低噪声放大器，在仍然采用单部发射机或多部子天线阵发射机的情况下，这种接收系统可称为半有源相控阵接收系统，天线称为半有源相控阵接收天线，如

图 7.4 所示。图 7.4 是图 7.3 中的一个子天线阵，在子天线阵中，每一单元通道上仅在接收通道中有一低噪声放大器（LNA）。在子天线阵内有独立于发射馈线的组合馈电式接收馈线网络。

这里采用了完全分布式的接收机，在每一个天线单元通道上都有一个低噪声放大器（LNA）。每一个天线单元接收到的信号先经低噪声放大后，再通过移相器移相，然后进入组合馈电的子天线阵相加网络。整个接收系统的构成与图 7.3 一样，每一子天线阵又都包含一部子天线阵接收机。各子天线阵接收机的输出经波束相加网络得到 L 路接收波束（$B_1, B_2, \cdots, B_L$），每一波束输出端分别连接波束通道接收机。

当子天线阵为收/发合一天线阵时，图 7.4 中每一天线单元通道里便应有一个发射/接收组件（T/R 组件），低噪声放大器与移相器均是组件中的功能电路。

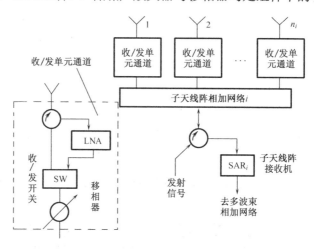

图 7.4　采用分布式接收机的子天线阵组合馈电接收系统框图

图 7.4 与图 7.3 中的子天线阵组合馈电接收系统相比，其主要优点是大大减少了组合馈电子天线阵相加网络损耗的不良影响，缺点是需要增加接收机高频低噪声放大器的数目。

7.1.2　空间馈电接收系统

正如第 5 章关于馈电方式讨论中的说明，相控阵接收天线中的功率相加网络可以采用空间馈电方式实现。当功率相加网络的输入端口（接收阵天线单元通道或子接收天线阵通道的输出端口）数目增多时，组合馈电的功率相加网络的损耗相应增加，结构设计也变得复杂，特别是当雷达工作频率较高时，如在 S, C 和 X 以上波段，组合馈电功率相加网络的制造成本、生产公差控制都会显著增加。相反，空间馈电接收系统具有比较明显的优点。

用于形成多个接收波束的空间馈电接收系统示意图如图 7.5 所示。图中，除发射天线波束外，单脉冲接收和波束、方位差与仰角差波束及上行通行线路的波束均采用空间馈电方式。这种方式被应用于法国研制的 ARABEL 二维相扫三坐标雷达之中[1]。

图 7.5 所示接收系统采用了在多波束抛物面天线中使用的多个偏轴线多波束馈源（Off-Axis Feeds）[2]，其中共有 5 个馈源，它们形成的波束之间的相交电平不仅与抛物面

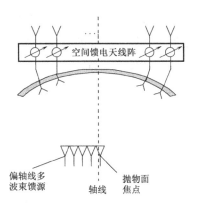

图 7.5 空间馈电接收系统示意图

焦距（f）和天线口径（D）之比有关，还与馈源间距有关。也可以将偏轴线多波束馈源安放在一个偏离焦点的弧形上。

图 7.6 中所示的空间馈电系统将整个天线阵分为若干个两维分布的子天线阵，每一子天线阵通道均有一通道接收机，其输出传送至空间馈电接收多波束形成网络的收集天线阵，它是一个抛物面天线，也可形成多个两维分布的接收波束。

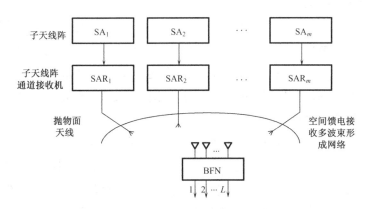

图 7.6 在子天线阵级别上实现的空间馈电多波束接收系统示意图

这种空间馈电接收系统在大型毫米波相控阵雷达中得到应用[3]，也是用于对地面/海面运动目标检测（GMTI）的空间载雷达（SBR）中的一种方案[4-5]。采用空间馈电功率相加网络的优点有如下两个。

（1）有利于实现多个接收波束的形成。

在参考文献[3]中介绍的大孔径毫米波相控阵雷达天线孔径为 7.2m，包括 120 个 0.6m 抛物面天线单元组件。每一天线单元组件通道设置移相器和实时延迟

线，通过空间馈电功率相加网络实现多个接收波束，包括单脉冲测角需要的和波束及方位差、仰角差波束。由于每一个天线阵单元组件尺寸约为 0.6m，单元组件之间的间距约为 68 个雷达信号波长，因此空间馈电功率相加网络的尺寸与天线孔径比较便大为缩小。

（2）有利于实现双极化接收。

在相控阵雷达接收系统中采用空间馈电功率相加网络的另一优点是可以较方便地实现双极化接收。

如果图 7.6 中每一个子天线阵内均包括两个独立的来自接收阵面的线极化通道信号，则可经同一个空间馈电功率相加网络分别进行功率合成，在空间馈电初级馈源端获得两个独立的正交极化信号，然后经移相、相加，分别获得左旋圆极化或右旋圆极化信号；如果整个独立的正交线极化接收波束通道的输出信号经数字量化后，经计算机处理，可得多种综合的极化形式。

7.2 单脉冲测角接收机

角度测量是相控阵雷达接收系统应实现的一项主要任务，因而相控阵雷达接收馈线系统的构成也与角度测量方法有关。

单脉冲跟踪方法分连续跟踪和离散跟踪两种。机扫跟踪雷达属于连续跟踪雷达，相控阵雷达虽然可以对重点目标采用连续跟踪方式，但因为要实现多目标跟踪，故主要采用离散跟踪方式。在相控阵雷达中采用的测角方法与机扫雷达相比，虽无本质差别，但具有一些特点，这与相控阵接收天线是多路系统及天线波束的快速扫描特性等有关。

在机扫雷达中，天线波束扫过目标所在位置时，雷达接收到的回波信号为一组脉冲信号，其幅度受雷达接收天线方向图调制，求出这一回波脉冲串的中心位置即可得到目标的位置。如果要求仅凭单个雷达目标回波信号，即单个脉冲信号就能提取目标位置信息，也就是进行单脉冲测角，则必须形成多个接收波束，通过对不同波束接收信号的相位或幅度进行比较、角度内插以提高雷达测角精度。

相控阵雷达中所用的单脉冲测角方法主要有三种。从原理上讲，这些方法与普通机扫的单脉冲精密跟踪雷达是一样的，它们都基于通过幅度比较或相位比较，进行角度内插以提高目标角度位置的测量精度。这三种方法包括幅度比较法、相位比较法及相位和差比较法。

这里讨论的单脉冲测角方法主要指如何获得角误差信息的方法，即有关实现角度传感器的方法。为了实现角信息提取，在单脉冲测角系统中还应有角度信息的鉴别器，如幅度比较器、相位比较器（相位鉴别器）等。

不同的角度测量方法对应不同的相控阵接收系统构成，对相控阵雷达接收系统特别是其中的馈线系统构成有一定影响。

7.2.1 幅度比较单脉冲测角

1. 相邻波束直接比幅方法

为了进行幅度比较测角，相控阵天馈系统必须形成两个相互覆盖的接收波束的方向图函数 $F_1(\theta)$ 与 $F_2(\theta)$。如图 7.7 所示，两接收波束相交的方向为 θ_0，它们的最大值指向分别为 θ_1 与 θ_2。两个接收波束各有一个接收通道。图 7.7（b）中的 G_1 和 G_2 分别表示两个接收通道增益。通过比较两路接收机输出信号的幅度，可确定目标所在的精确位置。由于幅度比较过程可以在一个回波脉冲的持续时间内完成，因此这种方法是一种单脉冲测角方法。

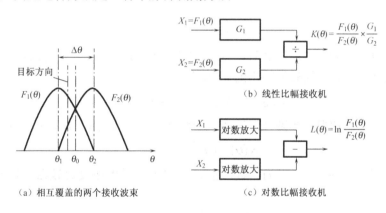

图 7.7 比幅测角原理图

比幅法测角有两种形式。当接收机是线性接收机时，如图 7.7（b）所示，两路接收机输出要用除法运算实现幅度比较。幅度比较器的输出 $K(\theta)$ 是目标所在角位置的函数，$K(\theta)$ 可表示为

$$K(\theta) = \frac{F_1(\theta)}{F_2(\theta)} \times \frac{G_1}{G_2} \tag{7.1}$$

式（7.1）中，G_1 和 G_2 为两路接收通道增益，用于反映两路增益的不一致性对测角精度的影响。

相邻两接收波束的方向图函数 $F_1(\theta)$ 和 $F_2(\theta)$ 可以通过计算、实测、校准预先求出。若两路接收通道增益 G_1 与 G_2 是相等的，则幅度比较器输出 $K(\theta)$ 便完全

与 $F_1(\theta)/F_2(\theta)$ 相等。因此，只需求出两个接收机输出幅度的比值 $K(\theta)$，便可确定目标所在的角度位置。

例如，可预先将 $K(\theta)$ 在 $\theta_1 - \theta_0$ 与 $\theta_0 - \theta_2$ 之间划分为若干个子区间，如 2^K 个 θ 子区间（$\theta_0 + i\Delta\theta$，$i = 0,1,2,\cdots,2^{K-1}$），预先求出每一子区间的 $K(\theta)$ 值，通过查表，获得 $i\Delta\theta$，加上由波束控制数码决定的 θ_0 值，即可得出对应的 θ 数值。

为便于分析，可将天线方向图用高斯函数来拟合，这对大多数天线的方向图主瓣均适用。

令相邻两天线接收波束的方向图函数分别为

$$F_1(\theta) = \mathrm{e}^{-\alpha(\theta-\theta_1)^2}$$
$$F_2(\theta) = \mathrm{e}^{-\alpha(\theta-\theta_2)^2} \tag{7.2}$$

式（7.2）中，θ_1 与 θ_2 为图 7.7（a）所示 $F_1(\theta)$ 与 $F_2(\theta)$ 两个波束的最大值指向，两波瓣相交于 θ_0，为发射波束最大值指向或接收波束最大值指向。在讨论比幅测角原理时，θ_0 可设为零度。若天线波瓣半功率点宽度为 $\Delta\theta_{1/2}$，则由式（7.2）可求得 α 为

$$\alpha = 1.386 / \Delta\theta_{1/2}^2 \tag{7.3}$$

用高斯函数拟合天线方向图之后，将式（7.2）代入式（7.1），在两路接收机增益平衡的条件下，幅度比较器输出的 $K(\theta)$ 为

$$K(\theta) = \mathrm{e}^{-\alpha(\theta_1^2-\theta_2^2)}\mathrm{e}^{2\alpha(\theta_1-\theta_2)\theta} = C\mathrm{e}^{2\alpha(\theta_1-\theta_2)\theta} \tag{7.4}$$

对于比较简单的情况，当两个波瓣在半功率点相交，即当 $\theta_2 - \theta_1 = \Delta\theta_{1/2}$ 时，有

$$K(\theta) = C\mathrm{e}^{-2.7726\theta/\Delta\theta_{1/2}} \tag{7.5}$$

式（7.5）中，$C = \mathrm{e}^{-\alpha(\theta_1^2-\theta_2^2)}$ 为常数。按式（7.5）计算的幅度比较器的输出 $K(\theta)$ 见图 7.8。

对一个实际的相控阵雷达，可根据计算并经实测校准后的天线方向图算出比值 $K(\theta)$，将其存入雷达信号处理机中。雷达信号处理机测出有目标之后，将该检测单元的两路回波信号幅度值取出并进行比较，从而获得实测的 $K(\theta)$ 值。将此实测的 $K(\theta)$ 值与信号处理机中存储的 $K(\theta)$ 表上的值进行比较，求出目标所在的位置 θ。

比幅法测角的另一形式是对两路接收信号分别取对数，然后再相减。这一方法的原理如图 7.7（c）所示。幅度比较器的输出 $L(\theta)$，在两路对数放大器增益一致的条件下，为

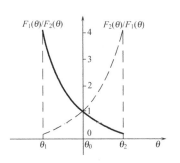

图 7.8　幅度比较器的输出 $K(\theta)$

$$L(\theta) = \ln \frac{F_1(\theta)}{F_2(\theta)} = \ln F_1(\theta) - \ln F_2(\theta)$$

这一方法用减法运算代替除法运算，既简少了运算量，又便于压缩接收机动态范围。但对数接收机常常不能满足信号处理的要求，因此要用这一方法，必须将信号检测支路与测角支路分开。

上述两种幅度比较测角方法，主要应用于具有多个接收波束的相控阵雷达中，一个接收波束收到的信号可用来与周围上下左右接收波束的信号进行比较。例如，采用下面讨论的方法，每一个接收波束的位置都要单独形成和波束、方位差波束、仰角差波束方可进行测角。在多接收波束的相控阵雷达中，如果采用这种方法，总的接收通道将增加很多。

采用这种对相邻接收波束的输出信号幅度直接进行比较的方法，要求接收天线阵的馈线系统能在目标方向上形成 4 个相邻波束，以便分别测量目标的方位与仰角的偏离量。

2. 和差波束测角方法

在机械转动的精密跟踪测量雷达中，广泛采用的和差波束测角方法是一种幅度比较单脉冲测角方法。在一个平面内的幅度比较单脉冲雷达接收系统框图如图 7.9 的右半部分所示。该图中两个初级馈源喇叭接收由公共的相控阵天线收集的回波信号，形成两个相互覆盖的天线波束方向图函数 $F_1(\theta)$ 与 $F_2(\theta)$。这两个天线波束所收到的信号，通过单脉冲比较器（如混合接头）形成和波束与差波束。在微波波段，该比较器亦常用折叠式波导双 T 电桥来实现，它具有耐高功率和频带宽的特性，在 $\Delta f/f_0 = 10\% \sim 15\%$ 通带内，驻波比一般都可做到小于 1.2，和差两个通道之间的隔离度能达到 40dB 左右。和差接收通道的输出信号分别经过混频、放大，并经过自动增益控制（AGC）电路实现信号的归一化，然后送角信息鉴别器即相位检波器。相位检波器的输出电压 Δu 称为误差电压，为

$$\Delta u = K \frac{F_\Delta(\theta)}{F_\Sigma(\theta)} \cos\varphi \tag{7.6}$$

式（7.6）中，$F_\Delta(\theta)$ 与 $F_\Sigma(\theta)$ 分别为差通道接收机与和通道接收机的输出电压，其中 $\varphi = 0$ 或 π，取决于目标位置偏离和波束最大值的方向，即在和波束的左边或右边。

误差电压 Δu 只与天线和波束方向图与差波束方向图的形状有关，由于自动增益控制（AGC）电路的作用，Δu 与目标的大小与远近无关，只与目标偏离和波束指向的程度有关，因而 Δu 给出的是固定的角误差灵敏度。当在相控阵接收天

线阵中应用这种单脉冲测角方法时，要求接收阵的馈线系统应分别形成和波束与差波束；对二维相扫的接收阵天线，则必须形成和波束、方位差波束、仰角差波束三个接收波束。相应地，相控阵接收系统中至少应具有三个接收通道。

目前多数相控阵雷达均采用这种单脉冲测角方法。对于采用空间馈电的二维相扫平面相控阵天线，除了天线，形成和波束与差波束及后面的接收系统均与机扫的单脉冲雷达一样，如微波波段的喇叭天线，和差波束形成网络，和波束、方位差波束、仰角差波束对应的三路接收机及其后的角信息鉴别器与机扫的单脉冲精密跟踪雷达都可完全一样。

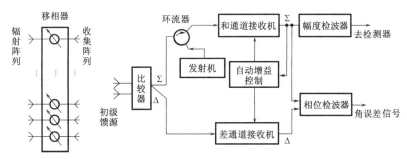

图 7.9　空馈阵列天线比幅测角接收系统框图

7.2.2　相位比较单脉冲测角

相位比较单脉冲（简称单脉冲比相法）测角方法在雷达、干涉仪、导航、导弹制导和声呐中有很长的应用历史。这一测角方法在相控阵雷达中有多种应用方案。

在机扫单脉冲雷达中，如采用相位比较方法，必须形成两个独立放置的接收天线，两个接收天线波束在空间覆盖同一空域，但它们的相位中心相距为 D，如图 7.10 所示。

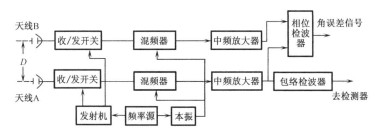

图 7.10　相位比较单脉冲测角原理框图

测量两个接收波束信号之间的相位 $\Delta\varphi$ 可以求出目标所在的角度。由于在机扫天线中必须将天线口径分为两部分（同时测量方位与仰角时，还要分为 4 部分），每个接收天线的波束被展宽，相应天线增益下降，不利于信号检测与保证测量精度，因而应用较少。

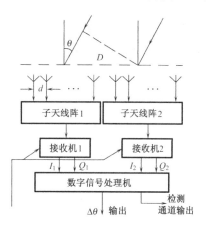

在相控阵雷达中采用单脉冲比相法测角时，将整个天线阵面分为两部分或四部分较容易实现，要利用整个接收阵面形成目标检测接收波束也较为容易，其原理框图如图 7.11 所示。

图 7.11 所示为一个 N 单元线阵，单元间距为 d，将线阵平分为两个子天线阵，两者的相位中心间距为 D，这两个子天线阵所接收的来自 θ 方向信号之间存在相位差 $\Delta\varphi$，即

图 7.11　单脉冲比相法测角接收系统原理框图

$$\Delta\varphi = \frac{2\pi}{\lambda} D \sin\theta \tag{7.7}$$

式（7.7）中，两个子天线阵相位中心间距为 D，在等分线阵条件下有

$$D = Nd/2 \tag{7.8}$$

因此，测量出 $\Delta\varphi$ 值后，计算出波束指向和目标真实指向的差值 $\Delta\theta$。

相控阵雷达接收系统完成两个接收通道信号之间相位差 $\Delta\varphi$ 的测量，其测量方法有多种，图 7.11 中 $\Delta\varphi$ 值的测量是在数字信号处理机中实现的。为此，两个接收机的正交双通道 I、Q 输出经 A/D 变换后送入数字信号处理机。两个接收机输出信号的相位 φ_1 与 φ_2 分别为

$$\varphi_1 = \arctan(Q_1/I_1), \quad \varphi_2 = \arctan(Q_2/I_2) \tag{7.9}$$

$$\Delta\varphi = \varphi_2 - \varphi_1 \tag{7.10}$$

图 7.11 所示的单脉冲比相法测角可称为直接进行相位比较的测角方法。为了实现对回波信号的检测，两个子天线阵的接收信号还应进行同相相加，使检测通道有最大的信噪比，为此，可在高频用功率相加网络进行相加，也可在数字信号处理机内实现相加。

采用这种直接进行相位比较的测角方法，还需考虑消除相位测量的模糊问题。因此，必须利用相控阵接收天线波束半功率点宽度较窄这一特点。

设波束控制信号决定的天线波束指向为 θ_0；目标位置在 $\theta = \theta_0 + \Delta\theta$ 处，$\Delta\theta$ 小于半个天线波束半功率点宽度；这时，式（7.7）可简化为

$$\Delta \varphi = \frac{2\pi}{\lambda} D \sin(\theta_0 + \Delta\theta) = \Delta\varphi_0 + \delta\varphi \qquad (7.11)$$

式（7.11）中，$\Delta\varphi_0$ 为当目标位于接收波束最大值方向时的相位差，它可由波束控制器提供的波束控制数码求得，是以 2π 为模的相位值，即

$$\Delta\varphi_0 \approx \frac{2\pi}{\lambda} D \sin\theta_0$$

式（7.11）中，$\delta\varphi$ 为 $\Delta\varphi$ 与 $\Delta\varphi_0$ 的差值，它与 $\Delta\theta$ 有关，即

$$\delta\varphi = \Delta\varphi - \Delta\varphi_0$$
$$= \frac{2\pi}{\lambda} D \cos\theta_0 \sin\Delta\theta \qquad (7.12)$$

考虑到实际天线波束宽度值很小

$$\sin\Delta\theta \approx \Delta\theta$$

故可得目标偏离波束指向 θ_0 的角位置 $\Delta\theta$ 为

$$\Delta\theta = \frac{\lambda}{2\pi D} \times \frac{1}{\cos\theta_0} \delta\varphi \qquad (7.13)$$

考虑到 $\Delta\theta$ 的最大值为 $\Delta\theta_{1/2}/2$，而 $\Delta\theta_{1/2} \approx \lambda/2D$，将其代入式（7.12），可得

$$\delta\varphi \approx \pm\frac{\pi}{2}\cos\theta_0 \qquad (7.14)$$

因此，$|\delta\varphi| \leqslant \pi/2$，故用这种方式进行单脉冲比相法测角，$\delta\varphi$ 的测量不存在模糊问题。这表明，对在天线波束半功率点范围内的目标，用单脉冲比相法测角可以消除相位测量的模糊问题。在接收系统构成上，按这种单脉冲比相法测角，要求整个接收天线阵分为两部分，要有两套接收机，每一路接收天线增益均低于3dB。对在方位和仰角上均需进行测角的相控阵接收天线，则应将接收天线阵面分为4块，要有4套接收机。

7.2.3 相位和差单脉冲测角

与直接进行相位比较相区别的另一种单脉冲测角方法是相位和差单脉冲测角方法，其原理框图如图7.12所示。

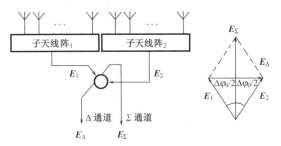

图 7.12 相位和差单脉冲测角原理框图

相位和差单脉冲测角原理框图与图 7.11 的差别仅在于使用了一个和差比较器来获得和差波束。在差通道中进行了左右两个子天线阵接收信号的相位比较。两个子天线阵接收信号的相位差 $\Delta\varphi$ 仍由式（7.11）决定。

和通道信号场强 $E_\Sigma = E_1 + E_2$，若两个子天线阵接收系统的增益是一致的，即 $E_1 = E_2$，则

$$E_\Sigma = 2E_1 \cos\left(\frac{\pi}{\lambda}D\sin\theta\right) \tag{7.15}$$

差通道信号场强 E_Δ 为

$$E_\Delta = 2E_1 \sin\left(\frac{\pi}{\lambda}D\sin\theta\right) \tag{7.16}$$

当天线波束最大值指向为 θ_0 时，式（7.11）中，即在 $\Delta\varphi = \Delta\varphi_0 + \delta\varphi_0$ 中，$\Delta\varphi_0$ 经过子天线阵中移相器移相的补偿之后，实际上送到和差比较器去的两个子天线阵接收信号的相位差为 $\delta\varphi_0$，$\delta\varphi_0$ 由式（7.13）决定，因此 E_Σ 和 E_Δ 应修正为

$$E_\Sigma = 2E_1 \cos\left(\frac{\pi}{\lambda}D\cos\theta_0\Delta\theta\right) \tag{7.17}$$

$$E_\Delta = 2E_1 \sin\left(\frac{\pi}{\lambda}D\cos\theta_0\Delta\theta\right) \tag{7.18}$$

式中，$\Delta\theta$ 为偏离波束最大值指向 θ_0 的角度。

从图 7.12 可以看出，E_Δ 与 E_Σ 两个矢量之间有 $\pi/2$ 的移相，当目标位于波束指向 θ_0 的左右两侧时，E_Δ 的指向会有 180° 变化。因此，如果将差通道接收信号移相 $\pi/2$，E_Δ 将与 E_Σ 同相或反相。求差通道与和通道信号的比值称为对差信号进行归一化处理，可得比值 $K(\theta)$ 为

$$K(\theta) = \frac{E_\Delta}{E_\Sigma} = \tan\left(\frac{\pi}{\lambda}D\cos\theta_0\Delta\theta\right) \tag{7.19}$$

故目标偏离波束指向 θ_0 的角位置 $\Delta\theta$ 为

$$\Delta\theta = \frac{\lambda}{\pi D\cos\theta_0}\arctan\left[K(\theta)\right] \tag{7.20}$$

当相控阵天线对目标实现连续跟踪时，由于跟踪精度较高，可以在大部分跟踪时间里将目标维持在和波束最大值指向 θ_0 附近，因此，$\Delta\theta \ll \Delta\theta_{1/2}/2$，此时式（7.19）和式（7.20）便简化为

$$K(\theta) = \frac{E_\Delta}{E_\Sigma} \approx \frac{\pi}{\lambda}D\cos\theta_0\Delta\theta \tag{7.21}$$

$$\Delta\theta = \frac{\lambda}{\pi D\cos\theta_0}K(\theta) \tag{7.22}$$

但是，当相控阵天线对目标进行离散跟踪时，特别是在跟踪精度不高、目标偏离 θ_0 的角度有可能接近 $\pm\Delta\theta_{1/2}/2$ 的情况下，仍应按式（7.20）来确定目标位置偏离值 $\Delta\theta$，与此相对应，目标位置 θ 为 $\theta_0\pm\Delta\theta$。

这种测角方法由于利用了空间上两个分开天线接收信号的相位差来确定目标偏离波束指向 θ_0 的大小，并通过形成和差波束实现差信号归一化与判别目标位置偏离 θ_0 的方向，因此，这一测角方法有时又称为振幅-相位单脉冲测角方法。图 7.13 所示为相位和差单脉冲测角接收系统框图。

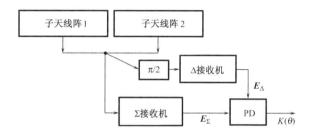

图 7.13　相位和差单脉冲测角接收系统框图

图 7.13 中的相位检波器（PD）是实现差信号归一化的一种方案，即角信息提取器的一种方案。差信号的归一化也可以在数字信号处理机中完成。

7.3　单脉冲测角接收波束的形成方法

前面讨论相位和差单脉冲测角原理时，图 7.13 所示相位和差波束的形成方式是比较简单的。一个线阵被分为两个子天线阵，将它们接收的信号送单脉冲比较器（如混合接头），便可得到和差波束。对一个面阵，二维相扫面阵单脉冲接收波束的形成如图 7.14 所示。

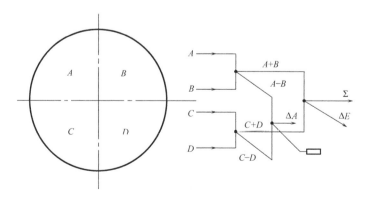

图 7.14　二维相扫面阵单脉冲接收波束的形成

在强制馈电的相控阵雷达中，若用此方案，先要将天线阵面 4 个象限所有单元的接收信号分别相加，得到 4 个子天线阵的输出信号，然后再传送到单脉冲比较器分别形成和波束（Σ）、方位差波束（ΔA）和仰角差波束（ΔE）。

7.3.1　和差接收波束的独立形成

单脉冲测角接收波束的形成方法在面天线中也常被采用，如机载火控雷达的平板裂缝天线即用此方法。

用上述简单形成和差单脉冲接收波束的方法，不能得到满意的差波束。这是因为该方式不能实现和差波束的独立馈电，无法解决"和差矛盾"问题。

单脉冲雷达接收系统有作用距离、测角精度和角灵敏度三个主要指标，这三个指标均与和差波束的形成有关。雷达作用距离与和波束的增益有关；角灵敏度与差波束的斜率有关；而测角精度与信噪比有关，相应地与和波束的增益有关，同时也与差波束斜率有关。因此，应当追求和波束增益与差波束斜率乘积的最大值。此外，还应考虑和波束与差波束的副瓣电平。这些要求与采用抛物面天线的单脉冲雷达是完全一致的[6]。

为提高雷达的作用距离和测角精度，要求和波束增益最大，故和波束天线口径照射函数应是均匀分布的。角灵敏度取决于差波束的斜率，为了得到最大的差斜率，差波束的天线口径照射函数应是线性奇函数。这时，和差波束的口径照射函数应分别如图 7.15（a）和图 7.15（b）所示。

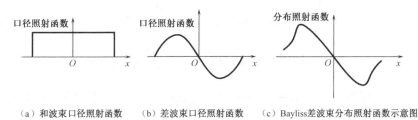

（a）和波束口径照射函数　　（b）差波束口径照射函数　　（c）Bayliss差波束分布照射函数示意图

图 7.15　和差波束的口径照射函数

若采用图 7.12 和图 7.14 所示方式来形成差波束，在均匀分布和波束口径照射函数的情况下，差波束的口径照射函数将为均匀分布的左右反向对称奇函数，其对应的差波束方向图的差斜率将不如线性奇函数照射函数对应的差方向图，副瓣电平也是比较高的，因而不能同时实现和波束增益最大与差波束斜率最陡，即存在"和差矛盾"[6]。

和波束副瓣电平可以通过幅度加权、密度加权或相位加权来降低。用线性奇函数分布时，差波束的副瓣电平是很高的。为了降低差波束的副瓣电平，其口径照射函数应具有图 7.15（b）所示的形式，以及如图 7.15（c）所示的 Bayliss 差波束分布照射函数[7]。这就要求和差波束分别、独立地进行馈电。

为了获得不同的口径照射函数以实现和差波束的低副瓣电平，在强制馈电阵列中，原则上可以分别对三个波束（$\Sigma, \Delta A, \Delta E$）各自独立地进行最佳照射函数的选择，从根本上解决"和差矛盾"，从而获得高增益的和波束与具有高斜率与低副瓣电平的差波束。

7.3.2 在子天线阵级别上实现和差波束的独立形成

在二维相扫的平面相控阵接收天线上，由于阵面中天线单元数目众多，有数千甚至数十万个，因而要在天线单元级别上形成独立的和差波束将造成设备量急剧增多与成本增加。比较合理的解决方法是将整个平面相控阵接收天线分成若干个子天线阵，如 M 个子天线阵，在子天线阵级别上去形成独立的符合单脉冲测量要求的多个接收波束。

为此，首先将天线阵面分为 4 个象限，每个象限划分为同样多的子天线阵，再按前面讨论的相位和差单脉冲测角原理，将 4 个对称子天线阵的接收输出信号通过子天线阵和差波束形成网络（即比较器），分别形成子天线阵的和差输出 Σ_i、ΔA_i 与 ΔE_i。将每个子天线阵比较器输出的 Σ_i、ΔA_i 与 ΔE_i 分别按各自的加权函数进行加权，得到独立最佳的三个波束，即

$$和波束相加器的输出 \Sigma = \sum_{i=1}^{M/4} w_i \Sigma_i$$

$$方位差波束相加器的输出 \Delta A = \sum_{i=1}^{M/4} w_i' \Delta A_i \qquad (7.23)$$

$$仰角差波束相加器的输出 \Delta E = \sum_{i=1}^{M/4} w_i'' \Delta E_i$$

在子天线阵级别上形成和差波束的接收系统（"丹麦眼镜蛇"）如图 7.16 所示。

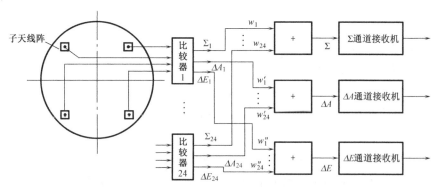

图 7.16　在子天线阵级别上形成和差波束的接收系统（"丹麦眼镜蛇"）

由于形成三个波束的加权系数是独立的，故三个波束可分别独立形成。此外，由于子天线阵数目已经不多，故实现独立馈电的和差波束的设计将大为简化，设备量将显著降低。

采用这种单脉冲测角接收系统的一个例子是美国"丹麦眼镜蛇"（Cobra Dane）相控阵雷达[8]，其天线阵面分为 96 个子天线阵，为了形成独立馈电的 Σ、ΔA 和 ΔE 波束，先将与阵列中心对称的 4 个子天线阵的输出信息传送至一个单脉冲比较器，获得 Σ_i、ΔA_i 和 ΔE_i 三个波束。由于共有 96 个子天线阵，故一共有 24 个这样的单脉冲比较器和 24 组波束。

另一个例子是美国海军 AEGIS 系统中使用的 S 波段 AN/SPY-1 相控阵雷达[9]，它共有 4480 个天线单元，每一个天线单元有一个移相器。4 个移相器由一个驱动器控制。每 32 个天线单元组成一个组件，因此一共有 140 个组件。两个组件结合成一个接收子天线阵，总共有 70 个接收子天线阵。每两个接收子天线阵结合成一个发射子天线阵，因此总共有 35 个发射子天线阵，有 35 部子天线阵发射机。和波束、方位差波束、仰角差波束在接收子天线阵级别上形成，得到独立馈电的和差波束，克服了抛物面单脉冲跟踪天线上的"和差矛盾"。

对一维相位扫描的相控阵雷达，如只在仰角上进行相位扫描，方位上机扫的三坐标雷达，由于天线单元数目较少（一般不高于 100），故实现独立馈电的和波束与仰角差波束不会有很大的设计困难。对一维线阵，将线阵分为若干子天线阵情况时，可采用 Zolotarev 分布实现和差波束的最佳分布[7]。

对并馈线阵，为了获得接近于图 7.15（c）所示的理想差波束分布照射函数，可以采用带均衡器的馈电网络，如图 7.17 所示。

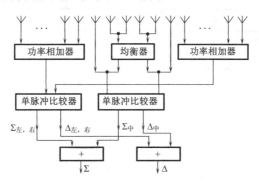

图 7.17 采用均衡器的相控阵单脉冲和差波束形成网络

由于均衡器的作用，阵列中心附近的单元，在差波束的口径照射函数中不再是最大值，而是接近于零，因此差波束口径照射函数接近于理想的情况。中间子天线阵与左右两个子天线阵分别形成和差波束后再相加,这与图 7.16 所示面阵的情况是一样的。同样可以将线阵分为更多的子天线阵,在子天线阵级别上实现独立的具有不同照射函数的和差波束,以满足和差波束的不同要求。我国第一部有源相控阵三坐标雷达天线中每一个行子天线阵中的馈源即为采用均衡器的单脉冲和差波束形成网络。

7.4　相控阵雷达接收系统噪声系数计算

相控阵雷达接收系统(简称相控阵接收系统)噪声系数或等效噪声温度是一个重要指标,在相当大程度上影响接收系统的构成与方案选择。在计算相控阵雷达接收系统噪声系数时,因其多通道特性与常规机扫雷达接收系统相比有其特殊性,需要先将接收馈电网络这一多通道系统转换成等效的单通道系统后即可计算。

相控阵接收系统的噪声系数与相控阵接收天线阵的系统构成有一定关系;无源相控阵接收天线与有源相控阵接收天线的系统噪声系数的计算有所区别;接收天线加权方法对整个接收系统噪声系数的计算也有影响。

7.4.1　无源相控阵接收通道噪声系数的计算

为了说明相控阵接收系统通道噪声系数的计算方法,先讨论图 7.18 所示的无源相控阵接收系统的噪声系数。

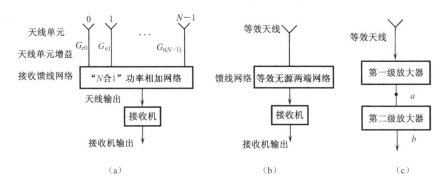

图 7.18　无源相控阵接收系统的简化构成图

图 7.18(a)所示接收系统是一个多通道系统,如能将其简化为图 7.18(b)所示的等效接收系统,则可按一般单路接收系统进行计算[10]。

1. 相控阵接收系统至单路接收系统的转换

首先要将接收天线阵转换为单路接收系统中的天线;其次是将功率相加网络

转换为一条等效的单通道接收传输线路。

1）相控阵接收天线阵至单路接收系统中天线的转换

图 7.18（a）可看成是一个简化了的包括天线单元与功率相加网络的相控阵接收系统，为了将由多个天线单元构成的阵列天线与一个普通雷达接收通道等同，将其当成一个等效天线，其条件是它们的天线单元增益应相等，故需要求出相控阵接收天线的等效增益。

相控阵接收天线的等效天线增益 G_a 与天线照射函数有关，可定义为

$$G_a = \frac{\left| \sum_{i=0}^{N-1} \sqrt{G_{ei}} a_i \mathrm{e}^{\mathrm{j}\Delta\varphi_i} \right|^2}{\sum_{i=0}^{N-1} a_i^2} \tag{7.24}$$

式（7.24）中，G_{ei} 为接收天线阵中第 i 个天线单元的功率增益。a_i 为第 i 个天线单元通道的幅度加权系数，它取决于降低天线副瓣电平的要求。它可由不等功率相加网络来实现，也可用每个单元通道中的衰减器来实现。$\Delta\varphi_i$ 为第 i 单元相对参考单元的"空间相位"与"阵内相位"之差，即第 i 单元接收到目标回波信号的相位与该通道中移相器提供的移相值之差。当 $\Delta\varphi_i$ 为零时，即移相器提供的"阵内相位差"与相邻单元"空间相位差"相位相等，符号相反时，便得到天线波束最大值方向的天线单元增益。

2）功率相加网络至等效单通道接收传输线段的转换

相控阵接收天线阵中的接收馈线网络，对最简单情况，即将图 7.18 中所示"N 合 1"功率相加网络视为一个等效无源两端网络，即一等效的传输线段，其条件是需求出功率相加网络的等效增益 G_r。

下面讨论求 G_r 的过程。设接收天线阵中第 i 个天线单元的增益为 G_{ei}，它接收到的信号功率为 P_o，则在第 i 个天线输出端即"N 合 1"功率相加网络输入端的输出功率 S_i 为

$$S_i = P_o G_{ei} \tag{7.25}$$

各个单元通道的接收信号经过"N 合 1"功率相加网络进行相加，在输出端的输出功率 S_{out} 为

$$S_{\mathrm{out}} = \left| \sum_{i=0}^{N-1} (S_i G_i)^{\frac{1}{2}} \mathrm{e}^{\mathrm{j}\Delta\varphi_i} \right|^2 \tag{7.26}$$

式（7.26）中，G_i 为功率相加网络中第 i 个输入端至输出端的增益。如果功率相加网络是等功率相加网络，且是无损的，则

$$G_i = 1/N, \quad i = 0,1,\cdots,N-1$$

如果功率相加网络是有损的，则

$$G_i < 1/N$$

当为了降低接收天线波束副瓣电平，功率相加网络设计为不等功率相加网络，如进行幅度加权时，功率相加网络各路的增益 G_i 是不等的，即有

$$G_i = G_m a_i^2$$

式中，G_m 为 G_i 的最大值，这时功率相加网络的输出功率 S_{out} 又可表示为

$$S_{out} = P_o G_m \left| \sum_{i=0}^{N-1} \sqrt{G_{ei}} a_i e^{j\Delta\varphi_i} \right|^2 \tag{7.27}$$

将等效天线增益式（7.24）代入，S_{out} 为

$$S_{out} = P_o G_a G_m \sum_{i=0}^{N-1} a_i^2 \tag{7.28}$$

若将其写为单路接收系统的输出，即

$$S_{out} = P_o G_a G_r \tag{7.29}$$

则由式（7.28）和式（7.29）可得等效的普通单路接收系统中功率相加网络增益 G_r，即

$$G_r = G_m \sum_{i=0}^{N-1} a_i^2 \tag{7.30}$$

对功率相加网络等效增益或传输函数 G_r 的讨论如下：

（1）如果"N 合 1"功率相加网络是无损的无源功率相加网络，则 $G_m = 1/N$，G_r 为

$$G_r = \frac{1}{N} \sum_{i=0}^{N-1} a_i^2$$

式中，在阵中心部位单元的幅度加权系数 a_i 为 1，按所用的天线孔径照射函数，从阵中心往阵列两边，a_i 值逐渐降低，除 $i=0$ 外，a_i 均小于 1。

（2）实际上"N 合 1"功率相加网络均是有损的，每个单元通道中包含的多个射频传输线段的损耗均可折算至功率相加网络该通道中的损耗。

一般情况下，每一通道中的损耗均可看成是相等的，即使各通道中的损耗不完全相等，也可将其平均值当成各通道的共有损耗，而将与此平均值的差当成功率相加网络的随机幅度误差。

若功率相加网络各通道中的公共损耗或平均损耗表示为 L_r（L_r 大于 1），则 G_m 与 G_r 可分别表示为

$$G_m = \frac{1}{NL_r}$$
$$G_r = \frac{1}{N} \times \frac{1}{L_r} \sum_{i=0}^{N-1} a_i^2 \tag{7.31}$$

对于损耗为 L_r 的等功率相加网络，因 $a_i=1$，$i=0, 1, \cdots, N-1$，故其等效增益 G_r 为

$$G_r = \frac{1}{L_r} \tag{7.32}$$

（3）功率相加网络的增益 G_r 与各通道之间信号的相位无关。N 路信号同相相加的特点在等效天线增益 G_a 中已经加以考虑。

将接收阵列天线与其中的功率相加网络分别转换为具有同样功能与特性的单通道天线和两端口网络后，就可按普遍雷达的单通道接收系统来计算图 7.18 所示的无源相控阵天线系统的噪声系数。

2. 单通道接收系统噪声系数的计算

上述无源相控阵接收天线构成等效于天线与功率相加网络的串联系统，其系统噪声系数的计算可参考图 7.19 所示的两级放大器串联的接收系统，在不考虑天线外部噪声的情况下，其噪声系数的计算过程较为简单。

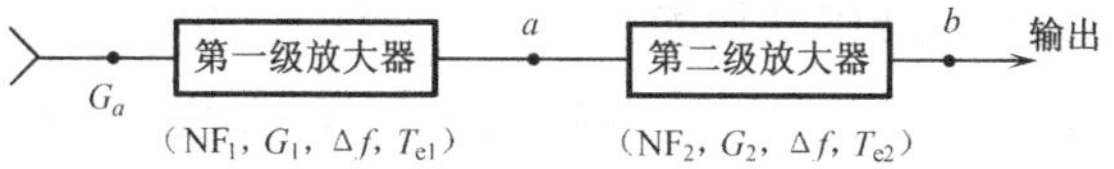

图 7.19　计算两级放大器接收系统噪声系数的主要参数表示

首先简要回顾有关噪声系数与噪声温度等的基本概念。

1）接收系统噪声系数与等效噪声温度及其关系

噪声系数（NF）定义为接收机输入端的信号噪声比（信噪比）(S_i/N_i) 与输出端信号噪声比 (S_o/N_o) 之间的比值。由于接收机自身噪声的引入，接收机输出端的信噪比必定较输入端的信噪比低，因此接收机噪声系数是大于 1 的系数。优良的接收机自身引入的噪声很小，接收机输出端的信噪比与输入端的信噪比相比较，降低不多，噪声系数越小，就越接近于 1。按此定义，NF 可表示为

$$NF = \frac{S_i/N_i}{S_o/N_o} \tag{7.33}$$

式（7.33）中，S_i, S_o, N_i, N_o 分别表示接收机输入与输出端的信号功率和噪声功率，考虑到接收机输入端的噪声功率 $N_i=KT_0\Delta f$，接收机的增益为 G，则 NF 又可表示为

$$NF = \frac{N_o}{KT_0\Delta f G} \tag{7.34}$$

接收机输出噪声功率 N_o 可看成由两部分构成，一是接收机输入端的噪声经过放大的噪声功率，另一部分是接收机自身引入的附加噪声功率 ΔN，即有

$$N_o = KT_0\Delta f G + \Delta N \tag{7.35}$$

将式（7.35）代入式（7.34），可得噪声系数的另一表达式，即

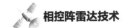
$$NF = 1 + \frac{\Delta N}{KT_0 \Delta f G} \tag{7.36}$$

如果将接收机附加噪声功率 ΔN 表示为

$$\Delta N = KT_e \Delta f G \tag{7.37}$$

式（7.37）中，T_e 定义为接收机的等效噪声温度，显然 T_e 值越高，接收机自身引入的附加噪声功率越大，接收机性能越不好。将式（7.37）代入式（7.36），可得接收机噪声系数的另一表达式，此式也是接收机噪声系数与接收机等效噪声温度之间的关系式，即

$$NF = 1 + T_e / T_0 \quad 或 \quad T_e = (NF - 1)T_0 \tag{7.38}$$

从 T_e 定义可以看出，接收机等效噪声温度是与接收机自身引入的附加噪声有关的定义，它与接收机噪声系数一样，表述了接收机的灵敏度。如果将天线噪声温度考虑进去，则 T_e 或 NF 均可表述整个接收系统的灵敏度。

2）无源两端网络的噪声系数与噪声温度

一个无源馈线元件或传输线段实际是一个无源两端网络，由于信号通过它传输时，总会存在或多或少的损耗，令此损耗为 L（L 以大于 1 的正数表示），故总会造成传输线段输出端信噪比的损失。由于无源两端网络输出端的噪声功率仍为 $(KT_0 \Delta f)$，故按式（7.34），可得其噪声系数

$$NF = 1 / G = L \tag{7.39}$$

式（7.39）中，G 为无源两端网络的增益，L 表示该网络的损耗，因而 $G=1/L$，且 $G<1, L>1$。

相应地，无源两端网络的等效噪声温度 T_e 为

$$T_e = (1 / G - 1)T_0 = (L - 1)T_0 \tag{7.40}$$

无源两端网络因其损耗使信号传输受到损失，这部分信号损失的功率转换成了热噪声。网络损耗越大，信号损失越大，在网络输出端的信噪比较输入端的信噪比就降低得越多。

3）多级串联接收系统噪声系数与噪声温度的计算

图 7.19 中两级放大器的有关系统噪声系数计算的参数分别是它们的噪声系数（NF_1, NF_2）或噪声温度（T_{e1}, T_{e2}）、放大器增益（G_1, G_2），工作带宽（$\Delta f_1, \Delta f_2$）。在第一级输出端（a 点）的噪声功率 N_a 为

$$N_a = KT_0 \Delta f \, NF_1 G_1$$

经过第二级放大后，在第二级输出端（b 点）N_a 提供的噪声功率分量 N_{b1} 为

$$N_{b1} = KT_0 \Delta f \, NF_1 G_1 G_2 \tag{7.41}$$

第二级放大器自身引入的附加噪声功率在第二级输入端为

$$KT_e\Delta f = K(\text{NF}_2 - 1)\Delta f$$

经过第二级放大器放大，在其输出端的附加噪声功率 N_{b2} 为

$$N_{b2} = K(\text{NF}_2 - 1)\Delta f G_2 \tag{7.42}$$

第二级放大器输出端的总噪声功率 N_{o2} 为 N_{b1} 与 N_{b2} 之和，即

$$N_{o2} = KT_o\Delta f \left[\text{NF}_i G_1 G_2 + (\text{NF}_2 - 1)G_2 \right] \tag{7.43}$$

两级放大器构成的接收系统的噪声系数 NF 按式（7.34），可求得为

$$\text{NF} = \text{NF}_1 + \frac{\text{NF}_2 - 1}{G_1} \tag{7.44}$$

相应地，两级放大器系统的等效噪声温度 T_e 为

$$T_e = T_{e1} + T_{e2}\frac{1}{G_1} \tag{7.45}$$

同理，多级放大器系统的噪声系数与噪声温度分别为

$$\text{NF} = \text{NF}_1 + \frac{1}{G_1}(\text{NF}_2 - 1) + \frac{1}{G_1 G_2}(\text{NF}_3 - 1) + \cdots \tag{7.46}$$

$$T_e = T_{e1} + \frac{1}{G_1}T_{e2} + \frac{1}{G_1 G_2}T_{e3} + \cdots \tag{7.47}$$

3. 无源相控阵接收天线系统噪声系数的计算

典型的无源相控阵接收系统及其等效单通道接收系统如图 7.20 所示。各个单元通道中包括移相器及其他射频传输线段，这些传输线段的损耗可归结到移相器损耗中去；此外，接收天线阵中的"N 合 1"功率相加网络可以转换成一个等效的无源两端网络；在功率相加网络的输出端接有低噪声放大器，之后接有混频器与中频放大器。与计算接收系统噪声系数或噪声温度有关的各级参数如下：

（1）对第一级（移相器），因损耗为 L_1，故增益 $G_1=1/L_1$；$\text{NF}_1=L_1$；$T_{e1}=(L_1-1)T_o$。

（2）对第二级（功率相加网络），损耗 L_c 即式（7.40）中的 L，它取决于"N 合 1"功率相加器的路数，如一个"二合一"功率相加器的损耗约为 0.1～0.2dB，对 $N=2^k$ 合一的功率相加网络，损耗约为 0.1k～0.2k dB。

功率相加网络的增益

$$G_c = \frac{1}{L_c} \times \frac{1}{N}\sum_{i=0}^{N-1}a_i^2 \tag{7.48}$$

$$\text{NF}_2 = 1/G_c, \quad T_c = (1/G_c - 1)T_o \tag{7.49}$$

（3）对第三级（低噪声放大器），低噪声放大器的增益为 G_3，其噪声系数与噪声温度分别为 NF_3 及 T_{e3}。

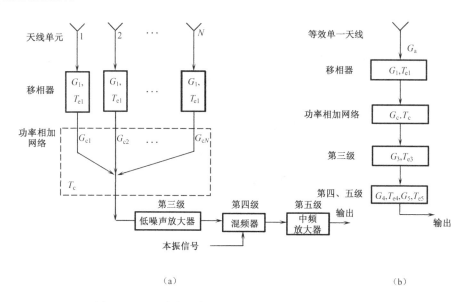

图 7.20　无源相控阵接收系统及其等效单通道接收系统

（4）对第四级（混频器），增益为 G_4（$G_4<1$），其噪声系数与噪声温度分别为 NF_4, T_{e4}。

（5）对第五级（中频放大器），其有关参数为 G_5, NF_5, T_{e5}。

按式（7.46）与式（7.47），整个接收系统噪声系数与系统噪声温度 NF 及 T_e 分别为

$$NF = L_1 + \left(\frac{1}{G_c} - 1\right)L_1 + (NF_3 - 1)L_1 L_c + (NF_4 - 1)L_1 L_c / G_3 + (NF_5 - 1)L_1 L_c /(G_3 G_4)$$

（7.50）

$$T_e = (L_1 - 1)T_o + \left(\frac{1}{G_c} - 1\right)T_o L_1 + T_{e3}L_1 / G_c + T_{e4}L_1 /(G_c G_3) + T_{e5}L_1 /(G_c G_3 G_4)$$ （7.51）

影响整个接收系统噪声系数的主要是前三项。

7.4.2　有源相控阵接收天线噪声系数的计算

在有源相控阵接收天线中，每一个天线单元通道中均含有一个射频低噪声放大器，该放大器之后才是移相器，可能还包括一些其他射频器件，如限幅器、滤波器、衰减器及传输线段，它们的损耗及增益对噪声温度的贡献均可归入图 7.21 所示的低噪声放大器组件之中。在图 7.21 所示的低噪声放大器组件内只标明了低噪声放大器（LNA）与移相器，在各单元通道中从放大器组件输出端至功率相加网络输入端之间的传输线损耗也可将其归入移相器损耗之中来加以考虑。

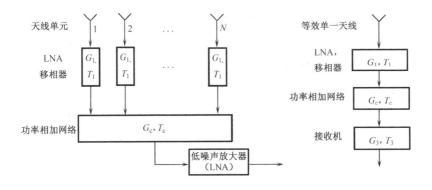

图 7.21　有源相控阵接收天线阵列及其等效单通道接收系统示意图

接收天线阵中的功率相加网络，按前面所述方法转换成单路的无源两端网络，之后，噪声系数计算过程就与前面无源相控阵接收天线时一样了。

与计算系统噪声系数或噪声温度有关的各级参数为：

（1）对第一级（LNA 与移相器），LNA 的噪声系数与增益分别为 $\mathrm{NF_{LNA}}$ 及 G_{LNA}；移相器损耗为 L_{ph}，相应移相器的噪声系数 $N_{\mathrm{ph}}=L_{\mathrm{ph}}$，则第一级放大器的噪声系数 $\mathrm{NF_1= NF_{LNA}}+L_{\mathrm{ph}}/G_{\mathrm{LNA}}$，噪声温度 $T_1=(\mathrm{NF_1}-1)T_0$，第一级放大器的总增益 $G_1=G_{\mathrm{LNA}}/L_{\mathrm{ph}}$。

（2）对第二级（功率相加网络），损耗为 L_2，总增益 $G_{\mathrm{c}}=\dfrac{1}{L_2}\times\dfrac{1}{N}\sum\limits_{i=0}^{N-1}a_i^2$。

对均匀加权阵，因 $a_i=1$，$i=0,1,\cdots,N-1$，故 $G_2=1/L_2$。

第二级的噪声系数 $\mathrm{NF_2}=1/G_{\mathrm{c}}$，噪声温度 $T_{\mathrm{e2}}=(1/G_{\mathrm{c}}-1)T_0$。

如在功率相加网络之后又有若干级放大器，如图 7.21 所示的低噪声放大器，则整个接收系统的噪声系数或噪声温度同样按式（7.46）和式（7.47）计算。

对大型有源相控阵天线，图 7.21 所示的接收系统可看成是一个子天线阵的有源相控阵接收系统；用同样的方法，可以计算出整个接收天线阵的系统噪声系数与等效噪声温度。根据以上讨论可以看出，在有源相控阵雷达中，接收前端的低噪声放大器（LNA）除应降低自身噪声系数外，还应具备较高的增益（G_1），以便降低后面功率相加网络的损耗对系统噪声系数的影响。

7.5　相控阵雷达接收系统动态范围计算

大家熟知，在雷达接收系统设计中，动态范围是一个重要的指标。相控阵雷达接收系统的动态范围与常规单通道接收系统相比较，同样因为其多通道特性而有一定差别。由于采用分布式接收机，因而在天线阵面单元通道级别与波束形成

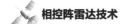

后的接收通道级别上有不同的动态范围要求。特别是对一些远程及超远程相控阵雷达，因其要观测的目标距离可能高达数千千米甚至超过 10 000km，因而相控阵雷达接收机动态范围的设计就更显重要。

对于战术相控阵雷达来说，虽然对雷达作用距离要求较观测空间目标的超远程相控阵雷达来说要少许多，但因为需要观测多种目标，包括观测隐身目标和其他低可观察目标，目标的 RCS 有很大的变化，因而对接收系统动态范围设计也有很高的要求。

对相控阵雷达接收系统动态范围的要求与其接收的三大类信号有关。

（1）雷达希望探测的信号。它包括雷达发射天线辐射信号经目标反射回到雷达接收天线的信号，即目标回波信号；另一类希望探测到的信号是来自空间不同方向辐射源的信号，如当需要将雷达接收系统用作无源探测时或通信接收时，即属于这种情况。

（2）杂波信号。各种背景目标，如地面、海面、雨雪等反射回来的杂波信号。在雷达接收机与信号处理机中，这些信号与目标回波信号同时到达，且往往较目标回波信号强度高许多，因此被作为有害信号而加以抑制；但在另一些情况下，如对于成像雷达、气象雷达、海情监视雷达，地面、海面、雨雪等要作为需要进行观测的目标信号来加以处理，或与运动目标回波同时进行处理。高强度杂波信号给雷达接收系统提出了增大其动态范围的要求。

在相控阵雷达接收系统设计中，不仅应考虑杂波信号对提高接收系统动态范围的要求，还应利用相控阵天线工作特点来降低和抑制杂波信号的其他影响。

（3）有源干扰信号，有源干扰信号包括敌方有意施放的干扰信号和友方雷达信号或其他无线电设备如通信等产生的干扰信号。有源干扰信号可来自不同的空间方向，比雷达目标回波信号在强度上可能高出数十分贝，因此，同样需要提高相控阵雷达接收系统的动态范围并利用相控阵雷达接收天线的空域滤波特性来加以抑制。

7.5.1 相控阵雷达接收系统动态范围

相控阵雷达接收系统动态范围与一般单路接收系统的差别也是因其多通道特性带来的。在讨论相控阵雷达接收系统动态范围的计算之前，先回顾有关接收系统动态范围的一些基本概念。

1. 影响接收系统动态范围的主要因素

雷达接收系统信号动态范围 D_r 定义为接收系统的最大接收信号与最小接收

信号功率之比，即

$$D_r = P_{i\max} / P_{i\min} \qquad (7.52)$$

式（7.52）中，$P_{i\max}$ 与 $P_{i\min}$ 分别为接收系统输入端接收信号的最大与最小功率。接收系统接收信号的最小功率 $P_{i\min}$ 通常以接收系统的内部噪声功率代替，因此动态范围便可定义为最大接收信号的功率与接收系统内噪声功率之比，即

$$D_r = P_{i\max} / P_n \qquad (7.53)$$

式（7.53）中

$$P_n = kT_o \Delta f \qquad (7.54)$$

按此定义，考虑决定动态范围的各项因素，以分贝数表示的动态范围 D_r 为

$$D_r = D_R + D_{RCS} + D_{SN} + D_F \qquad (dB) \qquad (7.55)$$

式（7.55）中，动态范围各个分项分别为

（1）D_R 表示雷达观测目标各回波信号功率随目标距离远近变化的范围。因目标回波信号强度与其所在距离的 4 次方成正比，故

$$D_R = 10\lg(R_{\max} / R_{\min})^4 \qquad (dB) \qquad (7.56)$$

（2）D_{RCS} 为目标 RCS 的变化范围，取决于要观测目标的最大值与最小值

$$D_{RCS} = 10\log(RCS_{\max} / RCS_{\min}) \qquad (dB) \qquad (7.57)$$

（3）D_{SN} 是雷达接收系统检测、跟踪目标或提取目标信号要求的信噪比，故

$$D_{SN} = S/N \qquad (dB) \qquad (7.58)$$

（4）D_F 是当接收通道频带宽度大于接收系统内噪声功率 P_n 计算公式中的信号带宽Δf，即当接收通道的频带宽度大于信号带宽Δf时，接收机内部噪声功率大于按式（7.54）计算的 P_n 的分贝数，即

$$D_F = B_C / \Delta f \qquad (7.59)$$

式（7.59）中，B_C 为相控阵雷达接收天线通道内的频带宽度。B_C 大于信号带宽Δf的情况是有可能出现的，如在接收机前端，其通道带宽往往远大于信号工作带宽，特别是宽带雷达，当窄带信号工作时，如通道中没有调谐带通滤波器，在匹配接收系统之前的通道接收机内的噪声功率就将上升。

实际上对接收系统动态范围的要求并不完全按式（7.55）来计算，因按式（7.55）计算可能得出非常高的要求。以式（7.55）中的第一项 D_R 为例，它与雷达最大和最小作用距离有关。在雷达系统设计阶段，通常 $R_{\max}$ 已经确定，而 $R_{\min}$ 则有一定调节余地。对超远程相控阵雷达来说，若 $R=3000$km，如果同时还要求 $R_{\min}=30$km，则仅仅 D_R 这一项就达到 80dB 的要求，显然这一要求太高，此时应进行折中，一是放宽对 $R_{\min}$ 距离的要求，另外就是从相控阵雷达工作方式安排上加以解决，可将雷达观测距离的范围分为若干段，如将雷达观测距离分为中远程和中近程两段，分别用不同脉宽信号进行观察；对远距离段，允许更大的

R_{min}；对近距离段，允许最小的 R_{min}；若大体上保持 R_{max}/R_{min}=10，则只要求 D_r=40dB 即可。

D_{RCS} 与观察目标的性质、大小和起伏程度有关。要观测 RCS=10m² 以上大型目标与 RCS=0.01m² 以下的小目标，RCS 的变化范围将达到 30dB，因此 D_{RCS} 取 30dB 是必要的，但因在 R_{max} 不可能观察到小 RCS 目标，故这一指标仍有调节余地。

从相控阵雷达信号检测与多目标跟踪出发，要求单个脉冲的信噪比多在 10～20dB 范围，这是因为相控阵雷达通常工作在较少的雷达探测脉冲数条件下，所以对单脉冲信噪比的要求高，就是说 D_{SN} 在 10～20dB 范围内。

单考虑以上三项，接收机的动态范围应在 80～90dB 量级，如再考虑杂波与有源干扰，则对接收机动态范围的要求值还应增加。

2. 杂波与有源干扰对接收系统动态范围的影响

1）杂波强度的影响

在有杂波存在的情况下，需要对动态范围 D_r 计算公式中反映目标 RCS 的分量 D_{RCS} 进行修正。

杂波分为面杂波与体杂波，它们的有效散射面积 σ_C 与杂波特性和雷达角度分辨率、距离分辨率等有关。

对于来自地面、海面的杂波，当目标距离为 R、信号脉冲宽度为 τ、方位波束半功率点宽度为 $\Delta\varphi_{1/2}$ 时，地面或海面杂波的 σ_C 为

$$\sigma_C = R\Delta\varphi_{1/2}\left(\frac{c\tau}{2}\right)\sec\beta\sigma_0 \tag{7.60}$$

式（7.60）中，β 为图 7.22 所示雷达波束的入射余角或擦地角，σ_0 为归一化的反射系数，它是被雷达发射波束照射地域的有效反射面积与实际面积之比。σ_0 与地面或海面的面反射系数 γ 及擦地角 β 有关，即

$$\sigma_0 = \gamma\sin\beta \tag{7.61}$$

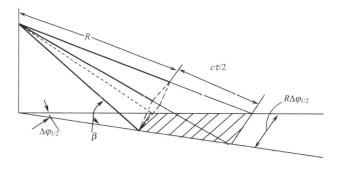

图 7.22　面杂波 σ_C 的计算示意图

对地基雷达与船载雷达，因擦地角 β 值很小，$\sec\beta\approx1$，故式（7.60）又可表示为

$$\sigma_{C1} = R\Delta\varphi_{1/2}\left(\frac{c\tau}{2}\right)\sigma_0 \tag{7.62}$$

而对机载雷达，因 β 值较大，则可将式（7.61）代入式（7.60），得

$$\sigma_{C1} = R\Delta\varphi_{1/2}\left(\frac{c\tau}{2}\right)\gamma\tan\beta \tag{7.63}$$

位于距离 R 的雨、雪等产生的气象杂波及无源干扰箔片等是一种体杂波，它的有效反射面积 $\sigma_{C\gamma}$ 由图 7.23 可得其计算公式为

$$\sigma_{C\gamma} = V\gamma = \pi R^2 \Delta\varphi_{1/2}\Delta\theta_{1/2}\left(\frac{c\tau}{2}\right)\gamma \tag{7.64}$$

式（7.64）中，V 为一个空间分辨单元的体积，它可近似地看作一个椭圆柱体，它取决于天线波束在方位与仰角上的半功率点宽度 $\Delta\varphi_{1/2}$ 和 $\Delta\theta_{1/2}$ 与信号脉宽 τ。γ 为单位体积内雨、雪或箔片等的有

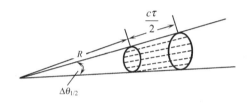

图 7.23　体杂波有效散射面积 $\sigma_{C\gamma}$ 的计算示意图

效散射面积（体反射系数），它除与气象目标的性质、强度等有关外，还与雷达信号波长等有关。例如，当降雨量为 20mm/h，波长 $\lambda=10$cm 时，$\gamma\approx0.5\times10^{-7}$[11]。

2）有源干扰的影响

有源干扰产生的高功率接收信号对相控阵雷达接收系统动态范围的影响与机扫雷达相比要减轻一些，但仍是一个应认真考虑的问题。从雷达接收天线主瓣与从雷达接收天线副瓣进入的有源干扰在强度上有很大差别，其计算可参见雷达抗主瓣干扰与抗副瓣干扰自卫距离的计算进行[12]。对雷达的有源干扰，特别是从雷达接收天线主瓣进入的宽带阻塞式干扰，也将大大超过雷达接收系统的内噪声电平。

强的干扰信号不仅会掩盖有用信号的接收，还会与接收到的目标回波信号之间产生交叉调制项，从而转移部分信号能量。

3. 对接收系统动态范围的计算

对整个雷达接收系统动态范围如果按式（7.55）中的各项分别计算并进行相加，将其作为对接收系统动态范围的要求，则可能会得出很高的要求，难以实现。实际上，如考虑以下情况，也可降低式（7.55）确定的要求，这是因为：

（1）当雷达最大作用距离为 R_{max} 时，雷达并不能检测有效面为 σ_{min} 的目

标，在 $R=R_{\max}$ 时，雷达只能检测 $\sigma>\sigma_d$ 的目标，这里 σ_d 为雷达设计时确定的标准目标反射面积，如 $\sigma_d=1\text{m}^2$，在 $R=R_{\max}$ 时不能检测 $\sigma=\sigma_{\min}$ 的目标，雷达探测距离只能达到 R_1，即

$$R_1 = R_{\max}\left(\frac{\sigma_{\min}}{\sigma_d}\right)^{1/4} \tag{7.65}$$

最大探测距离与最小探测距离之比为距离引起的动态范围 D_R，D_R 的表示式可写为

$$D_R = 10\lg(R_{\max}/R_{\min})^4 = 10\lg\left(\frac{R_{\max}}{R_1}\times\frac{R_1}{R_{\min}}\right)^4$$
$$= 10\lg\left(\frac{R_{\max}}{R_1}\right)^4 + 10\lg\left(\frac{R_1}{R_{\min}}\right)^4 = D_{R_1} + D_{R_2} \tag{7.66}$$

因对 $\sigma\leqslant\sigma_{\min}$ 的目标 $R\leqslant R_1$，式（7.66）中的第一项 D_{R_1} 便不会产生，因而此式对接收系统动态范围的要求便只需考虑 D_{R_2} 这一项，即

$$D_R = 10\lg(R_1/R_{\min})^4$$

（2）考虑杂波有效反射面积所在距离 R_C 的影响

在大多数情况下 $\sigma_C>\sigma_{\max}$，但杂波所在距离 $R_C<R_{\max}$，故计算接收系统动态范围中 D_R 与 D_σ（D_σ 是所检测目标的最大 RCS 与最小 RCS 的比值）两项时，应选择 D_R+D_σ 中的大者，即可选以下两式中的大者作为接收系统动态范围的要求

$$D_R + D_\sigma = 10\lg(R_{\max}/R_{\min})^4 + 10\lg(\sigma_{\max}/\sigma_{\min})$$
$$D_R + D_\sigma = 10\lg(R_C/R_{\min})^4 + 10\lg(\sigma_C/\sigma_{\min}) \tag{7.67}$$

7.5.2 相控阵雷达接收系统中各级放大器的动态范围

相控阵雷达接收系统是多通道的多级系统，在不同级别位置上的放大器有不同的动态范围要求，这一点区别于常规单通道雷达接收系统。

1. 对天线单元通道中接收系统的动态范围要求

典型的相控阵雷达接收系统放大器分级示意图如图 7.24 所示。

天线单元通道中设置低噪声放大器（LNA）是为了降低相控阵接收子天线阵中相加网络的损耗，相应地有利于降低接收系统的噪声温度。采用有源相控阵天线时，每一 T/R 组件中的低噪声放大器（LNA）即是为此目的而设置的。

由于整个天线阵面有 N 个单元，每个天线单元接收到的信号功率与同样增益的单天线、单路接收系统中的低噪声放大器相比，其接收到的信号功率只有后者

的 1/N，因而每个天线单元通道中放大器的动态范围要求可降低 10lg$N$（dB）。

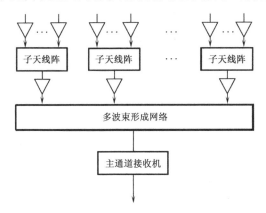

图 7.24 典型的相控阵雷达接收系统放大器分级示意图

此外，目前绝大多数相控阵雷达均采用脉冲压缩信号，因为在单元通道低噪声放大器中，接收回波信号尚未进行压缩，回波信号峰值功率还低于噪声电平，因此对脉冲压缩比为 D 的信号，对单元通道接收系统动态范围的要求又可降低 10lg$D$。

令 D_r 是按式（7.55）计算的对整个接收系统动态范围的要求，若以 D_{AL} 表示对单元通道中低噪声放大器动态范围的要求，则以分贝表示的 D_{AL} 为

$$D_{AL} = D_R - 10\lg N - 10\lg D \quad \text{（dB）} \tag{7.68}$$

式（7.68）中，N 为天线单元总数，D 为信号的脉冲压缩比或信号的时宽带宽积。

例如，若对接收机总的动态范围要求为 100dB，则当 N=1000，信号的脉冲压缩比（信号时宽带宽积）D=1000 时，对单元通道低噪声放大器的动态范围 D_{AL} 的要求只有 40dB。

由于对单元通道中低噪声放大器动态范围的要求有所降低，因此可适当允许这一级放大器的带宽大于信号带宽，即 LNA 的通带宽度大于信号瞬时带宽的宽度，亦即允许在带宽上不完全匹配。

2. 子天线阵接收系统的动态范围要求

无论每个单元通道中是否设置低噪声放大器，即相控阵接收天线是否是有源相控阵天线，在子天线阵级别上均必须设置低噪声放大器。将相控阵接收天线阵分为若干个子天线阵有不同的出发点，如在子天线阵级别上形成多个相控阵接收天线波束，比在天线单元级别上形成多个接收波束可以大大降低多个波束形成所需的设备量并降低成本。

若相控阵接收天线中有 m 个子天线阵，每个子天线中天线阵单元数目大体相等，则子天线阵接收机的动态范围 D_{SA} 可降低 $10\lg m$，即

$$D_{SA} = D_R - 10\lg m \qquad \text{(dB)}$$

同样，对子天线阵接收系统中的高频放大器与中频放大器，在脉冲压缩之前的各级，其动态范围要求还可以再降低 $10\lg D$。

3. 主通道接收系统

图 7.24 只示出了一路接收波束的主通道接收系统。各子天线阵接收系统的输出在接收波束形成网络中实现同相相加后得到，对这一路接收系统的动态范围应按式（7.55）计算，其中有关目标最小反射面积及杂波有效反射面积等因素的影响按式（7.66）和式（7.67）加以修正即可。

7.5.3 压缩动态范围措施

提高接收系统的动态范围，使雷达接收系统在强杂波干扰与有源噪声干扰条件下不出现饱和而无法检测目标，不因接收系统出现非线性效应而产生有源和无源干扰信号与目标回波信号的交叉调制导致的信号能量转移，这些都要求提高接收系统的动态范围。随着接收系统动态范围要求的增加，接收阵设计应考虑的因素增加，对接收系统各级增益的分配、各级信号电平的计算要更加注意，设备量也可能增大，作为接收系统输出部分的模数变换器的位数也将随之增加。

任何物理可实现的接收系统，其输出电平总是受到限制的，不可能任意增大；输入信号变化范围越大，对接收系统动态范围的要求就越高。在接收系统输出电平固定的情况下，就要求在接收通道中某一级上将整个信号电平降下来，也就是说要有降低接收系统动态范围的措施。在一般单通道接收系统中，行之有效的压缩动态范围的措施也可在相控阵接收系统中采用，有一些则是相控阵接收系统中特有的。主要的压缩动态范围的措施有以下三种。

1. 采用时间灵敏度控制

为了压缩主通道接收系统输入信号的动态范围，雷达中常采用时间灵敏度控制（STC），这一措施主要用于降低雷达近距离大目标的回波强度。由于 STC 提供的接收系统输入端信号的衰减特性是随距离远近变化的，近距离的衰减大，远距离的衰减小。因此，如果雷达接收回波信号正好在 STC 作用的时间区段内，而且雷达接收信号是大时宽的线性调频（LFM）信号时，该信号经 STC 的衰减作用后，信号幅度将严重失真，导致脉冲压缩后信号的时间副瓣提高，信号波形主

瓣展宽，距离分辨率降低。而相控阵雷达中广泛采用线性调频脉冲压缩信号，特别是远程、超远程相控阵雷达与宽带相控阵雷达更是如此。因此，在采用大时宽带宽积信号的相控阵雷达接收系统中 STC 的选用要慎重，如在有源相控阵接收天线系统中，考虑到单元通道级别上低噪声放大器的动态范围，根据前面的讨论，可以降低 $10\lg N + 10\lg D$（dB），其中 N 为有源接收阵中天线单元的数目，$D = T\Delta f$，为脉冲压缩比，即信号的时宽带宽积。因此，只要阵列单元通道中的低噪声放大器满足动态范围要求，便不必在该级别的低噪声放大器中设置 STC，而改在后面的子天线阵接收机通道或主通道接收机中采用 STC。

2. 按目标远近分程设置雷达工作方式与信号波形

为了降低因目标远近及目标大小变化确定的相控阵接收信号的动态范围，可利用相控阵雷达波束扫描的灵活性，对远程及近程目标分别安排不同的信号形式与不同的雷达检测方式。

图 7.25 所示为将目标搜索范围分为中远程与中近程两种状态时的情况。

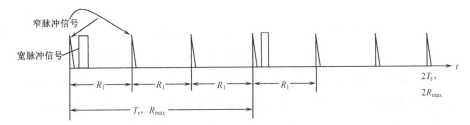

图 7.25　分段检测对降低雷达接收系统动态范围的示意图

将远程搜索与近程搜索分开之后，在中近程搜索时间内，信号波形为较窄的脉冲信号，这一段时间内动态范围中作用距离项 D_R 按 R_1 与 R_{min} 计算，目标大小变化也按 σ_{max} 及 σ_{min} 进行考虑。所以，在中近程距离段由作用距离和目标反射面积决定的信号动态范围分量 $D_{1R} + D_{1\sigma}$ 为

$$D_{1R} + D_{1\sigma} = 40\lg(R_1 / R_{min}) + 10\lg(\sigma_{1max} / \sigma_{1min}) \qquad (7.69)$$

在远程搜索段内，动态范围中作用距离项 D_R 取决于 R_{max} 与 R_1；R_{max} 为雷达要求的最大作用距离，R_{min} 为中远程搜索工作方式中的最小作用距离，它远高于原雷达要求的最小作用距离，因此由

$$D_R = 40\lg(R_{max} / R_1)$$

可得出，对中远程距离，由作用距离决定的动态范围可降低为

$$\Delta D_R = 40\lg(R_1 / R_{min}) \quad (\text{dB}) \qquad (7.70)$$

例如，若 $R_1=R_{max}/3$，$R_{min}=R_{max}/10$，则在中近程距离段，对接收系统动态范围的要求可降低约 20dB；而在中远程距离段内进行搜索，则对接收系统动态范围的要求较原来降低

$$\Delta D_R = 40\lg(10/3) = 21\text{dB}$$

3. 采用子天线阵结构及数字脉冲压缩

将相控阵接收天线分为 M 个接收子天线阵，每个子天线阵有一子天线阵接收系统。在存在强有源干扰情况下，根据子天线阵接收系统的输出可判断强有源干扰是否存在，根据各子天线阵接收系统输出干扰信号之间的相位差可判断有源干扰的来波方向（DOA），据此可在子天线阵内通过改变各单元通道内的移相器（在有源相控阵接收天线下，还可改变 T/R 组件中的移相器和衰减器），先在子天线阵级别上实现天线接收波束在干扰方向的自适应调零，将有源干扰噪声电平滤除一部分，从而改善接收系统的动态范围。

采用子天线阵结构后，信号经子天线阵接收通道中的信号放大，进行数字量化，转入在数字信号处理机中实现信号的空间合成与脉冲压缩。在数字信号处理机中实现空间合成即形成天线波束，实现雷达接收机的空间选择功能；对信号进行脉冲压缩和脉冲多普勒处理（信号的频域处理）。这将有利于降低对相控阵接收系统动态范围的要求。这样，整个接收系统的动态范围主要取决于从子天线阵至子天线阵接收系统这一部分，因而较单路接收系统对动态范围的要求降低。

可降低的整个接收动态范围（D_r）要求包括如下两部分。

（1）子天线阵接收系统带来的改善

$$\Delta D_{SAR} = 10\lg m \tag{7.71}$$

（2）脉冲压缩在计算机中实现带来的改善

$$\Delta D_{PC} = 10\lg(T\Delta f) \tag{7.72}$$

式（7.72）中，T 与 Δf 分别为脉冲信号的时宽与带宽。显然，增加子天线阵的数目 m，即减少了子天线阵内天线单元数目，将有利于降低接收系统动态范围的要求。

参考文献

[1] RAO J B L, TRUNK G V, PATEL D P. Two Low-Cost phased Array Arrays[J]. IEEE Aerospace and Electronic Systems Magazine, 1997, 12(6): 39-44.

[2] SKOLNIK M I. Introduction to Radar Systems. [M]. 3rd ed.. New York: McGraw-Hill, 2001.

[3]　TOLKACHEV A A, MAKOTA V A, PAVLOVA M P, et al. A Large-Aperture Radar Phased Array Antenna of Ka Band[C]. Proceedings of XXIII Moscow International Conference Antenna Theory and Technology, 1998.

[4]　POPOVIC D, ROMISCH S, SHINO N, et al. Multibeam Planar LENS Antenna Arrays[EB/OL]. https://documents.pub/document/210-multibeam-planar-Lens-antenna-planar-Lens-antenna-arrays-darko-popovic-stefania. html? page=1, 2023-06-14.

[5]　POPOVIC D, POPVIC Z. Multibeam Antennas with Polarization and Angle Diversity[J]. IEEE Transactions on AP, 2002, 50(5): 607-617.

[6]　HANSEN R C. Microwave Scanning Antennas. Vol.11[M]. New York: Academic Press, 1964.

[7]　HANSEN R C. Phased Array Antennas[M]. 2nd ed.. New York: John Wiley & Sons. Inc., 2009.

[8]　FILER E, HARTT J. Cobra Dane Wideband Pulse Compression System[C]. Dectronics and Aerospace Systems Conference, 1976.

[9]　SCUDDER R M, SHEPPARD M H. AN/SPY-1 Phased Array Antenna[J]. Microwave Journal, 1974, 17: 51-55.

[10]　WOLDMAN A, WOOLEY G J. Noise Temperature for a phased array Receiver[J]. Microwave Journal, 1966(9): 89-96.

[11]　LEВИН Б Г. Теоемические оновы статистехники[M]. Моква: Советское радио, 1974.

[12]　张光义. 相控阵雷达系统[M]. 北京：国防工业出版社，1994.

第 8 章

多波束形成技术

相控阵天线可以利用同一天线孔径形成多个独立的发射波束与接收波束，这些波束的形状还可根据工作方式的不同而灵活变化，这是相控阵天线的一个重要优点。

相控阵雷达战术性能的提高，在很大程度上有赖于相控阵天线形成多个波束的能力，如为了提高雷达同时观察的空域范围或在多目标情况下提高搜索与跟踪数据率，相控阵天线都必须具有形成多个波束的能力。

相控阵天线多波束形成技术不仅在相控阵雷达中有重要作用，而且在现代通信技术、电子战、信息战与无线电导航等领域均有重要作用，是一种军民两用技术。

在形成多波束的方法上，相控阵雷达的发射天线阵与接收天线阵各有其特点，其中有些多波束形成方法对收/发两种相控阵天线是一致的。相控阵天线形成多个波束的方法有多种，主要取决于雷达的需求与其实现的技术基础。随着数字技术与大规模数字与模拟集成电路技术的进步，数字多波束形成技术已应用于相控阵雷达型号产品之中。高速模/数变换、基于直接频率综合器（DDS）的数字发射波束形成与数字式接收多波束形成技术促进了数字式相控阵雷达的推广，使相控阵雷达性能进一步提高。当然，任何得益均要付出代价，数字多波束形成技术的应用也不例外。在相控阵雷达系统设计过程中，应根据相控阵雷达的需求、雷达应用环境、技术基础的现状及研制成本，适时、合理选定形成多波束的方法。

本章将先讨论多波束形成的作用与需求，再讨论多波束形成方法，重点放在同时多波束形成的方法。

8.1 多波束形成在相控阵雷达中的重要作用

在雷达发展过程中，单脉冲跟踪雷达与战术三坐标雷达都要求同时形成多个天线波束，即和波束、方位差及仰角差波束或比幅、比相测角波束，仰角上的堆积多波束等。

相控阵雷达具有多功能、多目标跟踪和多种工作方式等优点，这些优点的发挥，在很大程度上依靠形成多波束的能力。多波束形成在相控阵雷达中的重要作用主要与以下各项需求有关，对这些需求的分析与选择合适的解决方法，是相控阵雷达系统设计中的一项重要任务。例如，为了满足相控阵雷达搜索数据率的要求，需要采用多个搜索波束，但如果波束数目过多，则不仅会增加设备量与研制成本，而且会带来其他的副作用；反之，如果形成的波束数目过少，则数据率要求便不能完全满足；因此，必须在搜索数据率要求与波束数目之间进行折中。

8.1.1 提高数据率对形成多波束的需求

从提高数据率角度考虑，对形成多波束的需求主要体现在如下 3 个方面。

1. 减少搜索时间

对大空域（远距离、宽的方位和仰角观察范围）内的目标进行搜索和检测，要求有较高的搜索数据率。搜索时间 T_s 的关系式在波束通道数为 m 的情况下，有

$$T_s = \frac{1}{m} K_\varphi K_\theta N T_r$$

增加天线波束数目，即工作通道数目为 m，搜索时间将减少为原来的 $1/m$，亦即搜索数据率将提高 m 倍。

2. 解决远程相控阵雷达数据率低的矛盾

对于远程和超远程相控阵雷达来说，因其重复周期 T_r 大，搜索完一定的角度范围，要求的搜索时间 T_s 过长，因此保证必需的雷达搜索数据率和跟踪数据率的问题更为突出。

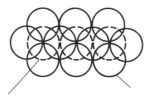

虚线圆表示3个发射波束　　实线圆表示10个接收波束

图 8.1　采用多波束提高数据率示意图

采用多波束发射与多波束接收是解决这一问题的一个重要措施。图 8.1 所示为在一个重复周期内发射 3 个相邻的发射波束时，接收天线必须形成 10 个接收波束方能对 3 个发射照射空域进行单脉冲比幅测角的示意图。

3. 跟踪高速高机动飞行目标

高的雷达跟踪采样率即高跟踪数据率是实现对高速飞行目标和高机动飞行目标跟踪的重要条件。测量精度越高，跟踪采样率越高（亦即跟踪采样间隔时间越短，或跟踪数据更新率越高），航道跟踪时间越长，跟踪越稳定，越不易丢失高速高机动飞行目标。

在跟踪时，跟踪性能主要取决于雷达的有效功率孔径积，即雷达发射机平均功率与接收天线孔径面积和发射天线增益的乘积（$P_{av}A_rG_t$）。采用高增益天线，减小了天线波束半功率点的宽度，提高了跟踪测量的信噪比，这都有利于提高测量精度，改善对机动目标的跟踪性能。但为了提高雷达的测角精度而不断降低天线波束宽度和提高天线增益的同时，搜索数据率会随之降低。对于要观测大批量目标的相控阵雷达来说，除了用于搜索预定空域所需的搜索时间外，还必须在时间

分割的基础上花大量的时间去对多批目标进行跟踪，这将导致搜索数据率的进一步降低。

8.1.2 接收多波束对提高雷达抗干扰能力和生存能力的作用

形成多个接收波束对提高雷达抗干扰能力和生存能力的作用，主要反映在以下 6 个方面。

1. 采用多个高增益、低副瓣接收天线

雷达抗有源干扰的一个重要措施就是采用高增益、低副瓣的接收天线。以普通两坐标雷达为例，无论敌方干扰机处于何种高度，当雷达天线主瓣扫描经过干扰机所在方向时，均会受到从雷达接收天线主瓣进入的干扰，即主瓣干扰，而雷达抗主瓣干扰的自卫距离是极低的。对于仰角上形成多个接收波束的三坐标雷达来说，只有与敌方干扰机处于同一仰角位置的接收波束才会受到主瓣干扰，而其他接收波束均只受到从副瓣进入的干扰，即副瓣干扰，其受干扰的强度与接收天线的副瓣电平有关，如副瓣电平在-40～-30dB 范围，因此大多数仰角接收波束受到的干扰电平均会降低 30～40dB。

采用多个高增益接收波束后，可以同时降低受干扰的仰角空域，如图 8.2（a）所示，仰角上只有一个干扰机时，在多个窄的接收波束中，受到从主瓣进入干扰的只有一个仰角波束，受干扰仰角范围的缩小在该接收天线的主波瓣宽度内，而其他仰角方向上只受到从副瓣进入的干扰。

对于目前大多数两坐标雷达来说，因仰角方向采用余割平方天线，因此无论敌方干扰机在何仰角方向上，其有源干扰信号均可从雷达接收天线主瓣进入，故抗干扰能力不强。一个有效的改进措施便是在仰角上采用多个窄波束接收天线。

图 8.2（b）所示为在仰角上采用宽发窄收的三坐标雷达的多波束接收天线方向图。

在仰角平面上，无论发射天线是宽波束的还是窄波束的，只要多个高增益的接收天线能覆盖发射波束的照射空域，便没有因为空域未被完全覆盖造成的能量损失。从图 8.2 上还可看出，增加覆盖仰角范围（$0\sim\theta_{max}$）的接收天线波束数目（即降低波束在仰角上的宽度），不仅可缩小受干扰的仰角范围，还可以提高接收天线的增益。同时可用于弥补余割平方型发射天线增益较低这一缺点。实现仰角窄波束天线的代价是增加天线垂直孔径尺寸。

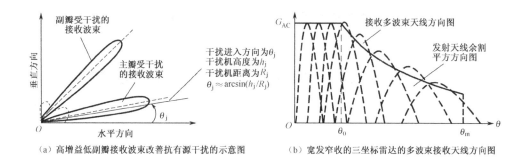

（a）高增益低副瓣接收波束改善抗有源干扰的示意图   （b）宽发窄收的三坐标雷达的多波束接收天线方向图

图 8.2　采用多个高增益接收天线改善雷达抗干扰能力示意图

2. 收/发天线分置的雷达系统

雷达发射机辐射信号是雷达进行主动探测的基本前提，军用雷达只要辐射信号，就有可能会被敌方侦察、定位，受到敌方辐射制导武器攻击的可能。因此，提高雷达的生存能力已成为军用雷达的一个十分重要的课题，也是促使雷达技术高速发展的一个重要推动力。

提高雷达在硬打击下的生存能力，主要是要避开反辐射导弹（ARM）、反辐射无人机（ARUAV）、空-面（地面/海面）导弹、激光制导炸弹等硬杀伤武器的攻击，降低被毁概率和减少被毁损失。在多种提高雷达生存能力的措施中，采用雷达收/发天线分置是一个重要措施。当雷达接收天线与发射天线分开放置后，随着接收天线与发射天线之间距离的拉大，接收天线应形成的多波束数目将相应增加，图 8.3 所示为收/发天线分开放置后，发射波束和接收波束的覆盖示意图。它说明将接收天线与发射天线分开放置之后，为了使接收天线波束能覆盖被发射天线波束照射的空域，必须采用多个接收波束的原理。按图 8.3 所示，可以求出接收天线应形成的波束数目。

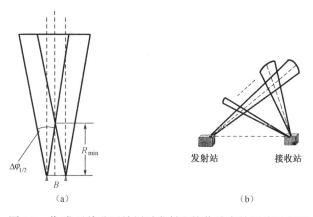

图 8.3　收/发天线分开放置时发射和接收波束的覆盖示意图

当接收天线与发射天线分开放置后，接收天线不能全部覆盖发射波束的照射空域。为了解决这个问题，接收天线应形成多个波束。接收天线与发射天线相距越远，接收天线应形成的接收波束数目就越多。

图 8.3（a）所示为短基线系统，收/发天线分开放置距离不大，如基线长度是雷达作用距离的 1/1000 左右。该图中接收天线与发射天线相距（基线长度）为 B，如果不采用多个接收波束，且接收波束宽度与发射波束宽度一样，则在 $R < R_{\min}$ 内，接收天线波束与发射天线波束完全不相覆盖（均指在发射与接收天线波束的半功率点宽度以内）。显然，随着允许的 $R_{\min}$ 的增加，收/发天线之间的间距 B 也随之增大。由此图不难推导出基线长度 B 的计算公式为

$$B = 2kR_{\max} \tan(\Delta\varphi_{1/2}/2) \qquad (8.1)$$

式（8.1）中，$\Delta\varphi_{1/2}$ 为发射、接收天线波束在方位上的半功率点宽度，k 为允许的雷达最小作用距离与雷达最大作用距离之比，即

$$k = R_{\min}/R_{\max} \qquad (8.2)$$

若令 b 为基线长度 B 与雷达最大作用距离 $R_{\max}$ 的比值，则

$$b = B/R_{\max} \qquad (8.3)$$

因而有

$$b = 2k \tan(\Delta\varphi_{1/2}/2) \qquad (8.4)$$

以典型的地面雷达参数为例，设 $\Delta\varphi_{1/2} = 2°$，$R_{\max} = 300\text{km}$，则当 $k = 10\%$ 时，可得 $B = 1047\text{m}$。

上述收/发天线分开放置的雷达系统是短基线系统，其应用例子有美国陆军为炮位侦察雷达研制的多孔径雷达系统（MARS）[1]，该试验系统将接收天线安置在离发射天线 2km 的地方。发射天线与接收天线均是相控阵天线，发射天线产生宽波束，接收天线为多个波束。它的整个系统有多部发射天线交替工作，以进一步降低受反辐射导弹攻击的概率。其接收与发射天线均安装在高机动多用途轮式车（HMMWV）上，具有很强的生存能力。

当接收天线与发射天线之间的基线长度进一步增加，且天线波束宽度很窄时，为了覆盖发射波束的照射空域（发射波束半功率点宽度），如图 8.3（b）所示，接收天线波束必须在一个雷达发射周期（T_{r}）内不断转换其波束指向，按"波束追踪"方式进行工作，或者用多个接收波束覆盖整个发射波束的照射区域。

在提高雷达抗干扰（ECCM）能力与生存能力的技术措施中，采用低截获概率（LPI）的雷达设计有重要作用，因为该设计中的措施之一是采用低的发射天线增益，用多个窄的高增益接收波束去覆盖整个发射波束照射区域，以高的接收天线增益去补偿低的发射天线增益，实现长时间的相参积累，从而检测低可探测目标。

3. 实现双/多基地雷达系统

双/多基地雷达系统具有提高雷达生存能力，反隐身，改善测量精度、测量分辨率和跟踪精度，推远雷达作用距离，提高雷达对付距离欺骗和角度欺骗能力等多种优点。在双/多基地雷达系统中，由于接收天线和发射天线之间的间距（基线长度）很大，接收天线波束必须采用"波束追踪"方式进行工作或用多波束覆盖整个发射天线波束照射的空域。

如图 8.4 所示，当发射天线波束在方位上为一窄波束，在仰角上是宽波束，而接收波束在方位与仰角上均是窄波束时，则需要形成更多的接收波束，方可覆盖整个发射波束照射的空域。即使在方位上接收波束采用波束追踪方法，在仰角上也要形成多个接收波束，图 8.4 所示为接收站采用仰角多波束，方位上采用波束追踪方式进行工作时的情况。

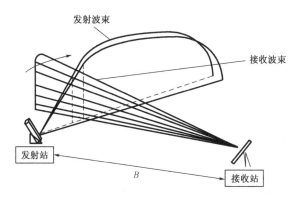

图 8.4 双/多基地雷达系统中用多个接收波束覆盖发射波束照射空域的示意图

在双/多基地雷达系统中，一个接收站，只要其工作频带宽度足够宽，就可以接收多个工作在不同频率发射站发射到同一目标的多个回波信号。随着相控阵雷达天线带宽的进一步增加，一部宽频带的相控阵接收天线将可接收多个发射站辐射信号发射到同一目标后的多个反射信号。这样，该宽频带接收天线孔径便成为共享孔径天线（Aperture Shared Antenna），其天线面积 A_r 得到了多次利用，非常有利于提高雷达系统的探测性能。为了使一部宽带相控阵雷达天线能同时接收多个发射站产生的回波信号，该相控阵天线波束必须能覆盖所有发射站同时照射的空域，因此这种宽带相控阵接收天线必须具有更多的接收波束。

4. 充分利用发射波束的能量

一般雷达的接收波束宽度与发射波束宽度大体上是相同的，而发射天线主瓣半功率宽度以外的雷达辐射信号的能量是没有利用的。如果要利用发射天线副瓣区域的信号能量，检测在发射天线副瓣照射区域内可能存在的目标，则必须采用多个接收波束。

一般收/发天线合一的雷达检测目标的空间范围均限制在发射天线波束的半功率点宽度以内或其附近。当发射天线副瓣电平不很低或雷达作用距离很大，即发射天线波束的副瓣区内辐射信号强度足够大时，这一副瓣照射区的信号能量可用于检测目标。

下面讨论利用发射天线副瓣区域辐射信号能量的可能性及可能带来的好处。设雷达发射天线的平均副瓣电平为 SLL_{av}，令在发射天线副瓣区域内检测同样大小目标时可能达到的作用距离为 R_{SL}，则它与在发射天线主瓣照射区域的作用距离，即雷达最大作用距离 R_{max} 的关系为

$$R_{SL} = (SLL_{av})^{1/4} R_{max} \tag{8.5}$$

例如，若发射天线副瓣电平 $SLL_{av}=-30\sim-20dB$，则 $R_{SL}=(0.17\sim0.31)R_{max}$。

如果再利用雷达发射波束的副瓣照射信号能量在时间上始终存在这一特点，设相控阵接收天线能形成多个接收波束，覆盖具有较大副瓣照射能量的空域，则在副瓣照射区域各接收波束通道中便可采用长时间的相参积累。令相参积累时间 T_{CI} 与主瓣探测的波束驻留时间 T_{DW} 的比值为 r_{CD}，即

$$r_{CD} = T_{CI}/T_{DW} \tag{8.6}$$

则在副瓣照射区内的雷达探测距离可表示为

$$R_{SL} = (SLL_{av})^{1/4}(r_{CD})^{1/4} R_{max} \tag{8.7}$$

令 R_{SL} 与 R_{max} 的比值为 r_{sm}，则

$$r_{sm} = \frac{R_{SL}}{R_{max}} = (SLL_{av}r_{CD})^{1/4}$$

图 8.5 所示为发射天线副瓣区内可能实现的相对雷达作用距离曲线，它表示 R_{SL} 与 R_{max} 的比值 r_{sm} 和相参积累时间与主瓣探测的波束驻留时间的比值 r_{CD} 之间的关系。

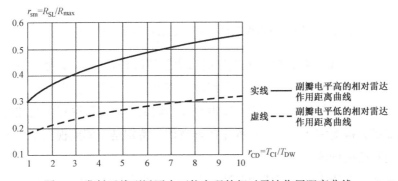

图 8.5 发射天线副瓣区内可能实现的相对雷达作用距离曲线

由图 8.5 可见，当发射天线副瓣电平较高，相参积累时间与雷达正常波束驻留时间的比值较大时，在副瓣照射区仍可实现对近距离目标的检测。利用这一特点的条件之一便是相控阵接收天线能形成覆盖副瓣照射区域的多个接收波束。

对于远程和超远程的相控阵雷达来说，由于发射机平均功率很高，因此充分利用发射天线波束半功率点宽度以外空域的发射信号能量有利于改善雷达性能。

对于收/发天线分置的雷达，当发射天线波束宽度大于接收天线波束的宽度时，必须用多个接收波束去覆盖发射波束。以美国空间监视和跟踪大型相控阵雷达 AN/FPS-85 为例，其发射天线与接收天线虽然安装在同一建筑内，但两者是分开的。虽然其间距很近，但波束宽度不同，发射天线的半功率点宽度大于接收天线的半功率点宽度。因此，为了充分利用发射波束的照射能量，相控阵接收天线形成了多个波束。图 8.6 为 AN/FPS-85 用多个接收波束去覆盖发射波束的示意图[2]。

如图 8.6 所示，在一个发射波束范围，安排 9 个接收波束，这种排列方式除满足测角需要外，也可充分利用发射信号能量。对发射波束半功率点宽度以外的附近空域可能存在的目标也能进行检测，虽然它们是在较近的距离内，但却能节省对近距离目标进行搜索所需的时间，这不失为一种充分利用雷达发射信号能量的措施。

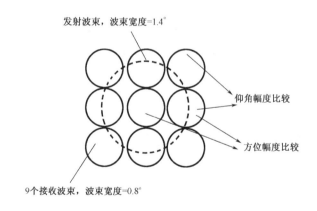

图 8.6　用多个接收波束覆盖单个发射波束照射空域的示意图

除了发射天线波束宽度大于接收波束宽度情况外，对收/发合一的相控阵天线，即使发射天线波束宽度与接收天线波束宽度大体一致，只要能形成多个接收波束，就可利用发射波束半功率点宽度至发射波束主瓣陡降区覆盖空域的照射能量，还能扩大检测空域。这对远程相控阵雷达，特别是空间监视大型相控阵雷达来说，更有应用价值。

若在相控阵接收天线形成的多波束中，某一波束最大值位于发射天线的$-L$dB

电平上，则在$-L$ dB 电平上的雷达作用距离 R_L 与最大作用距离 R_{max} 的比值 R_L/R_{max} 与 L 电平的关系由式（8.5）有

$$L(dB) = 40\lg(R_L / R_{max})$$

在文献[3]中，对这一情况举例进行了讨论。若设发射波束半功率点宽度内雷达的作用距离为 R_0，在发射波束$-L$ dB 电平上，发射波束宽度为 $\Delta\varphi_L$，在 $\Delta\varphi_L$ 内的雷达作用距离为 R_L。

以 $N=37$ 单元的线阵为例，按相位扫描的范围为 $\pm60°$，则单元间距 $d=0.535\lambda$，天线幅度加权采用高斯函数加权，沿天线口径 x 的加权函数为 $A(x)$，即

$$A(x) = \exp[-1.382(nx / a)^2] \qquad (8.8)$$

将 n 取 2.4，然后将其转换为线阵情况，幅度加权函数 $A(x)$ 变为

$$A(i) = \exp[-1.382(2.4ix / N)^2] \qquad (8.9)$$

式（8.9）中，i 为线阵中的单元序号，$i=-18, -17, \cdots, 0, 1, \cdots 17, 18$。

按此加权函数，天线波束的半功率点宽度 $\Delta\varphi_{1/2}$ 为

$$\Delta\varphi_{1/2} = \frac{1.17\lambda}{Nd} \qquad (8.10)$$

将 $N=37$ 代入式（8.10），得 $\Delta\varphi_{1/2}=3.9°$。

L 电平及对应的波束宽度 $\Delta\varphi_L$ 与天线口径照射函数 $A(i)$ 有关。

图 8.7 所示为以多接收波束实现发射波束能量充分利用的示意图，它采用上述高斯加权的 $N=37$ 单元线阵的天线方向图及与 L 电平对应的发射天线方向图，波束的宽度为 $\Delta\varphi_L$。

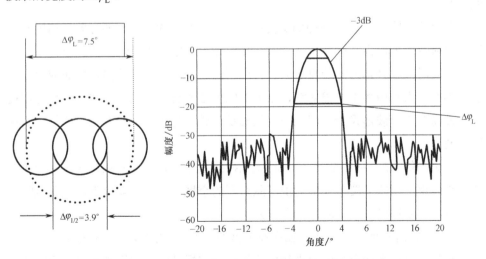

图 8.7 以多接收波束实现发射波束能量充分利用的示意图

例如，当令 $R_L/R_0=1/3$ 时，$L(dB)=40\lg(R_L/R_0)$，$\Delta\varphi_L=7.5°$。

因此，如果形成图 8.7 所示的 3 个接收波束，则可利用发射波束半功率点宽度以外至 $L=-19.3$dB 的发射波束照射能量，使在这一空域内的雷达作用距离达到 $R_{\max}/3$，对于 $R_{\max}$ 为 1000km 和 3000km 的雷达，R_L 可分别达到 333km 和 1000km。所以，采用多个接收波束可以带来节省雷达信号能量，提高雷达数据率等好处。

5. 无源探测相控阵雷达

与双/多基地雷达系统的要求相似，无源探测已成为探测隐身目标，提高雷达生存能力，推远目标探测距离，提供目标识别信息的一种重要手段。

无源探测相控阵雷达主要有如下四种基本工作模式：

（1）接收来自武器平台上的无线电设备，如雷达、通信、导航等的辐射信号，这在电子战（EW）中已成熟应用。

（2）利用广播、电视、通信等外辐射源（即非相干辐射源）的辐射信号从飞行目标反射回到雷达接收天线的信号，用雷达接收系统进行目标检测、航迹跟踪及部分目标参数测量。这种方式可称为利用非相干辐射源的无源探测雷达。

（3）利用自主设计的相干辐射源对目标进行照射，用偏离相干辐射源一定位置的接收站对目标回波进行检测、跟踪与参数测量，这种工作方式可称为利用相干外辐射源的无源探测系统。如果相干外辐射源采用常用的雷达信号波形，则这种系统与收/发天线分置的雷达系统没有本质区别。

（4）利用目标的无线电热辐射与其背景辐射的差别，探测目标的存在并进行航迹跟踪[4]。

以上第（1）、第（2）两种均是雷达探测技术发展的一个重要方向。利用非相干外辐射源的无源雷达探测方式，因在接收端没有辐射信号特性的先验知识，所以必须同时接收外辐射源的直达波，并应消除或抑制其伴随的多径地面或海面杂波的影响；而利用相干外辐射源，则因对辐射信号已有一些先验知识，且可在设计时按需要进行波形设计，因此在接收时易于做到与辐射信号匹配，即易于实现匹配滤波。

无论是第（2）种还是第（3）种无源探测工作方式，均要求在接收站形成多个接收波束，用它们覆盖外辐射源能照射到的空域。在这一前提下，无源接收站便可对目标回波进行长时间的相参积累。

对于第（4）种工作方式，如在厘米波段、毫米波波段或更短的无线电波段上，它是对目标无线电热辐射进行探测的一个前提条件，同样必须要有同时多波束的能力。

有源雷达探测与多种无源探测相结合不仅可以提高雷达生存能力，通过数据融合还可提高整个雷达系统的性能。因此，具有多个接收波束的有源雷达的接收天线阵在完成相控阵雷达正常接收的同时，还可用于无源探测，侦收来自其他方向的信号。

也就是说，当把收/发天线分置的雷达发射天线副瓣作为低截获概率雷达设计中的低增益发射天线的外辐射源时，多波束接收天线阵列及其接收、检测通道就是很好的无源雷达探测系统中的接收部分。图 8.8 所示为相控阵雷达多波束接收系统可用于雷达无源探测区域的示意图。只要在发射天线可用的平均副瓣区域内被多个接收波束覆盖，则在这一区域内便可进行无源探测。

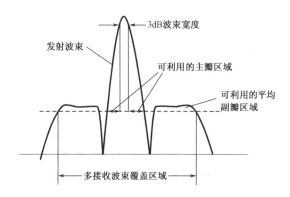

图 8.8　相控阵雷达多波束接收系统可用于雷达无源探测区域的示意图

6. 满足多波束测角的需要

为了进行目标角度坐标的测量，需要形成多个接收波束。无论是采用单脉冲测角方法还是采用相位比较或幅度比较的测角方法，均要形成多个接收波束，以便利用它们所得到的目标角度测量值进行比较和内插，以提高测角精度。

8.2　相控阵发射天线多波束形成方法与应用

相控阵发射天线阵的波束最大值指向即雷达要探测的空间方向。发射天线波瓣形状反映了雷达信号能量在空间的分布，它与雷达拟进行探测的空域大小、监视空域的重要程度、空域内目标大小及威胁程度或重要性等有关。由于雷达辐射的是高功率信号，发射天线增益 G_t 一般均较高，故信号等效辐射功率（EIRP）也高，很容易被电子侦察设备侦收和定位，危及雷达自身安全，因此对雷达发射天线波束形状及其副瓣电平提出了很高的要求，这与过去在雷达系统设计时通常不太强调降低雷达发射天线副瓣电平的情况相比有了很大不同。利用相控阵天线波瓣综合上的灵活性，易于改变天线波束形状的特点，在形成的多个发射波束中，

在某些特定方向实现低电平照射。例如，为降低地面或海面反射引起的杂波，在战术相控阵雷达的多个发射波束中，对低仰角发射波束的形状有特殊要求，希望在擦地方向能抑制其副瓣电平。

8.2.1　形成发射多波束的方法

为了扩大发射波束照射范围，提高相控阵雷达搜索与跟踪数据率以及实现自适应能量管理等，均要求形成多个发射波束。实现多个发射波束的方法有多种，其中包括采用数字波束形成的方法。

相控阵发射多波束形成方法主要有如下 4 种。

（1）在 RF 形成多个发射波束。这种方法按时间先后顺序生成多个发射波束（见 8.2.2 节介绍），用一套移相器即可实现，其前提条件是快速的波束控制响应时间与波束转换时间。

（2）在视频形成多个发射波束。采用基于 DDS 的数字 T/R 组件的有源相控阵雷达所形成的多个发射波束仍然是按时间先后分别形成的，只是不需要 RF 移相器，各天线单元通道中的相位梯度的实现是在视频由二进制的数字控制信号实现的，因此这是一种数字波束形成方法。

（3）采用多波束形成网络。在之后要讨论的 Blass 多波束形成方法和 Butler 多波束矩阵中将会看到，所形成的多个发射波束共用了同一天线孔径，而且在时间上是可以同时形成的。在 8.2.3 节论述并行发射多波束的形成。

（4）将大型发射相控阵天线分为几个发射阵面，每个发射阵面形成一个独立的发射波束，详见 8.2.4 节部分孔径发射多波束。

8.2.2　按时间先后顺序生成多个发射波束

常用的发射多波束形成方法采用时间分割法，即按时间顺序产生多个波束，其主要优点是只需要一套移相器和一套波束控制系统。

在多数情况下，均可采用按时间顺序产生多个发射波束来满足扩大发射监视空域范围、提高搜索数据率与跟踪数据率的要求，采用这种方法也有利于合理使用雷达信号能量和提高跟踪目标的数目。

1. 搜索工作方式下发射多波束的顺序产生

搜索工作方式下发射多波束顺序产生的发射天线多波束形成方法，主要用于在一个重复周期内，需要在相邻的空域位置或不同空域位置形成多个发射波束，以检测在这些方向可能存在的目标。

在一个雷达信号重复周期内，发射天线顺序地向相邻空间方向发射信号，形成多个发射波束，如图 8.9（a）中所示的 3 个波束，这些波束是紧邻的。这种方法使得雷达工作在搜索状态下，在一个重复周期内可以将搜索空域扩大 3 倍，大大减少了搜索时间，提高了搜索数据率。要实现这种方式，相控阵天线的波束控制系统应具有较快的波束控制信号转换时间，在一个重复周期 T_r 内，必须将波束位置转换多次，其波束转换时间 Δt_{c1} 和 Δt_{c2} 应满足相应的工作方式要求。

发射天线波束相邻排列方式的必要性在于，当相控阵雷达处于搜索工作方式时，每个接收波束必须在整个重复周期内停在对应发射波束位置上进行信号检测，等待接收最远距离上可能存在的目标回波。当多个发射波束是紧邻排列时，接收相控阵天线中的移相器可以按与中间发射波束相对应的接收波束指向来确定其波束控制信号。也就是说，按这种时间顺序生成发射多波束的方法，在一个重复周期内，相邻发射波束之间的波束位置转换应快速完成，当各个方向的发射信号辐射结束之后，迅速转入接收状态，而接收波束的波束控制信号可保持不变。

这种工作方式在一些国内外大型相控阵雷达中均得到应用。以美国用于弹道导弹防御的 X 波段地基相控阵雷达原型机 GBR-P 为例，该相控阵雷达天线口径面积为 $123m^2$，天线直径约 13m，波束半功率点宽度约为 0.14°，则在发射时，为了扩大发射天线波束的覆盖空域，需采用一组天线波束，即同时形成多个发射波束。

2. 跟踪工作方式下发射多波束的顺序产生

当相控阵雷达处于跟踪状态，需要对多批目标进行跟踪时，为了提高跟踪数据率，可以在一个重复周期内，顺序地向位于不同空间方向的多个被跟踪目标发射信号，即在一个重复周期内形成指向不同的、并不紧邻的发射跟踪波束，如图 8.9（b）所示。

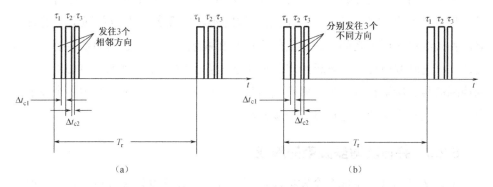

图 8.9 按时间先后顺序生成多个不同指向的发射波束的发射信号示意图

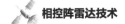

通过改变发往不同方向的信号脉冲宽度，可调节各个方向跟踪目标的信号照射能量。

跟踪工作方式下，在一个重复周期内，多个发射波束位置对应的不同信号波形的示意图如图8.10所示。由于在不同方向的信号脉冲宽度可以调节，因此可实现对不同方向发射信号能量的灵活分配。通过改变不同方向发射信号的重复周期，还可调节不同方向被跟踪目标的跟踪数据率。这使得相控阵雷达工作方式更具有多样性和自适应调节能力。

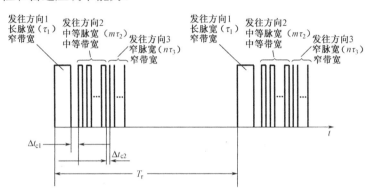

图 8.10　跟踪工作方式下在一个重复周期内多个发射波束位置对应的不同信号波形的示意图

3. 实现时间上顺序生成多个发射波束对波束控制的要求

上面讨论的按时间顺序形成多个发射波束的优点是只需要一套移相器，设备较为简单。顺序发射多波束的形成可以在射频（RF）、也可以在视频实现。当在射频形成时，用一套移相器按时间先后顺序形成多个发射波束，在雷达搜索与跟踪状态均可采用。实现这种多波束的前提条件是要有快速的波束控制响应时间与波束转换时间。

如果采用基于直接数字频率综合器（DDS）的数字式 T/R 组件，则可以在视频实现按时间顺序生成多个发射波束。这时不再需要各个天线单通道中的移相器，各天线单元通道之间相位梯度的实现是在视频，即由二进制的数字控制信号实现的。这时波束控制计算机给出的是传送至各个数字 T/R 组件里 DDS 的二进制控制信号。所谓在视频形成多个发射波束，即依靠计算机顺序产生多个发射波束，使相控阵雷达数字化程度进一步提高。

8.2.3　并行发射多波束的形成

上述按时间顺序生成多个发射波束可视为一种串行发射多波束。并行发射多波束是在同一时间，同时形成多个发射波束，相控阵雷达可利用这一特点同时将雷达探测信号发往多个方向，扩大雷达在同一时间的探测范围。与串行发射多波束形成方法相比，并行发射多波束形成方法具有更大的工作灵活性。

要实现同时多波束的发射，检测该方向有无目标回波或跟踪该方向的目标，显然除了在相控阵天线的馈线系统中必须有多波束形成网络外，在每一个发射波束输入端还应该有各自的发射机输出信号，即应连接多部发射机。

能同时形成多个发射波束的多波束馈线网络有多种，后面将要介绍的 Blass 多波束矩阵与 Butler 矩阵是应用较多的，Rotman 多波束矩阵、伦伯透镜等在电子战（EW）和各种通信工程等方面均有应用例子。这些网络可形成多个波束，对发射天线与接收天线均有效，在具体应用时，则应根据相控阵雷达工作方式的需要选择其中的波束。

对于采用多部集中式发射机的无源相控阵发射天线，每一个发射多波束形成网络输入端均应有一部发射机，每一部发射机可提供各自的信号波形，在各自的雷达重复周期和天线阵频带宽度内采用各自的信号频率，因而可实现如图 8.11 所示的按波束空域对不同信号频率（f_j）、信号能量（τ_j）、波束驻留时间（$T_{\mathrm{dw}j}$）进行合理分配的工作方式。

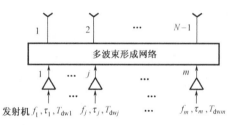

图 8.11　无源相控阵雷达天线并行发射多波束工作示意图

如果是采用单部集中式发射机的无源相控阵发射天线，要实现同时发射多波束，则必须先将该发射机的输出分为若干支路，每一支路的输出供给多波束形成网络的一个输入端。由于信号来自同一部发射机，上述采用多部集中式发射机在工作方式上的多样性与灵活性便不能实现。

如果采用有源相控阵发射天线，则会因为每个天线单元通道内均只有同一个放大器而无法同时在不同波束方向上实现上述各自独立的信号波形与工作方式。

在有源相控阵雷达中，要实现上述按波束位置不同而改变信号波形与工作方式的灵活性，则应回到按时间顺序发射多波束形成的方法，此时的相控阵发射天线阵如图 8.12 所示。

对图 8.12 所示的具有信号波形指向的、特定的有源相控阵发射天线，在多波束形成网络各个输入端上的功率放大器是独立工作的，它们有各自的频率源和波形产生器，可采用不同波形、不同频率的信号。每个波束通道都利用了整个相控阵发射天线的孔径，因而具有同样的发射天线增益，但它们不能同时工作，因为阵面上 T/R 组件里的高功率放大器（HPA）只有一套。

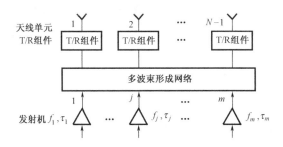

图 8.12　具有信号波形指向的、独立的有源相控阵发射天线阵示意图

当用多个发射波束布满整个雷达搜索与跟踪覆盖空域时，天线波束扫描的实现改变为天线波束的转换，因而阵列中用作实现天线波束扫描的移相器及相应的波束控制系统便可取消，但要加多波束形成网络及波束通道工作选通开关。

对于在方位与仰角上均需要进行相扫的相控阵天线，即二维相位扫描天线，由于要求天线半功率点波束宽度一般较窄（如 1°～2°），因此如果方位与仰角扫描范围较大（如±(45°～60°)），发射波束需要覆盖的角度空域非常宽，采用布满全空域的多发射波束显然需要很大的设备量。

对多数波束宽度不宽，仰角扫描范围不大（如 30° 以内）的三坐标相位扫描雷达则可考虑做成多波束相扫雷达，在方位上进行相扫，仰角上则采用多波束覆盖整个仰角空域，这种工作方式如图 8.13 所示。

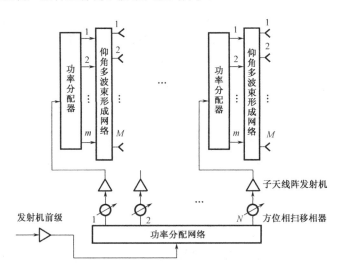

图 8.13　在方位上相扫、在仰角上采用多波束覆盖整个仰角空域的相控阵发射天线示意图

8.2.4　部分孔径发射多波束

为了满足相控阵雷达多功能工作方式和提高雷达数据率的要求，可以将大型相控阵发射天线分为若干个发射阵面，每个发射阵面只占整个发射阵面的一部分，它们形成各自的发射波束。每个发射波束有各自的发射机，实现不同的功能。多数情况下，一个大型相控阵发射天线包括一个主阵面和一两个较小阵面。当要求主阵面包括所有阵面天线单元以便获得最大发射天线增益时，连接到发射机的小阵面必须转接到主阵面上去。

这种利用部分相控阵天线孔径形成多个发射波束的方法有多种可能的用途，且在不同用途时，形成天线波束的子天线阵的结构不完全一样。

1. 实现同时频率分集信号的发射

频率分集信号是复杂雷达信号之一，用于增加敌方雷达侦察的困难，迫使对方不能使用点频干扰，转而实施宽带压制干扰，因而降低了其干扰功率的谱密度，有利于提高雷达的抗干扰能力。此外，为了降低起伏目标对雷达信号检测的影响，也需采用频率分集信号。在机扫雷达中，同一部发射机产生的两个或三个以上的不同频率发射信号，需按时间顺序依次通过频率分集滤波器汇合为一路信号，然后送入雷达发射天线往外辐射，这种利用 2～3 部发射机的不同频率发射信号也应通过频率分集滤波器汇合为一路才能送至天线。

图 8.14 所示为可实现同时频率分集信号发射的双发射波束示意图。该图所示系统采用子天线阵发射机方案，是最简单的工作例子。其左边半个阵面工作在 f_1 频率，右边半个阵面工作在 f_2 频率。用这种方式形成的两个同时发射波束指向同一方向，发射天线增益下降一半，发射波束宽度展宽一倍。当需要恢复整个发射天线孔径的工作时，左、右两边的半个阵面均用同一信号工作，从而恢复正常单发射波束和单一雷达信号的工作方式。

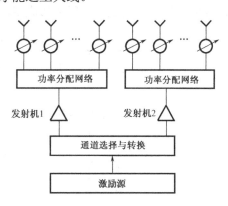

图 8.14　可实现同时频率分集信号发射的
双发射波束示意图

2. 同时对远程与近程空域进行探测

对一些远程大型相控阵雷达来说，往往要求兼顾对远距离目标和近距离目标的探测和跟踪，即将雷达探测距离分为 2～3 段，对近程与远程空域分别进行搜索与跟踪。为此，除在雷达信号设计上进行安排，合理分配信号能量，降低相控阵雷达接收机动态范围要求外，还可考虑采用两个或三个发射波束。用整个阵面或大部分阵面对远程目标进行搜索与跟踪；对近距离目标，则可将从整个大阵面分隔出的一个小阵面，用于对近程目标进行照射，以便对近程目标进行探测与跟踪。

另一种将天线阵面划分为主天线阵面与辅助天线阵面的方法，是在天线阵面中随机抽取一部分单元构成辅助阵面，将辅助阵面作为天线主波束之外的、完成其他功能的另一个或多个发射波束。

8.3　Blass 多波束形成及其应用

Blass 多波束形成方法是采用串联馈电的一种多波束形成方法，这一方法是Blass-J 于 1960 年提出的一种多波束形成方法[5]。

8.3.1　Blass 多波束形成原理

Blass 多波束形成方法既可应用于发射多波束，也可应用于接收多波束形成。该方法既可在射频（RF）也可在中频或视频实现多波束的形成，其工作原理如图 8.15 所示，它表示在射频形成多波束的情况。

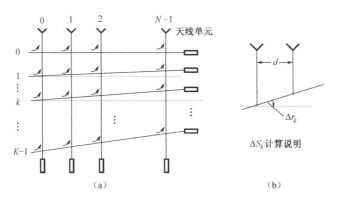

图 8.15　在 RF 实现的 Blass 多波束工作原理图

对于线阵情况，该波束形成网络由两组相互交叉的串联馈电网络构成。线阵内共有 N 个天线单元，单元间距为 d，每一天线单元接一串联馈电网络。与 K 部波束发射机或接收机输出端或输入端相连接的为 K 路串联馈电网络。在两组传输线相交的结点上是定向耦合器，如单元通道之间的隔离度保持足够高，则传输线之间的互耦可以忽略。

第 k 路波束（$k=0,1,\cdots,K-1$）的指向与该路传输线和单元传输线的夹角 Δr_k 有关。

对第 k 路波束而言，相邻单元之间的阵内相位差取决于相邻单元之间在阵内的路程差 ΔS_k，按图 8.15（b）所示，即

$$\Delta S_k = d(\sec \Delta r_k - \tan \Delta r_k) \tag{8.11}$$

因此，相邻单元之间的阵内相位差 $\Delta \varphi_{Bk}$ 为

$$\Delta \varphi_{Bk} = \frac{2\pi}{\lambda_{\text{fed}}} d \sec \Delta r_k \tag{8.12}$$

式（8.12）中，λ_{fed} 为信号在传输线中的波长，对宽度为 b 的波导传输线，λ_{fed} 与信号波长的关系为

$$\lambda_{\text{fed}} = \lambda \left[1 - \left(\frac{\lambda}{2b} \right)^2 \right]^{1/2} \tag{8.13}$$

因为一般 $d = \lambda / 2$，对 $k=0$ 号波束，因 $\Delta r_k = 0$，故

$$\Delta \varphi_{B0} = \pi \lambda / \lambda_{\text{fed}} \geqslant \pi$$

为了得到 $k=0$ 号波束需要的移相量为零，即 $\Delta \varphi_{B0} \approx 0$，需要在定向耦合器或天线单辐射器处引入相位转换 π，这样，实际的单元通道之间的阵内相位误差变为 $\Delta \varphi_{Bk}'$

$$\Delta \varphi_{Bk}' = \Delta \varphi_{Bk} - \pi \tag{8.14}$$

利用单元之间空间相位误差 $\Delta \varphi = \frac{2\pi}{\lambda} d \sin \theta$ 与阵内相位误差平衡的关系式，可得第 k 波束的方向图最大值指向 θ_{Bk} 为

$$\sin \theta_{Bk} = \frac{\lambda}{\lambda_{\text{fed}}} (\sec \Delta r_k - \tan \Delta r_k) \frac{\lambda}{2d} \tag{8.15}$$

8.3.2　在中频实现的 Blass 多波束

采用 Blass 矩阵多波束形成方案也可以在中频实现。

1. 中频 Blass 接收多波束形成

以接收多波束矩阵为例，在中频实现的 Blass 多波束天线阵原理如图 8.16 所示。

该图中线阵的各个天线单元接收到的信号经低噪声放大器放大，在混频器混频后变为中频信号，进入各单元通道的串联馈电传输线，在与各接收通道串联馈电传输线交叉处分别耦合至接收通道传输线，在各接收机内进行相加。由于其在

中频实现多波束形成，因此对任何波段的接收阵列天线，只要相应地改变本振（本地振荡）信号频率，就可得到同样的中频（IF）输出信号，从而实现标准化的多波束中频形成网络。

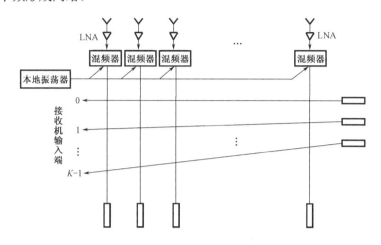

图 8.16　在中频实现的 Blass 多波束天线阵原理图

2. 在中频实现发射 Blass 多波束

在中频实现发射 Blass 多波束的原理与在中频实现接收 Blass 多波束原理类似。将图 8.16 中的接收机输入端改为中频发射激励信号的输入端，天线单元通道中的低噪声放大器（LNA）改为发射信号的功率放大器 HPA；图 8.16 中的混频器采用上变频器。

这种方法是同时形成多个发射波束的方法，每一发射机的中频激励信号的输出端均连接一串联馈电传输线，在与每一单元通道的串联馈电传输线的交叉点上耦合进该单元通道传输线，经与本振信号混频，再经过各单元通道上的高功率放大器放大而辐射至空间，获得多个发射波束。

这种方法同样可做成标准化的波束形成网络，只需改变本振信号频率，采用不同的射频功率放大器即可实现多个发射波束。

3. Blass 多波束形成的应用

Blass 多波束可用于实现三坐标雷达所需的堆积多波束或多波束相位扫描三坐标雷达，如在方位上的机扫、仰角方向上进行相扫的三坐标雷达，为了提高仰角波束的覆盖范围，提高数据率，需将仰角上的单波束相扫变为多波束相扫。

Blass 波束因其实现方式较为简单也被应用于空间，如美国 X 波段国防卫星通信系统（DSCS）采用了 85 个天线单元组成的发射多波束矩阵，如图 8.17 所示。在该图中的每个单元通道上还设置了移相器和衰减器，因而可对线阵天线的照射函数实现相位与幅度加权，控制多波束的扫描与改变波束形状[6]。该相控阵发射天线具有同时形成 4 个发射波束的能力；其波束指向与形状独立可控，波束宽度在 2°～17° 之间可变；波束宽度为 2° 时，等效辐射功率 EIRP 达到 50dBW；整个天线质量为 200lb（1lb=0.4536kg）；直流功耗为 400W。

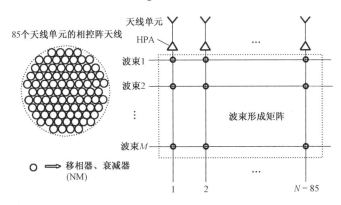

图 8.17　用于卫星通信的 Blass 发射多波束形成矩阵

8.4　Butler 矩阵多波束及其应用

Butler 矩阵多波束是同时形成多个波束的方法，每个波束均利用了整个阵面的天线孔径，都能获得整个阵面提供的天线增益，因而是无损的多波束形成方法，它在发射与接收天线均可应用。由于 Butler 矩阵形成的多波束具有正交性，每一波束最大值方向均与其他波束的零值方向相重合，因此 Butler 矩阵多波束是天线方向图综合的有力工具。

8.4.1　Butler 矩阵多波束原理

Butler 多波束形成网络所用的基本元件是 3dB 电桥和固定移相器，其工作原理可先从 2 单元、4 单元或 8 单元组成的 2 个波束、4 个波束与 8 个波束的多波束形成网络中看出。2 个天线单元 Butler 矩阵波束形成网络原理如图 8.18（a）[7]所示。

由图 8.18（a）可见，将 2 个天线单元分别接入一个 3dB 电桥的两个输入端口，便构成了最简单的双波束 Butler 矩阵。在 3dB 电桥的两个输出端就可得到天线的左波束与右波束的输出信号。其基本原理是利用 3dB 电桥的两个输出端之间存在 90°移相这一条件，因此 2 号单元接收的信号经过 3dB 电桥延迟 90°后与 1 号单元接收的信号在电桥左输出端可实现同相相加。以图 8.18（a）所示的接收天线的双波束矩阵为例，当入射波的波前如该图所示时，1 号与 2 号天线单元接收到的信号场强在电桥的 1 号与 2 号输入端分别为 E 与 $Ee^{-j\pi/2}$，单位长度产生的电压为 1V，经过电桥后在 1′号输出端分别为

$$E/\sqrt{2} \text{与} Ee^{-j\left(\frac{\pi}{2}+\frac{\pi}{2}\right)}/\sqrt{2}$$

而在 2′号输出端则分别为

$$Ee^{-j\frac{\pi}{2}}/\sqrt{2} \text{ 与} Ee^{-j\frac{\pi}{2}}/\sqrt{2}$$

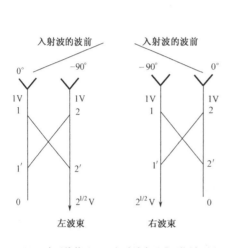

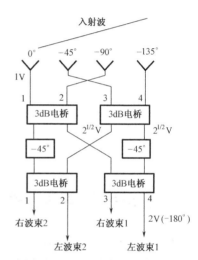

（a）2个天线单元Butler矩阵波束形成网络原理图　　　（b）4个天线单元Butler矩阵波束形成网络原理图

图 8.18　Butler 矩阵多波束形成网络原理图

因此，1 号与 2 号天线单元接收到的信号在 3dB 电桥 1′号输出端相互抵消，而在 2′号输出端则可实现同相相加，得到合成的信号电压为 $\sqrt{2}e^{-j\pi/2}$V，实现了两个天线单元接收信号的合成，故在 2′号输出端得到天线的左波束输出。

图 8.18（b）所示为 4 个天线单元 Butler 矩阵波束形成网络的原理图，它形成的 4 个波束指向也示于该图中。图 8.18（b）所示的入射波波前表明，3 号天线单元接收信号较 1 号天线单元的相位要滞后 $\pi/2$，4 号天线单元较 2 号天线单元的相位也滞后 $\pi/2$。然后，其工作原理便可按上面 2 个天线单元相应原理加以说明。4 个天线单元的 Butler 矩阵多波束形成网络有两层 3dB 电桥，并要求有固定移相器。

对于 8 个天线单元的 Butler 矩阵多波束形成网络来说，可将其看成 2 个 4 单元 Butler 矩阵的组合，因而要求有 3 层 3dB 电桥和 2 层固定移相器。用两层 8 个天线单元 Butler 矩阵多波束形成网络可获得二维空间分布的 8×8=64 个多波束的输出，其原理如图 8.19[8]所示。

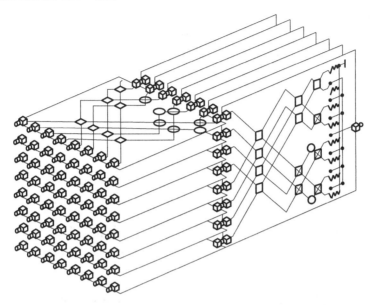

图 8.19　二维 8 个天线单元 Butler 矩阵多波束形成网络原理图

根据 Butler 矩阵多波束形成网络的原理，不难得出其基本特性[7, 9]如下：

（1）阵列单元数目为 $N=2^K$。

（2）3dB 电桥定向耦合器数量 N_c 为

$$N_c = \frac{N}{2}\log_2 N = \frac{N}{2}k \tag{8.16}$$

（3）固定移相器数目 N_{ph} 为

$$N_{ph} = \frac{N}{2}(\log_2 N - 1) = \frac{N}{2}(k-1) \tag{8.17}$$

（4）插入损耗主要取决于 3dB 电桥中的损耗。各天线波束共用同一个天线口径，是无损的。

（5）天线的相对频带宽度取决于定向耦合器和固定移相器等主要元件的带宽，可做到大于 30%[7]。

（6）天线口径加权的矩阵是均匀分布的，也可实现 $\cos^m x$ 加权。

8.4.2 Butler 矩阵多波束方向图的计算与特性

1. Butler 矩阵多波束方向图的计算公式

对于 N（$N=2^K$）个天线单元线阵，均匀分布时，按前面有关线阵方向图的讨论，其方向图函数为

$$|F(\theta)| = \frac{\sin\dfrac{N}{2}\left(\dfrac{2\pi}{\lambda}d\sin\theta - \delta\right)}{\sin\dfrac{1}{2}\left(\dfrac{2\pi}{\lambda}d\sin\theta - \delta\right)} \qquad (8.18)$$

式（8.18）中，d 为天线单元间距，θ 为偏离线阵法线方向的角度，δ 为 Butler 矩阵提供的阵内移相。

从图 8.18 所示的 2 单元、4 单元天线阵列可以看出，对于左边第 1 个波束，相距半个天线阵面的 2 个天线单元之间的入射信号，其相位差为 $\pi/2$，因此相邻单元之间入射信号的相位差（相位梯度）为 $(\pi/2) \div (N/2)$，即相邻单元之间接收信号的"空间相位差"为 π/N。为了补偿这一"空间相位差"，天线单元之间的"阵内相位差"也应为 π/N。这是对左边第 1 个波束，即偏离线阵左边的第一个波束的情况。

同理，可以推导出为形成左边第 k 个波束，相邻单元之间应提供的"阵内相位差" δ。

$$\delta = (2k-1)\frac{\pi}{2} \times \frac{1}{N/2} = \frac{(2k-1)\pi}{N} \qquad (8.19)$$

式（8.19）中，k 为波束序号，$k=1, 2, \cdots, N/2$。

若要形成右边第 k 个波束，相邻单元之间的"阵内相位差" δ 应为

$$\delta = -\frac{(2k-1)\pi}{N} \qquad (8.20)$$

根据用 Butler 矩阵形成的多波束的方向图公式 [式（8.18）]，将式（8.19）代入，可得到 Butler 矩阵多波束方向图的计算公式为

$$|F(\theta)| = \frac{\sin N\left(\dfrac{\pi d}{\lambda}\sin\theta - \dfrac{2k-1}{N} \times \dfrac{\pi}{2}\right)}{\sin\left(\dfrac{\pi d}{\lambda}\sin\theta - \dfrac{2k-1}{N} \times \dfrac{\pi}{2}\right)} \qquad (8.21)$$

当单元数 N 较大、天线方向图波束宽度较窄时，$|F(\theta)|$ 可简化为辛格函数形式，即

$$|F(\theta)| = N\frac{\sin x}{x} \qquad (8.22)$$

$$x = N\left(\frac{\pi d}{\lambda}\sin\theta - \frac{2k-1}{N}\times\frac{\pi}{2}\right)$$

2. Butler 矩阵多波束的方向图特性

按方向图计算公式（8.21）进行讨论，可得有关 Butler 矩阵多波束的方向图特性如下：

（1）第 k 个波束的最大值位置。

当 N 较大时，因 $|F(\theta)|$ 近似为 $\sin x/x$（辛格函数）；当 $x=0$ 时，得其最大值为 1，故由

$$\frac{N}{2}\left[\frac{2\pi d}{\lambda}\sin\theta - \frac{(2k-1)\pi}{N}\right] = 0$$

可得第 k 个波束的最大值指向 θ_k，即

$$\sin\theta_k = \frac{\lambda}{Nd}\left(k-\frac{1}{2}\right) \tag{8.23}$$

或

$$\theta_k = \arcsin\left[\frac{\lambda}{Nd}\left(k-\frac{1}{2}\right)\right]$$

（2）第 k 个波束的零点位置。

当 $\dfrac{N}{2}\left[\dfrac{2\pi d}{\lambda}\sin\theta - \dfrac{(2k-1)\pi}{N}\right] = p\pi$ 时，$p=1,2,\cdots$，可得第 k 波束的第 p 个零点的位置 θ_{kp}，即

$$\sin\theta_{kp} = \frac{\lambda}{Nd}\left(p+k-\frac{1}{2}\right) \tag{8.24}$$

（3）波瓣的半功率点宽度。

参照前面的有关讨论，可知

$$\Delta\theta_{k\frac{1}{2}} \approx 0.88\frac{\lambda}{Nd}\times\frac{1}{\cos\theta_k} \tag{8.25}$$

当 $d = \lambda/2$ 时，$\Delta\theta_k = \dfrac{101}{N\cos\theta_k}$。

（4）多波束之间的正交性。

比较波束最大值与波束零值的两个公式［即式（8.23）与式（8.24）］，可以得出以下两个结论：

第一，所有波束的零点位置都在某些公共的角度上，只要在式（8.24）中令 $p+k=$常量即可。例如，令 $p+k=8$，则第 7 个波束（$k=7$）的第 1 个零点（$p=1$）正好落在第 6 个波束（$k=6$）的第 2 个零点（$p=2$）上，且同时与第 5 个波束（$k=5$）

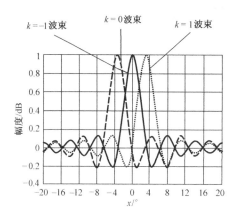

图 8.20　Butler 矩阵多波束的正交性示意图

的第 3 个零点（$p=3$）相重合，如图 8.20 所示。

第二，任意波束的峰值（最大值）正好位于别的波束的零点上。例如，第 4 个波束（$k=4$）的最大值，正好落在第 3 个波束（$k=3$）的第一个零点（$p=1$）、第 2 个波束（$k=2$）的第 2 个零点（$p=2$）或第 1 个波束（$k=1$）的第 3 个零点（$p=3$）上，即与这些零值方向相重合。

因此，Butler 矩阵多波束形成的各个波束之间存在正交性。这一特性对于用 Butler 矩阵多波束方法进行具有复杂天线波束形状的天线方向图的综合是非常有用的。图 8.21 所示为利用 Butler 矩阵多波束的正交性进行天线方向图综合的示意图。

将图 8.20 所示的三个正交波束进行加权合成，获得展宽的波束 $Y_s(x)=0.6y_1(x)+0.85y(x)+y_2(x)$，获得变形波束，其波束最大值偏向右边，见图 8.21（a）；而将图 8.20 所示的三个正交波束进行等幅相加合成，其合成波束为 $Z(x)=y_1(x)+y(x)+y_2(x)$，见图 8.21（b）。

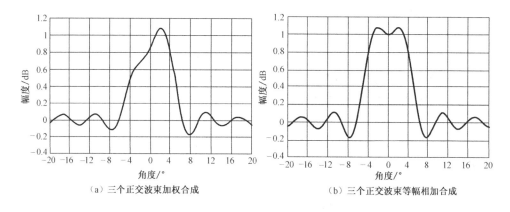

（a）三个正交波束加权合成　　　　　　　（b）三个正交波束等幅相加合成

图 8.21　利用 Butler 矩阵多波束的正交性进行天线方向图综合的示意图

（5）Butler 波瓣的相交位置。

两个相邻波束的相交点可由式（8.18）决定，因在相交点处，第 k 个波瓣与第 $k+1$ 个波瓣的幅值相等，故有

$$\frac{\sin N\left(\dfrac{\pi d}{\lambda}\sin\theta-\dfrac{2k-1}{N}\times\dfrac{\pi}{2}\right)}{\sin\left(\dfrac{\pi d}{\lambda}\sin\theta-\dfrac{2k-1}{N}\times\dfrac{\pi}{2}\right)}=\frac{\sin N\left(\dfrac{\pi d}{\lambda}\sin\theta-\dfrac{2k+1}{N}\times\dfrac{\pi}{2}\right)}{\sin\left(\dfrac{\pi d}{\lambda}\sin\theta-\dfrac{2k+1}{N}\times\dfrac{\pi}{2}\right)} \tag{8.26}$$

设相交角为 θ_{c}，由式（8.26）可得

$$\sin\theta_{\mathrm{c}}=\frac{k\lambda}{Nd}$$

$$\theta_{\mathrm{c}}=\arcsin\left(\frac{k\lambda}{Nd}\right) \tag{8.27}$$

将 $\sin\theta_{\mathrm{c}}=\dfrac{k\lambda}{Nd}$ 代入式（8.26），可得两个相邻波瓣在相交处的电平 $|F(\theta_{\mathrm{c}})|$ 为

$$|F(\theta_{\mathrm{c}})|=\frac{\sin N\left(\dfrac{\pi d}{\lambda}\times\dfrac{k\lambda}{Nd}-\dfrac{2k-1}{N}\times\dfrac{\pi}{2}\right)}{\sin\left(\dfrac{\pi d}{\lambda}\times\dfrac{k\lambda}{Nd}-\dfrac{2k-1}{N}\times\dfrac{\pi}{2}\right)}=\frac{1}{\sin\dfrac{\pi}{2N}} \tag{8.28}$$

因为 N 较大时，$\sin\left(\dfrac{\pi}{2N}\right)\approx\dfrac{\pi}{2N}$，因此用 N 进行归一化后，相交电平为 $\dfrac{2}{\pi}$，

即-3.92dB，通常近似地称 Butler 矩阵多波束的相交电平为-4dB。

（6）Butler 矩阵多波束覆盖的空域范围。

对 $N=2^{k}$ 个单元的线阵，可形成 N 个波束，它们在天线阵法线两侧可形成 $N/2$ 个波束，因而天线波束覆盖应是最边上一个波束（$k=N/2$）的最大值波束指向 $\theta_{\mathrm{B}\frac{N}{2}}$ 加上该波束的半功率点波束宽度的一半。于是，N 个波束的覆盖范围 θ_{cov} 应为

$$\theta_{\mathrm{cov}}=2\theta_{\mathrm{B}\frac{N}{2}}+\Delta\theta_{\frac{N}{2}} \tag{8.29}$$

式（8.29）中，$\Delta\theta_{\mathrm{B}\frac{N}{2}}$ 为第 $N/2$ 号天线波束的半功率点宽度，以 $N=32$ 单元线阵为例，设单元间距 $d=0.58\lambda$，则由式（8.23）可求出第 16 个波束（$N/2=16$）的最大值指向 $\theta_{\mathrm{B}\frac{N}{2}}\approx56.2°$，而由式（8.25）可得半功率点宽度 $\Delta\theta_{N/2}=5.71°$，故总的波束覆盖空域为

$$\theta_{\mathrm{cov}}=2\theta_{\mathrm{B}\frac{N}{2}}+\Delta\theta_{N/2}=2\times56.2°+5.71°\approx118°$$

8.4.3　Butler 矩阵多波束的应用

Butler 矩阵多波束在雷达、电子战、通信中均有广泛的应用，它既可应用于形成发射多波束，也可应用于形成接收多波束，随着固态功率放大器件、数字技术的发展，Butler 矩阵多波束也将有更广泛的应用范围，其主要的应用范围及其作用包括实现同时多波束发射与接收、选通式 Butler 矩阵多波束形成网络、具有

独立发射与接收能力的 Butler 矩阵多波束形成网络三方面。

1. 实现同时多波束发射与接收

用 Butler 矩阵多波束可使多个高增益的窄波束实现对大空域的覆盖，提高相控阵雷达的数据率。

采用 Butler 矩阵多波束的收/发（T/R）合一天线阵的示意图如图 8.22 所示。该图中的 N 个单元无源阵列天线采用的是单部集中式发射机。来自高功率发射机的信号经过不等功率分配网络，按各个波束指向分配发射信号能量。例如，在仰角上按余割平方天线方向图分配信号能量。不等功率分配网络的各个输入信息经过收/发（T/R）开关后与 Butler 矩阵多波束形成网络的输入端相连接，Butler 矩阵多波束形成网络的各输出端则直接与天线单元相连接。

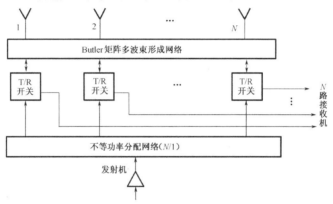

图 8.22　采用 Butler 矩阵多波束的收/发（T/R）合一天线阵示意图

这种方案在无源相控阵天线中应用时存在的问题是网络损耗较大，特别是当天线单元数目 N 较大时。若令 $N=2^K$，则总共有 K 层 3dB 电桥及 K-1 层固定移相器，若将 Butler 矩阵多波束形成网络中各传输线段考虑进去后，如果每一层 3dB 电桥的平均损耗为 L_C，T/R 开关损耗为 L_{TR}，不等功率分配网络中每个一分为二功率器的损耗为 L_{PS}，则整个传输系统的总损耗 L 为

$$L = KL_C + KL_{PS} + L_{TR}$$
$$= (\lg N / \lg 2)(L_C + L_{PS}) + L_{TR} \quad (\text{dB}) \tag{8.30}$$

例如，若 $N=32$，则 $K=5$，$L_C=0.15\text{dB}$，$L_{PS}=0.15\text{dB}$，$L_{TR}=1\text{dB}$，则 $L=2.5\text{dB}$。

如果在图 8.22 中将单元数 N 较小的 Butler 矩阵多波束作为一个子阵单元，则损耗问题可以得到改善。

2. 选通式 Butler 矩阵多波束形成网络

一个具有 N 个单元的天线阵，若 $N=2^K$，则用 Butler 矩阵多波束可以形成 N 个多波束，每一天线波束的增益都是相同的并取决于线阵口径 Nd（d 为单元间距）。无论是采用集中式发射机还是有源相控阵天线中的分布式发射机，其发射机输出总功率是固定的。由于发射机总功率分配给 N 个波束，因此，每个波束里发射信号的功率便只有总信号功率的 $1/N$。所以，如不需要同时形成 N 个波束，则可减少波束数目，增加每个波束的发射信号功率。

如果在仰角上采用少数几个波束（如 m 路）进行扫描，则图 8.22 所示的不等功率分配网络便只分配给 m 路（$m<N$），然后用高频开关将其转换至需要辐射功率的波束位置上去。同样，接收时，也只有 m 个接收多波束和 m 路接收机通路。

图 8.23 所示为从 Butler 矩阵多波束中选通若干路工作的框图。该图中的天线阵为 32 单元线阵，采用 4 个发射波束及 4 个接收波束同时工作。

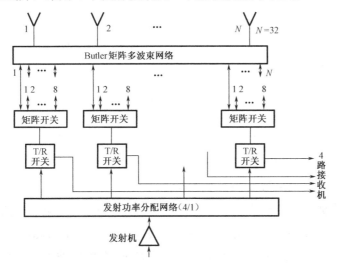

图 8.23　从 Butler 矩阵多波束中选通若干路工作的框图

与图 8.22 所示方案相比，图 8.23 中的发射和接收馈线系统中增加了矩阵开关（图 8.23 中为 8:1 矩阵开关）的损耗。

3. 具有独立发射与接收能力的 Butler 矩阵多波束形成网络

在采用无源相控阵天线的 Butler 矩阵多波束形成网络方案中，可以使每一波束具有独立的集中式发射机与独立的接收机，该方案如图 8.24 所示。

在 Butler 矩阵多波束形成网络的每一个输入端均有一独立的发射机，它们可以具有独自的信号频率、信号波形和重复周期，因而在不同空间指向具有发射不同频率、不同脉宽、不同调制方式信号的能力。与其对应的接收通道也是相互独立的，可以分别处理与其对应的发射信号波形。

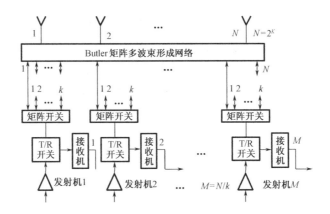

图 8.24　具有独立发射与接收多波束的 Butler 矩阵多波束形成网络

如果将此方案用于在仰角上实现多个波束，则对应低仰角的一两个波束具有最高发射机输出的平均功率，其对应高仰角波束的发射机输出的平均功率最低。各路发射机功率的分配同样可按余割平方天线方向图增益来进行。

采用这种方式的优点之一是雷达信号具有更佳的抗雷达信号侦察能力，因为同时辐射的多个不同频率、不同重复周期、不同调制的复杂信号，再加上它们各自的捷变能力，将增加敌方雷达侦察和信号分选工作的困难。

这种方案的另一优点是便于按波束指向分配雷达发射信号的能量，缺点是仍然存在多波束形成网络与收/发开关的损耗。

当采用有源相控阵天线时，这种具有独立发射与接收波束的有源 Butler 矩阵多波束形成网络如图 8.25 所示。该图中天线单元总数为 N，Butler 矩阵多波束形成网络的输入/输出端口数均为 N。但它只需 m 个发射波束，波束序号为 i～$(i+m)$，因此在 Butler 矩阵多波束形成网络输入端有一部分应接收负载。

对于这种方案，每一个波束的发射信号具有同样的峰值功率，按波束序号（波束指向）分配信号能量可依靠改变信号脉宽等来实现。各波束的发射信号不能同时发射，只能按图 8.26 所示的时间顺序进行，因而各波束形成网络输入端的信号仍是独立的，它们依然可具有不同的频率、脉宽与调制形式，即用不同的信号波形来实现各路之间信号能量的合理分配。例如，在图 8.26 中，第 i 个波束为低仰角波束，需要最大的发射信号能量，脉冲宽度最宽；第 $i+m$ 个波束为高仰角波束，可用脉冲串信号，但总的脉冲持续时间并不长。接收时，各单元通道 T/R 组件内的低噪声放大器接收所有各波束指向内的不同目标回波信号，因而其工作频带要能覆盖各发射波束通道工作频率的总和，其动态范围要考虑总信号带宽远大于各路工作信号的实际带宽，因此在它们的动态范围计算中须考虑这一特点。

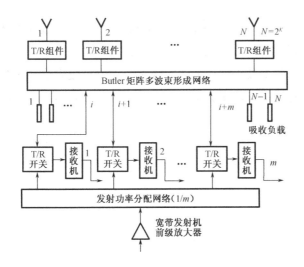

图 8.25　具有独立发射与接收多波束的有源 Butler 矩阵多波束形成网络

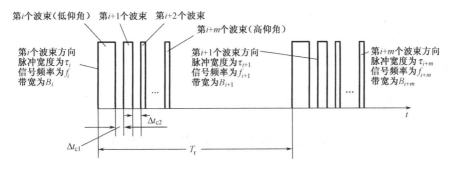

图 8.26　独立多波束发射信号能量分配示意图

当然，独立多波束发射与接收系统需要产生多个独立的发射信号波形及相应的频率源系统。此外，如果采用 Butler 矩阵多波束的有源相控阵天线，每个天线通道中有一个 T/R 组件，它产生的多波束实际上是时间上顺序产生的多个波束。例如，采用基于 DDS 的数字式 T/R 组件（这在第 9 章中将会较详细地讨论），则图 8.25 中的发射 Butler 矩阵多波束形成网络将可取消，只需保留接收 Butler 矩阵多波束形成网络即可。接收 Butler 矩阵多波束形成网络的各个输出端分别对各波束内不同的接收信号进行处理。

8.5　相控阵接收天线的多波束形成方法

形成相控阵接收天线多波束的方法很多，除了前面讨论的 Blass 多波束形成方法和 Butler 矩阵多波束形成方法外，还有其他一些方法。需要指出的是，接收多波束可以在射频（RF）、中频和视频形成。在视频形成接收多波束的方法亦即用数字方法来实现的多个接收波束的数字波束形成（DBF）方法。本节主要讨论在射频与中频实现的多波束形成方法。数字多波束形成方法将在8.6节中讨论。

考虑到相控阵接收天线单元数目很多，因此在多数情况下，相控阵天线的多个接收波束都是在子天线阵级别上进行的。

由于天线方向图是子天线阵方向图与子天线阵综合因子方向图的乘积，这使得在子天线阵级别上形成多波束成为可能，即子天线阵形成单一波束。受单元通道内移相器的移相变化，子天线阵波束指向可灵活改变；而在子天线阵之后再传送至多波束形成网络去形成多个波束。但同时，这也使中心波束两边的其他波束的副瓣电平会有所提高。为了降低成本，希望子天线阵数目尽可能减少，而减少子天线阵数目的主要限制是子天线阵方向图引起的接收天线副瓣电平的提高和相控阵雷达天线的宽带工作能力。接收天线副瓣电平的提高是由子天线阵方向图与子天线阵综合因子方向图栅瓣相乘造成的。为了降低由于在子天线阵级别上形成多波束而造成的副瓣电平的提高，必须合理划分子天线阵，并注意安排子天线阵的排列，甚至采用交叉的或重叠的子天线阵。

8.5.1 在高频低噪声放大器后形成多个接收波束的方法

1. 在天线单元级别或子天线阵级别上形成多个接收波束

相控阵雷达多个接收波束的形成既可以在天线单元级别上，也可以在子天线阵级别上实现。前者所用设备量很大，因此下面先讨论在子天线阵级别上实现的原理，而在高频采用固定移相器形成多波束。

在子天线阵级别上射频形成多个接收波束的原理图[10]如图 8.27 所示。该图为在无源相控阵接收天线的子天线阵级别上形成 3 个相邻的接收波束的情形。为形成 3 个波束，在低噪声放大器之后射频接收信号经功率分配器分成 3 路，依靠改变相邻子天线阵之间的传输线长度（ΔL_m）来实现波束的偏移。

令相邻子天线阵之间的间距为 D，因固定移相器的移相 $\Delta \varphi_{\Delta L_m}$ 取决于 ΔL_m，即

$$\Delta \varphi_{\Delta L_m} = \frac{2\pi}{\lambda} \Delta l'_m = \frac{2\pi}{\lambda} D \sin \theta$$

故偏离中心波束指向的左、右波束角度差 $\Delta \theta$ 取决于式（8.31），即

$$\Delta \theta = \arcsin \left(\frac{\Delta L_m}{D} \right) \tag{8.31}$$

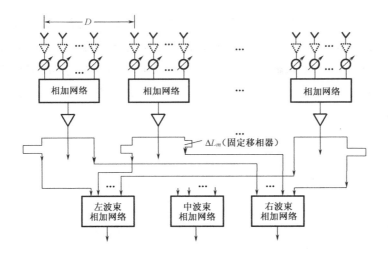

图 8.27 在子天线阵级别上射频形成多个接收波束的原理图

在确定 $\Delta\theta$ 时，除考虑波束相交电平与雷达检测时波束覆盖损失外，还必须考虑其对测角精度的影响，因为相邻多波束接收信号的幅度比较方法常被用于单脉冲测角。

对于二维相扫的相控阵接收天线，如要在方位与仰角两个方向上形成多个接收波束，可采用行-列分别馈电的方式，先在每一行（或每一列）上形成多个方位（或仰角）接收波束，然后再将它们经功率分配器分出多路信号，最后再形成仰角（或方位）方向的多个接收波束。采用这种方法可降低相加网络中的传输元器件的数目。

如果相控阵接收天线是有源相控阵天线，即在单元通道内有低噪声放大器时（图 8.27 中以虚线表示），单元移相器、相加网络的损耗对整个接收系统的噪声系数便不起重要作用，这时，对各子天线阵中的通道接收机的灵敏度要求便可降低；当单元通道中的低噪声放大器的增益较高（如超过 20dB）时，更是如此；但对其幅度与相位一致性和稳定性的要求则较高，因为子天线阵接收机之间信号的幅度与相位误差对整个阵面来讲是一种相关误差。

2. 子天线阵排列和子天线阵大小对多波束数目的影响

图 8.27 所示的接收子天线阵是规则排列的，各子天线阵之间的间距也是相同的。如果子天线内单元数目有多有少，即子天线阵的构成有大有小，子天线阵之间的间距便会是不等间距，这时各子天线阵内 1 分为 m 的功分器（图中 $m=3$）之后的固定移相器即延迟线长度便应按各子天线阵的相位中心之间的间距来确定。

按此方法获得的多个波束是各子天线阵之间通过固定移相器变化获得的综合

因子方向图，它乘上子天线阵方向图之后，可获得最终的多个接收波束。由于子天线阵之间的间距大于一个波长，综合因子方向图会产生栅瓣，这些栅瓣与子天线阵方向图相乘将产生副瓣，即由栅瓣引起的副瓣。而子天线阵内移相器只能按多波束中的中间一个波束的指向来控制，因此中间波束左、右两边的其他接收波束的栅瓣引起的副瓣将较中间波束的副瓣电平要高，越是靠边的波束，其副瓣电平越高。因此，从原理上讲，采用这种多波束形成方法子天线阵不宜太大，即子天线阵之间的间距 D 不宜过大。如果子天线阵过大，即子天线阵内单元数目 k 增加，子天线阵方向图宽度将变窄 $\left(\Delta\theta \approx \dfrac{101}{k}\right)$，故综合因子方向图与子天线阵方向图相乘的结果，会使栅瓣引起的副瓣提高。另外，根据同样的原因，要形成的接收多波束数目也不能太多。

当需要形成很多波束时，应增加子天线阵数目，或采用其他的同时多波束形成方法。

3. 交叉子天线阵与重叠子天线阵对抑制栅瓣产生副瓣电平的影响

为了降低由综合因子方向图栅瓣引起的副瓣（即寄生副瓣），理想的子天线阵方向图的宽度应与要形成的相邻多个接收波束所覆盖区域的宽度相一致，且其天线顶部最好是平的，如图 8.28 所示。

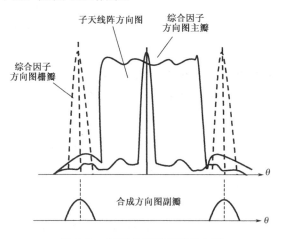

图 8.28　理想的子天线阵方向图

可采用交叉子天线阵与重叠子天线阵的方法来压窄子天线阵方向图的宽度，使其小于综合因子方向图主瓣至栅瓣之间的距离。交叉子天线阵与重叠子天线阵的构成方法可参考文献[11-12]，其实质是在保持天线阵中单元总数不变的条件下，扩大子天线阵口径的尺寸，在适当增加子天线阵口径尺寸之后，使子天线阵方向图的宽度减小，小于综合因子方向图栅瓣之间的间距。

采用交叉子天线阵之后，子天线阵的相位中心发生了变化，为形成多个接收波束，所需要的各子天线阵内的固定延迟线应按子天线阵相位中心的具体位置重新设定。

8.5.2 在中频形成多个接收波束的方法

前面讨论的是在高频形成多个接收波束的方法，当天线波束数目较多时，设备量会增多，且公差较难控制，而采用在中频形成多个接收波束，在很大程度上可减轻这些问题的影响，并使这一多波束形成网络具有一定的通用性。相控阵接收天线在将各子天线阵不同波段输出下变频至某一固定中频之后，均可应用同一中频多波束形成网络来获得多个接收波束。在中频形成多个接收波束，按传统的模拟接收机方案，有多少子天线阵，就需要多少混频器，并需要相应的本振信号与本振功率分配网络。

1. 采用实时延迟线的多波束形成网络

如果采用图 8.29 所示的在子天线阵级别上形成多个接收波束，但固定移相器在中频实现，则该子天线阵上的高频放大器应置换为包含混频器与中频放大器等的子天线阵通道接收机。这种采用中频延迟线结构实现的子天线阵多波束形成网络如图 8.29 所示。

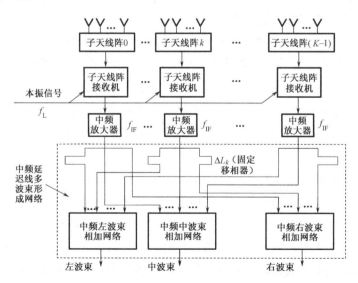

图 8.29　采用中频延迟线结构实现的子天线阵多波束形成网络

若要形成 $2k+1$ 个波束，$k=\pm1,\pm2,\cdots$，其中 $k=0$ 为中间波束。为使形成的第 k 个波束偏离中间波束的角度为$\Delta\theta_k$，相邻子天线阵之间所需的固定移相器的移相值为$\Delta\varphi_k$，则它对应的实时延迟$\Delta\tau_k$的电缆长度ΔL_k具有以下关系，即

$$\Delta\varphi_k = 2\pi f_{IF}\Delta\tau_k = 2\pi f_{IF}\Delta L_k / v \tag{8.32}$$

式（8.32）中，v 为电波在电缆或其他实时延迟传输线中的传播速度，与传输介质的电介常数ε_r有关，对于用空气介质电缆作为实时延迟线的传输线，v接近于光速。

由于微波集成电路的高速发展及微电子组装技术的进步，通道接收机已可做成高集成度和高密度组装的小型化模块，其稳定性与一致性亦能保证，因此采用这种中频多波束形成系统在技术实现上与过去相比有了很大进步。

采用在中频形成多波束的方案，便于实现多波束形成网络的标准化、模块化，只要改变本振信号频率，即可对不同波段的相控阵雷达接收系统形成多波束。对于低频相控阵雷达（如 HF 和 VHF 波段的阵列雷达）来说，其中频多为高中频，中频频率大于信号工作频率，这在一定程度上降低了多波束形成的难度。

在中频与在高频形成多个接收波束的方法一样，都存在不便对每个波束进行自适应控制的缺点，这导致在视频形成多波束，即数字多波束形成（DBF）的应用。

2. 用矢量调制器方法实现的多波束形成

在中频形成多个接收波束的另一方法是矢量调制器方法。使用该方法形成多波束需要的移相由矢量调制器实现。矢量调制器是实现信号幅度与相位调整的一种电路，它的工作原理在第 5 章中已介绍过。

图 8.30 所示为采用矢量调制器的中频多波束形成网络的结构图，该图对每一个相加器在中频移相器中只需取出 4 组正交分量组合中的一组，即 (x_0,x_1)，(x_1,x_2)，(x_2,x_3) 和 (x_3,x_4) 中的一组。每个分量的幅度调制是通过改变连接中频移相器与相加网络的电阻阻值或中频放大器中的衰减器来实现的。将这些耦合器加权电阻集装在一块或多块印制板上，可以得到结构紧凑、工作性能稳定的中频多波束形成网络。

采用这种中频接收多波束形成网络的应用例子如英国"圆堡"（MARTELLO）三坐标雷达，该雷达在仰角方向上形成多个接收波束，并同时进行相扫，这比采用单波束在仰角方向上相扫的普通三坐标雷达具有更高的数据率[13]。

这种中频接收多波束形成的方法，也可应用于仰角方向上采用余割平方宽发射波束，接收采用多波束形成网络的三坐标雷达之中。用此方法可以产生布满整个发射波束仰角空域覆盖范围的多个波束，使在仰角宽发射波束情况下多波束接收天线可以进行测高。

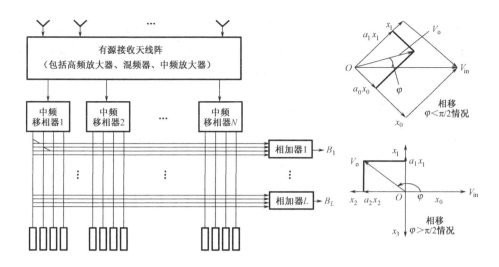

图 8.30 用矢量调制器的中频多波束形成网络的结构图

3. 中频实现的 Blass 接收多波束与 Butler 接收多波束

Blass 接收多波束和 Butler 接收多波束，既可用于发射也可用于接收。当用于接收时，均可在中频实现多波束的形成网络。

8.5.3 在视频与光频形成多个接收波束

1. 视频接收多波束的形成

在图 8.30 所示的中频多波束形成网络中，各子天线阵中通道接收机的输出不是单路中频信号，而是经正交相位检波输出或经中频采样形成的正交两路视频信号。因两路正交信号保留了子天线阵接收输出信号的幅度与相位，故经模/数变换（ADC）后变为数字信号，传送至波束形成计算机，在波束形成计算机或专用计算处理器中实现形成一个或多个接收波束。关于这个内容将在下一节再进一步讨论。这时的接收系统与图 8.30 所示相近，但其中的通道接收机变为具有视频输出的数字接收机，数字式通道接收机的组成及其原理如图 8.31 所示。

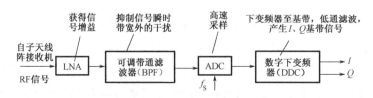

图 8.31 数字式通道接收机的组成及其原理

用数字方法在计算机中形成多个接收波束的方法有许多优点，其一是可以方便地改变波束形状，即用自适应数字波束形成（ADBF）技术改变波束的接收方向图的宽度、对称性、副瓣电平、副瓣凹口方向等。

2. 在光频实现的多波束形成网络

在光频采用光纤实现多波束形成网络对所需的实时延迟补偿比较有利，因而可做成具有大瞬时带宽的多波束形成网络。

图8.32所示为在子天线阵级别上用光纤实现的接收多波束形成网络原理图。

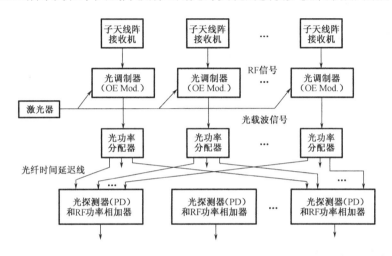

图8.32　在子天线阵级别上用光纤实现的接收多波束形成网络原理图

图8.32中每个子天线阵接收机的输出信号经过光调制器，对来自激光器的光信号进行强度调制，然后转移至光载波上，经光功率分配器分为多路，用于形成多个相邻波束。

光功率分配器可采用星形光耦合器实现。图8.32中经光功率分配器分路的光载波信号经过不同的光纤延迟，分别至相应的相加网络，先经过光探测器（PD）还原为射频信号，然后在 RF 功率相加器中实现功率合成，最后得到相应波束的输出。

这种方案利用了光纤易于实现较长的实时延迟这一特点，此外，这种方案还具有抗电磁干扰的优良性能，温度稳定性好，走线灵活方便，结构上较为简单等优点。利用光纤传输损耗小（可达到 0.1～0.2dB/km）的优点，可将子天线阵光调制器后的信号传送至远方进行多波束形成并进行随后的信号处理与数据处理。

在光频上实现多波束形成系统的另一重要优点是易于实现宽带信号的多波束形成网络。在宽带相控阵雷达中，实时延迟补偿是必不可少的。以中间波束为例，对阵列口径 $L=Nd$ 的天线阵，当最大扫描角为 θ_{max} 时，天线阵列两边的天线单元之间的时差 ΔT 可达到

$$\Delta T = Nd \sin \theta_{max} / c \qquad (8.33)$$

对于偏离中间波束 k 个位置（$k\Delta\theta$）的第 k 号波束来说，对边上的子天线阵，因其与天线阵中心间距为 $L/2$，即 $Nd/2$，故它与中间波束的时间差 Δt_k 应为

$$\Delta t_k = \frac{Nd}{2} \sin(k\Delta\theta) / c \qquad (8.34)$$

对于大型天线阵列（即 N 很大时），波束数目较多时（即 k 较大时），Δt_k 仍是较大的，故需要用延迟线进行补偿，采用在光频上实现多波束形成网络具有明显的优越性。

8.6　数字多波束形成方法

数字多波束形成（DBF）方法实际上是一种在视频实现的多波束形成方法。该方法最初应用于相控阵雷达接收系统，现已逐渐应用于相控阵雷达发射系统及其他无线电系统，这是当前相控阵雷达技术发展中的一个重要方向。

上述在高频或中频实现的多个接收波束的形成方法，都是用硬件实现的模拟方法。这种方法的主要缺点是，一旦多波束形成网络方案确定之后，波束形状、相邻波束之间的间隔及它们的相交电平等便固定且不易改动，难以实现自适应控制；特别是当要形成的波束数目很多时，硬件设备量将增加很多，也难以测试和调整；要形成多个低副瓣接收波束则更为困难。

随着计算机、集成电路技术的进步，DBF 技术开始应用于相控阵雷达的接收波束形成之中，这促进了相控阵雷达技术的发展，使相控阵雷达数字化程度及自适应能力有了新的提高，它将相控阵天线理论与雷达信号处理理论结合在一起，可比较方便地实现波束的零点控制、空时自适应信号处理（STAP），从而带来了提高相控阵雷达天线性能的新的潜力。

DBF 技术也可应用于相控阵发射天线波束的形成之中，这主要是指用数字方式产生发射激励信号与控制相控阵发射天线阵面口径的照射函数，即用数字方式产生阵面各天线单元激励电流的幅度与相位分布。发射波束的数字形成技术的出现较接收波束的数字形成技术略晚，它的出现与实现发射波束形状的自适应控制密切相关，与提高雷达生存能力密切相关。除了数字集成电路外，模拟电路、微波集成电路技术，特别是基于直接频率综合器（DDS）技术，是发射数字波束形

成技术的推动因素。随着高速、高集成度及低成本的 DDS 与基于 DDS 的 T/R 组件技术的进展，同时具有发射与接收多波束形成能力的相控阵雷达将会逐渐增加。

下面，将先讨论数字接收多波束形成的原理与应用，然后讨论多波束形成的数字配相方法，再讨论用 FFT 如何实现接收多波束的形成，用数字方法形成接收天线波束时幅相误差的补偿、数字接收多波束形成技术的应用及发射天线多波束的数字形成方法。

8.6.1 数字接收多波束形成的原理

按前面的讨论，对图 8.33 所示的天线阵，其天线波束最大值指向为 θ_B，目标所在方向与垂直方向的夹角为 θ，则相邻单元的接收信号在空间传播中的"空间相位差" $\Delta\varphi$ 和相邻单元之间的"阵内相位差" $\Delta\varphi_B$ 分别为[14]

$$\Delta\varphi = \frac{2\pi}{\lambda} d \sin\theta \tag{8.35}$$

$$\Delta\varphi_B = \frac{2\pi}{\lambda} d \sin\theta_B \tag{8.36}$$

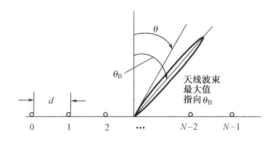

图 8.33 N 单元天线阵波束最大值方向与目标方向示意图

在采用数字方法形成接收波束时，相邻单元之间的"阵内相位差" $\Delta\varphi_B$ 按预定的天线波束最大值指向 θ_B 由波束形成计算机或相控阵信号处理机来提供。为此，要求每一天线单元通道（如果在子天线阵级别上用数字方法形成多个接收波束，则为每一个子天线阵通道）的接收机应有正交相位检波信号的输出，其中 I/Q 两个正交通道的信号经 A/D 转换后传送至多波束形成计算机。即第 i 个通道接收信号 x_i 表示为

$$x_i = I_i + jQ_i \tag{8.37}$$

第 i 个通道接收信号的幅度和相位分别为

$$|x_i| = (I_i^2 + Q_i^2)^{1/2}$$
$$\varphi_i = \arctan(Q_i / I_i) \tag{8.38}$$

对第 i 个单元，在某一采样时刻接收信号的两个正交分量可表示为

$$I_i = a_{i0} \cos(\Delta\varphi_0 + i\Delta\varphi)$$
$$Q_i = a_{i0} \sin(\Delta\varphi_0 + i\Delta\varphi)$$

（8.39）

式（8.39）中，a_{i0} 为各个天线单元（或子天线阵）信号的幅度；$\Delta\varphi_0$ 是接收回波信号与本振信号之间的相位差，若各单元通道内混频器的本振信号是经并联功率分配网络传送的，具有相同的相位，则 $\Delta\varphi_0$ 对各个单元通道都是一样的；$\Delta\varphi$ 为相邻单元之间的"空间相位差"（$\Delta\varphi_0 + i\Delta\varphi$），即式（8.38）中的 φ_i。

为了形成第 k 个接收波束（其接收波束的指向为 θ_{Bk}），则对各个接收波束应分别按式（8.36）提供该接收波束需要的"阵内相位差"。

以形成第 k 个接收波束为例，应提供的天线阵内相位差为

$$\Delta\varphi_{Bk} = \frac{2\pi}{\lambda} d \sin\theta_{Bk}$$

（8.40）

进行相位补偿后，第 i 路信号的输出应为

$$I'_{ik} = a_{i0} \cos(\Delta\varphi_0 + i\Delta\varphi - i\Delta\varphi_{Bk})$$
$$Q'_{ik} = a_{i0} \sin(\Delta\varphi_0 + i\Delta\varphi - i\Delta\varphi_{Bk})$$

（8.41）

由式（8.40）可知，式（8.41）可表示为

$$I'_{ik} = I_i \cos(i\Delta\varphi_{Bk}) + Q_i \sin(i\Delta\varphi_{Bk})$$
$$Q'_{ik} = -I_i \sin(i\Delta\varphi_{Bk}) + Q_i \cos(i\Delta\varphi_{Bk})$$

（8.42）

也可写成矩阵形式，即

$$\begin{bmatrix} I'_{ik} \\ Q'_{ik} \end{bmatrix} = \begin{bmatrix} \cos(i\Delta\varphi_{Bk}) & \sin(i\Delta\varphi_{Bk}) \\ -\sin(i\Delta\varphi_{Bk}) & \cos(i\Delta\varphi_{Bk}) \end{bmatrix} \begin{bmatrix} I_i \\ Q_i \end{bmatrix}$$

（8.43）

因此，做一次矩阵变换，即经过 4 次实数乘法与 2 次实数加法运算后，即可实现对一个单元通道信号的相位补偿。

如果要在 DBF 处理机中通过幅度加权降低接收天线的副瓣电平，可令第 i 单元通道的幅度加权系数为 a_{i1}，则 I'_{ik} 和 Q'_{ik} 应为

$$\begin{bmatrix} I'_{ik} \\ Q'_{ik} \end{bmatrix} = \begin{bmatrix} a_{i1} \cos(i\Delta\varphi_{Bk}) & a_{i1} \sin(i\Delta\varphi_{Bk}) \\ -a_{i1} \sin(i\Delta\varphi_{Bk}) & a_{i1} \cos(i\Delta\varphi_{Bk}) \end{bmatrix} \begin{bmatrix} I_i \\ Q_i \end{bmatrix}$$

（8.44）

由于按式（8.44）在 DBF 过程中引入幅度加权系数 a_{i1}，则第 i 个单元通道的总的幅度加权系数 a_i 为

$$a_i = a_{i1} a_{i0}$$

（8.45）

第 k 个波束的天线方向图函数 $|F_k(\theta)|$ 为

$$|F_k(\theta)| = (I'^2_{k\Sigma} + Q'^2_{k\Sigma})^{1/2}$$

（8.46）

式（8.46）中

$$I'_{k\Sigma} = \sum_{i=0}^{N-1} I'_{ik}$$

$$Q'_{k\Sigma} = \sum_{i=0}^{N-1} Q'_{ik} \tag{8.47}$$

因此，对于 N 个天线单元的天线阵，要形成一个接收多波束，需要进行 $4N$ 次实数乘法运算和 $[2N+2(N-1)]$ 次实数加法运算。若要同时形成 k 个接收多波束，则需要进行 $4kN$ 次实数乘法运算和 $k(4N-2)$ 次实数加法运算。

以上用数字方式形成接收多波束的运算，当以矢量方式表达时更简捷一些。令 N 单元天线阵接收到的信号矢量为 $\boldsymbol{X}$，即

$$\boldsymbol{X} = \begin{bmatrix} x_0 & x_i & \cdots & x_{N-1} \end{bmatrix}^{\mathrm{T}} \tag{8.48}$$

式（8.48）中，x_i 为第 i 个单元接收到的复信号，即

$$x_i = I_i + \mathrm{j}Q_i \tag{8.49}$$

为形成第 k 个波束需要第 i 个单元通道的复加权系数 W_{ik} 为

$$W_{ik} = a_i \exp\left(-\mathrm{j}i\Delta\varphi_{\mathrm{B}k}\right) \tag{8.50}$$

则第 k 个波束的接收信号矢量的加权矢量 $\boldsymbol{W}_k$ 为

$$\boldsymbol{W}_k = [W_{0k} \ \ W_{1k} \ \ \cdots \ \ W_{ik} \ \ \cdots \ \ W_{(N-1)k}]^{\mathrm{T}} \tag{8.51}$$

加权后的复信号经相加、求和便得到数字波束形成网络的输出 $F_k(\theta)$，即

$$F_k(\theta) = \boldsymbol{W}^{\mathrm{T}}\boldsymbol{X} \tag{8.52}$$

$|F_k(\theta)|$ 便是第 k 个波束的方向图函数。

8.6.2 用接收多波束形成的数字配相方法

8.6.1 节在讨论数字波束形成原理中所说明的方法可称为"数字配相方法"[14]，其实质是按每个相邻波束的指向（$\theta_{\mathrm{B}k}$）来确定要补偿的相位值 $\Delta\varphi_{\mathrm{B}k}$，并根据各单元通道信号的幅度差异（以 a_{i0} 表示）和降低天线副瓣要求的幅度加权系数（以 a_{i1} 表示）来进行幅度调整。

使用数字配相方法可得到多个具有任意指向间隔的接收波束，接收波束间距可以调整，且各个接收波束可因幅度加权系数的不同具有各自不同的波束形状。由于加权矢量是受计算机控制的，因此可以方便地实现对波束的自适应控制。

用数字配相方法实现多波束形成时的一个缺点是当波束数目很大时，运算次数增加很多。对于 N 个单元的天线线阵来说，为形成 N 个接收波束，需要进行的运算次数如下：

实数乘法运算次数为 $4N^2$；

实数加法运算次数为 $N(4N-2) \approx 4N^2$；

对应的复数乘法运算次数 N_{XOP} 为 $N_{XOP}=N^2$；

对应的复数加法运算次数 N_{AOP} 为 $N_{AOP}=N(N-1)\approx N^2$。

因为对每一个距离分辨单元均要做一次这样的波束形成运算，如果雷达探测距离为 R_{max}，$R_{max}=c/(2F_r)$（其中 F_r 为雷达信号重复周期），雷达信号带宽 Δf 决定的距离分辨单元 ΔR_r 为

$$\Delta R_r = c/(2\Delta f)$$

在 R_{max} 内距离分辨单元的数目 N_r 则为

$$N_r = R_{max}/\Delta R_r \text{ 或 } N_r = \Delta f/F_r$$

也就是说，在每一周期内需进行的复数加法运算总次数 N_{TAOP} 与复数乘法运算总次数 N_{TXOP} 分别为

$$N_{TAOP} = N_r N^2$$

$$N_{TXOP} = N_r N^2$$

如果 N 个接收波束中有 m 个波束要做自适应处理，则信号处理的运算量还要增加，其运算量约为（$N_r m N^3$），显然，当天线单元数目 N 很大时，运算量将非常大。随着大规模集成电路处理芯片的应用，这已不是广泛应用的障碍。

8.6.3　用 FFT 实现接收多波束的形成

为了降低用数字方法形成多个接收波束时所需要的运算量，文献[14]提出采用 FFT 方法进行多波束形成的运算。这一方法是基于天线方向图的天线口径电流分布函数（天线口径照射函数）的傅里叶变换，就像信号频谱是其时间波形的傅里叶变换一样，亦即在天线方向图函数与天线口径照射函数之间，像信号频谱与信号时间波形之间一样，存在着傅里叶变换对的关系[15]。

下面将采用数字方式形成的第 k 个接收波束的方向图函数表达为离散傅里叶变换（DFT）形式。

设 N 单元天线阵中第 i 个单元收到的信号为

$$x_i = a_{i0}e^{ji\Delta\varphi} \tag{8.53}$$

式（8.53）中，$\Delta\varphi$ 为相邻单元接收信号的"空间相位差"，即

$$\Delta\varphi = \frac{2\pi}{\lambda}d\sin\theta \tag{8.54}$$

当对第 i 个单元提供的幅度加权系数为 a_{ik}，相位补偿（即"阵内相位差"）为 $\Delta\varphi_{Bk}$ 时，天线阵的天线方向图函数可表示为

$$F_k(\theta) = \sum_{i=0}^{N-1} a_{ik}e^{ji\Delta\varphi}e^{-ji\Delta\varphi_{Bk}} \tag{8.55}$$

式（8.55）中

$$a_i = a_{i0}a_{ik} \tag{8.56}$$

若 $\Delta\varphi_{Bk}$ 按波束序号 k 取离散值，当设 $N = 2^k$，k 为整数时，$k = \pm 1, \pm 2, \cdots,$ $\pm N/2$，令

$$\Delta\varphi_{Bk} = k\frac{2\pi}{N} \tag{8.57}$$

则前面多次讨论的第 k 个波束的指向 θ_{Bk} 为

$$\theta_{Bk} = \arcsin\left(\frac{k\lambda}{Nd}\right) \tag{8.58}$$

所以，第 k 个波束方向图函数 $F_k(\theta_k)$ 可改写成 $F(k)$，即

$$F(k) = \sum_{i=0}^{N-1} x_i \mathrm{e}^{-\mathrm{j}2\pi ik/N} = \sum_{i=0}^{N-1} (I_i + \mathrm{j}Q_i)\,\mathrm{e}^{-\mathrm{j}2\pi ik/N} \tag{8.59}$$

式（8.59）即是对 N 个天线单元输入信号进行离散傅里叶变换（DFT）而求波束方向图函数的计算公式。

作为对比，可参照时间函数的DFT。令复时间函数 $u(i\Delta t) = u_R(i\Delta t) + \mathrm{j}u_I(i\Delta t)$，其第 k 个频谱分量 $U(k\Delta f)$ 为

$$U(k) = \sum_{i=0}^{N-1} [u_R(i) + \mathrm{j}u_I(i)]\,\mathrm{e}^{-\mathrm{j}2\pi ik/N} \tag{8.60}$$

式（8.60）中，信号 $U(t)$ 在时间上分成 N 个间隔为 Δt 的量化单元，在频率上分成 N 个间距为 Δf $[\Delta f = 1/(N\Delta t)]$ 的分量，即式（8.60）中括号内的 k 和 i 分别表示 $k\Delta f$ 和 $i\Delta f$。

与此相对应，天线口径照射函数沿口径方向分为 N 个离散值（天线阵中的 N 个天线单元），天线波束指向 θ_k 也是 N 个，但天线波束间隔 $\Delta\theta_k$ 却为

$$\Delta\theta_k = \theta_k - \theta_{k-1} \tag{8.61}$$

$\Delta\theta_k$ 是不等间距的，它取决于式（8.58）。

进行离散型傅里叶变换后，天线方向图函数由式（8.59）表示为

$$\begin{aligned} F(k) = &\sum_{i=0}^{N-1} [I_i \cos(ik2\pi/N) + Q_i \sin(ik2\pi/N)] + \\ &\mathrm{j}\sum_{i=0}^{N-1} [-I_i \sin(ik2\pi/N) + Q_i \cos(ik2\pi/N)] \end{aligned} \tag{8.62}$$

式（8.62）与前面讨论数字接收多波束形成原理时得出的计算式（8.46）是完全一致的。按此方法计算，对 N 个单元的天线阵，为形成 N 个天线波束，需要进行 N^2 次复数乘法运算和 $N(N-1)$ 次复数加法运算。当用 FFT 运算时，则只需要 NK（$N \approx 2^K$）次复数乘法与 NK 次复数加法运算。因此，在形成大量天线波束的情况

下，如 $N=32$ 或 64 以上时，采用 FFT 方法时的优点更为明显。

用 DFT 或 FFT 计算接收多波束存在一个问题，即对第 k 个波束，如果其波束最大值指向按式（8.58）计算有 $\theta_{Bk}=90°$，此波束因指向天线阵右边的端射方向，受天线单元方向图或子天线阵方向图波束宽度的限制，将无法使用，而且天线波束在天线阵两边分布也不对称。为了解决这一问题，文献[14]提出，在相邻天线单元之间预先引入一个固定的移相量 $\Delta\varphi_C$，并令

$$\Delta\varphi_C = \pi/N \tag{8.63}$$

引入 $\Delta\varphi_C$ 后，天线单元之间为实现 k 个波束，所需要的相位补偿值或"阵内相位差"变为 $\Delta\varphi_{Bk}$，这一问题即可得到解决，即

$$\Delta\varphi_{Bk} = k\frac{2\pi}{N} - \frac{\pi}{N} = 2(k-1)\pi/N \tag{8.64}$$

按此求出的多个接收波束将使原天线阵各个波束发生一个转动，从而消除了端射方向的波束，并使各波束在天线阵侧射方向两边呈对称分布。

以 $N=8$ 的天线阵为例，求用 DFT 或 FFT 形成的 $N=8$ 个数字接收多波束。计算时设相邻单元间距 $d=\lambda/2$，当不引入固定移相量 $\Delta\varphi_C$ 时，其 8 个波束如图 8.34（a）所示，波束 $E(4)$ 最大值指向为端射方向；当引入固定移相量 $\Delta\varphi_C = \pi/N = \pi/8$ 后，各天线波束发生偏转，它们的最大值指向如图 8.34（b）所示。

由此可以看出，在采用固定移相量 $\Delta\varphi_C$ 之后，用 FFT 方法产生的接收多波束与用 Butler 矩阵产生的数字接收多波束是完全一样的，具有相同的性能和同样的数字表达式，因此用 FFT 方法实现的数字接收多波束在引入 $\Delta\varphi_C$ 之后，实际上就是在视频实现的等效 Butler 矩阵多波束。

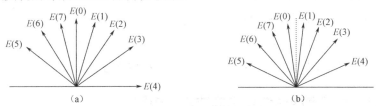

$E(5)$	$E(6)$	$E(7)$	$E(0)$	$E(1)$	$E(2)$	$E(3)$	$E(4)$
$-48.6°$	$-30°$	$-14.5°$	$0°$	$14.5°$	$30°$	$48.6°$	$90°$
$-61.04°$	$-36.68°$	$-22.02°$	$-7.18°$	$7.18°$	$22.02°$	$36.68°$	$61.04°$

图 8.34　引入 $\Delta\varphi_C$ 前后的用 FFT 实现的 8 个单元数字多波束的指向

8.6.4　采用数字波束形成时幅相误差的补偿

用数字方法形成接收天线波束时的一个主要优点是可以在波束形成处理机中

实现对各单元通道之间的幅相误差补偿，这对降低接收天线波束副瓣电平具有重要的意义。

设第 i 单元通道中的幅度误差和相位误差分别为 Δa_i 和 $\delta\varphi_i$。只要相控阵天线的幅相监测系统或近场测试设备能测出 Δa_i 与 $\delta\varphi_i$，则在形成天线波束的过程中，便可对其进行补偿。

设没有误差时，第 i 个单元接收信号 x_i 为

$$x_i = I_i + \mathrm{j}Q_i \tag{8.65}$$

式（8.65）中，I_i 和 Q_i 由式（8.39）表示。

当有误差时，x_i 的两个正交分量 I_i 与 Q_i 可表示为

$$
\begin{aligned}
I_i &= a_{i0}(1+\Delta i)\cos[\Delta\varphi_0 + i\Delta\varphi + \delta\varphi_i] \\
Q_i &= a_{i0}(1+\Delta i)\sin[\Delta\varphi_0 + i\Delta\varphi + \delta\varphi_i]
\end{aligned}
\tag{8.66}
$$

式（8.66）中

$$\Delta i \approx \frac{\Delta a_i}{a_{i0}} \tag{8.67}$$

为了修正 Δa_i 和 $\delta\varphi_i$，各单元通道的接收信号的复加权系数 w_i 应由

$$w_i = a_i \mathrm{e}^{-\mathrm{j}i\Delta\varphi_{\mathrm{B}k}}$$

变换为

$$w_i = a_i(1-\Delta i)\mathrm{e}^{-\mathrm{j}(i\Delta\varphi_{\mathrm{B}k} + \delta\varphi_i)} \tag{8.68}$$

这样

$$w_i x_i = a_i(1-\Delta i^2)\mathrm{e}^{-\mathrm{j}[\Delta\varphi_0 + i(\Delta\varphi - \Delta\varphi_{\mathrm{B}k})]} \tag{8.69}$$

式中，$a_i = a_{i1}a_{i0}$，a_i 为最终要求的加权系数。

由于 $\Delta i^2 \ll 1$，故式（8.69）可近似为

$$w_i x_i = a_i \mathrm{e}^{\mathrm{j}[\Delta\varphi_0 + i(\Delta\varphi - \Delta\varphi_{\mathrm{B}k})]} = I'_{ik} + \mathrm{j}Q'_{ik} \tag{8.70}$$

式（8.70）即式（8.41），因此可实现对幅度和相位误差的补偿。

8.6.5 数字接收多波束形成技术的应用

数字接收多波束的形成技术从一开始就与多个接收波束的形成相联系，除了形成多个接收波束的需求推动之外，在技术上与同步接收机、A/D 转换和数字信号处理的进步有密切关系，这从数字波束形成早期的应用例子中可以看出。

下面简要介绍数字接收多波束形成技术的应用例子，并对其进行初步分析与讨论。

1. 天波超视距雷达接收多波束的数字形成方式

高频天波超视距雷达（HF OTHR）工作在高频（HF）波段（即短波波段），其工作频率多半限制在 5～30MHz 范围内，因此波长较长，天线孔径长度也较长，其发射波束宽度一般均大于接收波束宽度，可以用多个接收波束覆盖发射波束照射范围，以便充分利用发射波束照射区内的信号能量并提高雷达搜索数据率，因而需要形成多个接收波束。天波超视距雷达（OTHR）接收天线阵的长度很长，一般均超过 1km。要在高频实现波束形成网络需要很长的传输线，传输线的幅相稳定也难以控制。采用数字接收波束形成技术，其各个接收天线单元或由若干个天线单元组成的子天线阵的通道接收机输出信号已变为视频信号，因此在视频进行传输相对要容易，必要时还可通过光调制器在光波上进行传输。

人们熟知，在短波波段，外界干扰较严重，采用空间滤波测量干扰源方向和抑制干扰是超视距雷达检测目标和目标航迹跟踪的一个重要任务，因此采用数字波束形成技术，不仅可方便地形成多个接收波束，还可改变接收波束的形状，形成方向图的凹口，抑制空间干扰。这是数字波束形成技术首先在相控阵雷达中应用的一个重要原因。超视距雷达天线是在方位上进行相扫的线形天线阵，其天线数目也不是很多，为 100～200 个，此外，天波超视距雷达信号带宽也较窄，如多半只有 10kHz 或 20kHz 左右，因此在天波超视距雷达中采用数字接收多波束形成技术实现多个相邻的接收波束也较为容易。

美国的 AN/FPS-118 超视距雷达的接收天线阵长 1190m，波束宽度为 2.5°，共有 96 部超外差接收机，高、中频输出的两路正交信号经 A/D 转换后传送至数字信号处理机，用数字波束形成方法形成 4 个接收波束，以此覆盖发射天线阵的较宽的发射波束，同时进行距离门多普勒滤波的计算。这大概是最早应用数字波束形成技术的实用雷达型号。由于采用了数字接收多波束形成方法，该超视距雷达可实现自适应波束调零，在有强干扰的方向，需要抑制北极光干扰的方向形成天线波束凹口。

2. 实现数字单脉冲和差波束

数字接收多波束形成技术的应用之一是形成多个单脉冲测角波束。在常规抛物面或相控阵接收天线中为进行单脉冲测角，需要形成单脉冲接收波束，包括和波束、方位差波束与仰角差波束；也可以形成覆盖发射波束的 4 个或 5 个用于幅度比较的接收波束。如果能采用数字方法实现单脉冲测角多波束，则可在计算机内用软件替代单脉冲比较器等硬件网络。

德国在 S 波段相控阵实验雷达 ELPA 中验证了数字接收多波束形成技术的实用性。该相控阵实验雷达的发射天线阵有 300 个天线单元，接收天线阵为密度加权阵，圆形孔径为 39 个波长，共有 768 个有源天线单元，这些单元划分为 48 个子天线阵，每个子天线阵包含 16 个天线单元。每一子天线阵均有一套接收组件，其输出为两路正交的零中频信号，经 A/D 转换后变换成数字信号，传送至计算机，在其中进行幅度加权和相加处理，以形成单脉冲测角需要的和波束（$\varSigma$）与方位差（ΔA）、仰角差（ΔE）波束。这是较早的有关 DBF 技术应用于单脉冲和差波束形成的较全面报道。

将数字波束形成用于单脉冲和差波束的形成和自适应波束的形成，在中国研制的 L 波段有源相控阵雷达试验中也得到验证。图 8.35 所示为 36 单元有源相控阵天线试验中用数字波束形成方法实现的和差单脉冲测角波束，并实现了自适应波束形成[16]。

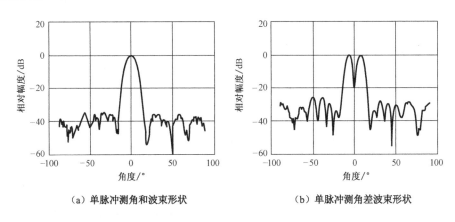

(a) 单脉冲测角和波束形状　　　　　　(b) 单脉冲测角差波束形状

图 8.35　36 单元有源相控阵天线 DBF 接收波束

3. 采用 DBF 技术实现的超低副瓣相控阵天线

DBF 技术可方便地用于补偿各天线单元或子天线阵之间的幅度与相位误差，利用这一优点，有利于实现具有低或超低副瓣电平（ULSLL）的相控阵接收天线。在这方面应用的一个典型例子就是美国 UHF 波段的超低副瓣电平雷达（UHF ULSLL Radar），该雷达的组成框图如图 8.36 所示。

该图中雷达的天线孔径尺寸为 5m（宽）×10m（高），天线波束在方位上做机扫，仰角上用数字方法形成单个相扫波束。这个天线为收/发合一的平面阵列天线，其垂直方向包括 16 根行馈线阵天线。每一行馈线阵天线由全固态功率放大器激励，发射波束在仰角上受移相器控制，可在仰角方向进行相扫。每一行馈线阵均有一通道接收机，经 A/D 转换后变为数字信号，以实现自适应仰角波束的形成。数字处理包括数字自适应仰角波束形成器、波形处理器与数据处理机。

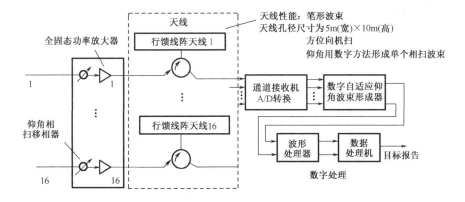

图 8.36　采用 DBF 技术实现的 UHF 超低副瓣电平雷达的组成框图

该试验雷达 UHF 波段具有自适应调零的远场方向图，如图 8.37 所示，采用 DBF 技术实现的超低副瓣天线的方向图如图 8.38 所示。

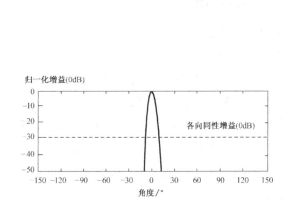

图 8.37　UHF 波段具有自适应调零的
远场方向图

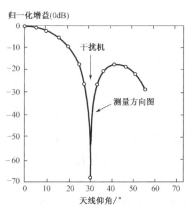

图 8.38　采用 DBF 技术实现的超低
副瓣天线的方向图

从图 8.37 可见，采用 DBF 技术可以做到在 ±150° 范围内使得接收天线副瓣电平低于 -50dB；而从图 8.38 可见，测量方向图的调零深度低于 -60dB。

4. DBF 技术在共形相控阵接收天线中的应用

在有源相控阵雷达中，DBF 技术可用于解决对任意曲面上天线单元接收信号的幅度与相位补偿的问题及形成多波束，因而在共形相控阵雷达中有重要的应用前景。

图 8.39 所示为日本研制的 X 波段共形相控阵雷达 DBF 低副瓣天线的方向图，该方向图即是采用 DBF 技术实现的。从图 8.39 可见，天线的最高副瓣电平可以降到-35dB 以下[17]。

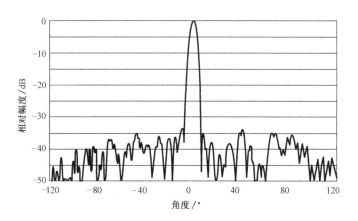

图 8.39　X 波段共形相控阵雷达 DBF 低副瓣天线方向图

8.6.6　发射天线多波束的数字形成方法

相控阵雷达发射天线多波束的数字形成方法较接收多波束的数字形成方法的应用要晚。滞后的一个原因是雷达发射工作状态与接收工作状态有所差别。在发射工作状态，相控阵发射天线按天线孔径照射函数决定的空间波束指向实现雷达探测信号的辐射以后，便可将发射天线波束转换至另一方向，只要波束控制设备能实现整个阵面各移相器相位状态的快速转换即可，因而在一个重复周期内实现多个发射波束没有特别明显的困难；而在接收搜索工作状态，接收波束必须在整个雷达重复周期内等待。因此，在相控阵雷达中，形成多个接收波束的需求比形成多个发射波束的需求显得更为必要。

相控阵雷达发射天线波束的数字形成过程，可以看成是相控阵雷达接收天线波束形成过程的逆过程。当接收多波束形成时，先将每个天线单元或每个子天线阵接收到的射频信号通过混频，即下变频器将信号变换至中频，再在中频用同步接收机或中频采样，获得相互正交的视频输出信号，即数字信号。

在用数字方法形成一个或多个发射波束时，在每一个天线单元通道或每一个发射子天线阵通道中，雷达探测信号皆以数字方式产生，两个数字正交分量经数模（D/A）变换器后经低通滤波变为中频信号，再经混频，最终上变频为雷达工作射频上的信号。由于每一天线单元或每个子天线阵的信号均是用数字方式产生的，因此相控阵天线各单元通道或子天线阵通道之间的信号幅度与相位均可较方便地在视频实现，因而单元通道中或子天线阵通道中便可不用移相器和衰减器就能实现波束扫描所需的相位梯度和对幅度加权，实现对发射波束指向与形状的自适应控制。

以下将结合一些具体实现方式，对相控阵雷达发射波束的数字形成原理及实现的条件加以讨论。

1. 在子天线阵级别上实现的发射波束数字形成方法

受限于设备工作量的大小，在二维相位扫描相控阵雷达天线中，为节省设备工作量，多波束的数字形成方法可首先在子天线阵级别上实现。以下先讨论在子天线阵级别上形成多个发射波束的原理。

图 8.40 所示为在子天线阵级别上形成发射多波束的原理框图。

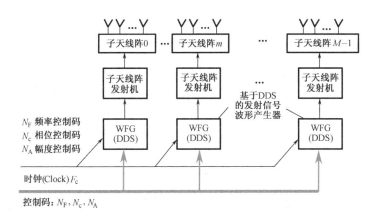

图 8.40 在子天线阵级别上形成发射多波束的原理框图

每一个子天线阵内雷达发射信号均是以数字方式产生的，在产生复杂信号波形的同时，也生成发射天线波束指向变化和改变波束形状所需的移相值与幅度值。

以线性调频（LFM）脉冲压缩信号的产生为例，因线性调频信号的实数形式为

$$u(t) = \cos\left(\omega_0 t + \frac{1}{2}\mu t^2\right), \quad 0 \leqslant t \leqslant T \tag{8.71}$$

式（8.71）中，$\mu = 2\pi BT = 2\pi k$，B 为信号带宽，T 为脉冲宽度，k 为调频速率。

将 $u(t)$ 展开为

$$u(t) = \cos(\omega_0 t)I(t) - \sin(\omega_0 t)Q(t) \tag{8.72}$$

式（8.72）中，$I(t) = \cos\pi k t^2$，$Q(t) = \sin\pi k t^2$。

设采样间隔时间为Δt，$\Delta t = 1/(2B)$，则脉冲宽度T内共有N个采样点，即

$$N = T/\Delta t = 2BT$$

与时间上第n个采样点对应的波形存储器中存储的I、Q信号分别为

$$I_n = I(n\Delta t) = \cos(Ln^2) \tag{8.73}$$

$$Q_n = Q(n\Delta t) = \sin(Ln^2) \tag{8.74}$$

式中，L为常数，$L = \pi k\Delta t^2 = \pi/(4BT) = \pi/(4D)$；$D$为脉冲压缩信号的压缩比，即信号的时宽带宽积。

数字波形产生器的原理图如图8.41所示。当雷达主脉冲信号（其频率为雷达信号重复频率F_r）到来后，时钟信号（参考信号）进入波形存储器，开始从其正弦表中依次取出I_n及Q_n信号分量，分别经过各自的 D/A 变换器与低通滤波器之后，与本振信号实现上变频；再经带通滤波器后进行相加合并，即可得到要求的复杂信号波形。

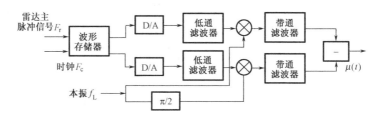

图 8.41　数字波形产生器的原理图

为了实现发射波束的形成，每个子天线阵用数字方法产生的信号还需按发射波束预定指向进行移相，设第i个子天线阵移相值为$\Delta\varphi_{si}$，则第i个子天线阵内的数字波形产生器产生的信号应为

$$u_i(t) = \cos\left(\omega_0 t + \frac{1}{2}\mu t^2 + \Delta\varphi_{si}\right) \tag{8.75}$$

在时间序列上第n个采样点（即在$t = n\Delta t$时刻），从波形存储器中取出的正交两路视频信号应为

$$\begin{aligned} I_{ni} = I_i(n\Delta t) = \cos(Ln^2 + \Delta\varphi_{si}) \\ Q_{ni} = Q_i(n\Delta t) = \sin(Ln^2 + \Delta\varphi_{si}) \end{aligned} \tag{8.76}$$

式（8.76）中，$\Delta\varphi_{si}$与子天线阵通道序号有关，它取决于要形成的发射波束的指向与形状，而与采样时间（$n\Delta t$）无关。如果要对子天线阵的相关相位误差进行补偿，则$\Delta\varphi_{si}$还应加上要进行修正的相位量。

带有移相功能的子天线阵通道信号波形的产生流程如图8.42所示。

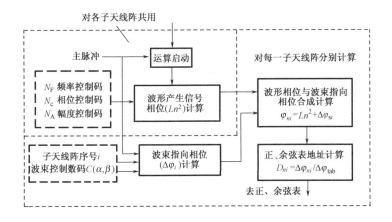

图 8.42　带有移相功能的子天线阵通道信号波形的产生流程

1）运算启动

雷达主脉冲信号到达时间即雷达发射机产生的复杂信号波形的起始时间，主脉冲的重复周期即雷达信号重复频率 F_r 的倒数。

2）波形产生信号相位与波束指向相位的计算

当雷达主脉冲信号到达后，用于采样的时钟脉冲即可被选通进入 I_{ni} 与 Q_{ni} 的相位 φ_{ni} 计算

$$\varphi_{ni} = Ln^2 + \Delta\varphi_{si} \tag{8.77}$$

式（8.77）中，φ_{ni} 是采样时间 $n\Delta t$ 与子天线阵通道序号 i 的函数。

3）正、余弦表

若正弦表中存储的正弦、余弦函数的幅值是按 $\Delta\varphi_{tab}$ 而定的，即

$$\Delta\varphi_{tab} = 2\pi / 2^J \tag{8.78}$$

式（8.78）中，J 为正、余弦表的位数（如 $J = 12$，则 $\Delta\varphi_{tab} = 2\pi / 2^{12} = 0.0879°$），存储正、余弦函数幅值的存储器的地址数相应地也为 2^J。φ_{ni} 对应的正、余弦表中的地址码 D_{ni} 应为

$$D_{ni} = \varphi_{ni} / \Delta\varphi_{tab} = D_n + D_i \tag{8.79}$$

式（8.79）中

$$D_n = [Ln^2 / \Delta\varphi_{tab}], \quad D_i = [\Delta\varphi_{si} / \Delta\varphi_{tab}] \tag{8.80}$$

式（8.80）中，D_n 为按时间顺序形成复杂信号波形所需的取整的地址码；D_i 为形成发射波束所需的第 i 个子天线阵通道发射信号的移相值。

这里讨论的数字信号波形产生方法随着数字与模拟集成电路技术的进步，集成度已大大提高，可以利用 DDS 技术产生。

需要指出的是，上述用数字方法产生的只是一个发射波束，而不是同时多波

束，但可以在时间顺序上产生多个发射波束。对每个波束，天线方向图的指向、形状及信号波形均可灵活改变。此外，对于宽带相控阵发射天线来说，每一子天线阵需要的实时延迟线可以在视频实现。此外，与普通相控阵雷达发射天线系统相比，该系统可以不需要从发射激励信号源到各个子天线阵中的功率分配网络。这些都是在子天线阵级别上采用数字方式形成发射波束带来的优点，但是在设计相控阵雷达过程中，在选择是否需要采用数字方式形成发射天线波束时，除考虑获得的优点外，还需考虑以下一些因素。

（1）仅能实现综合因子方向图数字波束的形成。

这里讨论的在子天线阵级别上实现的发射波束是发射相控阵天线的综合因子方向图，它与子天线阵方向图的乘积才是整个发射天线的方向图，因此为避免综合因子方向图栅瓣引起的寄生副瓣电平的抬高，子天线阵内各天线单元通道内仍需要移相器，相应地相控阵天线的波束控制系统依然存在。此外，每一子天线阵内的射频功率分配网络，无论是强制馈电还是空间馈电，都仍然需要。

（2）为实现数字形成发射波束所花费的代价。

按上述讨论，若子天线阵数目为 M，则用 M 套数字信号波形产生与相位调整的系统取代了原统一的发射信号激励器、1 分为 M（$1/M$）的功率分配网络及 M 个用于调整 M 路发射机相位一致性的子天线阵移相器。

（3）在子天线阵内，仍然保留射频的功率分配网络与单元通道内的移相器。

（4）其成本与集成电路及生产工艺的进步密切相关。

2. 在天线单元级别上实现的发射波束数字形成方法

随着集成电路技术的进一步提高和商用器件价格的进一步降低，在整个二维相位扫描的相控阵发射平面天线阵的单元级别上，实现发射波束数字形成技术也将逐步扩大应用范围。不过，目前已有在国内外线阵试验床或小型面阵上进行原理或工程验证的研究，暂时还未见到在大型产品上应用的报道。

在天线单元级别上，实现发射波束数字形成的技术基础是数字式直接频率综合器（DDS）和基于 DDS 的发射组件。如果每一个天线单元通道上都由 DDS 产生相控阵天线口径照射函数要求的激励信号的相位和幅度，由 T/R 组件中的发射信号功率放大器（HPA，亦称高功率放大器）进行功率放大（发射状态时）或低噪声放大（接收状态时），则可以不需要强制馈电系统中必不可少的功率分配/功率相加系统。天线阵面上各天线单元要求的不同相位，由雷达波束控制计算机提供的二进制数字控制信号对每个单元通道上的 DDS 进行控制，而不是对移相器进行控制。因此，常规相控阵雷达在高频实现的馈电系统中的功率分配与相加网络的功能完全由计算机提供的视频（即数字）信号控制所代替。由此可见，相控阵雷达的关键分系统——天线、馈线分系统的架构发生了根本性的改变。

DDS 产生信号波形及提供移相的工作原理与前面讨论的数字信号产生器是一样的。DDS 信号波形产生与移相的工作原理如图 8.43 所示。

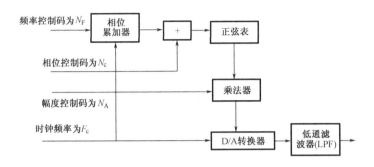

图 8.43　DDS 信号波形产生与移相的工作原理示意图

用于改变 DDS 输出信号的频率、相位与幅度控制信号均是二进制的，除控制信号外，DDS 的输入信号为时钟频率 F_c，输出信号则是经低通滤波器的基带信号，再经过上变频至雷达工作频率。当雷达处于发射状态时，DDS 产生的是发射激励信号；对收/发合一的相控阵天线来说，在接收状态时，DDS 则用于产生本振信号。

DDS 工作原理的主要公式说明如下：

（1）瞬时数字时间序列为

$$R(n\Delta t) = (n\Delta t) + N_c \quad (n = 0,1,2,3\cdots) \tag{8.81}$$

式（8.81）中，$\Delta t = 1/F_c$，F_c 为时种频率，N_c 用于调整信号的固定相位。

（2）瞬时数字相位为

$$P(n\Delta t) = R(n\Delta t)2\pi/2^j \tag{8.82}$$

式（8.82）中，j 为 DDS 中相位累加器的位数。

（3）最小相位增量为

$$\Delta\phi_{\min} = 2\pi/2^j \tag{8.83}$$

（4）相位跳变（Phase Skip）为

$$dp = N_F 2\pi/2^j \tag{8.84}$$

（5）输出频率为

$$f_o = N_F F_c/2^j \tag{8.85}$$

（6）频率分辨率为

$$\Delta f_{\mathrm{o}} = F_{\mathrm{c}} / 2^{j} \tag{8.86}$$

（7）相位调制的实现。

为了实现复杂的信号波形，需要对信号进行相位调制。令 DDS 中加法器的相位控制码 N_{c} 为时间函数 $N_{\mathrm{c}}(t)$ 时，即可改变信号的相位调制。因此，相位控制码 N_{c} 应是时间的函数 $N_{\mathrm{c}}(t)$。

下面以线性调频信号的数字产生为例来说明 $N_{\mathrm{c}}(t)$ 的计算公式。令线性调频信号的带宽为 B，信号脉宽为 T，则脉冲压缩信号的调频速率 $k=B/T$。因线性调频脉冲压缩信号 $u(t)$ 为

$$u(n\Delta t) = \cos[\omega_{0} n\Delta t + \pi k(n\Delta t)^{2}] \tag{8.87}$$

由于 $u(t)$ 中随时间变化的平方相位项应与以相位控制码 $N_{\mathrm{c}}(t)$ 控制产生的相位相等，故有

$$\pi k(n\Delta t)^{2} = N_{\mathrm{c}}(t) 2\pi / 2^{j} \tag{8.88}$$

由此可得 $N_{\mathrm{c}}(t)$ 的计算公式

$$N_{\mathrm{c}}(n\Delta t) = 2^{j-1} k(n\Delta t)^{2} \tag{8.89}$$

为实现天线波束扫描要求的各个天线单元之间的相位增量 $\Delta\varphi_{\mathrm{B}}$，即单元之间的"阵内相位差"也用数字方式通过给定各单元通道中 DDS 的相位控制码 N_{c} 来实现。

若将 0 号天线单元（$i=0$）作为相控阵天线的参考单元，则对等间距线阵，第 i 个天线单元的"阵内相位" $i\Delta\varphi_{\mathrm{B}}$ 应为

$$i\Delta\varphi_{\mathrm{B}} = i\frac{2\pi}{\lambda} d \sin\theta_{\mathrm{B}} \tag{8.90}$$

式（8.90）中，θ_{B} 为波束最大值指向角。

因 $i\Delta\varphi_{\mathrm{B}} = N_{ci} 2\pi / 2^{j}$，故加进第 i 个天线单元的相位控制码 N_{ci} 应为

$$N_{ci} = 2^{j} \frac{id \sin\theta_{\mathrm{B}}}{\lambda} \tag{8.91}$$

因相位累加器的频率控制码为 N_{F}，且 $N_{\mathrm{F}}<2^{j}$（j 为相位累加器的位数），当相位累加器计数到 N_{F}，即经过 N_{F} 个时钟脉冲的计数后才发生一次溢出并置零，然后开始重新计数累加。因此，相位跳变要经过 N_{F} 个时钟脉冲后才发生一次，故在相位累加器之后的加法器上进行与 N_{c} 的加法运算，要经过 N_{F} 次以后才能进行。

对发射天线阵来说，每一个天线单元通道中 DDS 产生的满足天线照射函数所需相位的信号经过上变频器转换至微波频率，再经过 T/R 组件中功率放大器放大，然后从天线单元辐射出去。接收时，DDS 用于产生接收本振输出信号。

需要指出的是，采用这种方法在同一时刻只能形成一个发射波束；如要形成多个发射波束，也只能是按时间顺序产生的多波束。对收/发合一的有源相控阵雷达来说，因不能同时获得与多发射波束相对应的多个接收波束，因而这种多个发射波束的形成方法只能用于跟踪工作方式。这时，用数字方式按时间先后形成的发射波束向多个目标方向发射信号；而接收时按跟踪目标的远近，快速改变波束指向，分别接收多个不同方向目标的回波。

3. 同时发射波束的数字形成方法

要用数字形成方法获得多个同时发射波束，可以考虑将数字波束形成方法与Butler 矩阵多波束相结合，这提供了利用 Butler 矩阵多波束的正交性，在波束空间而不是在单元空间实现发射波束的自适应形成的条件，有利于提高相控阵雷达发射天线阵的自适应能力和改善雷达辐射信号在空间的能量分布。

同时发射多波束的数字形成方法示意图如图 8.44 所示，该图中将 Butler 矩阵多波束形成网络的 N 个输入端分别用 DDS 产生的发射激励信号波形作为该发射波束的激励信号，其每个单元通道中均有一高功率放大器（T/R M），如前所述，用此方法形成的多波束仍为时间上顺序产生的多波束；各个 Butler 矩阵多波束形成网络输入端的信号在信号工作频率、脉冲宽度上可以有所不同，以实现发射信号能量在空间的合理分配。

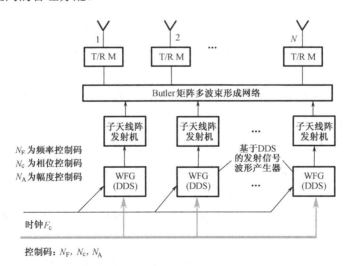

图 8.44　同时发射多波束的数字形成方法示意图

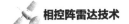

参考文献

[1] ETHINGTON D. Military Radar System Evolution Extends Service Life and Fulfills New Missions[J]. MSN, 1984(2): 54-64.

[2] REED J. The AN/FPS-85 Radar System[J]. Proceedings of the IEEE, 1969, 57(3).

[3] 张光义. 空间监视相控阵雷达的作用及一些总体技术问题[C]//相控阵雷达技术文集（第7集）. 南京电子技术研究所，1997: 1-10.

[4] Ширмаи Я. Д. Теоретические Осноьы Радиолокации[M]. Издание Академии, 1984.

[5] BLASS J. The multi-directional antenna: An New Approach to Stacked Beams[J]. PIRE conv., 1963: 623-632.

[6] ZAGHLOUL A I, SICHAN L, UPSHUR J I, et al. X-Band Active Transmit Phased Array for Satellite Applications[C]. IEEE International Symposium of Phased Array Systems and Technology. Boston: IEEE, 1996: 272-277.

[7] BUTLER J, LOWE R. Beam forming matrix Simplifies design of electronically scanned antennas[J]. Electronic Design, 1961(4): 170-173.

[8] HANSEN R C. Phased Array Antennas[M]. 2nd ed.. New York: John Wiley & Sons. Inc., 2009.

[9] 张光义. 相控阵雷达系统[M]. 北京：国防工业出版社，1994.

[10] SKOLNIK M I. Introduction to Radar Systems[M]. 3rd ed.. New York: McGraw-Hill, 2001.

[11] 斯科尼克 M I. 雷达手册[M]. 王军，林强，米慈中，等译. 北京：电子工业出版社，2003.

[12] TANG R. Survey of Time-delay Beam Steering Techniques[C]. Phased Array Antennas: Proceedings of the 1970 Phased Array Antenna Symposium. New York: Artech House, 1972: 254-260.

[13] 南京电子技术研究所. 世界地面雷达手册[M]. 北京：国防工业出版社，2005.

[14] 张光义，华海根，邵润朋. 相控阵接收多波束的数字形成方法及计算机模拟实验[J]. 电子学报，1982(4): 47-53.

[15] 张直中. 雷达信号的选择与处理[M]. 北京：国防工业出版社，1979.

[16]　ZHANG G Y. The Research Work of NRIET in Phased Array Radar[C]. 1996 IEEE International Symposium of Phased Array Systems and Technology. Boston: IEEE, 1996: 78-80.

[17]　RAI E, NISHMOTO S, et al. Historical Overview of phased array antenna for defense application in Japan[C]// 1996 IEEE International Symposium of Phased Array Systems and Technology. Bostor: IEEE, 1996(10): 217-225.

第9章
有源相控阵雷达技术

采用有源相控阵雷达天线（APAA）的雷达称为有源相控阵雷达（APAR）。近年来，有源相控阵天线又常称为有源电子扫描阵列（AESA），也有将 AESA 称为有源相控阵雷达的，这已成为当今相控阵雷达发展的一个重要方向。很多战略、战术雷达是有源相控阵雷达。随着数字与模拟集成电路技术及功率放大器件的快速发展及研制成本的降低，有源相控阵技术正由雷达向通信、电子战、定位导航等领域快速发展。

本章讨论的主要内容包括有源相控阵雷达的发展简况与特点，有源相控阵雷达中的 T/R 组件（数字式 T/R 组件）的功能与要求，T/R 组件的类型与应用，有源相控阵雷达低副瓣发射天线的实现，有源与无源相控阵雷达天线的选择比较，有源相控阵雷达功率、孔径的折中设计，空间馈电在有源相控阵雷达中的应用，有源相控阵雷达的应用及有关技术特点。其中，有关有源相控阵雷达系统设计中的问题是讨论的重点。

9.1 有源相控阵雷达发展简况与特点

随着高功率固态功率器件及单片微波集成电路的出现，每个天线单元通道中可以设置固态 T/R 组件，使相控阵雷达天线变为有源相控阵雷达天线。有源相控阵雷达技术成了雷达技术发展的一个重要方向。

9.1.1 发展简况

有源相控阵雷达天线阵面的每一个天线单元通道中均含有有源电路，对收/发合一的相控阵雷达天线来说，则是 T/R 组件，每一个 T/R 组件相当于一个普通雷达的射频前端（RF Front-end），既有发射功率放大器，又有低噪声放大器及移相器、波束控制电路、监测电路等多种功能电路。由此可见，一个二维相位扫描的有源相控阵雷达的设备量是相当多的，成本也相当可观。尽管如此，在相控阵雷达发展过程中，最先研制成功并投入应用的却是有源相控阵雷达，这就是 20 世纪 60 年代美国研制的用于空间目标监视、跟踪与编目的大型相控阵雷达 AN/FPS-85[1-2]。该相控阵雷达采用接收、发射分开的二维相扫相控阵平面天线。发射天线阵中有由 5184 个天线单元、5184 个用电真空器件（四极管）实现的发射机，每一发射机的峰值功率高达 6.17kW，平均功率为 77.8W。这是因为该雷达要观察大批空间目标，雷达作用距离高达数千千米，只有用有源相控阵发射天线方案，利用空间功率合成方式，方能实现雷达发射机总输出峰值功率 32MW，平均功率高达 400kW 的要求。

采用固态功率放大器件作为发射机的有源相控阵雷达的例子，是美国为弹道导弹防御系统研制的早期预警相控阵雷达 AN/FPS-115[3]。该雷达是第一部二维相位扫描的固态相控阵雷达，它采用收/发合一的相控阵雷达天线，其天线阵面因采用密度加权方式，因而有源天线单元总数为 1792 个，共有 1792 个固态发射和接收组件（T/R 组件）。

AN/FPS-115 雷达采用固态有源相控阵雷达天线，并利用空间功率合成方式，可以获得探测与跟踪多批目标要求的高功率（发射机输出总的峰值功率为600kW，平均功率为 150kW），降低了馈线系统承受高功率的要求，降低了传输线的损耗，相应地也降低了发射系统对初级电源的功率要求，提高了整个天线馈线系统的标准化、模块化设计程度。

在战术雷达中，有源相控阵雷达的问世较观察战略目标，如弹道导弹和卫星的超远程相控阵雷达要晚。而大部分有源相控阵战术雷达主要是三坐标雷达，首先是方位机扫、仰角方向上相扫的一维相扫三坐标雷达。典型的应用例子有美国的 GE-592 等。20 世纪 80 年代初，中国研制成功的第一部一维相扫三坐标雷达YLC-6 [见图 9.1（a）] 也是固态有源相控阵雷达，它具有单脉冲测角的能力。图 9.1（b）所示为中国于 20 世纪 90 年代初研制成功的二维相扫固态有源相控阵试验雷达。同期，中国还研制成功了二维相扫固态有源相控阵雷达，并投入批量生产。

（a）一维相扫固态有源相控阵雷达　　　　　　（b）二维相扫固态有源相控阵雷达

图 9.1　一维相扫固态有源相控阵雷达和二维相扫固态有源相控阵试验雷达

为了进一步提高三坐标雷达的性能，二维相扫的三坐标雷达也陆续采用相控阵天线与固态有源相控阵雷达天线的方案。这类雷达在方位与仰角上均进行相位扫描，但天线还可同时进行机械转动。这大大提高了三坐标雷达的数据率和改善了对多目标的跟踪性能，同时也克服了平面相控阵雷达天线观察空域有限（如限制在 ±60°范围内）的缺点。例如，美国陆军已大批生产的二维相扫相控阵雷达AN/TPQ-37，近年来也改为采用固态有源相控阵雷达天线方案，改称 AN/TPQ-47；

美国海军的"宙斯盾"系统中已大量生产、装备的二维相位扫描相控阵雷达 AN/SPY-1 也转为采用有源相控阵雷达的方案。

目前，美国和欧洲一些国家研制的机载雷达、弹道导弹防御雷达及星载雷达均采用固态有源相控阵雷达天线，其主要原因与有源相控阵雷达的特点或优点有密切关系。

9.1.2　有源相控阵雷达天线的特点

有源相控阵雷达天线具有一些显著特点（或优点），充分利用这些特点，可给有源相控阵雷达带来许多优点，提高或改善其工作性能。

有源相控阵雷达天线的主要特点包括如下 10 个方面。

1）可获得很高的总发射信号功率

在有源相控阵雷达天线中，每一个天线单元通道中均可设置一部组装密度很高的固态发射机，利用各天线单元辐射相位上严格同步的信号在空间实现功率的合成，以此获得雷达要求的大功率或特大功率，从而增加了相控阵雷达发射系统设计的灵活性，降低了对功率器件输出功率电平的依赖程度。

2）降低了发射馈线的损耗

有源相控阵雷达天线与无源相控阵雷达天线相比，其发射馈线损耗有了很大改善。集中式发射机向完全分布式发射机过渡后，在无源相控阵雷达发射天线系统中，由集中式发射机输出的信号传输到阵面每一个发射天线单元之间的所有传输线环节，包括高功率收/发开关、功率分配器、移相器及其他传输线段等的损耗，均使天线阵面辐射的发射信号功率降低；若要保持天线阵面辐射功率，则要提高发射机输出功率。采用有源相控阵雷达天线后，每个单元通道上发射机的输出信号直接传送到天线单元向空间辐射，从而降低了发射馈线的损耗，与无源相控阵发射天线相比等效于提高了发射机的输出功率，或在同样的天线阵面辐射功率条件下，降低了对发射机总功率的要求，并相应地降低了对发射机初级电源功率的要求。

3）降低了对馈线系统耐功率的要求，改善了发射天线的体积和质量指标

在采用集中式发射机或子天线阵发射机的相控阵雷达发射系统中，发射馈线均有承受高功率的要求，因而不得不选用耐高功率的波导，而同轴线等传输线（如有的传输线段）还需充高压气体方能承受要求的发射机功率。

在固态有源相控阵雷达天线中，因发射信号的功率放大器均工作在低电压状态下，整个发射机系统的初级电源系统中既没有高压问题，也不存在高压击穿和 X 射线辐射等在集中式大功率电真空发射机中常遇到的工程问题。这些因素都有

助于改善发射天线的体积和质量指标。采用有源相控阵雷达，极大地缓解了具有集中式发射机或子天线阵发射机的相控阵雷达的一些问题，这在一定程度上简化了发射天线阵的结构设计，当然也带来了一些新的结构设计问题。

4）简化复杂的馈线系统设计

采用有源相控阵雷达天线后，可使复杂的射频传输线系统设计简化，有可能按标准化、模块化设计原则进行设计，便于批量生产、测试和降低成本。以美国 AN/FPS-115 全固态大型有源相控阵雷达为例，该雷达采用收/发合一的有源相控阵雷达天线方案，其发射功率分配系统与子天线阵接收机系统的框图如图 9.2 所示[3]。

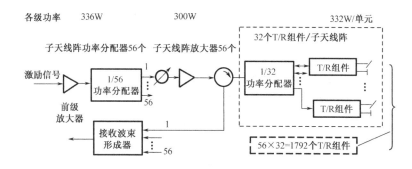

图 9.2　AN/FPS-115 全固态大型有源相控阵雷达发射功率分配系统和子天线阵接收机系统框图

整个雷达天线阵分成 56 个子天线阵，子天线阵内的功率分配网络（图中为 1/32 的功率分配器）及所有 T/R 组件均是一样的。发射机激励级、子天线阵驱动级和 T/R 组件中的高功率放大器的输出功率均是同等量级，为 300W 左右，因此标准化、模块化设计原则易于实施，这大大简化了该雷达系统的设计，便于进行批量生产并降低成本。从图 9.2 中还可看到，子天线阵对收/发天线是共用的，接收波束的形成是在由 32 个天线单元构成的子天线阵级别上实现的。

5）更高的可靠性和更快的系统响应时间

采用有源相控阵雷达天线后，雷达发射部分的系统可靠性较采用集中式发射机或子天线阵发射机的无源相控阵雷达天线都有很大提高。固态有源相控阵雷达可降低系统的响应时间，这主要指半导体功率器件较电真空管发射机可以快速开启或中断。随时接通或中断发射机工作对于提高雷达抗反辐射导弹攻击和提高生存能力有重要的作用。

6）易于实现共形相控阵天线和"灵巧蒙皮"

一些雷达安装平台，如飞机、导弹、舰船等具有复杂的表面，有源相控阵雷达天线阵列易于与雷达载体的复杂表面共形。而将雷达天线单元安装在雷达载体表面，使与其共形，具有许多优点，但却要求在不同雷达观察方向上对各天线单元通道中存在的时间差、相位差与幅度差进行补偿。采用有源相控阵雷达天线后，每一天线单元上均有一 T/R 组件，利用其中的移相器和衰减器可对相位差与幅度差进行补偿。

将有源相控阵共形天线与先进信号处理技术相结合，可以实现具有自适应能力的"灵巧蒙皮"天线，它不仅具有在时域（频域）和空域上的自适应滤波能力，还可根据天线单元中损坏现状与外界杂波和干扰状态，自动调整雷达的工作方式。

7）便于实现频谱共享阵面和综合化电子系统

由于固态有源相控阵雷达中大量的 T/R 组件均用 MMIC 实现，使雷达易于在宽带环境下工作，具有超宽带、多功能潜力，因而便于实现频谱共享阵面、孔径共享天线与综合化电子系统。

8）易于实现光控相控阵系统

将射频信号调制到光载波上，用光纤来实现信号分配并传送到每一个天线单元，然后经光电探测器检波，恢复射频信号，这在很大程度上简化了复杂的射频功率分配网络，提高了结构设计的灵活性和电磁兼容（EMC）能力。采用光纤传输射频信号的另一重要作用是在宽带相控阵雷达中可以用光纤来完成实时延迟线，克服了相控阵雷达进行宽角扫描时各个阵列天线辐射信号到达目标的时间差。但用光纤传输信号时，信号的功率电平很低，需要在每一天线通道上设置功率放大器，才可达到要求的辐射功率电平。

因此，固态有源相控阵雷达天线有利于与光纤和光电子技术结合，实现光控相控阵和集成度更高的相控阵系统。

9）提高相控阵雷达数字化程度

有源相控阵雷达天线有利于采用 DDS、数字上变频器（DUC）、数字下变频器（DDC）和数字控制振荡器（NCO）等实现相控阵发射波束与接收波束的数字形成，提高相控阵雷达的数字化程度。采用 DDS 产生雷达发射信号波形和实现天线波束相扫所需的天线单元之间的移相值，给雷达信号波形的产生与波束指向控制带来更大的灵活性与自适应能力，但 DDS 产生的雷达信号是低功率的电平信号，要经过 T/R 组件里功率放大器放大方能达到要求的功率电平。

10）提高相控阵雷达的自适应能力

提高相控阵雷达的自适应能力，可以为人工智能（AI）在相控阵雷达中的应用提供技术基础。

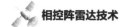

9.2　T/R 组件的功能与要求

　　T/R 组件是有源相控阵雷达天线的关键部件。T/R 组件的性能在很大程度上决定了有源相控阵雷达的性能，且 T/R 组件的生产成本决定了有源相控阵雷达的推广应用前景。合理确定 T/R 组件的组成和功能是有源相控阵雷达设计中的一个重要内容。本节将讨论用于收/发合一的有源相控阵雷达天线中的 T/R 组件的主要功能、构成及其要求。

9.2.1　T/R 组件的构成与主要功能

1. T/R 组件的构成

典型的 T/R 组件的构成框图如图 9.3 所示。

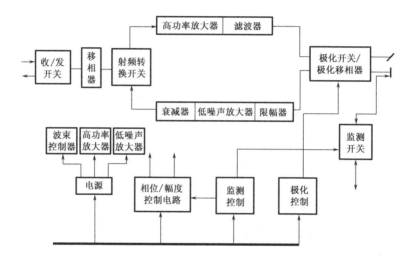

图 9.3　典型的 T/R 组件构成框图

　　该图是收/发合一有源相控阵雷达中的 T/R 组件框图，其 T/R 组件中包括发射支路与接收支路及发射与接收支路的射频转换开关。发射支路中的主要功能电路是发射信号的高功率放大器（HPA），在发射支路中还有一个滤波器，用于抑制可能对其他无线电装置造成干扰的频谱分量及高次谐波。在接收支路中包含限幅器、低噪声放大器（LNA）和衰减器，必要时在接收支路中还将有滤波器，用于抑制外界干扰信号和在有干扰与杂波条件下，控制接收信号的动态范围。

　　在发射支路的输入端与接收支路的输出端有射频转换开关，用于雷达发射工作状态与接收状态之间的转换。移相器对收/发状态是共用的，故放在射频转换开关的输入端（发射时）或输出端（接收时）。

发射信号功率放大器与接收信号低噪声放大器均与同一天线单元相连接，因此必须有一收/发开关。图 9.3 中所示为双极化天线单元及变极化开关，因而收/发开关以极化开关形式表示。

在图 9.3 中的 T/R 组件还包含监测开关，用于在 T/R 组件中对从天线单元输入端合成的发射信号进行幅度与相位的监测。而移相器、极化控制与监测控制均需要控制电路，其控制电路又都包括寄存器与驱动器电路。这些电路多采用专用集成电路（ASIC）设计，使之达到降低电路体积、质量和热耗，提高 T/R 组件效率和其他工作性能的目的。

T/R 组件中还常常包括高功率放大器、低噪声放大器和控制电路的初级电源设备，一般均要求是高密度组装电源（HDP）并具有很高的功率效率（如>90%）。由于 T/R 组件中包括射频、视频和电源三大类电路，故它与雷达其他部分的连接要通过三种总线来实现，即通过射频（RF）总线、控制总线与电源总线来实现 T/R 组件与雷达其他部分的连接。随着光电子与光纤技术的应用，有源相控阵雷达已开始采用光纤来实现控制信号，如波束控制信号的传输。

不同用途的有源相控阵雷达有不同的 T/R 组件构成，它们各具特点，可在相控阵雷达系统设计时加以比较和选用。

2. T/R 组件的主要功能

T/R 组件要完成以下几种主要功能。

1）发射信号的放大或产生

目前正在使用与研制中的有源相控阵雷达中，T/R 组件的主要功能是对来自公共发射信号激励源的信号进行放大，由高功率放大器来实现这一功能。

各天线单元辐射的雷达探测信号的放大是经过高功率放大器实现的，这是获得要求的雷达发射信号总功率电平的基本方式。由于所有高功率放大器的输入信号均来自同一发射信号激励源，因此各高功率放大器在放大过程中必须保持严格的相位同步关系。

为了降低成本，减少发射传输网络的复杂性，也可考虑采用相位锁定的基于半导体器件的自激振荡器。例如，利用负阻效应二极管（耿氏二极管）自激振荡器。由于每个天线单元通道内的发射信号是自激振荡型信号，它的相位是非相干的，因此必须要有相位锁定信号源，即以其频率和相位来锁定各单元通道内的自激振荡器输出的信号。

采用这种方式产生发射信号，可以不需要发射信号功率分配系统，但仍需要相位锁定频率源的功率分配系统。因此，与发射功率产生有关的设备量和成本有所降低，但经多路锁定后合成的信号质量较差，虽然有文献报道过人们在这方面的努力，但并未见在实际的相控阵雷达型号产品中应用的报道。

在射频的高频端产生要求的信号发射功率的另一方法是在固态放大器之后，采用以非线性固态器件实现的倍频方法。使用这种方法，能在固态放大器更高的工作频段上产生要求的信号功率。例如，过去因难以在 X 波段上实现有源相控阵雷达天线中的固态功率放大器，曾采用先在 S 波段进行功率放大，然后经信号倍频，从而获得要求的 X 波段的信号功率的方法。

2）接收信号的放大与变频

在 T/R 组件接收支路里，限幅器用于保护低噪声放大器以避免发射信号经收/发开关泄漏至接收支路而由此造成的损坏。

低噪声放大器实现接收信号的放大。由于阵列中天线单元的天线增益 G_e 受二维单元间距 d_1 和 d_2 所决定面积的限制（为 $G_e = \dfrac{4\pi}{\lambda^2} d_1 d_2$），$G_e$ 很低，所以低噪声放大器接收的天线单元输出信号功率很低，远低于接收机内噪声的功率电平。因此，对其动态范围的要求不高，且一般有源相控阵雷达中 T/R 组件内的低噪声放大器均不设置降低接收机放大增益的措施。

考虑在低噪声放大器之后至通道接收机之间还存在接收传输线网络等带来的损耗，如功率相加器、实现多波束形成所需的功率分配器及较长的传输线等带来的损耗，因此 T/R 组件中低噪声放大器的增益应适当提高，以便使其后面接收部分的噪声温度对整个接收系统噪声的影响降低。

在 T/R 组件的接收支路中一般均有衰减器，该衰减器是数字控制的，并按二进制数改变衰减值。衰减器的作用主要有两个：一是用于调整各 T/R 组件接收支路的增益，调整信号的放大幅度，实现各 T/R 组件输出信号之间的幅度一致性；二是对接收天线阵实现幅度加权，以降低接收天线的副瓣电平。

衰减器的位数取决于实现上述两个作用所需要的信号调整范围。必要时在 T/R 组件接收支路中还要包括带通滤波器以滤除信号带宽外的有源干扰和外部噪声，从而降低接收机输入信号的动态范围。

3）实现天线波束扫描所需的移相及波束控制

移相器是 T/R 组件中的一个关键功能电路，依靠其可以实现天线波束指向的改变，即实现天线波束的相扫。在 T/R 组件中移相器的方案有多种，常用的有以下 3 种。

（1）开关二极管（PIN）。可用 PIN 实现数字移相器。

（2）场效应三极管。以 MMIC 实现的数字式移相器适合大规模集成电路的生产，以这种方式实现的移相器损耗较大，需要增加 T/R 组件内发射和接收支路中的放大器级数，用于补偿移相器损耗带来的信号功率电平的降低。

（3）矢量调制器。用矢量调制器实现的移相器的原理框图在第 5 章中已有介绍。

图 9.3 所示移相器是收/发共用的，它的安放位置是在第一个收/发开关之前，发射时，发射信号先经过移相器，再进入 T/R 组件的发射支路经多级放大，然后由天线单元辐射出去；接收时，移相器则在接收信号经过低噪声放大器（LNA）之后实现移相。按这种结构，T/R 组件中的发射支路和接收支路均包含各自的多级放大器集成电路。如果把移相器的位置适当调整，如图 9.4 所示，则可使移相器输入与输出端的两级信号放大器共用，达到节省设备、降低成本的效果[4]。

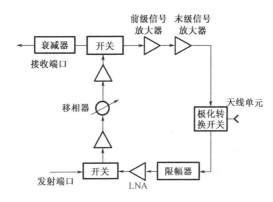

图 9.4　收/发支路共用移相器和信号放大器的 T/R 组件框图

移相器移相量的改变依靠波束控制器来实现。T/R 组件中的波束控制器包含的波束控制代码运算器、波束控制信号寄存器及驱动器均采用大规模集成电路工艺，设计成专用集成电路（ASIC），以适应降低体积、质量和功耗的要求。

T/R 组件中波束控制信号、衰减器控制信号和极化转换控制信号均由数字控制总线送到天线阵面和每一个 T/R 组件的接口设备。一些先进的有源相控阵雷达，如美国 PAC-3 战区高空空中防御系统（THAAD）中的 X 波段有源相控阵雷达 XBR，已实现用光纤来传送和分配阵列中的波束控制信号的功能。

4）变极化的实现与控制

在图 9.4 中，天线单元是在空间正交放置的一对偶极子天线，它们分别可辐射或接收水平线极化与垂直线极化信号。图 9.4 中的天线单元用作圆极化天线单元，因此用一个 3dB 电桥和一节 0-π 倒相的极化转换开关，即可实现发射左旋或右旋圆极化（LHCP/RHCP）信号与接收右旋或左旋圆极化信号。

圆极化发射和接收雷达信号有利于消除电离层对电磁波产生的极化偏转效应（法拉第效应），这对探测空间目标、卫星与中远程弹道导弹的大型相控阵雷达是十分必要的。如要利用变极化性能来抑制气象杂波，则战术有源相控阵雷达中的T/R组件也应具有实现变极化的能力。

5）T/R组件的监测功能

二维相位扫描有源相控阵雷达一般含有大量的T/R组件，因此对T/R组件的工作特性进行监测是保证雷达可靠、有效工作的重要条件。T/R组件监测功能的要求对T/R组件的设计有重要影响，对大量的T/R组件进行监测必须具备3个条件：

（1）要有用于监测的测试信号及其分配网络，将测试信号输入各T/R组件，并能全面地对T/R组件的不同工作特性或T/R组件的不同功能电路进行测试。

（2）能从T/R组件的相应输出端提出T/R组件各功能电路的工作参数。

（3）要有高精度的测试设备及相应的控制和处理软件，以便精确测量和判定T/R组件的工作特性与是否失效。

此外，对T/R组件的监测功能的实时性还有如下要求：

（1）在雷达工作状态下进行监测，如利用雷达发射信号通过T/R组件放大的过程，同时进行T/R组件发射支路工作特性的监测。

（2）在雷达转入正常工作之前，即雷达开机进行搜索、跟踪目标之前进行监测，这对实时性要求不强。实际上，T/R组件设计中主要考虑的是在雷达工作的同时能对T/R组件进行监测。

6）T/R组件的其他功能

大型相控阵雷达众多天线单元中，还可以抽出一部分T/R组件完成其他功能。

9.2.2 对T/R组件的主要要求

对T/R组件的主要要求概括起来可用"高性能、高可靠和低成本"来说明。

1. 对T/R组件的高性能要求

除了满足特定设计的有源相控阵雷达对T/R组件提出的性能要求外，还有一些通用要求，包括：

（1）各T/R组件之间的幅度与相位的一致性。

各个T/R组件内发射与接收支路中的放大器和其他电路应保证具有相同的特性，信号经过各T/R组件放大之后，具有相同的信号幅度与相位。

（2）幅度与相位稳定性。

无论是发射支路还是接收支路，信号放大前后的幅度与相位应保持稳定，只要稳定，即使存在幅度与相位的误差，也可通过测试和调整，达到各 T/R 组件的幅度与相位的一致性，或将 T/R 组件按不同幅度与相位特性进行分组，分别应用于不同的子天线阵或阵面区域。

（3）可监测性与可调整性。

T/R 组件的各项性能应具有可监测性和可调整性，其可监测性在 T/R 组件生产调试及雷达工作使用过程中，对缩短生产周期、安排维修及保证雷达可靠地工作起到非常重要的作用。T/R 组件的主要性能指标应是可调整的，这有利于提高 T/R 组件的成品率、可维修性和降低生产成本。

（4）T/R 组件的总效率。

T/R 组件的总效率，即 T/R 组件发射信号输出功率与整个 T/R 组件工作要求的初级电源功率之比值是一个重要的性能指标。首先，它包括 T/R 组件中高功率放大器的效率，即发射信号输出功率与发射信号功率放大器要求的初级电源功率之比；其次，T/R 组件的总效率还包括接收支路耗费的初级电源功率、波束控制及其他控制逻辑电路所耗费的初级电源功率。

如果 T/R 组件发射信号输出功率为 P_{te}，总效率为 η_{TR}，则有源相控阵雷达天线阵面上的热耗功率 P_H 应为

$$P_H = N(1 - \eta_{TR})P_{te} \tag{9.1}$$

式（9.1）中，N 为有源相控阵雷达中 T/R 组件的总数。

如果 T/R 组件的总效率为 20%，则热耗功率将占到 80%，且还需要消耗电能去通风散热，因此提高 T/R 组件的总效率具有重要意义。

采用宽禁带（WBG）半导体微波功率放大器的 T/R 组件，一个重要的原因就在于它可提高发射机的效率，使发射阵面冷却需要的功率也得以降低，因此成为当今有源相控阵雷达发展的重要方向。

2. 高可靠性

T/R 组件的可靠性也是上述 T/R 组件性能中的一项重要指标，但因要突出其重要性，将其单独列出加以讨论。

一部有源相控阵雷达，特别是一部大型二维相位扫描的相控阵雷达，其 T/R 组件数目一般均在数千个以上，这从根本上决定了对 T/R 组件很高的可靠性要求。

由于有源相控阵雷达采用了完全分布式的发射与低噪声接收前端的系统构架，使得即使个别组件出现性能下降的情况，也不至影响整个雷达系统的正常工作。因此，从这个角度来看，有源相控阵雷达系统的可靠性是优良的。但考虑到 T/R 组件的巨大数量，在设计时就应对 T/R 组件的可靠性特别加以重视。以一个

具有 10 000 个 T/R 组件的有源相控阵雷达天线为例，如果每一个 T/R 组件的平均无故障时间（MTBF）为 100 000h，则平均每天工作 20h 之后就会有 2 个 T/R 组件出现故障或损坏，需要修理或更换，而一个包括多种功能电路的 T/R 组件，相当于一部小型雷达头，要达到 100 000h 平均无故障时间，必须采取严格措施。

为保证实现 T/R 组件的高可靠性，除了进行严格的可靠性设计、评估和试验，正确选用元器件及功能电路，在生产过程严格进行质量控制外，还必须采用先进的适合批量生产的工艺。有关 T/R 组件生产工艺中的一些主要问题可参见文献[15]。

必须强调，高可靠性的 T/R 组件是指可批量生产的 T/R 组件，而非少数 T/R 组件样机的可靠性。因此，为了达到 T/R 组件的可靠性指标，在研制出 T/R 组件样机之后，对其可靠性要进行测试和评估；然后在有源相控阵雷达天线小面阵的研制过程中，再对小批量生产的 T/R 组件的可靠性进行考核和评估；最后，T/R 组件的设计方能定型，投入批量生产。

3. 低成本

T/R 组件的低成本设计一直受到重视，这同样与有源相控阵雷达中 T/R 组件数量巨大有关。随着技术的进步，对降低 T/R 组件成本的要求也是不断变化的，如早期，国外对 X 波段单个 T/R 组件成本的要求是低于 200 美元或 400 美元。这些要求只可作为某一段时间内的参考值，因为这一成本要求并没有对 T/R 组件的功能 [如发射信号输出功率（峰值功率或平均功率）] 等提出要求与限制。但有一点可以确定，在有源相控阵雷达设计的初期，降低 T/R 组件成本的概念就应牢固树立，降低成本是 T/R 组件方案制定中要考虑的一个重点。采取以下措施有利于降低 T/R 组件的成本。

1）合理确定 T/R 组件的指标

在有源相控阵雷达设计中，为了降低 T/R 组件的成本，首先要根据对有源相控阵雷达天线的要求，合理地确定 T/R 组件的指标，这包括以下一些内容：

（1）对有源相控阵雷达天线指标进行分解，根据有源相控阵雷达天线副瓣和天线增益等要求，合理确定对 T/R 组件的幅相一致性要求等。

（2）正确确定加工公差要求，因为过高的公差要求将不必要地增大 T/R 组件的生产成本。

（3）正确选定功能电路，如对发射信号的高功率放大器，选用两个并联的输出功率较低的单个半导体功率器件或 MMIC 器件来实现，可能比采用单管或单个集成功率放大器的成本低。

（4）设置可进行相位与幅度修调的部件，这有利于降低对生产公差的要求，提高整个 T/R 组件的成品率。

2）合理选用 T/R 组件构成

合理选用 T/R 组件构成包括以下一些内容：

（1）系统设计中应充分考虑尽可能地减少 T/R 组件的品种。当有源相控阵雷达天线的发射波束有低副瓣要求时，天线阵面应实现幅度加权。为了提高效率，T/R 组件中的功率放大器一般是 C 类放大器，且为饱和输出，而不是线性放大器，故适当地增加功率放大器品种是有益的。

（2）合理分配子天线阵中作为发射信号驱动器的增益与 T/R 组件内发射功率放大器的增益，合理设计放大器级间的隔离器，降低 T/R 组件中高功率放大器的级数，同时尽可能使子天线阵驱动放大器与 T/R 组件中的功率放大器的功率增益等指标接近，以减少功率放大器的品种。

（3）如图 9.4 所示，将 T/R 组件发射支路中发射功率放大器的前级与接收支路中的低噪声放大器之后的第二或第三级放大器共用，从而减少总的放大器电路数。

（4）尽量减少不必要的功能电路。

（5）提高逻辑控制电路的集成度。

（6）采用组合设计，将多个 T/R 组件安装在一个 T/R 组件单元（T/R Unit）内，T/R 组件单元亦称为 T/R 组件组合（TRM Assembly）。注重防腐蚀与抗老化的设计，增加 T/R 组件的可靠性与降低其寿命周期的成本。

（7）合理设计 T/R 组件机盒，增大发射与接收通道之间的隔离度，改善电磁兼容性（EMC），延长 T/R 组件的使用寿命，并简化其加工工艺，降低 T/R 组件机盒的生产成本。

3）采用先进生产工艺

采用先进的 T/R 组件组装工艺及 T/R 组合（子天线阵级）的组装工艺，提高各功能电路的成品率和功能电路的可更换性。

先进的批量生产工艺是降低高可靠 T/R 组件生产成本和降低有源相控阵雷达全寿命周期生产成本的关键措施。

由于建立适合批量生产的 T/R 组件生产线有赖于大的投资，因此需要推广有源相控阵雷达天线的应用，包括军民两用的有源相控阵雷达天线系统的应用，扩大 T/R 组件的应用范围，才能使生产批量增加，进一步降低成本。

4）完善测试设备与提高成品率

建立完善的测试系统，包括整个 T/R 组件的性能测试设备，以及其中的功能电路测试设备，可准确判断功能电路故障，便于更换与维修，有利于提高成品率，缩短 T/R 组件生产周期，降低生产成本。有关 T/R 组件的测试设备包括：

（1）自动化程度较高的 T/R 组件功能电路测试仪（包括 MMIC 芯片性能测试设备）。

（2）可编程 T/R 组件自动化测试系统。

（3）高低温条件下 T/R 组件性能自动测试台。

（4）T/R 组件维修设备系统。

（5）电磁兼容（EMC）测试装备。

9.3 T/R 组件的类型与应用

在上述有源相控阵雷达中，典型的 T/R 组件是目前常用的 T/R 组件，其发射支路输入端的信号是射频信号，它与雷达辐射信号的工作频率一致，发射支路只是完成将其放大后送至天线单元，然后向外辐射即可；而 T/R 组件的接收支路则将天线单元接收到的射频信号经过放大，从 T/R 组件输出的仍然是射频信号。

T/R 组件有多种类型，它的发射支路输入端的输入信号可以工作在中频或视频，其接收支路输出端的接收信号也可以工作在中频或视频。按 T/R 组件发射支路输入端及接收支路输出端信号的工作频率划分，可以有多种 T/R 组件的类型，它们分别有其优点和缺点及不同的应用。

采用视频信号输入，在 T/R 组件中生成雷达工作频率上的高功率射频信号，同时在 T/R 组件接收支路将接收信号下变频并经数字量化，以正交两路视频信号输出的 T/R 组件，可以称为以数字方式控制的 T/R 组件，或数字式 T/R 组件。这类 T/R 组件，与典型的高频 T/R 组件相比，其功能电路的品种将明显增加，一个 T/R 组件就不再是一部雷达高频头，而几乎是完整的一部小雷达。它包括发射信号的形成，发射信号功率的放大，收/发开关，低噪声接收、放大、混频，中视频放大、增益控制、数字移相、射频信号监测、数字控制总线传输、逻辑控制与控制驱动电路，以及高密度组装电源等各种功能。显然，这种数字式 T/R 组件带来的优点是使相控阵雷达的数字化程度进一步提高，工作方式更为灵活，但它要求有更高的电路集成度和低生产成本方能推广。

本节将讨论除射频 T/R 组件以外的其他 T/R 组件的主要类型，其中包括中频 T/R 组件和数字式 T/R 组件，数字式 T/R 组件的特点，以及它们的应用等。在有源相控阵雷达的设计过程中，合理选择 T/R 组件类型对保证雷达性能和降低研制成本有重要的意义。

9.3.1　中频 T/R 组件及其应用

任一 T/R 组件发射支路输出端与接收支路输入端，即与天线单元接口处的信号均是高频信号。前面将具有高频输入信号（发射支路输入信号）与高频输出信号（接收支路输出信号）的 T/R 组件称为高频 T/R 组件。

这里，将 T/R 组件发射支路具有中频（IF）输入或接收支路具有中频输出信号的 T/R 组件统称为中频 T/R 组件。随着集成电路技术的发展，就像高频 T/R 组件可转换为数字式 T/R 组件一样，中频 T/R 组件也可转换为相应的数字式 T/R 组件。带中频与视频输入/输出的 T/R 组件的组成方式如图 9.5 所示。该图所示的 3 种 T/R 组件组成方式的差别主要在于 T/R 组件（发射）输入与（接收）输出信号频率的不同，它们可以有不同的应用方式。

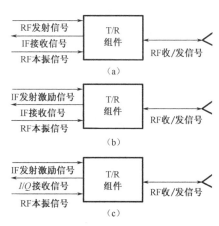

图 9.5　带中频与视频输入/输出的 T/R 组件的组成方式示意图

1. 中频接收输出的 T/R 组件

如图 9.5（a）所示，在中频接收输出的 T/R 组件的发射支路的输入端仍是射频信号，但接收支路输出端却是中频信号，亦即在 T/R 组件接收支路还包含一混频器电路，相应地 T/R 组件应有一本振信号的输入端口，同时有源相控阵雷达天线中还应增加一个本振信号的功率分配系统，即用组合馈电或空间馈电实现的本振信号的功率分配系统。对这一功率分配系统同样存在幅相一致性的要求。采用这种 T/R 组件构建方式的应用有以下几种：

（1）在本振频率上实现移相，而不是在雷达工作频率上实现移相。对不同的雷达工作频率，可以将本振频率的变化设计成相对不变的形式，因此在某一本振频率上实现的移相器电路，其移相值不随雷达信号工作频率的跳变而变化，同时也可以应用于多部信号工作频率错开的有源相控阵雷达。这在一定程度上有利于实现移相器功能电路的标准化、通用化和模块化设计。

（2）对工作波长较长的低频有源相控阵雷达，如米波波段的有源相控阵雷达，采用这种 T/R 组件的构建方式，可以将中频设计成高中频，即中频频率高于雷达信号的工作频率，使 T/R 组件之后的相控阵雷达接收系统中的多波束形成网络等设计简化，提高其标准化程度。例如，在高中频用空间馈电方式实现单脉冲

311

多个波束的形成。

2. 中频发射输入、中频接收输出的 T/R 组件

如图 9.5（b）所示，发射激励信号也是以中频输入，但接收信号输出仍为中频。在这种类型的 T/R 组件中，发射激励信号必须经过上变频方能达到雷达发射信号的工作频率。当然，中频发射输入、中频接收输出的 T/R 组件与仅为中频接收输出的 T/R 组件一样，也需要本振信号的输入。这一本振信号主要用于发射信号的形成及接收中频信号的产生。

中频发射输入、中频接收输出的 T/R 组件的应用方式除与上述仅中频接收输出的 T/R 组件应用方式有相近之处外，还包括：

（1）在中频频率上实现发射信号的移相和在本振频率上实现接收信号的移相。这对采用行列馈电方式的二维相位扫描相控阵雷达来说，可同时在两个中频与本振频率上分别按方位和仰角方向实现发射信号的移相，从而减少了在每个 T/R 组件中实现移相所需的移相器与波束控制电路，由此可降低整个有源相控阵雷达天线的成本。

（2）获得高位数及高精度的数字移相器。这是因为在中频上对 T/R 组件的移相器制造公差更易控制。

（3）在中频实现发射激励信号的功率分配网络，即用中频馈电分配网络取代射频功率分配网络，其中频发射输入、中频接收输出的 T/R 组件组成框图如图 9.6 所示。

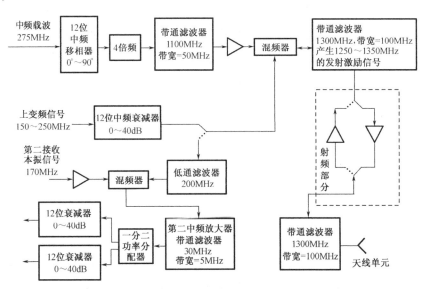

图 9.6　中频发射输入、中频接收输出的 T/R 组件组成框图

在图 9.6 中，T/R 组件的发射输入信号是在中频，本振信号也由另一中频输入信号产生，T/R 组件接收支路的输出也是在中频。

该图中所示中频 T/R 组件的中频移相器位数为 12 位，它可提供很高的相位分辨率和相位精度[5]。其 T/R 组件中的射频部分，即发射信号功率放大器与低噪声放大器、收/发转换开关、射频带通滤波器（BPF）等功能电路与射频 T/R 组件一样，取决于雷达信号的工作频率，而它与射频 T/R 组件不同的功能电路主要有以下 6 种。

1）中频移相器

发射信号的移相是在中频实现的。图 9.6 中的中频载波为 275MHz，中频移相器在此中频频率上实现的移相为 0°～90°，经过 4 倍频到达 1100MHz 的射频，其 12 位中频移相器提供的移相值扩展到 4 倍后，达到 0°～360°。

2）本振信号的产生

中频信号经过 4 倍频产生的中频移相器为 12 位数字移相器，因而可实现很高的移相精度与分辨率。1100MHz 的信号用作发射的本振信号，经与 150～250MHz 的上变频信号混频后，产生 1250～1350MHz 的发射激励信号。

3）中频衰减器

12 位衰减器在 150～250MHz 的中频上实现，它是 12 位的高精度衰减器，其衰减控制范围为 0～40dB。

4）上变频信号

150～250MHz 的上变频信号经过 12 位中频衰减器调整幅度后用作上变频信号，它与 4 倍频产生的 1100MHz 信号混频后形成 1250～1350MHz 的发射激励信号。

这一上变频信号也工作在中频。

5）第二接收本振信号

第二接收本振信号工作在中频，频率为 170MHz，它与工作在 200MHz 的第一中频信号经过带通滤波之后进行混频，获得 30MHz 的第一中频信号。

6）第二中频放大器

第二中频放大器中心频率为 30MHz，带宽为 5MHz，信号放大后经一分二功率分配器分为两路，然后经过两个独立的 12 位衰减器，其衰减范围为 0～40dB。

从上述中频 T/R 组件中可以看到，T/R 组件一共有 3 个中频输入信号，一路载波负责移相，一路用作上变频信号，第三路则用作接收时的第二本振信号。移相与衰减器均是在中频实现的，该 T/R 组件中除射频的发射功率放大器与接收低噪声放大器外，包含多个中频功率电路，用于在中频实现移相与信号衰减。

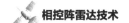

上述这种中频 T/R 组件可用在以下场合：

（1）需要具有很高的相位与幅度调整精度的 T/R 组件，以及需要精确调整相位与增益的系统，如用于高线性的通信相控阵系统。

（2）需要高频功能电路模块及降低 T/R 组件的生产成本。

9.3.2 数字式 T/R 组件

数字式 T/R 组件可以看成是一种视频 T/R 组件。视频 T/R 组件可分为两种：①T/R 组件发射支路的输入信号为射频信号，接收支路的输出信号（即接收机输出端输出）为正交双通道数字信号；②T/R 组件中发射支路输入与接收支路输出信号均为数字量化的视频信号，这种视频 T/R 组件被称为数字式 T/R 组件，或称为数字/微波收/发组件（D/M T/R Module）。

1. 接收数字式 T/R 组件

第一种视频 T/R 组件，可称为接收（输出）数字式 T/R 组件，如图 9.7 所示。

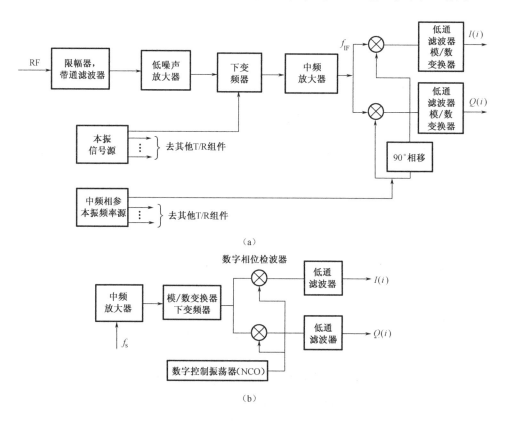

图 9.7 接收（输出）数字式 T/R 组件框图

接收数字式 T/R 组件与射频 T/R 组件的差别在于前者的接收输出端是正交双通道数字信号。因此，该 T/R 组件输入信号中必须要有本振信号，且 T/R 组件还要有下变频器（混频器）、中频放大器及模/数变换器（ADC）；如果本振信号是在中频，则还需要倍频器及上变频器，以产生高频本振信号。正交两路 $I(i)$ 和 $Q(i)$ 信号的输出可以利用同步检波器（正交鉴相器）实现，也可以利用中频采样、数字插值法来获得。仅在接收输出端以这种数字量化视频信号给出的 T/R 组件，是上述中频输出 T/R 组件的扩展，将其中频输出信号变为数字信号输出，故可称为接收数字式 T/R 组件。

由于数字与模拟集成电路技术的进步，图 9.7（a）中的本振信号与中频相参本振频率均可用数字方式产生，即用直接频率综合器（DDS）、数字控制振荡器（NCO）等产生，在中频即进行高速采样，模拟同步检波器（正交鉴相器）也可用图 9.7（b）所示的数字高速模/数变换与数字下变频器（DDC）来实现。

这种接收数字式 T/R 组件主要用于以数字方式形成多个接收波束，它便于远距离传输和在远端实现多波束形成网络、辐射源来波方向（DOA）检测及其他信号处理。

2. 数字式 T/R 组件及其工作原理

第二种视频 T/R 组件，因发射支路输入信号和接收支路输出信号均为数字量化的视频信号，故可称为数字式 T/R 组件。

数字式 T/R 组件是基于直接数字综合器（DDS）而实现的，它的集成度较高。在前面讨论数字发射波束形成方法时已简要介绍了 DDS 的工作原理，在这里讨论数字式 T/R 组件时，DDS 便只作为其中一个功能电路。

一种较典型的、基于 DDS 的数字式 T/R 组件的工作原理如图 9.8 所示。

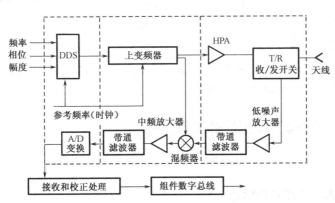

图 9.8 典型的基于 DDS 的数字式 T/R 组件的工作原理

图 9.8 中 DDS 的输入信号包括时钟信号（参考频率）及频率、相位、幅度 3 个控制信号，这 3 个控制信号均是二进制形式的数字信号。发送时，由 DDS 产生的基带信号经上变频器后产生雷达发射激励信号，经高功率放大器（HPA）放大和 T/R 收/发开关再送到天线单元向空间辐射。接收时，DDS 产生本振基带信号，经上变频器后变为接收本振信号，与低噪声放大器（LNA）、带通滤波器输出的接收信号进行混频，变为中频信号，再经中频放大器、带通滤波器、A/D 变换，获得以二进制数表示的数字信号形式。

图 9.8 中的数字式 T/R 组件的接收输出信号还可经过预处理和幅相校正，然后经数据总线传输至后面的数字接收波束形成网络。

从上述数字式 T/R 组件工作原理的简要介绍可以看出，除 T/R 组件中发射信号与接收信号的放大部分应该工作在雷达信号工作频带内以外，其余部分，包括发射激励信号和本振信号的产生均是在视频以数字控制字方式传送到 T/R 组件的。在 T/R 组件的组成中，已没有了数字式移相器和衰减器，相应地，波束控制电路包括其逻辑运算电路和驱动电路也就不包括在 T/R 组件之中，它们都已被替代；波束控制方式也相应改变，波束控制系统对每一个 DDS 给出与天线波束位置相对应的波束控制信号（在 DDS 中的固定相位控制码）。数字式 T/R 组件的代价是在 T/R 组件中增加了 DDS、上变频器、混频器、中频放大器及其带通滤波器、A/D 变换等模拟集成电路。目前，随着集成度的提高，如数字上变频器（DUC）、用作本振的数字控制振荡器（NCO）、数字下变频器（DDC）的商业化应用，这些电路也逐渐集成进基于 DDS 的 T/R 组件之中，使数字式 T/R 组件的构成与功能有了新的扩展。

由图 9.8 可以看出，数字式 T/R 组件与射频 T/R 组件的差别不在其射频部分（它们都需要高功率放大器、限幅器、低噪声放大器，还有射频开关、射频监测开关等），它们的差别仅在于发射输入与接收输出信号的表达方式。因此，应该说数字式 T/R 组件与射频 T/R 组件相比，主要优点是增加了数字发射信号输入和接收信号输出之后带来的信号波形产生、相位与幅度控制的灵活性。可以预期，随着集成电路技术的进步、成本的降低，数字式 T/R 组件在有源相控阵雷达天线系统中应用的前景将会越来越广阔。

9.3.3 数字式 T/R 组件的工作特点

有源相控阵雷达每一个天线单元中均有一射频 T/R 组件。

1. 数字式 T/R 组件的特点

数字式 T/R 组件具有以下 4 个工作特点。随着其应用的推广，经验的积累，定能总结出更多特点并推广应用。

（1）发射激励信号与接收本振信号均以数字方式产生。由于受计算机的控制，使 DDS 不仅能发射激励信号脉冲，而且在发射信号脉冲产生之后，DDS 还可产生接收时需要的本振信号频率，因此，利用"时间分割"原则，一个基于 DDS 的 T/R 组件同时具有多种信号波形产生器的功能。

（2）易于产生复杂的信号波形。复杂信号波形具有复杂的调制形式，线性调频（LFM）脉冲压缩信号或相位编码信号的产生可通过改变加到 DDS 中相加器随时间变化的控制码来实现。

（3）通过改变加到 DDS 中相位累加器的数字控制码可以实现移相器与衰减器的功能，因此在 T/R 组件发射与接收支路的射频部分中可以不再需要模拟移相器和衰减器。

（4）易于实现各 T/R 组件之间对发射与接收支路信号幅度与相位一致性的调整。

2. 采用数字式 T/R 组件的有源相控阵雷达的工作特点

采用数字式 T/R 组件（数字/微波 T/R 组件）取代射频 T/R 组件后，有源相控阵雷达具有以下 5 个新的工作特点。

1）降低了对复杂馈线系统的要求

采用射频 T/R 组件的有源相控阵雷达，虽然可以降低对馈线系统耐高功率发射信号的要求和降低对馈线损耗的要求，但在其发射工作状态仍然需要一个复杂的功率分配网络，在接收时仍然需要一个接收功率相加网络。而采用数字式 T/R 组件后，这一射频功率分配网络与功率相加网络也可以不再需要，但需要用同样分配比的视频控制信号分配系统来分配二进制的控制信号。采用数字式 T/R 组件的有源相控阵雷达的视频控制信号分配系统示意图如图 9.9 所示。

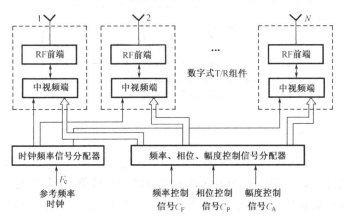

图 9.9　采用数字式 T/R 组件的有源相控阵雷达的视频控制信号分配系统示意图

从图 9.9 可以看出，视频控制信号分配系统是一个数字总线系统，其信号波形的产生与波束的控制信号及时钟频率分别要传送到每一个天线单元通道中的 DDS 各相关输入端。

2）在视频实现实时延迟线成为可能

在宽带相控阵雷达中的大扫描角情况下，从各天线单元到目标的路程之间存在路程差，即电波传播的时间差。为了消除这一时间差，各天线单元或子天线阵之间必须有实时延迟线（TTD）或称时间延迟单元（TDU）。采用射频 T/R 组件，必须在射频或将射频经光调制后在光载波上实现的光纤实时延迟线，目前已研制用集成光学技术实现的实时延迟线。

采用数字式 T/R 组件后，由于信号波形是用数字方式在 DDS 中生成的，因此只要改变从控制计算机至各个天线单元的数字式 T/R 组件波形产生的启动时间，便可实现各数字式 T/R 组件自主产生信号波形的起始时间，相应地可改变由各天线单元至偏离阵面法向目标在空间的延迟时间。这里，延迟时间还是在视频实现的，因此可采用带开关的光纤抽头延迟线等来实现。在视频实现 TTD 的原理框图如图 9.10 所示。

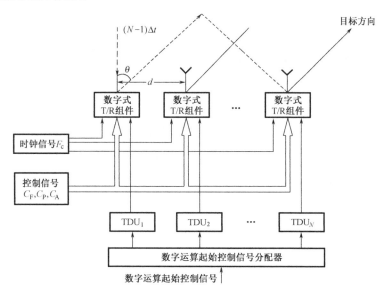

图 9.10　在视频实现 TTD 的原理框图

图 9.10 中，第 N 个单元向 θ 方向辐射信号要较第 1 个单元辐射信号提前 $(N-1)\Delta t$ 到达目标，故第 N 个单元辐射生成时间应较第 1 个单元在天线阵内晚 $(N-1)\Delta t$，$\Delta t = d\sin\theta/c$；对第 i 个单元，其在阵内的延迟时间 $\tau_i = (N-i)\Delta t$，即在各时间延迟单元中取信号周期的整数倍进行延迟。

3）易于实现接收本振信号与发射信号波形的匹配

在有源相控阵雷达处于接收状态下，每一基于 DDS 的 T/R 组件还同时产生各自的、但严格同步的本振信号。

本振信号与发射信号波形的匹配对宽带相控阵雷达来说有重要意义。例如，在用斜率处理方法实现宽带信号接收时就必须用此方式。

4）在一个重复周期里易于实现多个复杂的信号波形

由于用数字控制方式产生复杂信号波形所具有的灵活性，使得在一个雷达信号重复周期里可按时间顺序产生不同的频率点、不同脉冲宽度和不同调制方式的多种复杂信号波形，并可将这些信号发送至不同的空间方向，这有利于同时跟踪多个方向的目标，有利于按目标远近和回波强弱合理分配信号能量和提高雷达的抗干扰能力。

5）便于实现频率分集

频率分集有利于降低目标回波起伏对雷达检测性能的影响，有利于提高雷达的抗干扰能力并具有其他一些优点[2,6]。

如果需要，也可以在一个目标方向发射不同频率的信号，如图 9.11 所示。

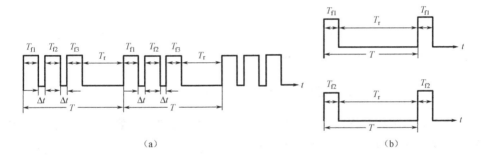

图 9.11　采用数字式 T/R 组件的有源相控阵雷达实现频率分集发射和接收时序的示意图

图 9.11（a）中 T_{f1}、T_{f2} 和 T_{f3} 分别表示不同频率的 3 个脉冲宽度，它们可用于对同一目标方向进行照射，也可以具有不同的调制方式，如具有不同调频速率的线性调频（LFM）信号。由于这 3 个脉冲发射至同一方向，因此同一目标有 3 个回波，它们在频率上的差别可用于采用频率分路方法解决距离测量的混淆问题及同一方向多目标测距的相关问题。

发射频率分集信号可以采用在一个重复周期内时间上顺序产生的方法，这只需改变 DDS 输入端的频率控制码即可实现；跟踪接收时，同样在时间上顺序改变 DDS 输入端的产生本振信号的频率控制码即可，因而实现比较方便。在搜索状态工作时，由于接收机需在距离全程内检测可能出现的目标回波，因此 T/R 组件中的 DDS 产生的本振信号也必须在整个接收距离时段内保持不变。由于 T/R 组件内的 DDS 只产生一个本振信号，因此在 T/R 组件接收通道中经混频后应有两套中频放大器及各自的 A/D 变换装置。

在采用数字式 T/R 组件的有源相控阵雷达中，也可以在时间上同时产生频率分集的发射信号，如图 9.11（b）所示。这时，整个有源相控阵发射天线阵可以分为两个或三个（视采用双频率分集还是三频率分集而定）子天线阵，每个子天线阵具有整个天线阵的 1/2 或 1/3 的孔径面积，这时天线波束将展宽；还可以用密度加权方法，不同频率信号虽然都具有整个天线阵面口径，但只拥有有源天线单元总数的 1/2 或 1/3。这样各分集信号的天线波束宽度（即角分辨率）保持不变，只是信号功率和发射天线的增益有所降低。

这种同时发射的双频率或三频率信号及其随时间的捷变，将增加雷达信号侦察的难度，有利于提高雷达的生存能力和抗干扰能力。

9.3.4　数字式 T/R 组件的应用

采用数字式 T/R 组件的有源相控阵雷达具有上述多种优势或应用潜力，如美国 DARPA 的自适应电扫阵列（AESA）的研究项目，其中的一项应用就是将原 JSTAR 中的 X 波段相控阵雷达改进为有源相控阵雷达并提高其性能。数字式 T/R 组件在有源相控阵雷达中的应用包括如下 5 个方面，其应用是非常广阔的。

1. 在子天线阵级别上应用数字式 T/R 组件

考虑到二维相位扫描有源相控阵雷达天线中天线单元总数的巨大数目，以及数字式 T/R 组件目前的总研制成本尚高，因此可以在子天线阵级别上首先应用。

为了降低研制成本，一部二维相位扫描的有源相控阵雷达天线常可分解为多部子天线阵。先以图 9.12 所示的有源相控阵雷达天线为例，该有源相控阵雷达发射天线由 m 个发射（信号）推动级放大器及相应的 m 个子天线阵组成，每个子天线阵级别上的发射激励信号由数字式 T/R 组件产生，而每个子天线阵面上各天线单元通道上的 T/R 组件仍为普通射频 T/R 组件或中频 T/R 组件。

由于数字式 T/R 组件只应用于子天线阵发射激励信号的产生和子天线阵通道接收机，因此，虽然有源相控阵雷达天线阵面部分的结构没有变化，但与原来采用单一发射激励信号相比，在各子天线阵之间的发射功率分配网络和接收相加网络却有了很大的改变，由此也带来一些新的工作特点：

（1）各子天线阵的发射信号受信号波形产生器（WFG）的控制完全由 DDS 产生，具有产生可捷变的复杂信号波形的灵活性。

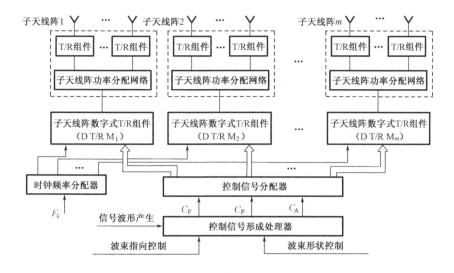

图 9.12 在子天线阵级别上应用数字式 T/R 组件的有源相控阵雷达组成方式

（2）可自适应形成子天线阵综合因子方向图。

在相控阵雷达天线分为若干个子天线阵情况下，相控阵雷达天线的方向图可以看成是子天线阵综合因子方向图与天线阵方向图的乘积。子天线阵方向图因其口径较小，故其方向图较宽；而子天线阵内各单元通道中 T/R 组件仍含有移相器与衰减器，故子天线阵方向图也同样具有相扫能力，其最大值指向与综合因子方向图一致。每个子天线阵作为一个单元，各个子天线阵之间形成的天线方向图称为子天线阵综合因子方向图，因天线口径为整个相控阵雷达天线的口径，故其波束宽度较子天线阵方向图窄许多。综合因子方向图与子天线阵方向图相乘获得的相控阵天线方向图的形状主要取决于综合因子方向图。因此，在子天线阵级别上采用数字式 T/R 组件产生的各子天线阵发射激励信号，通过灵活改变它们之间的相位与幅度，将使有源相控阵雷达天线发射波束的指向与形状变化更具灵活性，易于实现其自适应能力。

（3）宽带相控阵雷达天线在宽角扫描时需要的延迟时间，可在子天线阵级别上实现。

（4）除统一的时钟频率信号外，发射信号激励源已成为多路并行分布式的，因而已不再需要从发射信号激励源至各子天线阵的射频功率分配系统。

（5）便于精确补偿和修正各子天线阵之间信号的幅相误差，消除天线阵的相关幅相误差。

（6）有利于形成多个自适应接收多波束。

可以将数字式 T/R 组件接收支路里的接收机用作各子天线阵的通道接收机或

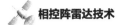

通道接收机的前端。由于它们都具有正交双通道数字输出功能，在其后便可方便地在波束形成计算机中实现自适应接收多波束的功能。

2. 在一维相位扫描两坐标雷达与三坐标雷达中的应用

对方位上进行相控阵扫描的两坐标雷达或在仰角上进行相位扫描的三坐标雷达，因只进行一维相位扫描，天线单元数目有限（一般均在 100 个以内），若采用数字式 T/R 组件实现一维相位扫描，其有源相控阵雷达增加的研制成本并不大，故有可能获得较快的工程应用。

3. 在分布式相控阵雷达中的应用

数字式 T/R 组件可方便地应用于短基线分布式相控阵雷达。当一个大的发射相控阵雷达天线分散为较小的几个发射子天线阵时，各子天线阵的发射激励信号的产生和进行波束控制等均可通过数字式 T/R 组件中的 DDS 来实现；发射各子天线阵之间的实时延迟控制，则可通过在传送给各数字组件的波形产生触发信号分配系统中插入视频延迟线或光纤延迟线来实现。

各接收子天线阵的数字式通道接收机的正交双通道数字输出信号，可用于实现多个自适应接收波束的形成。

4. 在波长较长的有源相控阵雷达中的应用

对波长较长的有源相控阵雷达，如低波段 VHF 相控阵雷达，如果雷达信号工作频率低于100MHz，波长在3m 以上，且当天线孔径要求大于 100 个波长时，天线口径在 300m 以上，这时，如果采用数字式 T/R 组件，则可以省掉复杂的射频功率分配网络和射频功率相加网络，并使雷达在信号产生与天线扫描方面获得设计和使用的灵活性，以及其他一些工作潜力。

图 9.13 所示为具有二维相位扫描能力的 VHF 有源相控阵雷达中基于 DDS 的数字式 T/R 组件组成框图。

从图9.13 可见，信号波形事先计算好后，预先存储于存储器中，本振信号也是以数字方式产生的。由于在 VHF 波段频率低，数字式 T/R 组件数量不多，所以成本不高；由于省掉了需要长距离传输的功率分配网络及馈线，因而其优越性也是明显的。

5. 在具有瞬时宽带信号的有源相控阵雷达中的应用

在宽带相控阵雷达中，当天线波束扫描角度增大，信号瞬时带宽很宽时，天线单元或子天线阵之间必须要有适时延迟线进行时间补偿，而采用数字式 T/R 组件有利于解决这一问题，这将在第 10 章宽带相控阵雷达中再补充讨论。

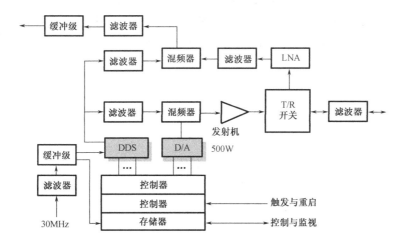

图 9.13 VHF 有源相控阵雷达中基于 DDS 的数字式 T/R 组件组成框图

9.4 有源相控阵雷达低副瓣发射天线的实现

降低发射天线副瓣电平的方法与降低接收天线副瓣电平的方法相比，具有一定的特殊性，也是有源相控阵雷达设计中可能遇到的一个重要技术问题。

9.4.1 有源相控阵雷达发射天线低副瓣性能的实现

为了提高雷达对抗反辐射导弹（ARM）和对抗其他利用无线电辐射进行引导攻击武器的能力，必须提高雷达的反雷达侦察能力和反杂波能力，因而对控制发射天线副瓣电平的要求也越来越高。

要降低发射天线的副瓣电平，必须采用幅度加权的口径照射函数，但在有源相控阵雷达发射天线中，T/R 组件中的高功率放大器为了提高输出功率和效率，一般均采用 C 类放大工作状态，使高功率放大器输出功率处于饱和状态，难以改变放大器的输出功率。而在无源相控阵发射天线中，这一问题不突出，因为可以通过不等功率分配网络或衰减器实现幅度加权的要求。因此，在有源相控阵雷达的发射天线中，利用幅度加权降低发射天线副瓣电平存在一定困难。

以下为一些可以考虑采用并在相控阵雷达系统设计时可比较选择的降低有源相控阵发射天线副瓣电平的措施。

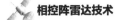

相控阵雷达技术

1. 密度加权方法

用密度加权方法可获得满足降低副瓣电平需要的等效口径照射函数，它按副瓣电平要求选择幅度加权照射函数作为参考照射函数，随机地决定在每一个天线单元位置是否放置有源 T/R 组件。这时，在同样的有源天线单元数目（N_A）情况下，如密度加权系数为 K（$K<1$），则有源天线单元数目与无源天线单元数目之和 N 为

$$N=N_A/K=N_A+N_P \tag{9.2}$$

式（9.2）中，N_P 为无源天线单元数目，即

$$N_P=N-N_A=N_A(1/K-1) \tag{9.3}$$

因此，在保持同样的天线增益条件下，采用密度加权时，天线口径面积要增大 $1/K-1$ 倍。增加无源天线单元数目和增大天线口径面积是采用密度加权天线阵的代价。

采用密度加权天线阵的有源相控阵雷达具有以下一些优点：

（1）各个有源天线单元通道中的 T/R 组件均有同样的功率输出，T/R 组件的品种单一，互换性易保证，同时也便于批量生产和降低成本。

（2）在同样的 T/R 组件数目条件下，天线波束宽度较窄，雷达的角分辨率就可提高，测角精度亦可以提高。

（3）当雷达需要增加作用距离时，雷达的功率孔径积有提高的潜力。

如果将密度加权系数 K_1 增大到 K_2（$K_2>K_1$），则雷达的有效功率孔径积 $P_{av}G_tA_r$ 增大到 K_2/K_1 倍。

在天线面积不变的情况下，采用密度加权方法降低了有源天线单元数目，天线波束虽然不变，但天线增益 G_A 却要降低。G_A 取决于有源天线单元的数目 N_A，即

$$G_A=N_AG_{e0} \tag{9.4}$$

采用密度加权来降低有源相控阵发射天线副瓣电平的缺点主要是增加了天线孔径的面积，使得天线口径面积未被充分地利用。

2. 相位加权方法

在所有 T/R 组件的高功率放大器都具有同样输出功率电平的条件下，相位加权也可以实现低副瓣电平。

这种方法的原理与密度加权方法类似，同样按副瓣电平要求选择一幅度加权照射函数作为参考照射函数，随机地决定在每一天线单元通道发射信号的相位是

否要进行调整。例如，只在移相器的 180° 移相位上进行相位加权，则随机决定是否做 0-π的倒相处理。详细讨论可参见文献[7-8]。它的物理意义在于，相位加权方法实际上只对照射函数中沿天线口径的相位分布进行了扰动，以获得沿口径幅度分布的锥削；而在天线口径两边幅度的下降则依靠改变相邻或靠近单元的相位倒置，人为地抵消了这些单元的合成信号功率。虽然有相当一部分天线单元，特别是阵面边缘部分单元的信号相位要进行 0-π倒置，天线增益将要下降，但这与幅度加权带来的天线增益下降是一致的。

采用相位加权方法的有源相控阵雷达发射天线的一个优点是，在不进行相位加权时可获得高天线增益，因此可按需要实现天线副瓣电平的调整。

3. 实现幅度加权方法的条件

采用幅度加权方法，要求增加发射功率放大器的品种。在有源相控阵雷达天线的 T/R 组件中，适当增加高功率放大器的品种，即按幅度加权函数设计若干种功率电平的 HPA，图 9.14 所示为一个采用 5 种不同功率电平 HPA 时有源相控阵发射天线阶梯分布照射函数示意图。

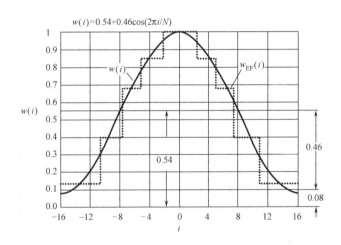

图 9.14　有源相控阵发射天线阶梯分布照射函数示意图

从图 9.14 中可见，采用 5 种不同功率电平的 HPA 后，获得了阶梯形式的幅度加权曲线。当发射机的品种越多时，该曲线越接近于设计要求的分布。该图中照射函数是 Hamming 加权分布

$$w(x) = 0.08 + 0.92\cos^2(\pi x / D)$$

式中，D 为天线（线阵）口径，$D=Nd$；x 为辐射元的位置，$x \in [-D/2, +D/2]$。对阵列天线，$w(x)$可表示为

$$w(i) = 0.08 + 0.92\cos^2(\pi i / N), \quad i = -N/2, \cdots, 1, 2, \cdots, N/2 \qquad (9.5)$$

式（9.5）是"余弦平方加台阶"的函数，它又可表示为"余弦函数加台阶"的形式，即

$$w(i) = 0.54 + 0.46\cos(2\pi i / N) \qquad (9.6)$$

按这种阶梯式分布，发射天线的最大副瓣电平要比所选 Hamming 分布的副瓣电平高，如果增加 HPA 功率电平的品种，则会抑制副瓣电平的抬高。

采用这种方式的优点是部分解决了降低有源相控阵发射天线副瓣电平的问题，缺点是需要增加高功率放大器，这也相应地增加了 T/R 组件的品种。

9.4.2 采用混合馈电结构对降低天线副瓣电平和研制成本的意义

1. 混合馈电结构降低天线副瓣电平的意义

为降低有源相控阵雷达发射天线副瓣电平，在同一种 T/R 组件或少数 T/R 组件的条件下，可采用混合馈电结构，即天线阵面上局部区域内的部分天线单元共用一个 T/R 组件，即大部分天线阵面为有源相控阵雷达天线阵面，而小部分子天线阵面为无源相控阵雷达天线阵面。

这种采用有源与无源相控阵雷达天线的混合馈电结构的相控阵雷达天线如图 9.15 所示。

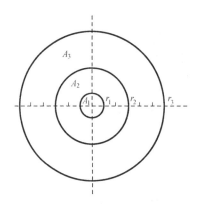
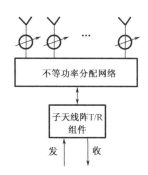

（a）采用混合馈电结构的有源相控阵天线的示意图　　　（b）平面阵外圈部分的子天线阵馈电结构示意图

图 9.15　采用有源与无源相控阵雷达天线的混合馈电结构的相控阵雷达天线

它的工作原理是，首先将天线阵面分为若干个区域，为便于说明，图 9.15 中将圆形平面阵分成 3 个区域，3 个区域按半径 r_1, r_2, r_3 分别表示不同的圆环面积。区域 A_1 即中心区域所占面积为以 r_1 作为半径的圆面积；区域 A_2 为半径 r_1 至 r_2 的

圆环面积，区域 A_3 为 r_2 至 r_3 形成的圆环面积。在 A_1 区域的各个天线单元通道中均接有 T/R 组件；A_2 区域内的各天线单元则接有发射输出功率较小的 T/R 组件；A_3 区域内则由一个 T/R 组件负责为若干个天线单元馈电，亦即在第三区域（即阵列外圈内）的子天线阵为无源相控阵雷达天线。按这种方式实现的子天线阵馈电网络为不等功率馈电网络，如图 9.15（b）所示。

在外圈内，一个 T/R 组件可以负责一个小的子天线阵的馈电，即采用子天线阵式 T/R 组件。在该子天线阵内，天线单元数目随着其相位中心远离阵中心的距离增加而逐步加多。也就是说，在这种混合馈电结构中，靠阵面边缘的 T/R 组件要负责给子天线阵内若干个天线单元馈电，子天线阵内各单元通道上的移相器将增加传输线损耗，该损耗值应被考虑进幅度加权系数之中。这种结构虽然会给天线增益带来一定损失，但采用幅度加权照射函数后，其天线阵面外圈内的天线单元在形成天线波瓣过程中的作用已经很小，移相器损耗是在低功率电平下的损耗，因此使得天线增益总的损失很小。

为进一步说明这一问题，设有一圆孔径相控阵天线，其直径为 D，对整个阵面的加权为沿直径方向线阵的加权函数经旋转产生。为实现幅度加权选择照射函数为 $A(x)$，自变量 x 为天线单元在线阵上的位置，它的变化范围由线阵中心 O 点至线阵列边缘 $D/2$。若从 $x=x_1$ 至 $D/2$ 为混合馈电区，在混合馈电区域内一个标准的 T/R 组件用于推动一个子天线阵的馈电，且在这一子天线阵内各单元通道上不再包含 T/R 组件，但仍包含移相器，如图 9.16 所示。以下讨论这一子天线阵内可允许有多少个无源天线单元。

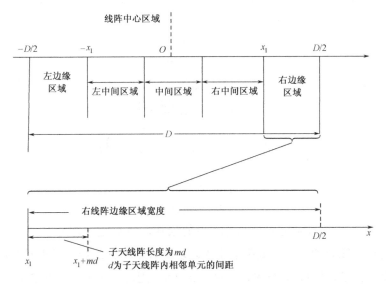

图 9.16　采用混合馈电结构时估计子天线阵内天线单元数的示意图

若将图 9.16 所示线形阵列分为 3 部分，即线阵中心区域、中间区域和边缘区域。边缘区域由 $x=x_1$ 开始至 $D/2$，其间可分为若干个子天线阵，越靠近阵列边缘

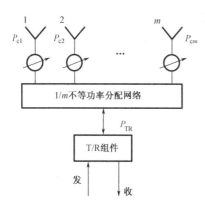

的子天线阵长度越长，而最窄的子天线阵长度在 x_1 处，令其长度为 md（d 为子天线阵内相邻单元的间距，m 为一个标准 T/R 组件可推动的天线单元数目）。在 $x_1 \sim D/2$ 区域内，子天线阵为无源相控阵雷达天线，其馈电网络如图 9.17 所示。

图 9.17　在边缘区内的无源子天线阵馈电网络示意图

令子天线阵内每一天线单元通道的输出功率为 P_{cj}，移相器损耗与不等功率分配网络的功率损耗总计为 L_P，则子天线阵总的发射功率与 T/R 组件输出功率 P_{TR} 的关系为

$$L_P \sum_{j=1}^{m} P_{cj} = P_{TR} \qquad (9.7)$$

因为 $\sum_{j=1}^{m} P_{cj} < mP_{c1}$，则按式（9.8）决定 m 在设计功率时留有的余地，即

$$P_{TR} / L_P = mP_{c1}, \qquad m \leqslant \frac{P_{TR}}{P_{c1} L_P} \qquad (9.8)$$

当 $x=x_1$ 时，天线照射函数取值为 $A(x_1)$，功率值为 $A^2(x_1)$，若线阵中心区域天线单元通道的 T/R 组件的输出功率为 P_{TR}，则式（9.8）中 $P_{c1}/P_{TR}=A^2(x_1)$，因此，式（9.8）变换为

$$m \leqslant \frac{1}{A^2(x_1) L_P} \qquad (9.9)$$

以 Hamming 加权为例，在边缘区域的最大值处，按 Hamming 照射函数

$$A(x)=0.54+0.46 \cos\left(\frac{2\pi}{D} X\right) \qquad (9.10)$$

式（9.10）中，D 为线阵天线口径的长度，取 $x_1 = \dfrac{3}{5}(D/2)$，则有

$$A(x_1)=0.3978$$

$$A^2(x_1)=0.16$$

这说明移相器的损耗是在低功率下的损耗，且只是一部分子天线阵有此损耗，因此对天线总增益的降低影响不大。若不等功率分配器与移相器的功率损耗 L_P 总计为 1.5dB，则按式（9.9）计算，$m=4.5$。因此，一个标准 T/R 组件至少可

为 4 个单元馈电；对于面阵来说，即可为 2×2 的子天线阵馈电，也就是说，考虑到在 x_1 处的天线单元通道内移相器的损耗之后，一个 T/R 组件中的高功率放大器还可以给至少 4 个天线单元馈电。对位于 $x=x_1$ 至 $D/2$ 范围内的天线单元，一个 T/R 组件可以给更多的天线单元馈电，亦即一个 T/R 组件负责馈电的子天线阵内的单元数目还可以适当增加。

2. 混合馈电结构对降低成本的意义

采用混合馈电结构，不仅可以降低发射天线副瓣电平，也可以降低有源相控阵雷达天线的成本。成本的降低主要来自天线阵中 T/R 组件总数的减少，虽然只是在外圈内一个 T/R 组件才负责一个子天线阵，但由于外圈面积较大，故节省的 T/R 组件数目较多。以圆孔径天线阵面为例，如按图 9.16 所示，边缘区域的边界若从阵面半径的 3/5 算起，则其面积是整个圆阵面面积的 64%，因此，能省掉的 T/R 组件数目相当可观。

3. 密度加权有源相控阵雷达天线与无源相控阵雷达天线的混合馈电结构

上面讨论的混合馈电结构的线阵中心区域与中间区域内，每个天线单元都有一个 T/R 组件，它们都是有源相控阵雷达天线，T/R 组件仍有两个品种；在外圈即边缘区域内才用一个 T/R 组件通过不等功率分配网络、移相器同时给多个天线单元馈电。采用这种混合馈电结构，除非进一步增加 T/R 组件的品种使之具有更多种输出功率电平，否则发射天线副瓣电平难有大的降低。针对这一缺点，可以考虑采用图 9.18 所示的密度加权有源相控阵雷达天线与无源相控阵雷达天线的混合馈电结构。

该图中平面阵列天线的中心区域采用密度加权的有源相控阵雷达天线，而天线边缘内由多个天线单元组合为一个子天线阵后才有一个 T/R 组件馈电。在中间区域采用密度加权方式，按发射天线副瓣电平的要求选择幅度加权照射函数作为参考加权函数，阵中间区域的无源天线单元数目不多，也就是说，因有源单元减少而造成发射功率的损失不大，发射天线增益的损失也很小。

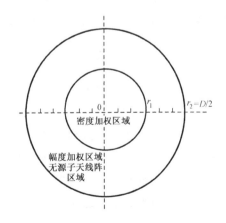

图 9.18　密度加权有源相控阵雷达天线与
无源相控阵雷达天线的混合馈电结构

按图 9.18 所示，因 $r_1=r_2/2$，$r_2=D/2$，$0-r_1$ 与 r_1-r_2 区域的总面积只有整个阵面面积的 25%与 75%，故如果在 $0-r_1$ 区域内采用密度加权方法，省去的 T/R 组件数目有限，对发射天线增益降低的影响不大；而在阵面 r_1-r_2 边缘区域内采用无源子天线阵可省去较多的 T/R 组件数目，但对天线增益降低的影响却很小。

9.5 有源与无源相控阵雷达天线的比较

有源相控阵雷达天线与无源相控阵雷达天线相比有许多优点，但在相控阵雷达设计过程中受多种条件的限制与影响，常需要在两种相控阵雷达天线中做出选择，为此需进行多方面的比较。比较是在雷达主要战术、技术指标大体相同的情况下进行的，在比较过程中允许适当修改战术和技术指标。在有源相控阵雷达天线与无源相控阵雷达天线之间做出合理的选择，是相控阵雷达预先设计过程中必须加以考虑的一个重要问题。

在有源相控阵雷达天线与无源相控阵雷达天线之间做出选择，有多种因素，它包括研制成本、可靠性、工作方式的自适应能力，除此之外，还包括功率的比较，即在从阵列天线口面上辐射的 RF 功率相同的条件下，对从阵列天线口面发射机输出的总功率、初级电源的总功率和在天线阵面上的热耗功率，以及为实现阵面冷却所要求的冷却系统的功率等进行比较。

9.5.1 影响采用有源相控阵雷达天线的一些因素

前面已经列出有源相控阵雷达天线的主要特点，但特定用途的相控阵雷达设计方案中是否采用有源相控阵雷达天线还需考虑以下 3 个制约因素。

1. 研制与生产成本

目前，研制与生产 T/R 组件的成本仍偏高。要大幅度降低成本必须依靠先进的生产工艺和进行大批量的生产。例如，早年美国空军为 F-22、JSF 等战斗机研制的 X 波段机载火控有源相控阵雷达，为了降低成本，考虑将其推广应用于多种空基、陆基、海基的雷达，使 X 波段 T/R 组件的生产数量在 2020 年前达到 300 多万个以上的批量。由此看来，如果只研制一两部或少量的雷达，选用有源相控阵雷达天线很难大幅度降低研制成本。

2. 雷达生存能力

采用有源相控阵雷达天线的雷达，其雷达造价的 80%以上花费在有源相控阵雷达天线研制上，而且天线部分也是最易受攻击的部分。因此，对该相控阵雷达生存能力的评估就可能成为是否选用有源相控阵雷达天线的因素。

如果作战环境对要研制的相控阵雷达的生存能力有突出要求，则在选择有源相控阵雷达天线还是无源相控阵雷达天线时就需慎重考虑其对雷达生存能力的影响。

3. 天线阵面的红外热辐射

天线阵面具有的大量 T/R 组件，因其功率效率有限（如低于 30%），会使阵面内产生大量的热耗，从而使有源相控阵雷达天线阵面产生红外及无线电热辐射，导致雷达遭到对抗红外制导武器的攻击。因此，与无源相控阵雷达天线相比，其阵面散热问题更为突出，这也成了影响雷达采用有源相控阵雷达天线还是无源相控阵雷达天线方案的一个重要因素。

9.5.2　有源相控阵雷达天线与无源相控阵雷达天线功率的比较

这里所指有源相控阵雷达天线与无源相控阵雷达天线的功率包括雷达发射机输出信号的射频总功率、天线阵面辐射信号的总功率、发射系统要求的初级电源总功率，热耗功率和实现冷却、散热要求的功率等。

因设计的出发条件不同，在选择天线方案时对这些功率往往要分别进行比较。例如，仅从降低雷达初级电源总功耗的目的出发，显然选择有源相控阵雷达天线有利，但由于在雷达设计时可提供足够的初级电源资源，因此有可能不在乎总的功率效率不够高，同时，如果选用无源相控阵雷达天线，生产成本能大大降低，或研制周期可以提前或能及时提供使用，这时，选择天线方案时就可能不一定选用有源相控阵雷达天线。

1. 两种相控阵雷达天线要求的发射机总输出功率的计算与比较

发射机的成本很大程度上取决于它的 RF 输出功率。在保证雷达作用距离的情况下，用雷达方程可计算出发射机所需要的输出功率（以下均指平均功率）。有时，发射机输出功率主要取决于在一定距离范围内，对特定目标所要求的雷达测量精度和提取目标参数的需要。同样的雷达作用距离，需要同样的从天线口面辐射的发射信号功率，但对有源相控阵雷达天线与无源相控阵雷达天线来说，发射机的输出功率却不相同。因为两种天线有不同的传输损耗。发射机与整个雷达需要的初级电源功率在很大程度上也取决于发射机的 RF 输出功率。有一些雷达平台，如飞机或导弹平台，它们受平台上能源的限制，所能提供的初级电源有限，对相控阵天线形式的选择就更显必要；但有的雷达平台，初级电源并不难提供，这时考虑更多的可能是研制成本、可靠性与研制周期。问题提法也可以是这样：在相同的初级电源条件下，选用何种天线形式可获得更高的天线口面辐射功率。

为了比较有源相控阵雷达天线与无源相控阵雷达天线两种情况下发射机的输出功率，必须对两种天线的结构模型进行简化，认真计算与分析传输线损耗。注意在相控阵雷达初步设计过程中要反复进行计算，比较和调整有关指标（主要是对传输线的损耗和要求等指标），并分别对两种天线的发射机输出功率进行计算和比较[9]。

经功率比较得出两种天线各自需要的发射机输出功率，然后按选定的发射机类型进行成本比较。

1）有源相控阵雷达天线发射机输出总功率的计算

由于有源相控阵雷达天线单元的总数多少与 T/R 组件中功率放大器的增益有关，所以有源相控阵雷达天线的构造形式差异较大。当总的有源相控阵雷达天线单元数较多（1000 个以上）时，有源相控阵雷达天线的构造形式一般为两层结构，比较典型的有源相控阵雷达天线的简化构成如图 9.19 所示。

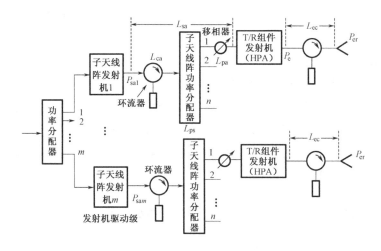

图 9.19　典型的有源相控阵雷达天线的简化构成图

图 9.19 中所示的阵内有 m 个子天线阵，每个子天线阵有 n 个天线单元。在 m 个子天线阵级别上，还包括 m 个子天线阵发射机，它们的输出功率 $P_{sai}(i=1,2,\cdots,m)$ 用于克服其后的子天线阵功率分配器和传输线中的损耗（L_{sa}），推动单元级别上的 T/R 组件中的高功率放大器（HPA）。天线单元总数与无源相控阵雷达天线一样，仍为 N（$N=mn$）。

L_{sa} 包括环流器损耗（L_{ca}）、子天线阵功率分配器损耗（L_{ps}）、移相器损耗（L_{pa}）和其他子天线阵传输损耗（L_m），L 均为大于 1 的正数，即

$$L_{sa} = L_{ca}L_{ps}L_{pa}L_m \tag{9.11}$$

这里特意将通常安装在 T/R 组件中的移相器分离出来，放在 T/R 组件的 HPA 之前，以便强调目前大多数用半导体器件实现的移相器具有的大衰减量（如 10dB 左右）所造成的影响。

图 9.19 上每个 T/R 组件中的 HPA 的输出功率以 P_e 表示，它仍要经过一定的衰减（L_{ec}）才能从天线单元辐射出去。单元辐射功率在图 9.19 中以 P_{er} 表示，$P_{er}=P_e/L_{ec}$。

为了计算简便，仍假定整个有源相控阵雷达天线的照射函数为均匀分布照射函数。这样可以方便地计算出有源相控阵雷达天线在子天线阵级别与单元级别的发射机（高功率放大器）的射频（RF）输出功率。

由于天线阵面总的射频辐射功率 P_{RA} 为

$$P_{RA} = NP_{er} = NP_e/L_{ec} \tag{9.12}$$

因此，阵面上各单元发射机总的射频输出功率 P_{TR} 为

$$P_{TR} = NP_e = P_{RA}L_{ec} \tag{9.13}$$

令 T/R 组件中的 HPA 的增益为 G_e，则子天线阵发射机的输出功率 P_{sa}（为计算简化，可设 P_{sa}=常量，即对所有子天线阵一样）为

$$P_{sa} = nP_eL_{sa}/G_e \tag{9.14}$$

所有子天线阵发射机的输出功率为

$$mP_{sa} = mnP_eL_{sa}/G_e \tag{9.15}$$

或

$$mP_{sa} = P_{RA}L_{ec}L_{sa}/G_e \tag{9.16}$$

有源相控阵雷达中所有 HPA 产生的射频输出功率，除上述 P_{TR} 和 P_{sa} 以外，还应包括为各子天线阵发射机提供驱动信号的前级放大器。由于它们在射频输出功率中所占比重不大，因此可以忽略。

有源相控阵雷达天线发射机总功率 P_{Act} 为

$$P_{Act}=P_{TR}+P_{sa} \tag{9.17}$$

2）无源相控阵雷达天线发射机输出总功率计算

无源相控阵雷达天线的简化构成如图 9.20 所示。

该图中的集中式发射机输出功率为 P_T，它经环流器（其损耗为 L_c）后面的功率分配器（1/N）系统，最终分配至 N 个天线单元中的每一个单元，在每一个天线

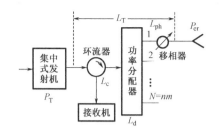

图 9.20　无源相控阵雷达天线的简化构成图

单元通道中有一个移相器，用于实现天线波束的相控扫描。各个通道中还包含定向耦合器、相位调整器及多个传输线段，它们的损耗及各传输线段接头驻波产生的损耗均可统一归结到通道损耗 L_{ch} 中，而功率分配器和移相器的损耗则分别用 L_d 和 L_{ph} 表示。为了简化计算，这里假定发射天线阵为等幅加权阵，各发射通道的损耗是相同的。这样，整个无源相控阵雷达天线的发射馈线损耗 L_T 为

$$L_T = L_c L_d L_{ch} L_{ph} \tag{9.18}$$

式（9.18）中，各损耗分量均大于 1，对应的分贝数均为正值。

为了降低相控阵雷达天线的副瓣电平，必须采用幅度加权。幅度加权的实现可以采用不等功率分配器或采用等功率分配器加衰减器两种方法。前者只有不等功率分配器的有功损耗，而后者除一分为 N（$1/N$）功率分配器的有功损耗外，还应加上衰减器带来的损耗。这时，在损耗 L_T 的计算中，还应加一项表示加权损耗的因子。

设按雷达方程计算的天线阵面射频辐射总功率为 P_{RA}，则采用无源相控阵雷达天线时，集中式发射机的输出功率 P_T 应为

$$P_T = P_{RA} L_T \tag{9.19}$$

3）对两种相控阵雷达天线要求的发射机总的输出功率的比较

在天线阵面总的辐射功率 P_{RA} 一定的情况下，有源相控阵雷达天线要求的发射机总的输出功率（包括各天线子天线阵上推动级的功率）与无源相控阵雷达天线发射机总的输出功率之比 K_{rf} 为

$$\begin{aligned}
K_{rf} &= (P_{TR} + m P_{sa}) / P_T \\
&= (P_{RA} L_{ec} + P_{RA} L_{ec} L_{sa} / G_e) / (P_{RA} L_T) \\
&= L_{ec}(1 + L_{sa} / G_e) L_T
\end{aligned} \tag{9.20}$$

在同样的阵面辐射功率（P_{RA}）条件下，K_{rf} 值越小（小于 1），采用有源相控阵雷达天线与采用无源相控阵雷达天线相比，在降低发射机总的射频输出功率上的优越性就越大。式（9.20）表明，当无源相控阵雷达发射天线的总损耗 L_T 越大（例如，阵面单元数很多）时，K_{rf} 值越小。

式（9.20）中，L_{ec} 为 T/R 组件中 HPA 输出端的收/发开关及与天线单元连接传输线损耗和天线单元驻波反射的损耗，以及在有些 T/R 组件中可能包括的定向耦合器与极化开关等的损耗。L_{ec} 值较小，为 0.5～1dB。当 $L_{sa}/G_e \ll 1$，即当 T/R

组件中发射功率放大器的增益 G_e 较大（如 25dB 以上），足以补偿由于大的移相器损耗（L_{pa}）决定的 L_{sa} 损耗时，因子天线阵发射机数量较少且输出功率不大，所以子天线阵内馈线损耗 L_{sa} 对 K_{rf} 的影响不大。

作为例子，图 9.21 是按式（9.20）及其他相关关系式计算的 K_{rf} 曲线。曲线的横坐标为无源相控阵雷达天线的损耗 L_T，计算时假定 T/R 组件中 HPA 输出端至天线单元的损耗 L_{ec}=1dB、G_e=20dB，子天线阵馈线损耗 L_{sa} 分别等于 5dB、8dB、9dB 和 11dB。

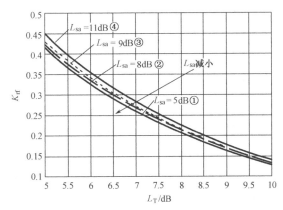

图 9.21　有源与无源相控阵雷达天线的发射机 RF 输出功率的比较

从图 9.21 可看出，有源相控阵雷达发射子天线阵的馈线损耗影响较小。此外，当阵面很大，无源相控阵雷达天线损耗 L_T 值很大时，采用有源相控阵雷达天线在降低发射机输出功率上的优点明显；反之，如果无源相控阵雷达天线单元数不多，如采用多部子天线阵发射机的无源相控阵发射天线、采用有限相扫的相控阵雷达及一维相位扫描的三坐标雷达，则因 L_T 值不是很大，采用有源相控阵雷达天线在降低发射机总输出功率上的好处便不是很多。由此也可看出，无源相控阵雷达天线技术的一个重要发展方向便是降低整个馈线网络的损耗，特别是降低移相器的传输损耗。

2. 对两种相控阵雷达天线要求的发射机初级电源功率的计算与比较

发射机要求的初级电源功率占整个雷达初级电源功率的绝大部分，对机载、地面机动或高海拔地区工作的相控阵雷达来说，在初步设计阶段，其初级电源消耗是需要加以考虑的一个重要因素。因此，比较发射机要求的初级电源功率是采用两种天线情况下进行功率比较的一个重要内容。

在初级电源功率的比较中，两种天线方案所用的发射机的功率效率起着重要的作用。

1）有源相控阵雷达发射天线要求的初级电源计算

对图9.19所示的有源相控阵雷达天线的简化组成图，发射机初级电源包括两部分，一部分是阵面所有T/R组件中功率放大器要求的总的初级电源P_{pm}，以C_m表示组件中功率放大器的效率，单元功率放大器的输出功率为P_e，则P_{pm}为

$$P_{pm} = NP_e / C_m \tag{9.21}$$

设子天线阵发射机要求的总的初级电源为P_{psa}，若设子天线阵发射机的效率为C_{sa}，子天线阵发射机增益为G_e，则有

$$P_{psa} = P_{sa} / C_{sa} = NP_e L_{sa} /(G_e C_{sa}) \tag{9.22}$$

有源相控阵雷达天线要求的总的发射机初级电源为

$$P_{pm} + P_{psa} = NP_e[1/C_m + L_{sa} /(G_e C_{sa})] \tag{9.23}$$

因为子天线阵发射机对初级电源的要求只占一小部分，为简化计算，可设子天线阵发射机效率$C_{sa}=C_m$，由此不会引起明显的计算误差，这样，式（9.23）简化为

$$P_{pm} + P_{psa} = NP_e(1+L_{sa} / G_e)/C_m \tag{9.24}$$

2）无源相控阵雷达发射天线要求的初级电源功率计算

对无源相控阵雷达天线，若发射机的效率为C_T，则发射机要求的初级电源P_{pt}，按图9.20所示构成图，应为

$$P_{pt} = P_T / C_T \tag{9.25}$$

3）两种天线情况下的初级电源功率的比较

令在有源相控阵雷达天线与无源相控阵雷达天线两种情况下，发射机要求的总的初级电源功率之比为K_{pps}，则由式（9.24）与式（9.25）可得

$$K_{pps} = (P_{pm} + P_{psa})/ P_{pt} \tag{9.26}$$

由于比较条件是在天线口面上的射频（RF）辐射功率相同，故可利用上述有关公式，将P_T表示为

$$P_T = NP_e L_T / L_{ec} \tag{9.27}$$

将式（9.27）代入式（9.25），利用式（9.24），式（9.26）最终得

$$K_{pps} = (1+L_{sa} / G_e)L_{ec}C_T /(L_T C_m) \tag{9.28}$$

对不同无源相控阵雷达天线的损耗L_T的情况，通过计算得到K_{pps}与T/R组件中的功率放大器的效率C_m的关系曲线，即有源与无源相控阵雷达天线的发射机初级电源功率的比较如图9.22所示。在计算中，无源相控阵雷达发射机的效率C_T取0.2（各种电真空发射机效率可参见文献[2]），L_T分别取5.5dB，6dB和7dB；而有源相控阵中子天线阵损耗L_{sa}取7dB，L_{ec}取1dB，G_e取20dB。由图9.22可以看出，T/R组件中功率放大器的效率C_m对降低有源相控阵雷达全部发射机所需的初级电源功率有十分重要的意义。如果T/R组件中功率放大的效率不高（C_m

值）不高，则采用有源相控阵雷达天线在节省初级电源功率上的优点便不明显。

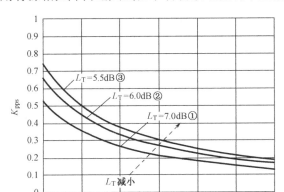

图 9.22　有源与无源相控阵雷达天线的发射机初级电源功率的比较

在设计相控阵雷达时，尽管有源相控阵雷达天线有许多优点，但是否要采用有源相控阵雷达天线方案，要从实际出发，要进行比较分析，全面考虑。除功率比较外，特别要考虑以下一些因素的影响：

（1）雷达应完成的任务。两种方案是否均能完成要求的主要任务，个别战术和技术指标的差异能否允许、可否进行折中。

（2）雷达研制周期。

（3）国内外元器件及其他技术基础及其进展是否能保证进度要求。

（4）研制和生产成本。

（5）技术风险。

9.5.3　两种有源相控阵雷达天线阵面散热的计算与阵面冷却

天线阵面散热是相控阵雷达结构设计中的一个重要问题，将阵面设计为冷阵面有重要意义。二维相控扫描的相控阵雷达，由于天线单元数目众多，散热问题突出。对无源相控阵雷达天线，热耗来自馈线分系统中的功率分配器、移相器、波束控制电路、监测控制电路等的有功损耗；而对于有源相控阵雷达天线来说，主要热耗来自阵面的 T/R 组件，T/R 组件的热耗主要又来自其中的功率放大器效率难以达到较高的原因（有关文献及测试经验表明 C_m 在 15%～30%范围），因此两种阵面的热耗计算是相控阵雷达初步设计过程应注意的一个重要问题。

1. 有源相控阵雷达天线阵面热耗功率

有源相控阵雷达天线阵在阵面上的热耗功率包括两部分，一部分是 T/R 组件产生的热耗功率 P_{hm}，另一部分为组件功率放大输出与天线单元之间的损耗所引

起的热耗功率 P_{ha}，它们的计算公式分别为

$$P_{hm} = NP_e(1/C_m - 1) \tag{9.29}$$

$$P_{ha} = NP_e(1 - 1/L_{ec}) \tag{9.30}$$

两者之和为

$$P_{hm} + P_{ha} = NP_e(1/C_m - 1/L_{ec}) \tag{9.31}$$

由于子天线阵发射机多安装在天线阵面上，因此其热耗也应加以考虑。它也包括两部分，一部分为子天线阵发射机的热耗，另一部分为在子天线阵馈线网络中的损耗（L_{sa}）引起的热耗。对图 9.19 所示的有源相控阵雷达天线，与前面推导类似，两者产生的在子天线阵上的总热耗功率 P_{hsa} 为

$$P_{hsa} = NP_e(L_{sa}/G_e)(1/C_{sa} - 1/L_{sa}) \tag{9.32}$$

因而包括子天线阵在内的整个有源相控阵雷达天线阵面的总热耗功率 P_{hA} 为

$$P_{hA} = P_{hm} + P_{ha} + P_{hsa} = NP_e[1/C_m - 1/L_{ec} + L_{sa}(1/C_{sa} - 1/L_{sa})/G_e] \tag{9.33}$$

2. 无源相控阵雷达天线热耗散功率

无源相控阵雷达天线在阵面的热耗散功率是指在馈线系统中损耗 L_T 引起的耗散功率 P_{ht}，它的计算公式为

$$P_{ht} = P_T(1 - 1/L_T) \tag{9.34}$$

3. 有源和无源相控阵雷达天线两种阵面的热耗散功率的比较

设 K_{hp1} 表示有源相控阵雷达天线阵面的热耗散功率与无源相控阵雷达天线阵面上的热耗散功率之比，则由式（9.33）和式（9.34）式可得

$$K_{hp1} = P_{hA}/P_{ht} = [1/C_m - 1/L_{ec} + L_{sa}(1/C_{sa} - 1/L_{sa})/G_e]L_{ec}/(L_T - 1) \tag{9.35}$$

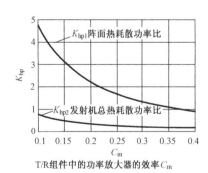

图 9.23　有源与无源相控阵雷达天线两种
阵面的热耗散功率比较

作为例子，K_{hp1} 的计算结果如图 9.23 所示，计算时假定 L_{sa}=7dB，G_e=20dB，C_T=0.2，L_T=5.5dB。

图 9.23 表明，当 T/R 组件中功率放大器的效率 C_m 偏小时，K_{hp1} 大于 1，即有源相控阵雷达天线在天线阵面的热耗散功率大于无源相控阵雷达天线在大线阵面的热耗散功率，这使得阵面散热的问题突出。为降低阵面红外辐射，必须对阵面进行有效的冷却设计。图 9.23 的结论突出地表明，有源相控阵雷达中热

耗散问题的严重性，特别是当 T/R 组件效率不高时，该问题的严重性更为突出，因此应非常重视提高 T/R 组件的效率及有源相控阵雷达天线阵面的冷却设计。

如果将有源相控阵雷达天线的热耗散功率与无源相控阵雷达阵面热耗散功率和集中式发射机产生的热耗散功率之和相比，并令这一比值为 K_{hp2}，则有

$$K_{hp2} = P_{ha} / (P_{ht} + P_{htt}) \tag{9.36}$$

式（9.36）中，P_{htt} 为发射机自身产生的热耗散功率，通常情况下它在发射机场房内被冷却，如发射机总效率为 C_T，则有

$$P_{htt} = P_T (1/C_T - 1) \tag{9.37}$$

用上述同样的推导方法，可得 K_{hp2} 为

$$K_{hp2} = [1/C_m - 1/L_{ec} + L_{sa}(1/C_{sa} - 1/L_{sa})/G_e]L_{ec}/(L_T/C_T - 1) \tag{9.38}$$

按上述假定条件计算 K_{hp2} 的结果如图 9.23 所示。图中的 K_{hp2} 表明，在上述假定条件下，若将集中式发射机热耗散功率也考虑进去，从总的热耗散功率看，K_{hp2} 小于 1，即有源相控阵雷达在降低总的热耗散功率上仍有较大的优越性。

9.6 有源相控阵雷达功率、孔径的折中设计

明确雷达的战术和技术指标后，雷达的探测性能就取决于雷达发射阵面辐射功率与接收天线面积的乘积（$P_{av}A_r$）；雷达的跟踪性能取决于功率、发射天线增益与接收天线面积的乘积，即有效功率孔径积（$P_{av}G_tA_r$）。由于有源相控阵雷达天线采用完全分散的发射接收组件，因此，在功率孔径设计上具有很大的灵活性，可以在发射功率与天线孔径之间进行折中设计。

以下讨论在功率孔径积要求确定的情况下出现如下不同情况时进行折中的方法。

9.6.1 T/R 组件中功率放大器输出功率受限制情况下的折中方法

如果 T/R 组件中发射信号的功率放大器的输出功率受功率放大器件限制，难以做到要求的功率电平；或虽然可以达到要求的功率电平，但需要重新研制器件，使得成本增加过高，从系统设计角度衡量并不合理。这时，可以考虑适当增大天线孔径，即增加发射单元，相应地增加 T/R 组件数目来解决上述问题。因为要求的功率孔径积（$P_{av}A_r$）为

$$P_{av}A_r = S_e N^2 P_{er} \tag{9.39}$$

式（9.39）中，P_{er} 为有源相控阵雷达天线中每一天线单元辐射信号的平均功率，N 为阵面单元总数，S_e 为一个天线单元在阵中占有的面积。

因此，如果拟通过采用阵面单元数目 N 来改变对每一个天线单元辐射功率的要求，则当 N 分别等于 N_1 与 N_2 时，每个 T/R 组件中高功率放大器（HPA）要求的输出功率电平 P_{er1} 与 P_{er2} 分别为

$$P_{er1} = \frac{(P_{av}A_r)_{req}}{S_e} \times \frac{1}{N_1^2}$$

$$P_{er2} = \frac{(P_{av}A_r)_{req}}{S_e} \times \frac{1}{N_2^2}$$

故

$$P_{er2}/P_{er1} = (N_1/N_2)^2$$

或

$$P_{er2}/P_{er1} = A_{r1}/A_{r2} \tag{9.40}$$

采用这种增加天线面积，相应地增加天线单元数目的方法，可达到降低 T/R 组件输出功率的效果。

令 N_1 与 P_{er1} 为参考的单元数目和单元辐射功率，它们满足 $(P_{av}A_r)_{req}$ 要求。根据天线单元辐射功率 P_{er} 和 T/R 组件中 HPA 输出端至天线单元之间收/发开关传输线的损耗 L_{ec}，可求得 T/R 组件 HPA 的输出功率 P_e。

例如，当天线口径增加 10%，即面积增加 21% 时，每个 T/R 组件的输出功率可降低至原来要求的 0.68。

9.6.2　增加天线孔径对提高跟踪性能的作用

对以跟踪为主的有源相控阵雷达，有效功率孔径乘积（$P_{av}G_tA_r$）应满足雷达跟踪信噪比性能的要求，这时适当增加天线的口径面积，对降低 T/R 组件发射信号输出功率的作用更为明显。

近似地，因 $P_{av}=NP_{er}$，$A_r=NS_e$，$G_t=NG_e=N\frac{4\pi}{\lambda^2}S_e$，故有

$$P_{av}G_tA_r = \frac{4\pi}{\lambda^2}S_e^2N^3P_{er} \tag{9.41}$$

若原面阵天线中的单元数目为 N_1，天线面积为 A_{r1}，通过增加单元数目至 N_2 亦即增加天线面积至 A_{r2}，则可降低对 T/R 组件发射输出功率的要求，P_{er2} 与 P_{er1} 的比率 K_P 为

$$K_P = \frac{P_{er2}}{P_{er1}}$$
$$= (N_1/N_2)^3 \tag{9.42}$$

$$K_{\mathrm{P}} = \frac{P_{\mathrm{er2}}}{P_{\mathrm{er1}}} = \frac{A_{\mathrm{r1}}}{A_{\mathrm{r2}}} \tag{9.43}$$

也可以将 K_{P} 表示为随天线直径变化的函数，若 N_1 对应的天线直径为 D_1，N_2 对应的天线直径为 D_2，则将天线直径由 D_1 增至 D_2 后，K_{P} 可表示为

$$K_{\mathrm{P}} = \frac{P_{\mathrm{er2}}}{P_{\mathrm{er1}}} = \left(\frac{D_1}{D_2}\right)^6 \tag{9.44}$$

例如，当天线直径增加 10%，即 $D_2=1.1D_1$ 时，天线面积和天线单元数目增加 21%，K_{P} 降为 0.56，即 $P_{\mathrm{er2}}=0.56P_{\mathrm{er1}}$，对 T/R 组件输出功率要求可降低至原来的 56%。

9.6.3　发射系统初级电源功率受限制时增加天线孔径的作用

当有源相控阵雷达能获得的初级电源功率受限制，同时又要满足（$P_{\mathrm{av}}A_{\mathrm{r}}$）或（$P_{\mathrm{av}}G_{\mathrm{t}}A_{\mathrm{r}}$）的要求时，T/R 组件总输出功率还受到 T/R 组件的功率效率（组件效率）C_{m} 的限制，如果 C_{m} 不能提高，则只能依靠增加相控阵雷达天线的口径面积，即增加 T/R 组件的数目来解决。这时需要从允许的初级电源功率 P_{pm} 出发，推算出阵面能获得的 T/R 组件总的发射输出功率 $P_{\mathrm{pm}}C_{\mathrm{m}}$。

如果每一 T/R 组件可能实现的发射输出功率 P_{er1} 不变，则 T/R 组件数目只能达到 N_1，即

$$N_1 = (P_{\mathrm{pm}}C_{\mathrm{m}}) / P_{\mathrm{er1}} \tag{9.45}$$

而为了满足雷达探测性能的要求，功率孔径积应为 $(P_{\mathrm{av}}A_{\mathrm{r}})_{\mathrm{req}}$，用 N_1 个 T/R 组件不能满足此要求时，则必须增加阵内的天线单元，因而相应地增加 T/R 组件的数目，由 N_1 增加到 N_2，使

$$S_{\mathrm{e}}N_2^2 P_{\mathrm{er2}} \geqslant (P_{\mathrm{av}}A_{\mathrm{r}})_{\mathrm{req}} \tag{9.46}$$

由于初级电源功率是固定的，故增加 T/R 组件数目以后，应使 $P_{\mathrm{pm}}C_{\mathrm{m}}$ 保持不变，由此可得

$$N_2 P_{\mathrm{er2}} = P_{\mathrm{pm}}C_{\mathrm{m}}$$

将式（9.46）改写为 $S_{\mathrm{e}}N_2(N_2 P_{\mathrm{er2}}) \geqslant (P_{\mathrm{av}}A_{\mathrm{r}})_{\mathrm{req}}$，$P_{\mathrm{er2}}$ 应降低，故

$$N_2 \geqslant \frac{(P_{\mathrm{av}}A_{\mathrm{r}})_{\mathrm{req}}}{S_{\mathrm{e}}(P_{\mathrm{pm}}C_{\mathrm{m}})} \tag{9.47}$$

可见，①在初级电源 P_{pm} 及 T/R 组件效率 C_{m} 一定的条件下，若要求的功率孔径积越大，则单元数目 N_2 应越大；②若允许的初级电源功率越高，T/R 组件效率越高，天线阵面 T/R 组件数目 N_2 就可越少，其物理意义也很明显。

这里讨论的当相控阵雷达发射阵能提供的初级电源受限制时，通过增加天线

孔径，相应地增加单元 T/R 组件的数目来满足功率孔径积或有效功率孔径积的要求，在有些情况下是非常重要的，如对空间载预警探测相控阵雷达来说，受卫星星载太阳能电池提供的初级电源功率有限的制约特别明显，因此增大有源相控阵雷达天线孔径，降低其 T/R 组件放大器的输出功率，努力提高其功率效率 C_m 是一个重要的设计方法。

9.7 空间馈电在有源相控阵雷达中的应用

第 5 章已讨论到空间馈电方式在相控阵雷达中的应用。在有源相控阵雷达中，空间馈电或光学馈电系统的应用也包括以下一些内容。

1. 在微波波段中的应用

前面章节已经提到，在微波波段高端，短波长时（如在 C, X 和 Ku 及以上波段），采用空间馈电实现发射功率分配传输网络和接收功率相加网络的优越性较为明显，天线公差较易控制。

对大型有源相控阵雷达天线来说，可以在子天线阵级别上实现空间馈电，由此可以方便地在子天线阵级别上完成多波束形成网络，同时可以减小整个天线阵的纵向尺寸。

2. 同时实现本振信号的功率分配

在采用具有本振信号输入的 T/R 组件的有源相控阵雷达天线中，必须要有两套微波功率分配网络，除发射信号的功率分配网络和接收信号的功率相加网络外，还必须要有本振信号的功率分配网络。如果采用空间馈电系统，则可同时实现两种信号，即发射/接收信号与本振信号的功率分配网络。用于这一目的的空间馈电网络如图 9.24 所示。

采用这种方式，只要 T/R 组件中有上变频器或下变频器，即可通过改变本振信号频率或激励信号频率 f_1 而改变雷达工作频率 f_0，因而在空间馈电功率分配系统不改变的条件下，使天线阵面可工作在较宽的频带范围内。

图 9.24 所示空间馈电网络的内天线（亦称收集天线）的一个线极化单元用作雷达发射信号的接收端与雷达接收信号的发射端；另一个线极化单元则用作本振信号的传输与分配，然后将本振信号送入每个 T/R 组件的本振信号输入端。显然采用这种方式有利于减少设备量。

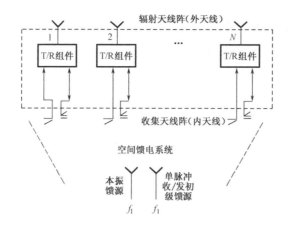

图 9.24　雷达信号与本振信号的空间馈电网络示意图

3. 扩大天线的孔径面积

通过将有源相控阵雷达天线阵列与反射面结合，扩展天线孔径（即用较小尺寸有源相控阵雷达天线阵列向大孔径的天线反射面馈电），达到扩大天线口径面积的目的，这种方式也是一种空间馈电的方法。

早期提出的这种方法主要针对具有有限相位扫描能力的大型抛物面天线，目的是希望抛物面天线的针状波束具有在一定角度范围内进行相扫的能力，以便使抛物面天线具有小区域搜索功能，提高截获高速运动目标的能力，并能迅速转入对高速运动目标的跟踪。

在这方面的研究成果在国外用于型号产品的例子有美国雷声公司的 AN/GPN-22 和 AN/GPN-25，这两种雷达虽然不是有源相控阵雷达天线，但是成功应用一个较小的相控阵雷达天线通过照射较大的抛物面天线，达到了扩大天线孔径面积的目的。

扩大天线孔径面积的这种思路在今天重新受到重视是因为有了新的需要。例如，在 9.8.3 节要讨论到的空间载有源相控阵雷达，因初级电源功率有限，所以希望大大增加天线孔径面积，以便减小各 T/R 组件总的发射输出功率，为此利用阵列馈电反射器（Array Fed Reflector）扩展主天线面积，以提高天线增益，同时实现在较小的阵面上维持相扫。

9.8　有源相控阵雷达的应用及有关技术特点

本节通过对一些重要的、有代表性的国外有源相控阵雷达的简略介绍，说明有源相控阵雷达广泛应用的有关技术特点，便于预测有源相控阵雷达的发展趋势。

9.8.1 地基与海基有源相控阵雷达

最早研制成功的有源相控阵雷达多与观测卫星与弹道导弹等空中目标有关。由于雷达观测目标的距离远达数千千米以上，且目标飞行速度快，雷达要观测的目标数目多等特点，因此对雷达的有效辐射功率与接收天线孔径乘积提出了很高的要求。采用有源相控阵雷达天线，在每一天线单元通道上设置发射信号功率放大器，通过空间功率合成实现要求的总的发射功率，可降低发射馈线的传输损耗。因此在 20 世纪 60 年代，美国研制成功的大型空间监视相控阵雷达 AN/FPS-85 就选择了有源相控阵雷达天线方案，这是世界上第一部实用的大型有源相控阵雷达。限于当时的技术条件，AN/FPS-85 采用电真空的发射信号功率放大器，后来研制成功固态功率放大器以后才取代了电真空发射机。

AN/FPS-115 是第一部采用固态 T/R 组件的大型有源相控阵雷达。除了上述这两部在文献中广泛介绍为大家熟知的有源相控阵雷达外，比较重要的应用还有以下 5 种。

1. 美国海军空间监视系统中的相控阵雷达

美国海军的空间监视系统称为 NAVSPASUR（NAVy SPAce SURveillance System），工作在 VHF 波段，工作频率为 216.9MHz（最初为 108MHz）[10]。该系统的传感器是收/发分置的相控阵雷达系统，雷达站布置在佐治亚州到加利福尼亚州，整个系统由 3 个发射站（其中 1 个主站，2 个副站）和 6 个接收站组成，该系统采用连续波信号，发射扇形波束，探测高度可达 15 000km，穿过这一扇形空域的空间目标均可被探测到。

1）发射站

NAVSPASUR 的发射天线阵为有源相控天线阵，包括 2556 个天线单元，南北向长 10 560ft（3218m）。该发射机为分布式发射机，其构成如图 9.25 所示，其中每个天线单元有一部固态发射机，每部发射机输出功率为连续波 300W，总发射功率为 767kW。由于采用完全分布式固态发射机，损耗很低，发射系统的传输效率高达 95.9%，场地总效率为 52.6%，同轴线中承受的最大功率仅为 1.8kW，场地工作有效性为 0.9998。

NAVSPASUR 的工作频率较低，中心频率为 108MHz。发射站采用 18 部电真空发射机，每部发射机输出功率为 50kW，同轴线功率分配器承受的最大功率为 40kW，发射馈线损耗较大，发射系统的传输效率为 80%，场地总效率仅为 26.4%，场地工作有效性为 0.8[2, 11]。

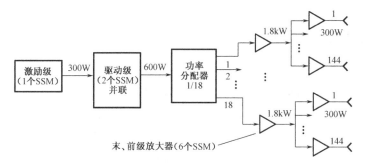

图 9.25　有源相控阵雷达中的分布式发射机构成图

从上述分析可明显看出，采用全分布式固态发射机后，功率效率和可靠性有了明显提高，对初级电源的要求和耐高功率要求有明显下降。

2）接收站

NAVSPASUR 的 6 个接收站均为线形阵列，每一天线阵在南北方向的长度为731.5m，一个接收站内 2 个分站之间东西基线 1200ft（365.7m）。接收站用于接收穿过监视屏目标的回波信号，测量其相位变化并提供报警。

从以上简略介绍可以看出，该有源相控阵雷达系统的特点包括：

（1）多基地雷达系统；

（2）长基线分置接收站与发射站；

（3）完全分布式固态发射机系统，既提高了发射系统的功率效率，又大大改善了可靠性和系统的工作有效性；

（4）连续波工作信号方式。

2. GBR

1）GBR 的主要作用与性能

GBR（Ground Based Radar）是美国战区高空空中防御（Theater Height Altitude Area Defense，THAAD）系统的一部分。它用来为在大气层内、外拦截弹道导弹目标提供精确的引导信息。它具有高分辨探测、雷达目标成像、识别和杀伤评估等能力，1996 年前 GBR 即已完成一部演示验证雷达（GBR DEM/VAL）和两部用户作战评估系统（GBR UOES）雷达。GBR 的主要作用为[12]：

（1）捕获和跟踪战区/战术弹道导弹（TBM）及潜射导弹（SLBM）；

（2）为大气层内和大气层外反弹道导弹拦截提供目标精确信息；

（3）对目标进行高分辨测量、成像与识别；

（4）在强干扰环境与光学对抗中为目标测控提供帮助；

（5）提供杀伤评估与后续拦截状态的信息。

GBR 的主要性能如下：

（1）工作频段为 X 波段；

（2）信号瞬时带宽为 1～1.2GHz；

（3）天线阵孔径面积为 4.6m²（对演示验证系统）；

（4）天线阵单元数目为 12 672 个（对演示验证系统）；

（5）发射/接收子天线阵数目为 25 344 个（对用户作战评估系统）；

（6）方位角和仰角最大相位扫描角都为 53°；

（7）机械倾斜角度变化范围为 10°～60°。

2）THAAD 中的 GBR 的技术特点

GBR 在技术上的主要特点如下：

（1）具有宽带有源相控阵雷达天线。该雷达的信号瞬时带宽大于或等于 1GHz，因而分辨率很高，所以可获得高分辨目标一维与二维图像，为目标识别提供技术基础，是执行反导拦截任务区分弹头和诱饵的关键。它还具有拦截效果评估功能，为组织实施第二次拦截和低空拦截提供信息保障。

GBR 的有源相控阵雷达天线功能框图如图 9.26 所示。

从该图中可见，每 32 个 T/R 组件构成一个 T/R 组合（T/R EA），每 11 个 T/R 组合构成一个子天线阵模块（SAM）。因此，GBR 的整个天线阵包括 72 个子天线阵模块（SAM）、792 个 T/R 单元组合、25 344 个 T/R 组件。在 72 个子天线阵模块级别上设置了时间延迟单元（TDU），为宽角扫描情况下实现大的瞬时信号带宽（≥1GHz）提供了条件。

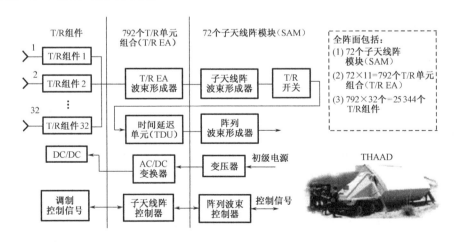

图 9.26　GBR 有源相控阵雷达天线功能框图

（2）大扫描角。在子天线阵级别上设置了 TDU，为在宽带条件下实现大角度

（53°×53°）相扫提供了保证。

（3）具有大天线口径，角度分辨率高。该雷达的天线方位与仰角波束宽度约为 0.4°与 0.8°。

（4）对每一个子天线阵模块（SAM）均采用了分布式的射频（RF）信号、逻辑信号、电源功率和液冷管道总线系统。

（5）波束控制子系统与雷达控制系统之间采用光纤传送控制信号并有相应电/光、光/电转换接口。

（6）射频与水冷均采用盲配连接器。

（7）具有高机动性，可采用飞机运输。

（8）工作有效性高。

3. GBR-P 相控阵雷达

美国用于弹道导弹防御的 X 波段地基雷达 GBR 有很长的研制经历和演变过程，其样机 GBR-P 在 1996—1998 年完成，安装在太平洋上的夸加林导弹靶场，从 1999 年起支持美国国家导弹防御计划（NMD）的试验。该雷达继承了 GBR-DEM/VAL 80%的硬件成果，其组成结构如图 9.27 所示。

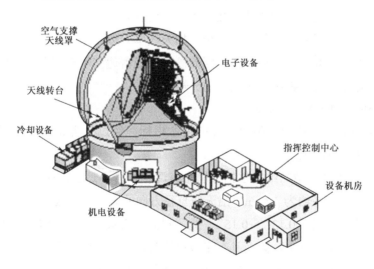

图 9.27 GBR-P 的组成结构图

1）GBR-P 的主要指标

GBR-P 的主要指标如下[12]：

（1）T/R 组件总数为 16 896 个，可扩充至 80 000 个单元；

（2）天线孔径面积为 123m²；

（3）相控阵天线扫描范围为：方位 25° 和仰角 25°；

（4）天线座机械转动范围为：

方位为±170°；

仰角为 0°～90°；

（5）作用距离为 2000～4000km。

2）GBR-P 的主要功能

GBR-P 为多功能有源相控阵雷达，可以对弹道导弹飞行中段进行监视，它具有以下主要功能：

（1）对导弹诱饵等目标进行监视；

（2）对导弹与诱饵等目标进行截获；

（3）跟踪目标，对飞行中的高速目标不断进行跟踪数据的更新；

（4）对目标进行分类和识别；

（5）火控支持（反弹道导弹制导）；

（6）搜集信息用于对支持杀伤性能的评估；

（7）对目标对象映射（Target Object Map，TOM）；

（8）跟踪空间碎片。

要完成上述功能，雷达的功率孔径积与雷达有效功率孔径积是一个非常关键的技术指标。加大天线孔径积将进一步增加天线单元数目，提高天线增益，同时增加总的辐射功率和等效辐射功率，因而既可保证雷达信号检测和提取目标参数需要的高信噪比，又可提高雷达测角的分辨能力。

3）GBR-P 的主要技术特点

从上面的简要介绍及文献上公开的雷达指标，经过分析和估算，可以得出 GBR-P 的主要技术特点如下：

（1）GBR-P 是大型二维相位扫描固态有源相控阵雷达。GBR-P 的天线为大型八角形面阵，直径约为 12.5m，沿天线直径方向的天线单元数接近 600 个，天线波束为窄波束，只有 0.13°～0.15°。为了提高搜索数据率，天线在一个重复周期内可形成多个发射波束，因而具有多波束同时进行搜索的能力。

（2）具有大的功率孔径积与有效功率孔径积。按 T/R 组件发射机输出峰值功率为 10W、平均功率为 2W 计算，当天线单元总数为 81 000 个时，功率孔径积为 72.9dB·Wm²，有效功率孔径积为 133.7dB·Wm²。

（3）具有很高的角度分辨能力与测角精度。依靠大孔径天线，天线孔径与波长之比可达到 416：1，因而获得了很高的角分辨能力和测角精度，测角精度达到精密跟踪雷达的精度要求。

（4）大瞬时信号带宽。由于信号瞬时带宽高达 1GHz，因此为高分辨测距、获取高分辨一维像及 ISAR 成像提供了技术基础。

（5）具有多目标成像与识别能力。

4. 高功率识别（HPD）雷达与海基 X 波段（SBX）雷达

1）高功率识别（HPD）雷达

高功率识别（HPD）雷达（High Power Discrimination Radar）是美国雷声公司为海军大区域战区弹道导弹防御计划研制的样机，是一部 X 波段远程有源相控阵雷达，其作用是远距离检测、跟踪和识别先进战区的弹道导弹（Advanced TBM）。该项目在战区高空空中防御（THAAD）系统中已获得投资，该雷达的一个重要特点是提高了天线阵面的功率密度，即单位面积上辐射的发射信号功率密度。为了获得高功率，该 HPD 雷达采用宽禁带（WBG）半导体功率放大器件来替代窄禁带的半导体放大器件。例如，将原来由 GaAs 异质结高电子迁移率器件（PHEMT）实现的 X 波段 T/R 组件中的 HPA，改用宽禁带 GaN 来代替，使 T/R 组件峰值输出功率由 10W 提升到 40W，且体积、质量减小到原来的 1/10，因而大大提高了 HPA 的功率密度。

2）海基 X 波段（SBX）雷达

美国海基 X 波段（SBX）雷达是美国海军研制的高功率导弹跟踪雷达，它是美国导弹防御计划中的一部分，主要用于拦截飞行中的弹道导弹。该雷达安装在海上的浮动平台上，海基试验型 SBX 雷达平台的尺寸与护卫舰尺寸相当。该雷达也是 X 波段有源相控阵雷达。

5. X 波段多功能有源相控阵雷达

除美国海军在研制 X 波段舰载多功能有源相控阵雷达外，德国、荷兰、加拿大等国联合开发了 X 波段多功能有源相控阵雷达。

1）X 波段多功能有源相控阵雷达功能

X 波段多功能有源相控阵雷达具有以下一些主要功能：

（1）进行低空目标检测；

（2）进行多目标跟踪；

（3）有多种搜索方式，包括水平搜索（检测掠海导弹）、引导搜索，以及面搜索、有限空域搜索等；

（4）武器控制支持包括如导弹制导和对岸炮火的控制支持。

2）X 波段多功能有源相控阵雷达的技术特点

该 X 波段多功能有源相控阵雷达在技术上的主要特点包括：

（1）具有全固态有源相控阵雷达天线；

（2）以四面阵实现 360° 方位覆盖；

（3）可以进行数字多普勒处理；

（4）具有数字脉压功能；

（5）可以进行灵活的信号波形设计。

9.8.2　机载有源相控阵雷达

机载雷达品种繁多，主要的有机载预警雷达、机载火控雷达、直升机机载雷达、无人机机载雷达、机载战场侦察雷达等。机载雷达要具有的功能也是多种多样的，但随着机载雷达要完成任务的增加和技术的进步，各种先进的机载雷达均采用相控阵雷达天线，特别是有源相控阵雷达天线，其主要原因除了实现多功能、多目标跟踪、高数据率等带来的需求外，还与以下一些因素有关：

第一，同时实现空域与频域的滤波。

机载雷达多数情况下均要解决下视问题，在强地杂波或海杂波背景中检测小目标是一大难题。利用相控阵雷达天线可实现空时自适应处理（STAP），抑制地面/海面杂波。采用有源相控阵雷达天线，更易实现波束扫描和波束形状的自适性能力。

第二，降低飞行平台的 RCS。

飞机隐身是对抗雷达探测的重要手段。对战斗机本身来说，对其 RCS 贡献最大又难以实现隐身的 3 个部分是进气道、座舱和雷达天线。采用相控阵雷达天线取代机械转动的天线后，在受敌方雷达照射时，因平面相控阵天线镜面反射而大大降低了沿敌方雷达照射方向原路返回的信号，有利于缩小雷达的 RCS，减少它对飞机 RCS 的作用。

第三，增加天线面积的可能性。

雷达天线孔径受雷达载机平台的严格限制，在设计上不像地基雷达那样有较大的灵活性。采用相控阵雷达天线有可能增加雷达天线孔径尺寸。例如，机载火控雷达安置在飞机头部整流罩中，机械转动的平板裂缝天线改为平面相控阵雷达天线后，因去除了机械传动部分结构等原因，天线面积可增加约 15% 以上。

如果采用共形相控阵雷达天线，则天线孔径还可以大为增加。T/R 组件中的移相器和衰减器使共形相控阵雷达天线需要的相位补偿与幅度补偿易于实现，因此共形相控阵雷达天线多为有源共形相控阵雷达天线。天线孔径尺寸的增加，对增强雷达探测能力和提高雷达测量精度具有重要的作用。

第四，载机提供给雷达的初级电源有限。

机载雷达与地基雷达相比，它所能获得的初级电源受严格限制，因此降低相控阵雷达天线中传输线的损耗具有十分重要的意义。采用有源相控阵雷达天线可大大降低传输的损耗，因而有利于降低对初级电源功率的要求；换言之，在一定的、可提供的初级电源功率条件下，可获得更高的天线阵面辐射功率。

第五，提高雷达抗干扰能力和实现雷达与电子战、通信等的一体化设计。

采用相控阵雷达天线有利于提高机载雷达抗干扰能力。因为有源相控阵雷达天线易于做到宽频带，使有源相控阵雷达天线除完成雷达功能外，还可兼有电子侦察、电子支援措施（ESM）、实施干扰和数据链等功能，为雷达与电子战、通信的一体化设计提供基础。

第六，提高机载雷达的可靠性。

机载雷达采用有源相控阵雷达天线后，由于用分布式的多个固态 T/R 组件取代了集中式的高功率发射机，因而改善了可靠性。机载有源相控阵雷达的另一重要发展是机载合成孔径雷达（SAR）。机载 SAR 问世以来，特别是近年来，由于机载 SAR 对地面静止与运动目标成像技术的进步和分辨率的提高，使得机载SAR 的应用越来越广泛。

采用相控阵雷达天线，特别是有源相控阵雷达天线，使成像区域的选择和沿距离方向成像条带宽度的变化都具有更大灵活性，易于实现聚束成像模式，突破分辨率不能低于 1/2 天线实孔径的限制，在一个特定小区域内可获得更高的分辨率。

1. 机载预警有源相控阵雷达

目前，美国、瑞典、以色列等国均研制成功机载预警有源相控阵雷达，报道最多的有瑞典的"埃里眼"（Erieye）、以色列的"费尔康"（Phalcom）和美国机载预警有源相控阵雷达。

1）瑞典的"埃里眼"

S 波段一维相位扫描有源相控阵雷达主要用于完成对空、对海中近程空中的早期预警，其有源相控阵雷达天线安装在机背上，方位上为 192 个天线单元，共192 个 T/R 组件。

由于空气动力学的原因，相控阵雷达天线在垂直方向的尺寸受限，每个 T/R组件负责用一条列馈馈线源给多个天线单元馈电，仰角方向则不进行相位扫描。

2）以色列的"费尔康"

"费尔康"是以色列最初为智利研制的 L 波段有源相控阵机载预警雷达，Phalcon 英文含义为 L 波段共形相控阵雷达。实际上是机身左右各挂两个平面相控阵天线阵面，机头、机尾各一个。这种方案与"埃里眼"相比，主要观察范围仍在飞机左右两侧，飞机前后方向探测距离不足，即 360°探测覆盖范围不理想，因此后来发展成将 3 个平面相控阵天线安装在飞机顶的圆形天线罩中，这是以色列出售给印度的预警机中的雷达方案。

3）美国机载预警有源相控阵雷达

美国的 E-2C、E-3A 机载预警飞机已生产多部，因而具有多年的使用经验，

图 9.28　四面阵机载预警有源相控阵雷达

且在不断改进，研制新的机载预警系统的急迫性似乎不是很大，但也先后提出将 E-2C 及 E-3A 中机载预警雷达改进为有源相控阵雷达的方案，如图 9.28 所示。该雷达多年前就报道过，已做了风洞试验等，但至今尚未见到定型产品。

2. 机载火控有源相控阵雷达

国外对 X 波段的机载火控有源相控阵雷达已研制多年，主要包括：

（1）美国 F-22 战斗机上的 AN/APG-77，它具有 X 波段有源相控阵雷达天线，每部雷达约有 2000 个 T/R 组件。除 F-22 外，X 波段有源相控阵雷达中的 T/R 组件还用于 JSF 战斗机及其他战斗机上，如 F-15V-2、F-18E/F 和 F-16UAE 等战斗机。

特别需要指出的是，为了降低有源相控阵雷达的生产成本和提高效率，X 波段 T/R 组件应该在先进生产工艺条件下进行大批量生产。有文献报道，美国机载火控雷达所需生产的 T/R 组件总数至 2020 年达到了 342 万个。

除机载火控雷达外，"全球鹰"无人机载雷达（GHAWK）需要生产 96 000 个 X 波段 T/R 组件，联合攻击雷达系统的雷达技术改进计划（JSTARS RTIP）中需要生产 91 125 个 X 波段 T/R 组件。

此外，为了降低有源相控阵雷达的生产成本和提高天线口面的辐射功率密度，除了机载火控雷达外，以下一些重要地基与舰载雷达也采用 X 波段的有源相控阵雷达天线。它们是 THAAD 雷达，X 波段地基雷达（XGBR），舰载多功能（MFR）雷达和高功率识别（HPD）雷达。

（2）欧洲战斗机 EU-2000。欧洲联合研制的第四代战斗机 EU-2000 就采用了 X 波段有源相控阵雷达。AMSAR 是该有源相控阵雷达样机，天线直径为 600mm，包含约 1000 个 T/R 组件，现已完成样机研制。

（3）日本、瑞典等国也都有各自的机载火控有源相控阵雷达研制项目。

9.8.3　空间载有源相控阵雷达

空间载雷达（SBR）是军民两用雷达，它最初的发展主要受军事需求的影响。空间载雷达（SBR）或星载雷达在现代战争中的作用是显而易见的。"登高望远"，对空中与地面/海面目标来说，可极大地延伸探测距离；对弹道导弹防御来说，可提早发出导弹威胁预报，增加预警时间；对各类地面/海面目标来说，可进行空中侦察与战场态势分析。在冷战时期，美国即开始了星载雷达的研制工作，其主要作用是监视苏联在大洋上飞行的战略轰炸机，实现对战略武器攻击的早期预警。空间载雷达还可用于监视大洋上各种舰船特别是航空母舰的分布与航行。

近年来，由于星载 SAR 分辨率的提高，星载 SAR 在军事、侦察与遥感上的应用有了长足发展。星载有源相控阵雷达天线不仅应用于各种星载 SAR 上，也广泛应用于卫星通信系统之中。

发展星载预警探测雷达，可极大地推远对空中/海面目标，如低空隐身飞机、隐身巡航导弹、航母、舰船以及国外正大力发展的各种长航时远程无人驾驶飞行器（UAV）侦察/作战平台的作用距离。

将星载雷达发射站与各种机载平台包括无人机平台的雷达接收站结合，可以构成空间—空中一体化的探测系统或将空间载雷达发射站与地基雷达接收站结合而构成空间—地面一体化的探测系统，由此带来许多新的应用潜力。

发展空间载预警探测雷达，还可对各种武器平台提供远程引导，由此提高这些武器平台的作战性能。国外发达国家正在开发的各种新的空间作战平台是未来空间作战的重要装备，而空间载预警探测雷达的发展将为它们提供技术支持。

1. 空间载雷达的种类

空间载雷达泛指安装在空间平台，即空间飞行器上的雷达，它主要分为如下两类。

第一类为星载SAR，主要用作对地观测侦察，对地、对海成像和遥感，检测地面或海面静止及运动目标。这是典型的军民两用雷达。

第二类为星载预警探测雷达，主要用于军事。这类雷达安装在低轨或中轨飞行卫星上，凭借雷达平台高度的优势，从根本上克服了地球曲率对雷达视距的限制，解决了地面雷达难以解决的对低空飞行目标的检测难题，并且大大扩展了雷达的观察范围，延伸了雷达监视空域，增加了对可能的威胁目标的早期预警时间。

在军事运用上，星载预警探测雷达的主要观察对象包括舰船目标、战略轰炸机、隐身飞机、巡航导弹和长航时无人驾驶飞行器（UAV）。这些目标均是地基雷达难以进行远距离探测的目标。此外，星载预警探测雷达还可用于对弹道导弹目标的观察。也可起到推远观察范围、增加早期预警时间的作用。

由于卫星是运动的，为连续观察同一地区，当采用中、低轨道时，必须采用卫星星座，用多个预警卫星进行观察。

2. 空间载雷达采用有源相控阵雷达天线的主要原因

早期 L 波段、S 波段、C 波段的空间载 SAR 的天线主要采用固定天线波束或具有一维相位扫描能力的天线，如 SIR-A，SIR-B 和 SIR-C（1981 年、1984 年和 1994 发射）空间载 SAR，以及 SEASAT 和 RADSAT（1978 年和 1995 年发射）等空间载 SAR。在这一时期，虽然在一些地面雷达和机载雷达上均已开始采用二维相位扫描的相控阵雷达天线，但在空间载雷达中还未采用有源相控阵雷达天线，其主要原因在于成本与技术方面的原因。随着低成本、高效率 T/R 组件及阵列技术的进步，SBR 已逐步采用有源相控阵雷达天线。

有源相控阵雷达天线在 SBR 中的应用主要原因如下：

第一，可获得大的功率孔径积。由于空间载平台提供的初级电源有限，要满足预警探测卫星作用距离远、监视范围大的要求，雷达必须具有大的功率孔径积。采用有源相控阵雷达天线可利用空间功率合成能力获得需要的大功率，而且降低了馈线损耗，从而可提高整个发射系统的功率效率。

此外，便于通过增加有源相控阵雷达天线面积，即增加 T/R 组件数目，使每一个 T/R 组件内的发射功率放大器的输出功率降低，在卫星可提供的初级电源功率条件下，实现要求的雷达功率孔径积与有效功率孔径积。

第二，发射信号功率放大器可采用低电压工作。由于有源相控阵雷达天线中的固态 T/R 组件中的发射信号功率放大器采用低电压工作，因此有利于保障其在空间环境下稳定可靠地工作，以保证雷达系统的工作。

第三，提高了雷达工作的可靠性。大量的 T/R 组件并行工作可提高雷达系统的可靠性，这是采用有源相控阵雷达天线的一个重要原因。

第四，天线孔径的可重构性带来的工作方式灵活性。

空间载预警探测有源相控阵雷达与空间载 SAR 的大孔径天线，不仅提供了大的功率孔径积，并且在工作方式上也增加了利用天线孔径的可重构性带来的灵活性。有的工作方式只需利用一部分天线孔径，如在雷达成像时，可将整个天线阵分为多个子天线阵孔径，即天线孔径 D 可分为多个具有较小尺寸 d 的子天线阵孔径。每一子天线阵孔径可分别进行成像，克服了实孔径天线尺寸对横向距离分辨率ΔR_c的限制（$\Delta R_c \geqslant D/2$），使ΔR_c改善至 $d/2$；并可利用多个子天线阵孔径的成像进行非相参积累，消除相干斑，改善图像质量。

可重构孔径的应用之一是调整波束的形状，使雷达波束对地面照射覆盖更为均匀并具有自适应调整能力，这就像在卫星通信中通过改变有源相控阵雷达天线孔径的照射函数，改变"点波束"的形状，使之有利于按通信距离远近调整波束覆盖区域。

3. 空间载有源相控阵雷达的设计特点

与地基及机载有源相控阵雷达相比，星载有源相控阵雷达在设计上的主要目标和设计特点等方面有显著不同。

1）设计的主要目标

空间载有源相控阵雷达在维持最佳性能指标（如探测距离等指标）条件下应能实现：

（1）减小体积和质量；

（2）满足空间环境的要求；

（3）提高功率效率；

（4）保证高可靠性和长时间稳定工作的能力；

（5）从地面进行监测与调整、纠错控制的能力；

（6）降低成本。

由于是多个雷达卫星组成一个星座进行工作，因此降低研制与使用成本显得尤为重要。

2）重视机械设计和环境设计

由于空间载雷达的环境条件苛刻，需要克服真空微放电、材料与器件受辐照、散热、卫星发射时冲击与振动等不利因素，要针对空间环境条件，从原材料、器件、基本电路等方面入手，严格按空间环境要求进行设计、加工和反复试验，使空间载雷达系统满足环境条件。

3）空间载有源相控阵雷达天线的设计特点

空间载有源相控阵雷达天线的设计特点主要表现在以下 5 个方面。

（1）大孔径。采用大孔径天线是空间载预警探测雷达的一个设计特点，其作用是提高雷达作用距离，降低对发射机总输出功率的要求，从而相应地降低对初级电源功率的要求。

在要求的功率孔径积一定的条件下，增加有源相控阵雷达天线面积以后，发射机总的平均功率就可以相应降低，平均至每一个 T/R 组件其输出功率进一步降低，即若天线阵有效面积 A_r 增加到 K_A 倍（$K_A>1$），则每一 T/R 组件发射信号的输出功率可以降低至原来的 $1/K_A^2$。也就是说，若天线面积增加 1 倍（3dB），T/R 组件输出功率可降至原来的 1/4，即降低 6dB。例如，文献[13]等中提出，在 X 波段，星载有源相控阵雷达天线的面积要达到 10～100m^2。而星载有源相控阵天线的面积若为 100m^2，即接近 X 波段地基 GBR-P 的天线面积。

尽可能地增加天线孔径面积后，雷达发射工作状态消耗的能源将大为减少，而在接收工作状态时，天线阵面消耗的电源功率在整个雷达耗电中的比例则会上升。因此，需要精心进行雷达的能耗设计，同时对降低接收阵电源功率也应提出严格的要求。

（2）高效 T/R 组件。提高 T/R 组件的功率效率是空间载预警探测有源相控阵雷达天线设计中的重点，这一要求比在星载合成孔径雷达的设计中更显得重要，因为预警探测雷达要求更大的功率孔径积。T/R 组件的功率效率不仅包括 T/R 组件中发射信号高功率放大器（HPA）的功率效率 C_T，还包括 T/R 组件中接收通道与波束控制和监测等控制电路的效率 C_R。整个 T/R 组件的发射功率效率模型如图 9.29 所示，该图中 P_{eDC} 为 T/R 组件需要（消耗的）的直流电源总功率，P_{eRec} 为 T/R 组件中接收机与控制电路所消耗的功率；P_{eR} 为天线单元辐射的发射信号的平均功率，P_e 为 T/R 组件中 HPA 输出的发射功率，L_e 为 HPA 至天线单元之间的传输损耗和天线单元的辐射损耗。

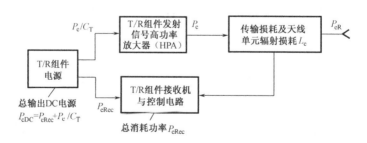

图 9.29　整个 T/R 组件发射功率效率模型

按这一模型，输出为天线单元辐射发射信号的平均功率 P_{eR}，输入为单个 T/R 组件消耗的直流电源的总功率 P_{eDC}。T/R 组件的辐射功率效率 $C_{T/R}$ 为

$$C_{T/R} = \frac{P_{eR}}{P_{eDC}} \tag{9.48}$$

$$C_{T/R} = \frac{P_e / L_e}{P_{eRec} + P_e / C_T} \tag{9.49}$$

按照此模型，由式（9.48）可见，在保证要求天线单元辐射功率电平的条件下，为降低 T/R 组件的输入直流电源功率，必须提高 HPA 的功率效率 C_T，降低 T/R 组件接收与监测、控制电路的耗电和相应地采用低功耗 MMIC 与专用集成电路。降低从 HPA 至天线单元之间的滤波器、收/发开关等的传输损耗和天线单元的辐射效率 L_e，同样有利于提高整个 T/R 组件的功率效率。

（3）瞬时宽带特性与实时延迟线。高分辨空间载 SAR 必须采用具有大瞬时带宽的信号，而空间载预警探测雷达为了提高雷达抗有源干扰能力和利用合成孔径成像检测地面或海面静止与移动目标，也应具有发射、接收瞬时宽带信号的能力。

（4）波束控制系统。大型空间载有源相控阵雷达的波束控制系统的特点包括：

① 除 T/R 组件中移相器、衰减器外，还需要为 TTD 或 TDU 提供控制信号；为阵面 T/R 组件监测及信号幅相一致性进行补偿提供控制信号；在具有变极化能力的相控阵雷达天线中还需要提供极化控制信号。

② 为波束形成及天线阵面重构提供控制信号，因为空间载雷达波束形状的改变需要通过波束控制的相位加权等来实现。

③ 降低波束控制功耗对提高 T/R 组件的功率效率 C_T 具有重要意义，为此采用电压控制的移相器方案和低功耗波束控制专用集成电路（ASIC）很有必要。

④ 大孔径相控阵雷达天线要求采用分布式波束控制方案和使用高速控制信号进行传输，以减小波束控制信号的体积和质量。

⑤ 高效电源分配系统。由于 SBR 天线阵面很大，电源传输总线由卫星本体至天线阵面需传送很长距离，因此使用电源分配系统、采用尽可能高的电压来传输，有利于提高整个电源系统的效率。

参考文献

[1]　REED J. The AN/FPS-85 Radar System[J]. Proceedings of the IEEE, 1969, 57(3).

[2]　斯科尼克 M I. 雷达手册[M]. 王军，林强，米慈中，等译. 北京：电子工业出版社，2003.

[3] HOFT N J. Solid State Transmit/Receive Module for the PAVE PAWS Phased Array Radar[J]. Microwave Journal, 1978(10), 21: 33-35.

[4] COLIN J. Phased Array Radars in France: Present and Future phased Array Arrays[C]. 1996 IEEE International Symposium of phased Array Systems and Technology Boston: IEEE, 1996(10): 458-462.

[5] AUMANN H M, WILLWERTH F G. Intermediate frequency transmit/receive modules for low-sidelobe phased array application[C]. Proceedings of the 1988 IEEE National Radar Conference. Ann Arbor: IEEE, 1988: 33-37.

[6] 张光义. 频率分集体制初步分析[C]. 第二次全国雷达专业学术会议论文选集, 1963.

[7] 郭燕昌, 钱继曾, 黄富雄, 等. 相控阵和频率扫描天线原理[M]. 北京: 国防工业出版社, 1978.

[8] 张光义. 相控阵雷达系统[M]. 北京: 国防工业出版社, 1994.

[9] 张光义. 有源相控阵雷达与无源相控阵雷达的功率比较[J]. 现代雷达, 2000: 7-13.

[10] SKOLNIK M I. Introduction to Radar Systems. [M]. 3rd ed.. New York: McGraw-Hill, 2001.

[11] SKOLNIK M. Radar Handbook[M]. 2nd ed.. New York: McGraw-Hill, 1990.

[12] 南京电子技术研究所. 世界地面雷达手册[M]. 北京: 国防工业出版社, 2005.

[13] MARK E. Davic Space Based Radar Core Technologies for Affordability[C]. 2001 Core Technologies for Space Systems, 2001.

第 10 章
宽带相控阵雷达技术

宽带相控阵雷达技术是相控阵雷达技术发展的一个重要方向，这主要与在多目标、多功能情况下相控阵雷达应完成的许多新任务密切相关。

宽带相控阵雷达技术主要用于高分辨相控阵雷达系统。对多目标进行高分辨一维成像（即距离维高分辨成像）与二维成像（SAR 和 ISAR），必须采用宽带相控阵雷达技术。采用宽带信号是机载、空间载宽带相控阵雷达实现雷达遥感、检测地面或海面静止与运动目标的重要手段，也是地基或海基宽带相控阵雷达对空中或空间飞行目标进行逆合成孔径成像的前提条件，同时是解决多目标分辨、目标分类和识别、目标属性判别等难题的重要途径。此外，为了提高相控阵雷达的抗干扰能力，抗无线电辐射制导导弹、无人机及其他武器平台的攻击，实现低截获概率（LPI），也需要采用宽带雷达信号。

宽带或超宽带相控阵雷达还可兼作 ESM、ECM 和通信等用途，使相控阵雷达天线成为共享孔径的天线系统。

对宽带相控阵雷达有两方面要求，一是要求雷达工作调谐带宽要宽；二是要求具有大瞬时信号带宽的工作能力。当相对瞬时信号带宽 $\Delta f / f_0 \geqslant 25\%$ 时，可称为超宽带相控阵雷达（UWB PAR）。

下面先讨论对宽带相控阵雷达的需求及其应用，然后着重讨论与宽带相控阵雷达系统设计有关的一些技术问题。

10.1 对宽带相控阵雷达的需求

可同时执行多种功能、跟踪多批目标和具有很高的雷达搜索与跟踪数据率是相控阵雷达的特点。如果对观测的重点目标，采用对具有大瞬时带宽的信号进行跟踪、执行高分辨观测的工作模式，并相应地提高雷达跟踪数据率，则可以对该目标获取更多的有用信息，提取在宽带信号下才能获得的目标特征。这对目标分类与识别，改善多目标情况下的分辨率，提高雷达测量精度，判定目标属性，测量目标事件等都有重要作用。来自这方面的需求是宽带相控阵雷达技术快速发展的一个主要原因。

10.1.1 获得高分辨率的需求

雷达区分从相邻目标反射回波的能力（即分辨率）主要表现在对雷达距离、方位、仰角及多普勒频率四个坐标的响应上。方位、仰角坐标上的分辨率除可用它们的角度分辨率表示外，还可用它们的横向距离分辨率 ΔR_{CA} 与 ΔR_{CE} 来表示，它们与目标至雷达的距离 R_t 及雷达角度分辨率（即与雷达天线方向图半功率点宽

度）$\Delta\varphi_{1/2}$ 和 $\Delta\theta_{1/2}$ 有关，即

$$\Delta R_{CA} = R_t\Delta\varphi_{1/2} \quad \text{（方位）}$$
$$\Delta R_{CE} = R_t\Delta\theta_{1/2} \quad \text{（仰角）}$$
（10.1）

因为天线波束宽度受到雷达天线孔径尺寸的限制，使得雷达角分辨率较低，如不采用长时间观测，利用目标自身旋转或雷达和目标的相对运动，在 R_t 较大时，很难降低雷达对目标的横向距离分辨率。对大多数雷达来说，希望横向距离分辨率与纵向距离分辨率大体上相等，并应使它们远小于目标纵向及横向尺寸，如达到被观察目标尺寸的 1/10 以下，才能对目标分类、识别提供较为有利的条件。为获得高的横向距离分辨率，需要长时间观测目标、测量目标与雷达相对运动引起的多普勒频率的变化率。

纵向距离分辨率 ΔR_R 取决于信号的瞬时带宽 B，即

$$\Delta R_R = \frac{c}{2B}$$
（10.2）

式（10.2）中，c 为光速。

可见，只要增加信号带宽，即可获得高的距离分辨率，故只要脉冲信号的瞬时带宽足够宽，也可在单脉冲观测时实现高的纵向距离分辨率。因此，与横向距离分辨率相比，提高纵向距离分辨率相对较容易实现。

在对目标进行长时间观测的条件下，可通过测量目标回波的多普勒频率获得目标的径向速度，在多普勒频率坐标上，目标的分辨率 Δf_{dR} 取决于对目标的观测时间 T_{obs}，即

$$\Delta f_{dR} = 1/T_{obs}$$
（10.3）

在 T_{obs} 内对雷达目标回波进行长时间相参积累，方能获得较高的多普勒分辨率。长时间相参积累的一个重要条件是要修正目标运动引起的多普勒频率的变化率，即需要测量目标运动的径向加速度、加加速度等高次项。由此可见，提高速度分辨率与提高横向距离分辨率有密切关系。

在雷达距离、方位、仰角及多普勒频率四个坐标上的分辨率，纵向距离分辨率最易于获得，空间分辨尺寸也高，还可在单个脉冲条件下获得，因此从提高雷达距离分辨率的角度来看，采用宽带信号就成了首选。

高的距离分辨率是实现多目标分辨的一个重要条件。在常规战术应用的相控阵雷达中，可用于判断在一批飞行目标回波中有多少架飞机，如编队飞行目标一般在距离上要保持间距大于 15m，故如果采用高于 20MHz 带宽的雷达信号，纵向距离分辨率则可达到飞行间距的一半，即 7.5m，显然，这对在防空雷达中实现架次分辨是非常有用的。

高距离分辨率有利于抑制地杂波和海杂波。例如，能将雷达纵向距离分辨率提高 m 倍，则理论上在距离分辨单元内杂波强度可降低至原来的 $1/m$。

增加信号瞬时带宽，获得高的距离分辨率，还会带来其他一些好处。这些好处是在增加雷达搜索波门内的处理单元数目，相应地增加信号处理工作量的条件下实现的。在相控阵雷达中，增加信号带宽带来的问题不仅是需要增加信号处理量，整个相控阵天线系统还必须具备在宽带信号下的工作能力。

10.1.2 高测距精度的实现

雷达测距的潜在精度 $\sigma_{\Delta R}$ 取决于信号的带宽与信噪比（S/N），即

$$\sigma_{\Delta R} = \frac{c}{4B\sqrt{S/N}} \tag{10.4}$$

增加雷达信号的带宽 B 可直接提高相控阵雷达的测距精度，这对距离测量要求很高的一些雷达，如多目标精密跟踪测量相控阵雷达、火控雷达则显得特别重要。空间监视相控阵雷达需要对高速飞行的外空目标，如导弹、卫星、航天器、空间碎片等进行精确定轨，通过增加信号带宽提高测距精度和定轨精度是一种重要的解决方法。

对这类相控阵雷达，高精度测距工作模式大多数是在跟踪状态下进行的，由于跟踪波门宽度较搜索波门的宽度要小许多，因此，提高信号带宽所带来的信号处理工作量并不是很大，实现的困难主要仍在设计具有处理大瞬时带宽能力的相控阵天线上。

10.1.3 目标分类、识别需求

雷达目标的分类、识别对各种雷达均是一个重要要求。这一要求具有普遍性，各类战术防空雷达、火控与制导雷达，对飞机机型进行分类，判定机群目标中飞机的数量，以及识别敌我友三方目标等均属于对雷达目标分类、识别的内容。对拦截杀伤效果进行评估，测量目标事件等是现代战术与战略应用相控阵雷达的共同要求。识别要求最高的可能是弹道导弹防御系统雷达中区分弹头目标与诱饵提出的目标识别问题。

利用宽带信号获得雷达目标的一维与二维成像是实现目标分类识别的一个重要手段。雷达目标的一维成像即目标的高距离分辨（HRR）像或高分辨"距离剖面"（Range Profile）是雷达目标的一个重要特征。雷达目标的高分辨一维距离像可给出目标的纵向尺寸，再根据雷达对目标进行跟踪过程中获得的目标航向信息，可推算出目标的长度，而目标的长度就是一个重要的进行目标识别的特征。

目标的高分辨一维距离像所提供的强散射点的分布、各强散射点振幅的差异等信息，是进行目标识别的重要依据之一。

利用合成孔径或逆合成孔径原理获得的雷达目标的二维像，可提供目标更多的特征，这也是雷达目标分类识别的重要依据。

宽带相控阵雷达为多目标识别提供了可能，为同时对不同方向的目标分别进行窄带与宽带测量提供了条件。

10.1.4　采用宽带雷达信号的其他需求

采用宽带信号或超宽带信号的雷达已成为当今雷达发展的一个重要方向。与机扫雷达相比，具有多目标跟踪与多种功能的相控阵雷达在采用宽带信号上有更大的困难，但仍然存在很多客观需求，相控阵雷达必须具有宽带工作能力。这些客观需求主要包括以下 5 个方面。

1. 提高相控阵雷达的 ECCM 能力和抗 ARM 能力

军用雷达应具有在恶劣电磁环境条件下进行工作的能力，即应具有反雷达侦察、抗电子干扰的能力。采用宽带雷达信号，包括具有复杂调制的宽带雷达信号，增加敌方雷达侦收设备侦察复杂雷达信号的困难，是实现低截获概率（LPI）雷达的一个重要内容，也是抗敌方反辐射导弹（ARM）攻击的一个重要措施，有利于提高雷达的生存能力和抗干扰能力。

2. 抑制多径信号

对观察、跟踪低空目标的雷达，如岸基舰载海面监视雷达与低空武器火控雷达，采用宽带信号，有利于抑制海面、地面和固定强散射点产生的多径干扰。

3. 提高杂波抑制能力

对低空雷达、机载下视雷达，采用宽带信号有利于抑制杂波强度，改善雷达对动目标的检测功能。

4. 实现综合电子系统

宽带或超宽带相控阵雷达系统兼有 ESM、ECM、通信和导航等功能，便于用一部有源相控阵天线实现多种功能，共同利用雷达中宽带接收系统和信号处理机等雷达分系统，实现硬件与软件资源的共享，从而降低整个系统的体积、质量与成本。机载火控雷达采用有源相控阵天线之后，因其较易实现宽带功能，促进了利用雷达的有源相控阵天线兼有机载 ESM、ECM、无线电定位和通信数据链的功能。

5. 有源与无源雷达的综合探测

采用宽带相控阵天线，使有源相控阵雷达天线可以工作在无源侦收工作状态，将有源与无源探测结合起来，这可使雷达在部分时间里保持静默，常可以推远雷达探测距离，检测到更远的带有辐射源的目标平台，并可提高雷达平台的生存能力。将有源探测与无源探测获取的目标与辐射源的信息进行数据融合，可获得更多的有用信息。

以上这些需求都说明，相控阵雷达的重要发展方向之一是宽带相控阵雷达，包括宽带有源相控阵雷达。

10.2 相控阵雷达天线对雷达瞬时信号带宽的限制

普通的相控阵雷达天线实际上是一个窄带系统。在前面章节中讨论相控阵雷达天线方向图形成时，信号频率是选定的某一固定频率，即将雷达信号当成是连续波信号，而实际所用的脉冲信号含有一定的频带宽度，天线方向图计算公式中的波长（λ）或信号频率（f）便不是一个固定不变的量，因此天线方向图的指向就会随信号频率的改变而改变。如果雷达信号的瞬时带宽足够宽，则更不能将方向图计算公式中的波长当成常数，而必须考虑信号频率变化对天线方向图的影响。

雷达信号的形式与相控阵雷达天线方向图之间存在密切关系，相控阵雷达天线对雷达信号的瞬时带宽的选用存在一定的约束限制。

10.2.1 相控阵雷达天线波束方向图与信号频率的关系

由前文可知，天线方向图 $F(\theta)$ 是沿天线孔径 x 的激励函数 $f(x)$ 的傅里叶变换，以一维线阵为例，即

$$F(\theta) = \int_{-\infty}^{+\infty} f(x) \exp(-\mathrm{j}2\pi x \sin\theta / \lambda)\mathrm{d}x$$

相控阵天线是离散天线，式中 $f(x)$ 为各个天线单元发射或接收的激励信号 $f(x_i)$，为实现天线波束指向与形状的变化，在各激励信号 $f(x_i)$ 之间，存在相位与幅度调制，这由相控阵雷达的波束控制系统提供。

对图 10.1（a）所示的线阵系统，第 i 单元的激励信号 $f(x_i)$ 可表示为

$$f(x_i) = a_i \mathrm{e}^{\mathrm{j}\frac{2\pi}{\lambda}id\sin\theta_0} \tag{10.5}$$

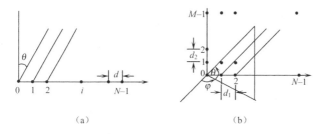

图 10.1 一维线阵与面阵上天线单元的位置

令 $\dfrac{2\pi}{\lambda}id\sin\theta_0$ 为相控阵天线中第 i 个单元通道上移相器提供的相对于参考单元的阵内移相，则天线方向图 $F(\theta)$ 可表示为

$$F(\theta)=\sum_{i=0}^{N-1}a_i\mathrm{e}^{\mathrm{j}\frac{2\pi}{\lambda}id(\sin\theta_0-\sin\theta)} \tag{10.6}$$

对于图 10.1（b）所示的面阵系统，第 (i,k) 单元的激励信号 $f(x_{ik})$ 应表示为

$$f(x_{ik})=a_{ik}\exp\left[\mathrm{j}\frac{2\pi}{\lambda}\Big(id_1\cos\alpha_{y_0}+kd_2\cos\alpha_{z_0}\Big)\right] \tag{10.7}$$

式（10.7）中，$\cos\alpha_{y_0}=\cos\theta_0\sin\varphi_0$；$\cos\alpha_{z_0}=\sin\theta_0$；$\dfrac{2\pi}{\lambda}\Big(id_1\cos\alpha_{y_0}+kd_2\cos\alpha_{z_0}\Big)$ 为第 (i,k) 单元通道上的移相器提供的阵内移相。

天线方向图 $F(\varphi,\theta)$ 为

$$F(\varphi,\theta)=\sum_{ik}a_{ik}\mathrm{e}^{-\mathrm{j}\frac{2\pi}{\lambda}[id_1(\cos\alpha_y-\cos\alpha_{y_0})+kd_2(\cos\alpha_z-\cos\alpha_{z_0})]} \tag{10.8}$$

$$i=0,1,\cdots,N-1;\ k=0,1,\cdots,M-1$$

式（10.8）中，$\cos\alpha_y=\cos\theta\cdot\sin\varphi$；$\cos\alpha_z=\sin\theta$。

将波长 λ 以信号频率 f 与光速 c 表示，d/c 以 Δt 表示为电波在单元间距之间的传播时间，则一维与二维相控阵天线方向图可表示为

$$F(\theta)=\sum_{i=0}^{N-1}a_i\mathrm{e}^{-\mathrm{j}2\pi(i\Delta t)f(\sin\theta-\sin\theta_0)} \tag{10.9}$$

$$F(\varphi,\theta)=\sum_{i,k}a_{ik}\mathrm{e}^{-\mathrm{j}2\pi f[(i\Delta t_1)(\cos\alpha_y-\cos\alpha_{y_0})+(k\Delta t_2)(\cos\alpha_z-\cos\alpha_{z_0})]} \tag{10.10}$$

式（10.10）中，$\Delta t_1=d_1/c$，$\Delta t_2=d_2/c$。

在这一相控阵天线方向图公式中，$2\pi f(i\Delta t)\sin\theta_0$ （对线阵）或 $2\pi f(i\Delta t_1\cdot\cos\alpha_{y_0}+k\Delta t_2\cdot\cos\alpha_{z_0})$ （对面阵）为阵中 i 单元或第 (i,k) 单元通道上移相器应提供的移相值，但移相值是以 2π 为模的，当 $(i\Delta t)\sin\theta_0$ 或 $(i\Delta t_1)\cos\alpha_{y_0}$ 与 $(k\Delta t_2)\cos\alpha_{z_0}$ 大于一个信号周期即大于 $1/f$ 时，移相器只能取其小于 2π 的值。

由式（10.10）可明显看出，天线方向图不仅是角度 φ,θ 的函数，而且也是信号频率 f 的函数，说明信号频率对天线方向图有一定影响。因此，天线方向图的指向与信号频率之间存在着相互影响。

10.2.2 信号频率变化对波束指向变化的影响

为讨论简单起见，以下针对图 10.2 所示的相控阵天线线阵进行讨论。

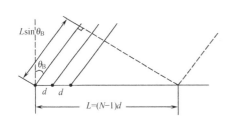

假定工作频率为雷达信号中心频率 f_0，若要求天线线阵的波束最大值指向为 θ_B，则阵内相邻天线单元之间由移相器提供的相位差应为

$$\varphi_0 = (2\pi/\lambda_0)d\sin\theta_B$$

第（N-1）个单元与第 0 个参考单元之间的"阵内相位差" φ_B 为

图 10.2 相控阵天线线阵

$$\varphi_B = (2\pi/\lambda_0)(N-1)d\sin\theta_B \qquad (10.11)$$

令 $(N-1)d=L$，则 L 表示天线线阵两端两个单元之间的间距，即线阵孔径。考虑 $\lambda_0 = c/f_0$，故 φ_B 可表示为

$$\varphi_B = 2\pi f_0 T_{A0} \qquad (10.12)$$

其中

$$T_{A0} = L\cdot\sin\theta_B/c \qquad (10.13)$$

T_{A0} 称为阵列天线的孔径渡越时间，它反映了阵列两端两个天线单元所辐射信号到达位于波束最大值方向目标的时间差。若天线作为接收阵，则 T_{A0} 反映阵列两端单元所收到的来自位于 θ_B 方向目标信号的时间差。

φ_B 可能超过 2π 的若干倍，令

$$[\varphi_B/2\pi] = m \qquad (10.14)$$

式（10.14）中，m 为 φ_B 被 2π 相除后所得的整数。当采用移相器来实现阵内相位差时，每一个移相器能提供的移相值都只能小于或等于 2π，第（N-1）个单元的移相器提供的移相值 φ_B' 为

$$\varphi_B' = \varphi_B - m\cdot 2\pi \qquad (10.15)$$

移相器提供的移相值通常是不随频率变化的。信号频率由 f_0 变为（$f_0 + \Delta f$）后，对位于 θ_B 方向的目标，其回波信号在第（N-1）个单元与第 0 个单元之间产生的"空间相位差" φ_s 将变为

$$\varphi_s = (2\pi/c)(f_0 + \Delta f)L\cdot\sin\theta_B = \varphi_{s_0} + \Delta\varphi_s \qquad (10.16)$$

式（10.16）中

$$\varphi_{s_0} = (2\pi / c) f_0 L \sin \theta_B = 2\pi f_0 T_{A0} \qquad (10.17)$$

$$\Delta \varphi_s = 2\pi \Delta f T_{A0} \qquad (10.18)$$

天线波束的指向取决于由移相器决定的"阵内相位差" φ_B' 与"空间相位差" φ_s 的平衡，即 $\varphi_B' = \varphi_s$。由于 f 由 f_0 变为（$f_0 + \Delta f$）后，$\varphi_s > \varphi_0$，故波束指向应由 θ_B 偏转一个角度，变成（$\theta_B - \Delta \theta_f$）后才能再使 φ_s 与 φ_B 平衡。

由式（10.11）得

$$\sin \theta_B = \varphi_B \frac{c}{2\pi f_0 L}$$

此式对频率取微分，可得

$$\cos \theta_B \cdot \Delta \theta_f = \frac{c \varphi_B}{2\pi L f_0^2} \Delta f$$

将式（10.11）代入，最终得

$$\Delta \theta_f = -\frac{\Delta f}{f_0} \tan \theta_B \qquad (10.19)$$

式（10.19）反映了信号频率由 f_0 变为（$f_0 + \Delta f$）后所引起的天线波束指向的偏移 $\Delta \theta_f$。这一现象反映了天线波束指向随信号频率的改变而在空间摆动，这称为相控阵天线波束在空间的色散现象，它又称为相控阵天线的"孔径效应"[1]。由式（10.19）可见，信号频率变化引起的波束指向偏移 $\Delta \theta_f$ 会随扫描角 θ_B 和信号带宽 Δf 的变大而增加。对 Δf 的限制可称为相控阵雷达天线的带宽准则。假如定义扫描角 $\theta_B = 60°$，允许最大波束偏移角 $\Delta \theta_{f\max}$ 为波束半功率点宽度的 1/4，则

$$\Delta \theta_{f\max} = \Delta \theta_{1/2}(\theta_B) / 4$$

$\Delta \theta_{1/2}(\theta_B)$ 为扫描至 θ_B 时的波束半功率点宽度，$\Delta \theta_{1/2}$ 为波瓣在阵面法线方向的半功率点宽度，因此有

$$\Delta \theta_{1/2}(\theta_B) = \Delta \theta_{1/2} / \cos \theta$$

故可得
$$\frac{\Delta f_{\max}}{f_0} \leqslant \Delta \theta_{1/2} / (4 \sin \theta_B) \qquad (10.20)$$

如果满足式（10.20），波束偏移将不超过 $\pm \Delta \theta_{1/2}(\theta_B)/4$。比如，当 $\theta_B = 60°$ 时，天线波束宽度分别为 $\Delta \theta_{1/2} = 1°$ 或 $2°$，则对信号带宽的限制分别为

$$\Delta f_{\max} / f_0 = 0.01 \text{或} 0.02$$

这表明对于 $f_0 = 1300\text{MHz}$ 的 L 波段相控阵雷达，所允许的最大信号瞬时带宽只有 13MHz 或 26MHz。这对于要完成高分辨率测量的雷达、雷达成像以及扩谱信号雷达来说，这一信号带宽是远远不够的。

10.2.3 瞬时信号带宽受天线孔径渡越时间的限制

相控阵雷达所允许的最大瞬时信号带宽，除受天线波束最大值指向偏移的限制外，还受天线孔径渡越时间 T_{A0} 的限制。当天线孔径渡越时间 T_{A0} 大于信号带宽 Δf_{max} 的倒数 $\tau(\tau = 1/\Delta f_{max})$ 时，阵列两端天线单元所辐射（对发射阵）的信号将不

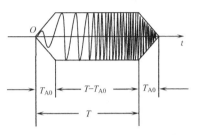

图 10.3　天线孔径渡越时间对调频
信号包络的影响

能同时到达 θ_B 方向上的目标；或者，对于接收阵列，阵列两端天线单元所接收的信号将不能同时相加。

由图 10.1 和图 10.3 所示线阵可见，目标若在 θ_B 方向上，则第（$N-1$）个单元辐射的信号要比第 0 单元的信号超前 T_{A0} 时间到达目标。因此，对于脉冲宽度为 T、带宽为 Δf 的线性调频脉冲压缩信号，各天线单元辐射的信号

在目标位置上合成的信号包络，已不再是矩形，而是如图 10.3 所示的梯形。各天线单元信号能同时到达目标进行合成的时间小于 T 并等于（$T-T_{A0}$）。

信号经目标反射后，再被图 10.2 所示阵列的各天线单元接收，在相加网络内合成，送到脉冲压缩接收机去的信号被进一步展宽，整个接收信号包络的宽度将达到（$T+2T_{A0}$），而所有单元接收的信号能同时进行相加合成的时间由（$T-T_{A0}$）降为（$T-2T_{A0}$），信号波形的前后沿时间增加到 $2T_{A0}$。整个接收阵列脉冲压缩后的输出信号波形可看成是各个天线单元的信号分别进行压缩后在脉冲压缩接收机输出端进行线性相加的结果。这样一来，可以明显地看出，天线孔径渡越时间 T_{A0} 至少应小于 $\tau=1/\Delta f$，否则，天线阵列两端天线单元接收的信号经脉冲压缩后将在时间上完全分开，无法进行相加合成，如图 10.4 所示。出现这种情况的条件与信号瞬时带宽 Δf 及天线扫描角度有关。

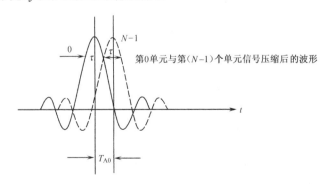

第0单元与第（$N-1$）个单元信号压缩后的波形

图 10.4　阵列两端天线单元接收信号不能合成的情况示意图

由要求天线阵列两端天线单元接收信号经脉冲压缩后的时间差小于脉冲压缩后半功率点脉宽 $\tau = 1/\Delta f$，得到对信号瞬时带宽 Δf 的限制条件为

$$\Delta f \leqslant \frac{c}{(N-1)d\sin\theta_{\mathrm{B}}} = \frac{c}{L\sin\theta_{\mathrm{B}}} = \frac{1}{T_{\mathrm{A0}}} \tag{10.21}$$

或在信号瞬时带宽 Δf 一定的情况下，T_{A0} 应为

$$T_{\mathrm{A0}} \leqslant \frac{1}{\Delta f}$$

因此，在极限情况下，信号瞬时带宽 Δf 对 T_{A0} 的限制至少是 $T_{\mathrm{A0}} < 1/\Delta f$，通常要求还要更严格一些，如

$$T_{\mathrm{A0}} \leqslant \frac{1}{10}\tau = \frac{1}{10} \times \frac{1}{\Delta f} \tag{10.22}$$

若以此作为对 T_{A0} 的限制条件，则对信号瞬时带宽 Δf 的限制为

$$\Delta f \leqslant \frac{1}{10} \times \frac{1}{T_{\mathrm{A0}}} = \frac{1}{10} \times \frac{c}{L \cdot \sin\theta_{\mathrm{B}}} \tag{10.23}$$

此式可近似表示为

$$\Delta f / f_0 \approx \frac{1}{10} \times \frac{\Delta\theta_{1/2}}{\sin\theta_{\mathrm{B}}} \tag{10.24}$$

式（10.23）表明，天线孔径增大与波束扫描角增加均会限制信号瞬时带宽的增加。

式（10.24）表明，允许的相对信号带宽 $\Delta f / f_0$ 与天线的半功率波束宽度 $\Delta\theta_{1/2}$ 成正比，而与波束扫描角 θ_{B} 的正弦成反比。

在不同波束扫描角 θ_{B} 条件下，相对信号带宽与天线波束宽度的关系曲线如图 10.5 所示。

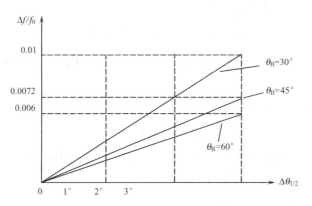

图 10.5　相对信号带宽与天线波束宽度的关系曲线

对于大型相控阵天线，如天线孔径 L=20m 或 40m，若 θ_{B}=60°，则为保证在

±60°扫描范围内均能满足上述要求，信号瞬时带宽 Δf 只能小于或等于 1.73MHz 或 3.64MHz。这表明如果不采取其他措施，则不能提高瞬时信号带宽。

10.2.4 阵列天线对 LFM 信号调频速率的限制

在相控阵雷达中，常采用线性调频（LFM）信号。为了提高距离分辨率和实现目标成像，通常要采用宽带 LFM 信号。当相控阵天线波束做宽角扫描时，除了瞬时信号带宽的限制外，对 LFM 信号的调频速率也提出了要求。

对于 LFM 信号，信号频率与时间的关系可表示为

$$f(t) = f_0 + kt \tag{10.25}$$

式（10.25）中，k 称为 LFM 信号的调频速率，$k = \Delta f_{max}/T$；Δf_{max} 为线性调频信号的带宽；T 是信号脉冲宽度。在信号带宽 Δf_{max} 一定的情况下，对 LFM 信号调频速率的限制，变成了对信号脉冲宽度 T 的限制。也就是说，线性调频速率也应加以考虑。

由式（10.25）可求出 LFM 信号的相位随时间变化的关系

$$\varphi(t) = 2\pi\int f(t)\mathrm{d}t = \omega_0 t + xt^2 \tag{10.26}$$

式（10.26）中

$$x = \pi k = \pi\Delta f_{max}/T \tag{10.27}$$

当目标位于偏离法线方向 θ 时，阵列中相邻单元信号辐射（或接收）的时间差 $\Delta\tau$ 为

$$\Delta\tau = d\sin\theta/c \tag{10.28}$$

如果相位参考点选在图 10.1 所示线阵的第 0 单元，则第 i 个单元的信号应表示为

$$s_i(t) = \mathrm{e}^{\mathrm{j}\left[\omega_0(t-i\Delta\tau)+x(t-i\Delta\tau)^2\right]} \tag{10.29}$$

将其展开和化简后，不难得到[2]

$$s_i(t) = \mathrm{e}^{\mathrm{j}(\omega_0 t+xt^2)} \cdot \mathrm{e}^{\mathrm{j}(\varphi_{1i}+\varphi_{2i})} \cdot \mathrm{e}^{\mathrm{j}\varphi_{3i}} \tag{10.30}$$

式（10.30）中，$\mathrm{e}^{\mathrm{j}(\omega_0 t+xt^2)}$ 即 $s_0(t)$。第 0 个单元信号的相位即式（10.26）所表达的 LFM 信号的相位。

在式（10.30）中，φ_{1i} 为

$$\varphi_{1i} = -i\omega_0\Delta\tau \tag{10.31}$$

这是第 i 个单元与参考单元（第 0 单元）之间的"空间相位差"，它由阵列中第 i 个单元的移相器提供的移相量进行补偿。

在式（10.30）中，φ_{2i} 为

$$\varphi_{2i} = -i2xt\Delta\tau = -i2(\pi\Delta f_{max}/T)t\Delta\tau \tag{10.32}$$

此式表示在天线波束偏离法线方向即 $\Delta\tau$ 不为零的情况下，采用 LFM 信号后带来

的相位误差，它与信号时间 t 成线性关系，即在 LFM 信号起始时刻（$t=0$）为零，在信号终止时刻（$t=T$）达到最大。这一相位误差与 LFM 的调频速率 k 成正比。由该相位误差 φ_{2i} 引起的波束指向偏离问题已在前面讨论过。$t=T$ 时刻的相位误差 φ_{2i} 引起的最大波束指向偏离则由式（10.32）决定。

在式（10.30）中，φ_{3i} 为

$$\varphi_{3i} = xi^2\Delta\tau^2 = (\pi\Delta f_{max}/T)(i\Delta\tau)^2 \tag{10.33}$$

这是由脉冲压缩信号引入的平方相位误差，即在同一时间内，阵列中 N 个单元所发射的信号到达偏离法线方向的目标时，各信号之间存在的平方相位误差（对发射阵），对于接收阵，阵中 N 个单元所接收的信号含有平方相位误差。由式（10.33）可见，这与 LFM 信号的调频速率 k（$k=\Delta f_{max}/T$）成正比，与波束扫描角 θ_B 及天线孔径大小有关。当存在大的平方相位误差时，波束指向将发生偏移，波瓣形状变得不对称，副瓣电平增加。

沿阵列口径分布时的信号平方相位误差，与非聚焦型合成孔径雷达（SAR）中沿综合孔径分布时的信号平方相位误差相类似。在 SAR 中，平方相位误差的分布对孔径中心是对称的，在这里是非对称的。在确定天线远场测试条件时，情况也类似。在从天线口径分布到天线方向图的傅里叶变换过程中，天线口径两端的平方相位误差最大为 $\pi/8$ 时，由于对傅里叶变换的结果影响不大，因此，天线远场测试距离应大于 $2D^2/\lambda$（D 为被测天线口径）。参照这一要求，并考虑到天线收/发双程的影响，可以对由 LFM 信号引入的平方相位误差提出这样的要求，即阵列末端的平方相位误差 φ_{3N} 应小于或等于 $\pi/16$，即

$$\varphi_{3N} \leqslant \pi/16 \tag{10.34}$$

由式（10.33）和式（10.34）可得出对 LFM 信号调频速率 k 的要求为

$$k = f_{max}/T \leqslant 1/16\times(N-1)^2\Delta\tau^2 \tag{10.35}$$

或

$$\Delta f_{max}/T \leqslant c^2/16\times(N-1)^2(d\sin\theta_B)^2 \tag{10.36}$$

或

$$\Delta f_{max}/T \leqslant \frac{1}{16}\times\frac{1}{T_{A0}^2}$$

$$T \geqslant 16\Delta f_{max}T_{A0}^2 \tag{10.37}$$

由此可确定在一定瞬时信号带宽所允许的最小脉宽或一定脉宽条件下，对最大瞬时信号带宽的限制。

以 X 波段相控阵雷达为例，若天线口径为 15m，$\theta_B=60°$，$\Delta f_{max}=1\text{GHz}$，则因天线孔径渡越时间 $T_{A0}=4.33\times10^{-8}\text{s}$，信号宽度 T 至少应大于 30μs。这一要求对单站宽带相控阵雷达较易满足，但对超大孔径的相控阵雷达，则要注意合理选用

脉冲宽度，使调频速率不能太高。如在 X 波段空间载探测有源相控阵雷达的概念方案中，天线孔径为 3m×300m，当 θ_B 为 60°，Δf_{max}=1GHz 时，信号脉冲宽度至少应大于 600μs。

10.3 宽带相控阵雷达天线实时延迟补偿的实现方法

宽带相控阵天线的首要性能是在宽角扫描情况下可以处理宽带信号，即在宽带信号情况下首先要有符合要求的空间响应。从 10.2 节的讨论可以看出，天线波束扫描角度越大，天线孔径尺寸越大，信号的瞬时带宽越宽，相控阵天线对提高信号瞬时带宽的影响就越大。

从上面的分析中还可以看出，在宽角扫描情况下，要获得大的瞬时信号带宽是不可能的。解决这一问题的办法之一，是在阵列各单元或各子天线阵级别上采用实时延迟（True Time Delay，TTD）线和移相器。

10.3.1 实时延迟补偿对提高相控阵雷达天线宽带性能的作用

1. 实时延迟补偿处理

先以图 10.6 所示发射线阵说明用实时延迟线解决宽带信号对天线波束指向偏转的影响，即补偿天线单元之间空间路程差的作用。

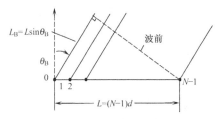

图 10.6 用实时延迟线解决宽带信号对天线波束指向偏转的影响示意图

图 10.6 中若仅采用移相器来实现天线波束扫描，天线波束最大值指向角若为 θ_B，则要求相邻单元之间移相器提供的移相量 $\Delta\varphi = (2\pi/\lambda)d\sin\theta_B$，即应提供的天线两端移相器之间的相位差 φ_B 为

$$\varphi_B = \frac{2\pi}{\lambda}(N-1)d\sin\theta_B$$

或

$$\varphi_B = \frac{2\pi}{\lambda}L\sin\theta_B \tag{10.38}$$

$$\varphi_B = 2\pi f\left(\frac{L}{c}\right)\sin\theta_B \tag{10.39}$$

或

$$\varphi_B = 2\pi f\, T_A \cdot \sin\theta_B \tag{10.40}$$

式中，L 为天线孔径长度，$L=(N-1)d$；两端天线单元发射信号至目标方向的路程差 $L_B = L\sin\theta_B$；$T_A = L/c$ 为天线孔径长度对应的电波传播时间，可称为孔径时间；T_{A0} 为天线孔径渡越时间，即

$$T_{A0} = T_A \cdot \sin\theta_B = \frac{L\sin\theta_B}{c} \qquad (10.41)$$

因为
$$\varphi_B = 2\pi f\, T_{A0}$$

故由式（10.40）得

$$\theta_B = \arcsin\left(\frac{\varphi_B}{2\pi f\, T_A}\right) \qquad (10.42)$$

在移相器 $\Delta\varphi$ 保持不变的条件下，改变信号频率 f，天线波束指向改变，增加 f 将导致波束指向角减小。

如果按图 10.6 所示线阵，在每一天线单元通道中均设置实时延迟线，其图上阵列两端的实时延迟线长度即与 ΔL_B 相同，这时，获得一个旋转了 θ_B 角度的等效的不扫描线阵，因为

$$L_B = L\sin\theta_B \qquad (10.43)$$

故

$$\theta_B = \arcsin\frac{L_B}{D}$$

在此式中，没有信号频率，故与信号频率无关，可保证波束指向角 θ_B 保持不变。

这里讨论的情况是天线阵可以用传输线段与路程差 L_B 进行完全补偿的情况。实际上，为了便于用计算机进行控制，实时延迟线的补偿均是以二进制方式实现的，即按波长 λ 的整数倍长度的传输线实现，即只能按 $m\lambda$（m 为正整数）来实现。这样，由于 $m\lambda$ 不一定正好与 L 完全相等，故有 L_B 的补偿剩余部分。

$L_B = L - m\lambda$，$m=0,1,2,\cdots$，若实时延迟线延迟不够，L_B 可能为若干个波长，最好情况下，$L_B < \lambda$，即小于一个波长，仍要用移相器来进行补偿。

2. 实时延迟补偿的作用

下面讨论当不能完全实现波长整数实时延迟补偿的情况下，相控阵天线波束的偏转情况。

若天线阵内每一单元都包含有时间延迟单元，在第 N 单元通道内插入一个长度为 l 的实时延迟线，它的延迟 τ_A 为 l/c，相应地，第 i 单元通道内的延迟线长度与延迟分别为 $il/(N-1)$ 与 $i\tau_A/(N-1)$。这样，天线孔径渡越时间 T_{A0} 将降为 $T_{A0} - \tau_A$。由式（10.41）可得

$$\Delta T_A = T_{A0} - \tau_A = \frac{L \sin \theta_B}{c} - \frac{l}{c} \tag{10.44}$$

当不能完全实现时间补偿，即 $\tau_A < T_{A0}$ 时，若仍允许波束偏移 $\Delta \theta'_f$ 小于在 θ_B 位置上的 1/4 波束宽度，即

$$\Delta \theta'_f \leqslant \frac{1}{4} \Delta \theta_{1/2}(\theta_B) = \frac{1}{4} \Delta \theta_{1/2} \frac{1}{\cos \theta_B} \tag{10.45}$$

则允许的信号相对带宽亦可提高，变为

$$\frac{\Delta f}{f_0} \leqslant \Delta \theta_{1/2} \frac{T_{A0}}{T_{A0} - \tau_A} \times \frac{1}{4 \sin \theta_B} \tag{10.46}$$

因 $T_{A0}/(T_{A0} - \tau_A) > 1$，故即使不能完全实现实时延迟补偿，即 $\tau_A < T_{A0}$，仍然有提高信号瞬时带宽的效果。

参照式（10.19）的推导过程，不难得出由信号频率变化引起的波束指向的偏移 $\Delta \theta'_f$ 为

$$\Delta \theta'_f = -\frac{\Delta f}{f_0} \left(1 - \frac{\tau_A}{T_{A0}}\right) \tan \theta_B \tag{10.47}$$

因此，当 $\tau_A = T_{A0}$ 时，$\Delta \theta'_f = 0$。这表明，若阵内第 N 个单元的时间延迟与天线孔径渡越时间完全相等，则不存在孔径效应，相控阵天线波束指向不受信号瞬时带宽的影响。

采用实时延迟线后，瞬时信号带宽受天线孔径渡越时间的限制将减弱，对信号瞬时带宽的限制由式（10.24）中的 Δf 变为 $\Delta f'$，即

$$\Delta f' \leqslant \frac{1}{10(T_{A0} - \tau_A)} = \frac{1}{10} \times \frac{c}{L \sin \theta_B - l} \tag{10.48}$$

10.3.2 子天线阵级别上的实时延迟补偿

根据上面分析，即使不能对整个天线阵的天线孔径渡越时间进行完全补偿，只能进行部分实时延迟补偿，也可降低天线波束指向随信号频率变化而发生的偏转，即也可提高相控阵天线的宽带特性，因此为了节省设备的数量，可以考虑只在子天线阵层次上实现实时延迟补偿。

在子天线阵级别上实现实时延迟补偿的例子如美国 AN/FPS-108 相控阵雷达在 96 个子天线阵上采用实时延迟线，保证了在 L 波段 200MHz 上的瞬时信号带宽。对一个在子天线阵级上采用实时延迟线的宽带天线阵列，实时延迟线的布置如图 10.7 所示。

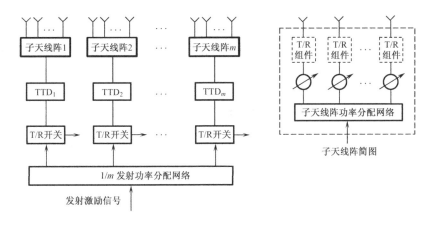

图 10.7　在子天线阵级上采用实时延迟线的宽带天线阵列

为了使实时延迟线产生的实时延迟所对应的移相量正好是 2π 的整数倍，各延迟线的单位延迟长度应选为 λ_0/c。因此，为了便于受计算机控制，延迟线应做成与数字移相器相类似的结构，按二进制方式改变延迟长度。

图 10.7 中，子天线阵的划分是均匀的，各子天线阵之间的间距相同。当采用密度加权天线阵时，若各子天线阵内的单元数相同，但各子天线阵相位中心之间的距离是变化的，且不一定在单元间距 d 的整数倍位置上。

下面讨论如何确定实时延迟线的最大波长数 p 及对最小子天线阵数目的要求。

1. 实时延迟线最大波长数的计算

由天线扫描角 θ_B 及天线口径 L 可求出天线的孔径渡越时间 T_{A0}，即

$$T_{A0} = \frac{L\sin\theta_B}{c}$$

再根据要求的瞬时信号带宽 $\Delta f'$，由式（10.47）或式（10.48）求出阵面端点应提供的实时延迟 τ_A，故 $\tau_A = l/c$，所以可求出 l，取长度 l 所对应的波长数的整数即为 p，则

$$p = [l/\lambda_0] \tag{10.49}$$

即 p 为 l/λ_0 的整数部分。因为 $l_{max} = L\sin\theta_{B\max} = (N-1)d\sin\theta_{B\max}$，故 p 又可表示为

$$p = [L\sin\theta_{B\max}/\lambda_0] \tag{10.50}$$

例如，L 波段线阵（ λ_0 =0.23m）口径 L=20m，若 $\theta_B = 60°$ ， Δf =200MHz，则由式（10.48）和式（10.49）得 p=74。由于要采用二进制控制方式，故实时延迟线（或称实时延迟器）开关应包括 6 位，可分别提供由 $\lambda_0, 2\lambda_0, \cdots, 64\lambda_0$ 组合得到的 128 种实时延迟状态。

又如，X 波段相控阵天线（ λ_0 =0.03m）的天线直径为 15m，扫描角度

$\theta_B = \pm 30°$，信号瞬时带宽 $\Delta f = 1000\text{MHz}$，则因为 $l_{\max} = L\sin\theta_{\max} = 7.5\text{m}$，$p=250$，实时延迟器应具有 8 位，可分别提供从 $\lambda_0, 2\lambda_0, \cdots, 128\lambda_0$ 及其组合得到的 256 种延迟状态。

2. 带实时延迟线的子天线阵尺寸的计算

在子天线阵级别上采用数字式延迟线开关后，综合因子方向图形成过程中的孔径效应与孔径渡越时间的限制降低了，但子天线阵的孔径效应与孔径渡越时间的限制仍然存在一定影响，即子天线阵方向图的波束指向还将发生偏移，子天线阵内各单元信号的叠加依然存在瞬态效应，各单元的信号不能全部同时相加，信号波形将展宽。但是，由于子天线阵孔径已经比整个天线阵孔径减小许多，因此能保证所要求的大瞬时信号带宽。

下面讨论应选多少个子天线阵或一个子天线阵内允许多少个天线单元的问题。

1）增加子天线阵数目对提高信号带宽的作用

增加带实时延迟线的子天线阵数目 m，即缩小子天线阵的孔径尺寸，增加了子天线阵之间的实时延迟器数目。

首先说明在子天线阵上设置实时延迟线之后综合因子方向图的变化。

由于各子天线阵之间的实时延迟误差不会大于一个信号波长（λ_0）所决定的时间（λ_0/c），故根据式（10.47），阵列综合因子方向图波束指向的偏移 $\Delta\theta'_f$ 将为

$$\Delta\theta'_f \leqslant -\frac{\Delta f}{f_0} \times \frac{\lambda_0}{L\cos\theta_B} \tag{10.51}$$

因为 $\dfrac{\lambda_0}{L} = \Delta\theta_{1/2}$，而 $\dfrac{\Delta\theta_{1/2}}{\cos\theta_B}$ 为在扫描角 θ_B 方向的半功率点宽度 $\Delta\theta_{1/2}\theta_B$，即

$$\frac{\lambda_0}{L\cos\theta_B} = \Delta\theta_{1/2}\theta_B$$

故

$$\frac{\Delta\theta'_f}{\Delta\theta_{1/2}\theta_B} \leqslant -\frac{\Delta f}{f_0} \tag{10.52}$$

式（10.51）与式（10.52）表明，即使在每个子天线阵内实现延迟补偿后，还剩余一个波长对应的时间差未获补偿，频率变化带来的信号波束指向变化是很小的，即综合因子方向图的相对偏移是很小的。以相控阵雷达为例，当 X 波段 $\Delta f = 1\text{GHz}$ 时，$\Delta f/f_0 = 0.1$，波束最大相对偏移也将小于 1/10。

下面讨论子天线阵数目 m 的影响。

若子天线阵的划分是均匀的，即子天线阵划分为等间距的 m 个，则子天线阵内的孔径渡越时间 T_{SA0} 为

$$T_{SA0} = T_{A0}/m \tag{10.53}$$

从宽带信号引起的波束指向偏转效应或"空间色散"效应来看，子天线阵方向图的波束指向将发生偏转。考虑到子天线阵方向图宽度大体上等于子天线阵波束宽度 $\Delta\theta_{1/2}$ 的 m 倍，则在仍然假定子天线阵波束偏移角允许 1/4 波束半功率点宽度的条件下，对信号瞬时带宽的限制可放宽到 m 倍，式（10.20）将变为

$$\frac{\Delta f_{\max}}{f_0} \leqslant m\Delta\theta_{1/2}/(4\sin\theta_{\mathrm{B}}) \qquad (10.54)$$

同样，由天线的孔径渡越时间对调频信号包络的影响所决定的对瞬时信号带宽的限制也可放宽到 m 倍，即式（10.23）可改为

$$\Delta f \leqslant \frac{m}{10} \times \frac{c}{L\sin\theta_{\mathrm{B}}} \qquad (10.55)$$

考虑到在波束最大值指向的半功率点宽度 $\Delta\theta_{1/2}(\theta_{\mathrm{B}})$ 可用天线口径尺寸 L 及信号波长表示，故式（10.55）又可表示为

$$\frac{\Delta f}{f_0} \leqslant \frac{m}{10}\Delta\theta_{1/2}\theta_{\mathrm{B}} \qquad (10.56)$$

式（10.55）与式（10.56）都表明，增加设置 TTD 的子天线阵数目 m，可允许提高信号的瞬时信号带宽或相对带宽。

2）子天线数目 m 的计算方法

宽角扫描情况下由宽带信号引起的暂态效应或信号波形展宽，将反映在各子天线阵发射或接收信号的展宽上，因此对信号瞬时带宽的限制可放宽到 m 倍。若仍按在子天线阵内信号波形展宽后包络的前后沿不大于 T_{SA0} 的 1/10 的要求，则对信号瞬时带宽 $\Delta f'$ 的限制为

$$\Delta f' \leqslant \frac{m}{10} \times \frac{c}{L\sin\theta_{\mathrm{B}}} \qquad (10.57)$$

由此在已确定信号瞬时带宽 $\Delta f'$ 的条件下，可得出子天线阵数目 m 为

$$m \geqslant \frac{10\Delta f' \cdot L\sin\theta_{\mathrm{B}}}{c} \qquad (10.58)$$

式（10.58）表明，信号带宽越宽，天线孔径尺寸越大，天线波束扫描角度越大，需设置 TTD 的子天线阵数目就越多。

为了更直观地解释子天线阵数目 m 与相控阵天线各项指标的关系，可将式（10.58）表达为

$$m \geqslant 10\frac{\Delta f'}{f_0} \times \frac{\sin\theta_{\mathrm{B}}}{\Delta\theta_{1/2}} \qquad (10.59)$$

此式表明，m 与信号带宽、波束半功率点宽度和天线波束扫描角有关。

以下举例进行计算。对天线孔径尺寸 L=15m 的大型 X 波段相控阵雷达，令 θ_{B}=30°，$\Delta f'$=1GHz，因为 $\Delta\theta_{1/2}=\lambda/L$，可得 m=250。又因为 L/λ=500，故子

天线阵宽度约为 2 个波长，若单元间距 d 为 0.6λ，则在一个线性子天线阵内也只有 3 个单元，在一个面天线阵内，一个子天线阵也只有约 3×3 个单元。

可见，当信号瞬时带宽很宽，在大孔径天线与宽角扫描情况下，子天线阵数目 m 仍很多。对二维相位扫描相控阵天线，总的子天线阵数目是其平方，即 m^2，因此仍要增加许多实时延迟线及相应的控制电路。

为了降低大型宽带相控阵天线设备的复杂性，可以考虑在信号带宽值很大的情况下，将信号展宽时间放宽到压缩后脉冲宽度的一半，即把式（10.54）的 $\Delta f'$ 的限制放宽 5 倍，这时子天线阵数 m 可降低为

$$m \geqslant \frac{2\Delta f' L\sin\theta_B}{c} \tag{10.60}$$

或

$$m \geqslant 2\frac{\Delta f'}{f_0}\times\frac{\sin\theta_B}{\Delta\theta_{1/2}} \tag{10.61}$$

对以上 X 波段大型相控阵雷达，子天线阵数目将由 m=250 降低到 m=50，对于二维相位扫描面天线阵，总的子天线阵数目 m^2=2500，这一数目仍然是很大的。

下面再以大型 L 波段宽带相控阵雷达天线为例，$\Delta f'$=200MHz，θ_B=60°。L=20m，m 应为 23。对 20m 口径的 L 波段线天线阵，单元数约为 164 个，即大致一个子天线阵只能包括 7～8 个单元。整个二维相位扫描面天线阵的子天线阵数目 m^2=529。因此，宽角扫描情况下需要的实时延迟线数目，即使只在子天线级别上设置，仍然是相当大的。

3）子天线阵孔径的计算

在对宽带相控阵雷达天线设计时，关心的是每个子天线阵的大小，即一个设置有实时延迟线的子天线阵的尺寸 L_{SA} 有多大，在子天线阵一维口径尺寸内有多少个天线单元 n_{SA}。

根据 m 的计算公式，可求出子天线阵的一维尺寸 L_{SA}。

计算 m 的式（10.58）和式（10.61）中分别假定，由天线的孔径渡越时间引起的信号展宽时间是压缩后脉冲宽度的 1/10 与 1/2。下面假定这一要求为 $1/k_D$（k_D 为大于 1 的整数），针对前面讨论的情况，有 k_D=10 与 k_D=2。

因为 $L=mL_{SA}$，故 $L_{SA}=L/m$。由于 $m\geqslant\dfrac{k_D\Delta f' L\sin\theta_B}{c}$，$L_{SA}$ 又可表示为

$$L_{SA}\leqslant\frac{c}{k_D\Delta f'\cdot\sin\theta_B} \tag{10.62}$$

或

$$L_{SA}\leqslant\frac{\lambda_0}{k_D(\Delta f'/f_0)\sin\theta_B} \tag{10.63}$$

即信号带宽越宽，波束扫描角 θ_B 越大，由此将导致子天线阵尺寸的降低。

下面求在一维子天线阵内的天线单元数目 n_{SA}，因

$$n_{SA} = L_{SA} / d$$

式中，d 为相邻天线单元之间的间距，若按下式选择单元间距 d

$$d \leqslant \frac{\lambda_0}{1 + |\sin\theta_B|}$$

则

$$n_{SA} = \frac{1}{k_D(\Delta f'/f_0)} \times \frac{1 + |\sin\theta_B|}{\sin\theta_B} \qquad (10.64)$$

以上述 X 波段大型相控阵雷达为例，天线口径为 15m，$\Delta f'$=1GHz，$\Delta f'/f_0$=0.1，θ_B=30°，若 k_D 取为 10，则 n_{SA}=3，即一个子天线阵内只有 3 个天线单元；若 k_D 取为 2，则 n_{SA}=15，即一个子天线阵内有 15 个天线单元；一个二维的矩形子天线阵内，天线单元总数为 n_{SA}^2。

当要求 k_D=10 时，一个矩形子天线阵内最多只有 9 个天线单元，放宽对信号波形展宽要求后，取 k_D=2 时，一个矩形子天线阵内则可以有 n_{SA}=225 个天线单元。

10.4 实时延迟的实现方法

宽带相控阵雷达在实现宽角扫描情况下，必须解决实时延迟的波束控制（Time Delay Beam Steering，TDBS）问题。TTD 或 TDU（时间延尺单元）可以在射频（RF）、中频、视频及光波波段上实现，因而就有微波 TDU、中频 TDU、视频 TDU，用光纤或光电子集成电路实现的 TDU 等。

早期主要用微波实时延迟线来实现实时延迟功能，其结构形式与用微波 PIN 二极管实现的数字式开关移相器的结构一样。因为微波传输线长度应是波长 λ 的整数倍，故这种 TDU 的损耗较大，在不同延迟状态下损耗不一致。在中频实现实时延迟，需要进行频率变换。下面着重讨论视频上和采用光纤实现的实时延迟线。

10.4.1 在光波波段实现 TTD 的方法

用光纤来实现实时延迟线有许多优点，如延迟时间容易做得长，体积和质量较小，结构设计较简单，易于安排走线，电磁兼容性（EMC）好，不同延迟状态的损耗均匀等。将光纤 TTD 用于宽带相控阵天线，其代价是需要先将雷达信号调制到光波段上，即调制到光载波上，实现传输与延迟后再经光电探测器（Photodetector）检波恢复雷达信号频率。在光电变换、电光变换及光波传输过程中均存在较大损失，因此实时延迟均是在低功率状态下实现的。对于大型的宽带

相控阵雷达，用单路或少数几路光电变换、光功率分配或光功率相加系统还不够，必须采用同时多路平行的光纤传输系统。

下面讨论在光波波段实现的 TTD 的方法。

1. 光延迟线开关

用光纤实现的数字式开关延迟线与移相器的原理图如图 10.8 所示。

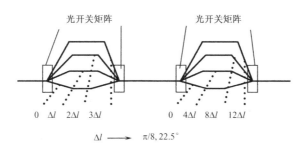

图 10.8 用光纤实现的数字式开关延迟线与移相器的原理图

图 10.8 中，用两对光开关矩阵分别实现两位数字式实时延迟与对移相器的控制。每对矩阵开关均由两个 "4 合 1" 的矩形开关组成，因而可以选择 4 个传输通路。第一节延迟线相邻两个通道之间的路程差为 Δl，即 4 个传输通道分别为 $0, \Delta l, 2\Delta l, 3\Delta l$；而第二节延迟线，同样有 4 个传输通道，相邻两个通道之间的路程差别为 $4\Delta l$，4 个通道中路程差分别为 $0, 4\Delta l, 8\Delta l, 12\Delta l$。因此，当 $\Delta l = \lambda$ 时，图 10.8 所示两节开关延迟线结构可以提供 4 位时间延迟单元，即提供 $2^4 = 16$ 种延迟状态，从 $0, \lambda, 2\lambda$ 直至 31λ。

若 $\Delta l = \lambda / 2^4$，则图 10.8 所示的两节延迟线结构就是具有 16 种移相状态的数字式移相器。其移相值分别为 $0°, 22.5°, 45°, \cdots, 337.5°$。

这种二进制开关延迟线结构，工作在光波波段，输入信号为光载波信号，它受射频信号调制，调制方式多为强度调制。该延迟线输出信号需经光电探测器检波，恢复雷达信号，然后再放大至要求的功率电平。

2. 集成光延迟网络

随着集成光电子技术的进展，光延迟网络可以集成在半导体芯片上，实现芯片级光延迟网络（On-chip Optical Delay Network）。例如，美国 NRL 实验室开发的芯片光延迟网络集成在砷化镓芯片上，生成单片集成光波导（Monolithically Integrated Optical Waveguide），光波导输入端接收的是被微波信号调制的光信号，然后将光信号分为 4 路，每一路的光波导长度不同，选通其中一个支路，实现不同的实时延迟。在光延迟网络输出端，光信号经砷化镓铟（InGaAs）光电探测器在适当的偏压下检波，提取出调制在光载波上的微波信号。

该集成光延迟网络用于一个 L 波段共形相控阵雷达天线之中，该天线的频率宽度覆盖范围大于 60%，为 11 位实时延迟网络（TTD Network），其中高 5 位由集成光学电路实现，即 $\lambda \sim 16\lambda$ 的实时延迟由集成光学电路实现。高 5 位的集成光延迟线的实时延迟特性如图 10.9 所示[3]。

该图所示直线上各点为延迟时间 y，它与集成光延迟线位数的实测关系经拟合后为

$$y = 17.466 + 0.248x$$

3. Bragg 光栅延迟线

在光纤上刻制 Bragg 光栅，不同光载波信号将在不同的光栅位置上反射，获得不同的实时延迟，因而这是一种串联式实时延迟线，如图 10.10 所示。

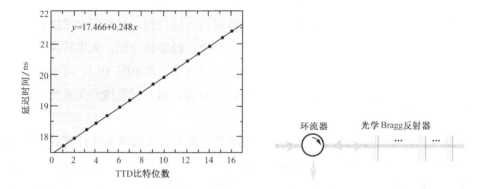

图 10.9　集成光延迟线的实时延迟特性　　图 10.10　光学 Bragg 光栅延迟线工作原理简图

10.4.2　并联与串联馈电结构的光控实时延迟系统

下面主要讨论采用光控实时延迟系统的有源相控阵雷达的构成、并联与串联结构的光纤传输线网络，包括采用光学 Bragg 反射器实现的光纤延迟系统及其对降低复杂性与成本的作用。

1. 并联结构的光控实时延迟系统

因为宽带有源相控阵天线阵中天线单元数目众多，即使只在子天线阵级别上采用实时光控延迟系统，光控实时延迟系统（Optically Controlled True-time-delay Systems）应提供的 TTD 的数目仍然很多。这是因为这种光控系统与相控阵天线

的馈电系统一样，是并联结构。这种包括光控实时延迟线的并联馈电系统如图 10.11 所示[4]。

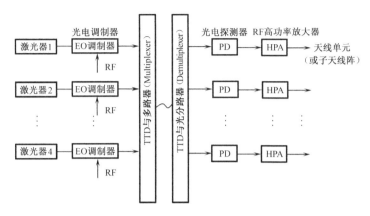

图 10.11 采用并联馈电结构的光控实时延迟系统

这种并联结构与相控阵天线阵中的并联馈电系统是相对应的。该并联光学馈电系统往往需要多套光电调制器。以相控阵发射天线为例，射频发射激励信号传送至光电调制器后，射频信号已调制到光载波上，经多路分配，光电转换恢复出的各子天线阵的发射激励信号只具有很低的功率电平，故在图 10.11 所示的结构中，每一个子天线阵需要一套包括激光器、光电调制器、延迟线开关及光电探测器等的光电变换器件。

图 10.11 中所示为只有 4 个子天线阵的一维发射天线阵的光控实时延迟系统。每一个子天线阵的雷达发射激励信号通过一个光电调制器（EO 调制器）对激光器产生的激光信号进行调制，在光载波上的信号经过 TTD，获得各子天线阵通道要求的不同实时延迟。这一实时延迟由天线波束扫描角与子天线阵之间的间距所决定。经过实时延迟后的光信号，利用波分复用（WDM）技术将各路信号合并为一路，经光纤传输至靠近天线阵面的光分路器（Demultiplexer），重新变为多路并联信号，分别经光电探测器（PD）检波后，重新恢复射频发射激励信号，再送子天线阵的 RF 高功率放大器（HPA）放大，然后经过射频功率分配系统传输至各个天线单元通道，送入 T/R 组件进行最后放大。

可以明显看出，只要传输雷达射频信号的多路光纤系统的损耗允许，采用这种结构，TTD 与多路器（Multiplexer）之前的部分可以放置在远离相控阵天线阵面的地方。

在并联馈电结构中，激光器与电光调制器的数目均与子天线阵的数目一致，即一个子天线阵、一个激光器和一个光电调制器。如果设计中激光器的输出功率足够大，后面的子天线阵功率放大器增益足够高，光分配网络通道损耗较低，也可采用较少的激光器与光电调制器，但需要增加相应的光信号功率分配系统。因为需要设置光实时延迟单元的子天线阵数目没有变化，故 TTD 与多路器（Multiplexer）数目不会减少，光解调分路器及后面的光电检波器部分均不会改变，与图 10.11 一致。

对宽带、宽角扫描大型有源相控阵雷达天线，因为子天线阵尺寸小，而子天线阵数目很多，所以整个系统要求的光控实时延迟器件仍然较多。

2．串联结构的光控实时延迟系统

为了克服上述缺点，美国 Pacific Wave 公司提出采用串联结构的光控实时延迟系统[4]。该公司提出的用串联馈电结构取代并联馈电结构的方法是采用光学 Bragg 反射器实现光控实时延迟系统。下面结合串联馈电结构的光控相控阵雷达发射天线与光控相控阵雷达接收天线来加以说明。

1）光控相控阵雷达发射天线中的光控实时延迟系统

图 10.12 所示为采用串联馈电方式实现相位与时间延迟的光控宽带有源相控阵雷达发射天线的原理图。

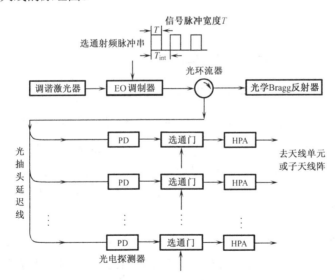

图 10.12　采用串联馈电的方式实现相位与实时延迟的光控宽带
有源相控阵雷达发射天线的原理图

该发射天线阵包括定时部分与分配网络两大部分。

（1）定时部分。定时部分的组成包括调谐激光器（Tunable Laser），EO 调制器（EO Modulator），选通射频脉冲串（Gated RF Pulses），光栅即光学 Bragg 反射器（Optical Bragg Reflectors）与光环流器。定时部分的工作原理可简述如下：

信号脉冲宽度为 T 的雷达发射信号的射频脉冲按一定时间间隔 T_{int} 重复产生，如图 10.13 所示，它们被传送至 EO 调制器对激光信号进行调制。调谐激光器在不同的选通脉冲期内，输出的激光信号频率是变化的，亦即不同 RF 脉冲波门内的激光频率是不同的。这一串联输出的被 RF 脉冲调制后的光波脉冲串经光环流器进入光学 Bragg 反射器，不同频率的光脉冲在光学 Bragg 反射器中的不同栅条反射器位置上被反射，因而在光学 Bragg 反射器中具有不同的传输时间，因此光学 Bragg 反射器对调制在不同激光频率上的 RF 信号实现了不同的时间延迟，即光学 Bragg 反射器实现了频率—时间变换，这与利用表面声波进行雷达信号的展宽和脉冲压缩的原理是一样的。也就是说，宽带相控阵雷达天线在宽角扫描时要求的各子天线阵之间的实时延迟是通过改变调谐激光器的频率来实现的。在定时部分，光环流器输出端输出的一组串联馈电脉冲波形已带有实时延迟，其波形表示于图 10.13 中。

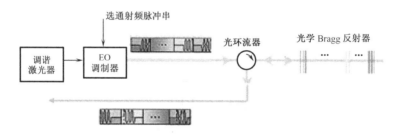

图 10.13　串联馈电光控相控阵雷达的定时单元原理框图

（2）分配网络。图 10.12 的下半部分为发射天线阵的分配网络。分配网络的组成包括若干子天线阵支路，每个支路中包括光纤抽头延迟线（简称抽头延迟线）、光电探测器（PD）、发射脉冲信号选通门及选通脉冲、发射射频信号的 HPA。HPA 的输出信号是该子天线阵的发射激励信号，它经过子天线阵内的射频功率分配网络送至各天线单元通道中的 T/R 组件。

分配网络中各路信号的时间关系如图 10.14 所示，该图中各路实时延迟Δt_i被人为地进行了夸大，实际上，Δt_i与脉冲宽度 T 相比要小得多，因此图 10.14 中的选通脉冲宽度与脉冲宽度 T 基本上是一样的。

来自定时部分的选通脉冲串信号，经过由光学 Bragg 反射器实现实时延迟后，获得的实时延迟为 Δt_i，Δt_i 由调谐激光器的频率与光学 Bragg 反射器的光栅决定。首先进入抽头延迟线组合，抽头延迟线的间距为 L_{int}，其对应的时间间隔为 T_{int}。

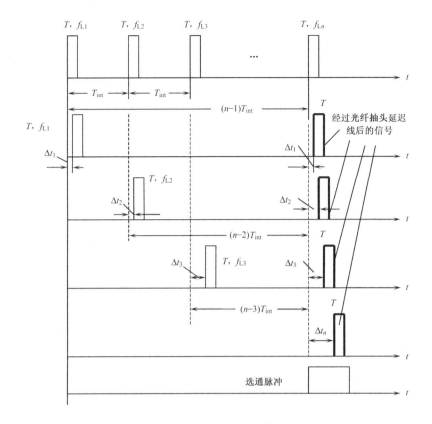

图 10.14　分配网络中各路信号的时间关系示意图

抽头延迟线将串联馈电网络变为并联网络，将脉冲串信号分至 n 路，n 为选通脉冲的数目，亦即子天线阵的数目。这样，在每一并联的光通道中都有一组脉冲串信号，相邻通道之间脉冲串信号的时间间隔为 T_{int}，如图 10.14 所示，第 n 路中第 1 个选通脉冲出现的时间将与第 1 路中第 n 个选通脉冲出现的时间相重合，也与第 i 路中第（$n-i+1$）个选通脉冲相重合，经过 PD 检波后，在子天线阵通道中恢复了雷达发射的 RF 信号，然后在第 n 路中的选通脉冲串的第 1 个脉冲到来的时间里，经过时间波门选通，获得所需的发射脉冲信号。

由于子天线阵通道内选通脉冲串信号里各个选通信号之间经光学 Bragg 反射器后已存在实时延迟 Δt_i，而其大小是按宽角扫描要求，通过改变调谐激光器频率来实现的，故在这一分布式光纤网络中已实现了实时延迟补偿。

经过 RF 高功率放大器放大之后，该信号传送至子天线阵中的射频功率分配网络，再经过各子天线阵通道中的 T/R 组件放大并从天线单元辐射到空间去。

（3）与并联结构的光控相控阵雷达发射天线的比较。在采用光控实时延迟线的宽带有源相控阵雷达的设计中，究竟选用串联结构还是并联结构，应对它们进行比较，除了比较其优/缺点外，还应研究其对雷达系统设计有何限制。

串联结构的相控阵雷达发射天线与并联结构的相控阵雷达发射天线相比，其主要差别在于光纤实时延迟线的产生方法。在串联结构中，利用光学 Bragg 反射器对不同光载波脉冲产生不同的实时延迟，与并联结构比较，产生 n 个子天线阵所需的 n 路信号的实时延迟只需要一套光学 Bragg 反射器即可。至于后面的分布式网络则没有大的区别，仍然需要 n 个通道中的光电探测器检波和 n 个 RF 高功率放大器，子天线阵功率分配器及子天线阵内的 T/R 组件数目也是完全一致的。

与并联结构相比，串联结构为此付出的代价包括如下两部分。

① 调谐激光器的平均功率要求提高。

一个包含 n 个子天线阵的相控阵天线需要 n 个选通射频脉冲，相应地可调谐激光器则应产生 n 个激光频率。也就是说，用一个可调谐激光器取代了 n 个普通激光器。并联结构中普通激光器可工作在脉冲状态，串联结构中调谐激光器则应工作在接近连续波状态，调谐激光器输出信号的平均功率是并联结构时的 n 倍。此外，调谐激光器的复杂程度与成本也高于并联结构中的普通激光器。

② 雷达发射信号的脉冲宽度受到限制。

在并联结构中，雷达发射信号的脉冲宽度受制于发射功率放大器的工作比等因素。若与雷达最大作用距离 R_{max} 对应的雷达信号重复周期为 T_r，原则上说，在并联结构中，如高功率放大器的工作比大于 50%，则信号脉冲宽度 T 的限制为

$$T \leqslant T_r/2$$

从充分利用功率放大器平均功率出发，可以采用准连续波信号，这时按与目标所在距离 R_t 相匹配的信号脉冲宽度 T 为

$$T = 2R_t/c$$

而信号重复周期 T_r 为

$$T_r = 2T = 4R_t/c$$

但在串联结构中，如果只利用一套 EO 调制器及一套实时延迟系统为几个子天线阵产生发射激励脉冲信号，则必须产生 n 个选通射频脉冲。图 10.15 所示为 $n=2$ 时的情况，在需要为 n 个子天线阵提供实时延迟时，对信号脉冲宽度 T 的限制由下列关系式决定，即

$$nT_{int} \leqslant T_r$$
$$nT + (n-1)(\Delta t_{max} + \Delta t_{Las}) \leqslant T_r$$

(10.65)

式中，T 为信号的脉冲宽度；Δt_{max} 为实时延迟线的最大延迟；Δt_{Las} 为调谐激光器改变激光频率的转换时间。

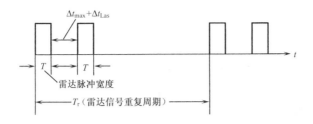

图 10.15　对射频脉冲宽度 T 的限制示意图

故信号脉宽 T 应满足

$$T \leqslant T_r/n - (\Delta t_{max} + \Delta t_{Las})/(n-1) \tag{10.66}$$

如果宽带有源相控阵雷达在一个重复周期内需要发射 m 个脉冲，则每个脉冲信号的平均宽度 T_{av} 应满足

$$T_{av} \leqslant T_r/(nm) - (\Delta t_{max} + \Delta t_{Las})/[m(n-1)] \tag{10.67}$$

由此可见，采用串联馈电结构，光控相控阵雷达发射天线的信号脉冲宽度受到限制，需设置 TTD 的子天线阵数目 n 越多，允许的脉冲宽度便越窄，这种串联馈电结构的应用就越受到限制。

2）光控相控阵接收天线中的光控延迟系统

采用串联馈电方式实现实时延迟与移相的光控接收天线阵与串联馈电结构的发射天线阵一样，也包括定时单元与分布式网络两部分[4]。

用于串联馈电光控相控阵雷达的定时单元原理图如图 10.16 所示。

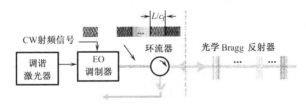

图 10.16　用于串联馈电光控相控阵雷达的定时单元原理图

与串联馈电发射天线阵一样，这里的各子天线阵要求的实时延迟是利用光学 Bragg 反射器实现的；但实现实时延迟的 RF 信号不是发射激励信号，而是接收机本振信号。由于接收机要在整个雷达作用距离范围内检测目标是否存在，故接收本振信号是一个连续波信号，相应送到 EO 调制器去对激光信号进行调制的 RF 信号也应是一个连续波信号。调谐激光器输出也是一个被本振信号调制的光载波连续信号，但它每隔 T_{int} 时间即要改变一次激光输出信号频率，即每隔 T_{int} 的时间，EO 调制器的激光频率便要改变一个 Δf_i，相应地，不同光载波信号经过光学 Bragg 反射器后便产生一次实时延迟 Δt_i，作为本振的连续波信号便要改变一次实

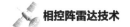

时延迟Δt_i，即

$$T_{int}=L/c_f \qquad (10.68)$$

式（10.68）中，c_f为光信号在光纤中的传输速度，L为与T_{int}对应的光纤长度，即

$$L=T_{int}c_f \qquad (10.69)$$

经光学Bragg反射器反射，获得延迟Δt_i的光本振信号经环流器进入光分配网络。光分配网络中有一抽头延迟线，它具有与子天线阵数目相同的n个抽头，相邻抽头之间的光纤长度为L，与串联馈电发射天线阵一样，即时间间隔为T_{int}。抽头延迟线将串馈系统变为n路并联馈电光纤传输网络。每一光纤传输通道中均传输同样的本振信号，但在时间上已有延迟。若以第1路传输的本振光纤信号作为参考，则第i路本振光纤信号的时间将滞后T_{id}，即

$$T_{id}=-(i-1)T_{int}-(\Delta t_i-\Delta t_1) \qquad (10.70)$$

式（10.70）中，Δt_1与Δt_i为当激光调谐器输出激光频率分别为f_1与f_i时，光学Bragg反射器产生的不同实时延迟，它们是宽带相控阵天线实现宽角扫描要求的TTD，即在分布式网络中，各路本振信号已有了满足宽角扫描所需的不同的实时延迟。各路本振信号的光频率虽然不同，但经过光探测器（PD）检波后，恢复了用于EO调制器的射频连续波信号，然后将接收本振信号与接收子天线阵输出端的经过低噪声放大后的各路信号混频，产生各子天线阵的已经过实时延迟的中频信号。各接收子天线阵输出的中频信号进入中频功率相加网络形成接收波束或多个接收波束。如果各个子天线阵的通道接收机具有正交相位检波器输出，则它们可在数字波束形成处理机中去形成多个接收波束。

如果要采用这种串联馈电延迟方式，在设计中应考虑调谐激光器可能输出的激光频率。激光频率的数目N_{Las}应满足下式条件，即

$$N_{Las}\geqslant 2^k$$

其中

$$k=\log(L\sin\theta_B/\lambda)/\log 2$$

这是因为$2^k\geqslant L\sin\theta_B/\lambda$，其中$L$为天线孔径，$\theta_B$为天线波束最大扫描角指向，$L\sin\theta_B$为天线孔径渡越长度，$\lambda$为雷达信号波长。

10.4.3　在中频与视频实现TTD的方法

在大型宽带有源相控阵雷达设计中，尤其需要对多种TTD实现方法进行比较。除了在雷达信号频率即在射频（RF）将雷达射频信号调制到光载波信号之后实现实时延迟的方式外，也可以在中频实现TTD。利用雷达信号的数字产生方法，可以在中频或视频实现实时延迟。

1. 在中频实现 TTD 的方法

以天线接收阵为例，在中频实现实时延迟的方案与在射频实现的实时延迟方案是类似的，如图 10.17 所示。要在视频实现 TTD，则延迟线应安置在通道接收机的中频输出端，其原理框图如图 10.18 所示。

在中频实现并联多路实时延迟时，各子天线阵输入的雷达信号是经过下变频后在中频实现 TTD 的。为具有大的瞬时宽带信号，信号瞬时带宽 Δf 受到中频信号频率 f_{IF} 的限制，如

$$\Delta f \leqslant f_{IF}$$

因此，这种方案适合于具有高中频或瞬时带宽不是很大的情况，如在 L 波段，瞬时带宽一般达到 200MHz 即算相当高了，此时，中频频率则可选大于 400MHz 的中频频率。

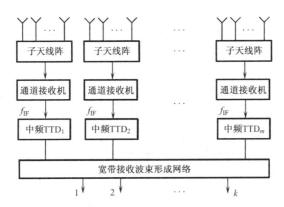

图 10.17　采用中频 TTD 的接收相控阵雷达天线原理框图

在中频实现 TTD 的优点是：

（1）实时延迟与移相值的公差较易控制。因为中频雷达信号波长 λ_{IF} 与中频频率成反比，即

$$\lambda_{IF} = c_{IF} / f_{IF}$$

式中，c_{IF} 为电磁波在中频传输线（电缆）中的传播速度。

各子天线阵之间低于一个波长（λ_{IF}）的移相值的公差易于控制，中频移相器位数可以做得较多，最少实时延迟可以做得较小。

（2）各位实时延迟线的通断两路之间的损耗易于做到一致并较易补偿。每一位实时延迟开关均有两个通道，当在射频实现时，在每一位特别是高位实时延迟线的两个通道中，由于传输线长度相差多个信号波长 λ，因而两个通道中传输损耗的差别较大，实时延迟线在变换实时延迟的状态时，损耗将发生大的起伏；而

在中频实现 TTD 时，在中频的两个通道之间传输线长度相差的中频波长数目不大，因而损耗（衰减）差异也较小，故改变实时延迟线长度时，损耗起伏不大。

（3）延迟的色散特性较小。在中频实现 TTD 时，因多采用中频传输电缆，传输带宽宽，色散性小，随信号频率变化引起的相位变化小。

（4）在中频实现 TTD 的补偿方法有利于应用在不同宽带的相控阵雷达中，使其标准化应用水平得到提高。

在中频实现 TTD 方案的主要缺点是实时延迟线长度很长，结构较庞大。

2. 基于数字波形产生器的 TTD 实现方法

在前面关于数字 T/R 组件讨论的章节中提到，如果在宽带有源相控阵的每一个子天线阵上采用基于 DDS（直接数字综合器）的数字波形产生器，则可以在视频频率上实现 TTD，即将其用于宽角扫描时补偿各子天线阵之间的空间时间差。这种采用视频实时延迟的相控阵天线原理如图 10.18 所示。该原理图既包括发射天线阵也包括接收天线阵。下面将分别讨论。

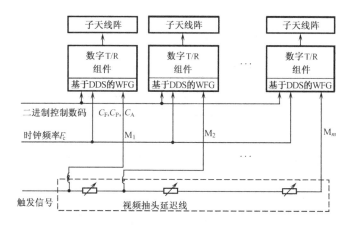

图 10.18 采用视频实时延迟的相控阵天线原理框图

1）发射工作状态

在发射工作状态，每个子天线阵通道上均有一基于 DDS 的宽带波形产生器（WFG），由它生成发射激励信号。传送至每一个宽带波形产生器的频率控制信号 C_F 与参考频率即时钟信号频率 F_c 是相同的，因为每一个子天线阵的 WFG 应产生完全相关的雷达发射信号。相位控制信号 C_P 及幅度加权控制信号 C_A 用以改变子天线阵发射激励信号的相位与幅度，实现综合因子方向图的扫描与加权。

宽带相控阵雷达天线在进行波束扫描的情况下，各个子天线阵之间应具有的"阵内实时延迟"则由各通道上的 TTD 实现。各个子天线阵通道上基于 DDS 的宽带波形产生器的波形产生启动信号是由公共触发信号经过该通道上的 TTD 后产生的。由于触发信号为窄脉冲信号，因而 TTD 是在视频频率上实现的。

具体的视频实时延迟开关线可以用视频电缆实现，也可以用光纤实现，具体实现方式与前面介绍的光纤实时延迟线网络方式相同，但光纤为普通高速数据传输光纤，而不是将雷达射频信号调制到光载波上以后再实现的实时延迟开关。

2）接收工作状态

当宽带天线阵工作在接收状态时，各个子天线阵接收的信号通过环流器和带通滤波器（BPF）后在混频器与本振信号混合，进入各子天线阵的通道接收机。本振信号也由各子天线阵通道中的基于 DDS 的宽带波形产生器产生。TTD 则是在各路 A/D 变换器之后，在视频上实现的。

在视频实现 TTD 的工作方式也可以安排在数字波束形成处理机中。各个子天线阵的通道接收机（子阵接收机）输出经过数字量化后的信号分别存储在各自的缓冲存储器中，波束形成处理即空域处理，波束形成处理机需要向各缓冲存储器索取信号。如果各缓冲存储器给出的信号数据在时间上有所差异，且其时间差异值与"空间时间差"相对应，则同样实现了对各子天线阵接收同一目标信号时需要的实时延迟补偿，其原理如图 10.19 所示。

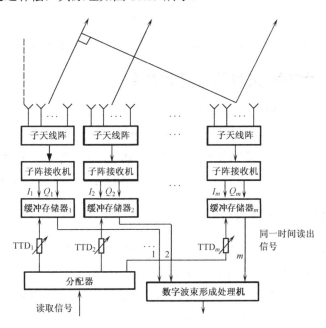

图 10.19　在波束形成器中实现的视频实时延迟原理图

10.5 宽带调频信号的产生与处理

具有大瞬时带宽的信号的产生与处理是宽带相控阵雷达的一项关键技术。

宽带相控阵雷达多采用分布式并联发射天线阵，整个天线阵由多个子天线阵组成，在子天线阵上设置时间延迟单元。从子天线阵级别上用作发射信号激励器的宽带发射机至有源相控阵发射天线阵中各单元通道上 T/R 组件里的高功率放大器，因为子天线阵内单元数有限，故发射功率分配网络的功率分配比较小，传输路程短，传输线的宽带特性易于保证，因此，子天线阵上的宽带发射信号功率放大器与 T/R 组件中的功率放大器均可以用固态功率放大器件实现。采用固态功率器件，也有利于实现宽带功率放大。例如，X 波段工作的以 MMIC 电路实现的T/R 组件，其高功率放大器（HPA）工作频率范围可以覆盖 6~11GHz、8~18GHz甚至更宽。

宽带相控阵雷达接收信号处理与发射信号的产生是紧密相连的。大瞬时带宽信号的产生与处理包括以下内容：

- 具有特大时宽带宽乘积信号的产生与处理；
- 宽带雷达信号处理中的时频变换方法，即去斜率脉冲压缩技术；
- 基于 DDS 的任意信号波形产生器。（这部分内容参见第 8 章相关内容）

10.5.1 大时宽带宽乘积信号的产生

为了实现空间目标识别等功能，需要线性调频信号具有很大带宽，且信号脉冲宽度也很大。要获得这种具有大时宽带宽乘积的高功率发射信号，首先要产生其发射激励信号。这可由波形发生器（WFG）实现，经功率放大器放大后达到要求的发射信号功率。用作末级功率放大器的可以是固态功率发射机或电真空发射机。

1. 大时宽带宽乘积信号的有源产生方法

所谓的有源产生方法，是指与声表面波（SAW）器件以及其他具有（频率）色散特性的超声延迟线等无源器件实现的脉冲压缩信号产生方法相比较而言的。这种方法最初应用于美国靶场测量雷达 ALCOR[5]，该雷达工作在 C 波段，信号瞬时带宽 500MHz，信号时宽 T=10μs。另一应用例子是美国"丹麦眼镜蛇"（Cobra Dane）相控阵雷达 AN/FPS-108，因该雷达主要用于执行观测苏联弹道导弹发射试验、空间监视、空间碎片观测等任务，雷达作用距离远，对 RCS=0.1m^{2}的目标，发现概率 P_d=0.98 时，作用距离可达 4000km，因而需要具有大时宽带宽乘积的信号，其中一种信号的时宽 T 为 1000μs，带宽 B=200MHz，即大时宽带宽乘积 TB=200000。这在当时无法用无源方法产生，转而采用有源方法产生，其原理如图 10.20（a）所示。

采用有源方法产生大时宽带宽乘积信号的 C 波段相控阵雷达原理如图 10.20（b）所示[5]。

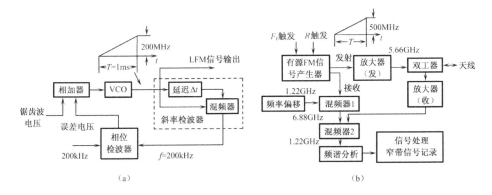

图 10.20　采用有源方法产生大时宽带宽乘积信号的雷达原理框图

图 10.20（a）中所示的"丹麦眼镜蛇"相控阵雷达要求的调频信号波形时宽为 1000μs，工作频率为 1175～1375MHz。1665MHz 的基准频率对压控振荡器（VCO）进行相位锁定，经下变频，获得发射激励信号。为了在时宽 T 内获得 200MHz 的频率偏移，必须在 VCO 的电压控制端加上一锯齿波波形，电压变化满足 VCO 输出信号频偏要求。用这种方法产生发射机的驱动信号。

为了保证信号调频斜率的准确性及线性度，在宽带信号产生过程中应用了反馈回路，从 VCO 输出端耦合出的信号分为两路，其中一路经过 1μs 的实时延迟后与另一路信号一起送混频器。由于两路信号时间相差 Δt=1μs，故混频器输出信号频率 F 根据 F=(B/T)Δt 计算，结果为 200kHz。

此信号经硬限幅后与来自 200kHz 的相干基准信号一起送相位检波器。相位检波器输出电压经低通滤波器滤波后作为误差校准信号，它与调频锯齿波电压相加后送至 VCO 作为改变频率的控制电压。

这种宽带信号的波形产生方法是模拟式波形产生方法，随着数字技术的进步将转为采用数字方式产生。

2. 宽带大时宽带宽乘积信号的数字产生方法

采用前面曾讨论过的数字波形产生器产生的大时宽带宽乘积信号波形，先在基带用数字方法形成信号，经上变频后转移至中频，然后通过倍频获得所需的信号带宽。在 L 波段有源相控阵雷达试验床中，用这种方式产生的宽带信号波形时宽 T=1000μs，带宽 B=200MHz[6]。

由于大规模集成电路技术的进步，宽带数字波形的产生可以采用直接数字频率综合器（DDS）来实现。同样首先产生宽带的基带信号，经上变频器及倍频器获得要求的大瞬时信号带宽。

10.5.2 宽带雷达信号处理中的时频变换方法

宽带相控阵雷达一般均应具有两类带宽的信号，即窄带信号与宽带信号，每一类又可细分为多种不同带宽信号。窄带和宽带信号之间还可以设计具有中等带宽的信号。窄带信号用于搜索，由于信号带宽窄，距离分辨单元较大，在长的搜索波门（与重复周期 T_r 接近）内，需进行信号检测的单元总数比采用宽带信号时少很多，有利于降低雷达信号处理机的运算量；窄带信号也可用于目标截获和跟踪。宽带信号用于精密跟踪，可获得更高的测量精度和高分辨率；对已稳定跟踪的目标，采用宽带信号可提取更多的目标特征信息，便于对目标进行分类和识别。

应用不同带宽信号使复杂的宽带雷达信号处理可以限制在跟踪波门的时间宽度以内，因而缩小了宽带信号处理与窄带信号处理工作量的差距。

在跟踪状态，对跟踪波门内目标的线性调频宽带回波信号可用时间-频率变换，即去斜率（Deramp）方法处理。

这一方法最初成功应用于美国靶场测量雷达 ALCOR[5,7]。该雷达工作在 C 波段，信号为宽带线性调频信号，信号瞬时带宽 B=500MHz，时宽 T=10μs，即信号的时宽带宽乘积 TB（脉冲压缩比 D）为 50000。

1. 宽带线性调频信号的时-频变换处理原理

如图 10.21 所示为采用时-频变换方法处理宽带雷达信号的原理示意图，该图中给出了宽带 LFM 信号的产生与接收处理的过程。

图 10.21（a）为采用宽带线性频率调制（LFM）发射信号的频率-时间关系图。用数字方法产生的信号时宽为 T，瞬时信号带宽为 B，信号的脉冲压缩比 $D=TB$。图 10.21（b）所示为接收目标回波信号的频率-时间关系图（亦称时-频关系）。该图所示回波信号仅用三根斜线表示，中间粗线表示目标中心回波的时-频关系，上、下两根细线分别表示目标头、尾反射回波的时-频关系。如果在目标回波到来时刻，在接收机内产生的本振信号也具有和发射信号一样的调频速率 $k(k=\Delta f/T)$，则经混频处理后，目标上各个反射点的回波便成为等频信号，此即所谓时频变换或去斜率处理的原理。图 10.21（c）表示目标中心及头、尾三部分的

回波经混频后的等频信号的频率-时间关系。目标头部（距雷达位置最近处）回波先到，但其频率最低；目标尾部（距雷达位置最远处）回波后到，但其频率最高，目标中心位置经混频后的频率为中频频率（f_{IF}）。

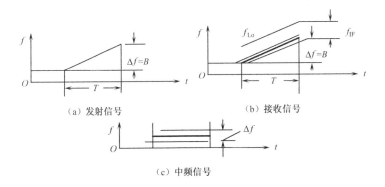

图 10.21　宽带信号的时-频变换（去斜率）处理方法原理示意图

目标回波中频信号按时间采样，经模/数变换、FFT 处理、对目标回波信号进行频谱分析，得出目标的一维距离像（Range Profile），离雷达站距离近的目标上的散射点的回波输出频率低，离雷达站距离远的散射点的输出频率高，输出频率的幅度对应目标上各散射点的雷达反射面积。

2. 去斜处理后的信号带宽及带宽压缩

经过上述时-频变换后，对雷达回波信号的调频速率实现了去斜率处理，具有大带宽 B 的目标回波信号变为一个等频信号。此等频信号的宽度仍为接收信号的时宽 T，而目标前后各点的中频信号频率却不是一样的。目标中心点回波的信号频率下降至中频 f_{IF}，即

$$f_{IF} = f_{Lo} - f_0 \tag{10.71}$$

式（10.71）中，f_{Lo} 和 f_0 分别为本振信号与雷达信号的中心频率。

若目标在相对雷达视线方向的长度为 l_t，即目标的径向距离长度为 l_t，则按图 10.21 不难得到该目标中频信号的带宽 Δf 为

$$\Delta f = \frac{2l_t}{cT}B = \frac{2l_t}{c}k \tag{10.72}$$

因此，经去斜率处理后，中频回波信号具有一定带宽，其中频频率带宽 Δf 与目标径向尺寸 l_t 及雷达信号的调频速率 $k = B/T$ 成正比。Δf 应小于或等于中频放大器的带宽 Δf_{IF}，即

$$\Delta f \leqslant \Delta f_{IF} \tag{10.73}$$

换言之，中频放大器带宽Δf_{IF}应按大于Δf进行选择；相应地，对经过时-频变换后的信号进行采样的频率也应大于Δf。

根据去斜处理后用FFT做频谱分析得出的Δf，可以判断目标纵向长度Δl_t，也就是去斜处理后雷达回波信号的带宽已压缩至原来的$1/K_{comp}$，即

$$K_{comp}=B/\Delta f \tag{10.74}$$

因Δf与l_t有关，故带宽压缩系数是与目标径向尺寸l_t有关的系数，K_{comp}又可表示为

$$K_{comp}=cT/2l_t \tag{10.75}$$

式（10.75）中，$cT/2$为未压缩前信号脉宽对应的距离，因此由式（10.75）也可看出，去斜率处理后，信号带宽的压缩系数为未压缩前时宽T对应的距离（$cT/2$）与目标径向尺寸之比。

3. 用时频变换处理高分辨雷达信号时的跟踪波门宽度

跟踪波门宽度首先要与接收信号的时间宽度（简称时宽）T相匹配，即跟踪波门在跟踪时的波门宽度变化值ΔR_{tr}为

$$\Delta R_{tr}=cT/2 \tag{10.76}$$

对尺寸（纵向长度）为l_t的目标，其对应的回波时宽ΔT_e为

$$\Delta T_e=2l_t/c \tag{10.77}$$

因此，跟踪波门宽度变化的最小值$\Delta R_{tr\,min}$至少应与ΔT_e对应，即

$$\Delta R_{tr\,min}=c\Delta T_e/2$$

但这只有在跟踪预测误差为零时，跟踪波门宽度才可能设计成与目标纵向尺寸相一致。在设计时，应按可能的最大尺寸$l_{t\,max}$来确定最小的波门宽度变化值，即

$$\Delta R_{tr\,min}=c\Delta T_{e\,max}/2=l_{t\,max} \tag{10.78}$$

式（10.78）中，$\Delta T_{e\,max}=2l_{t\,max}/c$。

跟踪波门宽度变化ΔR_{tr}还应考虑跟踪波门中心位置的预测误差。这是因为，尽管在采用宽带信号做高分辨测量前，已先用窄带信号或较宽频带宽度的信号对空间目标进行了跟踪，建立了目标轨迹，以预测跟踪波门的中心位置，但由于存在跟踪误差，因此确定跟踪波门宽度的变化范围时除应考虑目标尺寸外，还应加上跟踪波门中心的预测误差。

若设计中雷达拟观测目标的尺寸为$l_{t\,max}$，由雷达跟踪误差决定的跟踪波门位置的最大预测误差为$\pm\Delta R_{EG}/2$，则当宽带线性调频信号的时宽为T，带宽为B时，跟踪波门宽度的变化值ΔR_{tr}为

$$\Delta R_{tr}=\Delta R_{tr\,min}+\Delta R_{EG}=l_{t\,max}+\Delta R_{EG} \tag{10.79}$$

总的跟踪波门宽度ΔR_{TR}应为

$$\Delta R_{\mathrm{TR}}=\Delta R_{\mathrm{tr}}+\Delta R_{\mathrm{t}}=\Delta R_{\mathrm{tr}}+l_{\max}+\Delta R_{\mathrm{EG}}$$

相应地，总的跟踪波门宽度应展宽为

$$T_{\mathrm{TR}}=T+\Delta T_{\mathrm{e}}+2\Delta R_{\mathrm{EG}}/c \qquad (10.80)$$

4. 中频放大器带宽与中频抽样频率

纵向尺寸为 l_{t} 的目标的回波信号经时-频变换后，目标上前、后各散射点的回波时宽虽然都为 T，但其中频频率却不同，且均落入 $\lambda\left(f_{\mathrm{IF}}\pm\Delta f/2\right)$ 范围内。其中中频带宽 Δf 为

$$\Delta f=\frac{2Bl_{\mathrm{t}}}{cT}=\frac{B\Delta T_{\mathrm{e}}}{T} \qquad (10.81)$$

由于存在跟踪波门位置的预测误差，以及目标尺寸 l_{t} 可能偏离设计值，因此实际的总的波门宽度变化值 ΔR_{TR} 要比由接收雷达信号时宽 T 与目标尺寸决定的宽度大。

波门宽度的展宽，使时-频变换后进入中频放大器的信号带宽增加，如图 10.22 所示。相应地，中频放大器设计的带宽就应相应增加。

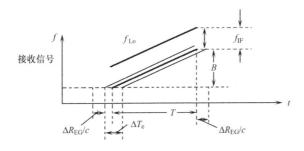

图 10.22　跟踪波门展宽导致中频放大器带宽增加的示意图

因为波门宽度的变化值 $\Delta R_{\mathrm{TR}}=\Delta l_{\mathrm{t}}$ 与跟踪预测误差 ΔR_{EG} 对应的中频放大器带宽 Δf_{IF} 为

$$\Delta f_{\mathrm{IF}}=\frac{2\Delta R_{\mathrm{TR}}}{c}\times\frac{B}{T} \qquad (10.82)$$

或

$$\Delta f_{\mathrm{IF}}=\frac{2l_{\mathrm{t}}}{c}\frac{B}{T}+\frac{2\Delta R_{\mathrm{EG}}}{c}\frac{B}{T}=\Delta F_{\mathrm{l}}+\Delta F_{\mathrm{EG}} \qquad (10.83)$$

因为事先不知道目标纵向尺寸 l_{t}，设计时应按 l_{t} 可能达到的最大值 $l_{\mathrm{t\,max}}$ 设计，这时中频信号带宽的最大值 $\Delta f_{\mathrm{IF\,max}}$ 为

$$\Delta f_{\mathrm{IF\,max}}=\frac{2l_{\mathrm{t\,max}}}{c}\times\frac{B}{T}+\frac{2\Delta R_{\mathrm{EG}}}{c}\times\frac{B}{T}=\Delta f_{\mathrm{l\,max}}+\Delta f_{\mathrm{EG}} \qquad (10.84)$$

式（10.84）中，$\Delta f_{i\max}$ 为目标纵向尺寸 l_t 决定的中频信号带宽，Δf_{EG} 为由波门中心位置预测误差决定的中频信号带宽。

由此可以看出，随着 ΔR_{TR} 的增加，中频放大器的带宽与抽样频率均要相应增加。

如果跟踪波门中心位置预测很准，没有误差，则中频放大器的带宽与目标纵向尺寸 l_t 决定的带宽 Δf 大体上匹配，失配程度取决于 $l_{t\max}/l_t$。如果存在较大的跟踪波门位置预测误差 ΔR_{GE}，则中频放大器带宽 Δf_{IF} 将与目标纵向尺寸 l_t 决定的中频带宽 Δf 有较大的失配，甚至使 $\Delta f_{IF} \gg \Delta f$。因此，提高跟踪波门中心位置预测精度，降低 Δf_{EG}，对提高去斜处理后的信噪比有重要意义。为此，在进行宽带信号测量的同时，可用窄带信号维持对同一目标的跟踪，所以采用宽带与窄带信号在时间上交替发射的方式是必要的。

5. 目标多普勒频率变化对中频放大器带宽的影响

中频放大器的带宽还应考虑目标多普勒频率的变化范围 $\pm f_{d\max}$ 的影响，在跟踪高速外空运动目标时，这将占很大分量，因此中频放大器带宽还应加大，以覆盖 $\pm f_{d\max}$，即有

$$\Delta f_{if} = \Delta f + \Delta f_{EG} + 2f_{d\max} \tag{10.85}$$

例如，按 $f_{d\max}=2V_{r\max}/\lambda$ 计算，当观察外空目标时，若 $V_{r\max}=7500\text{m/s}$，对 L 波段，$f_{d\max}=65.2\text{kHz}$；对 X 波段，则 $f_{d\max}=500\text{kHz}$。

中频信号带宽的增加不仅导致采样频率的增加，更主要的不良影响是噪声电平的增加、信噪比的降低。

为解决这一问题，需测量目标速度，哪怕是粗测目标速度，将其用于修正多普勒频率的影响。

10.6　宽带相控阵雷达的分辨率

相控阵雷达中提高信号带宽的主要目的之一是实现对多目标的高分辨测量，因为它是目标分类、识别的一个重要条件。

高分辨率测量的实现还与一些雷达分系统的指标和雷达工作方式的安排有关。下面针对宽带相控阵雷达采用时–频变换或去斜率处理时能实现的分辨率进行讨论。

10.6.1　距离分辨率

宽带相控阵雷达一般除了要求具有高的纵向距离分辨率外，还要求实现高的

横向距离分辨率。

1. 纵向距离分辨率

10.1.1 节中已提到，距离分辨率ΔR_r取决于信号瞬时带宽B，即

$$\Delta R_R = \frac{c}{2B}$$

因为信号的相对带宽为B/f_0，故若ΔR_r以信号相对带宽表示，则有

$$\Delta R_R = \frac{\lambda_0}{2(B/f_0)} \qquad (10.86)$$

实际上，考虑到两个相邻的需要分辨的信号之间的相位差不同，以及为了降低脉冲压缩信号而采用的幅度加权函数导致时间波形展宽的影响，实际距离分辨率要比此式表达的值大一些，需乘一个大于 1 的系数，如 1.5 左右[8]。

当雷达纵向距离分辨率提高后，雷达要分辨的已不仅是位于不同距离的多个目标，更主要的是分辨一个长度为l_t的物体的各个强散射点，这样才能分辨目标不同纵向位置上散射点 RCS 的差异，获得目标的一维距离像（HRR）即高分辨率距离剖面（Range Profile）。图 10.23 所示为中国研制的 L 波段宽带固态相控阵雷达试验床获得的飞机目标的一维距离像[6,9]。

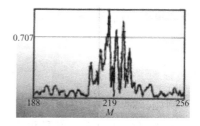

图 10.23　高分辨率一维距离像

对于大型宽带相控阵雷达，由于天线孔径渡越时间的影响，纵向距离分辨率将变差。若不采用实时延迟技术，则接收天线阵各天线单元或子天线阵接收到的目标反射波经脉冲压缩后甚至在时间上不能重合，因此至少在子天线阵级别上采用 TDU 对各子天线阵间回波信号的"空间时间延迟"进行时间补偿。

以下讨论天线阵实时延迟补偿剩余对纵向距离分辨率的影响。

1）子天线阵实时延迟补偿剩余的影响

下面针对在子天线阵上设置 TTD 的情况进行讨论。设大口径相控阵雷达线阵天线分为N_{SA}个子天线阵，并设第n个子天线阵与参考子天线阵之间经实时延迟补偿后剩余的时间滞后为ΔT_{SAn}，则由N_{SA}个子天线阵接收信号经压缩后的合成信号波形将被展宽，因而造成雷达纵向距离分辨率下降。

若第n个子天线阵内实时延迟线的长度为l_n，则它能提供的实时延迟补偿Δt_n为

$$\Delta t_n = l_n/c$$

由于要求l_n为波长λ_0的整数倍P_n，即

$$l_n = P_n \cdot \lambda_0$$

故第 n 个子天线阵的 TTD 不一定能完全与第 n 子天线阵的天线孔径渡越时间 T_{An} 相等，即可能会存在实时延迟补偿剩余。

因为

$$T_{An} = \frac{L_{SAn} \sin \theta_B}{c}$$

故实时延迟补偿剩余 $\Delta \tau_{SAn}$ 为

$$\Delta \tau_{SAn} = \left| \frac{L_{SAn} \sin \theta_B}{c} - \frac{P_n \lambda_0}{c} \right| \tag{10.87}$$

因为子天线阵内的 TTD 是按波长 λ_0 的整数倍进行设计的，故 $\Delta \tau_{SAn}$ 的最大值便不会超过一个波长对应的传输时间，即

$$\Delta \tau_{SAn\,max} = \frac{\lambda_0}{c} \tag{10.88}$$

因此，$\Delta \tau_{SAn}$ 造成纵向距离误差 ΔR_{SAn} 便不会超过 $\lambda_0 / 2$。

总的纵向距离分辨率应在由信号相对带宽决定的 ΔR_r 的基础上再加上 ΔR_{SAn}，即总的纵向距离分辨率 $\Delta R_r'$ 为

$$\Delta R_R' = \Delta R_R + \Delta R_{SAn}$$

或

$$\Delta R_R' = \frac{\lambda_0}{2} \left(\frac{f_0}{B} + 1 \right) \tag{10.89}$$

例如，对 X 波段的相控阵雷达，当 $B=1\text{GHz}$ 时，因为 $f_0/B=10$，总的纵向距离分辨率 $\Delta R_R'$ 为 $5.5\lambda_0$，较理论上 $\Delta R_R = 5\lambda_0$ 的变化不超过 $1/10$。

而对 L 波段（信号频率 $f=1200\sim1400\text{MHz}$），$B=200\text{MHz}$，相对频带宽度 $B/f_0 = 200/1300 \approx 0.1538$，子天线阵 TTD 补偿剩余将使纵向距离分辨率由 $\Delta R_R = 3.25\lambda_0$ 变为 $3.75\lambda_0$，由 0.75m 变为 0.825m，相对变化较 X 波段为小。

对超宽带（UWB）相控阵雷达，因信号相对带宽（B/f_0）超过 25%，故子天线阵 TTD 补偿剩余造成的纵向距离分辨率的影响将会更小。

因为各子天线阵内实时延迟补偿剩余不一定相同，因此在合成之后，总的纵向分辨率影响会更小一些。

2）子天线阵孔径渡越时间对纵向距离分辨率的影响

如前面讨论，当在子天线阵级别上采用 TTD 后，由于在子天线阵内各天线单元通道上不设置 TTD，而只采用移相器，故在子天线阵级内仍然存在子天线孔径渡越时间的影响，即由各个天线单元发射或接收的回波信号之间仍然存在空间路程差，其对应的时间差没有进行延迟补偿，而只做了相位补偿。

因此，以接收阵为例，一个子天线阵内两端天线单元接收信号存在的时间差，即子天线阵孔径渡越时间 T_{ASA0}，在整个天线阵分为 m 个长度的子天线阵时为

$$T_{ASA0} = \frac{L \cdot \sin\theta_B}{cm}$$

因为天线孔径 L 与天线阵中单元数目 $(N-1)$ 及单元间距 d 的关系为 $L=(N-1)d$，故

$$T_{ASA0} = \frac{(N-1)d\sin\theta_B}{mc} \qquad (10.90)$$

子天线阵的孔径渡越时间 T_{ASA0} 引起的子天线阵两端接收信号的距离偏移 Δr_{SA} 为

$$\Delta r_{SA} = \frac{(N-1)d\sin\theta_B}{2m} \qquad (10.91)$$

若 $d=\lambda_0/2$，则

$$\Delta r_{SA} = \frac{1}{4}\left(\frac{(N-1)}{m}\right)\sin\theta_B\lambda_0$$

式（10.90）表明，m 值越小，子天线阵孔径越大（子天线阵内单元数越多），Δr_{SA} 越大。

若要求它引起的雷达纵向距离分辨率 ΔR_r 的脉宽展宽系数为 k_{sp}，即

$$k_{sp} = \frac{\Delta R_R + \Delta r_{SA}}{\Delta R_R}$$

式中，k_{sp} 为大于 1 的系数，则 Δr_{SA} 应满足

$$\Delta r_{SA} \leqslant (k_{sp}-1)\Delta R_R \qquad (10.92)$$

由式（10.92）及式（10.86）可求出对子天线阵孔径 $[(N-1)d/m]$ 的要求为

$$\frac{(N-1)d}{m} \leqslant \frac{(k_{sp}-1)\lambda_0}{(B/f_0)\sin\theta_B} \qquad (10.93)$$

式（10.93）说明，随着天线扫描角度 θ_B 的加大，信号相对带宽增加，子天线阵内的单元数目 $[(N-1)/m]$ 便要降低，即子天线阵孔径不能增大；如允许的脉宽展宽系数 k_{sp} 不大，则子天线孔径尺寸也应降低。这表明为了保证宽带相控阵天线的纵向分辨率，子天线阵的孔径是有限制的，不能过大。

设允许纵向距离分辨率比信号带宽 B 决定的距离分辨率展宽 1.1 倍至 1.2 倍，即 $k_{sp}=1.1\sim1.2$，则对 X 波段，$f_0=10\text{GHz}$，当 $B=1\text{GHz}$，$\theta_B=30°$ 时，子天线阵孔径尺寸 Nd/m 应满足

$$\frac{(N-1)d}{m} \leqslant 2\lambda_0 \sim 4\lambda_0$$

对 L 波段相控阵雷达，$f_0=1300\text{MHz}$，$B=200\text{MHz}$，当 $\theta_B=60°$ 时，同样要求 $k_{sp}=1.1,1.2$ 时，子天线阵孔径尺寸 $[(N-1)d/m]$ 应分别满足小于 $0.75\lambda_0$ 与 $1.5\lambda_0$ 的要求。为了减少时间延迟单元的总数，只好放宽对 ΔR_r 的展宽系数 k_{sp} 的要求，即

允许纵向距离分辨率进一步变差。

由于 L 波段相控阵雷达因信号相对频带宽度 B/f_0 比 X 波段相控雷达的宽，宽带工作时的扫描角 θ_B 较大时，天线子孔径尺寸相对于波长的比值受到的限制更大些。

当子天线阵孔径确定之后，如只在子天线阵之间设置 TTD，则因为子天线阵孔径渡越时间的影响，在大扫描角 θ_B 的情况下增加信号瞬时带宽 B，并不能完全实现 $1/B$ 决定的纵向距离分辨率 ΔR_r。

2. 横向距离分辨率

对于宽带相控阵雷达，由于纵向距离分辨率已很高，因此由天线波束宽度决定的横向距离分辨率 $\Delta R'_{cr}$ 就明显太大，即

$$\Delta R'_{cr} = R \cdot \Delta \theta_{1/2} = \frac{R\lambda}{D} \tag{10.94}$$

式（10.94）中，D 为天线孔径尺寸。

从目标识别等需求出发，希望获得的横向距离分辨率与纵向距离分辨率大体相同。

当瞬时带宽信号用于实现高分辨率二维成像（ISAR 和 SAR 成像），即实现距离-多普勒成像（Range-Doppler Image）时，距离-多普勒成像在纵向距离维的分辨率取决于信号瞬时带宽，而它在横向距离维上的分辨率则依赖于目标自身的旋转或目标相对于雷达视线的旋转所产生的多普勒频率（又称为附加多普勒频移）。

横向距离分辨率取决于测量目标自旋或相对于雷达旋转产生的多普勒频率的分辨率。

图 10.24 为目标旋转（包括目标自转或其相对于雷达视线旋转）产生的目标回波的附加多普勒频率示意图。

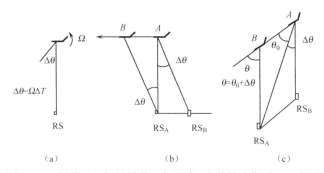

图 10.24　依赖于目标旋转的目标距离-多普勒成像原理示意图

图 10.24（a）中，RS 为雷达位置，目标围绕自身中心进行旋转运动，转速

为 Ω，经过 ΔT 时间后，转角 $\Delta\theta = \Omega\Delta T$；图 10.24（b）和图 10.24（c）表示目标自身不旋转，但绕雷达视线（LOS）做旋转，转角 $\Delta\theta$ 与目标的飞行速度和与雷达视线的夹角 θ_0 有关，该图中 $\mathrm{RS_A}$ 为雷达站位置，$\mathrm{RS_B}$ 是当假定目标不动时雷达站位置相应移动后的位置。图 10.24 可用于说明目标转台成像与合成孔径成像的原理是相同的。

实际上目标在空间飞行轨迹应以三维坐标表示，加上目标飞行过程往往伴有机动，且大多数情况下，事先不为雷达所知，因此地基相控阵雷达实现逆合成孔径成像较天基或空基雷达进行 SAR 成像要更难一些，需要做运动补偿，包括距离对准（如依靠回波信号包络对齐等方法）与相位补偿[10-11]。

测量目标转动产生的多普勒频率 f_{dR} 的分辨率 Δf_{dR} 取决于观测时间 T_{obs}，即

$$\Delta f_{\mathrm{dR}} = 1/T_{\mathrm{obs}}$$

与前面讨论距离分辨率情况一样，实际测量 f_{dR} 的分辨率也应乘以一个大于 1 的系数。对图 10.25 上 A 和 B 两点，它们的线速度 V_{r1} 与 V_{r2} 分别为

$$V_{\mathrm{r1}} = R_{\mathrm{T1}}\Omega, \qquad V_{\mathrm{r2}} = R_{\mathrm{T2}}\Omega$$

故 $\Delta V_{\mathrm{rR}} = V_{\mathrm{r2}} - V_{\mathrm{r1}} = \Delta R_{\mathrm{T}}\Omega$，其中 $\Delta R_{\mathrm{T}} = R_{\mathrm{T2}} - R_{\mathrm{T1}}$

其对应的多普勒频率 f_{d1} 与 f_{d2} 分别为

$$f_{\mathrm{d1}} = \frac{2R_{\mathrm{T1}}\Omega}{\lambda}, \ \ f_{\mathrm{d2}} = \frac{2R_{\mathrm{T2}}\Omega}{\lambda}$$

令 $\Delta f_{\mathrm{dR}} = f_{\mathrm{d2}} - f_{\mathrm{d1}}$，则有

$$\Delta f_{\mathrm{dR}} = \frac{2\Delta R_{\mathrm{T}}\Omega}{\lambda}$$

由 Δf_{dR} 可得离目标旋转中心的 R_2 与 R_1 两点之间的线速度的分辨率 ΔV_{rR} 为

$$\Delta V_{\mathrm{rR}} = \lambda\Delta f_{\mathrm{dR}}/2 \tag{10.95}$$

因此，目标物体上 A 和 B 两散射点之间的横向距离分辨率 ΔR_{cr} 为

$$\Delta R_{\mathrm{cr}} = (\lambda\Delta f_{\mathrm{dR}})/(2\Omega) = \lambda/(2T_{\mathrm{obs}}\Omega) \tag{10.96}$$

因为在 T_{obs} 时间内旋转角增量为 $\Delta\theta$，即 $T_{\mathrm{obs}}\Omega = \Delta\theta$，故横向距离分辨率 ΔR_{cr} 又可表示为

$$\Delta R_{\mathrm{cr}} = \lambda/(2\Delta\theta) \tag{10.97}$$

式（10.97）即采用瞬时宽带信号用 ISAR 成像时所能获得的横向距离分辨率。

由式（10.97）可以看出，波长 λ 越小，要达到同样的横向距离分辨率 ΔR_{cr}，要求的目标转角增量 $\Delta\theta$ 就越小，相应地，观测时间 T_{obs} 也可相应降低。

在宽带相控阵雷达中，如果要求横向距离分辨率 ΔR_{cr} 与纵向距离分辨率 ΔR_{r} 相等，则可求出对目标转角 $\Delta\theta$ 与信号相对带宽 B 的关系式。

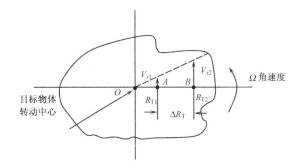

图 10.25　目标各散射点的线速度示意图

因为 $\Delta R_{\mathrm{r}} = \dfrac{C}{2B} = \dfrac{\lambda_0}{2\left(\dfrac{B}{f_0}\right)}$，$\Delta R_{\mathrm{r}} = \Delta R_{\mathrm{cr}}$，故成像要求的目标转角 $\Delta\theta$ 为

$$\Delta\theta = \frac{B}{f_0} \qquad (10.98)$$

即如果要求 $\Delta R_{\mathrm{cr}} = \Delta R_{\mathrm{r}}$，则目标转角 $\Delta\theta$ 应等于信号的相对带宽值。

如果考虑只在子天线阵级别上采用 TTD，且子天线阵孔径尺寸决定的压缩后信号波形的展宽系数为 k_{sp}，则同样可放宽对 $\Delta\theta$ 的要求，此时 $\Delta\theta$ 为

$$\Delta\theta = \frac{B}{f_0} \times \frac{1}{k_{\mathrm{sp}}}, \quad k_{\mathrm{sp}} \geqslant 1 \qquad (10.99)$$

10.6.2　宽带相控阵雷达的速度分辨率

测量目标速度，获取目标速度信息，可提高目标航迹测量精度与定轨精度，同时也为目标分类与识别提供一组重要的特征参数。

雷达测速主要依赖于测量目标回波的多普勒频率，因而速度分辨率与多普勒频率分辨率密切相关。大家熟知，多普勒频率的分辨率 Δf_{dR} 取决于总的观测时间 T_{obs}，即

$$\Delta f_{\mathrm{dR}} = 1/T_{\mathrm{obs}} \qquad (10.100)$$

对应的径向速度分辨率 ΔV_{R} 为

$$\Delta V_{\mathrm{R}} = \lambda/(2T_{\mathrm{obs}}) \qquad (10.101)$$

当采用 N 个宽带脉冲串信号时，总观测时间 $T_{\mathrm{obs}} = NT_{\mathrm{r}}$，相控阵天线波束快速扫描能力可提供足够长的目标观测时间 T_{obs}，这为提高多普勒频率与目标径向速度分辨率提供了可能。

宽带相控阵雷达有两种信号频率，即窄带信号与宽带信号频率，在采用这两种信号频率时均可进行测速，但测速分辨率与精度是不同的。下面分别进行讨论。

1. 窄带工作时的测速分辨率

当雷达在用窄带信号搜索工作方式下发现目标,并对目标进行截获和精密跟踪后,可以用窄带信号对目标进行速度测量,其作用有:

第一,修正多普勒频率与距离之间的耦合。

测量目标速度,修正由于采用线性调频信号带来的目标回波多普勒频率与目标距离之间的耦合带来的测距误差。

第二,提高测速精度,改善航迹预报精度与定轨精度。

测量目标速度及目标速度的变化率,相应地要求测量目标回波的多普勒频率及多普勒频率的变化率,对稳定跟踪机动目标有重要意义。

第三,获取目标回波的频谱结构。

通过采用脉冲多普勒技术获取目标回波的频谱结构及其变化,是目标分类与识别的一个重要手段。

相控阵雷达利用天线波束扫描的灵活性,可从众多跟踪目标中选择重要目标。优先对威胁度大的目标进行测速。除了用距离微分方法进行粗测目标速度外,相控阵雷达还采用窄带信号进行测速。这主要有两种方法:① 用等频长脉冲信号;② 高重复频率脉冲串信号,即所谓脉冲多普勒(PD)测速信号。下面分别就这两种信号的速度分辨率进行讨论。

1)用等频长脉冲信号

等频长脉冲信号带宽窄,虽然距离分辨率差,但速度分辨率较高。固态有源相控阵雷达的 T/R 组件中,采用高工作比或可在连续波状态下工作的 MMIC 功率放大器或用大功率固态晶体管作为放大器时,可在雷达的测速工作状态中采用单个等频长脉冲发射信号,或等频长脉冲串信号。

测速工作方式一般是在已经发现目标并已跟踪上目标之后进行的,因此采用与目标距离相匹配的等频长脉冲信号,即若目标距离为 R_t,则脉宽 T 定为 $T=2R_t/c$ 或与 $(2R_t/c)$ 相近,此时脉冲信号可称为脉冲宽度与目标距离相匹配的信号,即信号脉冲持续时间 $T \approx \dfrac{2R_t}{c}$,其中 R_t 为目标所在距离。例如,目标距离为 1500km,则 T 最大可加长到 10ms。与目标距离匹配的长脉冲信号示意图如图 10.26 所示。

当然,实际应用时,脉冲宽度 T 也可小于跟踪目标的最大作用距离所对应的传播时间,即

$$T \leqslant \frac{2R_t}{c} \tag{10.102}$$

脉冲宽度为 T 的等频信号的信号带宽 $B=1/T$,故测量多普勒频率的分辨率 Δf_{dR} 为

$$\Delta f_{dR}=1/T \tag{10.103}$$

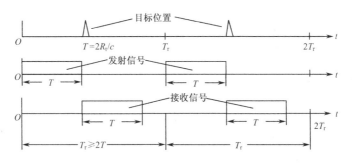

图 10.26　与目标距离匹配的长脉冲信号示意图

如果等频信号脉冲宽度 T 大于跟踪目标的最大作用距离所对应的传播时间，即 $T>2R_t/c$ 时，因收/发开关的作用，能接收到的回波脉冲宽度也只有 $2R_t/c$，因此测量多普勒频率的分辨率受由目标距离决定的观察时间的限制。

因目标距离 R_t 一般小于雷达最大作用距离 R_{max}，故 $T \le T_r \le 1/F_r$，T_r 和 F_r 分别为雷达信号的重复周期与重复频率。对战术应用相控阵雷达，因雷达最大作用距离不是很大，故雷达信号重复频率较高，即周期较短。例如 $R_{max}=300km$，$F_r=500Hz$，故可实现的多普勒频率的分辨率 Δf_{dR} 偏大，即

$$\Delta f_{dR} \le 1/T_r，或 \Delta f_{dR} \le F_r$$

对战略应用的远程相控阵雷达，其最大作用距离 R_{max} 高达数千千米以上，信号重复周期 T 可以很长，因此在应用等频长脉冲信号的条件下，可获得较高亦即较好的多普勒频率分辨率。例如，对 $R_{max} \ge 3000km$ 的相控阵雷达，$F_r=50Hz$，$T=20ms$，当采用 $T=10 \sim 20ms$ 的等频信号时，多普勒频率的分辨率 Δf_{dR} 可降低至 50Hz，这较战术相控阵雷达有很大改善。与多普勒频率分辨率相对应，采用单个等频长脉冲信号时的速率分辨率 ΔV_R 为

$$\Delta V_R = \frac{\lambda}{2T} \tag{10.104}$$

令等频脉冲信号的带宽为 B_E，因 $B_E=1/T$，故式（10.104）又可表示为

$$\Delta V_R = \frac{c}{2}\left(\frac{B_E}{f}\right) \tag{10.105}$$

式（10.105）中，B_E/f 为等频信号的相对频率宽度。

2）高重复频率脉冲串信号

考虑到单个等频脉冲信号的时宽毕竟有限，其多普勒频率分辨率及相应的速度分辨率都不可能很高，故可以采用等频脉冲串信号，其信号形式如图 10.27 所示，则总的观测时间 T_{obs} 将增加至

$$T_{obs} = NT_r \tag{10.106}$$

式（10.106）中，N 为脉冲串数目，$T_r=1/F_r$ 为雷达重复周期，为避免速度测量模糊 F_r，通常取高重复频率（HPRF）。在高重复频率条件下，存在距离测量模糊，但因在跟踪状态下工作，目标位置已知，原则上只要 T_r 大于距离波门宽度ΔR_{tr}，满足下式即可，即

$$F_r > \frac{c}{2\Delta R_{tr}} \tag{10.107}$$

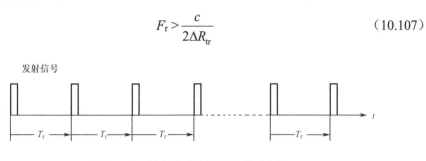

图 10.27　等频脉冲串测速信号示意图

在用这种等频脉冲串信号时，每个脉冲的时宽应小于 $T_r/2$，为减少发射信号期间对信号接收的遮蔽效应，应取 $T \ll T_r$。由于 T_{obs} 随脉冲串信号中脉冲数目的增加而增加，只要在 T_{obs} 内目标运动引起的加速度、加加速度可以忽略或可以补偿，即可获得很高的多普勒频率分辨率和速度分辨率，即

$$\Delta f_{dR} = \frac{1}{NT_r} , \quad \Delta V_R = \frac{\lambda}{2NT_r}$$

2. 宽带信号工作时的速度分辨率

宽带信号主要用于获取高距离分辨率和提高测距精度，若要利用这种信号进行测速，同样存在速度分辨率的问题。以下对采用单个宽带脉冲信号与宽带脉冲串信号这两种信号形式下的多普勒频率测量、测速方法与速度分辨率进行讨论。

1）采用单个宽带脉冲信号进行测速的可能性

当将单个具有大时宽带宽积的线性调频（LFM）信号用于高分辨率距离测量时，也有可能对其进行径向速度的测量。其主要原理是基于宽带信号的多普勒频率不是固定的，而是与信号频率呈线性变化关系。如图 10.28 所示，径向速度为 V_r 的目标回波多普勒频率在信号频率的高、低两端有相当明显的差异。

由于高分辨率距离测量时信号的瞬时带宽 B 一般大于 200MHz，故信号频率的高端与低端有相当大的差别，信号频率的高端和低端的多普勒频率相应地也有相当大的差别。这一差别可用于对目标径向速度进行评估。

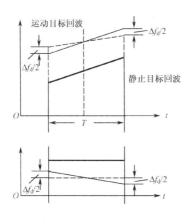

图 10.28　目标径向速度对去斜率
处理后宽带信号调频速率的影响

首先看静止目标回波经去斜处理后的时间-频率关系。

在图 10.28 中，粗线表示接收信号回波为静止目标的回波，即没有多普勒频率的回波，它的调频速率与发射信号的调频速率一致，因此经去斜处理后其时间-频率关系成了水平线，频率不随时间变化。图 10.28 中细线表示运动目标的接收回波信号，它具有正多普勒频率，其高低两端频率的多普勒频率分别为 $f_{\text{d max}}$ 与 $f_{\text{d min}}$。经过时频处理后，同一距离（即目标上同一个散射点）的回波信号的频率不再是等频的，而成为倾斜的，其调频速率为 K_{tf}。

$f_{\text{d max}}$ 和 $f_{\text{d min}}$ 与目标径向速度 V_{r} 及信号调频带宽 B 的关系分别为

$$f_{\text{d max}} = \frac{2V_{\text{r}}}{c}(f_0 + B/2) \tag{10.108}$$

$$f_{\text{d min}} = \frac{2V_{\text{r}}}{c}(f_0 - B/2) \tag{10.109}$$

宽带信号两端多普勒频率的差值 Δf_{d} 为

$$\Delta f_{\text{d}} = f_{\text{d max}} - f_{\text{d min}} = \frac{2V_{\text{r}}B}{c} = 2V_{\text{r}}/\Delta\lambda \tag{10.110}$$

式（10.110）中，$\Delta\lambda = c/B$。

Δf_{d} 又可用信号相对带宽（B/f_0）表示，即

$$\Delta f_{\text{d}} = \frac{2V_r}{\lambda_0} \times \frac{B}{f_0} \tag{10.111}$$

因此，可得时间-频率变换后回波信号的调频速率 K_{tf} 为

$$K_{\text{tf}} = \Delta f_{\text{d}}/T \tag{10.112}$$

例如，对 L 波段，$B=200\text{MHz}$，$\Delta\lambda=1.5\text{m}$，当 $V_{\text{r}}=7.5\text{km/s}$ 时，$\Delta f_{\text{d}}=10\text{kHz}$。

对 X 波段，$B=1\text{GHz}$，$B/f_0=0.1$，当 $V_{\text{r}}=7.5\text{km/s}$ 时，宽带信号两端多普勒频率的差将达到 $\Delta f=50\text{kHz}$。

由上述示例可见，宽带信号两端频率的多普勒频率差值是明显的。

通过测量 Δf_{d} 或测量 Δf_{d} 的调频速率 K_{tf}，可推算出目标的径向速度 V_{r} 为

$$V_{\text{r}} = \frac{\lambda_0}{2(B/f_0)}\Delta f_{\text{d}} \tag{10.113}$$

或

$$V_r = \frac{\lambda_0}{2(B/f_0)} K_{tf} T \qquad (10.114)$$

以上说明，通过测量宽带脉冲信号两端的多普勒频率之差 Δf_d 或等效地测量时间-频率转换后回波信号的调频斜率 K_{tf}，也可以推算出目标的径向速度 V_r。

2）单个宽带脉冲信号的速度分辨率

在采用单个宽带探测脉冲信号时，若在同一观察波束、同一距离分辨单元内有两个具有不同径向速度的目标，其径向速度分别为 V_{r1} 与 V_{r2}，它们的回波信号的多普勒频率存在差别，分别为 f_{d1} 与 f_{d2}。这两个具有不同径向速度目标的多普勒频率 f_{d1} 与 f_{d2}，在信号的高、低频率端都是不一样的，存在多普勒频率差 Δf_{d1} 与 Δf_{d2}。如果利用去斜处理后宽带信号两端频率对应的多普勒频率的差异 Δf_{d1} 与 Δf_{d2} 或其对应的多普勒频率差变化率的斜率 $\Delta f_{d1}/T$ 与 $\Delta f_{d2}/T$，则有可能在多普勒频率上区分它们。有

$$\delta f_{12} = \frac{2\Delta V_{r12}}{\lambda_0}(B/f_0) \qquad (10.115)$$

式（10.115）中，$\delta f_{12} = \Delta f_{d1} - \Delta f_{d2}$，$\Delta V_{r12} = V_{r1} - V_{r2}$，且

$$\Delta V_{r12} = \frac{\lambda_0 \delta f_{12}}{2(B/f_0)} \qquad (10.116)$$

若令 $\Delta K_{tf} = K_{tf1} - K_{tf2}$，$\Delta V_{r12}$ 又可表示为

$$\Delta V_{r12} = \frac{\lambda_0 \Delta K_{tf} T}{2(B/f_0)} \qquad (10.117)$$

因此，如能求出 δf_{12} 或 ΔK_{tf}，则能分辨两个不同速度的目标。

去斜处理后的信号已不是脉宽为 T 的等频脉冲信号，而是调频速率为 K_{tf} 的线性调频信号，若对此信号作 FFT 变换处理，虽然可对 f_{d1} 与 f_{d2} 的中间值做出估计，但因为 Δf_{d1} 与 Δf_{d2} 的存在，使信号频谱展宽，降低了输出信号的峰值，也降低了多普勒频率的分辨率。

3）宽带脉冲串信号的速度分辨率

当采用宽带脉冲串信号时，每一个宽带脉冲回波经时间-频率变换处理，变为宽度为 T 的等频率中频信号，经 FFT 处理，获得该目标尺寸上不同距离单元回波对应的频率分量，然后对脉冲串回波中同一频率分量信号再进行 FFT 处理，提取目标各距离分辨单元的多普勒信息。因此，多普勒频率的分辨率仍取决于总的观察时间 T_{obs}，即

$$\Delta f_d = 1/T_{obs}$$

10.6.3　宽带相控阵雷达的角分辨率

雷达角分辨率取决于天线孔径尺寸及信号波长，即基本用雷达天线波束半功

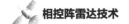

率点宽度来描述。

相控阵雷达天线波束方位与仰角半功率点宽度$\Delta\varphi_{1/2}$与$\Delta\theta_{1/2}$分别为

$$\Delta\varphi_{1/2} = \frac{\lambda}{D_A} \times \frac{1}{\cos\varphi_B}$$

$$\Delta\theta_{1/2} = \frac{\lambda}{D_E} \times \frac{1}{\cos\theta_B}$$

式中，D_A和D_E分别为天线孔径在水平与垂直方向的尺寸，对于圆阵，$D_A=D_E$，为天线直径；φ_B与θ_B分别表示天线波束在方位与仰角方向的扫描角。

相控阵雷达工作在瞬时大带宽情况下，由于信号频率变化范围大，对天线波束宽度的变化与波束指向偏移的影响，较采用窄带信号工作时要大许多，这在一定程度影响了宽带相控阵雷达的角分辨率。当设计大孔径宽带相控阵天线时，由于天线波束宽度很窄，角分辨率较常规雷达要高，这时更有必要讨论宽带信号对角分辨率的影响。

1. 信号带宽对波束宽度变化的影响

具有瞬时带宽为B的信号工作时，天线波束宽度是不一样的，随着脉冲内信号频率由低至高变化，除天线波束最大值改变外，天线波束的宽度也由宽变窄。

若宽带相控阵天线的孔径为D，因天线波束宽度$\Delta\varphi_{1/2}$为

$$\Delta\varphi_{1/2} = \lambda / D$$

在宽带信号频率由$f_{\min}$变化至$f_{\max}$过程中，信号波长由$\lambda_{\max}$变化为$\lambda_{\min}$，$\Delta\varphi_{1/2}$的变化范围$\delta\varphi_{1/2}$为

$$\delta\varphi_{1/2} = \Delta\varphi_{1/2}(f_{\min}) - \Delta\varphi_{1/2}(f_{\max}) = \frac{c}{D}\left(\frac{1}{f_{\min}} - \frac{1}{f_{\max}}\right)$$

因为信号瞬时带宽$B = f_{\max} - f_{\min}$，代入上式，可得

$$\delta\varphi_{1/2} = \Delta\varphi_{1/2}(f_0)\left(\frac{B}{f_0}\right)\left[1 + \frac{1}{4}\left(\frac{B}{f_0}\right)^2\right] \tag{10.118}$$

式（10.118）中，$\Delta\varphi_{1/2}(f_0)$为中心频率时的波束半功率点宽度，B/f_0为信号的相对瞬时带宽。此式表明，天线波束宽度的变化多少与相对信号瞬时带宽成正比。当$B/f_0 \leqslant 25\%$时，式（10.118）可化简为

$$\delta\varphi_{1/2} = \Delta\varphi_{1/2}(f_0)(B/f_0)$$

2. 子天线波束指向的偏移

当采用瞬时宽带信号时，如果只在子天线阵上实现实时延迟补偿，即只在子天线阵上设置TTD时，由于有实时延迟补偿剩余，会造成子天线阵波束指向的偏移。

前面已经讨论过，若不采用实时延迟线，在天线波束扫描角为 θ_B 时，天线波束最大值指向会因频率变化 Δf 而发生偏转，其偏转角 $\Delta\theta_f$ 为

$$\Delta\theta_f = -\frac{\Delta f}{f_0}\tan\theta \qquad (10.119)$$

若在子天线阵上设置实时延迟线，由信号频率变化引起的天线波束最大值指向偏转为

$$\Delta\theta_f' = -\frac{\Delta f}{f_0}\left(1-\frac{\tau_A}{T_{A0}}\right)\tan\theta_B \qquad (10.120)$$

式（10.120）中，T_{A0} 为天线的孔径渡越时间，即

$$T_{A0} = \frac{L_A\sin\theta_B}{c} \qquad (10.121)$$

式（10.121）中，L_A 为天线孔径尺寸，θ_B 为天线波束扫描角。

τ_A 为天线两端子天线阵之间的时间延迟单元 TTD 的延迟时间，当 TTD 是按波长 λ 的整数倍设计时，存在一个小于 λ 对应的时间补偿剩余，即

$$(T_A - \tau_A) = \lambda/c \qquad (10.122)$$

因此

$$1-\tau_A/T_{A0} = \frac{\lambda}{L_A\sin\theta_B} \qquad (10.123)$$

代入式（10.120），令 $\Delta f = \pm B/2$，可得

$$\Delta\theta_f' = \pm\frac{1}{2}\times\frac{\lambda}{L_A\cos\theta_B}\left(\frac{B}{f_0}\right) \qquad (10.124)$$

式（10.124）中，$\dfrac{\lambda}{L_A\cos\theta_B}$ 为天线波束在 θ_B 方向时的半功率点宽度，故天线波束最大偏转值 $\Delta\theta_f'$ 与天线波束宽度的关系为

$$\Delta\theta_f' = \pm\frac{1}{2}\Delta\theta_{1/2}\left(\frac{B}{f_0}\right) \qquad (10.125)$$

若按此式计算，当 $B/f_0=0.10$，如在 X 波段，$B=1\text{GHz}$，此时 $\Delta\theta_f'$ 的偏转将在 $\pm 0.05\Delta\theta_{1/2}$ 之间摆动。从角分辨率角度考虑，显然工程设计上这是允许的。

若要进一步降低 $\Delta\theta_f'$，则可将 TTD 的设计由按波长 λ 的整数倍设计，改为按波长的 $1/2^K$ 进行设计，如按 $\lambda/2$，即按 $K=2$ 进行设计，此时因频率变化引起的波束最大偏转 $\Delta\theta_f'$ 将降为

$$\Delta\theta_f' = \pm\frac{1}{4}\times\frac{\lambda}{L_A\cos\theta_B}\left(\frac{B}{f_0}\right) \qquad (10.126)$$

由式（10.126）可以看出，$\Delta\theta'_f$ 还随天线扫描角 θ_B 的增加而增加，因此，在使用宽带信号条件下，波束偏转的降低会引起角分辨率降低，天线波束扫描角 θ_B 不宜太大。

3. 天线口径平方相位误差分布引入的波束指向偏移与形状变化

前面在讨论阵列天线对线性调频信号调频速率限制时已提到，由于采用宽带线性调频信号，若线阵的相位参考点选在第 0 个单元，则线阵中第 i 个单元的信号可表示为[10]

$$s_i(t) = e^{j[\omega_0(t-i\Delta t) + x(t-i\Delta\tau)^2]} \qquad (10.127)$$

式（10.127）中，$x = \pi k = \pi(B/T)$，B 为信号带宽，T 为信号时宽，B/T 为信号调频速率，ω_0 为角调频速率；$\Delta\tau$ 为相邻单元信号辐射（或接收）的时间差，即

$$\Delta\tau = \frac{d\sin\theta}{c} \qquad (10.128)$$

经展开和化简，$s_i(t)$ 可表示为

$$s_i(t) = e^{j(\omega_0 t + xt^2)} \cdot e^{j(\varphi_{1i} + \varphi_{2i})} \cdot e^{j\varphi_{3i}} \qquad (10.129)$$

从角分辨率的角度考虑，人们感兴趣的是 φ_{3i} 对天线波束展宽的影响。φ_{3i} 为

$$\varphi_{3i} = xi^2\Delta\tau^2 = \pi\frac{B}{T}(i\Delta\tau)^2 \qquad (10.130)$$

这是由 LFM 信号引入的平方相位误差，即在同一时间内发射阵列中，第 i 个单元所发射的信号到达 θ_B 方向的目标时，与第 0 单元相比存在的平方相位误差；若是接收阵，φ_{3i} 则是第 i 个单元接收信号与第 0 单元接收信号相比的平方相位误差。

图 10.29 所示为 φ_{3i} 沿天线口径分布的示意图。

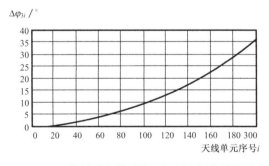

图 10.29　LFM 信号引入的天线口径平方相位误差示意图

图 10.29 中曲线以 L 波段宽带相控阵雷达为例，若 B=200MHz，T=5μs，θ_B=60°，$i = 0,1,\cdots,N-1$，N=200，单元间距 $d = 0.53\lambda_0 = 0.122$m，天线孔径 $L=(N-1)d$=24.4m，平方相位误差 φ_{3i} 的影响只有当信号具有高调频速率 $k=B/T$、

大扫描角 θ_B 和大孔径天线时才会显著。

沿阵列口径分布的平方相位误差，与非聚焦型合成孔径雷达（SAR）中沿综合孔径分布时的信号平方相位误差相类似。在 SAR 中，平方相位误差的分布对孔径中心是对称的，而这里则是非对称的，对波束指向的偏移与展宽的影响更大一些。

当存在大的平方相位误差时，波束指向将发生偏移，波束形状将变得不对称，主瓣展宽，副瓣电平也会提高。

10.7　宽带相控阵雷达系统中的失真与修正

本节主要讨论去斜处理中系统失真的修正方法与电离层传播失真的修正问题，包括宽带信号去斜处理时的速度和距离耦合与修正。

10.7.1　多普勒频率与距离修正

1. 多普勒频率与距离耦合的修正

从模糊度图上可看出，瞬时宽带 LFM 信号具有良好的多普勒容差性能，但也具有多普勒频率与距离的耦合。

采用时间-频率变换处理宽带脉冲压缩信号，与一般脉冲压缩信号的处理一样，同样存在目标距离与目标回波多普勒频率的耦合，即目标回波多普勒频率 f_d 会带来目标回波距离偏差，与之对应的时间的偏差 Δt_D 与信号瞬时带宽 B 及脉冲宽度 T 的关系为

$$\Delta t_D = T f_d / B \qquad (10.131)$$

在宽带远程相控阵雷达中，常需要采用具有大时宽带宽乘积的信号，这时脉冲宽度 T 值将很大，相应地由多普勒频率 f_d 引起的目标回波距离偏差对应的时间偏差 Δt_D 就很高。

如图 10.30 所示，从该图可以看出，同一距离但具有不同径向速度的目标，因具有不同多普勒频率，对它们的测量距离存在很大差异。消除这种因目标径向速度不同带来的测量目标距离的不确定性的一个方法，是在一个重复周期里，时间上顺序发射两个具有相反调频斜率的 LFM 信号。这两个 LFM 信号的模糊度图以实线和虚线标示于图 10.30 中。

改变调频速率后，因目标径向速度带来的目标回波距离偏差对应的时间偏差 Δt_D（即图 10.30 上的 $\Delta \tau$）为

$$\Delta t_{\mathrm{D}} = -T f_{\mathrm{d}} / B \qquad (10.132)$$

令目标所在真实距离对应的时间为 τ_{t}，用两个具有相反调频速率信号测量获得的时间分别为

$$\tau_{\mathrm{t1}} = \tau_{\mathrm{t}} + T \frac{f_{\mathrm{d}}}{B}$$

$$\tau_{\mathrm{t2}} = \tau_{\mathrm{t}} - T \frac{f_{\mathrm{d}}}{B}$$

因此，对其取平均，即可得到目标真实距离对应的时间 τ_{t}，即

$$\tau_{\mathrm{t}} = \frac{\tau_{\mathrm{t1}} + \tau_{\mathrm{t2}}}{2} \qquad (10.133)$$

目标的真实距离 R_{t} 为

$$R_{\mathrm{t}} = \frac{\tau_{\mathrm{t}} c}{2}$$

对宽带信号采用去斜处理后，上述方法同样可用于消除目标速度与距离之间的耦合影响。不同径向速度的目标回波变为两个在中频频率上有差异的等频回波，它们可能被认为是一个目标。如图 10.31 所示为去斜处理后速度与距离耦合的示意图，即两个在同一距离但具有不同径向速度的点目标回波经去斜处理后的情况。

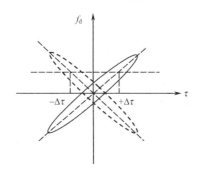

图 10.30　用双调频速率信号消除速度　　图 10.31　去斜处理后速度与距离耦合的示意图
与距离耦合影响的示意图

两个具有不同速度（多普勒频率）的点目标的回波会被当成一个在纵向距离上扩展了的目标，其纵向距离长度为 ΔR_{t}，即

$$\Delta R_{\mathrm{t}} = \frac{c \Delta t}{2} = \frac{cT}{2} \times \frac{\Delta f_{\mathrm{d}}}{B} \qquad (10.134)$$

图 10.32 所示为两个具有不同多普勒频率目标的模糊图，表示的 f_{d1} 为正，f_{d2} 为负，因 $|\Delta f_{\mathrm{d}}|$ 值加大，点目标距离扩展 ΔR_{t} 也增大。

调频斜率（B/T）越小，目标径向速度越大，引起的距离扩展越大，造成的测距不确定性也越大。

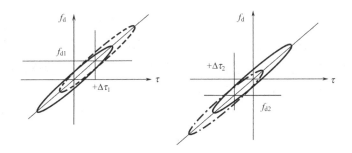

图 10.32　两个具有不同多普勒频率目标的模糊图

在用去斜处理时，为了消除多普勒频率与距离的耦合，同样可以采用两个具有相反调频速率信号。同一距离上存在两个不同速度目标的距离测量值与它们的多普勒频率的关系如图 10.32 所示。为了清晰起见，不同速度目标分别显示在两张图上。

由式（10.131）或式（10.132）可得

$$f_{d1} = \Delta \tau_1 \frac{B}{T}$$
$$f_{d2} = \Delta \tau_2 \frac{B}{T}$$

（10.135）

即可从时间上区分这两个目标，故只要知道了两个点目标的真实距离 τ_t 是否相同，即可判断它们是否来自同一距离单元。为了做到这一点，仍然采用变调频率的方法，时间上顺序发射两个不同调频斜率的 LFM 信号，用式（10.133）获得它们的真实距离所对应的时间。

2. 宽带信号高、低端频率的多普勒频率的差异及其修正

10.6 节中已提到，用于精确跟踪高分辨测量和目标识别信号的瞬时带宽 Δf 值很大，它们的多普勒频率相应也有相当大的差异。宽带信号高低两端频率的多普勒频率分别为 $f_{d\,max}$ 与 $f_{d\,min}$。经过时间-频率变换处理后同一距离（即目标上同一个散射点）的回波信号的频率不再是等频的，分别为 $f_{d\,max}$ 与 $f_{d\,min}$ 而具有频率调制，其调频速率为 K_{tf}。

宽带信号高低端频率的多普勒频率的差别 Δf_d 为

$$\Delta f_d = f_{d\,max} - f_{d\,min} = \frac{2V_r}{c} B = \frac{2V_r}{\Delta \lambda}$$

（10.136）

时间-频率变换后回波信号的调频速率 K_{tf} 为

$$K_{tf} = \Delta f_d / T = \frac{2V_r}{c} \times \frac{B}{T}$$

（10.137）

宽带信号引起的多普勒频率的差异带来的不良影响需要补偿和修正。经去斜处理后，回波信号时间仍为 T，但其频率却不是固定的，仍存在调频斜率调制，其调频速率为 K_{tf}。这使得对去斜处理后信号的频谱分析不能做到完全匹配。一般用快速傅里叶变换（FFT）的方法进行频谱分析，而 K_{tf} 未知前，难以对其进行补偿。因此，为了将去斜处理后带有频率调制的中频信号（即带宽为 Δf_d，时宽为 T 的中频信号）变为等频信号，必须对此信号进行补偿。补偿方法之一是改变本振信号的调频斜率，为此，先要初测速度，得出目标径向速度的初测值，然后才能进行修正。

为实现时间-频率的转换，不加修正时，本振信号的调频速率应与发射信号的调频速率相一致，即

$$K_{Lo} = \Delta f / T \tag{10.138}$$

考虑到目标运动引起的多普勒频率在回波信号的高、低两端有多普勒频差 Δf_d，修正后的本振信号的调频速率应为

$$K_{Loc} = (\Delta f + \Delta f_d) / T \tag{10.139}$$

为改变本振信号的调频速率，需通过初测速度 V_r，才能求出 Δf_d。初测速度的方法有以下几种。

初测目标径向速度精度越高，补偿就越准确。在宽带相控阵雷达中，用于速度初步测量的方法有以下 3 种。

1）距离微分方法

在应用宽带信号工作方式之前、用窄带信号的跟踪过程中，应用距离微分方法估计出目标的径向速度。

将相邻两次跟踪采样所获得的目标距离 $R(t+\Delta T)$ 与 $R(t)$ 进行距离微分，可获得目标径向速度 $V(t)$ 的粗略估计值，即

$$\Delta V(t) = [R(t + \Delta T) - R(t)] / \Delta T \tag{10.140}$$

式（10.140）中，ΔT 为对同一目标相邻两次跟踪采样间隔时间（其倒数即为该目标的跟踪数据率）。$V(t)$ 的随机测量误差 $\sigma_{\Delta V}$ 取决于目标距离的测量误差 $\sigma_{\Delta R}$，即

$$\sigma_{\Delta V} = \sqrt{2}\sigma_{\Delta R} / \Delta T \tag{10.141}$$

这是对单个回波脉冲的测速误差，它主要取决于测距误差 $\sigma_{\Delta R}$ 与 ΔT，而 $\sigma_{\Delta R}$ 又取决于信号脉宽及回波信号的信噪比，也与测量方法等有关。

如果令 τ 与 S/N 分别为脉冲压缩后信号的宽度与信噪比，则按不同测距方法，$\sigma_{\Delta R}$ 分别为不同的值。

（1）测量目标回波的前后沿时间，然后求两者的平均 $\sigma_{\Delta R}$ 为

$$\sigma_{\Delta R} = \frac{c}{2} \times \frac{\tau}{2\sqrt{S/N}} = \frac{c}{2} \times \frac{0.5\tau}{\sqrt{S/N}} \tag{10.142}$$

（2）将目标回波波形对时间微分，取其过零点的时间，按文献[10]经换算 $\sigma_{\Delta R}$ 为（参见文献[12]）

$$\sigma_{\Delta R} = \frac{c}{2} \times \frac{\tau}{1.61\sqrt{2(S/N)}} \approx \frac{c}{2} \times \frac{0.44\tau}{\sqrt{S/N}} \tag{10.143}$$

（3）用前后波门选通目标回波，根据其选出的回波信号前后两部分的重心，通过比较，得出目标回波信号中心对应的时间，这与单脉冲比幅测角方法的原理一致，若将目标回波信号用高斯波形拟合，可得

$$\sigma_{\Delta R} = \frac{c}{2} \times \frac{0.51\tau}{\sqrt{S/N}} \tag{10.144}$$

比较上述 3 个公式，取 $\sigma_{\Delta R} = \dfrac{c}{2} \times \dfrac{0.51\tau}{\sqrt{S/N}}$，在工作上应是可达到的。将其代入式（10.142），得到用距离微分方法的测速误差公式为

$$\sigma_{\Delta V} = \frac{c\tau}{\sqrt{2(S/N)}} \times \frac{1}{\Delta T} \tag{10.145}$$

由此可见，在窄带信号跟踪时，适当提高信号带宽，使脉冲压缩后信号宽度 τ 降低，对提高距离微分方法的测速精度有好处。此外，适当提高跟踪间隔时间 ΔT，可降低 $\sigma_{\Delta V}$，但随着 ΔT 的增加，目标运动的加速度、加加速度带来的测速误差也会加大。

因此，在采用大瞬时带宽信号进行高分辨精确测量或成像处理之前，增加中等带宽的信号，作为转入宽带信号去斜处理之前的一种过渡信号，应是合理的。

2）单个等频长脉冲信号

前面已讨论过，用单个等频长脉冲信号，其测速精度为 ΔV_r，它取决于脉宽 T，即

$$\Delta V_r = \frac{\lambda}{2T} \tag{10.146}$$

对 L 波段，脉宽 T=1000μs 的信号及 X 波段脉宽 T=200μs 的信号，ΔV_r 分别可达到 115m/s 及 75m/s 的精度。这一粗测速度的精度可用于对高速飞行目标回波的宽带回波信号在去斜处理后的速度补偿。

3）具有正负调频速率的双脉冲测量

具有正负调频速率的双脉冲测量，即前面关于多普勒频率与距离耦合问题讨论中提到的粗测速度的方法。

综上所述，进行多普勒频率补偿前后的本振信号的表示式分别为

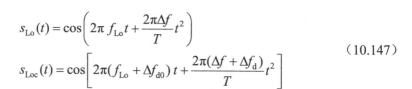

$$(10.147)$$

式（10.147）中，Δf_{d0} 为回波中心频率的多普勒频率，用于考虑目标的速度；Δf_d 为考虑宽带信号高低端产生的多普勒频率的差。采用基于 DDS 的波形产生器或其他数字式波形产生器，在跟踪波门内产生中心频率和调频斜率可变的本振信号是实现宽带信号多普勒频率补偿的可行方法。

10.7.2　采用宽带高分辨率信号时电离层电波传播影响的修正

1. 宽带信号高、低端频率在电离层中的传播时间差

空间目标探测相控阵雷达采用宽带高分辨信号观察空间目标时，电波要经过电离层进行传播，电离层的相对介电常数 ε_r 或电离层的折射率 n_e（$n_e = \sqrt{\varepsilon_r}$）与信号频率有关[13]，即

$$\varepsilon_r = 1 - f_s^2 / f^2 \qquad (10.148)$$

式（10.148）中，f_s 为电离层的本征频率，它与电子浓度 N_e（每立方米内的电子数）有关，为

$$f_s^2 = 80.8 \times 10^{-12} N_e \qquad (10.149)$$

电子浓度 N_e 与电离层的状态有关，随高度变化。中国典型的电离层电子浓度平均剖面图及相应的各种纬度下的 N_e 的数值表，可参见《雷达电波传播折射与衰减手册》（GJB/Z 87—1997）[13]。

将式（10.149）代入 ε_r 的表达式（10.148），得

$$\varepsilon_r = 1 - 80.8 \times 10^{-12} N_e / f^2 \qquad (10.150)$$

式（10.150）中，f 的单位为 MHz。

相应地，电离层的折射率 n_e 为

$$\sqrt{\varepsilon_r} = n_e \approx 1 - 40.364 \times 10^{-12} N_e / f^2 \qquad (10.151)$$

当采用宽带高分辨信号时，在信号频率高端与低端，电离层的相对介质常数 ε_r 不同，因而在电离层传播中的相速也有差异，从而出现延迟差异和相位差异，即存在色散现象。从目标反射回来的信号，再经过原传播途径返回雷达接收天线，延迟和相位加倍。

令 f_1 和 f_2 分别代表宽带信号的高频端与低频端，信号的瞬时带宽为 B，信号中心频率为 f_0，则在两个频率端的电离层折射率 n_{e1} 和 n_{e2} 分别为

$$n_{e1}=1-\frac{40.364\times10^{-12}N_{e}}{(f_{0}+B/2)^{2}} \qquad (10.152)$$

$$n_{e2}=1-\frac{40.364\times10^{-12}N_{e}}{(f_{0}-B/2)^{2}} \qquad (10.153)$$

因为信号在电离层里的传播速度（相速）$V_{e}=c/\sqrt{\varepsilon_{r}}=c/n_{e}$，故高、低端频率在电离层里的传播速度分别为 V_{e1} 与 V_{e2}。

根据雷达视线仰角 θ 及电离层分布高度，可计算出电磁波在电离层传播的路程 L_{e}，进而分别计算出两个频率信号在 L_{e} 的传播时间 t_{e1} 和 t_{e2}，即

$$t_{e1}=L_{e}/V_{e1}, \quad t_{e2}=L_{e}/V_{e2} \qquad (10.154)$$

两个频率信号的传播时间差 $\Delta\tau$ 为

$$\Delta\tau=t_{e1}-t_{e2} \qquad (10.155)$$

2. 电离层中传播时间差的修正

宽带信号高、低端频率在电离层中传播所产生的时间差 $\Delta\tau$，会带来高、低频率端信号相位的变化，从而使宽带信号的处理失真，因此必须对其加以修正。

为了修正电离层传播的影响，必须对雷达工作空间环境的电离层特性进行定期观测，为此，在大型宽带相控阵雷达阵地附近要建设电离层观测站，并利用全球电离层探测网可提供的数据及历史观测资料，做出电离层参数预报模型，据此进行电波传播修正。

雷达处于工作状态时，电波在电离层传播色散效应的实时修正可以用以下方法实现：对拟用宽带信号进行跟踪的目标，在启动高分辨观测之前，分别发射两个等频脉冲信号，即没有频率调制的等频信号，但它们分别工作在信号带宽内的两个不同频率上，如图 10.33 所示。

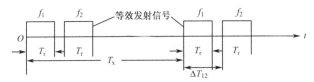

图 10.33　测量电离层色散效应的探测信号波形

两个测试信号的脉宽以能对该雷达目标回波获得足够高的信噪比为准并加以选择。加大脉宽，可缩小目标回波的谱线宽度，但又不希望两个脉冲之间的间距 ΔT_{12} 太大，以便于尽量保持两次观察之间回波信号的相关性少受目标运动的影响。

f_{1} 与 f_{2} 的选择可以按下式进行，即

$$f_{1}=f_{0}-B/4, \quad f_{2}=f_{0}+B/4 \qquad (10.156)$$

通过测量 f_1 与 f_2 两个回波信号到达的时间差 Δt_{12}，可以计算出电离层色散效应对两个信号的近似传播时间差 $\Delta\tau_{12}$，即

$$\Delta\tau_{12} = \Delta t_{12} - \Delta T_{12} \tag{10.157}$$

宽带信号高、低端两个频率的传播时间差 $\Delta\tau$ 的估计值为

$$\Delta\hat{\tau} = 2\Delta\tau_{12} \tag{10.158}$$

获得对 $\Delta\tau$ 的估值之后，将其用于对接收回波信号的不同频率分量分别进行修正。

为了讨论具体进行修正的方法，先回顾宽带 LFM 信号的相位表达式。

因为 LFM 信号的频率与时间的关系为

$$f(t) = f_0 + kt \tag{10.159}$$

式（10.159）中，$k = B/T$，为线性调频信号的调频速率。由式（10.159）可得 LFM 信号的相位随时间变化的关系为

$$\varphi(t) = 2\pi\int f(t)\mathrm{d}t = 2\pi f_0 t + x t^2 \tag{10.160}$$

$$x = \pi k = \pi B/T$$

令 $\varphi_2(t)$ 表示 LFM 信号的平方相位项，即信号相位随时间 t^2 增长的项。

$$\varphi_2(t) = x t^2 = \pi\left(\frac{B}{T}t\right)t \tag{10.161}$$

当 $t=0$，即脉冲信号开始时，$\varphi_2(t) = 0$；当 $t=T$，脉冲信号结束时，得

$$\varphi_2(t=T) = \pi B T$$

通过回顾这一基本物理概念，便于讨论宽带信号不同频率分量经过电离层出现不同时间延迟差，即电离层色散效应的补偿方法。

因 $\Delta\tau = t_{e1} - t_{e2}$ 为宽带信号两端高、低频率之间经过电离层传播产生的时间差，故在脉冲宽度内，单位时间里的传播时间差为 $\Delta\tau/T$，因此在 Bt/T 的频率分量上产生的相位增量 $\Delta\varphi_2(t)$ ［$\Delta\varphi_2(t)$ 中的下标 2 是考虑了发射与接收信号在电离层的双向传播］为

$$\Delta\varphi_2(t) = 2\pi\left(\frac{B}{T}t\right)\frac{2\Delta\hat{\tau}}{T}t \tag{10.162}$$

实测回波信号中的相位 $\varphi_2(t)$ 为

$$\varphi_2(t) = x t^2 + \Delta\varphi_2(t) \tag{10.163}$$

按式（10.163），在测出该目标方向宽带信号高、低两端频率在电离层传播时间差 $\Delta\tau$ 的估计值 $\Delta\hat{\tau}$ 后，即可按式（10.162）对 $\varphi_2(t)$ 进行补偿，使 $\varphi_2(t)$ 仍保持为 $x t^2$。

具体实现相位 $\Delta\varphi_2(t)$ 补偿的方法同样可通过改变用于时间-频率变换处理的本振信号的相位，采用基于 DDS 的本振信号源来实现这一操作。

参考文献

[1]　张光义. 相控阵雷达瞬时信号带宽的几个问题[J]. 现代雷达，1990(4): 1-10.

[2]　张光义. 相控阵雷达系统[M]. 北京：国防工业出版社，1994.

[3]　张光义. 频率分集体制初步分析[C]. 第二次全国雷达专业学术会议论文选集，1963.

[4]　ZHANG Z H, SUN X C. Optically Controlled Phased Array Antenna[J]. Telecommunication Engineering, 2004.

[5]　BROOKNER E. Radar Technology[M]. Massachusetts: Artech House, 1977.

[6]　ZHANG G Y. The Recearch Work of NRIET in Phased Array Radar[C]. 1996 IEEE International Symposium of Phased Array Systems and Technology. Boston: IEEE, 1996: 78-80.

[7]　斯科尼克 M I. 雷达手册[M]. 王军，林强，米慈中，等译. 北京：电子工业出版社，2003.

[8]　BARTON D K, LEONOV S A. Radar Technology Encyclopedia[M]. Boston: Artech House, 1997.

[9]　张光义，王德纯，华海根，等. 空间探测相控阵雷达[M]. 北京：科学出版社，2001.

[10]　SKOLNIK M I. Introduction to Radar Systems[M]. 3rd ed.. New York: McGraw-Hill, 2001.

[11]　张直中. 微波成像技术[M]. 北京：科学出版社，1990.

[12]　BARTON D K. Modern Radar System Analysis[M]. Boston: Artech House, 1985.

[13]　江长荫，张明高，焦培南，等. 雷达电波传播折射与衰减手册：GJB/Z 87—97[S]. 国防科学技术工业委员会，1997.

第11章
新型高性能半导体器件在相控阵雷达技术中的应用

　　20 世纪 60 年代以来，相控阵雷达技术有了很大发展。从需求上看，当初主要是为了解决对外空目标（人造地球卫星和洲际弹道导弹）的监视问题，因为只有相控阵雷达才能满足雷达对作用距离、数据率、多目标跟踪和测量精度等的要求。从 20 世纪 70 年代开始，各种战术相控阵雷达纷纷出现，各国新研制的雷达多数为相控阵雷达。当前，为适应以远程打击、精确打击为特点的信息化战争的需求，作为可主动获取远距离目标信息的雷达的作用更为明显。同时还应看到，相控阵雷达在发展经济中的作用也将日益显现，相控阵合成孔径雷达的问世就是一个很好的明证。随着雷达相关技术的发展及相控阵雷达 T/R 组件等功能模块批量生产能力的提高及其成本的降低，将有更多的先进相控阵雷达问世。

　　现代军事技术的快速发展，对相控阵雷达多功能、轻薄化、高性能、低成本等提出了更高的要求。各类新技术、新器件不断应用于相控阵雷达中，有效提高了雷达系统性能。硅基射频微波芯片可同时集成射频功能与逻辑控制功能，提高了相控阵雷达中 T/R 组件和变频收/发等前端模块的集成度。硅基模拟数字转换器（Analog-to-Digital Converter，ADC）、数字模拟转换器（Digital-to-Analog Converter，DAC）和现场可编程门阵列（Field Programmable Gate Array，FPGA）等性能不断提升，加速了相控阵雷达接收系统的数字化演进；GaN、SiC 等宽禁带半导体器件在输出功率和热稳定性方面具有明显优势，能有效提高相控阵雷达输出功率、增大雷达作用距离。InP 半导体电子迁移率高、噪声系数低，推动了相控阵雷达向更高频段发展；微系统技术能够实现复杂系统的高密度集成，推动了相控阵雷达系统的轻型化和小型化。本章将对上述新型高性能半导体器件的研制进展及其在相控阵雷达中的应用进行介绍。

11.1　采用硅基高集成度半导体器件的相控阵雷达

　　硅基工艺是指采用硅衬底材料的半导体工艺，在硅基射频微波集成电路中采用的主要为锗硅（SiGe）BiCMOS（Bipolar Complementary Metal-Oxide-Semiconductor）工艺和互补金属氧化物半导体（Complementary Metal-Oxide-Semiconductor，CMOS）工艺。SiGe BiCMOS 工艺采用了异质结双极型晶体管（Heterojunction Bipolar Transistor，HBT），在较低的工艺结点下显著提高了器件的截止频率（f_T）。例如，0.13μm 特征尺寸的 SiGe BiCMOS 工艺截止频率可达 300GHz 以上。而且，SiGe BiCMOS 工艺不仅具有良好的射频微波性能，还同时兼容 CMOS 工艺，可将射频功能与逻辑控制功能相结合，提高集成度，使数字/模拟（数/模）一体化、收/发一体化成为趋势。CMOS 工艺是一种金属-氧化物-半导体场效应晶体管（Metal-Oxide-Semiconductor Field Effect Transistor，MOSFET）制造工艺，其基本结构是采用 p 型和 n 型 MOS（Metal Oxide Semiconductor）管组成的互补对。近些年随着 CMOS 工艺的不断进步，尤其是进入深亚微米阶段，CMOS 器件的射频性能已可与 SiGe BiCMOS 工艺甚至Ⅲ-Ⅴ族工艺相比拟，其在集成度、成品率和成本方面，相比 SiGe BiCMOS 工艺也更有优势，越来越多的射频微波集成电路已转向 CMOS 工艺。国内 40nm 的 CMOS 工艺截止频率已经超过 250GHz，可以满足毫米波 Q 波段、E 波段甚至 W 波段的应用。

在硅基高速数字模拟电路中，一般采用 CMOS、双极型晶体管（Bipolar Junction Transistor，BJT）工艺、双扩散金属氧化物半导体（Doublediffusion Metal-Oxide-Semiconductor，DMOS）工艺。其中，基于 CMOS 工艺的芯片集成度高、功耗低，适合做逻辑处理和功率不高的输出驱动；BJT 工艺中两种载流子参与导电，驱动能力强，工作频率高，但是集成度不高，适合模拟电路对速度、驱动能力等方面有较高要求的场合；DMOS 工艺采用双扩散工艺，漏极和沟道区轻掺杂漂移区实现较高的击穿电压，适合高压大电流驱动应用领域，一般用来做功率器件。结合 BJT 工艺和 CMOS 工艺的 BiCMOS 工艺具有双极型器件高速、强驱动能力，同时兼顾 CMOS 高集成度、低功耗的优点，是发展超大规模集成电路（Very Large Scale Integration，VLSI）的重要基础。结合三种技术的 BCD（Bipolar-CMOS-DMOS）工艺具有高速、强负载驱动能力、集成度高、低功耗的优点，目前广泛应用于高性能模拟、电源管理芯片中。

半导体工艺技术的进步，摩尔定律带来的芯片尺寸不断缩小、寄生效应的改善，使得数/模混合芯片（ADC、DAC）的带宽得到极大提高，转换速率显著提升。但是，随着先进工艺下晶体管特征尺寸的缩小，同等条件下模拟电路的某些性能有所下降（如运放增益等），尤其是在深亚微米工艺下，往往需要数字处理技术来进行整体性能的补偿。例如，在高精度高速 ADC 设计上，通过数字校准技术来弥补通道增益非线性、电容失配等带来的动态性能损失。ADC/DAC 等模拟电路速度的提升，为数字宽带雷达的实现提供了技术基础。同时，FPGA 发展迅速，已从最初的 2μm 工艺发展至成熟的 14nm 工艺。FPGA 以其设计灵活性及出色的并行处理能力在相控阵雷达中得到广泛应用。

11.1.1 硅基高集成度射频微波芯片

1. 对硅基高集成度射频微波芯片的一些新要求

新一代有源相控阵雷达通过众多的有源收/发通道实现了更大孔径，从而提高了雷达作用距离和实现了更小目标的探测；通过数字化实现灵活的波束性能和更大动态，并提高多目标的同时探测能力；通过提升工作频率和工作带宽，提高目标分辨与识别能力。这些需求给有源相控阵雷达带来了更高的器件性能、系统集成和低成本要求。随着硅基半导体工艺水平的进步、硅基材料高频性能的提升，使得将多个功能器件进行单片集成及雷达成本降低成为可能。

1）进一步提高集成度

传统有源收/发通道中，移相器、衰减器、开关、驱动放大器和混频器等均为分立器件，每个器件根据频率、工艺特性单独设计研发。随着半导体工艺技术和有源收/发通道对高集成度、低功耗的发展需求，需要硅基半导体技术在单芯片上实现所需的各种功能及控制模块的集成。

2）进一步降低成本

现代大型有源相控阵雷达的成本高，有源通道成本约占雷达总成本的60%以上，而射频微波芯片是有源收/发通道的核心器件，约占有源收/发通道成本的80%。因此，射频微波芯片很大程度上决定了相控阵雷达的成本和性能。在保证有源通道性能的前提下，人们提出了利用硅基半导体器件的低成本优势，研制出低成本、高集成度的射频微波芯片的要求。

3）进一步拓展功能，提高灵活性

传统的相控阵雷达微波信号链路较为固定，不同产品间的链路构成根据实际波段、带宽、功率等的差异而具体设计。但随着智能化、自适应及数字化相控阵雷达的发展，要求微波信号链路具备可编程、可重构的特性，以便能够根据不同应用场合，基于统一的硬件载体，通过智能编程实现不同应用需求的信号链路。

2. 硅基高集成度射频微波芯片的工艺和特点

1）硅基高集成度射频微波芯片工艺

当前射频微波器件用半导体的制造工艺主要分为以 CMOS 或 SiGe 为代表的硅基半导体工艺和以 GaAs（或 GaN）等为代表的Ⅲ-Ⅴ族化合物半导体工艺两大类，在表 11.1 中列出了硅基半导体与 GaAs 半导体工艺的典型参数对比。传统硅基半导体工艺受限于工艺尺寸，导致截止频率较低，毫米波频段应用受限，但是随着近 10 年工艺尺寸进一步缩小，以 CMOS 为代表的硅基半导体工艺截止频率不断提高。

此外，SiGe BiCMOS 工艺中提供了 CMOS 晶体管，可以实现数字电路的片上集成，弥补Ⅲ-Ⅴ族半导体工艺不能集成数字电路的缺陷。因此，尽管与 GaAs 和 InP 等化合物半导体工艺相比，硅基半导体工艺在大功率输出、低噪声等方面存在劣势，但综合成本、集成度等多方面的优势推动了硅基半导体工艺在射频微波集成电路方向的应用。硅基半导体与 GaAs 半导体工艺的特点对比如表 11.2 所示。

表 11.1　硅基半导体与 GaAs 半导体工艺的典型参数对比

性能	Si (28nm)	SiGe (0.13μm)	GaAs (0.15μm)
特征频率 f_T / f_{max} /GHz	310/185	300/500	90/200
NF_{min}@3GHz/dB	0.5	0.3	0.2
G_{max}@30GHz/dB	12	18	11
击穿电压 B_{VCEO}/V	1	1.6	—
击穿电压 B_{VCBO}/V	2.2	5.7	—
击穿电压 B_{VDG}/V	—	—	12

表 11.2　硅基半导体与 GaAs 半导体工艺的特点对比

工艺	特点	适用领域
硅基半导体 工艺	便于数字集成，价格低，成品率较高，功耗低 寄生效应大，输出功率较小，噪声较高	高集成度、低功耗微波电路，如超低功耗、输出功率适中等领域
Ⅲ-Ⅴ族化合物半导体工艺 （以 GaAs 为例）	寄生效应小，特征频率高，单位面积输出功率大，具有接地通孔、空气桥等先进技术 数字集成难度大，价格高，成品率低，功耗大	高性能微波集成电路，如超低噪声、大功率输出等领域

（1）工作频率：随着 CMOS/SiGe 硅基半导体工艺的发展，其器件特征频率超过 200GHz 以上，满足毫米波的 Q 波段、E 波段甚至 W 波段的使用需求。

（2）噪声特性：GaAs 半导体工艺采用赝配结构，因异质结界面处导带的不连续，可以获得很高的二维电子气浓度，具有很高的电子迁移率和优异的噪声特性，与硅基半导体工艺相比具有明显的优势。

（3）功率特性：硅基半导体工艺电子迁移率低、击穿电压低，直接导致硅基射频微波电路功率、增益等性能处于劣势。且硅基放大器的工作效率相对较低，设计相同输出功率的硅基放大器的直流功耗势必更大。

（4）集成度：硅基半导体工艺可以将数字逻辑控制电路集成于多功能芯片中，与 GaAs 半导体工艺相比具有逻辑控制电路功耗较低的优势。目前 GaAs 半导体控制电路工艺也能同时集成增强型管芯（E-Mode）和耗尽型管芯（D-Mode），可将数字逻辑控制电路和射频电路单片集成，但是功耗及尺寸较大。

综上所述，GaAs 半导体工艺在工作频率、噪声特性、功率特性等方面具有明显优势，而硅基半导体工艺具有集成度高、控制电路功耗低等优势。

2）硅基高集成度射频微波芯片的特点

（1）集成度高。相控阵雷达的 T/R 组件、变频收/发等前端模块的实现方式是采用多片分立的单一功能的 GaAs 射频微波芯片搭建而成的。T/R 组件包括移相器、衰减器、功率放大器、低噪声放大器等芯片；变频收/发等模块则包括众多的滤波器、开关、混频器、低噪声放大器、中频放大器等芯片。此外上述 GaAs 射频微波芯片还需要搭配硅基的供电和控制芯片使用，模块内部单个通道芯片数目多、射频电路板面积大、调试难度大。

硅基半导体工艺可同时将射频微波、逻辑控制等电路单片集成，相较于 GaAs 半导体工艺具有更高的集成度，实现方式更加简单。在相控阵雷达发展中，其对功能实现的集成度提升和尺寸缩减有极大的促进作用。单片硅基高集成度射频微波芯片可以取代多片 GaAs 高集成度射频微波芯片，显著降低 T/R 组件、变频收/发等模块的成本，缩减模块体积，同时可提高系统的稳定性，节约调试时间和成本。

（2）成本低。使用硅基半导体工艺进行芯片设计与制造具有成本低和工艺一致性高的优势，基于 CMOS 半导体工艺的高集成度片上系统（SoC）可以在同一芯片上集成模拟电路、数字电路和射频电路等具有不同功能的模块，可以极大地提高系统的集成度，降低系统复杂度，并降低生产成本，已经越来越广泛地应用于雷达系统、卫星导航与通信系统。

（3）性能不断提高。硅基半导体在超大功率输出、低噪声放大器等方面性能不如传统的Ⅲ-Ⅴ族半导体，然而其具有可大规模集成的优势，非常有益于降低成本。硅基半导体工艺将基带输出处理和无线收/发等电路整体集成在一起，在保证系统级 SoC 整体性能的同时兼顾了低成本优势。同时，硅基半导体工艺还在不断进步，特征尺寸按照摩尔定律不断缩小，特征频率 f_T 不断提高，且硅基半导体工艺供电电压较低，比较适合低功耗设计。

对于普通的 Si BJT 器件，由于器件的各区尺寸较大，因此主要通过减小器件的尺寸来减小结电容，从而减少渡越时间，提高特征频率 f_T。国内 40nm 的 CMOS 半导体工艺截止频率已经超过 250GHz，可以满足毫米波 Q 波段、E 波段甚至 W 波段的应用。而 SiGe HBT 的纵向结构是通过外延方法，采用基区 Ge 含量缓变结构使得 SiGe HBT 结处的禁带宽度减小，从而减少了基区渡越时间；且基区掺杂浓度的提高，使得基区电阻减小，提高了基区注入效率。同时，由于 Si/SiGe HBT 禁带宽度的差别，晶体管不要求具备高掺杂发射区和低掺杂基区就可以保证有较大的电流增益，发射区掺杂可降低以减小 EB 结电容，有效降低 EB

结渡越时间，进一步提高特征频率 f_T。随着硅基半导体工艺的不断发展，射频 CMOS 与异质双极型晶体管（HBT）的特征频率（f_T）不断升高，IBM, ST, IHP 等公司的锗硅（SiGe）BiCMOS 半导体工艺的 f_T 已经超过了几百吉赫兹，性能还在不断提升中。

3. 硅基高集成度射频微波芯片在相控阵雷达中的应用

1）器件级应用

（1）硅基幅相多功能芯片。有源相控阵雷达系统需要成千上万个 T/R 组件，体积庞大，成本高，对 T/R 组件高性能、小型化和低成本提出了更高的要求。图 11.1 所示为 4 通道硅基幅相多功能芯片在 T/R 组件中的应用，该组件主要由射频前端和 4 通道硅基幅相多功能芯片组成，其中射频前端由双工器、GaN 高功率放大器（HPA）、限幅器和 GaAs 低噪声放大器（LNA）组成，完成微波信号的大功率输出与低噪声放大。4 通道硅基幅相多功能芯片实现了收/发小信号放大［功率放大器（PA）、LNA 和开关控制］、移相衰减、串/并转换、电源调制及 LDO（Low Dropout Regulator）、BIT（Built-in Self-Test）检测等功能。射频前端采用Ⅲ-Ⅴ族化合物半导体，利用了 GaN 半导体的高功率、高效率和 GaAs 半导体低噪声系数的优势，硅基幅相多功能芯片利用了硅基工艺高集成度和低成本的优势。两者应用于有源相控阵 T/R 组件中既可简化 T/R 组件及阵面设计，又拓展了健康管理、能量管理等雷达功能。

该 4 通道硅基幅相多功能芯片采用 0.13μm SiGe BiCMOS 工艺，芯片尺寸为 6.5mm×6.5mm，工作频率为 8～12GHz，集成了 6 位移相器和 6 位衰减器，发射输出功率为 10dBm，接收增益为 3.5dB。

多波束相控阵天线在不增加天线面积的情况下，使多个不同指向的信号同时接收或发射，以实现多个波束的独立扫描，应用于相控阵雷达系统中，可以实现多个空域的同时覆盖。该技术可以大幅度降低相控阵天线的成本、体积和质量，但同时对射频前端的集成度也提出了更高的要求。在射频前端设计中保证波束间隔离度的同时，做到有源器件的低损耗高集成度。硅基半导体工艺相较 GaAs 半导体工艺拥有更多的互联金属层，在进行多波束、多极化多功能芯片设计时可以实现更大的通道间隔离度。因此有越来越多的硅基芯片应用至多极化、多波束有源相控阵中。图 11.2 所示为 16 通道硅基幅相多功能芯片原理框图。该芯片由一片硅基芯片支持四波束输入/输出（输入波束 1～4 和输出波束 1～4），16 通道幅相控制。其内部集成了四路一分四功率分配器（简称功分器）、驱动放大器、移相器、衰减器等，具有集成度高、体积小、功耗低的特点。

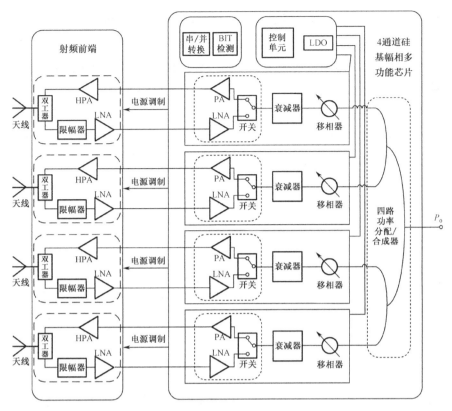

图 11.1　4 通道硅基幅相多功能芯片在 T/R 组件中的应用

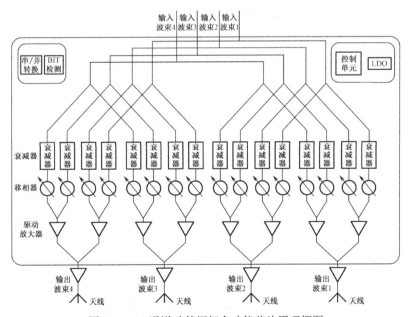

图 11.2　16 通道硅基幅相多功能芯片原理框图

该 16 通道硅基幅相多功能芯片采用 65nm 标准的 CMOS 半导体工艺，芯片尺寸为 6.5mm×5.5mm，工作频率为 17～22GHz，集成了驱动放大器、6 位移相器、4 位衰减器，发射输出功率为 7dBm，同时还集成了串/并转换、BIT 控制、控制单元和 LDO 等功能模块。

中国电子科技集团公司（以下简称中国电科）采用 0.13μm SiGe BiCMOS 工艺，研发了覆盖 S～Ka 波段的系列化硅基幅相多功能芯片，如图 11.3 所示。其单片集成 4 通道的低噪声放大器、功率放大器、驱动放大器、移相器、衰减器、开关、功率合成器以及波束控制模块，芯片内部收/发链路采用差分结构，有效减少了通道间的信号串扰，可显著提高通道隔离度。

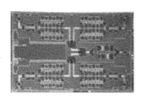 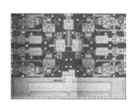 

（a）S 波段 （b）X 波段 （c）Ka 波段

图 11.3 系列化硅基幅相多功能芯片

（2）硅基变频芯片。硅基变频芯片用于完成频率转换，在接收机链路需要完成射频微波信号的下变频，以便后端进行数字采样基带处理，在发射机链路需要完成基带信号的上变频以便射频微波信号通过天线辐射，如图 11.4 所示。目前，基于硅基半导体工艺的收/发变频前端已应用于 P，L 和 S 等波段的低频组件，同时 W，F，D 和 G 波段等接近或大于 100GHz 的收/发器、频率综合器、变频器等系统和模块也得到广泛研究[1-5]。

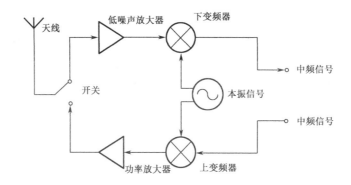

图 11.4 射频收/发变频前端典型框图

2016 年，东南大学基于 65nm CMOS 工艺研制了一款 60GHz 的变频接收机芯片。该芯片采用超外差构架，芯片面积为 1.33mm²。芯片具备高、低增益两种工作模式。在高增益模式下，增益为 75dB，噪声系数小于 5dB，输入 1dB 压缩点功率为-72dBm；在低增益模式下，增益为 20dB，噪声系数小于 14dB，输入 1dB 压缩点功率为-30dBm[6]。

为满足高集成度、低功耗的相控阵雷达发展需求，中国电科研发了数款硅基变频芯片，如 P～L 波段变频 RFIC（射频集成电路）和 S 波段变频 RFIC 等。上述芯片采用超外差构架，接收机通道集成低噪声放大、混频、中频放大、衰减等功能；发射机通道则集成了功率放大、混频、衰减等功能，使之具有高集成度、高线性度、大动态范围的特点，显著降低了系统成本，缩小了 PCB 板面积并提高了系统稳定性。S 波段变频 RFIC 接收增益大于 30dB，噪声系数小于 11dB，发射输出 1dB 压缩点功率为 3dBm，基于 SiGe BiCMOS 工艺的 S 波段硅基变频收/发芯片如图 11.5 所示。硅基 P～L 波段和 S 波段变频 RFIC 已经在相控阵雷达系列产品中批量应用。

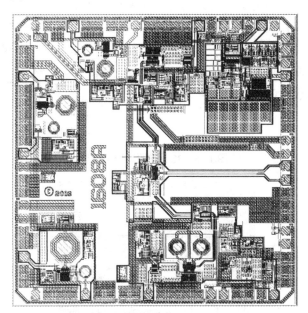

图 11.5　基于 SiGe BiCMOS 工艺的 S 波段硅基变频收/发芯片

2）系统级应用

目前已有基于 0.18μm CMOS 半导体工艺实现的 24GHz 和 X 波段等频段的相控阵雷达收/发系统[7-8]，以及基于 65nm CMOS 半导体工艺实现的毫米波波段以上的相控阵雷达系统。

2017 年，IBM 研究中心团队采用 SiGe BiCMOS 半导体工艺研制了一款 32 通道单片硅基毫米波收/发阵列芯片，它集成了 32 通道幅相控制、收/发放大、功率合成，以及功率合成后的二次变频、滤波、中频收/发等功能，芯片单片面积为 10.5mm×15.8mm，具备高集成度[9]。

2018 年，加州大学圣地亚哥分校采用 Tower Jazz SBC18H3 SiGe BiCMOS 半导体工艺设计了单片 4 通道收/发芯片，并阐述了相控阵列的系统设计。该芯片中收/发链路相对独立，仅在输入/输出端通过开关切换收/发功能。单片 4 通道收/发芯片面积仅为 2.5mm×4.7mm。项目组采用 8 个 4 通道单片连同 32 路阵列天线在 PCB 板上实现了 32 通道阵列天线，如图 11.6 所示。该芯片与 PCB 的连接采用倒装芯片技术，降低了阵面成本[10]。图 11.7 所示为中国电科研制的硅基 T/R 组件。

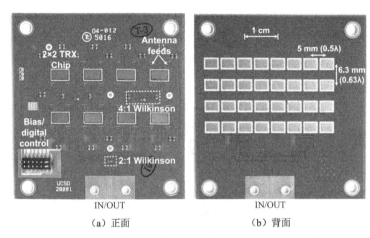

图 11.6　32 通道阵列天线[10]

图 11.7　硅基 T/R 组件

11.1.2 硅基高速数字器件

近二十年来 ADC、DAC 和 FPGA 的性能得到了极大的提高，成本也显著下降，推动了其在相控阵雷达中的广泛应用。相控阵雷达的接收系统从早期的数量有限的多通道接收系统，演变为通道数量极多的包含数字式 T/R 组件的复杂系统。这是传统的模拟相控阵雷达演变为数字相控阵雷达的重要技术前提，对相控阵雷达的发展具有重要意义。

1. 对硅基高速数字器件的一些新要求

模拟相控阵和数字相控阵的一个主要区别在于所采用的波束形成硬件不同。模拟相控阵的发射波束形成依赖于如移相器、延迟单元及波导等模拟器件，接收波束形成依赖于移相器和馈线网络，合成接收波束后再进行数字采样。模拟器件和无源馈线网络体积庞大，相位精度较低，导致波束数量较少且不方便扩展，阵面的可重构性较低[11]。

数字相控阵的收/发波束都采用数字器件实现，发射波束的形成采用 DAC 或者直接数字综合器（Direct Digital Synthesizer，DDS）实现延迟移相或移频移相，接收波束的形成采用先数字采样再数字合成的方法被称作数字波束形成（Digital Beam Forming，DBF）。数字相控阵在波束控制精度、数量、灵活度、可重构性等方面具有明显的优势，因此很快成为相控阵雷达的主要发展方向。

宽带相控阵雷达除了具有常规相控阵雷达的优点以外，其采用宽带信号可获得高距离分辨率，且兼具良好的低截获概率（Low Probability of Interception，LPI）特性，为解决多目标分辨和分类识别、提高相控阵雷达的抗干扰能力等难题提供了解决途径。雷达、电子战、通信等电子设备的一体化需求持续地推动了数字阵列雷达瞬时带宽的提高，使得宽带数字阵列系统成为相控阵雷达的下一个重点发展方向，这一需求也持续推动着高速数/模混合芯片和处理芯片的技术进步。

2. 硅基高速数字器件的特点

1）ADC

ADC 的功能是将接收机已经混频、滤波、放大后的中频模拟信号转换为二进制的数字信号，其工作过程分为采样、保持、量化、编码和输出等几个环节[12]。早期在集成电路设计时有专门的采样保持电路（芯片）负责采样和保持环节，ADC 只负责量化、编码和输出几个步骤，随着技术的进步，目前的主流 ADC 已经将上述几个环节都包含在内了。

图 11.8 所示为 16 位 ADC 原理框图。该款器件采用 CMOS 半导体工艺制造，

其架构为流水线结构，内部包含共模偏置电压电路、内部基准产生电路、时钟稳定电路和 16 位流水线信号处理电路等单元，专为高频、宽动态范围信号数字化处理而设计。

该器件模拟输入信号通过采样/保持电路进入 16 位流水线信号处理电路，每级流水线依次对输入电压进行量化，产生多级输出数据，再通过校正逻辑电路、输出驱动电路，最终生成 16 位数字输出信号，从而实现从模拟信号到 16 位数字信号的转换。

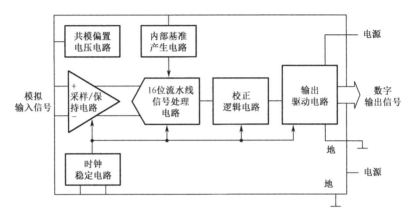

图 11.8   16 位 ADC 原理框图

（1）ADC 的类型。常用的 ADC 有 Integrating（积分型）ADC、SAR（逐次逼近型）ADC、Flash（闪速型）ADC、Σ-Δ（Σ-Δ 型）ADC、Pipelined（流水线型）ADC 等。几种常见 ADC 器件类型的特点如表 11.3 所示。

表 11.3   几种常见 ADC 器件类型的特点

特点	类型				
	闪速型（并行）ADC	逐次逼近型 ADC	双积分型 ADC	流水线型 ADC	Σ-Δ 型 ADC
性能特点	超高速 ADC（不考虑功耗）	中速、中等分辨率；低电压、小尺寸	低速、高分辨率、低噪声	高速、高分辨率	高分辨率、低中速
转换方式	N 位需要（$2N-1$）位比较器	二进制搜索算法、内部电路速度较高	未知电压经积分与参考电压比较	小并行结构	极低位量化器，采用 Σ-Δ 调制器，高过采样率获得高精度
解码方式	温度计式编码	连续逼近	模拟信号积分	数字校正逻辑	过采样模块数据抽取滤波
缺点	火花码亚稳态，高功耗，大尺寸	速度中等，需要反锯齿处理过滤器	精度高但速率慢，对外部元件需要精确	平行度增加，功耗增加	采样率低

434

特点	类型				
	闪速型（并行）ADC	逐次逼近型 ADC	双积分型 ADC	流水线型 ADC	Σ-Δ 型 ADC
分辨率	元件匹配限制在 8 位左右	每增加 1 位，元件匹配数需要增加 1 倍	元件匹配与分辨率无关	每增加 1 位，元件匹配数需要增加 1 倍	每增加 1 位，元件匹配数需要增加 1 倍
尺寸	（2N–1）个比较器功耗与 Die 尺寸随分辨率指数增加	分辨率增加与 Die 的大小成线性关系	分辨率增加与核心 Die 的大小没有实质性关系	分辨率增加与 Die 的大小成线性关系	分辨率增加与核心 Die 的大小没有实质关系

　　表 11.3 中的特点只是各种类型 ADC 的相对特点。目前 ADC 技术复杂多样，但总体而言，ADC 基本都是朝着高速率、高分辨率、低功耗、小尺寸、高集成度的趋势发展。其中，流水线型 ADC 由于具有最佳的整体性能，因此非常适合无线收/发机和军用器件等高性能应用，在相控阵雷达的数字接收机和数字式 T/R 组件中也得到广泛应用。

　　（2）ADC 的指标。作为接收机和数字式 T/R 组件的核心元器件，ADC 的性能好坏直接影响整个接收机系统指标和性能。表征 ADC 性能的参数，目前尚无统一标准，各主要器件生产厂家在其产品参数特性表中给出的也不完全一致。一般来说，可以分为静态特性和动态特性两类参数[12]。

　　ADC 的静态特性包括分辨率、量化电平、全输入范围、动态范围、偏置误差、增益误差、微分非线性和积分非线性等；ADC 的动态特性包括频率响应、谐波失真和总谐波失真、信噪比、信噪失真比和有效位数、无杂散信号动态范围等。特性参数的具体定义和测试方法可参见相关的 ADC 手册。

　　高速 ADC 的动态特性是指传输快速交变信号时的性能技术指标，其与 ADC 的操作速度有关。在理想情况下是由量化所引起的等效量化噪声，而实际 ADC 的动态性能指标则是由 ADC 的非线性因素所产生的失真、噪声及频响误差等决定的。在雷达接收机的设计过程中，设计师对 ADC 的动态特性更为关注。

　　（3）ADC 的选用原则。目前在数字相控阵雷达中，ADC 采样设计多基于带通采样定理。相关的具体内容可以参见文献[11]，下面只列举一些基本选用原则：

　　① 采样速率的选择。ADC 的采样速率至少应大于有效信号瞬时带宽的 2 倍。理论上越高的采样速率可以获得更高的过采样得益，但更高采样速率的 ADC 通常会使得成本增加，实现难度和处理成本加大，因此需要做适当折中。

　　② 分辨率的选择。尽量选用分辨率高的 ADC。分辨率越高，ADC 需要的输入幅度越小，这可以降低对前端的增益要求，它的三阶截点可以做得更高，从而

有利于杂散等指标的改善。

③ 模拟带宽的选择。尽量选择模拟带宽高的 ADC，以提高采样中频频率，降低前端射频与混频链路的设计难度。但过高的采样中频频率，也会降低最终的采样效果（ADC 的 SFDR 和 SNR 等指标通常是随输入信号频率的增加而降低的），因此需要做适当折中。

④ 转换位数的选择。尽量选用转换位数多的 ADC，有助于提高接收机的动态范围。但选用转换位数高的 ADC，不仅成本较高，而且对转换速率也有限制。因此也需要做适当折中。

⑤ 根据设计需求确定 ADC 的环境参数，尤其是功耗和散热。这对设计高密度的数字式 T/R 组件尤为重要。

⑥ 选择合适的数据接口。中等采样速率的 ADC（<400MSps）应选用并行数据接口，以降低数字收/发模块的系统复杂度，保持设计难度适中；高采样速率的 ADC 应选用串行数据接口，如 JESD204B 接口，这可以降低系统硬件的设计难度。

2）DAC 器件

DAC 的功能可以看作 ADC 功能的逆过程，是一种将输入的数字信号转换成模拟信号输出的器件。它被广泛地应用于数字通信、信号采集和处理、自动监测、自动控制和多媒体技术等领域。DAC 的输入为数字信号，该信号通常是通过 FPGA 或者 DSP 产生的并行二进制数据，根据基准电压将并行二进制数据信号转换成模拟信号。模拟输出信号经过滤波和放大后被应用于模拟信号处理系统中。在一些 ADC 中，也包含 DAC，用来实现校正等功能。

图 11.9 所示为双通道 16 位 DAC 原理框图。该图中的器件采用 0.18μm 一层多晶、六层金属布线 CMOS 工艺。电路通过并行 16 位低压差分信号（LVDS）接口提供 16 位数字输入信号，通过编程串行外围接口，对该电路的所有性能和选项进行控制，其数字数据经过电路内部消除交叉存取逻辑和接口逻辑的控制，使高速数据与时钟进行精密配合，在一定的时钟频率下，由 16 位同相 DAC 和 16 位正交 DAC 内核进行数/模转换，输出 2 路互补差分模拟输出信号。2 个增益 DAC 和 2 个偏置 DAC 对 2 路 16 位互补差分模拟输出信号进行增益调节和偏置调节。其内部基准和偏置单元为电路中各数/模转换器提供偏置。

（1）DAC 的类型。

与 ADC 一样，DAC 的两个核心指标——转换精度和转换速率也是互相冲突的。在不同的应用领域，对 DAC 性能要求也不同，所以出现了不同架构与性能指标的 DAC。一般可以根据采样速率分为奈奎斯特速率 DAC 和过采样 DAC。过采样 DAC 通常转换精度高，但是速度慢，如 Δ-Σ DAC；奈奎斯特 DAC 根据数据传送方式，又分为并行 DAC 和串行 DAC。并行 DAC 转换速度快，根据二进制比例缩放方式，分为电压按比例缩放 DAC 和电荷按比例缩放 DAC 等类型。而串行 DAC 需要较长的转换时间，但是精度非常高，如串行电荷再分配 DAC。表 11.4 列出了几种常见 DAC 的优/缺点比较。

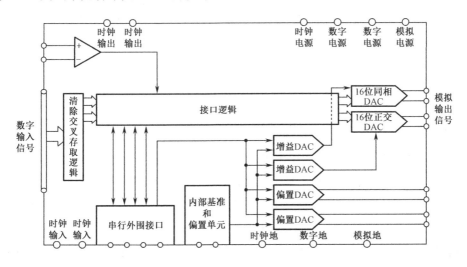

图 11.9 双通道 16 位 DAC 原理框图

表 11.4 几种常见 DAC 的优/缺点比较

DAC 类型	优点	缺点
电压按比例缩放	原理简单，等值电阻，单调性好	对温度敏感，位数较多时面积大，寄生电容大
电荷按比例缩放	精度高，功耗低	速度相对较慢，电容取值范围广，面积大
二进制电流源	速度快，面积小，对寄生电容不敏感	非单调
单位电流源	单调，毛刺小	速度较慢，二进制到温度计码的转换复杂 芯片面积大
分段电流舵	速度快，精度高	面积适中
串行电荷再分配	电路简单	速度慢
过采样Δ-Σ	精度高	速度慢

在分段电流舵 DAC 中，其高位采用单位电流源 DAC 架构，保证了 DAC 良好的单调性；低位采用二进制电流源 DAC 架构，从整体上减少了 DAC 的面积。这种架构融合了二进制电流源 DAC 的面积小、速度快和单位电流源 DAC 单调性好的优点，实现了高转换精度和高转换速率的良好平衡。因此这种类型的 DAC 在无线通信、军用雷达和电子战设备中得到了广泛应用[13]。

DAC 的输入数据通常需要由前端的信号处理模块（FPGA 和 DSP 或者 MCU）进行处理。在一些特定应用场合，只需要产生相对简单的、规整的波形，如点频、LFM、AM 和线性扫描等模式。在强烈应用需求的驱动下，器件厂商将相位累加器、幅度调制器，甚至倍频器、内插滤波器等控制核与 DAC 核集成在一起，由芯片内部的控制核提供流水数据给 DAC 核，芯片外部只需要接收简单的控制信息，比如频率中心、扫频步进、相位初始值、开始和停止扫描的触发信号等。这种新型的 DAC 芯片也叫作直接数字频率综合器（DDS）芯片，是实现数字相控阵天线的基础器件。DDS 的优点在于控制简单，尤其是在输出 CW 和 LFM 等简单规整信号时能得到充分体现；缺点则是应用在宽带数字相控阵的宽带数字式 T/R 组件时，无法快速灵活地针对各个通道进行输出信号的配置和改变。

DDS 的基本结构包括相位累加器、相位幅度转换、DAC 等。该种技术利用数字信号处理产生一个频率和相位可调的输出，该输出与器件的时钟频率相关。图 11.10 所示为采用 DDS 技术输出线性调频信号的原理框图，它使用专用集成电路（ASIC）或 FPGA 将增量频率字在增量累加器中进行累加，然后将累加输出与线性调频的起始频率字经过加法器相加后传送给相位累加器进行累加，相位累加器输出当前线性调频信号的相位值，再经过相位幅度转换转为离散的多比特幅度信息送给数/模转换器（DAC），数/模转换器输出的信号经过带通滤波器滤除杂散后，输出系统所需的线性调频信号。

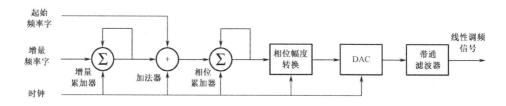

图 11.10 采用 DDS 技术输出线性调频信号的原理框图

（2）DAC 的指标。

与 ADC 一样，DAC 的性能参数主要包括静态参数和动态参数两大类。

DAC 的静态参数包括偏置失调、增益、微分非线性和积分非线性等。其中，微分非线性和积分非线性是测量的主要参数，这两个参数体现了 DAC 的设计水平和制造工艺。同时，这两个参数值越大，噪声和失真越大。

DAC 动态性能参数（如信号噪声比、总谐波失真比和噪声功率谱密度等）通常用于描述和检验高转换速率、高中频输出的 DAC 的特性和高频品质，在无线通信和军用雷达等领域对这些指标要求更高。

（3）DAC 的选用原则。

设计数字相控阵雷达的数字接收机或者数字式 T/R 组件时，DAC 的选用需要遵循的原则与选用 ADC 的原则类似，也是基于输出中频、动态范围等需求，确定采样速率、转换位数等。此外，还有一个关键选用原则是需要根据系统需求，确定使用 DAC 还是 DDS。

① 设计数字式 T/R 组件时，要根据需求确定选用 DAC 还是 DDS。当为超外差体制时，如果系统的频率源提供带宽本振，且系统的孔径渡越效应可以通过移频、移相的方法得到解决（瞬时带宽较小，或者阵面孔径比较小），则这样的窄带数字相控阵雷达可以选用 DDS；如果瞬时带宽较大，且系统追求通信、干扰、电子战多功能一体化，或者阵面孔径足够大，简单的移频、移相已经无法解决孔径渡越效应，则应当选用 DAC。

② 采样速率的选择。DAC 的采样速率应大于输出中频信号带宽的 2 倍以上，高采样速率可以预留足够的过渡带给后续的中频滤波器，降低后续射频混频和滤波链路的设计难度。一些新的 DAC 具备自混频模式（如 AD9739 的 mix mode），可以输出第二或第三奈奎斯特区的信号，但此时的信号质量［如无杂散动态范围（SFDR）、带内幅相平坦度、相噪（相位噪声）等］略有下降。如果强制输出第一奈奎斯特的中频信号，对采样率的要求又会非常高。因此需要做适当折中。

③ 转换位数的选择。尽量选用转换位数多的 DAC，这有助于提高输出信号的动态范围，提高信号质量。但转换位数多的 DAC，不仅成本较高，而且转换速率也有所限制。因此也需要做适当折中。

3）FPGA 器件

FPGA 是在可编程逻辑器件（Programmable Logic Device，PLD）、复杂可编程逻辑器件（Complex PLD）等可编程器件的基础上发展的产物。作为 ASIC 设计邻域中的一种半定制电路，解决了 ASIC 器件的固化度过高、灵活度不足的缺陷，克服了原 PAL 和 GAL 等可编程器件的门电路数量较少，计算能力较弱的缺点。在军用雷达、电子战等领域，由于各个型号的电子设备使用场景、战术背景不同，对数字接收机或者数字式 T/R 组件的具体要求各不相同，要求的处理内容、方式、格式、接口等都不相同，使用 FPGA 作为数字接收机或者数字式 T/R 组件的处理核心，可以极大地缩短系统和模块的设计周期，并有效地降低成本。

图 11.11 所示为 FPGA 器件原理框图。该器件采用多层金属的 CMOS 工艺，支持用户根据设计需求对其进行编程从而实现所需求的电路功能。该器件主要由可配置逻辑模块（Configure Logic Block，CLB）、可配置输入/输出模块（Input Output Block，IOB）、可配置存储模块（Random Access Memory Block，BRAM）、

可配置内嵌乘法器（MUL）、可配置数字时钟管理器（Digital Clock Manager，DCM）等单元所构成。

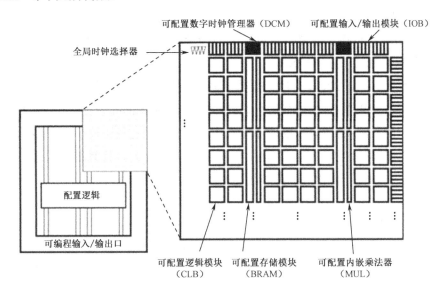

图 11.11　FPGA 器件原理框图

其中，CLB 是构建用户需求逻辑功能的基本可编程逻辑单元，其芯片内部有 CLB 单元所组成的可编程大型阵列；IOB 是 CLB 等内部模块与封装引脚的接口模块，支持 LVTTL 和 LVDS 等多达 19 种单端、6 种差分电平标准，且 IOB 内部拥有丰富的 DFF、缓冲器等资源供用户使用，支持三态信号、DDR（Double Data Rate）、数字控制阻抗（Digitially-Controlled Impedance，DCI）等多种功能。该器件为用户提供可编程通用 I/O 引脚进行编程使用；BRAM 为用户提供了存储资源，可以按照用户需求对存储位宽等参数进行灵活编程，支持用户多样的存储资源需求；DCM 可以支持用户的分频、倍频、移相、全局时钟同步锁定等功能；FPGA 因连接灵活、资源丰富、层次式分布等特点而能够高效地支持用户功能的实现。

从 FPGA 内部可编程功能模块来看，主要提供了多功能触发器、锁存器、存储单元、进位链、查找表、多路选择器、异或门等各种门逻辑，具备多种 I/O 电平标准的可编程 IOB 和 MUL，具有分频、倍频、移相等功能的 DCM 等众多基本功能，可以实现计数器、状态机、存储器、乘法器、时钟发生与处理功能单元、逻辑函数发生器等众多重要逻辑功能，支持实现用户的组合逻辑电路、同步电路与异步电路等类型的电路设计。

1985 年，Xilinx 公司发布了第一款 FPGA 产品 XC2064，它采用 2μm 工艺，

含 64 个逻辑模块和 85000 个晶体管，门数量不超过 1000 个。受到先进制程迭代技术的推动，FPGA 的架构不断更新。发展到 2021 年，主流 FPGA 采用 28nm 工艺，容量提高了 10000 倍以上，速度提升了 100 倍以上，功耗和价格降低至原来的 1/1000。

FPGA 器件选型时需要关注的指标包括如下 7 类：

（1）可编程逻辑资源。Altera 公司称逻辑单元为 LE（Logic Element），Xilinx 公司称逻辑单元为 LC（Logic Cell）。一般逻辑单元包括：四输入查找表 LUT（Look Up Table）、可编程寄存器、进位链和寄存器级联链。逻辑单元是 FPGA 器件软件实现的基础单元，逻辑资源越多，FPGA 器件的软件工程可实现的复杂度就越高。

（2）嵌入式块 RAM 存储资源，用来存储较大容量数据的资源。Altera 公司的 FPGA 分为 9KB 和 144KB 两种，可以改作存储资源的 MLAB（"数字实验室"）；Xilinx 公司的 FPGA 分为 18KB 和 36KB 两种规格，或者 Distributed RAM。进行大规模运算和处理接收数据时，通常需要消耗这些资源来临时存储数据和参数等。

（3）DSP 资源，作为专用的资源，在高速信号处理时大量使用。尤其是在数字接收机或者数字式 T/R 组件中，需要做数字下变频处理，其中的低通抽取滤波器等就需要消耗大量的 DSP 资源。DSP 资源丰富的 FPGA 器件能提供更强大的处理能力，这在宽带数字式 T/R 组件的设计中尤为重要。

（4）I/O 资源，包括可供设计师使用的 FPGA 器件的 I/O 引脚的数量、接口电平形式等。这在使用并行数据接口的 ADC 器件和 DAC 器件时尤为重要。

（5）数字时钟资源，如 FPGA 器件内部能提供的数字时钟驱动的数量。在连接 JESD204B 接口的外部器件时，FPGA 器件需要为每个串行收/发器提供数字时钟驱动；数字时钟资源丰富的 FPGA 器件可以连接更多通道的高速 ADC 和 DAC。

（6）高速串行收/发器资源。数字接收机或者数字式 T/R 组件处理完的回波基带 I/Q 数据，需要通过高速串行收/发器经过光纤传送到信号处理或者 DBF（数字波束形成器）分系统。高速串行收/发器的最高速率和数量是 FPGA 选型的指标之一。

（7）最高处理速度。FPGA 器件的处理速度与其内部最大时钟频率、高速接口速率等相关。不同于 ADC 和 DAC，FPGA 器件的最高流水处理速度并不固定，它与 FPGA 器件软件工程的设计密切相关，不仅与软件设计的优化程度相关，而且与软件工程的资源占用率相关，总体上均与 FPGA 器件的制程有关。

3. 硅基高速数字器件在相控阵雷达中的应用

1）器件级应用

相控阵雷达中的数字收/发模块的原理框图如图 11.12 所示。在下行接收链路中，ADC 对模拟中频（IF）或射频（RF）信号进行采样量化，产生的数字信号传输至 FPGA 中进行处理。随着 ADC 采样率及模拟带宽性能的提高，IF 信号已由几十兆赫兹量级提高至吉赫兹量级，由此大大简化了下变频链路的设计，在某些波段的雷达中甚至可以实现射频直采。FPGA 器件主要可以实现接口变换及数据处理两大核心功能。FPGA 器件灵活丰富的接口形式和电平标准（LVDS 和 CML 等）可以实现常见的接口协议，完成多样化的 ADC 数据的接收，并将处理后的基带数据通过光收/发器件向下传输，从而实现了接口的变换。在数据处理方面，其主要利用 FPGA 器件实时处理特性及强大的并行处理能力完成数字正交下变频、滤波、幅度相位补偿、数字波束形成等处理。

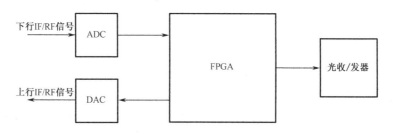

图 11.12　数字收/发模块原理框图

在上行链路中，FPGA 器件用于提取非易失型存储器中的波形数据或者直接通过算法产生雷达波形数据，并将数据发送至 DAC，产生模拟信号。得益于 DAC 采样率和带宽的不断提高，在 L 波段甚至更高频率范围内也可以直接产生雷达波形信号，从而节省上变频等环节。在全数字有源相控阵雷达中，利用 FPGA 器件的高速数字信号处理能力，在数字域中进行移频、移相和分数延迟等处理，能实现对雷达波束指向的快速高精度调整，大幅提升雷达性能。

2）系统级应用

美国海军研究局 20 世纪 80 年代开展了数字阵列雷达的先期概念研究[14]，在此基础上，他们于 2000 财年正式立项开展了全数字波束形成的数字阵列雷达（Digital Array Radar，DAR）的研究，以引入现代新技术开发一种具有全 DBF 结构的有源阵列雷达系统，目的是解决舰载雷达在近海作战复杂环境下的小目标检测问题。参加研究的 3 个主要单位分别为美国海军研究实验室、NSWCDD 实验室和麻省理工学院林肯实验室（简称林肯实验室），其中阵列天线和微波 T/R 组件由林肯实验室承担,数字 T/R 和光纤链由美国海军研究实验室开发,FPGA 的分析和 DBF 设计则由 NSWCDD 实验室完成。这是一个较为完整的 L 波段 96 个单元的实验样机系统,它主要由两个核心部分——微波部分和数字部分——组成。微波部分主要由混频器、滤波器、放大器、激励放大器和在其后的两个串联的功率放大器组成;数字部分则包含了一些如 FPGA、发射 DAC 和接收 ADC 等的核心技术。

2003 年,林肯实验室开始研制 WB-DAR 实验平台[15],目的是评估下一代数字阵列雷达的可行性。该实验平台的宽带模式瞬时带宽达 500MHz,第一级混频时采用模拟去斜方式,从而将瞬时带宽降低到当时 ADC 所能承受的 10MHz。林肯实验室在该平台上广泛验证了采用数字方式对宽带信号进行延迟、相位补偿、通道均衡等处理的可行性。

2021 年,雷声技术公司(雷声公司)在美国海军电磁机动战指挥与控制(EMC2)项目下研发了柔性分布式阵列雷达(FlexDAR)试验样机,它是综合桅杆(InTop)项目的组成部分,目的为展示将数字技术迁移到传感器前端附近所带来的好处(数字阵列+雷达通信电子战一体化+网络化分布式)。该雷达可改善军事通信,实现多任务雷达的愿景。FlexDAR 由 2 个阵元级数字阵列组成,基于数字波束形成、网络协同和精确时间同步功能,单个阵列即可同时完成雷达监视、通信和电子战任务,2 个阵列可以演示网络化分布式雷达的跟踪能力。此次交付的 FlexDAR 样机作为数字试验台,可率先开发出用于地面、海上和空中平台的下一代柔性分布式阵列雷达。

11.2 采用新型化合物半导体器件的相控阵雷达

相控阵雷达特别是有源相控阵雷达技术的发展对雷达的输出功率、工作带宽和体积、质量等提出了更高的要求,有源相控阵雷达的性能在很大程度上也依赖于半导体功率器件和微波/毫米波集成电路技术的发展。以氮化镓(GaN)、碳化硅(SiC)为代表的宽禁带(Wide BandGap,WBG)半导体具有高击穿电场强度、高热传导率和抗辐射能力强等特点,可在微波功率器件应用中逐步取代 GaAs;InP 半导体具有工作频率高和噪声系数低等特性,在高频段相控阵雷达中初步得到应用。本节将对上述新型化合物半导体技术及其应用进行介绍。

11.2.1 对固态 T/R 组件的一些新要求

对有源相控阵雷达的共同要求是"高性能、高可靠、低成本"。为了满足先

进相控阵雷达或下一代相控阵雷达的新需求，对固态 T/R 组件的性能又提出了一些更高的要求。

1）提高功率放大器的输出功率

提高有源相控阵雷达天线中 T/R 组件的功率放大器的输出功率是一个重要要求。这一要求首先来自雷达需要观察越来越多新出现的低 RCS 目标，或低可观测目标（Low Observable Target，LOT）。为实现这一要求，提高有源相控阵雷达中 T/R 组件的功率放大器的输出功率是基本的技术措施，这对一些天线孔径严格受限制的雷达平台，如机载火控雷达、无人机载雷达、直升机载雷达和弹载雷达等也是主要的技术措施。

发射信号功率放大器输出功率的提高还有利于增加有源相控阵雷达发射天线阵设计的灵活性。例如，提高发射信号功率放大链路中前级放大器的输出功率，可减少对 T/R 组件中功率放大器的增益要求，或用于增加一个前级放大器推动的 T/R 组件数目，相应地可减少发射馈线系统中并行的前级放大器的路数或发射子天线阵的路数。

2）提高工作频带宽度

提高有源相控阵雷达的工作带宽和瞬时信号带宽，对实现低截获概率（Low Probability of Intercept，LPI）雷达，提高雷达发射信号的反侦察能力和抗干扰能力，实现雷达高分辨率测量与目标成像识别具有重要意义。

对新一代相控阵雷达的要求已不仅是为了提高工作频带宽度，更重要的是应具有实现多波段工作的能力。新一代有源相控阵雷达天线除可完成雷达工作任务外，还应具有雷达电子侦察与通信电子侦察（Radar/Communication Electronic Intelligence）的能力，甚至具有电子战有源干扰能力；有源相控阵雷达天线还可用于实现通信功能，即要求有源相控阵雷达天线成为孔径共享天线（Aperture Shared Antenna）和多功能天线（Multiple Function Antenna）。具有上述功能的多波段阵列天线（Broad-Band Array Antenna）是实现包括雷达、电子战、通信、导航定位等多功能的综合化电子系统的关键。

鉴于宽带和多波段有源相控阵雷达天线在新一代电子装备中的重要性，美国国防部高级研究计划局（DARPA）与美国海军等机构先后开展了 0.8～12GHz 甚至 0.2～18GHz 的宽频段阵列天线的课题研究，而宽禁带半导体技术是实现这一目标的重要技术途径。

3）提高工作频段

毫米波雷达在军事、通信和一些民用雷达中均得到广泛应用，是相控阵雷达技术发展的一个重要方向，表明了相控阵雷达技术往更高频段发展的趋势。

4）提高高功率半导体器件结温与改善热传导性能

半导体功率器件输出功率的继续提升和放大器输出功率密度（单位体积输出功率）的进一步提高，受限于功率芯片过高的结温。改善其基底的热传导性能，合理解决半导体高功率器件的散热问题，可有效抑制半导体功率芯片结温的快速升高。

5）进一步减小体积和质量

有源相控阵天线的孔径受到严格限制，增加阵列天线面积的潜力已不大。人们在寄希望于提高 T/R 组件发射信号输出功率的同时，还能进一步减小 T/R 组件的体积和质量，即有源相控阵雷达天线的功率密度（单位面积上能输出的发射信号功率，单位为 W/mm^2）应进一步增大。

6）进一步提高 T/R 组件的总效率

T/R 组件总效率定义为 T/R 组件发射功率放大器的射频信号输出功率与 T/R 组件初级电源功率之比。T/R 组件初级电源功率包括发射功率放大器、接收机与波束控制等所有 T/R 组件内功能电路消耗的总的初级电源功率。

T/R 组件总效率越低，T/R 组件耗散的热功率越高，其所处的热环境越差，因此要求新一代有源相控阵雷达天线中的 T/R 组件采用的器件应能实现更高的总效率。

7）提高抗辐射能力

在高空与空间应用中的有源相控阵雷达，如平流层平台雷达与星载有源相控阵雷达中的 T/R 组件都存在解决抗辐射的问题。即使是地面有源相控阵雷达，为对付电磁脉冲弹的攻击，也存在提高抗电磁脉冲（Electromagnetic Pulse，EMP）干扰的问题。

11.2.2　宽禁带半导体器件

1. 宽禁带半导体材料

宽禁带半导体材料与窄禁带半导体材料的区分是以它们的禁带宽度来比较的。半导体能带结构中，导带最低点与价带最高点之间的能量差称为禁带宽度，以 E_g 表示（单位为电子伏特 eV）。若禁带宽度 $E_g < 2.0$ eV，则称为窄禁带半导体，如锗（Ge）、硅（Si）、砷化镓（GaAs）和磷化铟（InP）等；若禁带宽度 2.0 eV $< E_g < 6.0$ eV，则称为宽禁带半导体，如碳化硅（SiC）、氮化镓（GaN）、4H 碳化硅（4H-SiC）、6H 碳化硅（6H-SiC）、氮化铝（AlN）和氮化镓铝（AlGaN）等，而钻石（Diamond）禁带宽度最高，为 5.45eV。

　　SiC 是 IV-IV 族化合物半导体，其具有多种同素异构体，如 6H-SiC 和 4H-SiC 为六角形或菱形结构，统称为 α-SiC；3C-SiC 具有立方晶型，称为 β-SiC。不同的同素异构体的禁带宽度略有差别，如 3C-SiC、6H-SiC 和 4H-SiC 的 E_g 分别为 2.2eV、3.03eV 和 3.26eV。

　　GaN 是 III-V 族化合物半导体，它的 E_g 为 3.45eV。

　　表 11.5 所示为主要半导体材料的禁带宽度。

表 11.5　主要半导体材料的禁带宽度

特性	半导体材料					
	Si	GaAs	6H-SiC	4H-SiC	GaN	Diamond
禁带宽度 E_g/eV	1.12	1.43	3.03	3.26	3.45	5.45

2. 宽禁带半导体器件的特点

　　宽禁带半导体受到特别重视的原因是因为与广泛应用的硅、砷化镓半导体相比，具有如表 11.6 所示的特性，能达到有源相控阵雷达天线的多项新要求，可广泛应用于雷达，特别是有源相控阵雷达、通信、电子战等电子信息系统工程。

　　表 11.6 中列出了主要宽禁带半导体材料的物理特性[16-17]，从中可看出宽禁带半导体材料的特点及宽禁带半导体器件的优点。

表 11.6　宽禁带半导体材料的物理特性

性能	Si	GaAs	6H-SiC	4H-SiC	GaN	钻石（Diamond）
电子禁带宽度 E_g/eV	1.12	1.43	3.03	3.26	3.45	5.45
介电常数 ε_r	11.9	13.1	9.66	10.1	9	5.5
击穿场强 E_c(MV/cm)	0.3	0.4	2.5	2.2	3.0	10
电子迁移率 μ_n/[cm²/(V·s)]	1500	8500	500	1000	1250	2200
空穴迁移率 μ_p/[cm²/(V·s)]	600	400	101	115	850	850
热传导率 λ/[W/(cm·K)]	1.5	0.46	4.9	4.9	1.3	22
饱和电子漂移速度 V_{sat}/(×10⁷ cm/s)	1.0	1.3	2.0	2.0	3.0	2.7

　　表 11.6 中所列宽禁带半导体材料的物理性能对研制新一代半导体功率器件，包括微波功率器件与电力电子器件具有重要意义。下面简要加以说明。

1）高击穿电场强度

宽禁带半导体的显著特点是击穿电场强度高，如 SiC 的击穿电场强度（Breakdown Electric Field）E_c 约是 GaAs 与 Si 的 5～7 倍。

高击穿电场强度带来半导体功率器件击穿电压 V_B（Breakdown Voltage）的提高，如二极管击穿电压与击穿电场强度 E_c 的关系为[17]

$$V_B \approx \frac{\varepsilon_r E_c^2}{2qN_d} \tag{11.1}$$

式（11.1）中，q 为电子电荷，N_d 为掺杂浓度（Doping Density）。在相同掺杂浓度下，由表 11.6 和式（11.1）可知，6H-SiC，4H-SiC 和 GaN 的击穿电压分别是 Si 二极管的击穿电压的 56，46 和 34 倍。

由于 PN 结二极管要求的漂移区宽度（The Required Width of The Drift Region）W_{V_B} 可表示为

$$W_{V_B} \approx \frac{2V_B}{E_c} \tag{11.2}$$

代入式（11.1），得

$$W_{V_B} \approx \frac{\varepsilon_r E_c}{qN_d} \tag{11.3}$$

由此可知，当增加掺杂密度时，击穿电场强度 E_c 的提高，会导致宽禁带半导体器件漂移区的宽度减小。因此，减小宽禁带半导体功率器件的尺寸，要相应地增加功率密度。

此外，高 E_c 使得宽禁带器件能承受的峰-峰值电压波动（Voltage Swings）相应增大，器件的射频输出功率可相应提高。例如，基于 GaN 半导体的微波功率器件在 8GHz 时的输出功率密度可达到 9.2W/mm[18]，约为 GaAs 半导体器件的 6～9 倍。

2）高热传导率

热传导率指标越高，材料向周围环境导热的能力越强。高热传导率意味着由该材料制作的器件散热能力强，有利于提高器件的功率密度。从表 11.6 中可知宽禁带半导体材料中 SiC 类的热传导率 λ 较 Si 的高 2 倍多，而 GaN 的 λ 值较 Si 的略低。因此，GaN 微波器件主要采用生长在高导热 SiC 衬底上的 GaN 异质结研制而成。

高热传导率对于工作在高温状态的半导体器件有重要意义。有源相控阵雷达天线阵面中有大量 T/R 组件，其阵面释放的热功率 P_H 为

$$P_H = (1-\eta_{pae})P_{av} \tag{11.4}$$

式（11.4）中，P_{av} 是天线阵面 T/R 组件中发射信号功率放大器总的平均输出功率，η_{pae} 为 T/R 组件的总效率，其大小总是有限的。因此，如要进一步提高天线阵面的功率密度，则天线阵面的热环境将进一步恶化。若将有源相控阵天线阵面信号输出功率密度（天线阵面单位面积上输出的发射信号平均功率）定义为

$$D_p = P_{av} / A_t \tag{11.5}$$

则在不增加天线面积 A_t 的条件下，提高 T/R 组件功率放大器的输出功率，或在不增加 T/R 组件发射功率放大器输出功率的条件下缩小发射天线面积，如在弹载、无人机载及新的灵巧作战平台上的有源相控阵雷达，都意味着要提高天线阵面的功率密度 D_p，若功率密度提高到 K_D 倍（$K_D>1$），则有源相控阵雷达天线阵面释放的热功率 P_{tA} 为

$$P_{tA} = K_D (1 - \eta_{pae}) P_{av} \tag{11.6}$$

3）结温高、热稳定性好

对有源相控阵雷达而言，功率放大器的结温是重要指标。

宽禁带半导体器件的热稳定性好会利于工作在高温和腐蚀性环境中。由于热传导率高，允许的结温高（如 SiC 器件的结温可达 600℃），故在冷却条件较差、热设计保障较差的环境下它也能稳定工作。

GaN 宽禁带半导体的热传导率 λ 虽然只有 1.3W/(cm·K)，较 Si 窄禁带半导体的 λ 值略小，但 GaN 微波器件主要采用生长在高导热 SiC 衬底上的 GaN 异质结研制而成，GaN 器件的散热主要取决于 SiC 衬底，而 SiC 类材料的热传导率为 4.9W/(cm·K)，因而具有良好的散热特性。实验表明，增益约 20dB 的 GaN 功率放大器在 300℃ 环境温度下仍能正常工作，而 Si 功率放大器在超过 140℃ 时便不能工作。

4）抗辐射能力强，防静电等级高

宽禁带半导体材料抗辐射能力强，是制作耐高温、抗辐射的大功率微波功率器件的优良材料，这一性能对各种空间载有源相控阵雷达尤为重要。另外，宽禁带半导体器件的击穿电压高，具有更好的防静电特性，对使用环境的兼容性更好，有利于在复杂环境下的雷达探测使用。

3. 宽禁带半导体器件在相控阵雷达中的应用

1）器件级应用

宽禁带半导体器件主要应用范围包括发光器件、高频大功率器件和电力电子器件等，其中，高频大功率器件和电力电子器件在相控阵雷达中已获得有效应用。

（1）大功率微波器件。

微波功率放大器是相控阵雷达发射系统重要的组成部分之一，其核心器件就

是微波功率晶体管和单片微波集成电路（MMIC）。随着雷达系统的发展，基于第三代半导体材料的 GaN 微波功率器件兼具高功率密度、高效率、高频率、宽频带等优点，正在取代第一代和第二代半导体功率器件而成为雷达等电子系统的首选微波功率器件。

宽禁带半导体材料与窄禁带半导体材料的性能可用若干品质因数（Figure of Merit，FM）来进行比较与评价[19]。

FM 评价指标包括：

① FPFM，场效应晶体管（FET）功率处理能力的品质因数；

② BPFM，双极型晶体管功率处理能力的品质因数；

③ FTFM，FET 功率开关积品质因数；

④ BTFM，双极型晶体管功率开关积品质因数。

窄禁带材料一般选用广泛使用且性能优良的硅（Si）进行比较，若 Si 射频大功率器件的品质因数为 1，则其他宽禁带半导体的品质因数如表 11.7[19]所示。

表 11.7　宽禁带半导体与 Si 射频大功率器件的品质因数比较

品质因数名称	Si	GaAs	6H-SiC	4H-SiC	GaN
FPFM	1.0	3.6	48.3	56.0	30.4
BPFM	1.0	0.9	57.3	35.4	10.7
FTFM	1.0	40.7	1470.5	3434.8	1973.6
BTFM	1.0	1.4	748.9	458.1	560.5

基于 GaN 高电子迁移率晶体管（GaN HEMT）研制的功率放大器不仅具有高输出功率、宽带和高效率等特性，而且 GaN 功率器件的高电压、低电流的特性还可以简化微波系统的二次电源设计，从而缓解大电流带来的一系列难题，成为目前微波毫米波相控阵雷达中首选的功率器件。

图 11.13 所示为 GaN 与其他半导体材料功率量级的对比，从该图中可以看出，与其他固态技术（GaAs 和 Si）相比，GaN/SiC HEMT 技术在功率性能上有数量级的提升。

GaN 材料具有禁带宽度宽、击穿电场强度和电子迁移率高的特点，使得基于 GaN 的 HEMT ［简称 GaN HEMT（High Electron Mability Transistor）］器件在高压射频领域优势明显。目前成熟的 GaN HEMT 器件工作电压范围为 28～50V，在 P 波段输出功率可达千瓦量级，X 波段输出功率也可达到百瓦以上，随着系统需求的提升和 GaN HEMT 技术的进步，百伏以上工作电压的 GaN HEMT 器件也将面世。

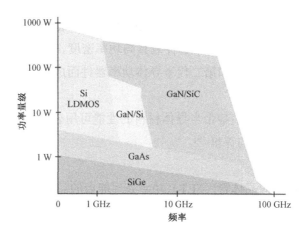

图 11.13　不同半导体材料功率量级对比

GaN HEMT 器件在放大区的最大输出功率可表示为

$$P = \frac{1}{8} I_{DS(MAX)} (V_{BK} - V_{KNEE}) \tag{11.7}$$

式（11.7）中，$I_{DS(MAX)}$ 和 V_{KNEE} 分别为器件在直流扫描下测得的最大输出电流和膝点电压，V_{BK} 是器件的电子击穿电压。从式（11.7）可以看出，随着击穿电压的提高，最大输出功率也随之增大；而随着电子击穿电压的提高，器件的可靠性也得到明显提高。

中国电科研制了系列 GaN 微波功率器件，其主要性能指标如表 11.8 所示。

表 11.8　GaN 功率器件的性能指标

波段	性能指标		
	功率/W	效率/%	带宽/GHz
P 波段	2500	72	0.410～0.485
L 波段	4500	70	1.25～1.35
S 波段	1500	50	2.1～2.3
宽频带	100	30	2～6
S 波段	25	52	2.7～3.5
X 波段	25/40/60	45	8～12
Ku 波段	30/50	40	15～17
K 波段	20	25	18～23
Ka 波段	20	20	32～38
宽频带	20/25	32	2～6
	10/20	22/18	6～18
	10	23	2～18
	10	15	18～40

图 11.14（a）和图 11.14（b）所示分别为 X 波段 10W GaAs 赝配高电子迁移率晶体管（Pseudomorphic HEMT，PHEMT）功率 MMIC 和 GaN HEMT 功率 MMIC 的照片，前者工作电压较低为 8V，GaAs PHEMT 功率 MMIC 效率为 35%；后者工作电压较高为 28V，GaN HEMT 功率 MMIC 效率可达到 50%。

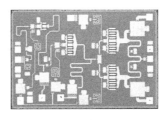

(a) 10 W GaAs PHEMT 功率 MMIC   (b) 10 W GaN HEMT 功率 MMIC

图 11.14　X 波段 10W GaAs PHEMT 功率 MMIC 与 GaN HEMT 功率 MMIC

由图 11.14 可知，在 X 波段有源相控阵雷达中，T/R 组件使用的输出功率为 10W 的 GaAs PHEMT 功率 MMIC 与 GaN HEMT 功率 MMIC 的平面尺寸分别为 4.5 mm×4.2 mm 与 2.8 mm×1.5 mm，两者相比，即 GaN HEMT 功率 MMIC 与 GaAs PHEMT 功率 MMIC 相比，其平面所占面积减少至原来的 1/4 以下，故功率密度得到大幅提高，效率得到了大幅提升。

目前，X 波段 GaN HEMT 功率 MMIC 脉冲输出功率达到 60W，芯片面积与 10W 的 GaAs PHEMT 功率 MMIC 相当。同等面积下，GaN HEMT 功率 MMIC 的输出功率优势明显。

（2）超大功率 GaN 功率管。

在相控阵雷达中常用的微波功率器件有 GaN HEMT 功率 MMIC、内匹配功率管、预匹配功率管和推挽式功率管等几种。目前 GaN HEMT 功率 MMIC 是中等功率高集成度组件中最重要的微波功率器件，但由于受微带线宽和电子场强击穿等限制，GaN HEMT 功率 MMIC 输出的平均功率最高为几十瓦，要实现更大输出功率，当前只能采用其他类型的器件。

① 内匹配功率器件。内匹配功率器件主要应用于大功率 S 波段到 Ku 波段，它在器件内部通过阻抗匹配和功率合成相结合的方法，采用多个管芯并联实现宽带、大功率、高功率密度放大，其器件的输出阻抗直接为 50Ω 或接近 50Ω，外围电路仅考虑馈电和隔离即可，故其放大电路简单，带宽宽。此类器件的平均功率可达数百瓦量级，但其器件体积较大，经常与 MMIC 器件级联放大使用，或者作

为高功率放大器的末级功率放大管使用。

该器件因为内部含有匹配电路，对外阻抗为 50Ω，与外围电路阻抗匹配，所以其器件外形引脚较细，它的一般外形如图 11.15 所示。

② 预匹配功率器件。当放大器工作在 P 波段低功率、L 波段和 S 波段高功率时，器件内部尺寸无法满足内匹配电路大小，只能采用集中参数进行预先匹配，再通过外围电路匹配至 50Ω 的方法。具体做法是将其器件内部通过芯片电容和金丝电感将功率芯片的阻抗初步提升到数欧姆，使得单个功率器件对外表现出的输入/输出阻抗远低于 50Ω，阻抗一般为复数。

功率器件内部采用 T 形匹配网络进行预先阻抗变换，其功率器件预匹配原理如图 11.16 所示。

图 11.15 内匹配功率器件外形   图 11.16 功率器件预匹配原理图

随着输出功率提升，需要并联的功率管芯数量也随之增加，对外表现的阻抗变小，这使得外电路阻抗变换比增高，电路复杂性和难度加大。预匹配功率器件由于阻抗较低，相较于内匹配功率器件其引脚更宽，几乎与内部功率芯片总宽度相当。

预匹配功率器件在 P 波段一般输出功率为几十瓦，更大功率的器件将采用后面详细说明的推挽式功率器件，其在 L 波段和 S 波段的输出功率可达近千瓦，是 L 波段和 S 波段大功率放大器末级器件的首选。

③ 推挽式功率管。推挽式功率器件结构上是一对电性能完全相同的功率器件，结合专门的推挽式放大电路实现大功率放大功能。其器件典型外形结构如图 11.17 所示。

推挽式功率放大器一般工作在 L 波段以下，巴伦结构一般由损耗较低的同轴线构成。同轴巴伦原理图如图 11.18 所示。

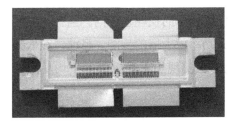

图 11.17　推挽式功率器件典型外形结构

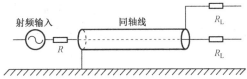

图 11.18　同轴巴伦原理图

射频信号从输入端进入巴伦结构后被分为两路振幅相同、相位相差 180°的信号，分别通过输入匹配网络进入两个功率管芯并被放大，此时两个功率管芯在不同的半周导通，在两个功率管芯的输出端产生两路振幅相同、相位相反的射频信号，这两路信号再经过输出匹配网络，通过输出端巴伦结构组合成完整的射频信号。推挽式功率放大器技术广泛应用于低频、大功率、高效率的功率放大器的设计中，巴伦电路原理如图 11.19 所示。

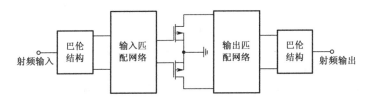

图 11.19　巴伦电路原理图

典型推挽式功率放大器如图 11.20 所示。推挽式功率放大器电路的优点是具有高的输入阻抗、输出阻抗变换比，较宽的工作带宽，较高的增益及较低的谐波。由于巴伦电路的使用，使推挽式功率放大器的输入阻抗、输出阻抗值大于相同输出功率单端放大器的4倍，因此推挽式功率放大器匹配电路的设计更加容易。同时，推挽式功率放大器能

图 11.20　典型推挽式功率放大器

够达到的饱和输出功率也远大于普通的功率放大器。它在工作过程中，信号电流的流动方向相反，在两个晶体管源端所产生的电感效应会相互抵消。因功率管芯中共源电感的抵消以及较高的输入阻抗和输出阻抗，使推挽式功率放大器的增益得到进一步提高。射频输入信号经过输入巴伦结构分解为两路信号，在输出巴伦结构的末端合成时，信号中的偶次谐波被抵消，能抑制谐波。

在推挽式功率放大器的实际应用中，射频信号在巴伦结构中的损耗会随信号

频率的增加而增加，而由不同材料构成的巴伦结构中的损耗也不同。当工作频率大于 1GHz 时，较高的损耗会严重影响推挽式功率放大器的性能。目前，在低频段雷达中利用 GaN 微波功率器件和推挽电路已实现了千瓦量级的平均功率输出，大大提升了雷达的性能和威力。

（3）GaN 毫米波功率器件。

在通信、雷达和电子对抗等应用中，GaN 技术在 Ka 频段输出功率和效率方面已显示出强大的潜力。Ka 频段 GaN HEMT 功率 MMIC 的效率已超过 30%，当功率和增益适中时，其效率甚至可以超过 35%。表 11.9 所示为 Ka 频段 GaN HEMT 功率 MMIC 的性能指标。

表 11.9 Ka 频段 GaN HEMT 功率 MMIC 的性能指标

频率/GHz	输出功率/dBm	效率/%	芯片面积/mm²
27～33	33.5	26	6.16
28～31	36.3	28	16.3
26～32	36.2	25	8.63
27～31	37	30	4.8
27～31	39.4	26	9.7
29～31	43.3	16	22
32～38	33.5	25	7.44
32～38	37.1	34	3.55
32～38	40.5	35	9.9

毫米波 GaN HEMT 功率单片工艺主流技术方向包括 Si 衬底 GaN 工艺和 SiC 衬底 GaN 工艺两种。前者具有集成度高、成本低的优势，但存在晶格失配和热膨胀系数失配的缺点；后者具有导热率高、晶格失配度小和膨胀系数小等优点，其输出功率和效率具有明显优势，是当前应用最为广泛的器件。

在毫米波相控阵列中，GaN 功率放大器用于信号的放大，之后经过收/发切换开关或者环形器由天线将信号发送至自由空间。图 11.21 所示为采用 GaN/SiC 技术的收/发一片式射频前端，具有双通道收/发放大功能。其中，每个通道功能由 1 片基于 SiC 衬底 GaN 工艺的 MMIC 实现，包含天线、功率放大器、低噪声放大器、移相器、衰减器和收/发切换开关等。两片 MMIC 封装成表面贴装器件，封装后的工作频率为 37～40.5GHz，发射输出功率为 2W/每通道，效率为 7%，接收噪声系数小于 4.2dB。采用此前端研制了一款双极化平面化天线阵列，它的有源通道共 16 个，采用 8 个双通道 GaN/SiC 射频前端，每个极化的平均全向有效辐射功率（EIRP）为 55dBm，凸显了 GaN 技术的优越性。

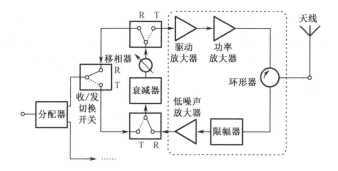

（a）收/发一片式 CaN MMIC 电路原理图

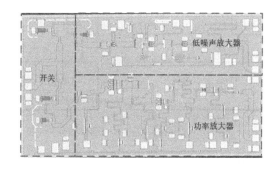

（b）收/发一片式 GaN MMIC 芯片示意图

图 11.21　采用 GaN/SiC 技术的收/发一片式射频前端

（4）高功率电力电子器件。

硅材料在电力电子器件中有广泛的应用，但基于硅的半导体材料已不能满足新的对高功率电力电子器件的要求。这些要求包括更高的阻塞电压和开关频率，更高的效率和可靠性。

宽禁带半导体材料，如具有优良电性能的 SiC 和 GaN 等，是取代硅的理想材料，SiC 更是商业应用的理想材料。

高功率半导体电力电子器件在电力系统中有多方面应用，像电源电子变换器（Power Electronic Convertors）在电力系统中有广泛应用，如在分布式能源接口（Distributed Energy Resource Interfaces）、中压电机驱动器（Medium Voltage Motor Drives）、柔性交流传输系统（Flexible AC Transmission System，FACTS）和高压直流（High Voltage DC，HVDC）系统等应用中，电源电子变换器的效率与可靠性均非常重要。目前商用的电源电子器件包括二极管、可控硅整流器（Silicon Controlled Rectifier，SCR）、绝缘栅双极型晶体管（Insulated Gate Bipolar Transistor，IGBT）和金属氧化物半导体场效应晶体管（Metal-Oxide-Semiconductor

Field Effect Transistor，MOSFET）等都是基于硅的器件，为了满足电力系统的高阻塞电压等的新要求，需要采用由宽禁带器件实现的电源电子变换器。

宽禁带高功率半导体电力电子器件以及用其实现的电源电子变换器在有源相控阵雷达天线的设计中也有重要的应用。如图 11.22 所示，有源相控阵雷达天线总线系统包括射频（RF）信号总线、控制信号总线（包括波束控制与阵面幅相监测控制信号总线）和电源总线三个重要组成部分。

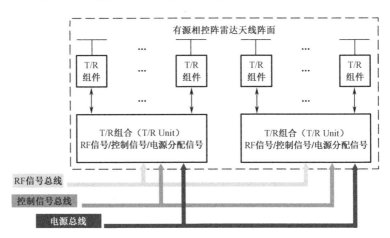

图 11.22　有源相控阵雷达天线的三个重要总线示意图

有源相控阵雷达天线是一种多通道系统，因此射频总线与控制信号总线备受关注。有源相控阵雷达天线的监测系统中包括射频传输网络与监测控制信号分配网络，前者属于天线阵面的射频总线，后者与各种波束控制信号一起可以归属于控制信号总线。

而电源总线的设计在文献中则讨论较少。由于有源相控阵雷达天线阵面上有大量的有源器件与组件，如 T/R 组件，它们中的高功率放大器（发射信号放大器）、低噪声放大器、混频器、中频放大器等均需要有多个品种的直流电源的馈给；T/R 组件的移相器、收/发开关、时间延迟单元（TDU）[或实时延迟（TTD）]、监测状态控制、极化控制等均需要数字与视频信号电路，它们同样需要直流电源供应，因此电源总线就成为有源相控阵雷达天线阵面设计中的重要组成部分。

有源相控阵雷达天线阵面庞大，所需要的电源功率大。若有源相控阵雷达天线总的发射信号平均输出功率为 P_{av}，T/R 组件的总效率（PAE）为 η_{pae}，则天线阵面全部 $N \times M$ 个 T/R 组件需要的初级电源总功率 P_{pp} 和每一个 T/R 组件需要的初级电源功率 P_{TRM} 分别为

$$P_{pp} = \frac{P_{av}}{\eta_{pae}} \tag{11.8}$$

$$P_{TRM} = \frac{P_{av}}{NM\eta_{pae}} \tag{11.9}$$

对于大型相控阵雷达如空间目标监视相控阵雷达 P_{av} 可高达 1000kW 以上，因此天线阵面上需要的初级电源功率较大。

随着天线阵面初级电源功率的增加，提高送往有源相控阵雷达天线阵面的初级电源传输分配系统的效率就越显重要。图 11.23 所示为一种有源相控阵雷达天线阵面的电源传输分配方案示意图。

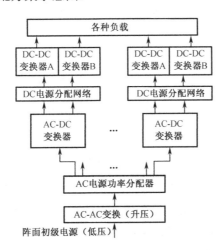

图 11.23　有源相控阵雷达天线阵面的电源传输分配方案示意图

从图 11.23 可看出，在整个有源相控阵雷达天线阵面上存在多次电源变换。天线阵面的交流-交流（AC-AC）变换在通常情况下是将初级电源电压提升，降低 AC 电源分配网络损耗。天线阵面内交流-直流（AC-DC）变换器负责向阵面的每一个子阵区域内的所有 T/R 组件提供电源，然后经 DC 电源分配网络为每一个 T/R 组件提供直流电源，进行直流-直流（DC-DC）变换，获得满足高稳定度的 DC 电源要求。在 DC-DC 变换器中，需要接入开关（转换）频率很高的晶体管变换器。而宽禁带半导体器件具有阻断电压高、开关频率高、效率高、承受结温高等优点，因此在有源相控阵雷达天线阵面的电源系统中发挥了重要作用。

2）系统级应用

美国国防部高级研究计划局（DARPA）从 2002 年启动了宽禁带半导体技术的研制计划，这一计划针对多种美国国防部（Department of Defense，DOD）作战平台的发展需要。这些作战平台包括美国海军的舰载雷达、机载火控雷达，如 F35 飞机的机载火控雷达、F/A-18 上的有源电扫阵列（AESA）、机载预警机（AWACS），以及各种战术无人机上的有源相控阵雷达。美国导弹防御相控阵雷达如图 11.24 所示。

（a）空中和导弹防御雷达   （b）海基导弹防御相控阵雷达

图 11.24　美国导弹防御相控阵雷达

在美国海军的战区空中优势巡洋舰项目的舰载有源相控阵雷达中，宽禁带半导体技术的应用包括以下项目：

（1）提高有源相控阵雷达中单元发射机的功率。考虑舰载相控阵雷达天线孔径尺寸的限制，他们希望通过宽禁带半导体器件的应用，将天线单元级的发射机输出功率较原窄禁带半导体射频功率放大器的输出功率提高 10 倍，从而增强雷达的灵敏度，即增加雷达的有效功率孔径积（$P_{av}A_rG_t$）。

（2）实现稳定的、可重复的宽禁带半导体材料及器件的生产工艺。在基于 SiC 与 GaN 等的多种宽禁带半导体器件已证实可达到预计性能的基础上，强调要实现稳定的、可重复的宽禁带半导体材料与器件的生产工艺技术，使宽禁带半导体转移应用于雷达信号获取等相关军事项目。

在战区空中优势巡洋舰项目中，美国海军对宽禁带器件的目标应用项目便是实现综合化的电子信息系统，它包括 S 波段和 X 波段的有源相控阵雷达，且均具有大的工作带宽，其中 S 波段有源相控阵雷达用于实现对全空域搜索、跟踪、区域防空和战术/战区弹道导弹防御栅栏搜索（TBMD Fence Search）以及目标识别，X 波段有源相控阵雷达则用于对舰船自我防御要求的水平搜索与跟踪，目标照射、战术/战区弹道导弹防御栅栏的搜索和精确识别。

由于两部有源相控阵雷达按综合化设计，它们将作为一部雷达来进行工作，亦有不同分工，这将简化单部多功能雷达的系统设计，有利于多种工作方式的合理安排。这两部雷达还兼有电子侦察、对抗、通信等多种功能，有利于简化舰上多种电子信息装备的设计，缩短系统响应时间，改善舰上的电磁兼容性。

雷声公司亦将宽禁带 T/R 组件应用在空间篱笆、空中和导弹防御雷达（AMDR）、空军三维超远程雷达，以及下一代海基导弹防御 X 波段相控阵雷达等一系列大型项目中。另外，格鲁曼公司在其研发的通信卫星中采用了 GaN 芯片技术，使其在非常小的物理空间中可以实现高的通信功率输出。

中国国内在近期的几个"五年计划"期间陆续完成了 GaN 器件各项可靠性试验与评价分析，使 GaN 器件正式进入工程应用阶段。

宽禁带半导体技术具有许多独特的优点，是新一代半导体材料、器件、电路、工艺发展的重点。许多宽禁带半导体器件与电路都是针对新一代有源相控阵雷达的需求而开发的。宽禁带技术的进展也将进一步推动相控阵雷达特别是有源相控阵雷达的发展。

11.2.3　InP 半导体器件

1. 对 InP（磷化铟）半导体器件的一些新要求

针对小平台（如无人机）关于高分辨率、小型化探测、成像设备的需求，需要固态 T/R 组件具有较大的输出功率、较低的功耗、较高的线性度及较低的相位噪声，同时要求集成数/模混合电路实现接口控制、电源管理、检波及温度传感和故障检测等功能。为了满足这些要求，有源相控阵雷达的工作波段已经从 X 和 Ku 波段提高到 Ka 和 W 等毫米波波段，部分应用场景甚至达太赫兹波段。在毫米波波段满足有源相控阵雷达天线辐射单元 1/2 波长要求的条件下，能够提供给 T/R 组件通道的尺寸已降低到毫米量级，因此 T/R 组件必须采用高集成度和小型化设计。

目前，中国国内现有毫米波以上波段的组件多采用 GaAs 工艺或者 CMOS 工艺进行分立芯片的设计，体积较大，分辨率较低，组装工艺复杂，成品率难以保证，成本也很难控制。而国际上普遍采用 SiGe BiCMOS 集成电路工艺开发的毫米波波段高集成度、多功能、多通道收/发芯片，利用异构集成技术虽然实现了高集成度、小型化的 TR 组件，但功率、噪声等指标难以满足有源相控阵雷达的发展需求。

InP 材料在电子迁移率、饱和电子漂移速度、电子击穿场强等重要参数方面的性能优于 Si, SiGe, GaAs 和 GaN 等材料，其余参数性能也相对较好，因此 InP 是 Ka 和 W 波段甚至 THz 波段固态微波器件半导体材料的首选。

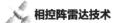

2. InP 半导体器件的工艺和特点

InP（磷化铟）是一种Ⅲ-Ⅴ族化合物半导体材料，表 11.10 所示为 InP 与其他常用半导体材料的性能对比，它的电子迁移率约是硅材料的 9 倍，饱和电子漂移速度是硅材料的 2 倍以上，是制造高频电子器件的理想材料。InP 器件主要分为异质结双极晶体管（Heterojunction Bipolar Transitor，HBT）和高电子迁移率晶体管（High Electron Mobility Transistor，HEMT）两种，均具有高频、低噪声、大功率、高效率和抗辐射等特点，可广泛应用于各种放大器、振荡器和数字电路等。采用 InP HBT 的功率放大器 MMIC 的功率密度在高频比采用 GaAs 材料的要高 2～3 倍，达 100GHz 以上，所以在功率应用中 InP HBT 具有潜在的优势。

表 11.10　InP 与其他常用半导体材料的性能对比

参数	Si	SiGe	GaAs	GaN	InP（AlGaAs）
电子禁带宽度 E_g/eV	1.12	0.9	1.43	3.45	1.35
饱和电子漂移速度 V_{sat}/($\times 10^7$cm/s)	1.0	0.65	1.3	3.0	2.0
电子迁移率 μ_n/[cm²/(V·s)]	1500	7700	8500	1250	13800
击穿场强 E_c/(MV/cm)	0.3	0.3	0.4	3.0	0.5
介电常数 ε_r	11.9	14	13.1	9	12.5
热传导率 λ/[W/(cm·K)]	1.5	0.5	0.46	1.3	0.68

相对于 GaAs 及 SiGe 器件，InP HBT 在性能上具有明显优势，按其工艺制作的管芯具有比 GaAs 及 SiGe 器件更高的动态范围，更低的功耗，同时截止频率更高。因为 InP 材料具有更高的电子迁移率且转换效率高，在高电场强度下有良好的传输性能。同时 InP 材料中 InGaAs/InAlAs 间存在更多的导带不连续性，能在沟道中形成更高的载流子浓度；它的表面复合速率远低于 GaAs 材料的（InP: ≈ 103 cm/s；GaAs: ≈ 106 cm/s），因而 InP HBT 器件有更低的噪声性能。InP 在热传导率上比 GaAs 高近 50%［InP 为 0.68W/(cm·K)；GaAs 为 0.46W/(cm·K)］；因此在相同功耗的情况下工作时温度较低。InP, GaAs 和 Si 中饱和电子漂移速度与电场强度的关系如图 11.25 所示。

采用 InP HBT 工艺结合各种集成技术可研制出各种结构紧凑和复杂的 MMIC，其功率、带宽、功率附加效率不断提高，电路尺寸和功耗不断降低。可以更好地满足雷达、通信、电子战等武器装备中对高性能元器件及片上系统的需求，适应装备系统的小型化、集成化和高性能化的发展趋势。

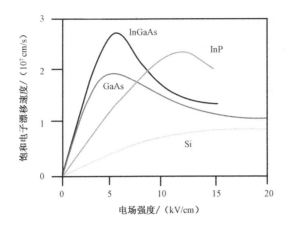

图 11.25　InP, GaAs 和 Si 中饱和电子漂移速度与电场强度的关系

3. InP 半导体器件在相控阵雷达中的应用

1）InP 多功能芯片

采用 InP HBT 工艺可实现收/发多功能的 MMIC，能够包含放大、移相、衰减、功分/合成和混频等复杂功能。在 TR 组件中，为了实现低功耗和波束形成功能，除了采用 InP HBT 实现射频性能之外，还可以集成逻辑控制功能，实现波束赋形芯片的高集成化。中国电科研制的基于 InP HBT 的 W 波段多通道接收多功能芯片，采用 5V 和 3.3V 供电，3.3V TTL（Transistor-Transistor Logic）控制切换状态，在 94～98GHz 频率内转换增益为 22dB，增益平坦度 ≤ ±0.5dB，噪声系数 ≤ 7dB，移相精度 ≤ 3°，衰减精度 ≤ 0.5dB，负载态隔离度 ≥ 25dB，端口电压驻波比 ≤ 2。

2）InP 低噪声放大器

InP HEMT 器件有高频、低噪声、高功率增益和低功耗等特点，是实现毫米波和太赫兹低噪声放大器最佳选择之一。国外 InP HEMT 器件的最高频率已超过 1THz，成为毫米波、太赫兹波段主流器件之一。目前已采用 InP HEMT 工艺技术研制出了一系列性能优异、工作频率为太赫兹波段的低噪声放大器、接收机和收/发模块等。NGAS 公司在 DARPA 支持下成功研发了基于 30nm 栅长工艺技术的 0.67 THz 的 InP HEMT MMIC，所得的低噪声放大器噪声系数为 13dB，增益大于 7dB。中国电科基于 InP HEMT 工艺研发的 220GHz 低噪声放大器，增益为 20dB，噪声系数为 7.5dB，可应用在太赫兹相控阵雷达接收通道。

3）InP 功率放大器

InP HBT 和双异质结双极晶体管（DHBT）器件由发射极、基极和集电极组成，其器件结构中多采用 InGaAs 材料，使其具有迁移率高、频率高、射频输出功率高、击穿电压较高、相位噪声低、频带宽、功率附加效率高及集成能力强的特点，非常适合制作毫米波及太赫兹宽频带、大动态和大功率电路。国外 Teledyne 公司采用 130nm InP DHBT 工艺研制出的 670GHz InP HBT 放大器，在 670GHz 下增益为 24dB，585GHz 下饱和输出功率为 0.86mW。中国国内采用 InP DHBT 工艺研制出的 140～220GHz 单片功率放大器集成电路，可应用在太赫兹相控阵雷达发射通道。

4）T/R 组件

采用 InP HBT 工艺可实现收/发多功能 MMIC，包括放大、移相、衰减、功分/合成和混频等复杂功能。在 T/R 组件中，为了实现低功耗和波束形成功能，除了采用 InP MMIC 之外，还需要硅基器件实现 InP MMIC 的控制。图 11.26 所示为 44GHz 基于 InP 材料的射频多功能芯片在 T/R 组件中的应用。

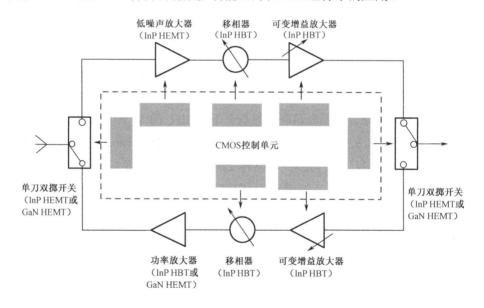

图 11.26　基于 InP 材料的射频多功能芯片在 T/R 组件中的应用

11.3　采用微系统技术的相控阵雷达

未来装备要求相控阵雷达在复杂电磁环境中实现更强的探测能力，对相控阵雷达的功能和性能要求越来越高，迫切需要通过硬件集成度的提高实现功能的增加和性能的提升。传统的基于单芯片或多芯片模组（Multi-Chip Module，MCM）集成的方式难以满足未来相控阵雷达发展的需要。随着摩尔定律的发展，相控阵雷达中使用的硅基器件的集成度和性能不断提升，但其功率、噪声系数等指标与化合物半导体器件相比尚有差距，在相控阵雷达中使用异质器件的情况仍不可避免。虽然基于多芯片模组集成的方式充分结合了化合物半导体和硅基器件的优势，但这种基于二维平面集成的方式集成密度较低，业已成为限制相控阵雷达硬件进一步发展的瓶颈。而微系统技术作为一种复杂系统的高密度集成技术，近30 年以来发展迅速，为解决相控阵雷达集成问题提供了可能。

微系统技术一般是指通过微纳加工实现传感、处理、控制和执行等功能为一体的复杂微型系统的集成技术。微系统技术最早应用于各类传感器，经过多年的发展，其概念、内涵以及应用领域大幅拓展，形成广义的微系统，即指利用微纳加工实现的微型功能系统，它可以是单一的电学系统、光学系统、机械系统或流体系统，也可以是融合多专业多功能的综合系统。基于微系统技术，相控阵雷达中使用的大量化合物半导体和硅基等器件可实现三维高密度异构集成，无源器件、电路和散热结构的体积及质量也将大幅缩减。

11.3.1 高密度集成无源器件

1. 对高密度集成无源器件的一些新要求

相控阵雷达中存在大量的射频传输线、延迟线及天线单元等无源器件。传统的无源器件主要通过射频同轴电缆、机加工结构或微波印制电路板实现，其体积和尺寸通常较大，难以适应相控阵雷达射频系统高密度集成的发展趋势。另外，随着相控阵雷达工作频率的提高，对传统无源器件的加工要求也越来越高，导致了其成本不断增加，难以满足相控阵雷达大规模使用的需求。典型的相控阵雷达阵面组成框图如图 11.27 所示，其中包含大量的无源器件，如子天线阵（简称子阵）传输网络和天线阵面传输网络、延迟线和天线单元等，而无源器件的高密度互连对天线阵面的高密度集成至关重要。

为解决上述难题，对无源器件的功能与性能指标提出如下新的需求。

1）宽频带传输

相控阵雷达为实现多目标分辨和分类识别，提高相控阵雷达的抗干扰能力，需采用宽带信号以获得高距离分辨率，且兼具良好的低截获概率（LPI）特性。这些雷达的迫切需求也持续带动了无源器件宽带传输的技术进步。

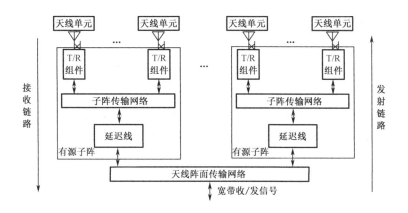

图 11.27　典型相控阵雷达阵面组成框图

2）低损耗

相控阵雷达为提高探测距离和接收灵敏度，需降低射频信号的传输损耗。传统的印制板或电缆传输在 20GHz 以上高频段损耗较大，且受工艺精度限制，损耗的一致性较差。传统的无源器件损耗特性已无法满足雷达的技术需求。

3）良好导热特性

热传导率指标越高，材料向周围环境传导热的能力越强。良好的导热特性意味着由该材料制作的器件的温度升高越慢，越有利于提高高功率器件的工作稳定性。随着无源器件与有源器件的不断集成，高功率器件的散热对微波传输网络 S 参数的温度特性影响越来越大，因此迫切需要具有高导热特性的传输结构。

4）高密度互连

传统的阵面互连均由分立的无源器件搭接，如连接器、印制板和电缆等。随着微系统集成技术的发展，无源器件的高密度互连已成为新的技术瓶颈。

近年来国内外很多研究机构都积极开展了对新型高密度无源器件的研究。其中，采用三维微加工技术的微同轴器件是新型高密度器件的典型代表，微同轴传输结构具有宽频带、低损耗的传输特性，可实现微米级加工精度，易于集成高密度、高性能无源器件。微同轴传输结构优异的电气特性及结构特性使得基于该结构的无源器件已进入工程应用阶段。

2. 微同轴器件的特点和工艺

1）微同轴传输结构的特点

微同轴传输结构与传统基于印制板的高频、高密度传输系统不同，它的高频信号被约束在封闭的同轴结构中，主要传输介质为空气，因此在微波、毫米波频率范围内，均以近乎纯 TEM（Transverse Electromagnetic，横电磁）模式传输。

类比于传统的圆形同轴结构，微型同轴线采用方形同轴结构替代圆形同轴结构[20]，如图 11.28 所示，在横截面≤1mm×1mm 的尺寸下实现 50Ω射频传输线，微同轴结构的特点如下所述。

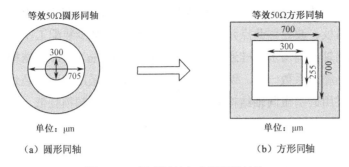

（a）圆形同轴　　　　　　　　（b）方形同轴

图 11.28　圆形同轴与方形同轴结构

（1）宽频带的传输特性。

在微同轴结构中，高频信号被约束在封闭的同轴腔体内，在 DC～300GHz 范围内，以近乎纯 TEM 模式传输，可以实现超宽带工作。

与微带线、带状线等平面电路相比，微同轴结构射频传输信号近乎全封闭，相邻传输线之间的隔离度很高，可达-60dB；传输频率高，对毫米波波段减小损耗有着明显的优势。与波导相比，微同轴结构几乎无相位色散，且物理尺寸小，使具不同电路阻抗的设计更为灵活。微同轴与其他常规传输线性能对照如表 11.11 所示。

表 11.11　微同轴与其他常规传输线性能对照表

特性	传输形式			
	微带线	带状线	波导	微同轴
传输模式	准 TEM 模	TEM 模	TE 或 TM 模	TEM 模
色散	高	低	很高	极低
特性阻抗范围/Ω	15～100	25～100	固定	5～140
元件尺寸	小	小	大	极小
隔离度/dB	优于-25	优于-40	非常高	优于-60
制造成本	低	低	高	中

（2）良好的导热特性。

微同轴结构主要由硅和铜材料组成，热导率远高于常用的 CLTE-XT、低温共烧陶瓷（Low Temperature Co-fired Ceramic，LTCC）等平面电路介质，达到高温共烧陶瓷（High Temperature Co-fired Ceramic，HTCC）甚至部分金属材料导热率量级。

（3）高密度 3D 互连特性。

由于采用微同轴技术，可实现微米级别的结构细节，因此可集成高性能的无源器件。相比传统互连基板，集成密度更高，且与有源器件的连接寄生效应更低，易实现 3D 垂直互连；同时可形成精确的互连和过渡结构，方便连接传统的连接器、电路板、波导、凸点元件及实现金丝焊接，减少装配工作量。

硅基微同轴结构与基于硅通孔（Through Silicon Via，TSV）结构的 T/R 组件工艺兼容，热膨胀系数一致。两者之间互连可以直接采用表面贴装焊接，甚至一体化加工。采用硅基微同轴结构的无源网络尺寸小且高频损耗低，因此硅基微同轴结构非常适用于 Ka 波段及以上波段体积较小的全硅片式微系统架构。

2）微同轴结构的典型工艺

目前微同轴工艺方案有两种：基于微电子机械系统（MEMS）工艺的硅基微同轴加工技术和基于电铸工艺的铜基微同轴加工技术，两者工艺方案完全不同。

（1）硅基微同轴方案。

硅基微同轴结构与基于 TSV 硅结构的工艺兼容，适用于 Ka 波段及以上波段体积较小的全硅片式微系统架构。硅基微同轴的工艺方案如下：

① 选取双面抛光单晶硅片，使双面热生长氧化保护层。利用紫外线与掩膜板，采用光刻形成刻蚀的图形窗口。

② 利用反应耦合等离子体（ICP）干法深槽刻蚀，形成侧壁垂直的硅槽。

③ 利用溅射和电镀工艺，完成硅槽侧壁和底部金属化，用于后续晶圆键合。

④ 对另一片同样大小的单晶硅片溅射金属层，重复步骤②～③。

⑤ 两片晶圆精确对位后，利用金金热压键合技术实现两片晶圆的互连。

（2）铜基微同轴方案。

铜基微同轴方案利用薄膜工艺实现，它以空气为主要填充介质，以铜/金为导体，具有超宽带单模传输带宽、尺寸小、插损低、结构强度高等优良特性，其可以与铜基基板流片成一体，作为基板材料直接贴装 GaAs 和 GaN 元器件，也可以作为模块直接焊接到铜、铝等金属盒体或者 LTCC, HTCC 和 CLTE 等介质上[20]。适用于高性能、高密度混合电路集成，铜基微同轴微系统架构如图 11.29 所示，铜基微同轴方案的工艺流程如图 11.30 所示。

3. 微同轴器件在相控阵雷达中的应用

微同轴结构具有优异的电气特性，可将数个甚至数百上千个此类结构集成，构建出各种新型三维高频微互连器件及基板，实现器件级及系统级功能。此外，微同轴技术能够实现垂直互连、平面信号高隔离匹配传输，为实现机、电、热一体化的射频微系统搭建基础框架，大幅提升密集有源阵列的性能。

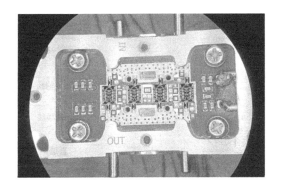

图 11.29　铜基微同轴微系统架构

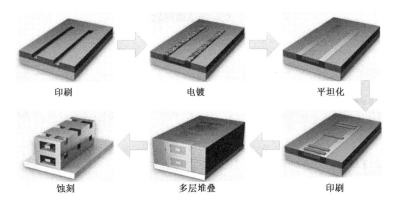

图 11.30　铜基微同轴方案的工艺流程

1）微同轴传输线

大量研究表明铜基微同轴线在集成度、低损耗等方面表现出优异性能。2019年，中国电科制备了 MEMS 铜基微同轴传输线，如图 11.31 所示，该传输线在DC～40GHz 条件下具备良好的传输性能，电压驻波比均低于 1.15，在测试插入损耗 40GHz 约 0.35dB/cm 时，MEMS 同轴传输线的仿真如图 11.32 所示。微同轴传输线具备的高密度互连、低损耗特性使其在阵面互连中应用广泛，如子阵传输网络和天线阵面传输、延迟线、组件内无源互连等，在减少传输损耗的同时大大提高了阵面的集成度。

2）微同轴延迟线

微同轴延迟线用于宽带相控阵雷达天线阵面，以解决有源相控阵天线进行大角度二维扫描时的天线阵列孔径效应。传统延迟电路基板采用微波多层板层压实现，受加工工艺限制，高性能、轻量化方面已不能满足目前设计需求。而微同轴结构中的高频信号被约束在封闭的同轴结构，在微波毫米波范围以近乎纯 TEM模式传输。

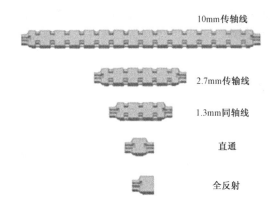

10mm传轴线

2.7mm传输线

1.3mm同轴线

直通

全反射

图 11.31 双层铜基微同轴传输线

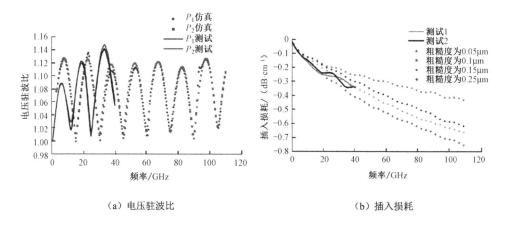

（a）电压驻波比

（b）插入损耗

图 11.32 MEMS 同轴传输线仿真

以空气填充的微型同轴传输线是一种完全屏蔽的传输结构，具有优异的电气特性。在传统薄膜电路工艺基础上，结合 MEMS 工艺，可制作出尺寸微细的空气矩形同轴结构，形成 MEMS 微同轴传输线。微同轴延迟线一般采用开关切换不同路径实现延迟，不同路径差值以二进制递进，其原理框图如图 11.33 所示。以 MEMS 微同轴传输线为载体，通过绕线、转接实现不同延迟量的 MEMS 微同轴延迟线的实物如图 11.34 所示。

3）微同轴天线

微带天线可实现宽带、宽波束等高性能指标，但在毫米波和太赫兹波段，因介质损耗严重降低了天线辐射效率。基于微同轴工艺集成系统的大部分无源器件和天线可构建动态自适应天线。

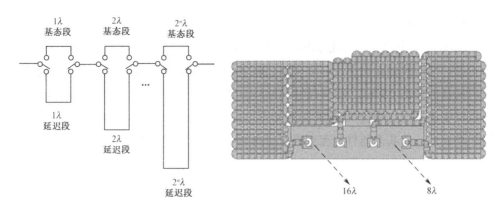

图 11.33　二进制延迟线原理框图　　　图 11.34　MEMS 微同轴延迟线实物（$8\lambda+16\lambda$）

W 波段微同轴天线采用三维射频 MEMS 技术集成了馈电线路和阻抗变换器，其中心导体通过周期分布的介电带支撑，所设计的结构能够在 DC～250GHz 频率范围内获得单 TEM 模传输特性，如图 11.35 所示。由于微同轴为空气介质结构，采用贴片天线形式，谐振贴片处于悬空状态，故增加两个金属柱对贴片支撑。该天线由微同轴内芯直接馈电，4 个天线单元通过 1 分 4 功率分配网络分配馈电。得益于微同轴极高的加工精度，对于无源天线阵列可采用无隔离电阻的功率分配器设计，天线馈电总口通过微同轴转接为波导测试结构。微带贴片微同轴天线在激励源的激励下，会在辐射贴片和金属地板之间形成电磁场，产生的电磁能量将通过辐射贴片和金属地板之间的缝隙向外进行辐射。

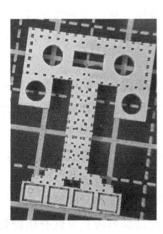

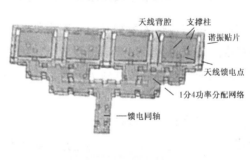

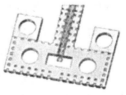

（a）实物图　　　　　　　　　　（b）结构示意图

图 11.35　W 波段微同轴天线

4）在相控阵雷达系统中的应用

2020 年，中国电科利用 MEMS 硅介质加工工艺，开发了多层硅介质 MEMS 的 BGA 型微同轴延迟单元，如图 11.36 所示。该微同轴结构采用 BGA 表贴形式，其延迟量为 580ps，芯片尺寸 ≤9.8×10.5×2.6（mm³），在某型雷达的延迟放大组件中实现了工程应用，其实物如图 11.37 所示。该微同轴延迟单元表贴在组件基板上，与其余器件气密封装在壳体内，组件实测性能良好，满足环境试验要求。

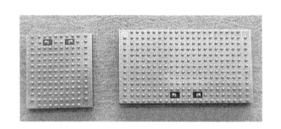

图 11.36　BGA 型微同轴延迟单元

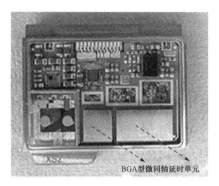

图 11.37　BGA 型微同轴延迟单元实物

11.3.2　微系统三维异构集成技术

1. 对微系统三维异构集成技术的一些新要求

相控阵雷达包括大量独立封装的组件和模块，这些组件和模块通常采用二维平面集成方式进行组装，集成密度较低，组件和模块间互连的接插件及组装固定的机械结构和散热部件尺寸较大，难以满足相控阵雷达未来功能扩展和性能提升的要求。

微系统三维异构集成技术一方面通过微加工的基板提高平面电路集成密度，匹配芯片级互连尺寸；另一方面通过三维堆叠方式实现器件或基板间的高密度互连，使之适合现代相控阵雷达多种类器件、复杂硬件电路的高密度混合集成。此外，微加工的无源器件及结构、散热器件等，也与基板、芯片集成密度相近，为雷达系统的轻量化和小型化提供了整体解决方案。

微系统三维异构集成技术主要使用的基板包括硅和玻璃等。硅基板具有热导率高、表面平整、与芯片热膨胀系数一致等特点；而玻璃基板具有低介电损耗、低制造成本、无须额外电隔离等优势，借鉴成熟的集成电路微加工技术，可在其表面实现高精度、高质量的平面互连，提高集成密度，减小系统体积。为了实现三维互连，基板还需要制备高密度的垂直过孔，直径通常为数微米至数十微米，这种高精度过孔制备和金属填充工艺难度远超于平面微加工技术。近年来针对 TSV 和玻璃通孔（Through-Glass-Via，TGV）的研究已经较为成熟，目前基于 TSV 或 TGV 的基板已经能够实现大批量工程化生产。芯片与基板或不同基板间垂直互连的特征尺寸也需要与平面电路尺寸相近，其中的主要技术包括芯片倒装或埋置、凸点制备、晶圆键合（Wafer Bonding）等。微系统三维异构集成技术能大幅提升相控阵雷达系统的集成度，同时也带来了电磁兼容和系统热流密度大幅增加等难题，通过合理的架构设计应对这些挑战是这一技术在未来相控阵雷达中应用的关键。

2. 微系统三维异构集成技术的工艺与特点

1）微系统三维异构集成工艺

微系统三维异构集成工艺基本架构如图 11.38 所示，它主要包括高密度基板加工工艺和系统级三维异构集成工艺两大方面。

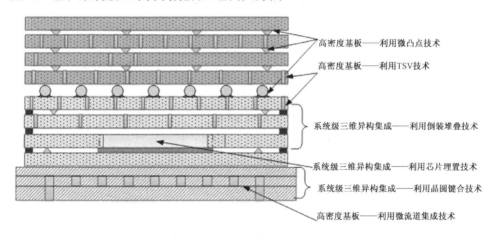

图 11.38　微系统三维异构集成工艺基本架构

高密度基板作为封装体的骨架，起到基础支撑和使电信号互连的作用，同时在局部嵌入微流道的情况下可以实现高效散热。高密度基板加工工艺主要包括：① TSV 技术，通过深孔刻蚀和电镀填充，实现电信号垂直互连；② 微凸点技术，通过金属微结构制备，实现不同层基板或器件之间的电学互连；③ 微流道集成技术，通过在基板内嵌入微流道，利用冷媒实现芯片的近端散热。

通过系统级三维异构集成工艺可实现不同功能层或器件之间的互连，包括电气互连、机械互连、热传导等。系统级三维异构集成工艺主要包括：① 芯片埋置技术，通过芯片原位贴装和薄膜再布线，实现芯片间的信号互连；② 三维堆叠技术，主要包括倒装堆叠和晶圆键合两种堆叠技术，其中倒装堆叠技术通过热压倒装焊接或超声热压倒装焊接实现各功能层的立体集成；而晶圆键合技术则通过金属键合技术在实现电气互连的同时实现系统级气密封装。

（1）高密度基板加工工艺。

① TSV 技术。TSV 制备是 2.5D/3D 集成技术中重要的基础工艺过程，TSV 直径一般为 5~50μm，深度为 20~200μm，TSV 工艺流程如图 11.39 所示，它包括深孔刻蚀，盲孔填充及再布线（包括深孔侧壁绝缘层沉积、深孔阻挡层/种子层沉积及深孔电镀填充），临时键合，背面减薄抛光，表面再布线和解键合等工序。

其中，深孔刻蚀和深孔填充是 TSV 技术的核心工序。深孔刻蚀基于等离子体的深度反应性离子刻蚀（Deep Reacitive Ion Etching，DRIE）工艺，采用时分复用的方式在晶圆上实现高深宽比过孔；深孔填充基于化学气相沉积和物理气相沉积制备绝缘层、阻挡层和种子层，并通过盲孔电镀制备垂直互连结构，用于实现信号的垂直互连。

TSV 技术缩短了互连线长度，减少了信号传输延迟和损耗，为多芯片、多模块的高密度集成提供了可能。

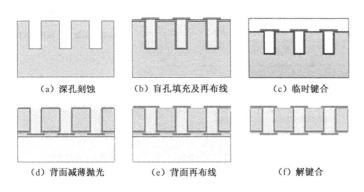

图 11.39　TSV 工艺流程示意图

② 微凸点技术。微凸点是金属键合的载体，面向不同的集成需求，微凸点直径通常在几微米到几百微米范围。目前广泛应用的微凸点类型包括金微凸点、铜锡微凸点、合金焊球微凸点等，其凸点形貌分别如图 11.40、图 11.41 和图 11.42 所示。

金微凸点和铜锡微凸点具有低温集成、高温使用的突出优点。金微凸点通过金丝球焊技术完成制备，用于超声热压立体集成；铜锡微凸点通过电镀的方式完成制备，用于热压立体集成。合金焊球微凸点通过焊料转移的方式实现，由回流焊接工艺实现立体集成。

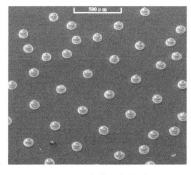
（a）金微凸点阵列

（b）金微凸点

图 11.40　高一致性金微凸点形貌

图 11.41　铜锡微凸点电镜形貌　　　图 11.42　激光植球制备合金焊球微凸点形貌

微凸点技术是实现不同层基板或器件之间电学互连的必要工艺，通过多种微凸点技术的结合使用，为微系统的多温度梯度立体集成提供了工艺和技术支撑。

③ 微流道集成技术。在硅基转接板中嵌入散热微流道是实现微系统有源子阵高效散热的有效途径，如图 11.43 所示。微流道集成技术通过电镀工艺制备微流道密封环、高精度刻蚀技术制备微流道散热结构，并基于晶圆键合工艺实现微流道的水密封接。

（a）TSV 转接板晶圆叠合过程件

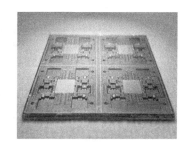
（b）硅基微流道模组成品

图 11.43　硅基微流道

微流道集成技术结合 TSV 技术的应用，可以在高密度基板上完成电学通道和散热通道的集成制作，提高系统的散热能力，为系统集成密度和功率密度的提升提供保证。

（2）系统级三维异构集成工艺。

① 芯片埋置技术。芯片埋置技术是一种高密度、高可靠性的芯片装配方式，其基本工艺流程如图 11.44 所示。它主要包括芯片装配与互连引出、介质填充、多层薄膜布线等工序。其中介质填充和多层薄膜布线是芯片埋置的核心工序，通过介质填充、异质表面抛光、多层布线等关键过程在实现芯片封装的同时完成多层无源网络布线，实现系统对外的连接。

芯片埋置技术充分结合了微组装技术和薄膜技术的优点，将芯片埋置于介质层内部，以减少外界环境对芯片的损伤，同时避免了引线键合寄生参数带来的较大微波损耗，可最大限度利用基板空间，提升系统的集成密度。

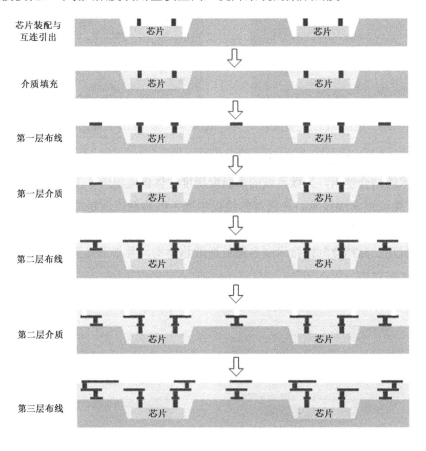

图 11.44　芯片埋置基本工艺流程

②　三维堆叠技术。三维堆叠技术是实现不同功能层或器件之间电气互连和结构互连的关键工艺，主要包括多层倒装堆叠和晶圆键合工艺等技术，如图 11.45 所示。多层倒装堆叠是实现小尺寸基板立体集成的有效手段，针对不同的应用需求，可选用不同类型的垂直互连微凸点结构，常用的多层倒装堆叠方式包括热压回流焊接、超声热压焊接等[21-23]。晶圆键合工艺是晶圆级的封装技术，基于金属微凸点、密封环等结构，在一定外部条件（如温度、压力等）的作用下，将两层及以上晶圆立体堆叠，同步实现微系统电气互连和气密封装。

三维堆叠技术结合多层倒装焊接和晶圆键合工艺等方式的应用，可共同完成高密度的数字、模拟和射频微波混合系统的集成。

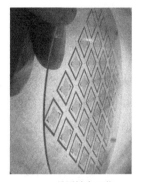

（a）晶圆键合工艺　　　　　　　　（b）多层倒装堆叠

图 11.45　系统级三维异构集成中的晶圆键合和多层倒装堆叠

2）微系统三维异构集成的特点

微系统三维异构集成技术将多个芯片在微加工基板上集成，让多片基板通过 TSV/TGV 技术实现三维集成，与传统的集成电路和封装模块相比它具有如下优点。

（1）不同功能的芯片如射频系统、数字系统和控制系统等，为了达到最佳性能，通常需要采用不同的制造工艺（如存储器、逻辑电路和射频电路等制造工艺）和衬底材料（如硅、Ⅲ-Ⅴ族化合物和玻璃等衬底材料）。异构集成技术将不同工艺结点的器件通过采用芯片级三维堆叠的方法结合起来，利用 TSV 技术实现不同层器件之间的电学和物理连接，构成高集成度的数字、模拟和射频微波混合系统，使之性能与成本达到综合最优。

（2）异构集成实现的三维堆叠，可以极大地缩短连接线，从而有效地降低互连功耗、改善布线拥塞，提高电路性能。二维集成电路和三维集成电路的互连系统被垂直互连和短互连替代，可以减小连接线的寄生参数，进而减少互连延迟和其功率损耗。

（3）异构集成提高了互连密度，其三维垂直互连实现的高集成度模块或者功能电路，将大量独立封装电路接口转变为内部的层间接口，显著减少了外部接口数量。同时内部接口容量的增加，缩短了信号传输的距离，大大提升了芯片间的数据传输带宽，使系统能够同时传输大量数据。此外，传统的引线键合方式的封装一般情况下可以为每个芯片提供几十到几百根引线，而使用倒装焊芯片的方法可以提供几百甚至上千个外部连接，这在传统的封装模块的接插件上是很难实现的。

（4）异构集成工艺源于 IC 制造工艺，它大量使用通用的 IC 制造工艺方法更易于批量化生产和测试，这也是微系统三维异构集成工艺能迅速发展的原因之一。

3. 微系统三维异构集成技术在相控阵雷达中的应用

1）三维异构集成芯片

（1）三维堆叠幅相控制多功能芯片。传统的 GaAs 微波器件难以实现低成本、高集成度、高性能的数字电路，因此需要使用大量的基于 Si 的外围控制和电源器件，导致了组件微波电路尺寸和质量无法缩减，而集成电路的制造工艺提升为系统级单芯片的实现提供了必要的技术保证，但是也带来了制造、设计、工艺和成本的提升。3D 射频微系统技术的核心是可以使多种多层的相同或者不相同的元器件通过异构堆叠的技术集成到一起，这种 3D 集成技术的结构形式非常适合组件内模拟、数字、射频混合的微小型电子系统的集成。砷化镓单片微波集成电路（GaAs MMIC）工艺的幅相控制芯片综合性能好、成熟度高，目前已经在有源相控阵雷达天线 T/R 组件中得到广泛的应用，如将如图 11.46 所示的四通道幅相多功能芯片集成到同一个 GaAs MMIC 上，再将波束控制和电源管理部分采用 Si CMOS 集成到硅片上，最后通过三维堆叠的方法异构集成为数字、微波混合芯片。

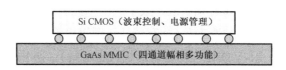

图 11.46　三维堆叠幅相控制多功能芯片示意图

（2）三维堆叠射频前端收/发芯片。

在微波 T/R 组件的设计中，低噪声放大器往往采用 GaAS 工艺来实现，而对功率密度和效率有要求的功率放大芯片，往往采用 GaN 器件。GaN 器件相比于 GaAs MMIC 芯片有着优异的结温特性。具有 GaAs MMIC 工艺的小功率器件综合性能指标好、成熟度高，目前已经在 T/R 组件中得到广泛应用。例如，将如图 11.47 所示的 GaN MMIC 芯片和 GaAs MMIC 芯片形成一个三维堆叠射频前端收/发芯片，可以在提高集成度的同时，综合各自最优的性能，实现 T/R 组件的小型化。

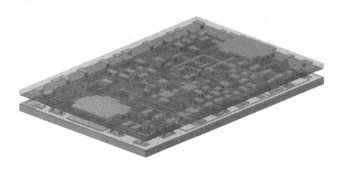

图 11.47　三维堆叠射频前端收/发芯片

2）三维异构集成有源模块

（1）三维异构集成 T/R 组件。

传统的平面微组装集成方式无法满足 T/R 组件进一步高密度集成的需求，以硅或其他薄膜衬底为基板的三维集成技术是高密度、低成本集成的有效手段，是目前 T/R 组件微系统化的首选技术方法。可显著减小 T/R 组件的体积和质量，提高系统的功能和功率密度，降低系统的损耗和应用灵活性。

三维异构集成 T/R 组件的优势在于通过 TSV 进行垂直互连，大幅度缩短了连线长度和延迟时间，显著提升了性能和减小了尺寸。可以将电路中高性能的Ⅲ-Ⅴ族 GaAs 和 GaN 芯片，数字、模拟、射频和功率分配阻容器件等以导电胶粘或者倒装焊的方式装配到不同硅层，并利用 TSV 方法实现三维堆叠互连，显著降低混合系统实现的复杂度。混合信号的数字、模拟、射频模块置于不同硅层，能降低电路模块中的电磁干扰，提高电路系统的性能。

三维异构集成 T/R 组件架构如图 11.48 所示，图 11.49 所示为中国电科研制的三维异构集成 T/R 组件，该组件可实现宽带范围内的移相、衰减、功率放大和低噪声接收等功能。

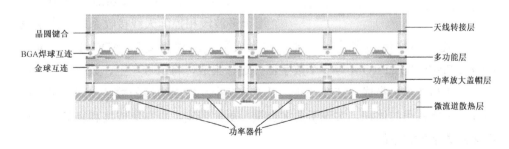

图 11.48　三维异构集成 T/R 组件架构

中国电科采用体硅三维异构集成技术，设计了一种应用于雷达的四通道瓦片式体硅三维异构集成 T/R 组件，其实物如图 11.50 所示。该器件由三层硅基封装堆叠而成，每层硅基封装内部腔体异构集成多个 MMIC，且内部采用 TSV 实现互连，层间通过焊球互连，在四通道高密度集成的基础上实现了较高的性能[24]。

图 11.49　三维异构集成 T/R 组件　　　　图 11.50　体硅三维异构集成 T/R 组件

（2）三维异构集成变频收/发组件。

为了实现变频收/发组件的高度集成，中国电科选用了多通道可调谐滤波器组、多功能混频芯片、自动增益控制芯片及多功能滤波放大芯片等多功能芯片，实现了陶瓷基集成变频收/发组件的多通道在板应用，其滤波器组芯片集成了滤波器、开关和驱动电路，在多功能混频芯片中通过单个裸芯片实现了混频放大功能，并在多功能滤波放大芯片将滤波放大功能集成到单个芯片中。三维异构集成变频收/发组件如图 11.51 所示。

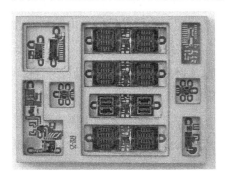

图 11.51　三维异构集成变频收/发组件

（3）三维异构集成数字组件。

随着数字化相控阵天线技术的发展，数字收/发应用需求越发强烈，特别是适用于多波段相控阵天线接收系统，满足设备小型化、芯片化的需求。三维异构集成数字组件将高速 ADC, DAC/DDS, FPGA, Flash 和 E2PROM 等多个数字器件进行集成，将信号产生、数字采样、波束控制等功能模块集成封装在一起，以充分减少系统中模块的数量，减小了结构和互连等所占用的体积，实现了更大容量、更大带宽、更高集成度和轻薄化、小型化的数字接收系统。

图 11.52 所示为三维异构集成 FPGA 工艺架构图，它是 Xilinx 公司采用三维

异构集成工艺实现的 FPGA 架构[25]。Xilinx 公司使用 65nm 制程硅转接板、TSV、微凸点及 C4（Controlled-Collapse Chip Connection，可控塌陷芯片连接）凸点等技术将多个 FPGA 芯片集成到单个封装中。为了方便集成，把用于集成的芯片相对于普通的 FPGA 芯片进行如下改变：① 每个芯片均拥有自己的时钟和配置电路；② 对布线结构进行了优化，使得芯片的钝化层能够直接与内部程序进行连接而无须经过传统的 I/O 电路；③ 每个芯片都装配了微凸点，从而可与硅转接板相连。硅转接板采用多层金属布线，将不同芯片连接在一起，实现了片间高密度互连。FPGA/硅基底组合体通过 TSV 及微凸点安装至封装基板上，实现了芯片之间的超宽带低延迟互连，与使用 MCM 集成技术或多片 FPGA 技术相比，其功耗降低了 80%，延迟仅为原有的 1/15。

中国电科采用硅基封装基板实现了数字收/发模块芯片化集成，如图 11.53 所示，基于 TSV 转接板实现了多种高速器件芯片的高密度集成，解决了 ADC 与 FPGA 的高速互连问题，整个模块的尺寸仅相当于原 FPGA 封装的大小。

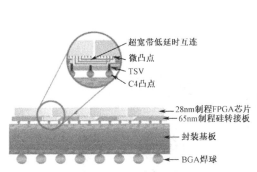

图 11.52　三维异构集成 FPGA 工艺架构图[25]　　图 11.53　三维异构集成数字组件

3）在相控阵雷达系统中的应用

2022 年，诺思罗普·格鲁曼公司研制了毫米波（18～50GHz）可扩展天线阵列，如图 11.54 所示。该阵列基于 GaAs 集成 MMIC，实现了 T/R 组件的高效率和低噪声。它在硅基板上采用 TSV 实现 T/R 组件和辐射单元的垂直互连，用热通孔和铜柱进一步实现阵列的三维高集成度。该阵列天线的功率放大效率大于或等于 45%，噪声系数小于或等于 4dB，瞬时带宽不低于 2GHz[26]。

2022 年，上海交通大学使用自主研发的硅基 MEMS 光敏复合薄膜多层布线工艺，三维集成了硅基锁相环芯片、SiGe 收/发芯片、GaN 功率放大芯片、封装天线和电容等无源元件，成功实现了三维异构集成毫米波相控阵雷达的开发，如

图 11.55 所示。该雷达探测距离大于 800m，最高分辨率优于 0.08m，质量仅为 78g。该雷达采用了多芯片精准定位和多层介质微小图形制备等关键技术，大幅缩短了芯片间、芯片与无源器件间的连接长度，降低了互连损耗，解决了化合物半导体互连结构与硅基半导体器件后道工艺兼容性不足的难题，同时很好地处理了布线间的串扰和芯片间的电磁兼容问题[27]。

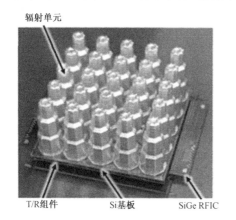

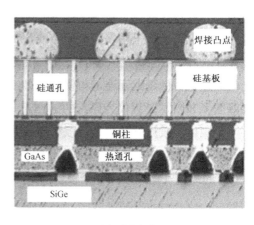

（a）三维结构　　　　　　　　　　　　　　（b）内部架构

图 11.54　诺思罗普·格鲁曼公司的毫米波可扩展天线阵列[26]

图 11.55　三维异构集成毫米波相控阵雷达[27]

11.3.3　晶体管级异质集成技术的应用

晶体管级异质集成技术，与传统的芯片封装和多芯片堆叠等异构集成技术不同，它是通过异质外延、外延层剥离或者异质晶圆键合的方式，深入到材料和器件内部，突破晶格失配和热失配，将集成的对象由传统的"芯片单元"微缩到一个个独立的晶体管，做到在芯片内部最需要的地方使用最合适的材料和晶体管器件。晶体管级异质集成技术能够最大限度地发挥不同材料各自的性能优势，突破单一材料和器件的功能及性能极限，可实现体积小、集成度高、性能优越的新一代射频芯片，满足相控阵雷达等信息化武器装备对高性能电子元器件的迫切需求。

1. 对晶体管级异质集成技术的要求

如前所述，多功能、智能化、小型化是未来武器装备的发展方向，这对高频、高速和高效率元器件提出了越来越高的要求。11.1 节已经介绍了采用硅基射频工艺与硅基 CMOS 工艺相结合的方法实现射频器件与数字控制器件的单片集成，11.3 节介绍了采用微系统三维异构集成的方法实现数字射频一体化的集成，这两种集成方法均具有各自的优势。

在摩尔定律的推动下，硅器件的特征尺寸逐渐逼近物理和工艺极限，等比例缩减的代价变得越来越高昂，而化合物半导体凭借材料本身的高迁移率、大禁带宽度、高击穿场强等优点，在超高频、超高速和大功率等方面具有独特优势。GaN 的宽禁带特性适合于制造具有大电压摆幅和高击穿电压的射频功率器件；InP 的高电子迁移率适合于制造超高速数/模混合电路；而在电路的集成度和功耗上，Si 基材料又具有明显的优势。人们越来越深刻地认识到，在后摩尔定律时代，传统单一的材料已经很难满足高性能元器件的发展需求，为进一步提升电路及系统性能，必须实现硅、化合物等半导体的紧密融合。

异质集成的概念最早是由美国国防部高级研究计划局在 1990 年提出，并将其定义为"未来改变游戏规则"的颠覆性技术，该技术迅速成为学术界和产业界的研究重点。先后推出了包括硅基化合物半导体（COmpound Semiconductor Materials On Silicon，COSMOS）、多样化可用异质集成（Diverse Accessible Heterogeneous Integration，DAHI）、通用异质集成和 IP 重复利用（Common Heterogeneous Integration and IP reuse Strategies，CHIPS），以及电子复兴计划（ERI）等在内的上百个项目，以数十亿美元资金来推动异质集成技术的研究和发展[28-29]。

2. 晶体管级异质集成技术的工艺和特点

1）晶体管级异质集成技术的工艺
晶体管级异质集成技术的工艺从技术途径上主要可以分为异质外延生长技术、外延层剥离转移技术和圆片键合异质集成技术等三种代表性技术。

（1）异质外延生长技术。异质外延生长技术是指在目标衬底上直接选择外延生长另一种半导体材料，如图 11.56 所示。例如，在 Si CMOS 晶圆上图形化生长 InP 和 GaN 等化合物半导体材料，然后进行 Si CMOS 器件、化合物半导体器件工艺及不同器件结构之间的异质互连。但是因不同材料之间存在较大的晶格失配和热失配，这种集成方式难度和复杂度很大，目前在硅衬底上直接外延生长的化合物半导体质量无法与传统化合物基外延材料相比拟，严重限制了集成的化合物半导体器件的性能及集成芯片的综合性能的进一步提高。

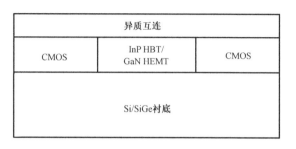

图 11.56　异质外延生长技术示意图

（2）外延层剥离转移技术。为了避免大失配异质衬底生长高质量外延层的技术难题，目前的解决方案是利用外延层剥离转移技术，如图 11.57 所示。首先，在化合物半导体衬底上异质外延需要的器件结构层，然后将半导体外延功能薄膜在临时支撑载片的辅助下从原始外延衬底上剥离，并通过晶圆键合层转移到目标衬底晶圆上，最后再完成化合物器件的制备和异质互连工艺。由于半导体外延功能薄膜很薄，晶体管之间的互连间距和节距可以很小，理论上可以达到半导体集成电路的互连密度。因此与异质外延技术相似，该方案也属于材料级和器件级的异质集成技术，同时凭借优化生长的器件外延层，有助于获得高性能的集成芯片。

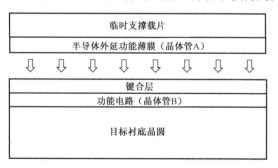

图 11.57　外延层剥离转移技术示意图

（3）圆片键合异质集成技术。圆片键合异质集成技术是采用圆片键合的方式实现化合物圆片与 CMOS 圆片等异质晶圆的紧密集成，如图 11.58 所示，同样是在键合前分别完成 GaN HEMT 晶体管等化合物半导体器件与 Si CMOS 功能电路的制作，然后通过晶圆键合的方式实现 Si/SiC 衬底的化合物圆片与 Si 衬底圆片的集成。为了实现更高密度的异质互连，采用金属和介质混合键合的方式，即键合金属为铜，在晶圆级铜凸点键合实现电学互连的同时，依靠氧化物进一步增强键合强度，该方案对晶圆表面的平坦化及清洁度要求极高。

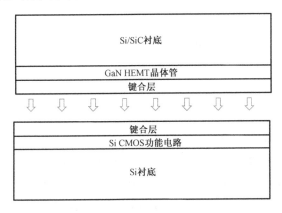

图 11.58　圆片键合异质集成技术

2）晶体管级异质集成技术的特点

（1）晶体管级异质集成技术的内涵。

晶体管级异质集成技术将集成对象深入到芯片内部独立的晶体管器件，最大限度地发挥了不同材料器件结构的性能优势，并带来芯片及电路整体性能的提升。针对不同材料的性能优势，选择合适的材料和晶体管类型，如采用 InP HBT 晶体管实现高频高速功能，采用 GaN HEMT 晶体管实现宽带大功率功能，采用 Si CMOS 实现高集成度低功耗功能，采用 SiC/金刚石材料实现高导热的衬底等。

晶体管级异质集成技术的集成对象通常分别加工，这种方法的优点是集成对象的制作工艺相互独立，不会因为扩散、退火等高温工艺对衬底上已经完成的器件工艺造成影响，而且具有很高的灵活性和加工效率。晶体管级异质集成技术的内涵是在芯片内部最需要的地方使用最合适的材料和性能最好的晶体管器件。例如，可以在 InP 衬底上通过异质外延技术生长质量最好的 InP HBT 薄膜，并通过标准 InP HBT 工艺加工性能优异的 InP HBT 晶体管器件，然后采用外延层剥离转移的方法将完成加工的 InP HBT 功能薄膜从 InP 衬底剥离，并键合转移到目标衬底上（如同样已经完成 CMOS 器件制备的 Si CMOS 晶圆上）。由于 InP HBT 功能薄膜的厚度只有 2～3μm，因此可以通过精细的微电子加工工艺，实现 InP HBT 与 Si CMOS 异质晶体管单元结构间高密度的集成和互连。

晶体管级异质集成架构示意图如图 11.59 所示。

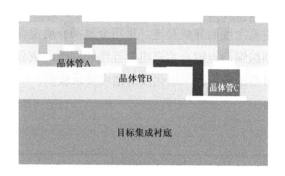

图 11.59　晶体管级异质集成架构示意图

（2）晶体管级异质集成技术工艺的特点。

晶体管级异质集成技术既不同于片上系统（SoC）技术，也不同于三维异构集成技术，该技术通过微纳加工工艺，在芯片内部将不同材料、不同功能和不同工艺的异质晶体管进行集成，使异质材料和器件之间互连的间距及长度减小到 10nm～10μm 量级，有效减小了器件之间的互连传输损耗和寄生影响，能够最大限度地发挥不同材料各自独特的性能优势，提升集成芯片和电路的综合性能。

（3）晶体管级异质集成技术的优势。

晶体管级异质集成技术通过不同材料功能薄层和晶体管在目标衬底的异质融合，能够突破单一芯片、单一材料和器件类型的限制，有助于颠覆传统微电子器件的设计和制造理念，实现设计灵活、工艺简单和性能优异的集成芯片。

3. 晶体管级异质集成技术在相控阵雷达中的应用

1）器件级应用

晶体管级异质集成技术由于异质集成涉及的工艺步骤多且复杂，目前主要处于实验室研发阶段，尚未进行大规模量产。现将国内外的研究情况介绍如下。

2010 年，雷声公司采用 Si 衬底集成 InP HBT 和 Si CMOS 器件，实现了一种单位增益带宽积高达 20GHz 的差分放大器（见图 11.60）和一种 13 位 500MHz 带宽的高速高精度 DAC，它们与传统的 InP 衬底下同质外延生长和加工的 HBT 相比，电学性能相当[30]。2011 年，雷声公司采用相同方法实现了 GaN HEMT 和 Si CMOS 器件的异质集成，在实现 Si CMOS 器件与 GaN HEMT 器件的单片异质集成后，雷声公司进一步实现了单片发射机芯片，并在一个芯片上集成了数字基带处理器、高线性度功率放大器、高输出功率 DAC、射频发射机等[31-32]。该发射机芯片证明了单片异质集成技术在射频、混合信号和数字电路等领域巨大的应用潜力。

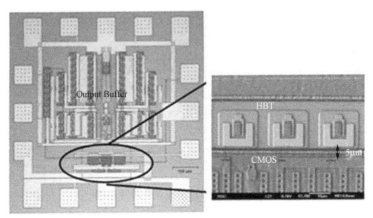

图 11.60　异质外延集成差分放大器

2020 年，西安电子科技大学研发的"转印与自对准刻蚀技术"有效地实现了晶圆级的 Si-GaN 单片异质集成的共源共栅晶体管（见图 11.61），并有望将多种不同的功能材料如 Si、GaN 等集成在晶圆级的单片上，以此为基础制造的器件及集成电路理论上具有更加多样、强大的功能与更高的集成度。该新技术避免了昂贵复杂的异质材料外延和晶圆键合的传统工艺技术，或将成为突破摩尔定律的一条有效技术路径[33]。

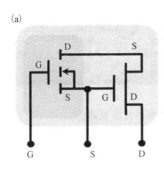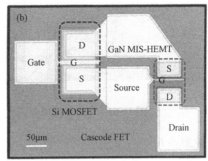

图 11.61　单片异质集成的共源共栅晶体管[33]

2018 年，中国电科采用基于外延层剥离转移工艺的晶体管级异质集成技术，开发了一款 13GHz 1:16 InP HBT 与 Si CMOS 异质集成量化降速芯片，该芯片的高速、低集成度的数据处理部分采用 InP HBT 晶体管制作，而低速、高集成度的数据处理部分则采用 Si CMOS 晶体管制作，如图 11.62 所示。该芯片面积为 2.2mm×1.7mm，相比于单一 InP HBT 工艺其功耗降低了 30%[34]。

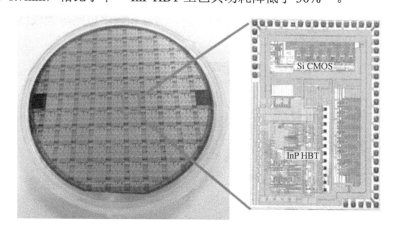

图 11.62　3 英寸异质集成量化降速晶圆[34]

2021 年，中国电科通过晶体管级异质集成技术，将高性能 Si PIN 限幅二极管与高导热 SiC 衬底集成，突破了传统单一限幅材料及工艺瓶颈，实现了 S 波段耐受功率 600W 的单片限幅器（脉宽 3ms，占空比 30%），使耐受功率相较 GaAs PIN 单片提升 3 倍[35]，如图 11.63 所示。

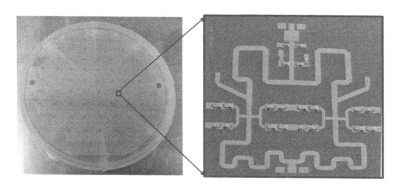

图 11.63　4 英寸异质集成大功率单片限幅器[35]

2）系统级应用

随着相控阵雷达更高频率、更大带宽的发展趋势，相控阵体制雷达天线单元的间距随着工作带宽的增大而越来越小，特别是在 W 波段及以上波段，采用传统工艺器件的阵列已难以承载新的需求功能，需要在扫描角度、增益和阵列间距等性能间进行折中。而采用晶体管级异质集成技术是支撑相控阵雷达高频大带宽发展的重要技术途径。

2017 年，德国 FBH 采用基于 BCB 的外延层剥离转移键合工艺，将去除衬底后的 InP 外延层转移至完成电路工艺的 Si CMOS 上，研制出 328GHz 的频率源，该芯片集成了 SiGe 压控振荡和 InP 放大器及倍频器，其功耗和输出功率可以媲美先进的 SiGe 工艺[36]。

2019 年，美国特利丹（Teledyne）公司研制了基于 0.25μm InP HBT 与 0.13μm Si CMOS 的异质集成 W 波段相控阵收/发芯片，该芯片集成了移相器、放大器和低噪声放大器等多个功能，在 90GHz 频段上的饱和输出功率达到了 16dBm，同时直流功耗仅为 885mW。在直流功率、发射增益和噪声特别是输出功率等性能上，都与当前 SiGe BiCMOS 技术水平相当甚至更优异[37]。

参考文献

[1] DEFERM N, REYNAERT P. A 120GHz 10Gb/s phase-modulating transmitter in 65nm LP CMOS[C]. 2011 IEEE International Solid-State Circuits Conference, San Francisco, CA, USA, 2011: 290-292.

[2] TANG A, MURPHY D, HSIAO F, et al. A CMOS 135-150 GHz 0.4 dBm EIRP TX with 5.1dB P1 dB extension using envelope feed-forward compensation[C]. 2012 IEEE/MTT-S International Microwave Symposium Digest, Montreal, QC, Canada, 2012: 1-3.

[3] YOON D, KIM N, SONG K, et al. D-band heterodyne integrated imager in a 65-nm CMOS technology[J]. IEEE Microwave and Wireless Components Letters, 2015, 25(3): 196-198.

[4] GU Q J, Xu Z, TANG A, et al. A D-band passive imager in 65 nm CMOS[J]. IEEE Microwave and Wireless Components Letters, 2012, 22(5): 263-265.

[5] LEE C J, PARK C S. A D-Band gain-boosted current bleeding down-conversion mixer in 65 nm CMOS for chip-to-chip communication[J]. IEEE Microwave And Wireless Components Letters, 2016, 26(2): 143-145.

[6] CHAI Y, LI L, ZHAO D, et al. A 20-to-75 dB gain 5-dB noise figure broadband 60-GHz receiver with digital calibration[C]. 2016 IEEE International Symposium on Radio-Frequency Integration Technology (RFIT), Taipei, China, 2016: 1-3.

[7] GHARIBDOUST K, MOUSAVI N, KALANTARI M, et al. A fully integrated 0.18-μm CMOS transceiver chip for x-band phased-array systems[J]. IEEE Transactions on Microwave Theory and Techniques, 2012, 60(7): 2192-2202.

[8] HAJIMIRI A, HASHEMI H, NATARAJAN A, et al. Integrated phased array systems in silicon[J]. Proceedings of the IEEE, 2005, 93(9): 1637-1655.

[9] SADHU B, TOUSI Y, HALIN J, et al. A 28GHz 32-element phased-array transceiver IC with concurrent dual polarized beams and 1.4 degree beam-steering resolution for 5G communication[C]. 2017 IEEE International Solid-State Circuits Conference (ISSCC), San Francisco, CA, USA, 2017: 128-129.

[10] KIBAROGLU K, SAYGINER M, REBEIZ G M. A low-cost scalable 32-element 28-GHz phased array transceiver for 5G communication links based on a - beamformer flip-chip unit cell[J]. IEEE J. Solid-State Circuits, 2018, 53(5): 1260-1274.

[11] 弋稳. 雷达接收机技术[M]. 北京：电子工业出版社，2004.

[12] 范超杰. 高性能流水线型模数转换器设计方法研究[D]. 上海：上海交通大学，2014.

[13] 何广. 16 位电流舵 DAC 的 DMM 校正算法建模与数字实现[D]. 成都：电子科技大学，2018.

[14] CANTRELL B, GRAFF J D, LEIBOWITZ L, et al. Development of a digital array radar (DAR)[C]. Proceedings of the 2001 IEEE Radar Conference (Cat. No.01CH37200), Atlanta, GA, USA, 2001: 157-162.

[15] RABIDEAU D J, GALEJS R J, WILLWERTH F G, et al. An S-band digital array radar testbed[C]. 2003 IEEE International Symposium on Phased Array Systems and Technology, Boston, MA, USA, 2003: 113-118.

[16] TOLBERT L M, OZPINECI B, ISLAM S K, et al. Comparison of wide-bandgap semiconductors for power electronics applications[R]. Oak Ridge National Laboratory, 2004.

[17] TOLBERT L M, OZPINECI B, ISLAM S K, et al. Wide bandgap semiconductors for utility applications[J]. Semiconductors, 2003.

[18] 吴洪江，高学邦. 雷达收发组件芯片技术[M]. 北京：国防工业出版社，2017.

[19] ZOPER J C. Overview current state-of-the art of SiC and AlGaN RF electronics technology[R]. 2001.

[20] REID J R, MARSH E D, WEBSTER R T. Micromachined rectangular-coaxial transmission lines[J]. IEEE Transactions on Microwave Theory and Techniques, 2006, 54(8): 3433-3442.

[21] 肖卫平，朱慧珑. 应用于三维集成的晶圆级键合技术[J]. 微电子学，2012，
     42(6): 836-841.

[22] 王越飞，崔凯，李浩，等. 基于超声热压工艺的三维集成垂直互联技术[J].
     电子机械工程，2017，33(5): 56-59.

[23] FAN Y C, HU Y F, CUI K. Development of the Integration Technologies of
     Microsystems Based on RF Application[C]. 2020 IEEE MTT-S International
     Wireless Symposium (IWS), Shanghai, China, 2020: 1-3.

[24] 王清源，吴洪江，赵宇，等. 一种基于 MEMS 体硅工艺的三维集成 T/R 模
     块[J]. 半导体技术，2021，46(4): 300-304.

[25] KIM N, WU D, CARREL J, et al. Channel design methodology for 28Gb/s SerDes
     FPGA applications with stacked silicon interconnect technology[C]. 2012 IEEE
     62nd Electronic Components and Technology Conference, San Diego, CA, USA,
     2012: 1786-1793.

[26] CHANG J, WALSH R, AFIOUNI F, et al. Millimeter Wave Digital Arrays
     (MIDAS) TA2: Millimeter-Wave Scalable Unconstrained Broadband Arrays
     (MMW SCUBA)[C]. 2022 IEEE International Symposium on Phased Array
     Systems & Technology (PAST), Waltham, MA, USA, 2022: 1-4.

[27] YANG X, HUANG Y S, ZHOU L, et al. Low-loss heterogeneous integrations with
     high output power radar applications at W-band[J]. IEEE Journal of Solid-State
     Circuits, 2022, 57(6): 1563-1577.

[28] RAMAN S, DOHRMAN C L, CHANG T H, et al. Heterogeneous BiCMOS
     technologies and circuits and the DARPA Diverse Accessible Heterogeneous
     Integration (DAHI) program[C]. 2012 IEEE Bipolar/BiCMOS Circuits and
     Technology Meeting (BCTM), Portland, OR, USA, 2012: 1-1.

[29] AUGUSTO G A, HENNIG K, SCOTT D, et al. Diverse accessible heterogeneous
     integration (DAHI) at northrop grumman aerospace systems (NGAS)[C]. 2014
     IEEE Compound Semiconductor Integrated Circuit Symposium (CSICS), La Jolla,
     CA, USA, 2014: 1-4.

[30] KAZIOR T E, LAROCHE J R, URTEAGA M, et al. High performance mixed
     signal circuits enabled by the direct monolithic heterogeneous integration of InP
     HBT and Si CMOS on a silicon substrate[C]. 2010 IEEE Compound
     Semiconductor Integrated Circuit Symposium (CSICS), Monterey, CA, USA,
     2010: 1-4.

[31] KAZIOR T E, CHELAKARA R, HOKE W E, et al. High performance mixed signal and RF circuits enabled by the direct monolithic heterogeneous integration of GaN HEMTs and Si CMOS on a silicon substrate[C]. 2011 IEEE Compound Semiconductor Integrated Circuit Symposium (CSICS), Waikoloa, HI, USA, 2011: 1-4.

[32] KAZIOR T E, LAROCHE J R, HOKE W E. More than Moore: GaN HEMTs and Si CMOS get it together[C]. 2013 IEEE Compound Semiconductor Integrated Circuit Symposium (CSICS), Monterey, CA, USA, 2013: 1-4.

[33] ZHANG J Q, ZHANG W H, WU Y C, et al. Wafer-scale Si-GaN monolithic integrated E-mode cascode FET realized by transfer printing and self-aligned etching technology[J]. IEEE Transactions on Electrons Devices, 2020, 67(8): 3304-3308.

[34] 吴立枢，赵岩，沈宏昌，等. GaAs PHEMT 与 Si CMOS 异质集成的研究[J]. 固体电子学研究与进展，2016，36(5): 377-381.

[35] 彭龙新，戴家赟，王钊，等. 垂直异质集成 PIN 超大功率限幅器 MMIC 技术[J]. 固体电子学研究与进展，2021，41(2): 161.

[36] WEIMANN N, HOSSAIN M, KROZER V, et al. Tight focus toward the future: tight material combination for millimeter-wave RF power applications: InP HBT SiGe BiCMOS heterogeneous wafer-level integration[J]. IEEE Microwave Magazine, 2017, 18(2): 74-82.

[37] AHMED A S H, SIMSEK A, FARID A A, et al. A W-band transmitter channel with 16dBm output power and a receiver channel with 58.6mW DC power consumption using heterogeneously integrated InP HBT and Si CMOS technologies[C]. 2019 IEEE MTT-S International Microwave Symposium (IMS), Boston, MA, USA, 2019: 654-657.

第 12 章
微波光子相控阵雷达技术

微波光子技术是在光频段实现射频信号产生、传输和处理等的交叉技术。微波光子相控阵雷达是将微波光子技术应用于雷达，特别是相控阵雷达的微波收/发链路和处理系统的一种新体制雷达，是当今相控阵雷达发展的一个重要方向。随着微波光子技术的快速发展，微波光子相控阵雷达正逐步向多功能、一体化方向发展，使雷达能够同时具备通信和电子战等功能。

本章讨论的主要内容涵盖微波光子相控阵雷达的发展概况及其技术特点，微波光子相控阵雷达的关键模块技术（包括射频光传输网络、光波束形成、微波光子信号产生、微波光子接收、光处理与光计算等），以及微波光子技术在相控阵雷达中的系统应用和展望等。

12.1 微波光子相控阵雷达的发展概况与技术特点

微波光子技术是利用光波承载射频信号，并通过光子学手段产生并处理射频信号的技术。采用微波光子技术的相控阵雷达可称为微波光子相控阵雷达。在发射端，先在光频段完成信号的产生、传输和处理，再通过光电变换转为射频信号，之后经相控阵天线向空间辐射；在接收端，通过电光变换将雷达天线接收的射频回波信号调制到光频段，在光域完成信号传输和处理。微波光子相控阵雷达涉及的技术领域包括射频光传输、光波束形成网络、超宽带信号产生与接收、光处理与光计算等。由于微波光子技术具有超宽带、带内一致性好，并行度高、复用维度广，抗电磁干扰等特点，是雷达向多功能、多频段、一体化发展的重要技术途径，因此微波光子相控阵雷达已成为雷达技术的重要研究方向。

12.1.1 发展概况

微波光子技术及其在雷达中的应用已成为各国竞相发展的热点领域。其最早的系统应用是 20 世纪 70 年代末美国莫哈韦沙漠中的"深空网络"[1]，它由分布在数十千米内的十多个大型碟形天线组成，这些天线借助光纤传递超稳定参考信号，并利用相控阵原理像一个巨大的天线一样，从而与太空的空间飞船保持通信和跟踪。

1）国外发展情况

近年来，微波光子技术得到了长足发展，器件、链路、处理等能力不断提升，微波光子学在相控阵雷达中的应用逐渐深入到雷达的各个方面，在射频光传输、波束形成方法、射频信号产生、接收和处理等方面，均取得了重大进展，形成了系统级的研究成果，已应用到雷达、电子战及综合射频等领域。

　　国外微波光子技术应用于雷达，特别是应用于相控阵雷达的系统级典型代表包括美国休斯公司的基于光纤波束形成网络的宽带合成阵列、法国泰勒斯公司的光控相控阵雷达、意大利的微波光子数字雷达系统（PHOtonics-based fully DIgital Radar system，PHODIR）、意大利的双波段微波光子雷达，以及俄罗斯的射频光子相控阵雷达（Radio-Optical Future phased Arrays Radar，ROFAR）项目等，如图 12.1 所示。

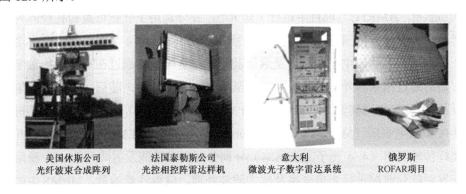

| 美国休斯公司
光纤波束合成阵列 | 法国泰勒斯公司
光控相控阵雷达样机 | 意大利
微波光子数字雷达系统 | 俄罗斯
ROFAR项目 |

图 12.1　微波光子技术应用于雷达的典型系统级成果

　　（1）美国休斯公司研制的基于光纤波束形成网络的宽带合成阵列[2]。该二维阵列研制于 20 世纪 90 年代，工作频率为 850～1400MHz，由遥控站的射频和数字光纤链路控制，形状类似大型飞机门舱，可用于机载监视雷达。它由 96 个宽带单元构成，分成 24 列，每列由一个 11 位延迟器控制，可实现超过 500MHz 的带宽和±60°的方位扫描范围。

　　（2）法国泰勒斯公司推出的光控相控阵雷达样机。该样机同样研制于 20 世纪 90 年代，其工作频率为 2700～3100MHz[3]，可实现 5 位的延迟和 6 位的相位控制，具有 16 个通道和 16 个辐射单元，能同时辐射 4 个波束，扫描角度为±20°。

　　（3）意大利研制的 PHODIR 样机[4]。该样机将高精度锁模激光器作为系统基准源，利用光子处理技术实现低相位噪声雷达信号的产生和高有效位数的光子A/D 变换（7bit@40GHz），实现了第一台实用意义上的全相参微波光子雷达。这项工作在 2014 年发表于 Nature 期刊上，在随刊的评论中，美国海军实验室认为微波光子技术将成为新一代雷达的关键技术。随后，意大利的研究人员在PHODIR 样机的基础上，实现了双波段微波光子雷达样机[5]。该样机利用锁模激光器特有的频谱梳特点，将单一的 X 波段系统拓展为 S+X 双波段系统，并可继续拓展至多波段系统。该雷达能够对非合作目标形成较清晰的一维距离像和逆合成孔径雷达（Inverse Synthetic Aperture Radar，ISAR）图像，具有十分便捷的数据融合能力，融合后的一维距离像分辨率提升 1 倍。

（4）俄罗斯开展的 ROFAR 项目。该项目旨在为雷达和电子战系统研制射频光子相控阵样机，以提升分辨能力。

另外，为了实现雷达、电子战和通信等多频段宽带信号的综合管理和分配，可以基于微波光子灵活交换技术和射频信号光纤传输技术，形成多功能综合射频方案。美国海军就这两种技术在先进多功能射频概念（the Advanced Multifunction RF Concept，AMRFC）项目中进行了研究[6]，并分别用于舰载可重构孔径阵列的波形产生和射频分配网络中，如图 12.2 所示。AMRFC 有 4 个宽带波形产生功能组，分别用于雷达、电子战、卫星通信及导航。宽带波形通过在基带直接数字合成，随后通过相乘和外差法将载频提升至 6～18GHz 频段。随后，这些射频信号通过马赫–曾德尔调制器（Mach-Zehnder Modulator，MZM）调制到光波上，再经过 4×4 微机电系统（Micro-ElectroMechanical Systems，MEMS）光子交叉点开关和光纤传输网络（4×4 光子交换网络）分别分配到多功能发射阵列的 4 个象限，并在发射阵列前端进行光电变换及放大滤波处理。值得注意的是，MEMS 中的光开关被设计为全部端口的交叉连接，如图 12.2 中所示的 4 个 1:4 分路器和 4 个单刀 4 掷开关的连接。这使得任意功能信号都能够被交换到阵面 4 个天线象限的任何一个或者几个象限，从而实现天线发射功能的重构。

2）中国国内发展情况

中国国内的研究单位长期跟踪研究微波光子雷达技术，在雷达系统架构、信号产生、稳相传输、高速采样、光延迟和光处理等领域及核心器件等方面都取得了较大进展。"十五"期间，中国围绕光控相控阵雷达开展预研，完成了光控相控阵试验系统的研制，并利用该试验系统进行了宽带、宽角扫描试验，取得了预期的结果；"十二五"期间，中国进行了高分辨微波光子成像雷达相关项目的研究，开展了关键技术的梳理及方案论证，在基于光子架构的雷达系统研究方面取得了重要进展。

2017 年，中国又成功完成了 Ka 波段基于光子去斜接收的 4GHz 超宽带雷达成像的原理演示试验，该系统利用了光子倍频发射与混频接收技术，实现了 4GHz 超宽带线性调频信号的产生与去斜混频接收，从而利用光子技术实现了超宽带成像信号的实时接收与处理。图 12.3 所示为中国研制的微波光子超宽带成像雷达的硬件系统、探测的目标，以及目标的高分辨 ISAR 成像结果。该微波光子超宽带成像雷达工作于 Ka 波段，瞬时带宽达 4GHz。从高分辨 ISAR 成像中可以清晰地分辨民航机轮廓等细节。

（a）AMRFC 测试平台

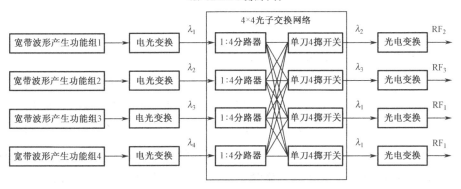

（b）波形产生和分配示意图

图 12.2　美国海军的先进多功能射频概念（AMRFC）项目

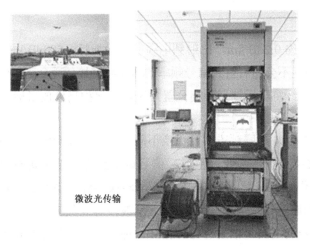

微波光子雷达硬件系统

目标的高分辨逆合成孔径雷达
（ISAR）成像结果

图 12.3　中国研制的微波光子超宽带成像雷达

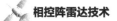

目前，中国已从新一代微波光子相控阵雷达的概念和体系架构、微波光子技术基础问题、微波光子功能组件等层面进行了研究，并在微波光子器件及系统的光子噪声、相频调控、动态范围等基础问题上取得突破，在光生雷达信号、光数字化接收等微波光子功能模块上取得了重要进展，形成了以超宽带多功能一体化雷达为核心目标的新一代微波光子相控阵雷达体系架构。

12.1.2 微波光子技术的特点

微波光子技术具有超宽带、带内一致性好，并行度高、复用维度广，抗电磁干扰等优势，可以给相控阵雷达及其各分系统带来新的技术特点，具体说来，主要包括以下六个部分。

1）体积、质量小

射频光传输及处理系统具有体积和质量小的特性，传统射频电缆在传输2GHz 信号时的质量密度大于 576kg/km，且随着信号频率的升高而增大。而微波光子链路的质量密度为 1.7kg/km，与所传输信号的频率基本无关。它适用于机载、星载等体积和质量敏感场合。比如，机载系统大量使用了射频光传输组件来实现系统的轻量化，体积降为原来的 1/3，质量降为原来的 1/10，大幅提高了机载系统的有效载荷。光子集成与微光学等方法能够进一步实现分立器件的小型化、集成化甚至完成片上系统，可以进一步降低系统的体积、质量和功耗，并增强系统的功能集成度、精度及稳定性。与此同时，光纤作为柔性馈线介质，可以增加馈线网络的灵活度。

2）传输损耗低

光波在光纤内的传输损耗约 0.2dB/km，比射频电缆的传输损耗（500dB/km）低 3~4 个数量级，并且该损耗不会随着射频信号频率的增加而增加，适合高频信号的远距离传输。同时利用光纤将前后端远距离分置，还可以保护高价值目标。

3）通道带内一致性好

传统电子器件响应带宽有限，不同频段需要更换不同的器件，其瞬时带宽也难以达到全频段覆盖。而微波光子技术通过将射频信号调制到光载波上进行处理，带内一致性好，系统工作带宽仅受限于电/光、光/电转换器件，现有的商用器件可满足 Ka 频段及以下的应用需求，未来可推广到 W 波段等高频应用。

微波光子技术将射频信号调制到光频段进行传输和处理，光载波频段高也使得光纤的宽带一致性好，且具有轻便、柔软的特点，是理想的信号传输通道。在收/发组件中集成光/电、电/光转换模块，以光纤为传输通道的阵面网络，能够满足未来大型阵面的集成需求。基于可调光延迟线，能够实现大延迟量的低损耗延迟，且延迟位数多。而高集成度的延迟芯片能够将延迟模块的体积控制在芯片尺度。

4）频谱纯度高

电子技术中，高主振频率本振信号一般由低频晶振倍频产生，100MHz 晶振的相位噪声在偏离 100MHz 主振频率 100Hz 处的功率谱密度约为−140dBc/Hz（简记为−140dBc/Hz@100Hz），在 1kHz 频偏约为−150dBc/Hz@1kHz，在 10kHz 频偏处可达−170dBc/Hz@10kHz。而每将信号进行 N 倍的倍频，所得 N 倍频后信号的相位噪声将恶化 $20\lg N$ dB。

微波光子技术通过高 Q 值的光子滤波器及光电振荡环路，可将微波、毫米波信号的相位噪声逼近理论极限，且相位噪声不随频率的上升而显著恶化。由于光子器件工作带宽大，因此由微波光子技术构成的振荡器不仅相位噪声低，且工作频率范围大。目前已实现的微波光子振荡器在输出信号频率为 10GHz 时的相位噪声可低至−163dBc/Hz@10kHz，且理论上该结果可扩展至 40GHz 甚至更高的输出信号频率。

5）超宽带信号产生

目前基于电子技术的直接数字产生器，产生的信号带宽在1GHz水平。例如，ADI 公司的 AD9915 芯片，可产生带宽为 1GHz 的信号，宽带下的数/模转换无杂散动态范围约为−57dBc，其相位噪声性能为−128dBc/Hz@1kHz。电子技术需要通过倍频链路实现更高的频率和更大的带宽，系统噪声恶化严重，则带内杂散高。

光子技术具有多通道能力和高速超短脉冲，通过对低速电子信号进行二次采样及多通道合并，可直接产生 10GHz 及以上带宽的基带信号和高频信号，同时保持低杂散，满足雷达系统的高质量波形要求。

6）宽带采样动态范围大

传统的电子技术在采样脉冲抖动、宽带的一致性等方面难以达到超宽带数字接收的要求；对于载频为 4GHz 以上的射频信号，电子技术需要用本振与其混频之后降频采样，对于高频段的雷达，系统复杂；而光子采样脉冲时间抖动可做到 10fs 以下甚至更低，在时间抖动上要比电子技术低一个数量级以上。基于光子技术的信道化接收和射频直采技术，充分利用光宽带一致性好、采样脉冲抖动小的优势，获得了更高的速率和更大的动态范围。

12.2　射频光传输网络及其应用

射频信号的光纤传输是光纤链路应用的典型场景，它首先将射频信号调制到光载波上，得到光载射频信号，再利用光纤进行传输，通过光电变换转化回射频信号[7]。雷达信号传输是射频光传输技术重要的应用之一，包括激励、射频、时钟、本振等信号。随着雷达工作频段的不断提高，雷达信号的传输损耗不容忽视，以 Ka 波段信号传输为例，若采用同轴射频电缆传输，损耗约 1dB/m 甚至更高，若采用光纤进行传输，其传输损耗仅为 0.2dB/km。射频光传输技术具有远距离传输损耗小、抗干扰能力强、质量轻、布线方便的特点，是实现雷达信号远距离传输的有效途径，可应用相距高达百千米的收/发分置雷达系统中。

与数字通信系统相比，雷达系统信号传输对光器件的性能要求更高，但随着芯片性能、封装技术等能力的提升，射频光传输链路的噪声系数、动态范围、相位噪声和杂散等主要指标逐步提升，因此射频光传输逐渐满足了越来越多雷达系统应用场景的需求。

本节的后续部分将首先介绍射频光传输链路的基本组成与主要指标，之后从多通道的角度出发介绍基于射频光传输的合成与分配网络，最后引出相控阵雷达中射频光传输网络的应用。

12.2.1　射频光传输链路

典型的微波光子链路由发射端、传输链路、接收端等部分组成。图 12.4 展示了一个典型的射频光传输链路。射频信号经电光转换模块被转换到光域，利用光纤等光传输媒介可实现对光载射频信号的传输，并将信号馈送到光电转换器，从而将光信号解调为射频信号。图 12.5 所示为调制了射频信号后的光信号频谱结构示意图，其中 ω_0 为光载波的角频率，Ω_0 为射频信号的角频率。可见，光载波两侧形成正负两个边带。在光电探测器（Photo Detector，PD）端，射频信号的正负边带与光载波拍频恢复出原射频信号。

经典的光传输链路可大致分为直接调制射频光传输和外部调制射频光传输链路，其主要区别在于电光变换方式。一种是采用直接调制的半导体激光器（以下简称直调激光器）；另一种是通过激光器和调制器的组合来实现。

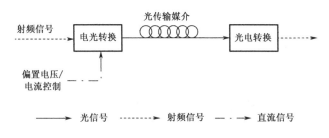

图 12.4　典型射频光传输链路的示意图

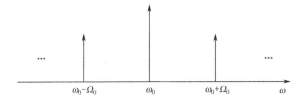

图 12.5　射频信号调制到光载波后的光信号频谱结构

1）直接调制射频光传输链路

直接调制射频光传输链路由直调激光器、光传输媒介和 PD 组成，直调激光器的输出光功率随输入调制电流的变化关系如图 12.6 所示[8]。

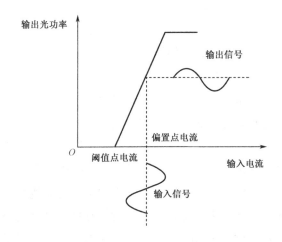

图 12.6　直调激光器的输出光功率与输入调制电流的变化关系

在直调链路中，当半导体激光器的注入电流超过激光器阈值后，激光器的输出光功率随其注入电流的变化可近似为线性。因此，当激光器工作于合适的偏置点时，输入的射频信号可通过电路设计转换为激光器驱动电流，使激光器的输出光强度得到调制。

直调激光器带宽由器件的弛豫共振频率等因素决定，因此可通过改善半导体激光器的内部结构来提升直调激光器带宽。同时，封装技术也会对直调激光器的带宽产生影响[9]。目前，直调激光器的带宽可达 20GHz 以上，满足大部分雷达的频段要求。而基于多量子阱、光注入锁定等技术，直调激光器的带宽可进一步达到 Ka 波段以上[10-13]。尽管直调激光器链路存在噪声系数高，链路插损大等问题，但因其体积小、功耗低、控制简单等优势，在高集成度雷达中具有很大的应用潜力。

PD 是实现光电转换功能的主要器件。当在硅、锗等材料制成的光电二极管的 P-N 结上施加反向偏置电压时，入射到 P-N 结上的光会被吸收形成光电流。光电流的大小正比于入射到 P-N 结上的光功率。PD 的核心指标包括响应度、响应带宽及耐受功率等。相比于电光变换模块，PD 在体积、质量的减小和功耗降低等方面已经走在前列，但高速 PD 在响应速度、响应度和耐受功率方面仍需进一步提升。目前，比较典型的商用化探测器响应带宽可达 50GHz，响应度约为 0.65A/W，耐受光功率约为 10dBm，更高频段的商用化探测器频率响应带宽可达 100GHz 以上，能够满足雷达在 W 频段的应用。国内外也在积极探索高性能 PD 的研究，并逐步向集成度更高的多通道探测阵列方向发展。

2）外部调制射频光传输链路

外部调制射频光传输链路（简称外调链路）由激光器、外调制器、光传输媒介和 PD 组成。与直调射频光传输链路（简称直调链路）不同的主要是电光变换部分，其中包括激光器和调制器。

外调链路中的激光器与直调激光器尽管在激光产生原理上类似，但不同之处在于，直调激光器需要通过外加信号来控制激光器的输出功率，而外调制链路中的激光器则需要工作在一个稳定的偏置点，以保证输出光信号波长和功率稳定，其在工程应用中的难点在于保证波长和输出光功率的精确度。

半导体激光器是一种温度敏感器件，微小的温度变化能明显改变激光器的输出波长（约 0.1nm/℃）和功率，工程上通过设计高精度温度反馈控制电路，实现在较大的温度范围内（-55℃～70℃）激光器温漂≤0.1℃，满足雷达实际工作环境的应用需求。另一方面，半导体激光器的输出光功率还受限于偏置电流的稳定度，工程上通过设计具有稳流和过流保护驱动电路，以保证激光器稳定工作并延长其使用寿命。

外调链路中另一个核心器件是调制器，常用的是马赫-曾德尔调制器（MZM），如图 12.7 所示。MZM 是将输入的光均分为两路，两路间的光信号相位差随着外加的电信号变化，使干涉合波后的光强度也随电信号变化，从而实现光强度的调制。

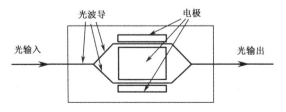

图 12.7　马赫-曾德尔调制器（MZM）结构示意图

在不考虑射频输入的情况下，MZM 输出光功率与其偏置点电压的变化关系如图 12.8 所示。当外加偏置信号使两路光信号的相位差为 π 时，MZM 工作在输出光功率最小点（Null Point）；当外加偏置信号使两路光信号的相位差为 0 时，MZM 工作在输出光功率最大点（Peak Point）；当外加偏置信号使两路光信号的相位差为 π/2 或 3π/2 时，MZM 工作在

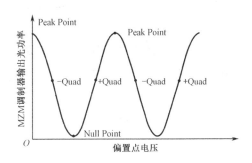

图 12.8　MZM 输出光功率与其偏置点电压的变化关系

正交点［Quadrature（简称为 Quad）Point］，斜率为正时称为+Quad 点，斜率为负时称为-Quad 点。针对射频光传输应用，MZM 的偏置点电压大多设置在正交点，使得调制过程有较好的线性度。

调制器能够将射频信号映射为光强度的变化，因此与直调激光器相比，具有很高的稳定性和非常小的啁啾，适用于高频模拟信号的调制。调制器的研究重点较多，主要包括其调制带宽、半波电压、线性度、偏置电压稳定性、插入损耗及对光功率的承受能力等。制作调制器所用的电光材料包括铌酸锂（LiNbO₃）、半导体材料和聚合物材料等。现阶段，低半波电压的 40GHz 铌酸锂调制器已较为成熟，可应用于 Ka 波段及以下波段[14]。目前，调制器带宽逐步向 W 波段扩展[15]，在高分辨雷达、精密测控雷达等领域具有较大的应用前景。

上述仅讨论了目前使用较为广泛的经典射频光传输链路。除此之外，借助其他类型的调制器和探测器，如双平行调制器、平衡探测器等，通过链路设计，可以降低噪声和提升灵敏度等。这部分内容已超出了本书的讨论范围，感兴趣的读者可以参阅微波光子专业书籍，在本书中不再讨论。

3）链路性能指标

射频光传输微波光子链路中包含许多器件，由于其本身的有源特性及非线性效应，类似一个有源的射频组件。因此，射频光传输链路的基本性能指标与射频链路类似，包括增益及频率响应、噪声系数、动态范围等。

（1）增益及频率响应。

假定一个频率为 Ω 的单频射频信号，其输入调制器的功率为 P_{S}，PD 输出信号功率为 P_{L}，且调制器与信号源阻抗匹配，探测器后端负载阻抗匹配。从而微波光子系统的链路增益 g_{RF} 可表示为

$$g_{\mathrm{RF}} = P_{\mathrm{L}}/P_{\mathrm{S}} \tag{12.1}$$

通常射频信号的增益都以 dB 来表示，即 $G_{RF} = 10\lg g_{RF}$。当 G_{RF} 为负时，表示损耗。

任何一个微波光子系统，均包含如图 12.4 所示的基本结构。一个微波光子系统的链路增益主要由电光变换效率、光传输损耗和光电变换效率三项决定。电光变换过程中，变换效率通常不到 10%，只这一项，便给系统引入超过 20dB 的损耗。光传输过程中，传输媒介会产生吸收、散射、泄漏等损耗。光电变换过程，探测器的变换效率也直接关系着射频损耗。

用 $P_{M,O}$ 表示电光调制后光功率的有效幅度（均方根值），$P_{D,O}$ 表示探测器输入端的光功率的有效幅度，g_O 为光子处理模块或光纤链路的光功率增益，则有

$$P_{D,O} = g_O P_{M,O} \tag{12.2}$$

用 $\mathcal{R}$ 表示 PD 的响应度，其定义为光电流与光功率的比值，从而有 $P_L = \mathcal{R}^2 P_{D,O}^2 R_L$，其中 R_L 是探测器输出匹配负载，且 $P_{M,O}$ 正比于输入信号电流或电压，于是由式（12.1）和式（12.2）可得

$$g_{RF} = \left(\frac{P_{M,O}^2}{P_S}\right) g_O^2 \mathcal{R}^2 R_L \tag{12.3}$$

随着光放大器发展的推动，g_O 已经不再是影响链路增益的主要制约因素。因此，提高微波光子链路增益，主要是围绕着提高电光变换效率及 PD 的响应度。

特别地，对于外部调制射频光传输链路，在使用偏置于 $\pm$ Quad 点的 MZM 时，假设调制器的半波电压为 V_π，输入射频单频信号的频率幅度为 V_0，可计算出对基频射频频率分量的增益为

$$G_{RF} = 20\lg\left[\mathcal{R}P_{D,O}R_L \frac{J_1(\pi V_0/V_\pi)}{V_0}\right] \tag{12.4}$$

式（12.4）中，$J_1(\cdot)$ 表示第一类一阶贝塞尔函数。依式（12.4），当调制器半波电压为 5V，探测器响应度为 0.65A/W，探测器输入功率为 5dBm 时，微波光子链路的增益为-29.8dB；当调制器半波电压为 3.5V，探测器前输入功率为 10dBm 时，微波光子链路的增益提高到-16.7dB。可见，降低调制器半波电压，提高探测器输入功率，可明显提高外部调制射频光传输链路的增益。

（2）噪声系数。

射频光传输中的激光器、探测器和链路中的光放大器等，均为有源器件，会产生噪声。总的来说，微波光子链路的噪声主要有 4 个来源：激光器的相对强度噪声（Relative Intensity Noise，RIN）N_{RIN}，信号与光放大器自发辐射差拍噪声 N_{s-sp}，探测器的散粒噪声 N_{shot} 及热噪声 N_{th}。所有的噪声源相互独立，因此系统

的总噪声为所有噪声源之和，可表示为

$$\mathrm{NF(dB)} = 10\lg\left(\frac{N_{\mathrm{RIN}} + N_{\mathrm{s\text{-}sp}} + N_{\mathrm{shot}} + N_{\mathrm{th}}}{4kT_0 g_{\mathrm{RF}}}\right) \tag{12.5}$$

式（12.5）中，k 为玻尔兹曼常数，T_0 为参考温度。

激光器的 N_{RIN} 可表示为

$$N_{\mathrm{RIN}} = \mathscr{R}^2 P_{\mathrm{D}}^2 R_{\mathrm{L}} r_{\mathrm{in}} \tag{12.6}$$

式（12.6）中，r_{in} 为光功率相对波动的谱密度。

信号与放大器自发辐射的差拍噪声为

$$N_{\mathrm{s\text{-}sp}} = 4\mathscr{R}^2 h v n_{\mathrm{sp}} \mathscr{R} P_{\mathrm{D}} (G_{\mathrm{OA}} - 1) R_{\mathrm{L}} \tag{12.7}$$

式（12.7）中，h 为普朗克常量，v 为光频率，n_{sp} 为放大器自发辐射因子，G_{OA} 为放大器增益。

散粒噪声为

$$N_{\mathrm{shot}} = 2e\mathscr{R} P_{\mathrm{D}} R_{\mathrm{L}} \tag{12.8}$$

热噪声为

$$N_{\mathrm{th}} = 4kT_0 \tag{12.9}$$

在进入 PD 的光功率较大时，激光器的 RIN 是主要的噪声源，随着 PD 前的光功率降低，差拍噪声、散粒噪声和热噪声逐步凸显出来。因此，在设计链路时，应综合考虑各种光噪声的强弱和叠加关系，以达到噪声最低的状态。

（3）动态范围。

微波光子系统中的另一个重要参数是动态范围。其中，雷达系统重点关注两个动态范围，分别是无杂散动态范围（Spurious-Free Dynamic Range，SFDR）和压缩动态范围（Compression Dynamic Range，CDR）。

在多个单频信号的输入下，由于非线性的作用，输出频率除了基频（FUND，信号输入频率）以外，还包含了基频的各阶交调频率。在小信号输入下，交调频率淹没在噪声中，系统可近似为线性系统。随着输入功率的增大，交调频率分量的幅度比基频频率分量的幅度增长更快，其功率很快即可超过噪声，甚至与基频功率可比拟，这将严重影响输出信号的质量。从基频信号功率超过噪声至交调信号功率超过噪声本底（简称噪底）的这一段输入功率范围，称为系统的 SFDR，其数值见式（12.10）。

SFDR 通常由三阶交调频率分量（IMD₃）的强度衡量，如图 12.9 所示。

基频功率相对输入功率的小信号增长斜率为 1，IMD₃ 的小信号增长斜率为 3，OIP₃ 为基频与 IMD₃ 的交叉点所对应的输出功率，故 SFDR 可表示为

$$\text{SFDR}\left(\text{dB} \cdot \text{Hz}^{2/3}\right) = \frac{2}{3} 10 \lg\left(\frac{\text{OIP}_3}{N_{\text{out}}}\right) \quad (12.10)$$

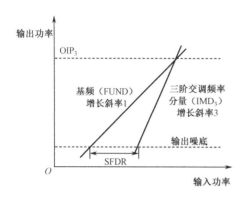

图 12.9　无杂散动态范围（SFDR）与三阶交调频率
分量（IMD₃）的强度随输入信号功率的变化情况

从上面的分析可知，提高系统的 SFDR 可由 3 个途径展开：① 减小链路损耗，提高基频功率；② 抑制光子系统的非线性，减小 IMD₃ 功率；③ 降低系统噪声。

在单频输入信号条件下，CDR 是一个重要的系统参数指标，xdB 压缩动态范围（$\text{CDR}_{x\text{dB}}$）定义为能使系统输出信号处于噪底之上，且输出信号相对于系统的线性响应被压缩了 xdB 时输入信号的功率范围。其中，最常用的为线性动态范围即 1dB CDR ，可以表示为

$$\text{CDR}_{1\text{dB}} = \frac{P_{1\text{dB}} 10^{1/10}}{N_{\text{out}} B} \quad (12.11)$$

式（12.11）中，$P_{1\text{dB}}$ 是系统增益相对于小信号增益下降 1dB 时的输出功率，N_{out} 表示系统输出噪声的功率谱密度，B 表示系统带宽。要确定系统的 $\text{CDR}_{1\text{dB}}$，就要测量系统的功率响应和输出噪声，其中功率响应可以利用矢量网络分析仪或者信号源和频谱仪来测量，而系统的输出噪声则可以使用噪声系数分析仪、频谱分析仪、矢量网络分析仪等多种工具进行测量。在大多数微波光子链路中，功率通常采用 dBm 作为单位，因此，将 $\text{CDR}_{1\text{dB}}$ 表示为 dB 的形式在使用中更为方便（下式中方括号内为单位）

$$\text{CDR}_{1\text{dB}}[\text{dB}] = P_{1\text{dB}}[\text{dBm}] + 1 - N_{\text{out}}[\text{dBm/Hz}] - B[\text{dB} \cdot \text{Hz}] \quad (12.12)$$

这里假定在系统整个带宽范围 B 内，噪声功率谱密度与频率无关，链路的响应在噪底至 $P_{1\text{dB}}$ 功率点范围内是线性的。要提高系统的 1dB 压缩动态范围，主要从下面两条途径着手：一是提高系统能够线性响应的功率值；二是降低系统噪声。

雷达系统的设计过程中，希望得到高增益、宽带频率响应、低噪声系数、大动态范围等特点，但这些指标较难同时实现。例如，为获得较小的噪声系数，射频光传输前需配置一定的射频放大器，但这会对链路的压缩动态范围产生影响。因此，在对雷达接收链路设计时，需要平衡多方面的性能参数，以达到最优状态。

12.2.2　基于射频光传输的合成与分配网络

12.2.1 节提及了典型的射频光传输链路仅为单通道系统。由于雷达系统，特别是相控阵雷达系统中使用的射频传输链路通常都是多通道系统，因此涉及多路光载射频信号的传输、分配和复用，以及通道间功率的调控等，以下就对这些技术及其对链路性能指标的影响加以讨论。

1）光功率调控技术

光放大器经常被用于射频光传输链路中，可在传输链路中用来提高或保持信号功率。在长距离传输中，可采用分立式或者分布式的光放大器，来补偿信号的光纤传输损耗。另外，光放大器还可置于 PD 的前面，用于提升 PD 的输入光功率，进而降低射频光传输链路的插入损耗。

常用的光放大器包括光纤放大器和半导体光放大器等。光纤放大器可分为掺铒（Er）光纤放大器、拉曼放大器等。其中最常见的光纤放大器是掺铒光纤放大器（Erbium-Doped Fiber Amplifier，EDFA）[16]，已广泛应用于雷达和通信等领域。EDFA 原理如图 12.10 所示，它主要由泵浦源、合波器、增益介质（掺铒光纤）、隔离器等部分组成。泵浦源为掺铒光纤提供能量，将掺铒光纤中基态的铒离子激励到激发态，致使离子数反转，从而产生受激辐射，实现对输入信号的放大。与光纤放大器不同，半导体放大器以半导体材料作为增益介质[17-18]，如 InP 等，这些材料在很大带宽范围内均可获得光增益，波长范围覆盖可达 400～1600nm。半导体放大器具有低功耗、体积小和易集成等优点，但与光纤放大器相比，它的缺点是增益较小、噪声系数较大，且增益特性与偏振相关，这些在一定程度上限制了它的应用。

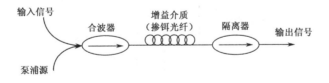

图 12.10　EDFA 原理图

相控阵雷达系统中应用的射频光传输链路为多通道系统，为了保证系统的整体性能，各通道之间的功率要保持一致或保持一定的分布关系，但是由于每个通道之间的器件性能存在差异，若不进行调控，会使各传输通道的光功率存在差异，不符合幅度与相位分布的要求，从而影响系统性能。在射频光传输链路中配置可调光衰减器（Variable Optical Attenuator，VOA）模块，则可通过实时调节各个通道的衰减量，动态地控制系统中各通道的光功率分配，确保每个通道的光功率保持一致[19]。一个典型的通过 VOA 进行功率均衡的多通道功率均衡和光功率合成的系统如图 12.11 所示。

VOA 的实现方式很多，主要包括 MEMS、电控吸收技术等，每种体制的响应速度不同。在不需要高速动态调整的场合，VOA 通常可选用 MEMS 技术，以降低成本；而在阵面幅度控制等场合，由于调整速度要求高，需采用电控吸收形式的 VOA，以节约雷达时间资源。

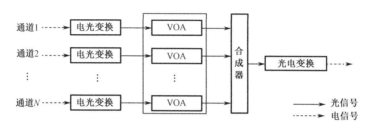

图 12.11　多通道功率均衡和光功率合成系统示意图

2）光资源复用技术

相控阵雷达系统中，常常需要将多路射频光传输链路合为一路（如图 12.11 所示），或将一路光信号分为多路的情况（如图 12.12 所示）。发射时，雷达利用射频光传输链路将激励、时钟、本振等信号传至雷达阵面，由于后端信号只有一路或少数几路，而雷达阵面上的单元数目众多，因此要通过光功率分配器（简称光功分器）将一路光载射频信号的功率分为多路，传至阵面每个单元通道。

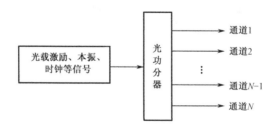

图 12.12　多通道光功率分配示意图

图 12.11 同时也是雷达接收链路的示意图，雷达天线阵面每个阵元/子阵接收的射频信号调制到光载频上后，合成为一路信号，为了使多路信号合成时不产生干涉，雷达系统中将雷达阵面每个阵元的接收信号调制到不同的光波长上，利用波分多路复用器（Wavelength Division Multiplexer，WDM）实现各信号的功率合成。目前，光波分多路复用的实现方式主要包括平面光波导、波导阵列光栅等，可根据雷达不同场景下的成本、体积要求来进行选择。

12.2.3　相控阵雷达中射频光传输网络的应用

当使用光信号作为雷达信号的载波，对时钟、本振、激励、回波等信号进行传输时，可以增加传输距离，由此带来诸多优势，如雷达站的终端部分可以与雷达天馈线等前端部分进行远距离部署，以实现对高价值设备的保护。光纤作为柔性介质，同时兼具抗电磁干扰特性，可以进一步降低雷达馈线网络布线的复杂度。当面对超大型阵面如天基雷达时，其天线展开长度达几十米甚至上百米，采用射频光传输技术是完全必要的。

尽管光纤传输本身的损耗极低，但射频光传输链路中电光-光电变换的插入损耗和噪声系数较大，随着射频光传输在雷达接收链路中应用的推进，除了对光链路本身的探讨外，还需扩展到接收链路中射频和光波的协同分析，对链路中的参数进行合理设计使得系统的综合性能最佳。另外，在多通道网络体系中，每个通道单独传输的效率不高，可通过光的合成和分配方式，完成光传输网络的简化，以实现射频光传输网络的高效应用。此外，分布式稳相传输技术能给多基站雷达的协同能力带来提升。

1）单通道射频光传输链路

单通道雷达接收链路的组成框图如图 12.13 所示，其中回波信号通过天线接收（天线可以是单个天线单元，也可以是多个天线单元组成的子阵），经过前级放大器，电光变换、光电变换后，再经过后级放大进入接收处理。在相同光链路增益情况下，前级放大增益越大，则接收链路的噪声系数越小。因此，为降低接收链路噪声系数，应适当增加前级放大增益。而在光链路增益一定的前提下，随着前级放大增益的增加，链路的 1dB 压缩动态范围会减小。因此，需合理增加前级放大增益，同步优化系统整体指标。

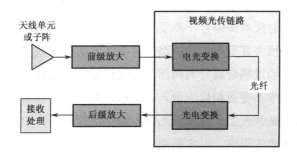

图 12.13　单通道雷达接收链路的组成框图

2）射频光传输网络设计

射频光传输网络在相控阵雷达中的典型应用场景是雷达阵面与后端距离较远

时，对于毫半波雷达而言，传输损耗大。例如，在上行时，后端的时钟和本振信号如果通过传统的电缆传至阵面，远距离电缆传输导致的损耗将使得时钟和本振信号的质量明显下降；下行时，当阵面合成的和差信号通过电缆传至后端接收机时也面临同样的问题。通过在阵面和后端分别配置一个光端机，采用射频光传输技术，可以有效地解决射频信号远距离传输损耗大的问题。上行时，后端的光端机将本振和时钟信号调制到光载波上，通过光缆传至阵面，利用阵面光端机解调光载时钟和本振信号；下行时，通过阵面光端机将阵面和差信号调制到光载波上，通过光缆传至后端，利用后端的光端机解调光载和差信号，进入接收系统后完成信号处理。

3）分布式稳相传输

随着雷达灵敏度的不断提高，要求天线的尺寸越来越大，但是大孔径的天线不仅机动性差难以灵活部署，而且生产和维护难度大、成本高。为此，人们提出了分布式相参雷达技术，通过相参收/发将多套物理上分开的小孔径雷达等效合成为一个综合大孔径雷达，这样既可以提高雷达的灵敏度，又避免了大尺寸天线带来的问题。然而，为实现远距离分布多套雷达的相参，充分发挥分布式雷达系统的性能优势，需要高性能时频传递技术确保各个雷达时钟和本振信号高精密稳定同步。

目前，常用的稳相传输技术包括电缆、卫星、空间光和射频光纤传输等。与其他稳相传输等技术相比，射频光纤传输技术具有带宽宽、损耗低、抗干扰能力强、稳定性高、质量和体积小等优点。通过在传输链路中增加后补偿或预失真配置，可以进一步提高射频光纤传输链路的性能。后补偿稳相传输链路利用接收端产生的辅助信号，在光纤中往返传输后，与射频本振信号单程传输后的相位抖动相同，通过混频抵消两个信号相位的抖动，从而得到相位稳定的射频信号。但这种方案中为了传输射频本振信号，需要另一个低相位噪声的辅助信号，这带来可行性和成本问题。预失真稳相传输链路针对上述方案做出改进，在传输端将待传输的射频本振信号经过耦合器分为两部分，通过分频、反馈和混频等处理之后，待传输射频信号频率不变而相位中引入了与该时刻光纤传输延迟对应的相位共轭项，该信号调制到光载波上，经同一光纤传输到接收端，经 PD 恢复出的电信号相位将不受光纤传输的影响，以实现稳相传输。

分布式相参雷达的关键是实现多孔径的相参收/发。利用微波光子稳相传输技术，可以将同一本振信号通过稳相传输链路传送至每个子孔径，作为参考源产生雷达激励信号，这样每个子孔径发射的激励信号也能保持相参，从而实现分布式相参，并实现探测效果的增强。

12.3　微波光子波束形成方法

对工作在超宽带下的相控阵雷达而言，如果直接在数字域实现波束形成，对每个通道进行宽带采样，这对模数转换器（Analog to Digital Converter，ADC）的性能、数据流的传输、存储技术提出了极高的要求。而如果在模拟域先进行波束合成，对波束形成后的一路或少量几路信号进行数字采样，可以极大地缓解这种压力。

相控阵雷达各通道移相器提供的移相值通常随频率变化。当雷达工作在宽带条件下，不同载波频率在同样的移相值分布下，空间指向不一致。实际频点与设计频点相差越大，空间指向偏斜越严重。阵列两端天线单元（接收阵）接收到的同一空间角度目标的回波信号不能同时到达，或阵列两端天线单元（发射阵）辐射的信号不能同时到达同一空间角度目标，即存在"孔径渡越时间"。目标方位相对于阵面法线方向偏转越多且阵面规模越大，孔径渡越时间越长。以上因素将严重降低雷达的信噪比和分辨率。例如，采用真延迟（True Time Delay，TTD）技术，可以实现等效的角度扫描，且与信号频率无关，能有效降低上述不利影响。

使用电延迟和电移相器实现宽带波束形成面临较大的技术瓶颈。一方面，电延迟和电移相器的带宽较小，带内幅相起伏较为严重，难以满足超宽带的需求。另一方面，电传输线的损耗较大，不利于实现较大位数、较长延迟量的延迟。而利用微波光子技术将射频调制到光域进行延迟，如用光纤、片上波导等，实现的延迟线具有射频带宽大、带内幅相起伏小、延迟量大、体积和质量小、结构设计较简单等优点，另外还具有易于走线、电磁兼容性好、不同延迟状态插损均匀等优点，成为当前在雷达中应用的热点方向之一。

12.3.1　超宽带光延迟技术

TTD技术对于阵列雷达中的宽带波束形成至关重要。由于光延迟线的低传输损耗和更平坦的频率响应，超宽带光延迟技术与电延时相比具有明显的优势。光TTD的基本原理是通过控制光载波包络的延迟实现对射频信号的延迟控制。实现光 TTD 主要有光路切换、光色散和光相位响应调控三种典型方法。

1）光路切换

切换不同长度的光路是实现光 TTD 的直观方式，可以在自由空间、光纤或片上波导等介质中实现。光开关级联的方式能够以较少的光开关实现指数级数量的不同延迟态（延迟状态）。如图 12.14 所示，通过级联 N 个光开关可以实现 2^{N-1}

个延迟状态，该图中方框代表光开关，内部虚线代表可供切换的光路。两个相邻光开关间通过两根具有一定光程差的光纤或片上波导连接（$\tau_1, \tau_2, \cdots, \tau_{N-1}$），以提供两种不同的延迟量。光信号通常从一个固定端输入光延迟线，通过切换光开关的直通/交叉状态，实现对具有不同延迟量的光路切换。

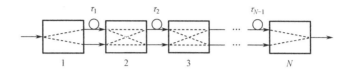

图 12.14　级联光开关实现的可调光延迟线

光开关可以通过多种方式实现，主要包括电光开关、热光开关、磁光开关和MEMS 光开关等。光开关的插入损耗、切换速率、消光比等是人们主要关注的性能指标。

（1）电光开关。

2×2（两输入两输出）电光开关一般由两个 3dB 耦合器、调制区域和连接波导组成，其基本结构与 MZM 一致，不同之处在于前者通常只有两种调制电压对应直通和交叉两个状态，而后者会随输入的模拟电信号连续调制。尽管通过分立器件和光纤的互连也可以实现这样的光开关，但在片上直接批量化制备这样的光开关会具有更高的集成度，应用场景也更为广泛。在输入/输出波导端口，一般制备光栅或模式转换器从而实现与光纤间垂直方向耦合或端面耦合。调制区域的两臂带有可调折射率介质，其折射率会跟随输入电压而改变，使得两臂间产生光相位差。当光相位差为π的奇数倍时，光开关工作在直通状态；当光相位差为π的偶数倍时，光开关工作在交叉状态。

由电光效应引起的介质光折射率变化主要基于泡克耳斯效应（线性电光效应）、克尔效应（二阶非线性电光效应）、等离子体色散效应等，基于电光效应的光开关可达数十吉赫兹以上的切换速率，封装后的模块通常也可达到纳秒级的切换速率。但受到材料吸收特性的影响，插入损耗较大。受波导色度色散、偏振色散和工艺水平限制，消光比、带宽和偏振相关损耗等指标均有待进一步提升。

（2）热光开关。

热光效应是指材料折射率等光学性质随温度改变的特性。热光开关的结构与电光开关基本一致，区别仅在于对材料折射率的调制基于热光效应。首先，在介质材料（如玻璃或硅基）上制备波导结构；然后，在波导上蒸镀金属薄膜作为加热器。当电流通过加热器时，金属薄膜发热并传导至光波导，改变其下波导的折射率。

热光开关使用的波导材料经常采用 Si,SiO$_2$ 和聚合物波导等导热率低、热光系数高的材料。热光开关交换速度依赖于材料的热弛豫时间，通常在毫秒量级。目前，一些平台利用先进的工艺和特殊的技术手段可将热光开关的切换速率提高到 10μs 量级，扩展了其在相控阵雷达中的应用场景。但热光开关同样面临消光比、光学带宽、偏振相关损耗等指标不够理想的问题，同时对其环境温度控制、片上热隔离、加热控制等都有一定的难度。

（3）磁光开关。

2×2（两输入两输出）磁光开关基于法拉第效应改变入射光束的偏振态，结合使用双折射偏振分光晶体，使光束传播路径发生改变，从而实现光路切换的功能。磁光开关的插入损耗较小，光学带宽较大，消光比和偏振相关损耗相对于电光、热光开关均有所改善，切换速率可达数十微秒量级。但由于使用了法拉第效应，磁性介质体积大，不利于集成。

（4）MEMS 光开关。

MEMS 光开关基于微机电系统，一般来说，此类光开关具有较小的插入损耗，极大的光学带宽（数十太赫兹），极高的消光比（＞60dB），极低的偏振相关损耗（＜0.05dB）。但受限于机械运动特性，开关切换速率通常为毫秒量级，仅适用于相控阵雷达的少数场合。

上述四种光开关的性能对比如表 12.1 所示。

表 12.1　四种光开关性能对比

光开关类别	切换速率	插入损耗	光学带宽	消光比	偏振相关损耗	体积
电光开关	纳秒量级	大	较窄	较小	较大	小
热光开关	毫秒量级	较大	较窄	较小	较大	较小
磁光开关	数十微秒	较小	宽	较大	小	较大
MEMS 光开关	毫秒量级	小	极宽	极大	极小	较大

此外，还可以使用可调谐激光器和具有波长选择性的器件实现 TTD，当激光波长改变时即可选择不同的光路，实现不同的延迟量。波长选择性器件有 WDM、级联布拉格光栅[20]。但这种体制的光延迟线，不具备图 12.14 级联 2×2 光开关带来的延迟状态数量指数级增加的优势，且对可调谐激光器的性能要求较高，在相控阵雷达中运用较少，本书不做重点介绍。

（5）导波介质。

光开关间互连的光导波介质既可以是光纤，也可以是集成度更高的片上波导。前者的优点是传输损耗较小，一般小于 1dB/km，且偏振相关损耗较低，但需要将光在片上光开关和光纤之间耦入耦出，耦合损耗一般远超传输损耗。片上波导的优点是集成化程度较高，可以与光开关共同集成在一块芯片上，实现全固态化光延迟，延迟线内部不需要和光纤耦合，没有耦合损耗。对于二氧化硅基集成光波导，其性能参数与光纤相似。但由于波导芯层和包间的折射率差别很小，导致波导的尺寸、转弯半径都很大，芯片尺寸较大。而对于其他集成度较高的平台，波导的传输损耗较高。传输损耗相对较低的集成波导平台包括：氮化硅、铌酸锂薄膜和聚合物等，一般传输损耗＜0.1dB/cm，并可利用更先进的工艺进一步降低波导的传输损耗。例如，采用氮化硅光子大马士革工艺可将氮化硅波导的传输损耗降低至 1dB/m[21]。

2）光色散

第二类光延迟技术基于光色散原理。该技术的特点是光路保持不变，通过波长的切换实现不同延迟量。对于光波导介质而言，其传输系数可按照下式展开，忽略三阶及以上项，即

$$\beta(\omega) = \beta_0 + \beta_1(\omega - \omega_0) + \frac{1}{2}\beta_2(\omega - \omega_0)^2 \qquad (12.13)$$

式（12.13）中

$$\beta_n = \left. \frac{\mathrm{d}^n \beta(\omega)}{\mathrm{d}\omega^n} \right|_{\omega = \omega_0}$$

β_0 在链路中产生一致的相位，可以略去。第二项 β_1 可用于定义光信号的群速度，通常不关注它的绝对值，而关注它对波长的导数，用于度量光的导波介质的色散程度。下式定义了导波介质的色散系数，即

$$D \triangleq \frac{\mathrm{d}\beta_1}{\mathrm{d}\lambda} = -\frac{2\pi c}{\lambda^2}\beta_2 \qquad (12.14)$$

对于单模导波结构，色散通常由材料色散和波导色散共同作用产生。但对于远离零色散波长的典型单模光纤，材料色散的贡献占主导地位[22]。常用的标准单模光纤在光波长为 1550nm 时，$\beta_2 \approx -22\mathrm{ps}^2/\mathrm{km}$，对应的色散系数 $D \approx 17\mathrm{ps}/(\mathrm{nm} \cdot \mathrm{km})$。如果光载波的变化足够大且导波链路足够长，延迟量的差异将变得极为可观。例如，对于 1550nm 波段，相差 200GHz（对应于波长相差约 1.6nm）的两个光载波，在 1km 标准单模光纤中的延迟差达到了约 27.2ps。可见，利用光的色度色散可以有效实现对调制于其上的射频信号的延迟控制，同时由于需要较长一段光纤才会获得明显的延迟差，对于光纤长度的误差容忍度也变得非常高。

用于光延迟的典型色散器件包括单模光纤、线性啁啾光纤（布拉格光栅）、光

子晶体光纤和少模光纤等。结合波分多路复用技术，不同波长承载的多个射频信号在同一色散介质中经历不同的延迟。这种方法的一个潜在问题是大的色散会导致与频率相关的射频功率衰落。为了解决这个问题，可以应用光学单边带调制技术[23]。此外，超宽带射频信号调制到光信号上后，带内的非线性相位响应会导致信号失真，这时可以利用采样光栅技术进行色散补偿，实现随光波长阶梯状变化的延迟，从而抑制射频信号的失真[24]。

3）光相位响应调控

第三类光延迟技术基于对光相位响应的调控。光的群延迟等于相位对频率的导数，对光相位响应的斜率进行调控，可以实现连续的延迟调节。文献[25]介绍了基于空间光调制器（Spatial Light Modulator，SLM）的典型架构。输入光信号的不同频率分量通过空间色散装置（如色散光栅等）投影到 SLM 的不同像素。对 SLM 中每个像素的相位进行编程，将额外的线性相位响应施加到光信号上，然后，所有光频率分量再通过逆空间色散过程重新组合。这样操作可以通过对线性相位斜率的调控，实现对延迟量的调控。

慢光效应是在高色散器件和媒质中存在的一种反常的物理现象，也是实现相位响应调控的另一种方式。通过改变传输介质的相位响应，实现对光的群速度控制，进而调控光延迟。目前，常见的实现慢光效应的技术途径包括受激布里渊散射、半导体光放大器、微环谐振腔和光子晶体等。

12.3.2　光波束形成架构的设计

基于光路切换技术实现光延迟线主要依赖于光开关和导波介质的器件性能。目前，片上光开关、波导等均得到了快速发展，提供了可靠的硬件平台。而光色散技术的链路结构较为简单，易于实现。因此，以上两种技术路线在光延迟领域得到了较为广泛的运用。

1）典型架构

（1）基于光路切换的光波束形成系统架构。

如图 12.15 所示为基于光路切换的光波束形成系统基本架构。该系统根据雷达的具体要求，既可以集成在阵面上，也可以放在后端，通过光纤拉远，相比于电缆拥有极低的传输损耗。常用光开关级联实现步进延迟线，通过光路切换实现对延迟量的控制。根据扫描角度、阵面规模、工作频段、波位跃度等要求确定最小步进和位数。图 12.15 中的一个光子通道可以对应一个天线，也可以对应一个射频子阵。在后一种情况下，光子通道负责高位延迟，而低位延迟和移相功能可以在射频子阵内部完成。

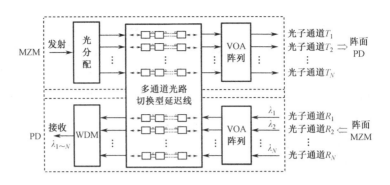

图 12.15　基于光路切换的光波束形成系统基本架构

发射时，将激励信号通过 MZM 调制到与接收时波长均不同的某一光载波上，经过光分配进入多通道光路切换型延迟线，再经 VOA 阵列实现功率均衡后进入阵面 PD 转化为各路射频信号，经滤波、放大后发射。光子通道实现了对各通道激励信号的延迟调节，从而形成特定的阵内相位分布，实现发射波束的形成功能。

接收时，各路回波信号经放大、滤波后通过 MZM 调制到不同波长的光载波上，随后经过 VOA 阵列和多通道光路切换型延迟线进行幅度均衡和延迟控制后，通过 WDM 将各路光合为一路，进入 PD 转化为电信号。光子通道实现了对各通道接收射频信号的延迟调节，从而形成特定的阵内相位分布，实现接收波束形成功能。

（2）基于光色散的波束形成系统架构。

图 12.16 所示为基于光色散的光波束形成系统的基本架构。延迟线由大色散光元件组成，如长光纤等。不同波长的光在色散元件中传播的群速度不同，形成延迟差。由于可调谐激光器成本较高，可调谐范围有限，故更具备实用性的做法是固定各通道光波长，依靠切换色散介质传播长度实现不同通道间的相对延迟差。可以采用 12.3.1 节所述光开关级联方式实现色散介质的长度切换。不同之处在于，所有通道的光载波共同在一路色散介质中传播且通道的光载波频率依次形成等差数列。当色散系数在所有载波波长处相等时，色散导致的相对延迟差也总是等差数列。因此，基于光色散架构的光波束形成系统大多用于一维线阵。以标准单模光纤的色散系数 17ps/（nm·km）为例，为了使相邻 200GHz 间隔的两种频率的光载波具备 1ps 的延迟差，光纤长度需要 36m 以上，虽然色散技术提高了光纤长度的误差容忍度，但在大延迟量下仍不利于整个模块的集成度，目前，主要通过大色散系数的光纤或色散光栅来提高集成度。

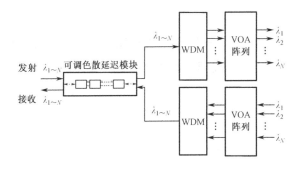

图 12.16　基于光色散的光波束形成系统基本架构

接收时，各路回波信号经放大、滤波后通过 MZM 调制到波长等差分布的光载波 $\lambda_1, \lambda_2, \cdots, \lambda_N$ 上，用 VOA 阵列进行幅度修正；随后，经过 WDM 合为一路进入可调色散延迟模块；最后，进入 PD 转化为电信号。通过对可调色散延迟模块中色散介质长度的切换实现了对各通道接收射频信号的延迟调节，从而形成特定的阵内相位分布，实现接收波束形成功能。

发射时，将波长等差分布的多路光载波通过 WDM 合为一路，并将激励信号通过 MZM 调制到其上，随后进入可调色散延迟模块，再经 WDM 解复用，并通过 VOA 阵列实现功率均衡，最后由阵面上的 PD 阵列转化为各路射频信号，经滤波、放大后发射。通过对可调色散延迟模块色散介质长度的切换实现对各通道激励信号的延迟调节，从而形成特定的阵内相位分布，实现发射波束形成功能。

2）其他架构

基于光路切换的波束形成，每通道需要一个多位延迟线，对硬件规模、器件一致性等要求较高。而基于色散的波束形成，由于延迟差通常是等差分布的，大多数情况下应用于一维线阵。以上两种典型架构均存在一定的限制。此外，为了实现更高效的空间探测等，宽带同时多波束也成为迫切的需求。针对这些限制和需求，其他光波束形成架构也相继被提出。

（1）色散和延迟耦合。

基于光路切换架构的光波束形成系统中每路的延迟量可以独立控制，但每通道均需配置独立的延迟线。而基于色散架构则可以复用一根色散介质，但只能用于一维线阵。如果将两者结合，可以在降低硬件数量的同时实现二维光波束形成。

图 12.17 所示是一种将光色散和光路切换架构结合的光波束形成网络架构。对于一个 $M \times N$ 的相控阵阵面，需要用 M 个不同波长的光源、1 个可调色散延迟元件（如啁啾光栅、色散光纤等）和 N 个光路切换延迟线。M 种光载波通过 WDM 合成为一路，通过电光调制器将射频信号调制到合成为一路的光信号上，利用可

调色散延迟元件实现不同波长间的延迟。随后将光信号功分为 N 路，每一路通过一个光路切换延迟线实现对另一维度的光延迟量调节。在阵面上利用 WDM 将每路光信号解波分复用为 M 路光信号，经 PD 转化为电信号，再经滤波放大后发射出去。在这种混合架构中，两个维度的相对延迟量分别由色散和步进延迟线实现，使得二维扫描所需的光路切换延迟线数量大幅度减少。

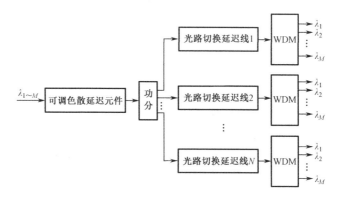

图 12.17 光色散和光路切换架构结合的光波束形成网络架构

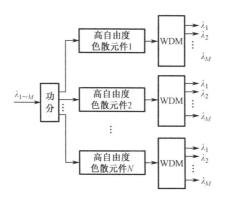

图 12.18 基于高自由度色散延迟的二维波束形成系统架构

（2）高自由度色散架构。

一些新的色散元件具备更多的调节自由度。例如，基于热调的光纤光栅[26]，可以独立地调节色散系数和波长偏移量。利用 M 个波长的激光源和 N 个高自由度色散元件也可以直接实现二维波束形成，不需要额外的步进光延迟线，如图 12.18 所示。

（3）光子多波束形成架构。

微波光子技术依托其大带宽、低损耗、带内响应平坦、链路易重构等优点，对同时多波束形成有重要作用，能够提高对空域探测的效率。

得益于光功分和合成损耗较低和带宽较大，基于光延迟网络的多波束形成系统较容易实现。最直观的实现方式是将回波信号调制到光载波上后，经分光和放大后经历不同的光延迟，从而形成指向不同方向的波束。近年来，基于微波光子技术的新型多波束架构得到广泛研究。图 12.19 所示为多频光子多波束扫描网络概念图，它是一种基于光频梳的多波束技术，且可以实现射频信号的滤波[27]。发射时，射频激励信号被功分并馈入多通道光控微波延迟单元。所有的单元共享同一个光频梳源。在每个单元中，激励信号被调制到光频梳上。由于光频梳源提供了大量光波长，在经历色散元件后，不同波长光分量将具有不同的延迟量。随后，通过两级滤波实现不同频率射频信号的特定延迟量。第一级滤波在光域通过可调光滤波器选择不同波长的光分量，从而实现不同的光延迟。第二级通过具有不同通带的微波光子滤波器得到特定的频率分量。多个频率的信号馈送到天线单元发射。在接收时，每个天线单元接收到的射频信号，在多通道光控微波延迟单元中按照相似过程进行处理。通过这一新型的光子架构，在实现多波束的同时，还可以自由地选择射频频率。

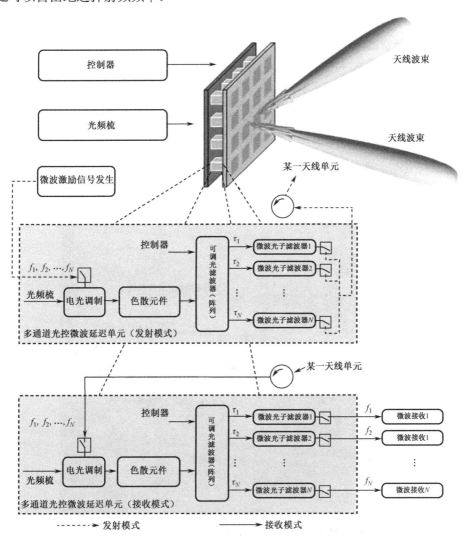

图 12.19　多频光子多波束扫描网络概念图

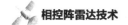

12.3.3 相控阵雷达中光波束形成的应用

针对 X、Ku 和 Ka 等高波段大带宽的波束形成工程应用，考虑成熟度、稳定性和可替换性，通常需切换光路架构以实现光波束形成。

1）基于光路切换的光波束形成网络

本节介绍相控阵雷达中光波束形成的一个应用实例。得益于对光纤或波导的光延迟线可以实现较为精确的长度控制，延迟步进可以做到远小于一个整周期，基本达到移相器的精度，且不引入空间色散。以此为基础，该实例仅使用亚波长步进的光延迟线来实现波束形成。这种仅基于光延迟线的波束形成技术一方面可以极大地减小甚至消除孔径效应带来的色散，另一方面突破了电移相器和电延迟线对于射频带宽的限制，同时提高了带内信号幅相特性的平坦度。

图 12.20 所示为一个四通道光子子阵实物图[28]，回波信号由四通道射频入口进入子阵，经四通道射频放大模块放大、滤波后，再经四通道电光转换模块调制到不同波长的光载波上，通过四通道光延迟模块中的多个光路切换型延迟线实现所需相对延迟。四通道光信号通过 WDM 实现光域合成。

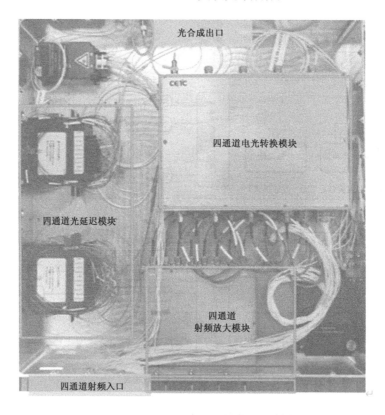

图 12.20 四通道光子子阵的实物图

在近场测试平台对基于光延迟波束形成的天线阵方向图进行测试。其微波光子波束形成测试结果如图 12.21 所示，它反映了俯仰角不变时在 3 个典型方位角的波束形成结果图。

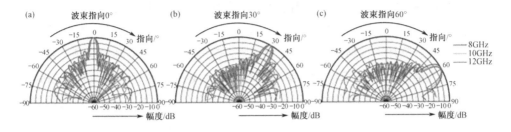

图 12.21　微波光子波束形成测试结果

2）基于色散技术的光波束形成网络

这里介绍通过色散技术，应用在一维线阵中波束形成的例子。该插板前端 32 个单元依次接不同波长的激光，通过 WDM 合成后进入光延迟线。光延迟线由 5 段级联的色散光纤组成，插板中还包含 EDFA 用于光功率调整，集成光开关阵列用于色散光纤长度的选择，以改变波束指向，如图 12.22 所示。

除考虑波束指向与色散系数的线性关系外，在通道数多、总延迟量大的情况下，还需考虑色散光纤的非线性系数，利用激光器波长的微调实现色散光纤非线性项的修正。在修正后，基于色散技术的波束聚焦效果好，即使在扫描 $\pm 45°$ 及以上时，仍未出现散焦或畸变，如图 12.23 所示，因此适合宽带大规模一维波束的合成。

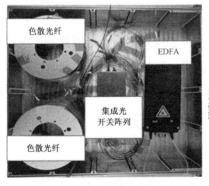

图 12.22　32 通道色散波束插板　　图 12.23　基于色散技术的一维光波束形成结果

12.4　微波光子信号产生的方法

信号产生装置是现代相控阵雷达的重要组成部分，它一方面为雷达发射机提供激励信号，另一方面为接收机提供本振信号。随着不同场景对雷达探测灵敏度、精确性要求的不断提高，相控阵雷达系统正朝着低噪声和大带宽的方向发展，这就要求信号产生装置具备产生低噪声和超宽带信号的能力。传统射频的信号产生通常基于电合成技术，使用晶振和电倍频方法，通过直接合成或锁相环方式产生高载频大带宽信号。晶振的频率通常在百兆赫兹量级，而雷达的工作频率则在几吉赫兹至几十吉赫兹，因此，电信号产生常需要多次变频与倍频，链路复杂且存在性能降低、幅相特性不够理想等问题，导致系统性能受到电子瓶颈限制。如信号的相位噪声性能往往受限于晶振的噪声和倍频恶化，带宽则受限于基带数模换转器（Digital to Analog Converter，DAC）的采样率，信号瞬时带宽通常在 2GHz 以下，难以满足现代雷达对低噪声和大带宽雷达波形的需求。

近二十年来，利用微波光子技术，可以直接实现低噪声高频本振和超大带宽任意波形产生，避免倍频及上变频操作引起的信号质量下降，有效满足了相控阵雷达低噪声和高载频大带宽激励与本振信号产生的需求。

通常来说，射频信号的光学产生方法可归结为光学拍频，即当两个不同波长的光同时入射到同一个探测器时，在探测器输出端会产生频率等于两个光波长对应频率间隔的射频信号[29]，如图 12.24 所示。假设有两个不同波长的单光频，即

$$E_1(t) = E_{01} \cos(\omega_1 t + \varphi_1)$$
$$E_2(t) = E_{02} \cos(\omega_2 t + \varphi_2)$$

（12.15）

式（12.15）中，E_{01} 和 E_{02} 是光波的幅度，ω_1 和 ω_2 是其角频率，φ_1 和 φ_2 是光波的初始相位。考虑到探测的响应带宽有限，当两束光同时入射到 PD 时，其输出端的电流可表示为

$$I_{RF} = A\cos[(\omega_1 - \omega_2)t + \varphi_1 - \varphi_2]$$

（12.16）

式（12.16）中，幅度 A 由输入光波的幅度 E_{01} 和 E_{02} 及光探测器的电流响应度决定。输出频率等于两束光频率之差的电信号。使用这种技术可以产生频率高达太赫兹波段的电信号。由于雷达中主要关注低相位噪声本振源和超宽带雷达波形，因此本书主要对这两方面内容进行讨论。

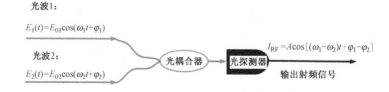

图 12.24　光外差拍频产生射频信号的原理示意图

12.4.1　低相位噪声本振信号的产生

产生单频本振信号的装置被称为本振源。低相位噪声本振源有利于提升雷达探测灵敏度和探测威力，对提高雷达对弱小目标的探测能力具有重要意义。目前，实现低相位噪声本振信号产生的技术途径主要包括电频率合成、光电振荡器（Opto-Electronic Oscillator，OEO）、蓝宝石振荡器和锁模激光器等。传统的电频率合成本振信号的产生方法是基于电介质振荡器或者晶体振荡器倍频后产生高频信号，其相位噪声会随着倍频因子的增加而恶化，在特定场景下特别是机载雷达下视探测模式下，强杂波附带的相位噪声有可能掩盖弱小目标，限制了雷达的探测性能。在本振信号产生方式里，蓝宝石振荡器只能在低温环境下工作，锁模激光器等光频梳也存在工作稳定性的难题，难以投入实际应用。而 OEO 具有相位噪声不随振荡频率增加而恶化的独特优势，被视为理想的本振信号的产生方式。

1）OEO 基本原理

OEO 是近年来高频低相位噪声本振源的一种主要光学实现途径。OEO 作为一种产生高频谱纯度射频和毫米波信号的新型信号源，可产生上百吉赫兹的高纯度射频信号，其相位噪声可以达到接近量子极限的-163 dBc/Hz@10 kHz，是一种非常理想的高性能射频振荡器，其原理图如图 12.25 所示，其中的主要组成部分包括激光器、电光调制器（MZM）、长光纤等储能介质、PD、低噪声射频放大器、带通滤波器、电耦合器和偏置点控制器等。

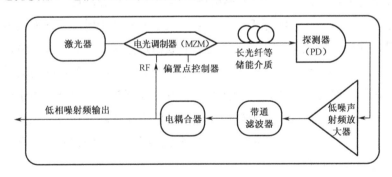

图 12.25　光电振荡器（OEO）原理图

激光器产生单光频激光信号，经过光纤注入电光调制器，电光调制器把射频调制端口的 RF 信号调制到光信号包络上，经过长光纤延迟后，在探测器端经光电拍频探测转化为射频信号，再经过放大滤波选出所需频段的信号，将其放大后重新反馈到电光调制器射频输入端口，形成闭环振荡环路，只要满足起振所需的环路增益和相位条件，即可产生稳定的射频振荡信号。其工作过程可具体分析如下：在环路反馈断开的情况下，低噪声射频放大器输出信号 $V_{out}(t)$ 与电光调制器

驱动端口输入信号的关系为

$$V_{out}(t) = RG_A(\rho\alpha P_0/2)\{1-\eta\sin\pi[V_{in}(t)/V_\pi + V_B/V_\pi]\} \quad (12.17)$$

式（12.17）中，R 为 PD 的负载阻抗，G_A 为低噪声射频放大器的增益，令 $I_{ph}=\rho\alpha P_0/2$ 为 PD 检测到的光电流，ρ 为 PD 的响应率，α 为调制器的插入损耗，P_0 为输入 PD 的光功率，V_B 为电光调制器的偏置电压，V_π 为电光调制器的半波电压，η 决定了电光调制器的消光比。可以推出 OEO 小信号开环增益为

$$G_S = \frac{dV_{out}}{dV_{in}}\bigg|_{V_{in}=0} = -\frac{\eta\pi V_{ph}}{V_\pi}\cos\left(\frac{\pi V_B}{V_\pi}\right) \quad (12.18)$$

式（12.18）中，$V_{ph}=\rho RG_A(\alpha P_0/2)=G_A I_{ph}R$，$G_S$ 的符号由偏置电压 V_B 决定。并且，当电光调制器工作在调制曲线的线性点，即 $V_B=0$ 时，OEO 获得最大小信号增益。按照振荡器的起振条件，小信号增益 G_S 必须大于 1。因此，可得

$$V_{ph}=V_\pi\big/\big[\pi\eta|\cos(\pi V_B/V_\pi)|\big] \quad (12.19)$$

理想情况下，$\eta=1$，$V_B=0$ 或 $V_B=V_\pi$，则

$$V_{ph}=V_\pi/\pi \quad (12.20)$$

因此，只要满足 $V_{ph}\geqslant I_{ph}R$ 的条件，OEO 便可满足起振的幅度增益条件。另外，为了满足光电振荡器起振的相位条件，OEO 的振荡频率需要满足以下条件，即

$$f_{osc}\equiv f_k = k/\tau \quad (12.21)$$

即振荡频率是环路总延迟 τ 倒数的整数倍，其中 k 为整数。可以看出，满足振荡条件的频率是非常多的，实际工程应用需要通过引入窄带射频带通滤波器来限制模式数量，使得光电振荡器通过模式竞争形成稳定振荡，对其他模式进而形成抑制。由于光纤的损耗低，OEO 中光纤作为储能元件，长度可以做到数千米，使得光电振荡器环路的 Q 值很高，因而可以实现高纯度频谱。另外，由于光纤受外部环境因素影响，如温度和应力弯曲等造成折射率和损耗变化等，长光纤导致的模式间隔变短，在相位噪声曲线上会出现密集尖峰，需要考虑光电振荡器在实际工程应用时的诸多问题。

2）OEO 应用中的参数优化

（1）相位噪声。

OEO 输出信号的相位噪声主要来源于激光器、低噪声射频放大器及 PD 等有源器件的热噪声、散射噪声和 RIN（相对强度噪声）。OEO 的噪声谱密度为

$$S(f)=\frac{\delta}{(\delta/2\tau)^2+(2\pi f\tau)^2} \quad (12.22)$$

式（12.22）中，f 是相对中心振荡频率的偏移，τ 是环路总延迟，δ 是噪声对信号

的功率比，则有

$$\begin{aligned}\delta &= \rho_N G^2 / P_{\text{OSC}} \\ &= \left[4k_B T(NF) + 2eI_{\text{ph}}R + N_{\text{RIN}}I_{\text{ph}}^2 R \right] G^2 / P_{\text{osc}}\end{aligned} \tag{12.23}$$

式（12.23）中，ρ_N 是输入的总的噪声强度，包括热噪声项、散粒噪声项和 RIN 项。从该式可以看出，除通过增加光纤长度（增加 τ）降低相位噪声外，还需优化器件参数及工作状态。由于 OEO 输出信号的相位噪声主要来源于激光器、PD 和放大器等有源器件的热噪声、散射噪声和 RIN，因此需优化配置以上器件的噪声。例如，选用具有高功率与低 RIN 的激光器，选用低驱动电压的电光调制器及窄带宽、低噪声系数的射频放大器和通过优化 OEO 的工作状态，如使系统中的有源器件工作于饱和状态等，亦可进一步降低系统噪声。

（2）频率稳定度。

OEO 的振荡频率与环路总延迟 τ 成反比，而 τ 受温度等因素影响，实际工程上需要引入被动稳频机制与主动反馈稳频机制相结合的方法来提高 OEO 的频率稳定性。

被动频率稳定方法主要采用温度控制。温度的影响会导致 OEO 起振基频变化及输出频率发生跳频或偏移，最终影响 OEO 输出频率的稳定性。OEO 的输出频率与温度的关系为

$$\frac{\Delta f}{\Delta T} = \frac{-f}{n} \times \frac{\Delta n}{\Delta T} \tag{12.24}$$

式（12.24）中，n 和 Δn 是光纤折射率和折射率变化量。例如，振荡频率为 10GHz 时，OEO 在室温下由温度引起的频率漂移为-8 ppm/℃。因此，要对 OEO 中的光纤延迟线进行温度控制。而采用高精度恒温箱进行温度控制，将光纤的温度波动控制在±0.1℃以内，有望大幅提高 OEO 输出信号的频率稳定性。

主动反馈稳频方法主要采用基于锁相环路的主动反馈控制稳频。实现主动反馈频率稳定的依据是 OEO 的振荡频率可以通过改变电光调制器的偏置点来实现调谐，即在振荡中心频率的窄带范围内，其输出频率与调制器偏置电压线性相关。将 OEO 的输出信号经过适当分频后与频率为 100MHz 的高稳定晶振鉴相，输出的误差信号用来反馈控制调制器偏置电压，使 OEO 具有与参考晶振相同的频率长期稳定性。另外，主动反馈稳频不仅能提高 OEO 的频率稳定性还能消除模式跳变现象。

（3）边模抑制。

OEO 的振荡模式间隔由 c/nL 决定，其中 c 为光速，n 为光纤折射率，L 为光纤环路长度。例如，1km 长度的光纤环路会产生间隔为 200kHz 的边模。光纤环

路的长度越长，OEO 的模式间隔越小。当振荡频率较高时，环路中的选频器件，即射频带通滤波器很难做到足够窄的带宽以滤除所有边模。然而，选用长光纤有利于获得高 Q 值与低相位噪声。因此，一般 OEO 表现出低相位噪声与高边模抑制不可兼得的问题。若采用双环路 OEO 方案，通过将传统 OEO 中的一个光纤环路改成两个不同长度的光纤环路，由于游标效应，只有同时满足两个环路选模条件的模式才有可能起振。因此，可以通过这种双光纤环路结构在保证光纤环路长度的同时降低边模噪声，获得较好的单模振荡。

OEO 通常包括激光源、强度调制器、长光纤延迟线、PD、低噪声射频放大器、射频移相器、射频带通滤波器等器件。这些器件特别是长光纤延迟线使得 OEO 的体积较大，小型化和芯片化是未来取得广泛应用必不可少的条件，是未来 OEO 技术取得工程应用的必然发展趋势。另外，针对特定的应用平台，还需要解决抗振动等具体的环境适应性问题。

12.4.2 超宽带信号的产生

随着新一代高频大带宽相控阵雷达技术的发展，传统电子波形产生技术受限于 DAC 的采样频率和倍频链路性能，产生信号时往往存在瞬时带宽较低或带内幅相平坦度低、杂散较高的问题，难以满足未来空间态势感知中对空间碎片等小目标探测、目标高分辨成像和目标精细感知识别等应用需求。一些场景中，雷达已经需要厘米量级的距离分辨率指标，瞬时带宽需达到 8～10GHz。受益于光子器件的大带宽特性，微波光子技术为雷达超宽带信号的产生提供了有效的技术途径。

近二十年以来，基于微波光子技术的超宽带波形产生方法被广泛研究和应用。总结起来，主要分为两大类：第一类是以光为主导或全光的超宽带雷达信号产生方法，包括光 DAC（光子数模转换）法、光频时映射法、光注入半导体激光器法等，这一类方法主要利用光的非相参叠加、色散、干涉等特性，实现高载频、超大带宽和高采样率的超宽带信号产生；第二类是光电混合或光子辅助的超宽带雷达信号产生方法，包括微波光子倍频法，电光相位调制与外差法等，这一类方法主要利用电光调制器的相位调制和幅度调制等特性，实现变频转换和载波频率与带宽的倍增。

1）基于光 DAC 的超宽带波形的产生

光 DAC 的基本原理是首先在数字域将信号离散化，转换为一定位数的二进制数字序列；然后，利用数字序列控制光功率加权，将信号幅度转化为光功率值；最后，在探测器输出端形成与信号幅度值成正比的光电流。光 DAC 的主要结构有并行加权光 DAC 和串行加权光 DAC 两种。并行加权光 DAC 的基本原理与传统加权电阻网络 DAC 架构类似，如图 12.26 所示。区别在于利用了多通道激光源和调制器等构建起数字光功率加权网络，在光探测器（PD）端口检测光功率包络，得到射频信号。

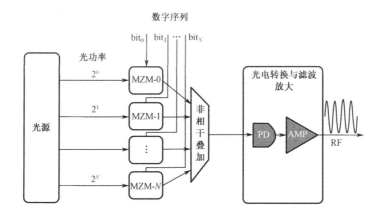

图 12.26　并行加权光数模变换器（DAC）基本原理框图

串行光 DAC 基于加权延迟叠加原理，与并行加权光 DAC 的区别主要在于各个支路引入了延迟控制，包括相位控制和延迟线两部分，分别用于波长以内的精确延迟控制和大延迟量控制，实现并串转换，最终实现高速率的数模转换，并将其应用到脉冲信号产生中，如图 12.27 所示。

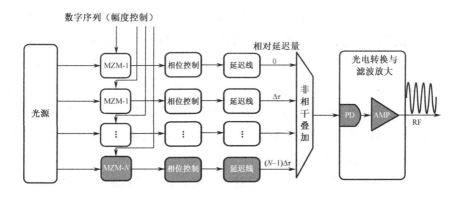

图 12.27　串行加权光 DAC 基本原理框图

2）基于光频时映射法的超宽带波形产生

超宽带线性调频信号对于高分辨雷达系统尤为重要。图 12.28 所示为基于光频时映射的超宽带波形产生系统原理框图，展示了一种大时宽带宽乘积的微波光子任意波形产生方法。在该系统中，首先使用光脉冲源如锁模激光器产生超窄光脉冲序列（宽带光谱）。然后，通过光耦合器分为两路，其中一路经过脉冲光谱整形，对光信号的幅度和相位进行调控，把光谱形状刻画成所需信号的时域形状；另外一路通过可调光延迟线进行实时延迟后与整形后的脉冲进行相参合成。最后，通过色散元件将频谱形状映射到时域，通过 PD 拍频探测得到所需的射频信号。射频信号的中心频率和带宽均可通过调整光纤延迟量、色散元件的色散系数等灵活独立调整，这种方法在产生超大带宽信号方面具有波形控制灵活的优点。但因受限于色散元件的色散系数，产生的信号时宽受限，对于瞬时带宽达吉赫兹量级的信号，脉宽通常仅为微秒级以下，难以满足远距离雷达的需求，因此需解决色散元件系数等问题，才便于使此技术逐步走向实用化。

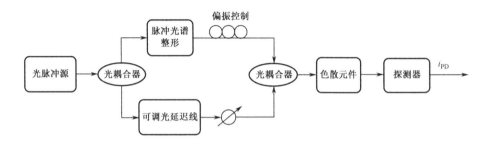

图 12.28　基于光频时映射的超宽带波形产生系统原理框图

3）基于光注入半导体激光器的超宽带波形产生

由于半导体激光器腔体长度极短（数百微米量级），从外界注入光功率会消耗腔内载流子，即可改变谐振腔的等效折射率，进而改变谐振波长。这个特点使得高效且高速操控光信号的频率、相位和幅度成为可能。如图 12.29 所示，主激光器的注入光频率为 f_m，从激光器的自由振荡频率为 f_s，当主激光注入后，从激光器的主振荡频率会变为 f_s'，并且通过适当调整注入光功率的强度，激光器的振荡频率变化可达到上百吉赫兹。在环形器输出端口，外注入光仍然存在，其波长与从激光器谐振波长的间隔在射频波段，通过 PD 拍频可以产生频率、相位和幅度均可高速调控的雷达波形。

通过改变调制在外注入光上的低速电信号，动态地控制注入激光器的光强度，进而实现对所产生射频信号瞬时频率的控制。改变低速电信号的参数，则雷达波形的带宽、时宽、重复频率、中心频率、波形种类等参数均随之改变，波形切换速率快（<100ps）。基于光注入半导体激光器的超宽带波形产生方法主要优势是利用低速电信号控制产生高频和大带宽信号，缺点是振荡频率对参数敏感，产生的信号时宽偏低，噪声性能一般。

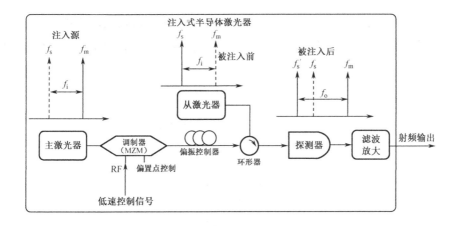

图 12.29　基于光注入半导体激光器的超宽带波形产生原理

4）基于微波光子倍频的超宽带波形的产生

微波光子倍频法是通过电光调制等技术手段，将电域产生的中频波形中心频率和带宽倍增，实现高载频超宽带射频信号产生的方法。这种方法的优点是结构简单，与传统信号产生方法架构兼容，融合了光电系统各自的优势：即利用成熟的射频系统产生窄带中频信号，再利用光子系统的大带宽特性对中频信号实现超宽带倍频。目前，商用调制器的工作带宽达到 40GHz 以上，探测器带宽超过100GHz，基于微波光子倍频的超宽带波形产生可以满足雷达全波段的信号产生需求。基于微波光子倍频的超宽带波形产生原理为：首先，利用电 DAC 产生基带信号；然后，通过混频技术将基带信号上变频到中频，利用电光调制器和光滤波器等实现中频调制后光边带的产生与控制，最终通过 PD 的拍频实现微波光子倍频。

图 12.30 和图 12.31 所示为基于双平行调制器的微波光子信号四倍频模块组成框图和原理示意图。由图可见，由激光器输出的窄线宽单频光载波，经过双平行调制器被中频信号调制，产生多个边带，边带频率间隔等于中频信号的频率 f_{IF}。通过偏置点和射频功率的控制，可以对光载波、一阶边带和二阶边带的功率实施调谐，以尽可能抑制一阶边带的功率，同时提高二阶边带的功率。然后，通过光带阻滤波器进一步对光载波和左右两个一阶边带进行抑制，最终得到两个相参的激光频率分量，两者的频率差为 $4f_{IF}$。这两个分量通过 PD 拍频即可产生频率为 $4f_{IF}$ 的射频信号。

该方案仅使用了一个调制器，结构较为简单，而且由于进 PD 前的光信号中不存在光载波分量，光信号经远距离传输后受光纤色散的影响仍较小，因而不需要进行色散补偿，进一步简化了微波光子信号产生和射频光传输联合系统的结构。相比传统电域方案，该方案减少了倍频级数和混频次数，简化了链路传输函数；而大带宽微波光子器件使得超宽带信号具备更好的带内平坦特性和相位线性度。

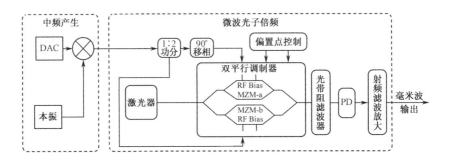

图 12.30 基于双平行调制器的微波光子信号四倍频模块组成框图

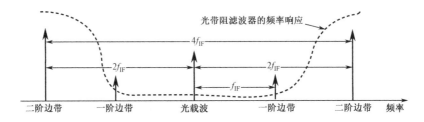

图 12.31 基于双平行调制器的微波光子信号四倍频原理示意图

12.4.3 相控阵雷达中光信号产生技术的应用

随着雷达对远距离反隐身探测需求的增强，持续提升雷达的功率孔径积，是提升隐身目标探测威力的技术手段之一。发射激励信号的相位噪声水平也是提升探测能力的重点，在机载雷达下视探测情况下，尤其面对复杂地理环境时，相位噪声提升对威力提升的效果尤为明显。机载雷达平台高度可达上万米，探测波束的擦地角大，杂波很强，尤其是机载预警雷达，其作战区域范围大、覆盖广，地理环境复杂，杂波强度大、分布不均匀，对复杂战场地理环境（高原、城市上空、山地丘陵及滨海环境）的适应能力是机载雷达的核心技术能力之一。脉冲多普勒体制是机载雷达最为主要的工作体制，近些年来随着数字有源相控阵雷达和阵列信号处理技术的发展，空时自适应处理等技术进一步提升了机载雷达的杂波抑制能力。但是，机载雷达对复杂环境的适应性仍然不能满足机载下视探测的要求。

由于强杂波的影响，当杂波强度高于热噪声基底 80dB 以上时，强杂波带来的相位噪声基底将成为制约机载雷达探测能力的主要限制。图 12.32 所示为不同本振相位噪声下机载雷达杂波仿真结果，它展示了相位噪声水平分别为-85dBc/Hz@1kHz、-95dBc/Hz@1kHz、-105dBc/Hz@1kHz 和-115dBc/Hz@1kHz 时，雷达对强杂波环境下弱目标的探测能力。该图中可见，在相位噪声为-85dBc/Hz@1kHz 情况下弱目标回波信号淹没在杂波底中无法分辨，当相位噪声逐渐改善时杂波本底噪声逐渐下降，弱目标回波信号的信杂噪比逐渐增大，达到探测要求。

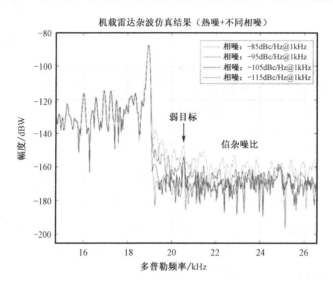

图 12.32 不同本振相位噪声下机载雷达杂波仿真结果

OEO 的相位噪声值对振动环境极为敏感，尤其是机载雷达的工作环境苛刻，振动环境对包含长距离光纤的光电谐振腔有着较强的潜在影响。尽管针对 OEO 的外场试验已经开展，但其在强振动条件下相位噪声恶化问题是其走向实用化的障碍。应从微波光子本振源相位噪声基本原理出发，对振动环境中的微波光子本振源相位噪声水平进行理论分析和数值模拟，建立微波光子本振源相位噪声与振动强度的定量关系[30]，并通过减振措施降低振动影响。

在超宽带信号产生方面，人们针对现有雷达系统高分辨成像的应用场景，开展了基于微波光子倍频法的超宽带波形产生工程化应用。

图 12.33 所示为基于微波光子的超宽带毫米波信号产生结果（Ka 波段）。所产生信号的中心频率为35.7GHz，瞬时带宽达到8GHz，带内平坦度优于±1.5dB。该输出信号的中心频率和带宽均可灵活调整，基本可覆盖 40GHz 以内 8GHz 瞬时带宽的超宽带信号产生需求，也满足了高分辨率成像应用的需求。

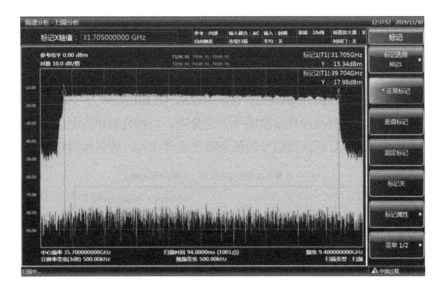

图 12.33　基于微波光子的超宽带毫米波信号产生结果（Ka 波段）

图 12.34 所示为基于微波光子倍频的 W 波段超宽带毫米波信号产生结果，它得到了中心频率为 95.7GHz，瞬时带宽为 8GHz 的超宽带波形。该波形参数调整灵活，脉宽可在 1ms 内自由调整。试验结果表明，产生的超宽带信号带内幅度波动小于 ±2.5dB。未来，随着 W 波段毫米波信号放大器技术的进步，输出信号宽带平坦度等指标将得到进一步提升。

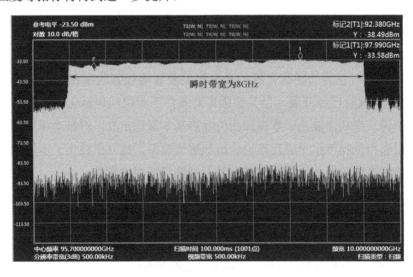

图 12.34　基于微波光子倍频的 W 波段超宽带毫米波信号产生结果

图 12.35 所示为基于微波光子超宽带信号产生技术的 W 波段高分辨率 ISAR 成像试验结果。该试验构建了双路独立的 8GHz 超宽带线性调频信号产生模块，

结合宽带去斜接收，完成了对角反射器目标的转台成像。试验实测的距离分辨率，即单个点目标的一维距离像的半高宽为 1.875cm，与理论分辨率吻合。该试验得到了优于 2.4cm 的 ISAR 成像分辨率，从成像结果中可以清晰看到并分辨不同的目标。

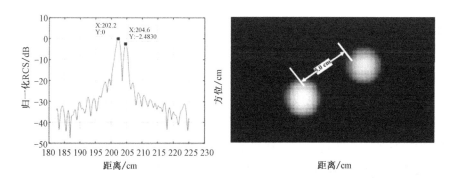

图 12.35　基于微波光子超宽带信号产生技术的 W 波段高分辨率 ISAR 成像试验结果

12.5　微波光子信号接收

随着雷达工作频率不断提高，雷达根据其信号发射形式也分为不同的类型，比如脉冲雷达、连续波雷达、脉冲压缩雷达和频率捷变雷达等，因此需要电子接收机能够实时地对多种类型的信号进行接收，且需要具备宽带处理能力。然而，传统电子接收机大多采用模拟技术，能够处理的带宽范围有限，目前性能较高的 ADC 采样率能够达到 2.5GSps，无法满足大带宽信号的采样要求，且模拟器件有限的灵敏度、测量精度及动态范围也成为高频大带宽信号处理的瓶颈。由于传统接收机对信号的截获能力比较单一，无法同时接收和处理多频点大带宽的信号，已经无法满足雷达的需求。微波光子接收机技术得益于微波光子在高频大带宽信号接收采样方面的优势，以光子信道化、光子 ADC 等典型技术，能够突破传统雷达接收机的性能瓶颈，为下一代超宽带雷达的发展提供新的可能性。

12.5.1　微波光子信道化接收技术

传统接收机只能瞬时截获单个信号，同时测频精度不高，在高频段插损大。因此，传统的雷达侦察接收机难以应对高密集度和高复杂度的信号环境。基于光子技术的侦察接收机可以突破传统射频器件的带宽限制，增加频率侦察范围。为了能在大的侦察带宽内，对多频点信号进行侦察接收，基于光子技术的信道化接收机应运而生。这项技术的基本理念是通过光频梳对待测的宽带射频信号的频谱进行分段，在不同子信道中获得多个中频或基带信号，并进行分析以获得宽带接收信号。

微波光子信道化技术由光频梳生成技术和基于光频梳的信道化处理技术两部分构成。

1）光频梳生成技术

现有的光频梳生成方式主要包括基于锁模激光器、基于 MZM、基于级联强度调制器和相位调制器等几种方式。

（1）基于锁模激光器生成光频梳。

产生光频梳最常用的方法是利用锁模激光器，如图 12.36 所示。锁模激光器的输出为极窄光脉冲序列，这一脉冲序列在频域体现为一系列离散的光谱，即光频梳，相邻两个光频梳的梳齿间隔为锁模激光器输出光脉冲的重频。这类光频梳产生方法具有结构简单、稳定性高的优点，但是光频梳中心波长和梳齿间隔的调谐性等指标仍需提升。

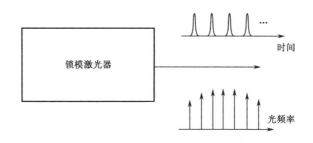

图 12.36　基于锁模激光器生成光频梳的原理图

（2）基于 MZM 生成光频梳。

合理设置 MZM 的偏置电压，使用单个调制器便可以生成光频梳。令 MZM 的上下两臂信号满足关系 $\Delta A = \Delta \theta = \pi / 4$，其中 $\Delta A = A_1 - A_2$ 是上下臂调制指数的差，$\Delta \theta$ 是两臂直流偏置差。这样，通过电光调制即可得到多个光调制边带，形成有限梳齿数的光频梳，如图 12.37 所示。这一技术的系统构成较为简单，但生成光频梳的平坦度和梳齿根数较为有限。

（3）基于级联强度调制器和相位调制器生成光频梳。

通过将强度调制器和相位调制器级联，可以产生较为平坦的光频梳。如图 12.38 所示，连续波激光器的输出光依次进入两级强度调制器和一级相位调制器中，两级强度调制器可以使光频梳的幅度分布趋于平坦，相位调制器可以拓展光频梳的频谱宽度，射频移相器用于调节输入三个调制器信号的相对相位，通过调节移相值可以对光频梳的平坦度进行优化。可调电衰减器用于调整基频和倍频信号的幅度比。此方法产生的光频梳平坦度高、频率易于调谐,但功耗和体积较大。

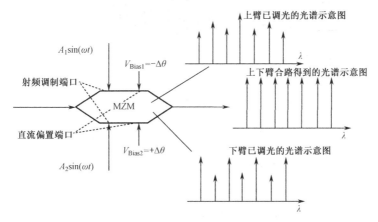

图 12.37 基于 MZM 生成光频梳的原理图

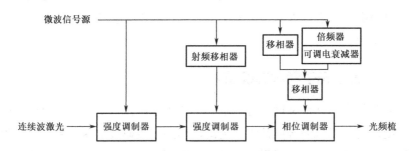

图 12.38 基于级联强度调制器和相位调制器的光频梳生成原理图

2)基于光频梳的信道化处理技术

首先,利用射频信号,产生一对相参光频梳(信号光频梳和本振光频梳)。信号光频梳作为光载波输入双平行调制器。该双平行调制器接收射频信号,并且通过调节偏置电压使之工作在载波抑制单边带状态。经载波抑制单边带调制的信号光频梳和未经调制的本振光频梳输入同一个 90° 光混频器的信号光和本振光端口。基于光频梳的超宽带信道化接收示意图如图 12.39 所示。

在 90° 光混频器内部,信号光频梳直接功分成两路,而本振光频梳先功分成两路,并且对其中一路进行 90° 的移相。取一路信号光频梳和一路未经移相的本振光频梳直接耦合,即为同相输出支路(I 路);取另一路信号光频梳与另一路经 90° 移相的本振光频梳耦合,即为正交输出支路(Q 路)。因此,当经过调制的信号光频梳和未经调制的本振光频梳通过 90° 光混频器时,I 路输出信号中同时包含信号光频梳和本振光频梳,而 Q 路的输出信号则包含信号光频梳和经 90° 移相的本振光频梳。随后，I 路和 Q 路的光信号光频梳各传送至一个光处理器。

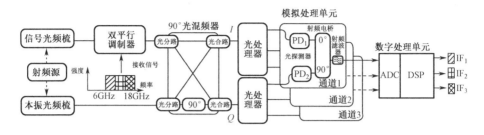

图 12.39　基于光频梳的超宽带信道化接收示意图

光处理器的功能是将 I 路和 Q 路的输出信号按照梳齿的间隔分割成多个子信道，随后将 I 路和 Q 路对应同一通道的光信号送入同一模拟处理单元内。在模拟处理单元内，I 路和 Q 路的信号首先通过 PD 转换为电信号，随后利用 3dB 电桥实现正交耦合，最后通过射频滤波器选出感兴趣的频谱分量。每个处理通道得到的信号经过模数转换后送入数字信号处理单元。利用数字信号处理单元最终实现信道化数字接收。

12.5.2　微波光子模数转换技术

随着多功能和软件定义操作等需求的不断增长，在数字域中实现尽可能多的雷达信号处理功能已成为普遍共识。因此，作为连接模拟前端和数字信号处理模块的桥梁，高性能 ADC 对于雷达系统至关重要。为适应下一代雷达的宽带化及跨频段发展趋势，实现大瞬时带宽信号的接收，并简化接收机下变频链路，ADC 应具备高采样率、大模拟带宽和高有效位数的特点。由于光子器件具有大带宽特点且具有超低定时抖动的优势，光子技术已成为提高 ADC 性能的重要潜在技术[31]，光子技术已在采样、量化及模拟信号的预处理和 ADC 的多个组成模块中开始使用。结果表明：利用光子技术实现模拟信号的采样，对模拟信号进行预处理这两类方案是拓展 ADC 性能的有效途径，而微波光子技术丰富的时域、频域资源能够有力支撑待转换信号的串并转换，实现 ADC 的性能提升。

1）利用光子技术实现模拟信号的采样

光子采样 ADC 的含义是利用光子技术完成对模拟信号的采样，再利用电子 ADC 实现量化与编码，其基本结构如图 12.40 所示[32]。在光子采样 ADC 中，锁模激光器可以产生亚皮秒量级脉宽和数十飞秒量级定时抖动的高质量光脉冲。此脉冲的特性与冲激函数已十分接近，可视作理想的采样脉冲。在电光调制器中，来自锁模激光器的超短脉冲由模拟信号进行强度调制，故模拟信号的采样值可由已调光脉冲的峰值强度表示。之后，利用光色散器件将已调光脉冲展宽，使其顶部变平缓，再送入 PD 中完成光电转换，得到的电脉冲峰值由与锁模激光器同步的电子 ADC 进行量化。

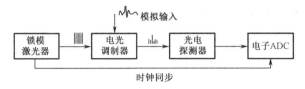

图 12.40　光子采样 ADC 的基本结构

光子采样可以显著改善 ADC 的有效位和模拟带宽。考虑有效位在很大程度上受到采样脉冲时间抖动的限制，光子采样 ADC 可利用锁模激光器的超稳定脉冲，有效抑制时间抖动引起的噪声。同时，光子采样将带宽高达几十吉赫兹的电光调制器作为 ADC 的模拟前端，可显著拓宽 ADC 的模拟带宽，使高阶奈奎斯特区的射频带通直采成为可能。

2）利用光子技术实现模拟信号的预处理

另一类光子 ADC 旨在使用光子技术将模拟信号预处理后变为更容易进行模数转换的新信号，以辅助电子 ADC 完成信号的采样和量化，提升 ADC 的等效性能。在时域中拉伸信号使信号变平缓是一种直观的预处理算法。图 12.41 说明了光时域拉伸 ADC 的原理[33]。具有宽光谱的超窄光脉冲首先由锁模激光器产生并在色散元件₁ 中展宽，形成预啁啾脉冲，得到初步展宽的脉冲光载波，展宽后脉冲内的瞬时频率呈线性变化。然后，用待转换的模拟信号调制预啁啾脉冲，将模拟信号的时域波形映射到预啁啾脉冲的频谱。通过色散元件 2，已调光脉冲连同携带的模拟信号在时域中被进一步展宽。这样，在 PD 的输出端即可获得输入模拟信号经时域拉伸后的波形。同时，因为时间拉伸过程显著减慢了信号波形的变化，采样过程中定时抖动引起的噪声也可被抑制。为了实现较大的展宽系数并保证预啁啾脉冲具有足够的时宽，光时域拉伸系统需使用大色散量的元件。

在时域拉伸之外，还可以采用基于光子技术的模拟信号周期延拓来增强 ADC 的性能。若待转换的模拟信号是周期性的，则只要采样周期和信号周期之间存在微小差异，通过等效采样，低至信号重复频率的 ADC 采样率就足以获得完整波形。

3）利用光子技术实现信号的串并变换

通过光子技术实现模拟信号的采样和预处理可有效提升 ADC 的指标参数。然而，这两类光子 ADC 方案在实际应用中仍存在一定的局限。尽管光子采样能显著优化 ADC 的模拟带宽和采样时刻的稳定度，但所构成系统的采样率仍受到电子 ADC 的限制，难以实现大瞬时带宽信号的接收。而时域拉伸和周期延拓等预处理操作得到的信号将成倍扩大原有信号占用的时隙，为避免时域混叠，光预处理只能间歇工作，不能直接处理连续的雷达回波。解决这些问题的根本方法是通过串并转换将单路信号分解为多路，再由多通道并行处理。光子技术提供的丰富时频资源可为高速和宽带信号的串并转换提供保障。

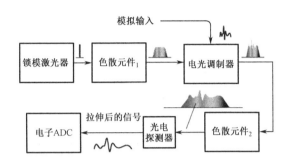

图 12.41 光时域拉伸 ADC 的原理

利用波长复用的方法能够将低重频光脉冲倍频为高重频光子采样脉冲，实现采样率的提升；再将采样后的高重频脉冲转换为多路低重频脉冲，实现多个低速电子 ADC 的并行运转。如图 12.42 所示[34]，从锁模激光器输出的超窄光脉冲串被 WDM（波分多路复用）分为多路，各路脉冲经不同延迟后再通过 WDM 合为一路，即构成高重频光子采样脉冲。采样完成后，已调光脉冲串再次经 WDM 分为多路，分别送入对应的低速电子 ADC 阵列完成数字接收。基于 WDM 的方法在实现脉冲串并转换时仅使用光无源器件，可避免使用时域开关阵列等串并方法所需要的高速光开关和驱动网络，这是现阶段使用较多的技术方式。

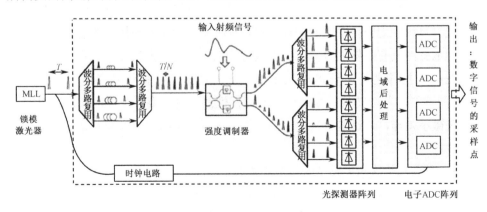

图 12.42 波长多路复用串并转换在光子采样中的应用

类似的波长多路复用方法亦可用于光时域拉伸预处理。如图 12.43 所示[35]，为实现光时域拉伸系统的连续工作，经色散元件₁ 预啁啾脉冲后的光脉冲由 WDM 分为多路，并调整延迟，使重新合为一路后的脉冲在时间上能覆盖完整的光脉冲重复周期，这样在光时域拉伸处理便能够连续工作。待处理模拟信号被调制并由色散元件₂ 再次展宽后，不同波长的脉冲在时间上高度混叠，但仍可由 WDM 分离，得到多路无混叠的信号拉伸。

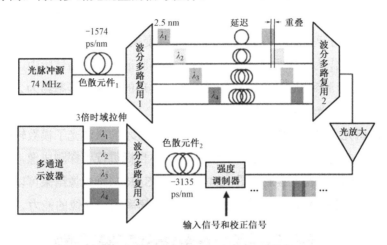

图 12.43　波长多路复用串并转换在光时域拉伸预处理中的应用

值得一提的是，随着雷达信号波形瞬时带宽的不断增大，信号的数字化接收在超大数据率方面同样面临着日益严峻的压力。光子技术在实现宽带、高速和高有效位 ADC 的同时，还可凭借其瞬时带宽大和时频资源丰富的优势，为压缩感知接收[35]和非等间距自适应采样等[36]低采样率信息获取方法提供有力的硬件支撑。

12.5.3　相控阵雷达中光接收机的应用

未来战场的复杂电磁环境要求雷达侦察接收机具备大瞬时侦察带宽、高灵敏度、高分辨率、大动态范围和能够对同时到达的多频点、多波形信号进行无畸变侦收的处理能力。基于微波光子技术的超宽带接收机系统，可以大幅度增加频率覆盖范围，减小设备的体积、质量和功耗。

针对同时侦察处理要求的大带宽、多频点信号，信道化接收机被广泛使用。传统的信道化接收机是通过功分器、带通滤波器组将侦察频带在射频域划分为若干个均匀子带，然后针对每个子带进行检波和信号处理。微波光子信道化接收机在光域上对射频信号进行滤波、下变频和信道分割等处理，从而实现对射频信号

的高精度处理，在大带宽内能对宽带多信号侦察接收。

超宽带可调谐信道化接收可满足未来雷达探测、目标识别和电子战等一体化作战的需求，是未来雷达的重要通用子系统，可应用于各型多功能雷达。而微波光子信道化接收技术在覆盖谱宽、调谐能力等指标上均具有应用潜力，未来可用于舰载、地基和机载等多型装备中。

另外，在微波光子模数转换技术方面，光子采样 ADC 已在雷达系统中得到了初步验证。意大利研究人员基于光子采样 ADC 的基本架构，引入了由三个双输出 MZM 组成的开关矩阵，实现了 1:4 的串并变换，将 ADC 的采样率提升至单路的 4 倍[37]，并作为光子雷达的核心进行了外场验证。在外场试验中，该雷达采用 13 位巴克码探测到了约 30km 远的民航机，实现的距离分辨率约为 23m，证明了微波光子雷达与光子采样 ADC 的可行性。

中国的研究人员也已将基于光子采样 ADC 技术的微波光子模数转换样机用于雷达系统，并进行了外场试验，对无人机等小目标进行了探测成像，其瞬时带宽为 4GHz。该探测成像结果如图 12.44 所示，ISAR 二维成像结果可以清晰地分辨无人机的旋翼和主体部分，从而验证了其高分辨率精细成像的能力。

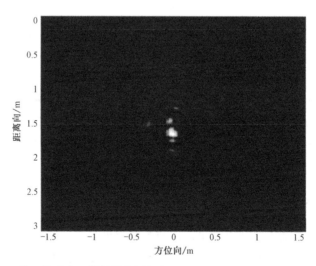

图 12.44　使用微波光子模数转换样机的雷达在外场对无人机的探测成像结果

12.6　光处理与光计算技术

利用光学手段实现雷达信号的处理已有数十年的发展历史。由于数字电子技术尚不足以支持复杂的成像算法，回波数据过去是由透镜组进行处理并完成图像聚焦的。20 世纪 70 年代，在美国报道了利用光学方法实现 SAR 数据处理之后，中国研究者亦通过光学成像设备获取了国内首批 SAR 图像[38]。

随着数字电子技术和数字信号处理算法的飞速发展，具有灵活、可便捷重构等优势的数字化方法逐渐成为雷达信号处理的主流方式。然而，随着相控阵雷达中接收通道数量的增多，以及雷达信号带宽的增大，现代雷达系统对信号处理的运算量亦提出了更高的要求。现有的数字电子技术在应对大规模相控阵和宽带化数字接收场景时难以提供足够的处理能力，伴随数字处理硬件规模提升而产生的体积、质量、功耗、散热等难题束缚了相控阵雷达的进一步发展。为此，雷达系统对具有高并行数据承载、高实时信号处理和低功耗等特点的光处理技术需求越来越强烈。

与电子技术类似，用光处理技术实现信号处理与计算的方法亦可分为模拟和数字两类。模拟光处理是指通过光器件控制光场的幅度和相位，同时利用光波的传播直接实现信号的运算。而数字光处理的含义是利用光器件实现基本逻辑门，再通过逻辑门的组合实现类似于计算机的通用计算结构。与数字光处理相比，模拟光处理能够更加充分地利用光技术的高并行与高实时特性，在特定场景下可将运算能力提升多个数量级，有望成为当代数字电子技术的重要补充。因此，模拟光处理，特别是精细电控的模拟光处理近年来成为光处理的主要发展方向。本节的讨论主要围绕模拟光处理与光计算技术展开。

事实上，光处理与光计算具有相当丰富的内涵。本章前几节涉及的微波光子波束形成、微波光子信号产生和微波光子信号接收等技术都可视作光处理在相应场景中的实例。受篇幅限制，本节主要探讨光处理与光计算技术在信号和数据的叠加、数乘、傅里叶变换和卷积等方面的应用。相关的光处理与光计算技术的实现途径大致上可按照所使用光场的特点分为非相参和相参两类。其他光处理与光计算技术内容读者可参阅相关技术书籍[39-41]。

12.6.1 非相参光处理与光计算技术

叠加和数乘是信号处理中的最基本运算。数字滤波、矩阵运算等复杂处理都可分解为叠加和数乘的组合。在叠加运算中，待处理的数据由激光器的输出光强度承载。将两路或多路携带有数据且不相参的光信号通过光纤传导或光束控制汇聚叠加在一起，即可用探测器得到叠加运算结果。而在数乘运算中，待相乘的数据分别由光源的光强度和光调制器的调制信号承载。这样，强度调制器的输出光强即可代表数据的相乘结果。在阵列光源、阵列 PD 和 SLM 的支撑下，光处理技术可实现大规模的并行乘加运算[42]。

1）基于空间光技术的非相参光处理

以色列 Lenslet 公司推出的 EnLight256 向量–矩阵乘法光学协处理器是非相参光处理技术与空间光调制技术相结合的典型成果[43]。该系统分别利用垂直腔表面发射激光器（Vertical Cavity Surface Emitting Laser，VCSEL）阵列和 256×256 像素的 SLM 完成 256 元输入向量和 256 阶矩阵的加载，并通过透镜实现光束的导向，最终使用 PD 阵列读取运算结果。得益于光技术的高实时和高并行优势，EnLight256 可用较低功耗实现高达 8000Gbps 的运算能力。

在空间光路中引入可控的多次反射即可在叠加和数乘运算的基础上构成全光蓄水池神经网络[44]。这类神经网络利用空间光的传播过程构成蓄水池神经网络模型中神经元"稀疏、随机且固定"的连接，使网络具有记忆和联想的能力。而 VCSEL 阵列和衍射光学元件（Diffractive Optical Element，DOE）的应用则可通过对光域的复用大幅提升网络的并行度。

2）基于波分多路复用光网络的非相参光处理

在多波长光源阵列和光滤波器阵列的助力下，利用波分多路复用光网络也可以实现向量的线性加权求和运算。输入或输出向量的每一个元素通过一个独立的光波长携带，该波长光的强度代表了所携带元素的数值。如图 12.45 所示[45]，不同波长的光受到微环权重库中不同微环谐振腔的可调滤波作用，实现与各自可调系数的数乘操作。所有波长的光在 PD 前叠加，这样 PD 的输出电信号即为各元素与权值数乘后的叠加结果。为了实现与负数的相乘，该处理系统还可引入平衡探测器，使叠加过程中的部分权值变为其相反数。

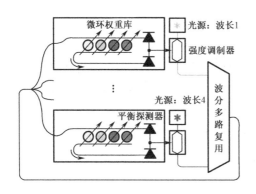

图 12.45　基于波分多路复用和微环谐振腔的光计算

在多波长光源阵列和光滤波器阵列结构中亦可加入光延迟单元以完成更多的光处理功能。例如，利用色散等技术使不同波长的光信号经历不同的传输延迟，则可构成有限冲激响应滤波器所需的多个延迟抽头，从而实现数据序列的滤波或构成微波光子滤波器。其中的滤波抽头系数组同样可通过微环谐振腔进行调节。

12.6.2　相参光处理与光计算技术

非相参光处理一般仅利用光场的幅度进行运算，故通常只能实现实数的数乘和叠加。由于复数与信号相位具有确定的映射关系，若能充分利用光场的相位信息，则光处理的运用能得到极大拓展。为此，人们提出了基于相参光载波的光处理方法，使用由单路激光扩束或由分路而得的相干光场来承载待处理的信号和数据[46]。

1）级联马赫-曾德尔干涉仪架构

本类方案中，输入和输出数据向量通过多个相干光信号在端口处的强度表示。端口间通过级联的马赫-曾德尔干涉仪（Mach-Zehnder Interferometer，MZI）连接，从而实现向量与矩阵相乘的光学运算。

从数学角度来说，一个 $M \times N$ 的实矩阵 W 可以通过奇异值分解表示为 $W = U \Sigma V$。其中，U 和 V 均为酉矩阵，矩阵尺寸分别为 $M \times M$ 和 $N \times N$。Σ 为 $M \times N$ 的非负实对角矩阵。U 和 V 都可以通过级联 MZI 的形式实现，而 Σ 可以通过光衰减的形式实现。如图 12.46 所示[47]，作为基本单元，MZI 由两个光分束器和两个光移相器组成。通过 MZI 的级联，即可实现对神经网络中所需矩阵的运算。

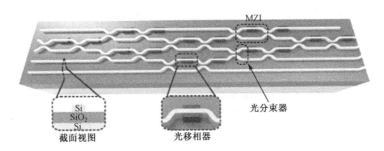

图 12.46　基于级联马赫-曾德尔干涉仪（MZI）的线性矩阵乘法处理器示意图

对 MZI 级联的拓扑结构关系中所有光移相器的移相值需要进行优化。对于典型的 MZI 系统，$N \times N$ 的矩阵乘法需要至少 $N(N-1)/2$ 个分束器[48]。实现对同一个矩阵运算的 MZI 网络构建方法并不是唯一的，常见的有两种构造方式，一种具备更优的可调性，另一种具有更优的误差容忍度[49]。复数运算同样也可以利用这个架构有效实现[50]，级联 MZI 网络已经在多种人工智能任务中得到了验证，在雷达探测识别领域的应用也相似，如根据一维距离像对目标进行识别，通过专用的光学神经网络有望实现这一功能。

2）多级衍射架构

如图 12.47 所示[51]，深度衍射神经网络（Deep Diffractive Neural Network，D²NN）由多层级 DOE 组成。DOE 垂直于光传播方向，其在输入和输出面的光强分布分别表征输入和输出向量。入射光在自由空间中向前传播，并以此被每一层

DOE 调制。DOE 的像素值（相位型、幅度型或幅度相位型均可）通过误差方向传播算法进行优化，以达到与深度学习相似的效果。整个衍射神经网络实现了线性矩阵乘法的功能。D²NN 系统的信息处理能力取决于所使用的衍射层数。这个结构可用于实现一个线性的分类器。一种类似于残差深度学习网络的残差 D²NN 架构也被提出，其中，输入和输出之间的快捷连接通过多个光反射镜实现[52]。自由空间传播过程可以被光学透镜取代，以实现光学傅里叶变换，从而提高预测准确率[53]。目前的成果显示：大规模、大复杂度的算法可以借由光处理完成，并通过硅基等集成平台紧凑实现。基于 D²NN 的系统在图像分割、超分辨和目标识别等任务中表现出的能力，使其成为在雷达探测领域极具潜力的技术途径。

3）傅里叶光学架构

由透镜等空间光学元件构成的傅里叶光学系统也可用于实现相参光的处理，它通过入射光的强度分布表征入射向量。如图 12.48 所示，SLM 放置在透镜的后焦面将光汇聚到焦点，不同像素根据权重系数进行编码。若要实现复数值数据的加载，傅里叶光处理中的 SLM 需具备幅度和相位双重调制的能力。放在焦点上的探测器将得到汇聚后的光强度，这等价于输入向量和权重系数的内积[54]。

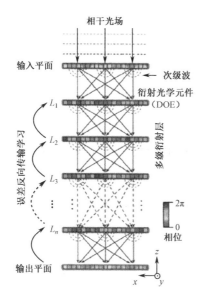

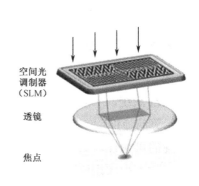

图 12.47　深度衍射神经网络（D²NN）系统　　图 12.48　利用空间光调制器（SLM）和透镜
实现线性加权求和运算

光场相位信息的充分利用使傅里叶光处理系统能借助光栅、透镜等波动光学元件和光干涉、衍射等传播效应，实现信号的实时傅里叶变换，并进而实现对卷积神经网络（Convolutional Neural Network，CNN）中的卷积操作。CNN 中层与层之间的卷积操作等价于对前一层输出数据的傅里叶滤波，这可由透镜系统实现。目前，已有相关工作利用光学卷积有效降低 CNN 的计算能耗[55]。

　　傅里叶光学架构中用于实现数据相乘的 SLM 亦可通过前述的级联 MZI 架构实现，其典型系统为英国 Optalysys 公司研发的傅里叶光处理模块[56]。该处理模块对光场的操控分为三级，其中第一级和第二级为使用硅光集成工艺构成的级联 MZI 乘法单元，可通过将待处理数据映射到干涉仪两臂的相位，实现对光场幅度和相位的控制，完成复数乘法；第三级为基于空间光的傅里叶变换单元，可利用微镜阵列和透镜将探测平面的光场分布呈现为数据的傅里叶变换结果。

12.6.3　相控阵雷达中光处理技术的应用

　　伴随着光处理技术的发展，国内外已有多个研究团队尝试在相控阵雷达系统中使用光学方法实现信号的分析与处理。目前，光处理已在信号的傅里叶变换和相控阵接收波束形成等方面体现出了高实时、低功耗等优势。

1）基于光处理的信号实时傅里叶变换

　　根据空间-时间的二元对应关系，空间傅里叶光学中的空域-空间频域变换关系还可映射为时域信号的时频变换。空间光学中，透过小孔的光经衍射后在远场光屏上呈现出小孔透过函数的傅里叶空间谱形状。与之对应，时域的脉冲经过与空间衍射相应的大色散传输后，其时域波形呈现出初始脉冲的频谱形状，即完成了傅里叶变换[57]。当添加电光调制及另一段色散参数等值反相的传输介质后，可实现对射频信号的瞬时傅里叶分析。此时，射频信号的频谱与经色散元件$_1$、电光调制和色散元件$_2$后得到的光脉冲时域波形具有一致的形状，如图 12.49 所示[58]。这种技术，可以瞬时完成信号频率的测量，进而加速雷达对空间电磁频谱的感知。

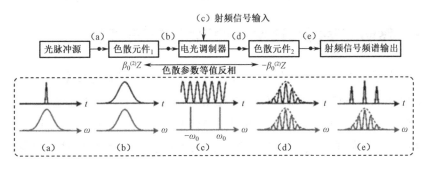

图 12.49　基于光处理的射频信号实时傅里叶变换

2）基于空间傅里叶光学的多波束形成

在单频信号或窄带信号场景下，多波束形成可视作对空域的回波信号进行二维傅里叶变换，变换得到的每个二维空间频率点即对应一个波位。这表明，如果能将射频信号承载于光信号上，则多波束形成可利用光透镜瞬时完成。而同时多波束可显著提升雷达时间资源的利用效率。

图 12.50 显示了大规模多波束架构[59]，天线阵列接收到的射频信号首先被电光调制器阵列承载于光载波，实现射频信号到光调制边带的转换，并经过光纤的引导聚集于透镜的孔径范围内。这样，经透镜的傅里叶变换，在焦平面上不同位置的光强度即为指向不同角度波束的强度，由此可得到射频源的角度信息。如果引入一路与光载波相互锁定且有一定频率差的本振光信号，该系统还可同时实现对射频信号的下变频。此时，若将焦平面上某点的光强变化记录下来，可分析得到该点对应波束的射频相位信息。

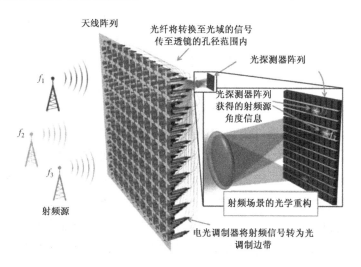

图 12.50　基于空间傅里叶光学的多波束形成架构与实现方法

12.7　微波光子相控阵雷达的系统应用与展望

微波光子相控阵雷达是相控阵雷达的新形态，具有通道带宽大、带内响应平坦、电磁兼容性强、远距离传输损耗低的特点，能有效克服传统电子器件系统带宽受限的技术瓶颈，可以改善和提高传统雷达的多项性能，是新一代多功能、软件化雷达的重要技术支撑，这一技术为雷达等电子装备的技术与形态带来变革。

然而，尽管微波光子技术优势突出，但受限于当前微波光子技术系统的体积、质量和功耗，除射频光传输技术外，当前采用微波光子技术的国防装备仍然较少。相信随着微波光子器件水平和微波光子系统性能的提升，以微波光子技术为基础的相控阵雷达系统及其他采用相控阵天线的通信、电子战、导航等系统也正在获得快速发展。

微波光子技术从最初的射频信号传输应用，逐渐演变为包括光子变频、光滤波、光波束形成等多种信号处理的综合能力，并随着微波与光波混合集成技术的发展，芯片级低成本微波光子系统的出现将进一步推动微波光子技术在相控阵雷达系统的大范围应用。微波光子技术在雷达应用中的演进过程如图 10.51 所示。

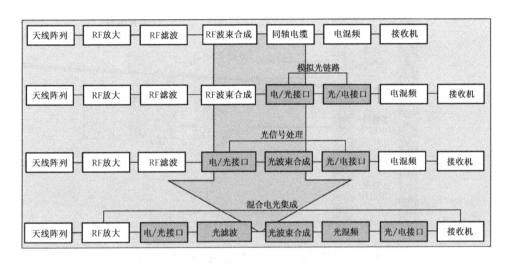

图 12.51　微波光子技术在雷达应用中的演进过程

12.7.1　微波光子相控阵雷达的应用

微波光子相控阵雷达的典型架构有两种，一种是接收时先完成对天线阵面信号的模拟合成，再进行模/数转换处理，即模拟阵体制；另一种是接收时先完成天线信号的模/数转换，再在数字域合成波束，即数字阵体制。

微波光子相控阵雷达的模拟阵体制架构如图 12.52 所示。发射时，由信号处理机控制微波光子收/发系统产生载有雷达激励波形的光信号，经过光波束形成延迟后再经光纤网络传送至阵面，在阵面综合电/光网络中完成电/光变换，生成的雷达激励信号经多通道 T/R 组件放大后，由天线向空间辐射；接收时，目标反射的回波经天线和 T/R 组件接收放大后，在阵面综合电光网络中将其调制到光载波上，经光纤网络传送至后端微波光子处理单元，光波束形成根据雷达需求给相应通道设定延迟后进行多通道信号合成；然后，将载有回波的合成光信号传送至微波光子收/发系统，完成模数转换；最后，从信号处理回波信息提取目标参数信息。

在这种模拟阵体制架构中，光波束形成是构成信号发射和接收的环节，人们对其指标也提出了严苛的要求，包括波束切换速率、不同状态间的幅相一致性等，系统应用中还需考虑实现的工程性等要素。

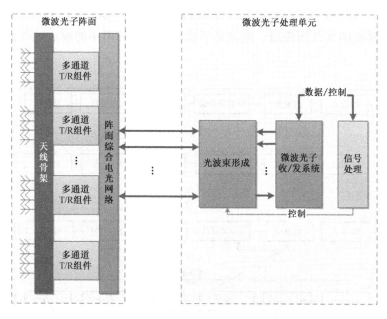

图 12.52　微波光子相控阵雷达的模拟阵体制架构

图 12.53 所示为微波光子数字阵体制架构。在发射过程中，数字接收单元/信号处理模块通过多通道微波光子超宽带信号产生模块生成中频信号，经微波光子变频阵列生成激励信号，再通过射频光传网络送至微波光子前端；在接收过程中，微波光子前端接收到的回波信号亦通过射频光传网络送至微波光子变频阵列处理为中频信号，并由多通道微波光子超宽带采样阵列转换为数字信号。若采样阵列和信号产生模块支持较大的处理带宽，则中频信号的频率可上探至射频。此时，微波光子变频阵列可省去。与模拟阵不同的是，微波光子数字阵架构中不包含光波束形成部分，而是在多通道微波光子超宽带信号产生中补偿发射相位，在多通道微波光子超宽带采样阵列中补偿接收相位，以增强雷达系统灵活性；同时增强抗杂波、抗干扰性能。该架构虽然不含有波束形成部分，但是对信号采样的通道数和性能提出了更高的要求。

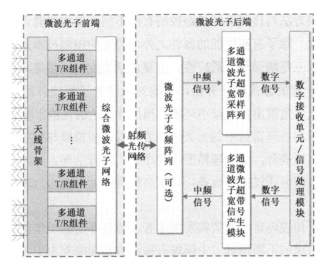

图 12.53 微波光子数字阵体制架构

12.7.2 微波光子相控阵雷达发展趋势

微波光子相控阵雷达发展已经进入了新的阶段，采用现有产品级分立器件搭建的链路，已经在雷达中进行了应用，展示了其性能优势，但在应用过程中也暴露了一些问题，亟待在未来发展中解决。从相控阵雷达系统角度来看，微波光子相控阵雷达发展应从多个维度展开。

从微波光子相控阵雷达中的基础芯片角度来看，向集成方向发展已成为必然趋势。现阶段，微波光子器件集成度不高，导致其只能应用在体积冗余度较大的场合，这限制了微波光子技术的能力体现。应发挥微波光子集成芯片的优势，进一步减小微波光子基础芯片的尺寸、体积和功耗。而在集成芯片的材料体系方面，由于微波光子相控阵雷达的需求较为广泛，单一材料的芯片难以适应不同需求，因此未来芯片也将向多材料体系融合的方向发展，如使用铌酸锂、磷化铟、硅基和氧化硅基材料等。另外，应着重针对性地实现光/电混合集成，设计出具有一定功能或具有复合多功能的微波光子芯片，如低噪声射频信号产生芯片、超宽带任意波形产生芯片和波束形成芯片等，满足舰载、机载和星载雷达对一体化和多功能的需求。

从微波光子相控阵雷达中的核心器件角度出发，微波光子器件应向三方面发展：一是提升性能，以电光-光电链路为例，其本征增益、噪声系数、动态范围等指标还需进一步提升。因为在一些场景中，雷达系统的探测威力、抗干扰能力和弱小目标检测能力等受到影响。若以上指标能够提升 10dB 甚至更高，将能够进一步扩展微波光子相控阵雷达的应用场合。二是提升控制技术，这是因为微波光子器件的控制方法与传统射频链路控制有所不同，比如偏置点控制、光开关切换控制等。因此，除了有高性能的器件之外，稳定的控制技术是各器件发挥其性能的重要保障。三是增强环境适应性，主要包括温度和振动等。尽管温度和振动可以通过采取一定的方式进行补偿，但均对微波光子相控阵雷达的性能产生影响，所以必须从多角度出发，减小环境对相控阵雷达的性能影响。

从微波光子相控阵雷达中的光处理能力来看，模拟域与数字域相比，虽然处理带宽和速度有所提升，但处理精度尚存在较大提升空间。另外，现有处理所需的设备量较大，如何通过简化设备，实现高精度的处理能力，成为微波光子处理发展的趋势。

从微波光子相控阵雷达的架构发展来看，随着多功能一体化、分布式协同等新型作战方式需求的不断涌现，中国现有探测体系面临着由于独立设计、独立布置、独立作战等造成的资源冗余、电磁兼容性差和协同能力不足等问题。而雷达系统也正向一体化和分布式两个方向发展。

在一体化方面，通过一体化设计，可使雷达兼具探测、侦察、干扰和通信等功能，共享时间、频率、空间和能量等多维资源。微波光子技术的超宽带、低损耗、抗电磁干扰等优势，运用在模拟信号传输、超宽带低噪声信号源、超宽带采样接收、波束形成及重构等方面，在提升系统一体化作战、协同电磁频谱侦察和干扰、保障电磁兼容性等方面，展现了一定的应用潜力。

在分布式方面，利用微波光子技术，实现时钟、本振和激励等信号的稳相分发和传输，构建分布式前端、集中式处理的雷达系统架构，将传统的点迹融合、航迹融合等数据级融合拓展到信号级、功能级融合，可以提升平台的全频域、全空域态势感知能力。

总的来说，微波光子相控阵雷达已经逐步由探索向工程化方向发展，因此尽快解决现有问题，使其应用于系统装备中，将是微波光子相控阵雷达发展的重要方向，随着科学技术的进步，将成为有关相控阵系统的重中之重。

参考文献

[1] GELDZAHLER B, DEUTSCH L. Future plans for the deep space network (DSN)[M]. US: Deep Space Network Space Communications and Navigation Office National Aeronautics and Space Administration (NASA), 2009.

[2] LEE J J, LOO R Y, Livingston S, et al. Photonic wideband array antennas[J]. IEEE Transactions on Antennas and Propagation, 1995, 43(9): 966-982.

[3] DOLFI D. OBFN activities within Thales Photonic Lab [EB/OL]. 2008. https://escies.org/download/webDocumentFile?id=48507.

[4] GHELFI P, LAGHEZZA F, SCOTTI F, et al. A fully photonics-based coherent radar system[J]. Nature, 2014, 507(7492): 341-345.

[5] GHELFI P, LAGHEZZA F, SCOTTI F, et al. Photonics for radars operating on multiple coherent bands[J]. Journal of Lightwave Technology, 2016, 34(2): 500-507.

[6] TAVIK G C, HILTERBRICK C L, EVINS J B, et al. The advanced multifunction RF concept[J]. IEEE Transactions on Microwave Theory and Techniques, 2005, 53(3): 1009-1020.

[7] 张国强. 微波光子系统中电光变换的频谱演化规律及其应用研究[D]. 北京：清华大学，2014.

[8] 项鹏，蒲涛，沈荟萍. 微波光子学基础[M]. 北京：电子工业出版社，2017.

[9] TUCKER R S, POPE D J. Microwave circuit models of semiconductor injection lasers[J]. IEEE Transactions on Microwave Theory and Techniques, 1983, 31(3): 289-294.

[10] MATSUI Y, MURAI H, ARAHIRA S, et al. 30-GHz bandwidth 1.55um strain-compensated InGaAlAs-InGaAsP MQW laser[J]. IEEE Photonics Technology Letters, 1997, 9(1): 25-27.

[11] TROPPENZ U, KREISSL J, REHBEIN W, et al. 40 Gb/s directly modulated InGaAsP passive feedback DFB laser[C]. Proceedings of ECOC. [S.l.]: ECOC Press, 2006.

[12] LAU E K, SUNG H, WU M C. Ultra-high, 72 GHz resonance frequency and 44GHz bandwidth of injection-locked 1.55-μm DFB lasers[C]. Optical Fiber Communication Conference. New York: Optical Society of America, 2006.

[13] ZHAO X, PAREKH D, LAU E K, et al. Novel cascaded injection locked 1.55-μm VCSELs with 66GHz modulation bandwidth[J]. Optics Express, 2007, 15(22): 14810-14816.

[14] Avanex-lithium niobate for 40G modulation-oclaro[EB/OL]. (2021-08-01). http://www.oclaro.com/LiNbO3_modulation.php.

[15] CHEN D, FETTERMAN H R, CHEN A, et al. Demonstration of 110 GHz electro-optic polymer modulators[J]. Applied Physics Letters, 1997, 70(5): 2026-2034.

[16] MEARS R J, REEKIE L, JAUNCEY I M, et al. Low-noise erbium-doped fibre amplifier operating at 1.54 μm[J]. Electronics Letters, 1987, 23(19): 1026-1028.

[17] SIMON J C. GaInAsP semiconductor laser amplifiers for single-mode fiber communications[J]. Journal of Lightwave Technology, 1987, 5(9): 1286-1295.

[18] OLSSON N A. Semiconductor optical amplifiers[J]. Proceedings of the IEEE, 1992, 80(3): 375-382.

[19] URICK, V J, BUCHOLTZ F, WILLIAMS K J. Noise penalty of highly saturated erbium-doped fiber amplifiers in analog links[J]. IEEE Photonics Technology Letters, 2006, 18(6), 749-751.

[20] RAZ O, BARZILAY S, ROTMAN R, et al. Submicrosecond scan angle switching photonic beamformer with flat RF response in the C and X bands[J]. Journal of Lightwave Technology, 2008, 26(15): 2774-2781.

[21] PFEIFFER M H P, KORDTS A, BRASCH V, et al. Photonic damascene process for integrated high-Q microresonator based nonlinear photonics[J]. Optica, 2016, 3: 20-25.

[22] AGRAWAL G P. Nonlinear fiber optics[M]. 5th ed. New York: Academic Press, 2013.

[23] SMITH G, NOVAK D, AHMED Z. Technique for optical SSB generation to overcome dispersion penalties in fibre-radio systems[J]. Electronic Letters, 1997, 33(1): 74-75.

[24] XUE X, ZHENG X, ZHANG H, et al. Mitigation of RF power degradation in dispersion-based photonic true time delay systems[C]. 2010 IEEE International Topical Meeting on Microwaves Photonics. [S.l.]: IEEE Press, 2010: 93-95.

[25] YI X, LI L, HUANG T, et al. Programmable multiple true-time-delay elements based on a Fourier-domain optical processor[J]. Optics Letters, 2012, 37(4): 608-610.

[26] YE X, ZHANG F, PAN S. Compact optical true time delay beamformer for a 2D phased array antenna using tunable dispersive elements[J]. Optics Letters, 2016, 41(17): 3956-3959.

[27] YE X, ZHANG F, PAN S. Optical true time delay unit for multi-beamforming[J]. Optics Express, 2015, 23(8): 10002-10008.

[28] 刘昂，邵光灏，翟计全，等. 基于亚波长步进光延时线的雷达宽带波束形成技术[J]. 光子学报，2022，51(3): 174-184.

[29] YAO J. Microwave Photonics[J]. Journal of Lightwave Technology, 2009, 27(3): 314-335.

[30] 董屾，刘昂，张国强，等. 微波光子本振源振动响应研究[J]. 现代雷达，2021，43(9): 69-72.

[31] VALLEY G C. Photonic analog-to-digital converters[J]. Optics Express, 2007, 15: 1955-1982.

[32] ZHANG Z, LI H, ZHANG S, et al. Analog-to-digital converters using photonic technology[J]. Chinese Science Bulletin, 2014, 59: 2666-2671.

[33] FARD A M, GUPTA S, JALALI B. Photonic time‐stretch digitizer and its extension to real‐time spectroscopy and imaging[J]. Laser & Photonics Reviews, 2013, 7(2): 207-263.

[34] KHILO A, SPECTOR S C, YOON J U, et al. Photonic ADC: overcoming the bottleneck of electronic jitter[J]. Optics Express, 2012, 20(4): 4454-4469.

[35] CHOU J, CONWAY J A, SEFLER G A, et al. Photonic Bandwidth Compression Front End for Digital Oscilloscopes[J]. Journal of Lightwave Technology, 2009, 27(22): 5073-5077.

[36] 陈莹，池灏，章献民，等. 光子学压缩感知技术研究进展[J]. 数据采集与处理，2014, 29(6): 930-939.

[37] 王梓谦，潘时龙，叶星炜. 一种基于微波光子的宽带雷达射频数字接收机及信号采集与处理方法：201810618342.8[P]. 2022-07-22.

[38] LAGHEZZA F, SCOTTI F, GHELFI P, et al. Jitter-limited photonic analog-to-digital converter with 7 effective bits for wideband radar applications[C]// Proceedings of IEEE Radar Conference. [S.l.]: IEEE Press, 2013: 1-5.

[39] 《雷达学报》编辑部. 合成孔径雷达技术专刊上线 纪念我国获取首批合成孔径雷达图像四十周年 [EB/OL]. [2020-02-13]. http://www.aircas.cas.cn/dtxw/rdxw/202002/ t20200213_5499411.html.

[40] YI X, CHEW S X, SONG S, et al. Integrated microwave photonics for wideband signal processing[J]. Photonics, 2017, 4(4): 1-14.

[41] CAPMANY J, MORA J, GASULLA J, et al. Microwave photonic signal processing[J]. Journal of Lightwave Technology, 2013, 31(4): 571-586.

[42] 方轶圣. 面向光学模拟计算的空间微分器和光学伊辛模型[D]. 杭州：浙江大学. 2020.

[43] TAMIR D E, SHAKED N T, WILSON P J, et al. High-speed and low-power electro-optical DSP coprocessor[J]. Journal of Optical Society of America A, 2009, 26(8): 11-20.

[44] EISENBACH S. Optical signal processing practical implementation and applications[R]. Israeli: Lenslet Marketing Presentation, 2003.

[45] BRUNNER D, FISCHER I. Reconfigurable semiconductor laser networks based on diffractive coupling[J]. Optics Letters, 2015, 40(16): 3854-3857.

[46] TAIT A N, DE LIMA T F, ZHOU E, et al. Neuromorphic photonic networks using silicon photonic weight banks[J]. Sci Rep, 2017, 7(7430): 1-10.

[47] WU J M, LIN X, GUOY C, et al. Analog optical computing for artificial intelligence[J]. Engineering, 2022, 3: 133-145.

[48] ZHANG T, WANG J, DAN Y, et al. Efficient training and design of photonic neural network through neuroevolution[J]. Optics Express, 2019, 27(26): 37150-37163.

[49] CLEMENTS W R, HUMPHREYS P C, METCALF B J, et al. Optimal design for universal multiport interferometers[J]. Optica, 2016, 3(12): 1460-1465.

[50] FANG MY-S, MANIPATRUNI S, WIERZYNSKI C, et al. Design of optical neural networks with component imprecisions[J]. Optics Express, 2019, 27(10): 14009-14029.

[51] ZHANG H, GU M, JIANG X D, et al. An optical neural chip for implementing complex-valued neural network[J]. Nat. Commun., 2021, 12(457): 1-11.

[52] LIN X, RIVENSON Y, YARDIMCI N T, et al. All-optical machine learning using diffractive deep neural networks[J]. Science, 2018, 361(6406): 1004-1008.

[53] DOU H, DENG Y, YAN T, et al. Residual D^{2}NN: training diffractive deep neural networks via learnable light shortcuts[J]. Optics Letters, 2020, 45(10): 2688-2691.

[54] YAN T, WU J, ZHOU T, et al. Fourier-space diffractive deep neural network[J]. Physical Review Letters, 2019, 123(2): 023901.

[55] ZUO Y, LI B, ZHAO Y, et al. All-optical neural network with nonlinear activation functions[J]. Optica, 2019, 6(9): 1132-1137.

[56] CHANG J L, SITZMANN V, DUN X, et al. Hybrid optical-electronic convolutional neural networks with optimized diffractive optics for image classification[J]. Scientific Reports, 2018, 8: 12324.

[57] WILSON J. The multiply and fourier transform unit: a micro-scale optical processor [EB/OL]. [2020-12-12]. https://optalysys.com/wp-content/uploads/2022/04/Multiply_and_Fourier_Transform_white_paper_12_12_20.pdf.

[58] GODA K, JALALI B. Dispersive Fourier transformation for fast continuous single-shot measurements[J]. Nature Photonics, 2013, 7: 102-112.

[59] ZHANG B W, ZHU D, LEI Z, et al. Impact of dispersion effects on temporal-convolution-based real-time Fourier transformation systems[J]. Journal of Lightwave Technology, 2020, 38(17): 4664-4676.

[60] PRATHER D W, SHI S Y, SCHNEIDER G J, et al. Optically upconverted, spatially coherent phasedarray-antenna feed networks for beam-space MIMO in 5G cellular communications[J]. IEEE Transactions on Antennas and Propagation, 2017, 65(12): 6432-6443.

反侵权盗版声明

电子工业出版社依法对本作品享有专有出版权。任何未经权利人书面许可，复制、销售或通过信息网络传播本作品的行为；歪曲、篡改、剽窃本作品的行为，均违反《中华人民共和国著作权法》，其行为人应承担相应的民事责任和行政责任，构成犯罪的，将被依法追究刑事责任。

为了维护市场秩序，保护权利人的合法权益，我社将依法查处和打击侵权盗版的单位和个人。欢迎社会各界人士积极举报侵权盗版行为，本社将奖励举报有功人员，并保证举报人的信息不被泄露。

举报电话：（010）88254396；（010）88258888

传　　真：（010）88254397

E-mail：　dbqq@phei.com.cn

通信地址：北京市万寿路 173 信箱

　　　　　电子工业出版社总编办公室

邮　　编：100036